中国历代名人家规家训精选

上　册

中共潍坊市纪委宣传部
中　共　青　州　市　纪　委　编

山东大学出版社

图书在版编目(CIP)数据

中国历代名人家规家训精选:全2册 / 中共潍坊市纪委宣传部,中共青州市纪委编. —济南:山东大学出版社,2018.5(2019.7重印)
ISBN 978-7-5607-6066-7

Ⅰ.①中… Ⅱ.①中… ②中… Ⅲ.①家庭道德—中国—通俗读物 Ⅳ.①B823.1-49

中国版本图书馆CIP数据核字(2018)第106439号

责任策划:姜　明
责任编辑:刘森文　李孝德
封面设计:张　荔

出版发行:山东大学出版社
社　址　山东省济南市山大南路20号
邮　编　250100
电　话　市场部(0531)88363008
经　　销:新华书店
印　　刷:济南华林彩印有限公司
规　　格:787毫米×1092毫米　1/16
55.5印张　795千字
版　　次:2018年5月第1版
印　　次:2019年7月第2次印刷
定　　价:108.00元(全2册)

《中国历代名人家规家训精选》

编委会

序

家是最小国，国是千万家。中华民族自古以来就重视家庭、重视亲情。家庭是社会的基本细胞，是人生的第一所学校，不论时代发生多大变化，不论生活格局发生多大变化，我们都要重视家庭建设。而家风就是在长期的家庭建设中逐步形成的被家庭乃至家族成员认可并共同遵循的生活方式、生活习惯、思想作风、审美观点、价值取向、精神追求等方面的总和。

习近平总书记曾指出，领导干部的家风，不是个人小事、家庭私事，而是领导干部作风的重要表现，要把家风建设摆在重要位置，廉洁修身，廉洁齐家。我国优秀传统文化尤为重视家风，深深植根于优秀传统文化沃土的社会主义核心价值观也必然重视家风建设。家风虽然无法涵盖社会主义核心价值观的全部内容，但优良的家风在弘扬和培育社会主义核心价值观的过程中具有独特的优势。家风是培育社会文明的起跑线，是涵养共同价值观的深厚土壤。“修身、齐家、治国、平天下”，把“修身、齐家”放在“治国、平天下”之前，认为“一屋不扫，何以扫天下”。只有修好身、齐好家，方能治国、平天下。近年来，审视一些领导干部坠入贪腐犯罪深渊的轨迹，不难发现，他们的家风普遍存在严重问题。这着实让人痛心、令人警醒！

家规、家训是家风最主要的呈现形式，其以一种无言的教育，潜移默化、润物无声地影响着人们的心灵。数千年来，我们的祖先将自己成功的经验、失败的教训、人生的哲理及处世的德行，熔铸在家规、家训的警句格言中，薪尽火传，绵延不绝，使中华儿女从小在家训的熏陶中，学会做人、处世，培养了良好的品质和高尚的情操。

在中国历史上涌现出大批名垂千古的人物，诸如孔子、诸葛亮、李世民、颜真卿、范仲淹、司马光、黄庭坚、朱熹、陆游、袁枚、林则徐、曾国藩等，他们中间有创基立业、开国治世的政治家，有叱咤风云、运筹帷幄的军事家，有胸怀大志、目光犀利的思想家，有才智超群、创造无穷的科学家，有才华横溢、学识渊博的文学家、史学家、教育家、艺术家……他们都是优秀家规家训的制定者、践行者、传承者，他们以自己及子孙的实践验证了中国传统家风教育的重要性。为此，中共潍坊市纪委宣传部、中共青州市纪委专门组织人员编写了这部《中国历代名人家规家训精选》，目的就是传承和发扬这些优良的家规家训，进一步倡导树立廉洁家风、构建廉洁家庭，在全社会营造更加浓厚的廉政氛围。

古人云："以铜为镜，可以正衣冠；以古为镜，可以知兴替；以人为镜，可以明得失。"书中所选的历代名人家规家训就是一面面"镜子"，可以帮助我们端正衣冠、出汗排毒、洗澡治病、修德养廉。希望广大党员干部特别是领导干部，以史为鉴，高度重视良好家风的培育和建设，坚持从自己做起，立好"家风"这面镜子，心中常念家庭"廉"字经，以"德"治家，以"俭"持家，以"廉"保家，教育引导家庭成员养成良好的道德观念，树立正确的利益观、价值观和人生观，着力建设积极、乐观、向上的家庭文化，廉洁从政，干净做事，做一个无愧于时代、无愧于事业、无愧于人民、无愧于自己的人。

编　者

2018 年 4 月

目　录

（上　册）

◎周公旦《诫伯禽书》

周公旦像

周公，姓姬名旦，周文王姬昌第四子，周武王姬发的弟弟，曾两次辅佐周武王东伐纣王，并制作礼乐。因在周王室任职，爵为上公，故称周公。周公是西周初期杰出的政治家、军事家、思想家、教育家，被尊为"元圣"和儒学先驱、奠基人。

中国第一部家训是周公的《诫伯禽书》。周武王灭商后，将周公旦分封在鲁地，但是周公旦因为辅佐朝政，故未就封，而是让儿子伯禽代为治理。周成王亲政后，将鲁地正式封给周公之子伯禽。《诫伯禽书》是在伯禽去封地之前周公告诫他的一段话。此文为中国古代十大家训之一。

【原文】

君子不施其亲，不使大臣怨乎不以。故旧无大故则不弃也，无求备于一人。

君子力如牛，不与牛争力；走如马，不与马争走；智如士，不与士争智。

德行广大而守以恭者，荣；土地博裕而守以俭者，安；禄位尊盛而守以卑者，贵；人众兵强而守以畏者，胜；聪明睿智而守以愚者，益；博文多记而守以浅者，广。去矣，其毋以鲁国骄士矣！

（《戒子通录》卷一）

【译文】

有德行的人不怠慢他的亲戚，不让大臣抱怨没被任用。故旧老臣只要没有严重过失，就不要抛弃他。不要对某个人求全责备。

有德行的人即使力大如牛，也不会与牛竞争力的大小；即使奔跑如马，也不会与马竞争速度的快慢；即使智慧如士，也不会与士竞争智力的高下。

德行广大却以谦恭的态度自处的人，便会赢得荣耀。土地广阔富饶却能勤俭持家的人，便会长保安康；官高位尊而能谦卑自律的人，便会更显尊贵；兵多人众而能心怀敬畏的人，就一定会取得胜利；聪明睿智而以愚钝的态度处世的人，就一定获益良多；博闻强记而以肤浅自谦，就会见识更广。上任去吧，不要因为自己是鲁国的君主而怠慢士人啊！

◎管仲《弟子职》

管仲像

管仲（前723～约前645），名夷吾，字仲，又称敬仲，春秋时期齐国著名的政治家、军事家，颍上（今安徽颍上）人。管仲少时丧父，老母在堂，生活贫苦，不得不过早地挑起家庭的重担。为维持生计，他与鲍叔牙合伙经商，后从军。到齐国后，成为齐国公子纠的臣子。公子纠在和公子小白（即齐桓公）争夺君位的过程中失败，管仲作为罪人被押解回国。几经周折，经鲍叔牙力荐，为齐国上卿（即丞相），辅佐齐桓公成为春秋时期的

第一霸主，被称为“春秋第一相”。所以，历史上又有“管夷吾举于士”一说。管仲的言论见于《国语·齐语》，另有《管子》一书传世。

【原文】

先生施教，弟子是则；温恭自虚，所受是极。见善从之，闻义则服。温柔孝悌，毋骄恃力。志毋虚邪，行必正直。游居有常，必就有德。颜色整齐，中心必式。夙兴夜寐，衣带必饬；朝益暮习，小心翼翼。一此不解，是谓学则。

少者之事，夜寐蚤作。既拚盥漱，执事有恪。摄衣共盥，先生乃作。沃盥彻盥，泛拚正席，先生乃坐。出入恭敬，如见宾客。危坐乡师，颜色毋怍。

受业之纪，必由长始。一周则然，其余则否。始诵必作，其次则已。凡言与行，思中以为纪。古之将兴者，必由此始。后至就席，狭坐则起。若有宾客，弟子骏作。对客无让，应且遂行。趋进受命，所求虽不在，必以反命，反坐复业。若有所疑，捧手问之。师出皆起。

至于食时，先生将食，弟子馔馈。摄衽盥漱，跪坐而馈。置酱错食，陈膳毋悖。凡置彼食，鸟兽鱼鳖，必先菜羹。羹胾中别，胾在酱前，其设要方。饭是为卒，左酒右酱。告具而退，捧手而立。三饭二斗，左执虚豆，右执挟匕，周还而贰，唯嗛之视，同嗛以齿。周则有始，柄尺不跪，是谓贰纪。先生已食，弟子乃彻，趋走进漱，拚前敛祭。

先生有命，弟子乃食。以齿相要，坐必尽席。饭必捧揽，羹不以手。亦有据膝，毋有隐肘。既食乃饱，循咡覆手。振衽扫席，已食者作。抠衣而降，旋而乡席，各彻其馈，如于宾客。既彻并器，乃还而立。

凡拚之道，实水于盘，攘臂袂及肘，堂上则播洒，室中握手。执箕膺揲，厥中有帚。入户而立，其仪不贷。执帚下箕，倚于户侧。凡拚之纪，必由奥始，俯仰磬折，拚毋有彻。拚前而退，聚于户内，坐板排之，以叶适己，实帚于箕。先生若作，乃兴而辞。坐执而立，遂出弃之。既拚反立，是协是稽，暮食复礼。

昏将举火，执烛隅坐。错总之法，横于坐所。栉之远近，乃承厥火，居句如矩，蒸间容蒸，然者处下，捧椀以为绪。右手执烛，左手正栉，有堕代烛，交坐毋倍尊者。乃取厥栉，遂出是去。

先生将息，弟子皆起。敬奉枕席，问所何趾，俶衽则请。有常则否。

先生既息，各就其友，相切相磋，各长其仪。

周则复始，是谓弟子之纪。

（《管子·弟子职》）

【译文】

先生施教，弟子遵照学习；谦恭虚心，所学自能彻底。见善就跟着去做，见义就身体力行。性情温柔孝悌，不要骄横而自恃勇力。心志不可虚邪，行为必须正直。出外居家都要遵守常规，一定要接触有道德的人。容色保持端正，内心必合于规范。早起迟眠，衣带必须整齐；朝学暮习，事事要小心翼翼。一点也不能懈怠，这就是学习规则。

少年学子的本分，要注意晚睡早起。晨起先清扫席前而后洗手漱口，做事要注意恭敬谨慎。轻提衣襟，为先生摆设盥洗之器，先生此时正起。服侍先生洗完便撤下盥器，然后洒扫室屋，摆好讲席，先生便开始入座。弟子出入都要保持恭敬，其情景如同会见宾客。端正地坐着面向老师，不可随便地改变容色。

接受先生讲课的次序，一定要从年长的同学开始。第一遍这样进行，以后则不必如此。首次诵读必须站起身来，以后也无需这样。一切言语、行动，以牢记中和之道为准则。古之将成大事者，一定由此开始。后到的同学入席就座，旁坐者就应及时站起。若是有宾客来到，弟子要迅速起立。对客人不能失礼，边应边走，并快步进来向先生请示。即使来宾所找的人不在，也必须回来告知，然后回原位继续学习。学习中若有疑难，便拱手提出问题。先生下课走出，学生都要起立。

到了用饭之时，先生将要吃饭，弟子把饭菜送上。挽起衣袖洗漱之后，跪坐着把饭菜献给师长。摆放酱和饭菜，饭桌陈列不可杂乱无章。一般上菜的话，肉食之前，必先上蔬菜羹汤。羹与肉相间排列，肉放在酱的前方，其席面应摆成正方形。饭则最后再上，左边放酒，右边放酱。饭菜上完即可退下，拱手立于一旁。一般是三碗饭和两斗酒，弟子左手拿着空碗，右手拿着筷勺，将酒

饭轮流添上，注意首先添给碗将空的尊长。若多人空碗，按年龄大小分别先后，周而复始。若用长勺就无需跪着送上，这都是添饭的规矩。待先生吃完饭，弟子便撤下食具，赶忙为先生送来漱器，再清扫席前并把祭品收起。

先生吩咐之后，弟子才开始进餐。按年龄大小坐好，坐席要尽量靠前。饭须用手捧食，羹汤自然不能用手拿拣。可以使两手凭靠膝头，不可使两肘倚伏桌面。待至吃完吃饱，用手拭净嘴边。抖动衣襟打扫坐席，吃完即起，提衣离开桌面。过一会儿又需回到席前，各自撤下所食，就像替宾客撤席一般。撤席后就要把食器收起，弟子又回去垂手站立。

凡是洒扫之法，要把清水打进盆里，把衣袖挽到肘部，堂屋宽广可以扬手洒水，内室窄小应当掬手近泼。手拿畚箕使箕舌对着自身，畚箕里要同时放进扫帚。然后到屋里站立一会，其仪止不容差错。拿起扫帚的同时放下畚箕，一般是把它靠在门侧。洒扫的规矩，必须从屋子西南的角落扫起。在屋里俯仰躬身进退，扫除时不要碰动其他东西。从前往后退着洒扫，最后把垃圾聚在门里。蹲下来用木板收进垃圾，注意使箕舌对着自己，还要把扫帚放进畚箕。如果先生这时出来做事，便起来上前告止。再蹲下取箕帚并站起来，然后出门倒掉垃圾。洒扫完后仍然回来站立，这样就合乎规矩。晚饭时仍然要遵守这样的礼仪。

到黄昏准备点燃烛火，弟子要执烛火坐在屋子的一个角落。要注意安放柴束的方法，应当是横放在所坐之地。要看着“烛烬”的长短，用新的烛火接续快要烧尽的烛火，接烛火时新旧烛火要横竖交错，柴束之间还要留有可容一柴的空隙。燃烧的灰烬落下，要捧碗来盛装余灰。用右手拿着烛火，用左手修整“烛烬”。一人疲倦，另一人及时接替，轮番交坐，不可背向老师。最后把余烬收拾起来，到外边把它们倾倒出去。

先生将要休息时，弟子都要起来服侍。恭敬地奉上枕席，问老师脚朝向何处，整理好的衣服要请示先生放在哪里。第一次铺席时这些问题都要问清楚，以后就无需再提了。

先生休息后，弟子还要与同学学习，互相切磋琢磨，各自加深理解其所学的义理。

以上要周而复始地坚持下去，这就是弟子的规矩。

◎孔子《庭训》

孔子像

孔子（前551～前479），名丘，字仲尼。鲁国陬邑（今山东曲阜）人。春秋末期思想家、政治家、教育家，儒家学派的创始人。据说曾删《诗》《书》，定《礼》《乐》，序《周易》，修《春秋》。

《论语》是儒家学派的经典著作之一，由孔子的弟子及其再传弟子编撰而成。它以语录体和对话文体为主，记录了孔子及其弟子的言行，集中体现了孔子的政治主张、伦理思想、道德观念及教育原则等。《论语》与《大学》《中庸》《孟子》《诗经》《尚书》《礼记》《易经》《左传》并称“四书五经”。通行本《论语》共20篇。

【原文】

陈亢问于伯鱼曰：“子亦有异闻乎？”对曰：“未也。尝独立，鲤趋而过庭。曰：‘学诗乎？’对曰：‘未也’。‘不学诗，无以言。’鲤退而学诗。他日，又独立，鲤趋而过庭，曰：‘学礼乎？’对曰：‘未也。’‘不学礼，无以立。’鲤退而学礼。闻斯二者。”陈亢退而喜曰：“问一得三，闻诗，闻礼，又闻君子之远其子也。”

（《论语・季氏》）

【译文】

陈亢问伯鱼："你从老师那里听到过什么特别的教诲吗？"伯鱼回答说："没有呀。有一次他独自站在堂上，我快步从庭前走过，他说：'学《诗》了吗？'我回答说：'没有。'他说：'不学《诗》，就不懂得怎么说话。'我就回去学《诗》。又有一天，他又独自站在堂上，我快步从庭前走过，他说：'学《礼》了吗？'我回答说：'没有。'他说：'不学《礼》，就不懂得怎样立身。'我就回去学《礼》。我就听到过这两件事。"陈亢回去高兴地说："我提一个问题，就得到三方面的收获，不但明白了学《诗》的道理，还懂得了《礼》的意义，又听了'君子不偏爱自己的儿子'的道理。"

◎敬姜《论劳逸》

敬姜，齐侯之女，姜姓，谥曰敬，是鲁国大夫公父文伯的母亲，与孔子同时。敬姜的《论劳逸》是春秋战国时期家训的代表作。敬姜的一番长论，是希望自己做高官的儿子忠于职守，在做好本职工作的同时，一定要谨记勤俭节约，不要贪图安逸。她认为贪图安逸会触发人们内心的贪欲，而贪欲最终会葬送儿子的前程乃至生命。

敬姜像

【原文】

公父文伯退朝，朝其母，其母方绩。文伯曰："以歜之家而主犹绩，惧干季孙之怒也。其以歜为不能事主乎？"

其母叹曰："鲁其亡乎？使僮子备官而未之闻耶？居，吾语女。昔圣王之处民也，择瘠土而处之，劳其民而用之，故长王天下。夫民劳则思，思则善心生；逸则淫，淫则忘善，忘善则恶心生。沃土之民不材，淫也。瘠土之民，莫不向义，劳也。

是故天子大采朝日，与三公九卿，祖识地德，日中考政，与百官之政事。师尹维旅牧相，宣序民事。少采夕月，与大史司载纠虔天刑。日入，监九御，使洁奉禘郊之粢盛，而后即安。诸侯朝修天子之业命，昼考其国国职，夕省其典刑，夜儆百工，使无慆淫，而后即安。卿大朝考其职，昼讲其庶政，夕序其业，夜庀其家事，而后即安。士朝受业，昼而讲贯，夕而习复，夜而计过，无憾，而后即安。自庶人以下，明而动，晦而休，无日以怠。王后亲织玄紞，公侯之夫人，加之纮綖。卿之内子为大带，命妇成祭服。列士之妻，加之以朝服。自庶士以下，皆衣其夫。社而赋事，蒸而献功，男女效绩，愆则有辟，古之制也。君子劳心，小人劳力，先王之训也。自上以下，谁敢淫心舍力？

今我寡也，尔又在下位，朝夕处事，犹恐忘先人之业；况有怠惰，其何以避辟？吾冀而朝夕修我曰：'必无废先人。'尔今曰：'胡不自安？'以是承君之官，余惧穆伯之绝嗣也？"

仲尼闻之曰："弟子志之，季氏之妇不淫矣。"

（《国语·鲁语下》）

【译文】

公父文伯退朝之后，回家去看望他的母亲，他的母亲正在纺线。文伯说："像我公父歜这样的人家还要母亲亲自纺线，这恐怕会让季孙恼怒。他会觉得我公父歜不愿意孝敬母亲吧？"

他的母亲叹了一口气说："鲁国大概要灭亡了吧？让你这样的顽童充数做官却不把做官之道讲给你听？坐下来，我告诉你。过去圣贤的国王为百姓安置居所，选择贫瘠之地让百姓定居下来，使百姓劳作，发挥他们的才能，因此（君主）就能长久地统治天下。老百姓要劳作才会思考，要思考才能（找到）改善生活（的好办法）；闲散安逸会导致人们过度享乐，人们过度享乐就会忘记美好的品行，人们忘记美好的品行心中就会产生邪念。居住在沃土之地的百姓劳动水平不高，是因为过度享乐啊。居住在贫瘠土地上的百姓，没有不讲道义的，是因为他们勤劳啊。

因此，天子穿着五彩花纹的衣服隆重地祭祀太阳，让三公九卿熟习知悉农业生产，白天考察政务，交代百官事务。京都县邑各级官员在牧、相的领导下，安排事务使百姓得到治理。天子穿着三彩花纹的衣服祭祀月亮，和太史、司载详细记录天象；日落便督促嫔妃们，让她们清洁并准备好禘祭、郊祭的各种谷物及器皿，然后才能休息。诸侯们清晨听取天子布置事务和训导，白天完成他们所负责的日常政务，傍晚反复检查有关典章和法规，夜晚警告众官，告诫他们不要过度享乐，然后才能休息。卿大夫清晨统筹安排政务，白天与属僚商量处理政务，傍晚梳理一遍当天的事务，夜晚处理他的家事，然后才能休息。贵族青年清晨接受早课，白天讲习所学的知识，傍晚复习，夜晚反省自己有无过错，直到没有什么不满意的地方，然后才能休息。从平民以下，日出而作，日落而息，没有一天懈怠的。王后亲自编织冠冕上用来系瑱的黑色丝带，公侯的夫人还要编织系于颔下的帽带以及覆盖帽子的装饰品。卿的妻子做腰带，所有贵妇人都要亲自做祭祀服装。各种士人的妻子，还要做朝服。普通百姓，都要给丈夫做衣服穿。春分之后祭祀土地，接着开始耕种，冬季祭祀时献上谷物和牲畜，男女（都在冬祭上）展示自己的劳动成果（事功），有过失就要避开而不能参加祭祀，这是上古传下来的制度。君王操心，平民出力，这是先王的遗训啊。自上而下，谁敢挖空心思偷懒呢？

如今我守了寡，你又做官，早晚做事，尚且担心丢弃了祖宗的基业；倘若懈怠懒惰，那怎么躲避得了罪责呢！我希望你能早晚提醒我说：'一定不要废弃先人的传统。'你今天却说：'为什么不自己享受安逸啊？'以你这样的态度担任君王的官职，我恐怕你父亲穆伯要绝后了啊。”

仲尼听说这件事后说：“弟子们记住，季家的老夫人不图安逸。”

◎刘邦《手敕太子书》

刘邦像

刘邦（前256～前195），沛丰邑中阳里（今江苏丰县）人，西汉开国皇帝，汉民族和汉文化的伟大开拓者之一，对汉族的发展以及中国的统一和强大有突出贡献。中国历史上杰出的政治家、卓越的战略家和指挥家。毛泽东曾评价刘邦是“封建皇帝里边最厉害的一个”。

【原文】

吾遭乱世，当秦禁学，自喜，谓读书无益。洎践祚以来，时方省书，乃使人知作者之意。追思昔所行，多不是。

尧舜不以天子与子而与他人，此非为不惜天下，但子不中立耳。人有好牛马尚惜，况天下耶？吾以尔是元子，早有立意。群臣咸称汝友四皓，吾所不能致，而为汝来，为可任大事也。今定汝为嗣。

吾生不学书，但读书问字而遂知耳。以此故不大工，然亦足自辞解。今视汝书，犹不如吾。汝可勤学习。每上疏，宜自书，勿使人也。

汝见萧、曹、张、陈诸公侯，吾同时人，倍年于汝者，皆拜，并语于汝诸弟。

吾得疾遂困，以如意母子相累，其余诸儿皆自足立，哀此儿犹小也。

（《全上古三代秦汉三国六朝文·全汉文》卷一）

【译文】

我遭逢动乱不安的时代，正赶上秦皇焚书坑儒，禁止求学，我很欢喜，认为读书没有什么用处。直到登基，我才明白了读书的重要性，于是让别人讲解给我听，了解作者的意思。回想以前的所作所为，实在有很多不对的地方。

李可染（1907~1989），江苏徐州人。中国近代杰出的画家、诗人，画家齐白石的弟子。李可染自幼即喜绘画，13岁时学画山水。43岁时任中央美术学院教授，49岁时为变革山水画，行程数万里旅行写生。72岁时出任中国美术家协会副主席、中国画研究院院长。晚年用笔趋于老辣。擅长画山水、人物，尤其擅长画牛。

李可染书法

古代尧舜不把天下传给自己的儿子，却让给别人，并不是不珍视天下，而是因为他们的儿子不足以担当大任。人们有品种良好的牛马，都很珍惜，况且是天下呢？你是我的嫡传长子，我早就有意确立你为我的继承人。大臣们都称赞你的朋友商山四皓，我曾经想邀请他们而没有成功，他们今天却为了你而来，由此看来你可以承担重任。现在我决定任命你为我的继承人。

我平生没有学书，不过在读书问字时知道一些罢了。因此文词写得不大工整，但还算能够表达自己的意思。现在看你作的书，还不如我。你应当勤奋地学习，每次献上的奏议应该自己写，不要让别人代笔。

你见到萧何、曹参、张良、陈平，还有和我同辈的公侯，岁数比你大一倍的长者，都要依礼下拜，也要把这些话告诉你的弟弟们。

我现在重病缠身，担心牵挂的是如意母子，其他的儿子都可以自立了，唯独怜悯这个孩子还太小了。

◎孔臧《与子琳书》

孔臧（约前201～前123），中国古代教育家孔子的第十一代孙，西汉著名经学家孔安国的从兄。汉武帝时，孔臧作为太常卿，经常和朝中一些做学问的人讨论鼓励学习、奖励贤才等事。《与子琳书》旨在告诫儿子要品行端正，脚踏实地，循序渐进，不可妄想一步登天。

【原文】

告琳：顷来闻汝与诸友生讲肄书传，滋滋昼夜，衎衎不怠，善矣！人之进道，唯问其志，取必以渐，勤则得多。山溜至柔，石为之穿；蝎虫至弱，木为之弊。夫溜非石之凿，蝎非木之钻，然而能以微脆之形，陷坚刚之体，岂非积渐之致乎？训曰："徒学知之未可多，履而行之乃足佳。"故学者所以饰百行也。

侍中子国，明达渊博，雅学绝伦，言不及利，行不欺名，动遵礼法，少小长操。故虽与群臣并参侍，见待崇礼，不供亵事，独得掌御唾壶，朝廷之士，莫不荣之。此汝亲所见。《诗》不云乎："毋念尔祖，聿修厥德。"又曰："操斧伐柯，其则不远。"远则尼父，近则子国，于以立身，其庶矣乎。

（《孔丛子·连丛上》）

【译文】

告诫孔琳：近来，我听说你与几位朋友讲习书传，一天到晚孜孜不倦，乐无懈怠，这确实很好！一个人要学问精进，只看他有没有坚强的意志。要获得知识，必须循序渐进，靠勤奋才可学得更多。山间的流水是再柔弱不过的了，石头却能被它穿透；蝎虫是再弱小不过的了，木头却能被它蛀坏。流水本不是凿石头的铁凿，蝎虫也不是钻木头的钻子。但是，它们都能凭借微小脆弱的形体，征服坚硬的东西，这难道不是由于功夫的逐渐积累才达到的吗？古人教导说："仅仅学而知之还不算好，脚踏实地去亲自实践，才算得上最好。"所以，这才是学者爱好各种实践的原因。

侍中孔安国，为人聪明练达、学识渊博，训诂考据的学问冠绝群伦。他从不谈论物质利益，他的行为从不玷污自己的名声。他遵守圣贤的礼教，从小到大，都能保持高尚的操守。因此他虽然与一些臣子一样都是皇帝身边的侍中，但遵守礼数，不做不庄重之事。他独自捧着玉唾壶，跟随在皇帝左右。朝中人士，无不以此为荣。这是你亲眼所见的。《诗经》上不是说："不要只是追念你的先祖，要抓紧进修自己的德行。"《诗经》上又说："拿着斧子去砍削树木做一个斧柄，那个样板就握在你的手里。"从远的来说，以孔子为榜样，从近的来说，以孔安国为榜样。由此而立身处世，也就足够了。

【说明】

孔臧十分重视对子女的教育，其子孔琳在其指导下，博学而多闻。当他得知儿子孔琳与同学一道讲习书传异常勤苦时，便写了这封家书表示赞赏，并予勉励。此家书用生动的比喻阐明了读书贵在有恒，言简意赅，精辟具理，读来亲切而有说服力，在古人的家书中，独树一帜。

◎司马谈《命子迁》

司马谈（？～前110），西汉史学家，左冯翊夏阳（今陕西韩城芝川镇附近）人，司马迁之父。他博学多识，曾随当时著名天文学家唐都学习天文历法知识，从哲学家杨何学习《易》，并对黄老之学进行过深入钻研。汉武帝建元至元封年间（前140～前105），司马谈任太史令期间，撰成《论六家要旨》，对先秦各学派的思想特点作了深入的分析和评价，是一篇总结春秋战国时期学术思想发展史的具有较高学术价值的论文，至今仍是史学界研究先秦思想史、哲学史的珍贵文献。

司马谈早年立志撰写一部通史，他在任太史令时，接触到大量的图书文献，广泛地涉猎了各种资料。武帝元封元年（前110），他随同汉武帝赴泰山封禅，途中身染重病，留在洛阳，不久即卒。在弥留之际，他对赶来探望的儿子司马迁谆谆嘱咐：一定要继承我的遗志，写作一部我想写却未及完成的史学论著。司马谈虽然未能动手撰写通史，但为《史记》的撰写积累了大量的第一手资料，确立了部分论点。司马迁《史记》中的《刺客列传》《郦生陆贾列传》《樊郦滕灌列传》《张释之冯唐列传》诸篇之赞语，即为司马谈之原作。

【原文】

余先周室之太史也。自上世尝显功名于虞夏，典天官事。后世中衰，绝于予乎？汝复为太史，则续吾祖矣。今天子接千岁之统，封泰山，而余不得从行，是命也夫，命也夫！余死，汝必为太史；为太史，无忘吾所欲论著矣。

且夫孝始于事亲，中于事君，终于立身。扬名于后世，以显父母，此孝之大者。夫天下称诵周公，言其能论歌文武之德；宣周邵之风，达太王王季之思虑；爰及公刘，以尊后稷也。幽厉之后，王道缺，礼乐衰，孔子修旧起废，论

《诗》《书》，作《春秋》，则学者至今则之。自获麟以来四百有余岁，而诸侯相兼，史记放绝。今汉兴，海内一统，明主贤君忠臣死义之士，余为太史而弗论载，废天下之史文，余甚惧焉，汝其念哉！

（《史记·太史公自序》）

【译文】

我们的先祖是周朝的太史，远在上古虞夏之世便显扬功名，职掌天文之事。后世衰落，祖业会断绝在我的手里吗？你如果继任太史，就会承续我们祖先的事业了。当今皇上继承千年一统的大业，封禅泰山，而我却不能随行，这是命啊，是命啊！我死之后，你必定要做太史；做了太史，不要忘记我想要撰写的史书啊。

再说孝道起始于奉养双亲，进而侍奉君主，最终在于立身扬名。扬名后世，使父母得以显耀，这是最大的孝道。天下称道周公，是因为他能显耀父文王、兄武王的功德；通过宣扬周公、邵公的遗风，就能通晓周祖父古公亶父和文王的父亲王季的思虑所在。甚至上溯到公刘时代，其功业主要是尊崇始祖后稷，发展农牧业。从周幽王、厉王以后，王道缺失，礼乐衰颓。孔子整理和研究历史典籍《诗》《书》，写作《春秋》，学者至今奉为准则。从写《春秋》"绝笔于获麟"至今，已400余年。诸侯相互兼并，史书丢弃殆尽。如今汉朝兴起，海内统一，明主贤君忠臣死义之士，我作为太史却都未能予以论评载录，断绝了天下的修史传统，对此我甚感惶恐，这件事你可要记在心上啊！

◎刘向《诫子歆书》

刘向像

刘向（约前77～前6），本名更生，字子政，沛（今江苏沛县）人，楚元王刘交四世孙。宣帝时为谏大夫。元帝时任宗正。因反对宦官弘恭、石显而下狱，旋得释，免为庶人。成帝即位后，得进用，任光禄大夫，改名为向，官至中垒校尉。为人简约无威仪，是西汉著名的经学家、目录学家和文学家。曾奉命校阅皇家藏书，撰成《别录》，为我国最早的目录学著作。一生著书很多，有《洪范五行传》《列女传》《列仙传》《新序》和《说苑》等。据《汉书·艺文志》载，刘向有辞赋33篇，惜今仅存《九叹》1篇。他最大的文学功绩是在前人基础上辑录了战国楚人屈原、宋玉以及汉代贾谊、淮南小山、庄忌、东方朔、王褒、刘安等人的作品，编成一部骚体文学总集，定名为《楚辞》。这是中国历史上第一部文人抒情诗集，与《诗经》并列，称为“风骚”。

【原文】

告歆无忽，若未有异德，蒙恩甚厚，将何以报？董生有云：“吊者在门，贺者在闾。”言有忧则恐惧敬事，敬事则必有善功而福至也。又曰：“贺者在门，吊者在闾。”言受福则骄奢，骄奢则祸至，故吊随而来。齐顷公之始，藉霸者之余威，轻侮诸侯，亏跂蹇之容，故被窜之祸，遁服而亡，所谓“贺者在门，吊者在闾”也。兵败师破，人皆吊之，恐惧自新，百姓爱之，诸侯皆归其所夺邑。所谓“吊者在门，贺者在闾”也。今若年少，得黄门侍郎，要显处也。新拜皆

谢，贵人叩头，谨战战栗栗，乃可必免。

（《全上古三代秦汉三国六朝文·全汉文》卷三六）

【译文】

告诫刘歆，不要有轻忽之心。你没有什么特殊的德行，却蒙厚恩得到朝廷重用，拿什么来报答朝廷呢？董仲舒说过："来吊慰的人走到家门前的时候，道贺喜事的人其实已经到了里巷的门口。"这是说，人遇到忧患就会怀着敬畏之心谨慎地行事，小心谨慎并努力行事就一定会收获好的功德，于是福祉随之而来。他又说："道贺的人到了家门的时候，吊慰的人其实已经到了里巷口。"这句话说的是人享福时就易生骄奢，骄奢就会招来祸患，所以吊慰的人会随后到来。齐顷公刚主政时，凭借他祖父齐桓公的余威，对诸侯轻慢侮辱，看不起晋国使臣跛子郤克的外表，所以遭受到鞌之战惨败的灾祸，临时改换装束才得以逃命，这就是"道贺的人到了家门的时候，吊慰的人其实已经到了里巷口"的道理。齐顷公被打败后，人们都来吊慰，他此后改过自新，得到百姓爱戴，诸侯也都把以前侵夺齐国的城邑归还给他，这就是"来吊慰的人走到家门前时，道贺喜事的人其实已经到了里巷口"的道理。现在你年纪尚轻，就做了黄门侍郎，这是显要的职位。新授官职别人都来道贺，很多有身份的人也给你叩头。你应该小心谨慎，如履薄冰，才能免于灾祸。

◎严光《九诫》

严光像

严光（前39～41），又名遵，字子陵，会稽余姚（今浙江余姚）人。原姓庄，因避东汉明帝刘庄讳而改姓严。东汉著名隐士、黄老道家学者、文学家、思想家，世称严子。公元25年，刘秀即位，多次延聘他，他隐姓埋名，退居富春山，后卒于家，葬于富春山。后世人称富春山为“严陵山”，又称其富春江垂钓处为“严陵濑”，其垂钓蹲坐之石为“严子陵钓台”。宋仁宗景佑年间，范仲淹重修桐庐富春江畔严先生祠堂，并撰写《严先生祠堂记》，内有“云山苍苍，江水泱泱。先生之风，山高水长”的赞语，遂使严光以高风亮节闻名于天下。今青州市王坟镇钓鱼台还有严子陵遗迹。本篇原为《十诫》，《诫子通录》中注曰：“案第十诫原注缺文”。

【原文】

嗜欲者，溃腹之患也；货利者，丧身之仇也；嫉妒者，亡躯之害也；谗慝者，断胫（通“颈”）之兵也；谤毁者，雷霆之报也；残酷者，绝世之殃也；陷害者，灭嗣之场也；博戏者，殚家之渐也，嗜酒者，穷馁之始也。

（《戒子通录》卷一）

【译文】

贪图口福之欲，是腐坏肚肠的祸患；贪财好利，是丧身殒命的仇敌；心存嫉妒，是灭身亡命的大害；恶言恶意，犹如砍断脖子的兵器；诽谤诋毁，会遭到雷电击毙的报应；残暴酷虐，是自绝后嗣的祸殃；陷害他人，会落个断子绝孙的下场；赌博游戏，会逐渐使你倾家荡产；嗜酒无度，是穷困冻馁的开端。

◎东方朔《诫子》

东方朔（生卒年不详），本姓张，字曼倩，西汉平原郡厌次县（今山东德州陵县）人。西汉时期著名的文学家。汉武帝即位，征四方士人。东方朔上书自荐，诏拜为郎。后任常侍郎、太中大夫等职。他性格诙谐，言词敏捷，滑稽多智，常在武帝前谈笑取乐。他曾言政治得失，陈农战强国之计，但当时的皇帝始终把他当俳优看待，不予重用。东方朔一生著述甚丰，有《答客难》《非有先生论》等名篇。明人张溥汇为《东方太中集》。

东方朔像

【原文】

明者处世，莫尚于中，优哉游哉，与道相从。首阳为拙，柳惠为工。饱食安步，以仕代农。依隐玩世，诡时不逢。是故才尽者身危，好名者得华；有群者累生，孤贵者失和；遗余者不匮，自尽者无多。圣人之道，一龙一蛇，形见神藏，与物变化，随时之宜，无有常家。

（《全上古三代秦汉三国六朝文·全汉文》卷三五）

【译文】

明智的人处世，没有比合乎中庸之道更可贵的了，看起来从容自在，就自然合于道。所以，像伯夷、叔齐这样的圣人虽然清高，却显得固执，拙于处世；而柳下惠正直敬事，不论治世还是乱世都不改常态，是最高明巧妙的人。衣食饱足，安然自得，以做官治事取代隐退耕作。身在朝廷而恬淡谦退，过隐者般悠然的生活，虽然不迎合时势，却也不会遭遇祸害。道理何在呢？这是因为锋芒毕露，会有危险；有好的名声，便能得到富贵荣华。深得众望的，忙碌一生；自命清高的，失去人和。凡事留有余地的，不会匮乏；凡事穷尽的，立见衰竭。因此圣人处世的道理，行、藏、动、静因时制宜，有时华彩四射，神明奥妙；有时缄默蛰伏，莫测高深。他能随着万物、时机的变化，采用最适宜的处世之道，而不是固定不变，也绝不会拘泥不通。

钱沣书东方朔《诫子》

钱沣（1740～1795年），号南园，云南昆明人。乾隆四十六年（1781）授监察御史，智斗权贪，为官清正廉洁，刚正不阿，清史评为『素以直声震天下』。善书画，尤喜画瘦马，钢勾铁画，人称『瘦马御史』。其书法以唐人碑贴为师，兼及米襄阳。诸书法中，尤精颜体。其字结构严谨，笔力道劲，别具一格，为世人所珍视。

◎马援《诫兄子严、敦书》

马援像

马援(前14～49)，字文渊，扶风茂陵(今陕西兴平窦马村)人。著名军事家，东汉开国功臣之一。马援是著名的伏波将军，被人尊称为“马伏波”。

马援在军中听说兄子马严、马敦二人好评人短长，论说是非，于是写了这封信进行劝诫。在信中，他教导严、敦二人不要妄议别人的过失短长，这是他平生最厌恶的，也不希望后辈染此习气。接下来，马援举龙伯高和杜季良两人为例，指出严、敦二人可以龙伯高为榜样，却不要学习杜季良。

【原文】

兄子严、敦并喜讥议，而通轻侠客。援前在交趾，还书诫之曰：“吾欲汝曹闻人过失，如闻父母之名，耳可得闻，而口不可得言也。好论议人长短，妄是非正法，此吾所大恶也，宁死不愿闻子孙有此行也。汝曹知吾恶之甚矣，所以复言者，施衿结缡，申父母之戒，欲使汝曹不忘之耳。

龙伯高敦厚周慎，口无择言，谦约节俭，廉公有威，吾爱之重之，愿汝曹效之。杜季良豪侠好义，忧人之忧，乐人之乐，清浊无所失，父丧致客，数郡毕至。吾爱之重之，不愿汝曹效也。效伯高不得，犹为谨敕之士，所谓‘刻鹄不成尚类鹜’者也。效季良不得，陷为天下轻薄子，所谓‘画虎不成反类狗’者也。讫今季良尚未可知，郡将下车辄切齿，州郡以为言，吾常为寒心，是以不愿子孙效也。”

(《后汉书·马援传》)

【译文】

我的兄长的儿子马严和马敦，不仅都喜欢议论别人的事，而且喜欢与不厚道的侠士结交。在前往交趾的途中，我写信告诫他们："我希望你们听说了别人的过失，如同听见了父母的名字，耳朵可以去听，但不可以妄加议论。喜欢议论别人的长处和短处，胡乱评论朝廷的是非法度，这些都是我最深恶痛绝的。我宁可死，也不希望自己的子孙有这种行为。你们知道我甚为厌恶这种行径，所以我一再强调，像女儿在出嫁前，父母一再告诫的一样，就想让你们牢牢记住。

龙伯高这个人敦厚诚实，说出的话没有什么可以指责的，谦和节俭，待人又不失威严，我爱戴他，敬重他，希望你们效仿他。杜季良这个人豪侠好义，有正义感，把别人的忧愁当作自己的忧愁，把别人的快乐当作自己的快乐，无论什么人他都结交，所以他的父亲去世时，来了很多人吊唁，我爱戴他，敬重他，但不希望你们向他学习。（因为）学习龙伯高不成功，还可以成为谨慎谦虚的人，就是所谓的"刻鹄不成尚类鹜"。而一旦学习杜季良不成功，那你们就成了纨绔子弟，就是所谓的'画虎不成反类狗'。到现今为止，杜季良还不知晓，郡将一到任就怨恨他，州郡百姓对他的意见很大。我常常为他寒心，这就是我不希望子孙效仿他的原因了。"

◎杨震《遗训》

杨震像

杨震（？～124），字伯起，弘农华阴（今陕西华阴）人，东汉时期名臣。少时随父杨宝研习《欧阳尚书》，师从太常桓郁，群经博览，文史精通。20岁起，谢绝入仕，设塾授徒，有弟子3000人，人称“关西孔子”。50岁始入仕途，被大将军邓骘征辟，又举茂才，历荆州刺史、东莱太守。汉安帝元初四年（117），入朝为太仆，迁太常。永宁元年（120），升为司徒。延光二年（123），代刘恺为太尉。他任内清廉正直，恪勤竭忠，不畏权贵，勇斗奸佞，选贤举能，公正无私，因屡次上疏直言时政之弊，遭中常侍樊丰等人陷害，于延光三年（124）被罢免，遣返回乡，途中饮鸩而卒。后顺帝继位，下诏平反。

杨震暮夜却金的故事流芳千古。据《后汉书·杨震列传》记载：昌邑县令王密是杨震在荆州刺史任内所荐，当杨震擢任东莱太守路过昌邑时，王密闻讯，夜怀金十斤（每斤约为今250克）往访。杨震拒之曰：“故人知君，君不知故人，何也？”王密以为他怕泄露，就说：“暮夜无知者。”杨震正色道：“天知，神知，我知，子知，何谓无知！”王密羞愧，怀金而出。后来杨震转任涿郡太守，任内公正廉明，不接受私人的请托。他的子孙蔬食徒步，生活俭朴，他的一些老朋友或长辈劝他为子孙置办产业，杨震说：“让后世的人称他们为清白官吏的子孙，不是很好吗？”杨震卒后，子孙感念其居官清廉，洁身自好，故取堂名曰“四知堂”。

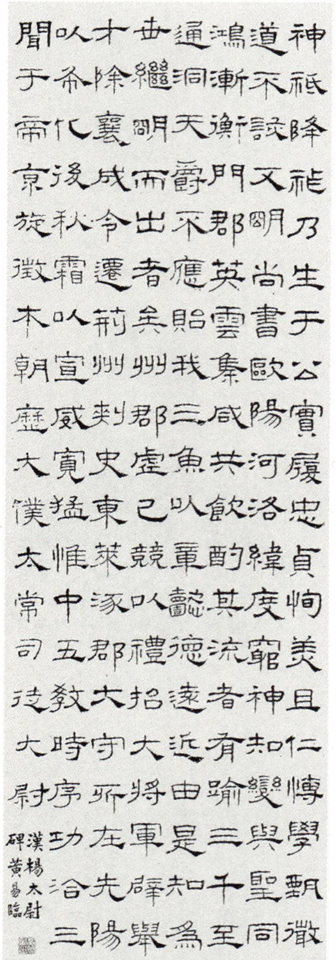

黄易节临《杨震碑》

黄易（1744～1802），清代书画家、篆刻家，字大易，号小松、秋庵，仁和（今浙江杭州）人。曾任济宁同知。通金石，以篆刻著称于世。其幼擅画山水，受清“四王”影响，宗娄东派，参以“吴门四家”笔意，用墨清隽，亦善写梅。著有《小蓬莱阁金石文字》等。为“西泠八家”之一。其真迹存世稀少，得者弥珍。

【原文】

锋不磨不利，玉不琢不成。余虽仕宦于他乡，心屡系怀于家下。直言半幅，厥名教子之篇；约略数行，爰作治家之训。莫道数言苦口，无非一片婆心。居家首重伦常，处世贵持忠厚。夫凭妻语，施为十有九差；子听父言，作事万无一失。户门轻重，兄弟切莫相争；家务短长，大小须当和睦。条椽片瓦，当思创定维艰；一日六时，须念光阴易逝。登科及第，必非灯下荒疏；金带紫袍，知是窗前勤苦。休嫌荒田野地，只宜勤种勤耕；不拘路上家中，定要会思会算。衣求蔽体，不必蜀锦吴绫；食取充肠，何须山珍海味。贫赊贵买，自损家资；贸易添文，人称公道。办柴籴米，堪充日用三餐；置苎买棉，可作寒暑两服。修田补岸，方为勤业之人；刈草锄园，才是兴家之子。经营事业，岂容闲走嬉游；料理家门，必要循规蹈矩。疏通水道，以防旱涸时年；谨守牙关，莫说他人长短。千般误事，皆因酒后花前；万种失机，尽是烟街柳巷。清香美酝，却为起祸邪郎；红粉佳人，便是迷魂鬼祟。一盘棋子，敲完富户囊箱；六孔箫儿，吹破豪家藏库。瓦飘椽烂，皆因小漏不修；家破财亡，即是躁情不释。若兄若弟，须当一样心肠；或子或孙，莫使两般斗秤。器皿懒整，更费造作之钱；墙壁勤修，庶免倾塌之患。赚得分文尺帛，亦能积少成多；偷取只箸枚针，即为因小失大。行婆道士，莫使登堂；和尚尼姑，当教绝迹。斗五合六，祖宗之产业飘零；语四言三，家世之门风败坏。饥寒交迫，衣食谁怜；事不见机，悔莫能及。老犹艰苦，皆因壮不知勤；死鲜扬声，始信生无完行。劳心苦志，立锥虽无地，创置何难；好逸偷安，纵积粟成山，消耗亦易。我今晚岁，吐胆露肝，细陈厉言；遗训后裔，逆凶迨吉，遵守勿违。

（转录自杨慕良主编《苍南杨氏通志》）

【译文】

刀不磨砺不锋利，玉不雕琢不成器。我虽然在他乡做官，但心里经常挂念家乡。直言半纸，乃名教子之篇；大致构思几行，于是作此治家之训。不要嫌我反复唠叨，内中全是一片慈爱之心。居家首重伦理纲常，处世贵在秉持忠厚。丈夫全听妻子的话，其作为十有八九要出差错；儿子能听父亲的话，做事则万无一失。门户之内凡事总有轻重，兄弟切莫相互争斗；家务分派难免多寡，大小须当和睦。条椽片瓦，应当想想创业时的艰难；一日六个时辰，须知光阴易逝。登科及第，必定没有灯下荒废学业；金带紫袍，肯定是窗前勤苦所致。不要嫌弃荒田野地，只需要勤耕勤种就行了；不管是在路上还是家中，一定要会思会算。衣服只求遮体，不必奢求蜀锦吴绫之类的好衣料；食物用于果腹充饥，何必山珍海味！穷时高价赊买，这样只会自损家财；

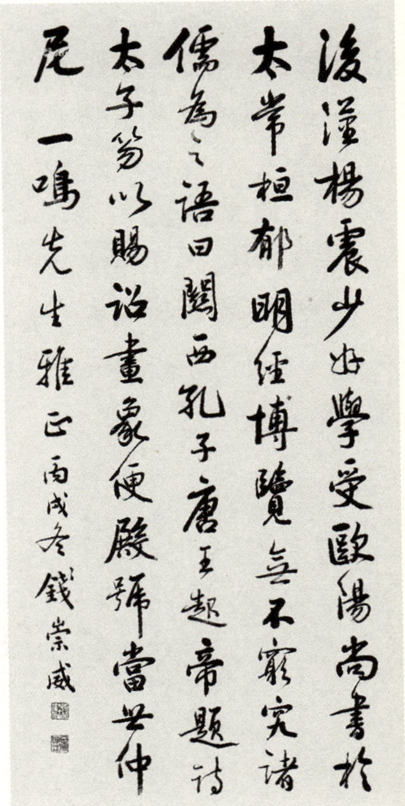

钱崇威书法

钱崇威（1870～1969），字自严、慈严，江苏吴江松陵镇人。善书，清新秀逸，一洗馆阁之习。

做生意讲文明，人人都称赞公道。砍柴籴米，可满足一日三餐；购麻买棉，可以做寒暑两季的衣服。修田补岸，才是勤业之人；刈草锄园，才是兴家之子。经营事业，怎能闲走嬉游；料理家门，必须要循规蹈矩。疏通水道，防止旱涝灾害；谨守牙关，莫说他人长短。千般误事，大都因为酒后花前；万种失机，都源自烟街柳巷。清香美酒，却是起祸根源；红粉佳人，却能迷人鬼祟。莫看一盘棋子，它能敲完富户的万贯囊箱；一支六孔箫儿，能吹破豪家的千担库藏。住房瓦飘椽烂，都是因为小漏不修；家财败亡，就是因为心情浮躁不安。兄弟，必须是一样心肠；子孙，不能用两般斗秤。器皿懒于修理，又要花费大把重新制作的钱；墙壁勤补，可以免除倾塌的危险。虽然只赚得分文尺帛，但也能积少成多；偷取别人的一双筷、一枚针，就是因小失大。行婆道士，不可让他们登堂入室；和尚尼姑，应当跟他们断绝往来。五斗六合不会算计，祖宗遗留下的产业渐渐飘零；说三道四、乱嚼舌头，家世门风终将败坏。饥寒交迫，你的衣食谁来怜恤；凡事不能及时把握机会，到头来后悔也来不及。老了还过苦日子，都是因为年轻力壮时不够勤劳；死后鲜有扬声，才相信活着时德行修养不够。勤劳立志，虽然眼前无立锥之地，但创业置产又有何难；贪图安逸，纵然积粟成山，消耗起来也很容易。我现在已到晚年，吐胆露肝，细细陈述严肃的言辞，遗训后代子孙，期望他们务必避凶趋吉，去遵守而不要违背。

◎崔瑗《座右铭》

崔瑗（77～142），字子玉，涿郡安平（今河北安平）人，东汉著名书法家、文学家、学者。书法方面尤善草书，师法杜度，时称“崔杜”。崔瑗的草书，后世评价很高。后来张芝取法崔、杜，其书大进，成为汉代草书之集大成者。三国时

魏人韦诞称其“书体甚浓，结字工巧”，即书体非常浓密，结字精致美妙。文学方面，《后汉书》本传记载他撰写的各种文体57篇，亡佚颇多，今存者以收入《文选》卷五六的《座右铭》最为有名。

翟云升1825年作隶书《崔子玉座右铭》

翟云升（1776～1858），字舜堂，号文泉，别署东林掖人，室名五经岁遍斋，山东东莱（今山东莱州）人。道光二年（1822）进士，官国子监助教。性耽六书，工隶书，著有《古韵证》等书。

【原文】

无道人之短，无说己之长。施人慎勿念，受施慎勿忘。世誉不足慕，唯仁为纪纲。隐心而后动，谤议庸何伤？无使名过实，守愚圣所藏。在涅贵不缁，暧暧内含光。柔弱生之徒，老氏诫刚强。行行鄙夫志，悠悠故难量。慎言节饮食，知足胜不祥。行之苟有恒，久久自芬芳。

（《文选》卷五六）

【译文】

不要议论别人的短处，不要夸耀自己的长处。施恩于他人切勿念念不忘，接受别人的恩惠切勿忘记。世人的赞誉不值得羡慕，只要把仁爱作为自己的行动准则就行了。审度自己的内心是否合乎仁爱而后行动，别人的诽谤议论对自己又有何妨害？不要使自己名过其实，守之以愚是圣人的品德。纯洁的品质，即使遇到黑色的浸染也不改变颜色，才是宝贵的。表面上暗淡无光，而内在的东西蕴含着光芒。柔弱是有生命力的表现，老子曾经告诫人们不要太过刚强。人们的志向不一，难以量度。只要说话慎重，饮食节制，知足者就能祛除不祥。如果持久地实行它，久而久之，自会芳香四溢。

◎张奂《诫兄子书》

张奂（104～181），字然明，敦煌渊泉（今甘肃安西县东）人。东汉时期名将、学者，凉州“三明”之一，汉阳太守张惇之子。少年时师从太尉朱宠，学习《欧阳尚书》，又自行删减《牟氏章句》。在东汉对南匈奴、乌桓、鲜卑等外族的战争中功勋卓著，多次以恩信安抚、招降外族，使得北方宁静一时。后入朝，为宦官所利用，率军前往进击窦武。事后自责不已，拒受封侯。拜少府，迁任大司农，又上疏为窦武等人伸冤。不久迁太常，因得罪宦官被诬陷罢免。最终回乡教授弟子，不再出仕。汉灵帝光和四年（181）去世，终年 78 岁，遗令素服薄葬。

【原文】

汝曹薄佑，早失贤父，财单艺尽。今适喘息，闻仲祉轻傲耆老，侮狎同年，极口恣意。当崇长幼，以礼自持。闻敦煌有人来，同声相道，皆称叔时宽仁，闻之喜而且悲——喜叔时得美称，悲汝得恶论。

经言：孔子于乡党，恂恂如也。恂恂者，恭谦之貌也。经难知，且自以汝贤父为师；汝父宁轻乡里耶？年少多失，改之为贵，蘧伯玉年五十，见四九年非，但能改之，不可不思吾言。不自克责，反云“张甲谤我，李乙怨我，我无是过”，尔亦已矣！

（《全上古三代秦汉三国六朝文·全后汉文》卷六四）

【译文】

上天不保佑你们兄弟，让你们很小便失去父亲，家产单薄，你们又没有谋生技艺。如今家里刚刚喘过气来，就听说侄儿仲祉轻薄傲视前辈老人，侮辱取笑同辈人，随心所欲，信口开河。无论长幼，你们都应该尊重，用礼节约束自己的言行。我听说有人从敦煌来，异口同声地称赞叔时对人宽厚友爱，我听了又喜又悲——喜的是叔时得了好名声，悲的是你得了恶名声。

《论语》上说：孔子在家乡“恂恂如也”。“恂恂”就是谦恭的样子。经书难以详知的话，姑且以你贤明的父亲为老师吧；你父亲难道轻慢过乡亲父老吗？年轻人多有过失，改了就是可贵的。蘧伯玉50岁时，感到自己过去四十九年间都有过失，但改正了就没有什么了，你不能不好好思考我的话。现在你不克制和责备自己，反而说什么“张甲谤诽我，李乙怨恨我，我没有错”，你应该改变这种态度。

◎郑玄《诫子益恩书》

郑玄像

郑玄（127～200），字康成，北海高密（今山东高密）人，世称“后郑”，东汉著名的经学大师，博通古文经学，精于天文历算，对我国古代文化遗产的整理和保存做出了巨大贡献，对儒家思想的传播起了重要作用，是两汉经学之集大成者。《齐乘》卷五云：“剧东旧葬地，即今益都府东五十里郑墓店是也。因高密有郑公乡，土人讹为郑母云。”《山东通志·古迹》记载：“益都县……郑康成旧葬处，在县东四十里郑墓店。袁绍屯官渡，逼康成随军，不得已，载病至元城卒，葬于剧东，即今郑墓店也。”今按：郑墓店，后讹为郑母店，1948年解放后仍沿俗说，称为郑母。

【原文】

吾家旧贫，不为父母群弟所容，去厮役之吏，游学周、秦之都，往来幽、并、兖、豫之域，获觐乎在位通人，处逸大儒，得意者咸从捧手，有所受焉。遂博稽六艺，粗览传记，时睹秘书纬术之奥。年过四十，乃归供养，假田播殖，以娱朝夕。遇阉尹擅势，坐党禁锢，十有四年，而蒙赦令，举贤良方正有道，辟大将军三司府，公车再召，比牒并名，早为宰相。惟彼数公，懿德大雅，克堪王臣，故宜式序。吾自忖度，无任于此。但念述先圣之元意，思整百家之不齐，亦庶几以竭吾才，故闻命罔从。而黄巾为害，萍浮南北，复归邦乡。入此岁来，已七十矣。宿素衰落，仍有失误，案之礼典，便合传家。

今我告尔以老，归尔以事，将闲居以安性，覃思以终业。自非拜国君之命，问族亲之忧，展敬坟墓，观省野物，胡尝扶杖出门乎！家事大小，汝一承之。咨尔茕茕一夫，曾无同生相依。其勗求君子之道，研钻勿替，敬慎威仪，以近有德。显誉成于僚友，德行立于己志。若致声称，亦有荣于所生，可不深念邪！可不深念邪？

吾虽无绂冕之绪，颇有让爵之高。自乐以论赞之功，庶不遗后人之羞。末所愤愤者，徒以亡亲坟垄未成，所好群书率皆腐敝，不得于礼堂写定，传与其人。日西方暮，其可图乎！家今差多于昔，勤力务时，无恤饥寒。菲饮食，薄衣服，节夫二者，尚令吾寡恨。若忽忘不识，亦已焉哉！

（《后汉书·郑玄传》）

【译文】

我家过去很贫穷，我又只爱学习，不爱做官，因此不能为父母与弟弟们所容。于是我干脆辞去了乡啬夫这等小官，到周、秦两朝的都城长安一带游学，来往于幽州、并州、兖州、豫州等地，有幸拜见身居高位而又才能出众的显宦以及隐居不仕、学识渊博的学者，每当遇到了自己觉得很有见解的人，就恭敬地向他们请教，因此学到了不少知识。于是我开始广泛研习六艺，并粗略浏览传记，有时也会看一些皇家藏书和奥妙的谶纬等书。40岁以后，我才回家乡奉养父母，租来田地耕种，就这样自食其力地快乐度日。时逢宦官专权，指责我交结朋党而遭到禁锢之祸，长达十四年之久，承蒙皇帝赦免了我的罪过，我被推举为贤良方正，做了大将军三司府的部下。那些与我连牒齐名而被公车召入朝廷的人，现在大都已做了宰相。他们那些人，有美德、有涵养，确实能够承担大臣的重任，因此应当被任用而班列于朝堂之上。我揣度自己是不宜做官的人，只想着阐发历代圣贤的本意，思量着整理补充诸子百家不完备的方面，希望能够发挥我的才力，所以我没有应召做官。遭逢黄巾起义的战乱，我像浮萍一样南北飘泊。后来我再次回到了家乡。到了这一年，我已是70岁的人了。如今我心力不济，往往有所失误，依照礼仪规定，现在该是把家事传给你的时候了。

现在我要告诉你的是，我老了，把家事托付给你，我将要悠闲地生活以安养性情，仔细地思考以完成事业。倘若不是接受国君的任命，不是吊问亲族的丧事，不是恭敬地祭扫坟墓，不是观看野外的景致，我又哪里用得着扶杖出门呢！家事无论大小，都将由你全部承担。可叹的是你孤单一人，没有兄弟相依靠。期望你努力寻求君子之道，深入钻研，不要废弃，恭敬谨慎，注重仪容，逐渐成为一个有高尚德行的人。扬名显誉要依靠志同道合的朋友，树立德行在于自我心中的志向。一旦得到了荣誉与赞扬，也会给父母祖宗带来荣耀。这些你能不深思吗？你能不深思吗？

我虽然没有高官显职的功业，却有推位让爵的品行。我以著书立说为乐，只希望不要把羞辱留给后代。最终使我深感郁闷和遗憾的，是亲人的坟墓尚未修成，我所喜好的书籍大都陈腐破烂了，不能再到讲堂去抄写修改，并传给好学的人。日落西山，我已是迟暮之年，还有什么可贪图的呢！今天的家业已稍好于从前，望你勤勉务实，及时努力，不要为饥寒忧虑。时刻注意节衣缩食，这样便会让我少些遗憾。如果你忽略忘记了我的话，那我可就白说了！

◎曹操家训

曹操像

曹操（155～220），字孟德，一名吉利，小字阿瞒，沛国谯县（今安徽亳州）人。东汉末年杰出的政治家、军事家、文学家、书法家，三国中曹魏政权的奠基人。东汉末年，天下大乱，曹操以汉天子的名义征讨四方，对内消灭二袁、吕布、刘表、马超、韩遂等割据势力，对外降服南匈奴、乌桓、鲜卑等，统一了中国北方，并实行了一系列政策恢复经济生产和社会秩序，奠定了曹魏立国的基础。曹操在世时，担任东汉丞相，后为魏王，去世后谥号为武王。其子曹丕称帝后，追尊其为武皇帝，庙号太祖。曹操精兵法，善于用诗歌抒发自己的政治抱负，并反映汉末人民的苦难生活，气魄雄伟，慷慨悲凉；散文亦清峻整洁，开启并繁荣了“建安文学”，给后人留下了宝贵的精神财富，史称“建安风骨”，鲁迅评价其为“改造文章的祖师”。同时曹操也擅长书法，尤工章草，唐朝张怀瓘在《书断》中评其为“妙品”。

刘墉书曹操《观沧海》

刘墉（1719～1804），字崇如，号石庵，清朝政治家、书法家，父亲刘统勋是清乾隆年间重臣。乾隆十六年（1751）中进士，历任翰林院庶吉士、太原府知府、江宁府知府、内阁学士、体仁阁大学士等职，以奉公守法、清正廉洁闻名于世。刘墉的书法造诣深厚，是清代著名的帖学大家，被世人称为“浓墨宰相”。

诸儿令

【原文】

今寿春、汉中、长安，先欲使一儿各往督领之，欲择慈孝不违吾令，亦未知用谁也。儿虽小时见爱，而长大能善，必用之。吾非二言也，不但不私臣吏，儿子亦不欲有所私。

（《全上古三代秦汉三国六朝文·全三国文》卷二）

【译文】

现在寿春、汉中、长安三个地方，我打算先各派一个儿子前往督率治理。我想选择慈善孝顺、不违背我命令的人，也不知道用谁好。儿子们小的时候，我虽然都喜欢，但长大后能成材的，我才会重用他。我说一不二，不但对臣属没有偏心，就是对儿子也不会偏袒。

内诫令

【原文】

孤不好鲜饰严具，所用杂新皮韦笥，以黄韦缘中。遇乱无韦笥，乃作方竹严具，以帛衣粗布作里，此孤之平常所用也。

百炼利器，以辟不祥，摄服奸宄者也。

吾衣被皆十岁也，岁解浣补纳之耳。

贵人位为贵人，金印蓝绂，女人爵位之极。

吏民多制衣绣之服，履丝不得过绛、紫金、黄丝织履。前于江陵得杂彩丝履，以与家，约当尽着此履，不得效作也。

孤有逆气病，常储水卧头，以铜器盛，臭恶；前以银作小方器，人不解，谓孤喜银物，令以木作。

昔天下初定，吾便禁家内不得熏香。后诸女配国家，因此得香烧。吾不烧香，恨不遂初禁，令复禁不得烧香。其所藏衣，香著身亦不得。

房屋不洁，听烧枫胶及蕙香。

（《全上古三代秦汉三国六朝文·全三国文》卷三）

郑板桥（1693～1765），原名郑燮，字克柔，号理庵，又号板桥，人称板桥先生，江苏兴化人，祖籍苏州。康熙秀才，雍正十年（1732）举人，乾隆元年（1736）进士。官山东范县、潍县县令，政绩显著，后客居扬州，以卖画为生，为『扬州八怪』重要代表人物。

郑燮书曹操《观沧海》

【译文】

我不喜欢用装饰漂亮的箱子，平时所用的都是以新旧皮革杂糅制成的，用黄牛皮镶在中间。战时所用的甚至是竹制器物，用丝帛或粗布作里子，这就是我平常所用的东西。

经过千锤百炼的兵器，是用来消除凶恶、使坏人畏惧服从的器具。

我的衣服、被褥都用了十年之久，每年不过都会拿出来清洗缝补后收起罢了。

现在贵人的地位为贵人，使用金的玺印、蓝色的丝带，女人的官位也到了极点了。

官吏、百姓多制作绣纹衣服，履丝的颜色不得超过火红色、紫色、金黄色丝织履。我以前在江陵得到各种花色的丝织鞋子，拿来给家里，约定穿完这些鞋子，不得仿效制作。

我有逆气病，常常准备一盆冷水浸头，用铜器盛水，放久了会有铜臭气；前些日子改用银制的小方器，但又怕人们不理解，以为我喜欢银制品，因此干脆改用木器盛水。

以前天下刚安定时，我便禁止家里以香熏室。后来几个女儿当了贵人，为她们熏了香，因此能够烧香。我不喜欢烧香，遗憾的是没能实现我的禁令。现在我再次重申家里不能烧香，也不许把香放在衣内带在身上。

如果房室不干净，任凭烧枫树脂和蕙草。

【说明】

千百年来，曹操曾被一些封建卫道士诬为“篡逆者”，以至于他在许多戏曲中的形象都是“白脸奸臣”，而实际上正如《三国志》作者陈寿和郭沫若先生所言，他是一位“超世之杰”。他在《度关山》一诗中说：“侈恶之大，俭为共德。”认为奢侈是最大的罪恶，俭朴是公认的美德。他不仅仅是说说而已，而是一生一贯奉行的准则，并专门为此颁布了《内诫令》。

曹操厉行节俭，先从自己和家人做起；推而广之，他还把是否节俭作为选拔官吏的标准，毛玠等人在选拔官吏中也认真执行了这一标准。于是，一时间，朝野上下形成了俭朴节约的风气，形成了廉政新风，使他的宏图大业日臻昌盛，终于在军阀混战、群雄逐鹿中统一了中国北方，为曹魏留下了一笔丰厚的遗产，这与他颁行《内诫令》是密不可分的，也是值得我们后人学习的。

遗　令

【原文】

吾夜半觉小不佳，至明日饮粥汗出，服当归汤。

吾在军中持法是也。至于小忿怒，大过失，不当效也。天下尚未安定，未得遵古也。吾有头病，自先著帻。吾死之后，持大服如存时，勿遗。百官当临殿中者，十五举音，葬毕便除服；其将兵屯戍者，皆不得离屯部，有司各率乃职。敛以时服，葬于邺之西冈上，与西门豹祠相近，无藏金玉珍宝。

吾婢妾与伎人皆勤苦，使著铜雀台，善待之。于台堂上安六尺床，施繐帐，朝晡上脯糒之属，月旦十五日，自朝至午，辄向帐中作伎乐。汝等时时登铜雀台，望吾西陵墓田。余香可分与诸夫人，不命祭。诸舍中无所为，可学作组履卖也。吾历官所得绶，皆著藏中。吾余衣裘，可别为一藏，不能者，兄弟可共分之。

（《全上古三代秦汉三国六朝文·全三国文》卷三）

【译文】

我在半夜里觉得有些不舒服，第二天喝了粥就出了汗，又喝了当归汤。

我在军队中执法是对的，至于小的怒气，大的过失，则不应当效仿。天下还没有安定，我的丧事宜简，不能遵从古制。我有头痛病，很早就戴上了头巾。我死了以后，穿的礼服要和我在世时一样，切勿遗忘。文武百官应当来到殿中哭吊的，只要哭十五声，安葬完毕就可以脱去孝服。那些驻防各地的将士，都不能离开屯兵的地方。各官应担当起职责。我死后，把我葬在邺城城西的小山上，和西门豹的坟墓靠近，不要用金银、玉器和珠宝等陪葬。

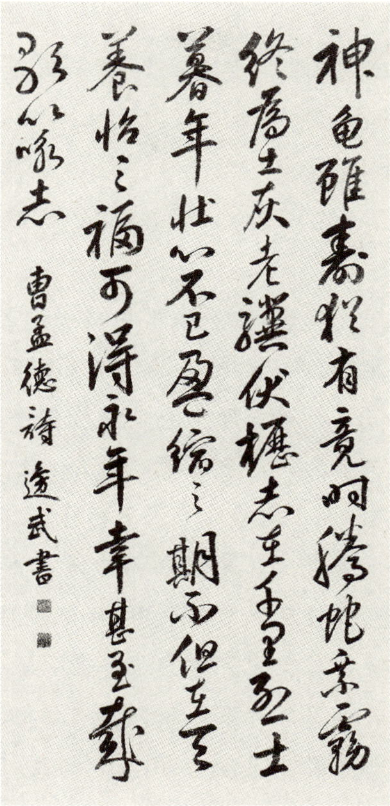

我的婢妾和歌舞艺人都很辛苦，让他们住在铜雀台，好好对待他们。在铜雀台正堂上放六尺床，挂上灵帐，早晚用食物供祭，每月初一、十五两天，从早上到中午，就向帐中奏乐歌舞。你们要时时登上铜雀台，看看我西陵的墓地。我余下的香可分给诸夫人，不用祭祀。各房的人无事做，可以学着制作带子和鞋子卖。我历来做官所得的绶带，可以都藏于一处。我其余的衣裘等，可以另外藏个地方。如果做不到的话，你们兄弟几个可以一起分掉。

元·边武《行书龟虽寿立轴》

【说明】

本文写于建安二十五年（220）正月，是曹操临终前不久写下的遗嘱，对身后事作了安排。

◎王修《诫子书》

王修(生卒年不详),字叔治,北海郡营陵(今山东昌乐)人,先后事奉孔融、袁谭、曹操,为人正直,治理地方时抑制豪强、赏罚分明,深得百姓爱戴,官至大司农郎中令。王修任事忠贞,敢于劝谏:曹操欲行肉刑,王修认为时机未到。严才叛变,王修一马当先,前往救援。太祖在铜雀台上望见了他们,说:“来的人一定是王修。”相国钟繇对王修说:“过去京城有了变故,九卿皆各自守在府宅里不出。”王修说:“拿着朝廷的俸禄,怎么能躲祸避难呢?守在府宅里虽然是旧例,但不符合为国赴难的大义。”后王修因病逝于任上。曹操称赞说:“君澡身浴德,流声本州,忠能成绩,为世美谈,名实相副,过人甚远。”陈寿在《三国志》中为他立传,也称赞道:“为治,抑强扶弱,明赏罚,百姓称之。王修忠贞,足以矫俗。”

【原文】

自汝行之后,恨恨不乐,何者?我实老矣,所恃汝等也,皆不在目前,意遑遑也。人之居世,忽去便过。日月可爱也!故禹不爱尺璧而爱寸阴。时过不可还,若年大不可少也。欲汝早之,未必读书,并学作人。汝今逾郡县,越山河,离兄弟,去妻子者,欲令见举动之宜,效高人远节,闻一得三,志在“善人”。左右不可不慎,善否之要,在此际也。行止与人,务在饶之。言思乃出,行详乃动,皆用情实道理,违斯败矣。父欲令子善,唯不能杀身,其余无惜也。

(《全上古三代秦汉三国六朝文·全后汉文》卷九四)

【译文】

自从你走了以后，我闷闷不乐，为什么呢？因为我确实老了，所依靠的就是你们了，但你们都不在跟前，这使我惶恐不安。人生在世，很容易过去。所以，时间非常宝贵！大禹不爱珍宝玉璧而爱短暂的光阴，是因为时间一旦过去就不会回来，如同年纪大了也不能再变为少年一样。盼望你早有作为，不光是要读好书，并且要学做人。你如今离乡背井，跋山涉水，离别兄弟，抛妻离子，是想让你的行为举止合宜，学习道德高尚的人的远大节操，能够举一反三，立志做一个有道德的人。你处处不可不慎重啊！善与不善，现在是关键时候了。与人交往，总以宽待他人为好。话想好了再说，事计划周密了再做，一切都要根据实际情况，合乎客观道理；如果违反这些原则，就会招致失败。父亲想使儿子成才、向善，除了不能牺牲自己的生命以外，其余都在所不惜。

◎刘备《敕刘禅遗诏》

刘备（161～223），字玄德，东汉末年幽州涿郡涿县（今河北涿州）人，西汉中山靖王刘胜的后代，三国时期蜀汉开国皇帝，史家又称他为先主。刘备少年时与公孙瓒拜卢植为师求学，而后参与镇压黄巾起义。与关羽、张飞先后救援过北海孔融、徐州陶谦等。陶谦病亡后将徐州让与刘备。刘备早期颠沛流离，投靠过多个诸侯，后于赤壁之战与孙权联盟击败曹操，趁势夺取荆州，而后进取益州，建立蜀汉政权。陈寿评刘备机权

刘备像

干略不及曹操，但其弘毅宽厚，知人待士，百折不挠，终成帝业。刘备自己也曾说过，自己做事“每与操反，事乃成尔”。221年，刘备在成都称帝，国号汉，年号章武，史称蜀或蜀汉，占有今四川、云南大部，贵州全部，陕西汉中和甘肃白龙江一部分。

【原文】

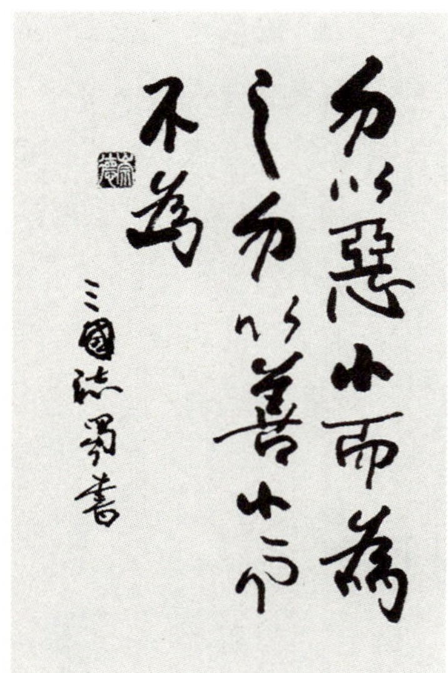

欧阳中石书法

朕初疾但下痢耳，后转杂他病，殆不自济。人五十不称夭，年已六十有余，何所复恨，不复自伤，但以卿兄弟为念。射君到，说丞相叹卿智量，甚大增修，过于所望。审能如此，吾复何忧！勉之，勉之！勿以恶小而为之，勿以善小而不为。惟贤惟德，能服于人。汝父德薄，勿效之。可读《汉书》《礼记》，闲暇历观诸子及《六韬》《商君书》，益人意智。闻丞相为写《申》《韩》《管子》《六韬》一通已毕，未送，道亡，可自更求闻达。

（《三国志》裴松之注引《诸葛亮集》）

【译文】

我最初患的病是痢疾，后来转成疑难杂症，恐怕好不了了。人活到50岁死去就不能算是短命，我已经60多岁了，还有什么可遗憾的？我不为自己伤怀，只是牵挂你们兄弟几个。中郎将射援到白帝城来，说丞相赞叹你的智慧和肚量比原来有很大长进，超过了我的期望。如果真是这样，我还有什么不放心的！你努力去做吧，努力去做吧！不要因为坏事很小就去做，也不要因为善事很小就不去做！只有具备贤明和好的德行，才能使别人信服。你的父亲德行不深厚，不值得仿效。你可以读一读《汉书》《礼记》。空闲的时

候，也可以将《老子》《庄子》等诸子的著作以及《六韬》《商君书》都看一看，对人的意志和智慧都有益。听说丞相已经为你抄写了《申子》《韩非子》《管子》以及《六韬》，但还没有送达白帝城，就在从成都送来的路上遗失了。你可以另从知识渊博的人那里去找来这些书读一读。

◎向朗《遗言诫子》

向朗（约167～247），字巨达，襄阳郡宜城县（今湖北宜城）人，三国时期蜀汉官员、藏书家、学者。早年师从司马徽，并被荆州牧刘表任命为临沮县长。后随刘备入蜀，历任巴西、牂牁、房陵太守，并拜步兵校尉，领丞相长史，随丞相诸葛亮北伐，因包庇马谡被免职。后为光禄勋，转左将军、特进，封显明亭侯，曾代理丞相册封张皇后及太子刘璿。晚年专心研究典籍，引导青年学习，家中藏书丰富，受到举国尊重。延熙十年（247）去世。《全三国文》收录其《遗言诫子》。

【原文】

《传》称，师克在和不在众，此言天地和则万物生，君臣和则国家平，九族和则动得所求，静得所安，是以圣人守和，以存以亡也。吾，楚国之小子耳，而早丧所天，为二兄所诱养，使其性行不随禄利以堕。今但贫耳；贫非人患，惟和为贵，汝其勉之！

（《三国志·蜀书·向朗传》）

【译文】

《左传》中说，战胜敌人在于团结一致而不在于兵力的多少，这就是说：天地之间如果风调雨顺，四季调和，万物就会茂盛生长；君臣之间如果能和谐团结，国家就会太平；家族之间如果和睦相处，行动起来就能达到目的，平日才能安居乐业。所以圣人提倡的和谐，是万物得以存亡的关键。我不过是襄阳郡中一个晚辈，早年丧父，全靠兄长教导养育，才使我的品格、行为没有在追名逐利的风气中堕落。今天虽然贫寒一些，但贫寒并不是人所担忧的事情，只有人际和谐才是最重要的，你要努力去做！

◎刘廙《诫弟慎交友》

刘廙（180～221），字恭嗣，南阳（今河南南阳）人，汉末魏初名士，西汉长沙定王刘发之子、安众康侯刘丹之后。初从荆州牧刘表，后投奔曹操，颇受器重，为黄门侍郎。曹丕继位，擢为侍中，并赐爵关内侯。为政主张先刑后礼，且通天文历数之术，与司马徽、丁仪等名流相齐。黄初二年（221）卒。著书数十篇，惜皆失传。

【原文】

夫交友之美，在于得贤，不可不详。而世之交者，不审择人，务合党众，违先圣人交友之义，此非厚己辅仁之谓也。吾观魏讽，不修德行，而专以鸠合为务，华而不实，此直搅世沽名者也。卿其慎之，勿复与通。

（《三国志·魏书·刘廙传》）

【译文】

交朋友的好处，在于得到贤能的人帮助，因此交友时不能不抱着仔细慎重的态度。可是现在一些人交朋友，不审慎选择对象，只是力图结党成群，违背了前代圣人交友的本义，这不是那种使自己受益又能辅助他人的交际。我看魏讽这个人不注重修炼品行，专门搞小集团的勾当，华而不实，就是个扰乱社会、沽名钓誉的家伙。你可要谨慎，不要再和他交往了。

◎司马徽《诫子书》

司马徽像

司马徽（？～208），字德操，东汉末颍川（今河南登封一带）人，客居荆州襄阳。与荆州名士庞德公等人以及流寓襄阳的徐庶、韩嵩、石韬、孟建、崔州平等人均有交往，关系甚密。司马徽视庞德公为兄长，因善于知人，被庞德公称为“水镜”，世称水镜先生。为人博学多识，精通经学，在荆州时与汉末大儒宋忠齐名。司马徽不仅知人善任，也能审时度势，不贸然事功。建安三年（198），荆州牧刘表设立学校，聘请司马徽为学官。司马徽知道刘表心胸狭隘，不可与之谋天下事，所以在荆州缄口不言，不谈论时事。刘表说：“人们对司马徽的称赞都是虚妄不实的话，这人不过是一介小书生而已，他的见识和普通人一样。”人们评论说：“司马德操是奇士，但没有遇上知己。”建安十三年（208），曹操南征，刘琮投降，荆州为曹操所得，曹操想重用司马徽，但司马徽此后不久就病逝了。司马徽的才华一生都没有得到施展。

【原文】

闻汝充役，室如悬磬，何以自辨？论德则吾薄，说居则吾贫，勿以德薄而志不壮，贫而行不高也。

（《全上古三代秦汉三国六朝文·全后汉文》卷八六）

【译文】

听说你作为官吏为国服务，但家里极其贫穷，你怎样看待这些呢？谈到德行，我们就很浅薄；说到居家，我们也很贫穷。但千万不要因为德行浅薄就丧失远大的志向，也不要因为家里贫穷就不修持高尚的德行啊。

上善若水水善利萬物而不爭處衆人之所道惡故幾於道居善地心善淵與善人言善信政善治事善能動善時夫惟不爭故無尤矣持而盈之不如其已揣而銳不可長保金玉滿堂莫之能守富貴而驕自遺其咎功成名遂身退之道 光緒己亥年五月下澣曹鴻勛書

曹鸿勋书法

◎诸葛亮家训

诸葛亮像

诸葛亮（181～234），字孔明，号卧龙（也作伏龙），徐州琅琊阳都（今山东临沂沂南）人，三国时期蜀汉丞相，杰出的政治家、军事家、散文家、书法家、发明家。在世时被封为武乡侯，死后追谥忠武侯，东晋政权因其军事才能特追封他为武兴王。其散文代表作有《出师表》《诫子书》等。曾发明木牛流马、孔明灯等，并改造连弩，叫作“诸葛连弩”，可一弩十矢俱发。

诫子书

【原文】

夫君子之行，静以修身，俭以养德。非淡泊无以明志，非宁静无以致远。夫学须静也，才须学也，非学无以广才，非志无以成学。慆慢则不能砺精，险躁则不能治性。年与时驰，意与日去，遂成枯落，多不接世，悲守穷庐，将复何及！

（《全上古三代秦汉三国六朝文·全三国文》卷五九）

【译文】

品德高尚、德才兼备的人，（应该）用静思来修炼自身，用俭朴来涵养品德。不看轻世俗的名利就不能表明自己的志向，不静心思考就不能实现远大的目标。学习必须静心，才识需要学习，不学习无法拓宽才识，不立志无法成就学业。沉迷懈怠就不能励精求进，偏狭暴躁就不能陶冶性情。年龄随着光阴飞逝，志向随着年龄消退，很多人最后精力衰竭而学识无成，大多以不能承接先世的志向而不为社会所用，可悲地守着贫寒的居舍，那时候再有学习的想法哪还来得及啊！

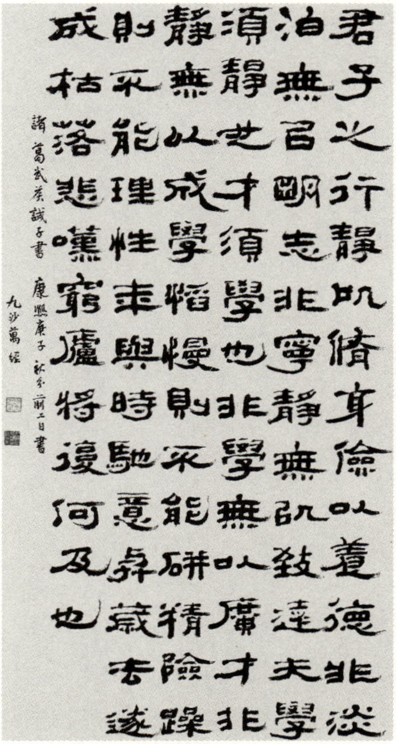

万经（1659～1741），字授一，号九沙，自号小跛翁，鄞县（今浙江宁波）人，清代学者。康熙四十二年（1703）得中进士，选庶吉士，官授编修、贵州学政等，任上曾参与《康熙字典》等大型官修著作的编写，后因事罢归。

万经隶书诸葛亮《诫子书》

【说明】

《诫子书》是诸葛亮临终前写给8岁的儿子诸葛瞻的一封家书，成为后世历代学子修身立志的名篇。它可以看作是诸葛亮对自己一生的总结。诸葛亮是一位品格高洁、才学渊博的父亲，对儿子的殷殷教诲与无限期望尽在此书中。他通过这些智慧理性、简练谨严的文字，将普天下为人父者的爱子之情表达得情深意切。

又诫子书

【原文】

夫酒之设，合礼致情，适体归性，礼终而退，此和之至也。主意未殚，宾有余倦，可以至醉，无致迷乱。

（《全上古三代秦汉三国六朝文·全三国文》卷五九）

【译文】

设酒宴客，是为了合乎礼节，表达感情，从而使自己身心舒适，以恢复人的本性。而礼节尽到，客人退席，这便是最大的和谐与快乐了。倘若主人的情意未尽，客人也还没有疲倦，可以继续饮酒，略有醉意，但不能醉到神志不清的地步。

【说明】

《又诫子书》集中体现了诸葛亮教子饮酒“合礼致情”的思想，可以说这是专门就事论事，因酒谈礼。他把设酒摆宴当作一种公关礼仪活动，并希望以酒为媒介，交流感情，增进友谊，调节人际关系。诸葛亮在这篇家书中追求中和之美，认为饮酒不及和太过都不好。

诫外甥书

【原文】

夫志当存高远，慕先贤，绝情欲，弃凝滞。使庶几之志揭然有所存，恻然有所感。忍屈伸，去细碎，广咨问，除嫌吝。虽有淹留，何损于美趣，何患于不济。若志不强毅，意不慷慨，徒碌碌滞于俗，默默束于情，永窜伏于凡庸，不免于下流矣。

（《诸葛武侯文集》卷一）

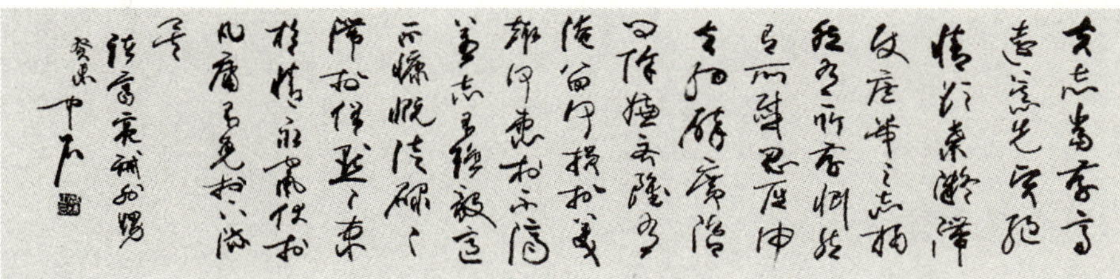

欧阳中石行书诸葛亮《诫外甥书》

【译文】

一个人应该树立远大的理想，追慕先贤，节制情欲，去掉郁结在胸中的俗念，使接近圣贤的那种高尚志向在你的身上明白地体现出来，使你内心震动、心领神会。你要能够适应顺利、曲折等不同境遇的考验，摆脱琐碎事务和感情的纠缠，广泛地向人请教，根除自己怨天尤人的情绪。你做到这些以后，虽然也有可能在事业上暂时停步不前，但怎会损毁自己高尚的情趣呢，又何必担心事业会不成功呢？如果志向不坚毅，思想境界不开阔，只是碌碌无为地沉溺于俗务，默默无闻地拘束于私情，永远混杂在平庸的人群中，就难免沦落到下流社会，成为没有教养、没有出息的人。

【说明】

汉献帝兴平元年（194），诸葛亮13岁时，他们姐弟四人跟随叔父诸葛玄离开山东老家赶赴豫章（今江西南昌）太守任所。不久，汉朝廷又派朱皓到任，失掉官职的诸葛玄只好带着诸葛亮姐弟四人前往荆州投靠旧友荆州牧（治所襄阳）刘表。到襄阳后，诸葛亮因年纪幼小，就到刘表办的“学业堂”里读书。他的两个姐姐则先后出嫁。大姐嫁给了中庐县（今湖北南漳）蒯姓大族蒯良的儿子蒯祺，二姐嫁给了襄阳大名士庞德公的儿子庞山民。诸葛亮非常敬重庞德公，多次上门求教，甚至“独拜床下”，“跪率益恭”；庞德公也十分器重诸葛亮，称之为“卧龙”，称其侄庞统为“凤雏”。诸葛亮的二姐所生子叫庞涣，字世文，曾官至太守。诸葛亮的《诫外甥书》就是写给他的。在这封信中，诸葛亮教导他的外甥该如何立志、修身、成材。

邓石如隶书诸葛亮句

邓石如（1743～1805），初名琰，字石如，避帝讳，以字行，后更字顽伯，因居皖公山下，又号完白山人，安徽怀宁人。居金陵梅镠家八年，尽摹所藏金石善本。工四体书，尤擅篆书，称为“神品”。精篆刻，开“邓派”，对后世影响极大。

◎曹丕《诫子》

曹丕像

曹丕(187～226)，字子桓，曹操与卞夫人的长子。三国时期著名政治家、文学家，曹魏的开国皇帝。曹丕少有逸才，广泛阅读古今经传、诸子百家之书，8岁即能为文。220年，曹操死后，继位为丞相、魏王。同年冬，代汉称帝为魏文帝。他是三国时代第一位皇帝，结束了汉朝400多年的统治。曹丕称帝后独揽大权，设立中书省，其官员改由士人充任。他限制宦官的权力，定令妇人不得预政，群臣不得奏事太后，后族之家不得当辅政之任。推行九品中正制后，将用人权从地方收归中央。曹丕是一个很有理想的皇帝，希望能够把天下治理得更好。但很可惜，他只做了七年的皇帝就去世了，终年只有40岁。

曹丕有着相当高的文学成就。其《燕歌行》是中国现存最早的文人七言诗；他的五言和乐府清绮动人；所著《典论·论文》，是我国文学批评史上第一篇专题论文，在文学批评史上起了开风气的作用。由于文学方面的成就，他与其父曹操、其弟曹植并称为“三曹”。著作有《魏文帝集》。

【原文】

父母于子，虽肝肠腐烂，为其掩避，不欲使乡党士友闻其罪过。然行之不改，久矣人自知之。用此任官，不亦难乎？

（《全上古三代秦汉三国六朝文·全三国文》卷七）

【译文】

父母对于儿子,费尽心机,为儿子文过饰非,不想让别人知道儿子的罪过。然而,儿子却由于受到父母的庇护屡犯不改,其行为迟早会被别人知道。要是任用这种人做官,不也太荒唐了吗?

◎曹衮《令世子》

曹衮(? ~235),曹操之子,累封中山王。少年时期颇好学,10多岁便能写文章。在兄弟们游玩时,唯独他覃思经典。卒谥恭。著作有文章2万余言。明帝青龙三年(235),他得了重病,恐不久于人世,于是便作《令世子》一文。

【原文】

汝幼少,未闻义方,早为人君,但知乐,不知苦。不知苦,必将以骄奢为失也。接大臣,务以礼。虽非大臣,老者犹宜答拜。事兄以敬,恤弟以慈。兄弟有不良之行,当造膝谏之。谏之不从,流涕喻之。喻之不改,乃白其母。若犹不改,当以奏闻,并辞国土。与其守宠罹祸,不若贫贱全身也。此亦谓大罪恶耳,其微过细故,当掩覆之。嗟尔小子,慎修乃身,奉圣朝以忠贞,事太妃以孝敬。闺闱之内,奉令于太妃;阃阈之外,受教于沛王。无怠乃心,以慰予灵。

(《三国志·魏书·中山恭王衮传》)

【译文】

你还太小，没有接受过家教，这么早就成了王爷，只知道享乐，不知道吃苦。不知吃苦，必将会有骄傲奢侈的过失。接待大臣，务必按照礼仪行事。即使不是大臣，对老人也应该答谢礼拜。侍奉哥哥要恭敬，体恤弟弟要慈爱。兄弟有不良行为，应当跪下规劝他们；如果他们不听规劝，就流着泪给他们讲道理；如果讲道理还不改，那就禀告他们的母亲。要是他们仍然不改，应当上奏给天子知道，与他们一起辞掉封地。与其倚守恩宠而遭遇灾祸，不如安于贫贱的生活以保全自身。这说的是大的罪恶，至于细微的过错，就应当为他们遮掩。你这孩子啊，要谨慎地修身养性，用忠诚坚贞来侍奉朝廷，用孝顺尊敬来侍奉太妃。在家里听奉太妃的命令，在外面接受沛王的教导。不要懈怠了你的心思，以此来安慰我的在天之灵。

◎沐并《诫子俭葬书》

沐并（192？～252），字德信，河间（今属河北沧州）人。少孤苦，有志节。曾从姊姊家经过，姊姊为之杀鸡炊黍，他不愿接受款待留宿。袁绍父子割据河北时，始为名吏，为人公正果敢，不畏强暴。曹操闻之召署军谋掾。魏文帝黄初中（223），为成皋令，朝廷校事刘肇经过成皋县，派人索取马料谷物，当时成皋正遭受旱灾和蝗灾，县里没有现成的储存。正在备办之时，刘肇的随从一起出来辱骂县吏。沐并闻讯后大怒，穿着鸠履提刀而出，后面跟着许多吏卒，准备捉拿刘肇。刘肇闻讯后逃走，将此情况上报朝廷。魏文帝得奏章后亦大怒，立即下诏说："刘肇为朝廷派出的命官，沐并居然要捉拿他，无所忌惮，是仗恃自己的清名吗？"此诏名《成皋令沐并收校事刘肇以状闻有诏》，收在《魏文帝集》中。开始准备将沐并处死，后来改为髡刑（髡，音 kūn），指剃光犯人的头发和胡须，是以人格侮辱的方式对犯人所实施的惩罚。因为古人认为身体发肤受之父母，不敢毁伤，这是行孝的开始）。后来又让其为吏，但不再重用，由是放散 10 余年。直到齐王曹芳正始年间（240～248）才任命为三府长史，为长史 8 年，晚出为济阴太守，召还，拜议郎。

【原文】

告云、仪等：夫礼者，生民之始教，而百世之中庸也。故力行者则为君子，不务者终为小人，然非圣人莫能履其从容也。是以富贵者有骄奢之过，而贫贱者讥于固陋，于是养生送死，苟窃非礼。由斯观之，阳虎玙璠，甚于暴骨，桓魋石椁，不如速朽。此言儒学拨乱反正、鸣鼓矫俗之大义也，未是夫穷理尽性、陶冶变化之实论也。若能原始要终，以天地为一区，万物为刍狗，该览玄通，求形景之宗，同祸福之素，一死生之命，吾有慕于道矣。

夫道之为物，惟恍惟忽。寿为欺魄，夭为凫没。身沦有无，与神消息。含悦阴阳，甘梦太极。奚以棺椁为牢，衣裳为缠？尸系地下，长幽桎梏，岂不哀哉！昔庄周阔达，无所适莫；又杨王孙裸体，贵不久容耳。至夫末世，缘生怨死之徒，乃有含珠鳞柙，玉床象衽，杀人以狗；圹穴之内，锢以纻絮，藉以蜃炭，千载僵燥，讬类神仙。于是大教陵迟，竞于厚葬，谓庄子为放荡，以王孙为戮尸，岂复识古有衣薪之鬼，而野有狐狸之胔乎哉？

吾以材质滓浊，污于清流。昔忝国恩，历试宰守，所在无效，代匠伤指，狼跋首尾，无以雪耻。如不可求，从吾所好。今年过耳顺，奄忽无常，苟得获没，即以吾身袭于王孙矣。上冀以赎市朝之逋罪，下以亲道化之灵祖。顾尔幼昏，未知臧否，若将逐俗，抑废吾志，私称从令，未必为孝；而犯魏颗听治之贤，尔为弃父之命，谁或矜之！使死而有知，吾将尸视。

（《三国志·魏书·常林传》）

【译文】

沐云、沐仪等听着：儒家的礼，是教育万民如何做人的根本教义，也是千百年来最中正、平和的道理。因此对礼身体力行者就成为君子，违背它的人就成了小人，但除非是圣人，一般人都不能自然而然地遵守履行它。因此一些富贵之人就有骄奢的过失，贫贱者也会因为固塞鄙陋受到讥讽。于是在日常生活和丧葬中就会有违反礼义教导的行为。由此看来，鲁国的富豪阳虎用金玉殉葬，比白骨暴露于外更甚；桓魋用石头做成的棺椁，还不如早点烂掉好。这就是儒学所说的“消除混乱局面，恢复正常秩序，讨伐邪恶，矫正恶俗”的春秋大义，这是探究天下万物的根本原理，彻底洞明人类的心性，陶冶心灵、变化气质的务实之论。若能始终领悟、贯彻礼教中的这些要义，将天地视为一体，没有地域好坏之别，将万物视为祭祀时用草扎成的狗，对其没有好坏之分，这样就能上知天命，直到影和形同为一体，福和祸互相依存转化，生和死亦齐同混一，这就是我追求的“道”啊！

道如何孕育出万物，这道理扑朔迷离，难以捉摸。长寿的人神情麻木，活着也不过像个土偶，短命之人也不过像水鸟没于水中一样。身体的存在和消失与精神是共通的。让我内心愉悦于阴阳变化，追梦于宇宙间最原始的太极状态。为什么要将我束缚在棺椁之中，像坐牢一样，又让衣服来缠绕束缚我？让我的尸身长期幽囚于地下，束缚捆绑住身体，这岂不很悲哀！过去庄子很豁达，齐万物、等生死，无可无不可；西汉的杨王孙死后裸葬于终南山，因为他希望死后不以棺椁为牢，衣裳为缠。到了末世，才出现一些贪生怕死之人，死后口含珠玉、怀揣鳞匣，躺在玉和象牙做成的床和席子上，甚至杀人作为陪葬；墓穴之内，将尸身用苎麻布和丝绵裹得紧紧的，墓穴内再放上蜃炭，尸身千年干燥不会腐烂，以为这样就可以成为千年不坏的神仙之身。于是儒家的礼教被破坏了，人们争相厚葬。这些人把庄子的豁达说成是放荡，把杨王孙提倡的裸葬说成是开棺捣毁尸身的刑罚，他们哪里知道，上古就有用柴草包裹尸身进行简葬的记载，尸身不过是野外狐狸嘴中的一块肉而已。

我天生愚笨，身份低微，有辱于志趣高洁的士大夫群体。从前我有愧于国家的栽培，当了多地的县令、太守却都没有什么建树，就像代替高明的木匠去砍木头的人，很少有不砍伤手的，就像老狼想前行又怕踩着下垂的颈肉，想后退又怕绊着尾巴，也没有什么办法去洗雪自己的耻辱。既然无法雪耻，只好顺着自己的意愿（去薄葬）。我今年已年过60，说不定很快就会死去，一旦死去，你们就将我像杨王孙一样裸葬。这样对君上来说可以弥补我为官“所在无效”欠下的罪愆，对我来说在地下也可以与大自然的原始状态亲近。考虑到你们年纪幼小不见得明白，不知道善恶得失，如果你们追逐末世厚葬的恶俗，不按我的意愿去做，嘴上答应，实际上却不执行，那就是不孝了；你们犯下春秋时魏颗不听父命的错误，就是违背了我的成命，还有谁能怜悯你们！假使我死后有知，我将在九泉之下看着你们（是否执行我的遗命）。

【说明】

这篇《诫子俭葬书》是三国名臣沐并临终前所写，意在告诫诸子不要追随流俗，要将自己薄葬，并阐明薄葬的原因。据《三国志·魏书·常林传》记载：魏王曹芳嘉平（252）中，沐并病危，时年60多岁，“自虑身无常，豫作终制”，写下这篇《诫子俭葬书》，要学习西汉的杨王孙死后裸葬，不以棺椁为牢，不以衣裳为缠。而且他说得既坚决又严厉：如果你们不听我的安排，就是“弃父之命，谁或矜之”，而且我还会在九泉之下盯着你们。沐并为了实现薄葬的愿望，临终前对儿子们还有一番告诫：事先挖好坑，等到他气绝，就让人抬着扔到坑里去，而且不让亲人哭泣，不让妇女送葬，不让亲戚们吊唁，不要用粟米之类的祭奠。还禁止后来的亡者送入自己的墓穴搞成个大祖坟，而且“不得封树”，即不要在坟上种植树木以为标志。他的遗言妻子和儿子们一一遵照执行。

◎王祥《遗令训子孙》

王祥像

王祥（185～268），字休徵，三国琅琊临沂（今山东临沂）人。汉代谏议大夫王吉之后，与“书圣”王羲之五世祖王览是同父异母的兄弟。王祥早年丧母，因继母挑拨而失去父爱。然而，他却事继母至孝，继母想吃活鱼，他在天寒冰冻时解衣卧冰求鲤，双鲤跃出，他持鱼而归，乡里为之惊叹，这就是古代所谓的“二十四孝”之一。汉末遭乱，王祥扶母携弟避地庐江，隐居30余年，不应州郡之命。继母去世以后，王祥才应徐州刺史吕虔征召为别驾。他曾率兵征讨盗寇，使州界清静，人民安居乐业。时人歌之曰：“海沂之康，实赖王祥；邦国不空，别驾之功。”王祥有王肇、王夏、王馥、王烈、王芬五个儿子，《临终遗训》是王祥85岁临终前写给儿子的遗嘱。

【原文】

夫生之有死，自然之理。吾年八十有五，启手何恨？不有遗言，使尔无述。吾生值季末，登庸历试，无毗佐之勋，没无以报。

气绝但洗手足，不须沐浴，勿缠尸，皆浣故衣，随时所服。所赐山玄玉佩、卫氏玉玦、绶笥皆勿以敛。西芒上土自坚贞，勿用甓石，勿起坟垄。穿深二丈，椁取容棺。勿作前堂、布几筵、置书箱镜奁之具，棺前但可施床榻而已。糒脯各一盘，玄酒一杯，为朝夕奠。家人大小不须送丧，大小祥乃设特牲。无违余命！

高柴泣血三年，夫子谓之愚。闵子除丧出见，援琴切切而哀，仲尼谓之孝。故哭泣之哀，日月降杀，饮食之宜，自有制度。

夫言行可覆，信之至也；推美引过，德之至也；扬名显亲，孝之至也；兄弟怡怡，宗族欣欣，悌之至也；临财莫过乎让：此五者，立身之本。颜子所以为命，未之思也，夫何远之有！

（《晋书·王祥传》）

【译文】

人有生就有死，这是自然之理。我已经活了85岁，即使死了又有什么遗憾的呢？但如果没有临终遗言，就会使你们没有可以继承的人生准则。我生在末世，多次被举用而一试才华，并没有辅助主上的功勋，死了也无法报答主上。

我咽气以后，只洗洗手和脚，不烦劳你们沐浴净身，也不要用绸布缠裹尸体，把我的旧衣服都浣洗一下，将平时所穿的衣服给我穿上。主上赐给我的山畜玉佩、卫氏玉玦、盛印绶的箱子都不要随葬。西芒山上的土质本来就坚硬而纯洁，不要再用什么砖石，也不要堆起坟丘。墓穴深挖二丈，外棺只要能容纳内棺即可。不要设灵堂、摆宴席、安置书箱镜匣之类的器具，棺材前只要能放置床榻即可。干饭、干肉等各置一盘，薄酒一杯，作为早晚祭奠的祭品。家里的大小人等都不要为我送葬，等到一周年祭日和两周年祭日，再设牛猪等祭品。千万不要违背我的遗命！

春秋时期的高柴，为亲丧而泣血三年，孔夫子说他愚蠢。闵子骞已除孝服而见孔子，弹琴时琴声依然悲切，孔夫子说他至孝。所以，悲哀地为亲人之丧而哭泣，日月都降下霜露，是为感时念亲的缘故；丧葬期间，如何饮酒吃饭，自有古人定下的规矩。

言行可以经得起审查，这是最高的忠信；辞让赞美而自认过失，这是最高的品德；扬名声显父母，这是最大的孝道；兄弟和睦，族人喜乐，这是最大的和顺；面对钱财，没有比辞让更高尚的了。这五点是人立身的根本。颜子之所以早死而孔子说是他的“命”，是未能深思到这几点。其实有什么遥远的呢！

◎王肃《家诫》

王肃像

王肃（195～256），字子雍，东海郡郯县（今山东临沂郯城西南）人，三国时期魏国经学家。父王朗"高才博雅，而性严整慷慨，多威仪，恭俭节约"，是当时颇有名气的学者。王朗渊博的学识、严谨的学风和积极入世的态度，对儿子王肃产生了重大的影响。王肃18岁时，跟从学者杨赐学习解读西汉时期扬雄所著《太玄》十卷。该书以"玄"为中心思想，相当于《老子》的"道"和《周易》的"易"。王肃25岁时，学术上已小有名气。就在这一年，他被任用为散骑黄门侍郎，进入了高层统治集团，开始了政治生涯。王肃曾任散骑常侍、广平太守、侍中等职。王肃擅长研究贾逵、马融之学，遍注群经，自成一家，不分今文、古文，并对各家经义加以综合。王肃曾撰写以"饮酒"为内容的《家诫》。

【原文】

夫酒，所以行礼养性命欢乐也，过则为患，不可不慎。是故宾主百拜，终日饮酒，而不得醉，先王所以备酒祸也。凡为主人饮客，使有酒色而已，无使至醉；若为人所强，必退席长跪，称父戒以辞之。敬仲辞君，而况于人乎？为客又不得唱造酒史也，若为人所属，下坐行酒，随其多少，犯令行罚，示有酒而已，无使多也。祸变之兴，常于此作，所宜深慎。

（《全上古三代秦汉三国六朝文·全三国文》卷二三）

【译文】

说到饮酒，也就是表示礼貌，涵养性情，给人以欢乐，但喝酒过多就会带来祸患，因此，对喝酒一事不可以不慎重地对待。过去，在各种场合的酒席上，宾主相互敬酒几百次，就是从早到晚整天饮酒也喝不醉，那是因为圣贤们都知道防止因酒醉引出的祸端，喝得很少。凡是以主人的身份招待客人喝酒，都要掌握分寸，使客人脸上稍稍有些酒色就可以了，不能把客人灌醉；如果主人强人所难，一味劝客人多喝，客人必定会很礼貌地回绝说“家父有嘱咐，不让多喝酒”，然后告退。春秋时期，陈宣公在位时杀死太子陈御寇。陈完（字敬仲）与陈御寇关系密切，怕受连累，于是逃往齐国。齐桓公要他做卿相，他推辞不做。敬仲就连君主的好意都能谢绝，何况是一般的劝酒呢！作为客人喝酒，更不能带头多喝，不能相互劝酒、罚酒，要允许各人自便，不要使人家喝得过量。古往今来，变乱的祸患兴起，常常跟喝酒有关系，因此一定要特别慎重。

◎羊祜《诫子书》

羊祜像

羊祜（221～278），字叔子，泰山平阳（今山东新泰）人。出身于汉魏名门士族之家。祖父羊续汉末曾任南阳太守，父亲羊衜为曹魏时期的上党太守，母亲蔡氏是汉末名儒蔡邕的女儿，姐姐嫁与司马懿之子司马师为妻。羊祜12岁丧父，长大后，身长七尺三寸，须眉秀美，仪度潇洒，而且以博学多才、善于写文、长于论辩而有盛名于世。郡将夏侯威认为他不同于常人，故把兄长夏侯霸的女儿嫁给了他。羊祜被荐举为上计

吏，州官四次征辟他为从事、秀才，五府也纷纷任命他。由于此时曹魏统治集团内部的曹氏集团与司马氏集团正在争夺最高权力，羊祜与斗争的双方都有姻亲关系，处于夹缝中的他不愿意卷入旋涡之中，而因此采取了回避态度，没有参与其中。太原名士郭奕称他是“此今日之颜子也”。

【原文】

吾少受先君之教，能言之年，便召以典文，年九岁，便诲以《诗》《书》。然尚犹无乡人之称，无清异之名。今之职位，谬恩之加耳，非吾力所能致也。吾不如先君远矣，汝等复不如吾。咨度弘伟，恐汝兄弟未之能也；奇异独达，察汝等将无分也。恭为德首，慎为行基。愿汝等言则忠信，行则笃敬。无口许人以财，无传不经之谈，无听毁誉之语。闻人之过，耳可得受，口不得宣，思而后动。若言行无信，身受大谤，自入刑论，岂复惜汝，耻及祖考。思乃父言，纂乃父教，各讽诵之。

（《全上古三代秦汉三国六朝文·全晋文》卷四一）

【译文】

我从小接受父亲的教诲，到开始读书的年龄，父亲就将我叫到跟前要我学习典章制度。我9岁时，父亲又要我学习《诗经》《尚书》等儒家经典。即使如此，我也并未受到乡邻们的赞誉，没有什么清高特异的名声。之所以能有今日的职位，那只是皇上恩宠的结果，并不是凭我的能力所能达到的。我同父亲相比差距甚远，而你们又不如我。筹谋规模宏大的计划，恐怕是你们兄弟力所不能及的。达到别人无法达到的独特境界，在我看来你们也无法企及。道德中最重要的是对人恭敬，谨慎做人则是行为的根基。我希望你们说话务必忠实诚信，行为务必忠厚恭敬。不要嘴上答应给别人钱财（实际上又不兑现），不可传播荒谬无据的话，不要听信那些议论是非之言。听闻别人的过失，耳朵听到也就罢了，嘴上就不要再宣讲了，要三思而后行。如果说话做事不诚信老实，就会遭到别人的抨击，或受到刑律的惩罚，你们自身遭殃不说，祖宗的名声也受到玷污。你们要好好考虑我说的这番话，将为父这些教诲编纂起来，各自读一读记住它。

◎姚信《诫子》

姚信，字元直（一字德佑），吴兴（今浙江湖州）人。生卒年不详，约于吴大帝赤乌末年前后在世。精于天文易数之学。仕吴为太常卿。撰有《周易注》及文集十卷（《隋书·经籍志》著录二卷，两唐志并作十卷），今不可见。《三国志》《晋书》未列其传，其生平事迹散见于史传和其他文献中。陆德明《经典释文》云："姚信，字德佑。"阮孝绪《七录》称："字元直，吴兴人，吴太常卿。"他与三国时陆绩、陆逊有亲戚关系。

【原文】

古人行善者，非名之务，非人之为，心自甘之，以为己度，险易不亏，始终如一，进合神契，退同人道。故神明佑之，众人尊之，而声名自显，荣禄自至，其势然也。

又有内折外同，吐实怀诈；见贤而暂自新，退居则纵所欲；闻誉则惊自饰，见尤则弃善端。凡失名位，恒多怨而害善，怨一人则众人疾之，害一善则众人怨之，虽欲陷人而进己，不可得也，只所以自毁耳。顾真伪不可掩，褒贬不可妄——舍伪从实，遗己察人，可以通矣；舍己就人，去否适泰可以弘矣。

贵贱无常，唯人所速。苟善，则匹夫之子可至王公；苟不善，则王公之子反为凡庶。可不勉哉！

（《全上古三代秦汉三国六朝文·全三国文》卷七一）

【译文】

古代的人之所以行善，并不是为了谋求好的名声，也不是为了迎合别人，而是发自内心的意愿，认为这是自己做人的本分，因此无论处境艰险或是平顺，他们都不会减损自己的德行，自始至终都是一样。向前合乎神意，退后合乎人道。所以神明保佑他，众人尊敬他，他的名声自然得以显扬，荣誉利禄自然到来，情势必然会如此啊！

又有一些人外表迎合世俗，却内藏心机，谈吐听着忠厚，其实心怀诡诈；见到贤能的人暂且能够看齐，改过自新，退回到自己的居室内就放纵自己，为所欲为；听到人家对他的赞美，就十分惊喜并且更加自我矫饰；一旦被人怨责，就立即丧失行善之心。一旦失去好的名声和地位，就往往多有怨恨而陷害好人，但是他责怪一个人，众人就厌恨他，他陷害一个好人，众人就怨恨他。这时，即使他想陷害别人而求取晋升，也是不可能的，只不过败坏自己的名声罢了。而真与假是无法掩饰的，褒扬及贬斥也是不能妄加扭曲的——若能舍弃虚饰做作，遵循善道，抛却主观专断，多观察别人的长处，就可以通达事理；若能够去除专断及私心，多方为他人设想，去除滞碍凶邪，通往安泰吉祥，就可以胸怀广大。

人地位的高低，不是固定不变的，都是自己招致的。如果行善，那么即便是平民的儿子，也可以到达王公的地位；如果不行善，即使是王公的儿子，也会沦为平民。怎能不勉励自己！

◎卞兰《座右铭》

卞兰（生卒年不详），三国时期魏国学者，曹操内侄（卞皇后弟卞秉之子）。少有才学，袭父爵为开阳侯。哲学上承继老子无欲无为、清虚自静的思想并加以发挥，认为物欲是一切祸害的源泉，对物质享乐的追求会使人走向灭亡，而顺应自然，不为外物所役才会使人保性存真。

【原文】

重阶连栋，必浊汝真。金宝满室，将乱汝神。厚味来殃，艳色危身。求高反坠，务厚更贫。闭情塞欲，老氏所珍。周庙之铭，仲尼是遵。审慎汝口，戒无失人。从容顺时，和光同尘。无谓冥漠，人不汝闻。无谓幽冥，处独若群。不为福先，不与祸邻。守玄执素，无乱大伦。常若临深，终始惟纯。

（《全上古三代秦汉三国六朝文·全三国文》卷三十》）

张瑞图（1570—1644），明代官员、书画家。字长公、无画，号二水、果亭山人、芥子、白毫庵主、白毫庵主道人等。晋江二十七都霞行乡（今青阳镇莲屿下行）人。万历三十五年（1607）进士第三（探花），授翰林院编修。他以擅书名世，书法奇逸，峻峭劲利，笔势生动，奇姿横生，于钟繇、王羲之之外另辟蹊径，为明代四大书法家之一，与董其昌、邢侗、米万钟齐名，有「南张北董」之号。

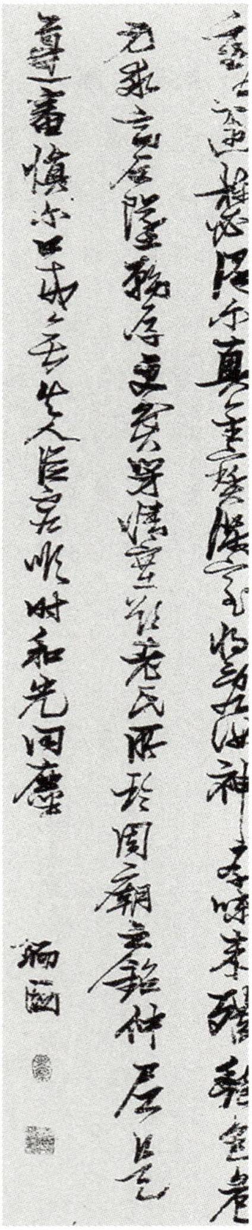

张瑞图草书《座右铭》

【译文】

房屋众多高大，必定污染了你的纯真。金银珠宝塞满屋子，将会扰乱你的心神。美味带来灾殃，美女危及自身。想要爬高反而坠落下来，想要发财结果却更贫穷。控制感情，节制欲望，为老子所珍重。周庙里的铭文，为孔子所遵守。你说话一定要谨慎，不违逆当时的社会，把荣光和浊尘同样看待。不要以为你处在静寂之中，不声不响，别人就不知道你。不要以为你身在暗室，就胡作非为，应该做到独处与群处时行为一致。看到幸福，不要抢先去取得，这样就不会与祸患为邻。保持清虚玄静和质朴的本色，不要违反人与人之间关系的根本准则。经常像面临深渊那样谨慎，始终如一地保持自己的纯真。

◎嵇康《家诫》

嵇康像

嵇康(224～263)，字叔夜，谯国铚县(今安徽濉溪)人。三国曹魏时著名思想家、音乐家、文学家。正始末年与阮籍等竹林名士共倡玄学新风，主张“越名教而任自然”“审贵贱而通物情”，为“竹林七贤”之精神领袖。嵇康是曹魏宗室的女婿，娶曹操曾孙女长乐亭主为妻，官至曹魏中散大夫，世称嵇中散。后因得罪钟会，为其所诬陷，被司马昭处死，年仅 39 岁。嵇康善文，工于诗，风格清峻。他注重养生，曾著《养生论》。有《嵇康集》传世。他的作品反映出时代思想，并且给后世思想界、文学界带来许多启发。他的事迹与遭遇对于后世的时代风气与价值取向有着巨大影响。在他身上集合了政治人物、文化人物等多亘属性，因此后世学者对他的解读也呈现多元化趋向。

【原文】

人无志，非人也。但君子用心，所欲准行，自当量其善者，必拟议而后动。若志之所之，则口与心誓，守死无二。耻躬不逮，期于必济。

若心疲体解，或牵于外物，或累于内欲；不堪近患，不忍小情，则议于去就。议于去就，则二心交争。二心交争，则向所以见役之情胜矣！或有中道而废，或有不成一匮而败之。以之守则不固，以之攻则怯弱；与之誓则多违，与之谋则善泄；临乐则肆情，处逸则极意。故虽繁华熠耀，无结秀之勋；终年之勤，无一旦之功。斯君子所以叹息也。

若夫申胥之长吟，夷齐之全洁，展季之执信，苏武之守节，可谓固矣！故以无心守之，安而体之，若自然也。乃是守志之盛者也。所居长吏，但宜敬之而已矣，不当极亲密，不宜数往，往当有时。其有众人，又不当独在后，又不当宿留。所以然者，长吏喜问外事，或时发举，则怨或者谓人所说，无以自免也。若行寡言，慎备自守，则怨责之路解矣。其立身当清远，若有烦辱，欲人之尽命，托人之请求，则当谦辞逊谢，其素不豫此辈事，当相亮耳。若有怨急，心所不忍，可外违拒，密为济之。所以然者，上远宜适之几，中绝常人淫辈之求，下全束修无玷之称，此又秉志之一隅也。

凡行事，先自审其可，不差于宜，宜行此事。而人欲易之，当说宜易之理。若使彼语殊佳者，勿羞折遂非也；若其理不足，而更以情求来守，人虽复云云，当坚执所守，此又秉志之一隅也。

不须行小小束修之意气，若见穷乏而有可以赈济者，便见义而作。若人从我，欲有所求，先自思省，若有所损废，多于今日，所济之义少，则当权其轻重而拒之。虽复守辱不已，犹当绝之。然大率人之告求，皆彼无我有，故来求我，此为与之多也。自不如此而为轻竭，不忍面言，强副小情，未为有志也。

夫言语，君子之机，机动物应，则是非之形著矣，故不可不慎。若于意不善了，而本意欲言，则当惧有不了之失，且权忍之。后视向不言此事，无他不可，则向言或有不可；然则能不言，全得其可矣。且俗人传吉迟、传凶疾，又好议人之过阙，此常人之议也。坐言所言，自非高议，但是动静消息，小小异同，但当高视，不足和答也。非义不言，详静敬道，岂非寡悔之谓？

王铎（1592~1652），字觉斯、觉之，号嵩樵，又号痴庵，别署烟谭渔叟，明末清初书法家。孟津（今河南孟津）人。官至礼部尚书。其行、草书有很高的成就，用笔沉着而富有变化，粗犷豪放，不失法度。

王铎草书嵇康风度

人有相与变争，未知得失所在，慎勿预也。且默以观之，其是非行自可见。或有小是不足是，小非不足非，至竟可不言，以待之。就有人问者，犹当辞以不解。近论议亦然。若会酒坐，见人争语，其形势似欲转盛，便当亟舍去之，此将斗之兆也。坐视必见曲直，党不能不有言，有言必是在一人；其不是者，方自谓为直，则谓曲我者有私于彼，便怨恶之情生矣。或便获悖辱之言，正坐视之，大见是非而争不了，则仁而无武，于义无可，故当远之也。然大都争讼者，小人耳，正复有是非，共济汗漫，虽胜可足称哉？就不得远取醉为佳。若意中偶有所讳，而彼必欲知者，若守大不已，或劫以鄙情，不可惮此小辈，而为所挽引，以尽其言。今正坚语，不知不识，方为有志耳。

自非知旧、邻比，庶几已下，欲请呼者，当辞以他故，勿往也。外荣华则少欲，自非至急，终无求欲，上美也。不须作小小卑恭，当大谦裕；不须作小小廉耻，当全大让。若临朝让官，临义让生，若孔文举求代兄死，此忠臣烈士之节。

凡人自有公私，慎勿强知人知。彼知我知之，则有忌于我，今知而不言，则便是不知矣。若见窃语私议，便舍起，勿使忌人也。或时逼迫，强与我共说。若其言邪险，则当正色以道义正之。何者？君子不容伪薄之言故也。一旦事败，便言某甲昔知吾事，是以宜备之深也。凡人私语，无所不有，宜预以为意，见之而走者，何哉？或偶知其私事，与同则可，不同则彼恐事泄，思害人以灭迹也。非意所钦者，而来戏调、蚩笑人之阙者，但莫应从小共，转至于不共，而勿大冰矜，趋以不言答之。势不得久，行自止也。自非所监临，相与无他宜适，有壶榼之意，束修之好，此人道所通，不须逆也，过此以往，自非通穆。匹帛之馈，车服之赠，当深绝之。何者？常人皆薄义而重利，今以自竭者，必有为而作，鬻货徼欢，施而求报，其俗人之所甘愿，而君子之所大恶也。又愦不须离搂，强劝人酒。不饮自已，若人来劝，己辄当为持之，勿诮勿逆也。见醉薰薰便止，慎不当至困醉，不能自裁也。

（《全上古三代秦汉三国六朝文·全三国文》卷五一）

【译文】

一个人活着却没有志向，就算不上是一个真正的人。而作为一个君子，只要用心，想做的事情都终能做成，而一个真正有智慧的人，在行动之前一定会先想好策略。如果要做的事就是心中最想做的事，即与你的志向相符，那么你就会做到心口合一，坚定不移，宁死也不放弃。在践行理想的过程中，偶尔会有松懈或力量不够的时候，但若能以之为耻，改变并继续努力，那么经过一段时间后一定会到达想到的境界，得到想要的结果。

如果身心疲惫，或者被外在的物质或内心的欲望牵累，忍受不了眼前的忧患或者心里小小的不快，则会开始考虑放弃之前的努力与成绩。如果想放弃，心中就会挣扎，陷入天人交战的境地。动摇挣扎的结果往往是一向难以克服的情感、欲望取胜，由此，有的人半途而废，还没有一点成绩就直接溃败了。这时，用他作防守则不坚固，用他来进攻则太怯弱；与他定下誓约则常常违约，而与他共同谋划时他又常常泄漏消息。他如果遇到快乐的事情则控制不住感情，处在轻松的境地时就极度放松，根本无法节制。所以，这样的人虽然天资很好，光华闪耀，但不会有出彩的成就；即使一整年都很勤快，也不会有一日功成名就。看到这样的情况，君子就不得不叹息了。

想当初，伍子胥作长吟时的心志，伯夷、叔齐品性高洁的行为，柳下惠令人感佩的信念，苏武坚守节操的品德，都可以说很坚定。所以说，心里没有贪欲而平静，身体没有藻饰而接近自然之道的人，才是最能坚守志向的人！对本地的官员，只要尊敬他就好了，不应和他过分亲密，和他的往来也不宜太多，一定要去拜访的话，也应当注意控制时间，不宜久处。若是和其他人一起去拜访，那就不要单独和他一起走在最后，也不要在他家里留宿。之所以要你这么做，是因为官员喜欢问别人一些府衙内看不到的事情，或者提拔、举荐他以为有才能的人，这些都会遭人怨恨，有时也会讲到别人提到的一些事，你在和官员谈话时总是免不了要有所答复，就会陷入两难境地，实在难办。如果能做到少说话，谨慎戒备，守好自己的言行，就可以远离那种难以避免的被人怨恨或责备的境地了。平时做人应当居住在清净高远之地，远离庸人俗事，如果有人来麻烦、叨扰，想要你为他做一些可能要冒生命危险的事，在推辞别人的请求时，语气应当谦和、真诚而有礼貌，要让他清楚地知道你从来不插手这类事情。如果那人有抱怨或者真的很急，你心里有些不忍，希望能够帮助他，那么可以采取表面上拒绝他，私下却偷偷想办法帮助他的策略。之所以要你这样做，是因为这样上可以预防、远离一些想要以此为借口拉拢、束缚你

桂馥隶书《文心雕龙》摘句

桂馥（1736～1805），字未谷，一字东卉，号雩门，别号萧然山外史，晚称老苔，一号渎井，又自刻印曰渎井复民。山东曲阜人。乾隆五十五年（1790）进士，官云南永平知县。书法家、文字训诂学家，精于考证碑版，以分隶篆刻擅名。

的人，中可以杜绝一些麻烦人士的请求，下可以保全自己的名声，这也是坚守志向的一个策略。

在想做一件事之前，一定要先自己审度一下，看看可不可以去做，认为没有差错了，就可以放心去做这件事。如果有人想要改变你的计划，那么他应该说出改变之后更好的计划。如果他讲得很对，你也不要因此感到自卑，妄自菲薄；如果他的理由不够充分，改成以情分来请求你听他的话，他虽然一直那样说，但你不应受影响，而要坚持自己的初衷，坚定自己的信念，坚守自己的理想。这也是秉持志向的一个关键。

做人也不能太小气，不知变通，只懂得坚持清远的形象，在遇见贫穷困苦的人时，如果有可以帮助、救济他的东西，就应当见义而为去帮助他。但如果有人有所企图而一直跟着你，你应当先思考一番，如果帮助他给自己带来的损失多，而带来的道义少，则应当在权衡轻重后拒绝他。就算他不断央求你，也应当拒绝。但在大多情况下，人家来求你帮忙，一般都是因为他没有而你有，才会来求你，这种情况下答应他的可能还是比较大的。你不按我说的去做，轻易就为别人竭尽所有，不忍心拒绝别人的当面请求，勉强自己去帮扶没什么交情的人，那就不是真正有远大志向的人。

语言这个东西，是君子的一种重要表达形式，应用时，君子的是非态度等都会通过它表现出来，所以说话时不能不谨慎。如果讲出的一些话会产生一种难以节制的欲望，虽然本来很想讲，也应当考虑到讲下去可能引起的过失与不当，应当先忍着不说。事后再来看自己不讲的这件事，也没什么不可以的，而说出来却可能有什么不当之处；因此能不说的话，也就尽量不说了，以保证自己少做些不该做的事。而且世俗之人传好消息很慢，传坏消息倒是很快，又喜欢议论别人的过失，这都是常人喜欢的议题。这样的人坐在一起讨论的事情，自然不是什么高尚的话题。在他们嘴里，只要一点点小动静，一点点差异变化，都会被当作大事来高谈阔论，其实根本不值得去附和回答。如果不是附和“义”的话就不说，细心安静地谨守值得尊敬的大道理，难道不是减少后悔的一种办法吗？

人都有自己的判断、喜好，有赞许，也有不认同甚至想与人争论的时候，

但在你不知道这么做的得失情况时,还是谨慎些,少去干预的好。这时候,姑且默默去观察,慢慢地自然会明白事情的是非。有时小小的正确其实算不得正确,而小小的错误也不算是错误了,这些情况都不用去说话干预。就算是有人来问了,也可以告诉他说自己不知道而不予回答。在遇到别人争论的时候也是这样。如果身在酒场,别人开始争论而且有越吵越厉害的趋势,就应当找个机会离开而不要有任何留恋,因为这是他们将要开始争斗的前兆。你坐在一旁看着一定会对是非曲直作出判断,届时就会忍不住说话,你一开口说话肯定是站在其中一个人那边,即使他不对的地方你也就以为对了,而另外一个人会认为你是私心想帮助这个人与他作对,心里面就对你产生怨恨、讨厌之情。就算你能忍住不说,就坐着看他们争吵,但你明明看出了是与非,却不参与争论,这是有仁心却无勇气,从义而言又是不可为的行为,因此你应当远离他们。而且大部分喜欢争辩诉讼的人,都是小人。就算其中有是非曲直之分,但你与他一起为之,就算是胜利了,又有什么值得称道的地方呢?还不如远离他们饮酒自醉的好。如果偶然间讲了一些使人有所忌讳的话,而那个知道了这些话的人如果节操不是很好,以这点作为威胁,你也不用担心这种小人而因此被他利用,让他去说吧。能坚守自认为对的言语,不去理会小人的作为,才算是真有志向的人。

假如不是旧友、近邻,想邀请你,你应当以别的理由拒绝,不要跟着去。外在表现荣耀华美的应当减少欲望,假如不是非常着急的事,就应该追求无欲的境界,这是最美好的境界。不需要作小小的卑微谦恭,应该在大处谦让;也无须计较小小的廉耻,而应当保全大节。比如遇到朝廷招募时让出官位,面临大义时宁愿牺牲生命,像孔文举请求代替兄长去死一样,这是忠臣烈士才有的节操。

凡人都有自己的隐私,不要勉强自己去了解别人知道的事情。如果那人知道你已知道他的私密,则将对你有所忌讳。假如你知道了不说,就像不知道一样。如果见到别人背着你窃窃私语,就起来离开,不要使人忌讳。有时会遇到别人强迫你和他一起说,如果那人讲的内容都是邪恶艰险的,则应当正色应对,以道义指导他的言语。为什么呢?因为君子不能容忍虚伪浅薄的语言。而且一旦事情败露，那人就会说某某人曾经知道我的事（很有可能是他告的密），以后应当对他多加戒备。凡人聚在一起说悄悄话，真是什么内容都有，如果你能猜测到他要说的话，一发现有说秘密的端倪就远离他。为什么要这样呢？假如你偶然知道了他的私事，与他观点一致倒也算了；如果不同，他会担心你泄密，就会想着要将你除掉。如果他的本意不是善良的，而是跑来戏弄、耻笑别人的缺点，也不要因为是小事就和他议论或者附和，因为最后变成完全不敢苟同就不好了；届时只要板着脸孔，闷不吭声，一句话都不和他说，他势必不会讲太久，自己就会知趣地停下来。假如是平时相处得宜，共同饮酒畅谈的同好，这就是志同道合的人，不需要想办法违逆他，一直都是这样了，倒也无须严肃的沉默以对。别人赠送的马匹布帛、车辆衣服都应当坚定地拒绝。为什么呢？因为常人都轻义而重利，现在他送你这些东西，肯定都有所企图，希望有朝一日得到你的报答，这种礼尚往来是俗人喜欢做的事，却是君子最讨厌的。还有，烦闷时不要离开家里，强迫别人陪你喝酒。自己不要喝，如果别人来劝你喝，你就接过来喝了，不要去责备或者违逆他。感到有醉意的时候就停下来，千万不要喝到大醉，以至于到无法自控的地步。

◎王昶《家诫》

王昶（？～259），字文舒，三国晋阳（今山西太原）人。明帝在位时累官司空，封京陵侯。著有《治论》《兵书》等。王昶的《家诫》，内容丰富，涉及面也很广。

【原文】

夫人为子之道，莫大于宝身全行，以显父母。此三者人知其善，而或危身破家，陷于灭亡之祸者，何也？由所祖习非其道也。夫孝敬仁义，百行之首，行之而立，身之本也。孝敬则宗族安之，仁义则乡党重之，此行成于内，名著于外者矣。人若不笃于至行，而背本逐末，以陷浮华焉，以成朋党焉；浮华则有虚伪之累，朋党则有彼此之患。此二者之戒，昭然著明，而循覆车滋众，逐末弥甚，皆由惑当时之誉，昧目前之利故也。夫富贵声名，人情所乐，而君子或得而不处，何也？恶不由其道耳。患人知进而不知退，知欲而不知足，故有困辱之累，悔吝之咎。语曰："如不知足，则失所欲。"故知足之足常足矣。览往事之成败，察将来之吉凶，未有干名要利，欲而不厌，而能保世持家，永全福禄者也。欲使汝曹立身行己，遵儒者之教，履道家之言，故以玄默冲虚为名，欲使汝曹顾名思义，不敢违越也。古者盘杅有铭，几杖有诫，俯仰察焉，用无过行；况在己名，可不戒之哉！夫物速成则疾亡，晚就则善终。朝华之草，夕而零落。松柏之茂，隆寒不衰。是以大雅君子恶速成，戒阙党也。若范匄对秦客而武子击之，折其委笄，恶其掩人也。

夫人有善鲜不自伐，有能者寡不自矜；伐则掩人，矜则陵人。掩人者人亦掩之，陵人者人亦陵之。故三郤为戮于晋，王叔负罪于周，不惟矜善自伐好争之咎乎？故君子不自称，非以让人，恶其盖人也。夫能屈以为伸，让以为得，弱以为强，鲜不遂矣。夫毁誉，爱恶之原而祸福之机也，是以圣人慎之。孔子曰："吾之于人，谁毁谁誉。如有所誉，必有所试。"又曰："子贡方人。赐也贤乎哉，我则不暇。"以圣人之德，犹尚如此，况庸庸之徒而轻毁誉哉？

昔伏波将军马援戒其兄子，言："闻人之恶，当如闻父母之名；耳可得而闻，口不可得而言也。"斯戒至矣。人或毁己，当退而求之于身。若己有可毁之行，则彼言当矣；若己无可毁之行，则彼言妄矣。当则无怨于彼，妄则无害于身，又何反报焉？且闻人毁己而忿者，恶丑声之加人也，人报者滋甚，不如默而自修己也。谚曰："救寒莫如重裘，止谤莫如自修。"斯言信矣。若与是非之士，凶险之人，近犹不可，况与对校乎？其害深矣。夫虚伪之人，言不根道，行不顾言，其为浮浅较可识别。而世人惑焉，犹不检之以言行也。近济阴魏讽、山阳曹伟皆以倾邪败没，荧惑当世，挟持奸慝，驱动后生。虽刑于鈇钺，大为炯戒，然所污染，固以众矣。可不慎与！

若夫山林之士，夷、叔之伦，甘长饥于首阳，安赴火于绵山，虽可以激贪励俗，然圣人不可为，吾亦不愿也。今汝先人世有冠冕，惟仁义为名，守慎为称。孝悌于闺门，务学于师友。吾与时人从事，虽出处不同，然各有所取。颍川郭伯益，好尚通达，敏而有知。其为人弘旷不足，轻贵有余。得其人重之如山，不得其人忽之如草。吾以所知亲之昵之，不愿儿子为之。北海徐伟长，不治名高，不求苟得，淡然自守，惟道是务。其有所是非，则托古人以见其意，当时无所褒贬。吾敬之重之，愿儿子师之。东平刘公干，博学有高才，诚节有大意，然性行不均，少所拘忌，得失足以相补。吾爱之重之，不愿儿子慕之。乐安任昭先，淳粹履道，内敏外恕，推逊恭让，处不避洿，怯而义勇，在朝忘身。吾友之善之，愿儿子遵之。若引而伸之，触类而长之，汝其庶几举一隅耳。及其用财先九族，其施舍务周急，其出入存故老，其论议贵无贬，其进仕尚忠节，其取人务实道，其处世戒骄淫，其贫贱慎无戚，其进退念合宜，其行事加九思，如此而已。吾复何忧哉？

（《三国志·魏书·王昶传》）

【译文】

作为晚辈，没有比保全自身、端正行事并凭此来显扬父母更重要的了。（保全自身、成就事业、显扬父母）这三样的好大家都知道，然而总有人身陷危难、家庭破灭，沉沦在身死家亡的灾祸中，为什么会这样呢？因为他所遵行的行为准则不对。孝顺、恭敬、仁爱、道义，是诸种品行中最重要的准则，按这些正确的准则行事才能站得稳，是立身的根本。孝顺、恭敬地对待长辈，在宗族中就站得稳，仁爱、守义地对待别人，在乡邻中就会被推重，这样在宗族乡邻之间行事就可以成就自己，也会在宗族同乡之外传出美名。人

如果不坚守正道行事,反而背离立身之本,只追求眼前利益,就会使自己陷于短浅的浮华之中,沉溺于狐朋狗友之间;陷于浮华则失于虚伪、牵累,溺于朋党就得彼此防备、彼此教训。这两者的教训,一目了然,但是重蹈覆辙的人越来越多,追求眼前私利的人越来越多,都是因为人被当时的称赞迷了眼,被眼前的利益迷了心。富贵声名,本是人人都喜欢的,然而君子有时却得到了也不要,为什么呢?因为他们厌恶这些富贵声名不是遵循正道得来的。担心大家只知道向前却不知道后退,只知道追求却不知道满足,所以才会有困窘与悔恨。俗话说:“如果不知道满足,就会失去你想要的。”所以知道满足的满足才是恒久的满足。看往事的成败,看后来的吉凶演变,没有追求名利、不知满足却能家世绵延、长保福禄的例子。我想让你们行事立身能遵循儒家、道家的教导,因此用玄、默、冲、虚这样的字给你们起名字,是想让你们想起自己的名字就思义,不敢违背正道啊。古时候人们在常用的盘盂、几杖上面都刻上铭文诫训,时时提醒自己,不要做错事;更何况如今你们的名字中便有教义,怎么能不警戒呢!事物成就得快,消亡得也就快,成就得晚就会有更好的结果。早上开的花,傍晚就凋零了;松柏的繁茂,经历寒冬也不会衰亡。因此,懂大道的君子厌恶速成的徒径,拒绝利益之交的朋友。像范文子回答秦国使者讲的无人答得出的隐语却被他的父亲范武子打了一顿,连发冠上的簪子都打断了,就是因为厌恶他出风头。

有长处的人鲜有不自夸的,有才干的人很少有不自负的;夸耀自己就容易看轻别人,自负自傲就容易盛气凌人。不懂谦让的人,别人也会不会对他谦让;盛气凌人的人,别人也对他盛气凌人。所以三郤在晋国被杀,王叔在周朝获罪,不就是自夸自负、争强好胜犯下的错吗?所以君子不炫耀自己,不是因为谦让他人,而是不喜欢掩蔽他人。能以屈为伸、以退为进、以弱为强的人,很少有不成事的。诋毁与赞誉,正是爱恨的来由、祸福的转机,所以圣人都谨慎地对待。孔子说:“我对于人,诋毁过谁?赞美过谁?如有所赞誉的,他必定经受了考验。”又说:“子贡(端木赐)好评论别人。子贡你就很贤能吗?我就没那闲工夫去议论人家的不是。”凭圣人的德行,尚且这样说,更何况平庸之辈随便论人长短呢?

从前伏波将军马援劝诫他的侄儿，说：“听到别人的不是，应当像听到父母的名字一样；耳朵可以听，口中却不可妄加评论。”这告诫真是对极了。有人非议你，应该退让然后从自身找问题。如果自己的确有让人指责的行为，那别人的话就是恰当的；如果自己没有让人指责的行为，那别人的非议就是胡说了。对恰当的指责就不必怨恨，妄言胡说对自己本没有损害，又何必报复回去呢？而且听到别人指责自己就愤怒的人，应该厌恶再把丑恶的话语加到别人身上。要报复回去只会越发滋生指责、非议，不如默默地约束自己、修养自身德行。谚语说：“消除寒冷什么都不如厚重的衣裳，阻止毁谤不如自我修养。”这话确实有理啊。和论人是非的人、心怀险恶的人接近都是不可以做的事，更何况和这样的人针锋相对呢？这样害处就更大了。虚伪的人，说话不遵从正道，言行不一，他的虚浮浅薄一对照就能认清；然而世人被他们迷惑，还不将他们所言所行相对照来检验、辨明。近世的济阴人魏讽、山阳人曹伟都因为邪僻不正而自取败亡，他们凭言语惑乱当世，心怀险诈，挑动年轻人作乱。虽然他们被处死了，但他们张扬起来的恶劣作风，已经污染了很多人。怎么能不谨慎啊！

至于那些甘于隐逸山林的人，像伯夷、叔齐等宁可饿死首阳山；还有像介子推等，宁可烧死在绵山也不愿出仕。虽然他们的言行可以对贪欲之徒有所警戒，可以引导好的社会风尚，但是真正的圣人是不会像他们那样去做的，我也不愿意你们效仿他们。你们的先辈世代做官，崇尚仁义，为人谨慎，讲究孝悌之道，广泛地向友人学习。我和同事交往，虽各有不同，但都会从不同的人那儿学到一些东西。颍川郭伯益（郭奕），灵活通达，头脑聪敏，有智慧。可是他为人不够旷达，轻视富贵固然可嘉，但也有些过分：对他所认可的人，就十分敬重，犹如敬仰高山一般；对他不认可的人，就不放在眼里，犹如视草叶一样。我因为和他相知，所以和他来往密切，但不希望你们像他这样做。北海徐伟长（徐幹）不求名誉，不求财富，淡泊自守，一心追求道德修养。他有所褒贬，也都假托古人之口说出，而对当世则从不评论是非。我很敬重他，希望你们能向他学习。东平的刘祯有出众的才能，真诚有节度且有大志，然而他的性情和行为不太相符，他很少有约束和顾忌，得和失足可

以正负抵消。我很喜欢他、看重他，但不愿你们追慕他。乐安任嘏完全遵循古道，内心敏锐，而外表宽厚，谦逊恭让，居处不避污浊的凹地，平时好像胆怯，却能见义勇为，在朝做官则可公而忘私。我把他视为好友而推重他，愿你们以他为榜样。如果你们能引而伸之，触类而推，你们就可以从我所推举的人物中得到启发了。至于用钱，应以家族作为首先考虑的对象，施舍一定要注意周济那些急需的人，出入乡里、朝廷一定要慰问老人，议论时不要贬低别人，做官时要尽忠守节，用人交友一定要诚实，处世一定不要骄慢贪淫，贫贱时万不可自暴自弃，进与退要想到是否合适，凡事要三思而后行，如此罢了。如果你们这样做了，我还有什么可忧虑的呢？

◎李暠家训

李暠像

李暠（351～417），字玄盛，小字长生，陇西成纪（今甘肃秦安）人，自称西汉将领李广十六世孙，十六国时期西凉政权建立者。隆安元年（397），段业自称凉州牧，以李暠为效谷县令，后升为敦煌太守。隆安四年（400），李暠自称大将军、护羌校尉、秦凉二州牧、凉公，改元庚子，建立西凉政权，以敦煌为都城，疆域广及西域。义熙元年（405），他改元建初，遣使奉表东晋，并迁都酒泉，与北凉长期争战。建初十三年（417），李暠去世，享年67岁，谥号武昭王，庙号太祖，葬于建世陵。唐朝李氏亦称李暠为其先祖。唐玄宗李隆基天宝二年（753）追尊其为兴圣皇帝。

手令诫诸子

【原文】

吾自立身，不营世利；经涉累朝，通否任时；初不役智，有所要求，今日之举，非本愿也。然事会相驱，遂荷州土，忧则不轻，门户事重，虽详人事，未知天心，登车理辔，百虑填胸。后事付汝等，粗举旦夕近事数条，遭意便言，不能次比；至于杜渐防萌，深识情变，此当任汝所见深浅，非吾敕戒所益也。

汝等虽年未至大，若能克己纂修，比之古人，亦可以当事业矣。苟其不然，虽至白首，亦复何成！汝等其戒之慎之！节酒慎言，喜怒必思，爱而知恶，憎而让善，动念宽恕，审而后举。众之所恶，勿轻承信。详审人，核真伪，远佞谀，近忠正，蠲刑狱，忍烦扰，存高年，恤丧病，勤省案，听讼诉。刑法所应，和颜任理，慎勿以情轻加声色。赏勿漏疏，罚勿容亲。耳目人间，知外患苦。禁御左右，无作威福，勿伐善施劳。逆诈亿必，以示己明。广加咨询，无自专用，从善如顺流，去恶如探汤。富贵而不骄者至难也，念此贯心，勿忘须臾。僚佐邑宿，尽礼承敬，宴飨馔食，事事留怀。古今成败，不可不知。退朝之暇，念观典籍，面墙而立，不成人也。

（《晋书·凉武昭王传》）

【译文】

我从立身以来，不追求世俗的利益，经历了几个朝代，处境的好坏全听凭时运的安排。我起先并没有发挥自己的智慧而有所追求，今天迁居酒泉的举动，并不是我本来的意愿啊。然而时机驱使我这样做，于是就率领州的百姓迁居。责任不轻，门户事重，我虽然详知人事，但不知天意若何，登上了车子，勒住马缰，各种各样的忧虑填满了胸膛。后事交付给你们兄弟等人，粗略列举早晚近事数条，想到什么，就说什么，不能依次序排列；至于防微杜渐，深刻认识

情况的变化，这该由你们认识的深浅来决定，而不是我的告诫能有所帮助的。

你们年龄还不是很大，如果能够约束自己，加强品格修养，和古人相比，还是能成就事业的。如果不是这样，即使到了头发斑白的时候，也不会有什么成就吧！你们一定要小心谨慎啊！节制饮酒，谨慎言谈，高兴和生气时要先想一想，爱一个人要知道他的短处，恨一个人也要看到他的长处，一举一动，都要先认真想一想，再采取行动。大家都厌恶的，也不要轻易相信。对人要详加审察，考核他的真伪，疏远谄媚的小人，亲近忠诚正直的好人，废除或减免刑狱，耐得住烦恼，存养老者，体恤死者的家属和病人，勤勉审察研求，听理案件。处理刑法时要和颜悦色，按理处置，一定不要感情用事，轻易发脾气。奖赏时不要漏掉关系疏远之人，处罚时不要包容关系亲密之人。要深入民间多听多看，了解外面的忧患疾苦。禁御左右之人不要作威作福，不要夸耀自己的长处和功劳。要预先考虑奸诈之人的心思，以显示自己的明察秋毫，广泛听取各方面的意见，不要独断专行。要乐于听取别人正确的意见，迅速去除奸恶的行为。富贵而不骄横是最难的，你们要把这一点记在心里，片刻也不要忘记。对同僚和县邑的老人，要尽礼承敬，举办宴会，用丰盛的食物款待他们，事事注意关照。古今成败的经验教训，不可以不知道。退朝之后，每有闲暇，要思考阅读重要文献。如果不学习，就如面对着墙站立而一无所见，不能成为有用之人。

勖诸子

【原文】

吾负荷艰难，宁济之勋未建，虽外总良能，凭股肱之力，而戎务孔殷，坐而待旦。以维城之固，宜兼亲贤，故使汝等未及师保之训，皆弱年受任。常惧弗克，以贻咎悔。古今之事，不可以不知。苟近而可师，何必远也。览诸葛亮训励，应璩奏谏，寻其终始，周孔之教尽在中矣。为国足以致安，立身足以成名，质略易通，寓目则了，虽言发往人，道师于此。且经史道德如采菽中原，勤之者则功多，汝等可不勉哉！

（《晋书·凉武昭王传》）

【译文】

我重担在肩，平定天下的功勋还未建立，虽然能聚拢贤能之人，有股肱之臣的辅佐，但是军务繁忙，每天都办公到天亮。因为考虑到巩固已有的城池，应当兼用亲信贤明之人，因此来不及使你们接受老师的教导，在你们还年轻时就都委以重任。我常常害怕你们不能胜任，而留下灾祸和悔恨。古今的事情，不可以不知道。如果当前有可以学习效法、当老师的人，为什么一定要到远古去寻求呢？阅读诸葛亮的训诫和应璩的奏谏，寻求其思想渊源，周公、孔子之教全都在其中了。拿来治理国家足以带来安定，拿来立身足以使自己成名。他们的教诲朴实简略，容易理解，过目就能懂得，虽然这些言论出自以往之人，但是可以效法的道理也就在这里了。况且经史道德一类的学问，就如到平地里采摘豆子一样，勤快的人收获就多，你们哪能不努力！

◎陆景《诫盈》

陆景（247～277），字士仁，华亭（今上海松江）人。三国时期吴国名将陆抗之子，陆晏之弟，陆机、陆玄、陆云之兄。陆景从小受祖母家教，勤奋苦学，博览群书，精通文史，多有政治主张，并敢于发表政见，为公主所赏识，娶公主而官拜骑都尉，封毗陵侯，后任偏将军。晋军伐吴时，陆景奉命率军从水路进军抵抗。后杜预攻破东吴大军，时陆景在船上，望见江南岸上一片火起，巴山上风飘出一面大旗，上书："晋镇南大将军杜预。"陆景大惊，欲上岸逃命，被晋将张尚马到斩之，时年31岁。陆景著书数十篇，《隋书·经籍志》著录有陆景一卷。

他的家训《诫盈》，主要是告诫子弟居高思危，处满戒盈，这样才能身全名著，与福始终。

【原文】

富贵，天下之至荣；位势，人情之所趋。然古之智士，或山藏林窜，忽而不慕；或功成身退，逝若脱屣者，何哉？盖居高畏其危，处满惧其盈，富贵荣势，本非祸始，而多以凶终者，持之失德，守之背道，道德丧而身随之矣。是以留侯、范蠡，弃贵如遗；叔敖、萧何，不宅美地。此皆知盛衰之分，识倚伏之机，故身全名著，与福始卒。自此以来，重臣贵戚，隆盛之族，莫不罹患构祸，鲜以善终，大者破家，小者灭身。唯金、张子弟，世履忠笃，故保贵持宠，祚钟昆嗣。其余祸败，可谓痛心。

（《全上古三代秦汉三国六朝文·全三国文》卷七十）

【译文】

富贵，是天下所引为荣耀的；权势，是世人之常情所趋附的。然而古代有智慧的人，有的隐匿山林，对这些视而不见并不羡慕；有的人功成身退，就像扔掉草鞋一样放弃富贵权位。这是为什么呢？大概是因为身居高位就害怕其危险，得到了全部就会担心是不是太多了。富贵荣华与权势，本来不是祸患的开始，而多数人却以凶险结束，为政失德，守财背道，道德丧失而生命也随之遭殃。因此留侯、范蠡，抛弃富贵如同丢掉东西；叔敖、萧何不建造华美的宅第。这都是因为他们知道到兴盛与衰败的分别，了解福祸相倚伏的缘由，所以保全了性命，名声卓著，福禄有始有终。自此以来，重臣贵戚、世家大族，无不遭遇祸患，鲜有善终，重则家族尽毁，轻则身遭杀戮。只有金（日磾）、张（汤）两姓的子弟，世代忠厚诚实，故能保有富贵和荣宠，恩及子孙。其他那些遭遇祸败的，可以说是令人痛心。

◎陶渊明《与子俨等疏》

陶渊明像

陶渊明（352 或 365～427），字元亮，又名潜，私谥靖节，世称靖节先生，浔阳柴桑（今江西九江）人，东晋末至南朝宋初期伟大的诗人、辞赋家。曾任江州祭酒、建威参军、镇军参军等职，最末一次出仕为彭泽县令，在任 80 多天便弃职而去，从此归隐田园。他是中国第一位田园诗人，被称为“古今隐逸诗人之宗”，著有《陶渊明集》。

【原文】

天地赋命，生必有死；自古圣贤，谁能独免？子夏言曰：“死生有命，富贵在天。”四友之人，亲受音旨，发斯谈者，将非穷达不可妄求，寿夭永无外请故耶？

吾年过五十，少而穷苦，每以家弊，东西游走。性刚才拙，与物多忤。自量为己，必贻俗患。僶俛辞世，使汝等幼而饥寒。余尝感孺仲贤妻之言，败絮自拥，何惭儿子？此既一事矣。但恨邻靡二仲，室无莱妇，抱兹苦心，良独内愧。

少学琴书，偶爱闲静，开卷有得，便欣然忘食。见树木交荫，时鸟变声，亦复欢然有喜。常言五六月中，北窗下卧，遇凉风暂至，自谓是羲皇上人。意浅识罕，谓斯言可保。日月遂往，机巧好疏。缅求在昔，眇然如何！

疾患以来，渐就衰损，亲旧不遗，每以药石见救，自恐大分将有限也。汝辈稚小家贫，每役柴水之劳，何时可免？念之在心，若何可言！然汝等虽不同生，当思四海皆兄弟之义。鲍叔、管仲，分财无猜；归生、伍举，班荆道旧；遂能以败

为成，因丧立功。他人尚尔，况同父之人哉！颍川韩元长，汉末名士，身处卿佐，八十而终，兄弟同居，至于没齿。济北氾稚春，晋时操行人也，七世同财，家人无怨色。《诗》曰："高山仰止，景行行止。"虽不能尔，至心尚之。汝其慎哉，吾复何言！

（《陶渊明集》卷八）

【译文】

上天给了人生命，那么有生必有死；自古圣贤，谁又能幸免于此呢？孔子的弟子子夏说："死生有命，富贵在天。"作为孔门四友之一的子夏，亲受圣人的言传身教，难道不是因为他觉得穷苦与显达不可妄求，寿命的长短也自有定数，才说出这番话吗？

我已年过50，年少时家境贫苦，因此到处闯荡。我性格耿直，不善逢迎，接人待物常常得罪别人。自己思量，长此以往必惹祸上身。随即放弃功名，这也让你们从小处在饥寒交迫的环境中。我曾经感念东汉隐士王霸那贤能的妻子说过的话，既然志在林薮，自己敝衣裹身，怎么会为儿女不如人而惭愧呢？有什么样的选择就有什么样的结果啊。只恨没有如羊仲、求仲那样有相同志趣的隐士作

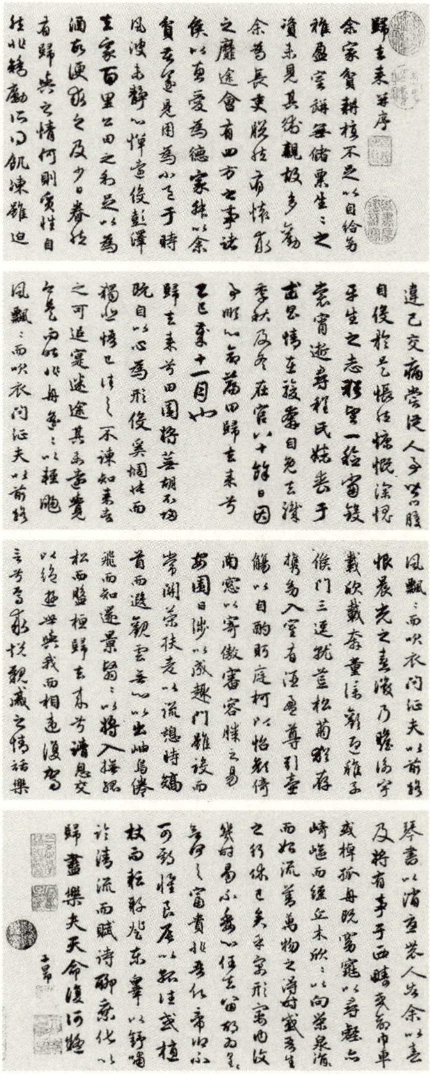

赵孟𫖯行书陶渊明《归去来兮辞》卷

赵孟𫖯（1254～1322），字子昂，号松雪道人、水精宫道人，浙江吴兴（今浙江湖州）人，系宋王室赵姓后裔。元代著名的书画家，诗、书、画、印样样精绝。其书法主张师法晋唐，作品多为表现"二王"书风的行草书。此卷深得"二王"正传，用笔娴熟，起笔藏露锋交错，收笔锐钝有致。

蔡升元（1652～1682），字方麓，号征元。清康熙二十一年（1682）状元，授修撰，入直南书房，历宫坊，进詹事，补内阁学士，擢左都御史、礼部尚书。工诗擅画。

蔡升元书法

为邻居经常切磋，也没有如老莱子那样有贤德的妻子时时开导，内心的苦楚实在是太揪心了。

年少时我学习弹琴和诗书，喜欢闲静独处，一本书读到趣味处饭都忘记吃，在树荫下听鸟儿歌唱更加欢喜。常常想着五六月间，躺在北窗下，凉爽的微风吹来，悠闲自在，自比上古之人。那时学识浅显自以为可以长此以往，光阴不知不觉流走，机缘巧合的美事渐渐少了。往昔的追求已成过去，茫然不知如何！

自打生病以来，身体一天不如一天，亲戚朋友并没有抛弃我，经常送药给我，自己恐怕来日不多。你们从小家境贫寒，经常要做劈柴挑水的苦活，这要到什么时候才是个头？每每想到这些，心里不知是什么滋味！你们虽不是一母所生，但要经常记住圣人的话，四海之内皆兄弟。鲍叔牙与管仲分财时知不均而不疑；归生与朋友伍举路上偶遇倾心相助；管仲转败为胜，伍举戴罪立功，这些都是朋友相助的结果。他们不是兄弟，尚能如此，况且你们是同父的兄弟。颍川韩元长，东汉名士，身处九卿的高位，高寿八十，兄弟同住到老。济北氾稚春，西晋名儒，家族七世不分家，一家其乐融融。《诗经》说："高山仰止，景行行止。"就是要仰望圣人高尚的品德，践行圣人美好的德行。虽然不能像圣人做得那么好，但你们的心要向往和遵循。你们要能谨记我的话，我就没什么可说的了！

◎颜延之《庭诰》（节选）

颜延之像

颜延之（384～456），字延年，祖籍琅邪临沂（今山东临沂）。颜延之虽然出身世家，但少年时比较孤贫。据《宋书·颜延之传》记载，他“好读书，无所不览”，虽然“居贫郭，室巷甚陋”，以至于“行年三十犹未婚”，但他却毫不在意，不以名利为念。他是南北朝时著名诗人，与山水派创始人谢灵运同代齐名，世称“颜谢”。其代表作有《北使洛》《秋胡行》《还至梁城作》《五君咏》等。

【原文】

道者识之公，情者德之私。公通，可以使神明加向；私塞，不能令妻子移心。是以昔之善为士者，必捐情反道，合公屏私。

寻尺之身，而以天地为心；数纪之寿，常以金石为量。观夫古先垂戒，长老余论，虽用细制，每以不朽见铭；缮筑末迹，咸以可久承志。况树德立义，收族长家，而不思经远乎。曰身行不足遗之后人。欲求子孝必先慈，将责弟悌务为友。虽孝不待慈，而慈固植孝；悌非期友，而友亦立悌。

游道虽广，交义为长。得在可久，失在轻绝。久由相敬，绝由相狎。爱之勿劳，当扶其正性；忠而勿诲，必藏其枉情。辅以艺业，会以文辞，使亲不可亵，疏不可间，每存大德，无挟小怨。率此往也，足以相终。

浮华怪饰，灭质之具；奇服丽食，弃素之方。动人劝慕，倾人顾盼，可以远识夺，难用近欲从。若睹其淫怪，知生之无心，为见奇丽，能致诸非务，则不抑自贵，不禁自止。

喜怒者有性所不能无，常起于褊量，而止于弘识。然喜过则不重，怒过则不威。能以恬漠为体，宽愉为器者，大喜荡心，微抑则定；甚怒烦性，小忍即歇。故动无愆容，举无失度，则物将自悬，人将自止。

（《宋书·颜延之传》）

【译文】

万物运行的法则是天下公认的，而情感则是个人品格中的私欲。顺应万物运行的法则，就会得到神明的保佑；内心充满私欲，就连妻子与儿子也不会听从你。所以，过去一些杰出的士大夫必定会舍弃私情皈依大道，使自己的行为符合万物运行的规则而摒弃私欲。

一个人立身处世，应该胸怀天下。只有几十岁的寿命，却常常考虑要像金石一样不朽。我看古人的一些告诫，有德行之人的格言，虽然说的是很细碎、很具体的事，但往往会成为金石上的铭文而不朽。完善一些次要之事，都可以使后人牢牢记住。何况树立道义的标杆，执掌家族，使族人归心聚德，能不从长远考虑吗？这就是说：一个人的行为不好，会给后人留下祸患。要想让儿子孝顺，父亲必须先关爱儿子；要想让弟弟敬重，哥哥必须先对弟弟友爱。虽然子女的孝顺并不指望父母对自己的慈爱，但慈爱会为子女的孝顺打下根基；兄长对弟弟的友爱也并不指望以此获得弟弟的尊重、顺从，但却为弟弟对兄长的敬爱树立了榜样。

交友的道理虽然很多，但最重要的是以道义相交。只要做到这一点，朋友之间就可以长久往来；如果偏离这一点，就会很快断绝关系。之所以很快断绝关系，是由于互相轻慢、不尊重。如果喜爱一个人，就不要怕麻烦，应当帮助他确立正直的品性；如果对一个人忠诚，就应当教导他断绝邪念。帮助他学会技艺，完成学业，学会写作和表达的技巧，使两人间既亲密但又不失庄重，保持一定距离但又不显得疏远，相处时保持大德之心，不要因小事产生嫌隙。这样相处下去，友谊就可以长远。

奢华怪诞的修饰，是泯灭人天性的刀具；奇装异服、华丽食物，是让人丢弃纯朴本质的毒药。那些劝诱你、仰慕你的动人言辞，那些对你回顾流盼、让你倾倒的眉眼，会使你抛弃高远的志向，难免会放纵自己。假如能做到将这些荒淫怪诞的东西（指上面所说的“浮华怪饰”“奇服丽食”“动人劝慕，倾人顾盼”）放在心上，见到它们就丢到一边，那么就算不去抑制，自然会高贵，不需要特意禁止，就能百邪不侵。

一个人喜怒无常，无法抑制自己的本性，常常是由于气量过于偏狭，而后随着学识的提高和阅历的广泛就会逐渐消失。一个人如果过分高兴就有失自重，过分发怒就有损威严。能够保持一颗恬淡的平常心，胸中保持宽容愉悦的人，天大的喜事降临，虽然欢心荡漾，但稍加抑制就能平复；生气到很严重的时候心烦意乱，但稍微忍耐怒气就能平息。所以遇事不动声色，举止有度，事态就不会进一步发展，人们的议论自然会平息。

◎范晔《狱中与诸甥侄书》

范晔（398～445），字蔚宗，顺阳（今河南淅川）人，南朝宋史学家、文学家。范晔出身士族家庭，元熙二年（420），刘裕代晋称帝，范晔应招出仕，任彭城王刘义康门下冠军将军、秘书丞；元嘉九年（432），因得罪刘义康，被贬为宣城太守，于任内撰写《后汉书》。元嘉十七年（440），范晔投靠始兴王刘浚，历任后军长史、南下邳太守、左卫将军、太子詹事。元嘉二十二年（445），因参与刘义康谋反，事发被诛，时年48岁。范晔才华横溢，史学成就

范晔像

突出，其《后汉书》博采众书，结构严谨，属词丽密，与《史记》《汉书》《三国志》并称“前四史”。

【原文】

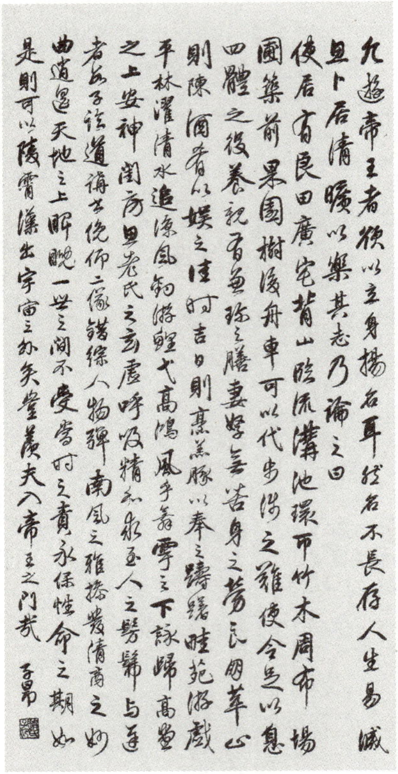

吾狂衅覆灭，岂复可言，汝等皆当以罪人弃之。然平生行己任怀，犹应可寻。至于能不，意中所解，汝等或不悉知。

吾少懒学问，晚成人，年三十许，政始有向耳。自尔以来，转为心化，推老将至者，亦当未已也。往往有微解，言乃不能自尽。为性不寻注书，心气恶，小苦思，便愦闷，口机又不调利，以此无谈功。至于所通解处，皆自得之于胸怀耳。文章转进，但才少思难，所以每于操笔，其所成篇，殆无全称者。

常耻作文士。文患其事尽于形，情急于藻，义牵其旨，韵移其意。虽时有能者，大较多不免此累，政可类工巧图缋，竟无得也。常谓情志所托，故当以意为主，以文传意。以意为主，则其旨必见；以文传意，则其词不流。然后抽其芬芳，振其金石耳。此中情性旨趣，千条百品，屈曲有成理。自谓颇识其数，尝为人言，多不能赏，意或异故也。

赵孟頫书法《后汉书》节选

性别宫商，识清浊，斯自然也。观古今文人，多不全了此处，纵有会此者，不必从根本中来。言之皆有实证，非为空谈。年少中，谢庄最有其分，手笔差易，文不拘韵故也。吾思乃无定方，特能济难适轻重，所禀之分，犹当未尽。但多公家之言，少于事外远致，以此为恨，亦由无意于文名故也。

本未关史书，政恒觉其不可解耳。既造《后汉》，转得统绪，详观古今著述及评论，殆少可意者。班氏最有高名，既任情无例，不可甲乙辨；后赞于理近无所得，唯志可推耳。博赡不可及之，整理未必愧也。吾杂传论，皆有精意深旨，既有裁味，故约其词句。至于《循吏》以下及《六夷》诸序论，笔势纵放，实天下之奇作。其中合者，往往不减《过秦》篇。尝共比方班氏所作，非但不愧之而已。欲遍作诸志，前汉所有者悉令备。虽事不必多，且使见文得尽。又欲因事就卷内发论，以正一代得失，意复未果。“赞”自是吾文之杰思，殆无一字空设，奇变不穷，同合异体，乃自不知所以称之。此书行，故应有赏音者。纪、传例为举其大略耳，诸细意甚多。自古体大而思精，未有此也。恐世人不能尽之，多贵古贱今，所以称情狂言耳。

至于音乐，听功不及自挥，但所精非雅声，为可恨，然至于一绝处，亦复何异邪？其中体趣，言之不尽，弦外之音，虚响之音，不知所从而来。虽少许处，而旨态无极。亦尝以授人，士庶中未有一豪似者。此永不传矣。

吾书虽小小有意，笔势不快，余竟不成就，每愧此名。

（《宋书·范晔传》）

【译文】

我因为疏狂放肆而遭遇杀身之祸，这还有什么可说的呢，你们都应当把我当成罪人遗弃。但我一生的行为自己心里清楚，还是可以追忆回顾的。至于能不能这样，尤其是我头脑中所想到的，你们或许不一定全部知晓。

我小时候学习并不怎么勤奋，成熟得也比较晚，一直到了30岁左右才开始树立志向。从那以后，转而心中感化，自己估计就是到老也不会停止这一行动的。我常常有些精微深刻的见解，难以用言语表达完整。我天性不喜欢钻研书本，脑子也不灵光，稍微费些精力便头昏脑涨，又缺少能言善辩的口才，所以也难以因此取得功名。至于所获得的一些见解，一般都出于内心对事物的领悟。文章写得好些了，但缺少才气，思维钝涩，所以每每挥毫写作，写成的却几乎没有一篇能特别令人满意。

我常以做一个文士为耻。一般的文章常担心或只求形似而缺少内涵，或急于言情而忽略文采，或词不达意而影响主题，或过分注重音律而妨碍了文意。虽时常有擅长于作文的人，但大多数都不免这些毛病，正好比技艺精妙的工匠在有五彩花纹的图像上再作画，貌似好看，结果一无所得。我常以为，文章主要是用来表达情志的，因此应当以意为主，以文传意。若以意为主，文章的主旨一定会显现于读者面前；做到了以文传意，那么，就不会出现文不达意的现象。然后才能达到内容完美，声调铿锵。这当中各人的性情旨趣，虽然各种各样，名目繁多，但在这些不同中有着一定的规律法度。我自认为很懂得其中的方法奥妙，也曾经跟人谈起，但大多数人都不能理解赏识，这或许是各人看法不同的缘故罢了。

我能够辨识宫、商等五音，也能分清清音、浊音，这都是本已存在的语音规则。可是看自古至今那些文人，却往往不完全明白这一点，即使懂得一些，也未必能从根本上理解。我说这些话都是有事实依据的，并非空谈。比如年少一辈中的谢庄算是最能辨别区分宫商清浊的了，可是写出来的文章却并不依照规则，这是因为他没有注意文不拘韵的缘故。而我的看法是拘韵与否并没有固定的标准，只要能够表达出难以言传的感情，符合语音的顿挫抑扬、高低变化就可以了。但我所具有的天分，却仍未能完全达到这一点，因为我自己写的大多是用于公事的不拘韵的实用文，很少有超出这一范围的文章，我常常以此为一大遗憾，也正因为如此，所以无意去追求文名。

本来我不曾涉猎史学，对于历史政治问题常常觉得不能理解。我完成了《后汉书》的编纂之后，转而掌握了其中的端绪。我详细观览古往今来的有关著作及其评论文字，几乎很少有使人赞同的。班固最负盛名，但他按自己的想法著史，不能审辨、阐明历史现象的发生、发展及其归宿（不再遵守《史记》的先例而通古今之变）；《汉书》的赞文实际上一无足取，只有“志”值得推崇赞扬。我所著的《后汉书》，内容的广博宏富不一定比得上他；但史料的动用和编纂体例的创新，我不一定比之有愧。我所著的各种传论，都含有精深的意蕴，因为带有评判裁定的性质，所以就写得简明扼要了。至于《循吏》以下及《六夷》诸篇序论，更是笔势纵横自如，实在是天下少有的奇妙文

章。其中那些切中时弊的文字，往往不逊色于贾谊的《过秦论》。所以我曾经将《后汉书》与《汉书》作比较，结果不仅是感到惭愧而已。我曾想把诸志全部写成，凡是《汉书》中有的都撰写完备。虽然史实不一定面面俱到，但要使人看后有十分详尽的印象；又想就某些历史事件发些议论，以匡正一代的得失，但这一设想未能成为现实。《后汉书》里的赞文，应当说特别体现了我的见解与思想，几乎没有一个字是多余的，文字变幻无穷，同样是议论文字，内容却各不相同，以至于我自己也不知道该怎样来称许它。这书刊行以后，一定会获得知音赞赏的。《后汉书》里纪、传事例仅仅是举其大概，还有一些细小具体的问题，实在太多了。自古以来，规模宏大，思虑精密，没有哪一家能做到这样的。因为怕世人贵古贱今，不一定能了解详细的情况，所以就恣意狂言，自夸自吹了一通。

沈荃（1624～1684），字贞蕤，号绎堂，别号充斋，华亭（今上海松江）人。顺治九年（1652）探花，授编修，累官至翰林院侍读学士、礼部侍郎，卒谥文恪。学行醇洁，书法尤有名。他宗法米芾、董其昌，是康熙年间重要的书法家之一。

沈荃行书《后汉书》句

我对于音乐，鉴赏辨别能力比不上弹奏的能力，而又以所精通的不是正声为憾事，不过真正达到了音乐的最高境界，雅与不雅又有什么区别呢！这当中的意趣，确非言语能表达完全。那弦外之响、意外之音，真令人不知其从何而来。虽说非雅之音很少有值得称赞的地方，但其中的意蕴神韵却并无穷尽。我也曾以此授人，可惜一般从学的士子和百姓中，竟无一个酷似神肖的。这一技法恐怕将永远失传了！

我的信虽然稍有深意，但行文毕竟不通畅，我到底没有成功，常常感到羞愧。

【说明】

本文是范晔在狱中写给甥侄们的一封信，也是他对自己一生的总结。信中虽说“吾狂衅覆灭，岂复可言”，而事实上这“狂衅”正反映了他无视封建礼法的叛逆精神和虽杀身而无悔的进取态度。范晔以《后汉书》垂名青史，然而他对中国古代文学理论的贡献亦不容忽视。本文关于文学特点、宫商声律以及文笔之分的论述，虽然比较简略，语焉未详，却开了文学概念由先秦两汉的尚实崇用转变为六朝的缘情绮丽的先声，在文学批评史上无疑应占有重要地位。因为是书信，故全文侃侃而谈，平易亲近，读来真切感人。

◎刘义隆《诫江夏王义恭书》（节选）

刘义隆像

刘义隆（407～453），小字车儿，南北朝时期宋武帝刘裕第三子。宋武帝刘裕驾崩后，太子刘义符继位（即宋少帝），因游戏无度，被辅政的司空徐羡之、中书令傅亮、领军将军谢晦于景平二年（424）五月废黜（后被杀），他们迎立当时任荆州刺史的刘义隆为帝，是为宋文帝，改元元嘉。宋文帝在位30年的统治期间，采取抑制豪强的政策，努力推行繁荣经济的政策，实行劝学、兴农、招贤等一系列措施，使百姓得以休养生息，社会生产有所发展，经济文化日趋繁荣，有“元嘉之治”之称。

刘义恭（413～465），彭城绥里（今江苏徐州）人。南北朝时期刘宋宗室大臣，宋武帝刘裕第五子，母为袁美人。元嘉元年（424），封江夏王，进位司空。

【原文】

汝以弱冠，便亲方任。天下艰难，家国事重，虽曰守成，实亦未易。隆替安危，在吾曹耳，岂可不感寻王业，大惧负荷。今既分张，言集无日，无由复得动相规诲，宜深自砥砺，思而后行。开布诚心，厝怀平当，亲礼国士，友接佳流，识别贤愚，鉴察邪正，然后能尽君子之心，收小人之力。

汝神意爽悟，有日新之美，而进德修业，未有可称，吾所以恨之而不能已已者也。汝性褊急，袁太妃亦说如此。性之所滞，其欲必行，意所不在，从物回改，此最弊事。宜应慨然立志，念自裁抑。何至丈夫方欲赞世成名而无断者哉！今粗疏十数事，汝别时可省也。远大者岂可具言，细碎复非笔可尽。

礼贤下士，圣人垂训；骄侈矜尚，先哲所去。豁达大度，汉祖之德；猜忌褊急，魏武之累。《汉书》称卫青云：“大将军遇士大夫以礼，与小人有恩。”西门、安于，矫性齐美；关羽、张飞，任偏同弊。行己举事，深宜鉴此。

府舍住止，园池堂观，略所谙究，计当无须改作。司徒亦云尔。若脱于左右之宜，须小小回易，当以始至一治为限，不烦纷纭，日求新异。

凡事皆应慎密，亦宜豫敕左右。人有至诚，所陈不可漏泄，以负忠信之款也。古人言：“君不密则失臣，臣不密则失身。”或相谗构，勿轻信受，每有此事，当善察之。

名器深宜慎惜，不可妄以假人。昵近爵赐，尤应裁量。吾于左右虽为少恩，如闻外论，不以为非也。以贵陵物物不服，以威加人人不厌，此易达事耳。

声乐嬉游，不宜令过，蒱酒渔猎，一切勿为。供用奉身，皆有节度。奇服异器，不宜兴长。汝嫔侍左右，已有数人，既始至西，未可匆匆复有所纳。

（《宋书·武三王传》）

【译文】

你才刚刚成年，便担任了要职。天下的事都是很艰难的，家国的事则都是极其重要的，虽然只是保守祖业，但也不是很容易，兴隆或衰亡、安全或危险，完全在于我们兄弟啊！我们不能不有所感触而思量帝王之业，有所警觉而意识到责任重大。现在你我天各一方，相见无期，我再也不可能动辄便去规劝教诲你。你应该自己去磨砺自己，凡事思考后再去行动。对人开诚布公，推心置腹，居心公允，亲近礼重国中才能最优秀的人物，友好地接纳贤能的人，善于识别愚人与贤人，洞察邪恶与刚正，然后能使君子为你倾尽心智，使小人为你出力。

你神情俊爽，意态聪悟，每天都有发展变化，但提高自己的道德修养，扩大功业建树，却未见有可称道之处，这就是我不能停止责备教训你的原因所在。你性格急躁，气量狭小。你的母亲袁太妃也是这样认为的。一个人如果胸怀狭窄而有所褊狭凝滞，就会一意孤行，就不会尊重客观实际，改弦更张，这是施政最大的弊端。你应当下定决心，改掉性情急躁的毛病。岂有大丈夫想为国家出力成就勋业而不能改掉自己坏毛病的人？我今日草草写下十多条告诫，分别后你可好好对照反省。那些大事也不是我能一一道尽的，至于细碎小事更是难以说完。

礼贤下士，这是古代圣贤对我们的垂训；骄奢习气和矜夸之风，也是前代哲人所抛弃的。汉高祖具有豁达大度的美德，而魏武帝曹操却性格急躁，气量狭小，喜欢猜忌。《汉书》上说：“大将军卫青对士大夫极尽礼遇，就是对小人也施以恩德。”西门豹、董安于知道自己性格上的弊端，时时注意矫正，结果成为美谈；关羽、张飞性格都褊急暴躁，却不知改悔，结果皆受其害。你对自身的行为，要以上述几人作为借鉴。

你就任后，对王府的进出、住宿，府内的园池、厅堂、宫观，只需稍微改造一下，不要大规模地翻修。司徒也是这么说的。假如为了住行的方便，需要做一些小小的调整改动，只允许改动一处，不要过于麻烦，每天追求新异的样式。

大凡处理事务都要谨慎机密，不要事先告诉左右亲随。如果有人诚恳地来报告事件，他所陈述的事不要泄漏出去，以免辜负这位诚信之人的心意。古人说：“君主处理事务如不能谨慎机密，就会失去大臣；大臣处理事务

如不能谨慎机密，就会丢掉性命。”有的时候臣子之间互进谗言陷害对方，对这些话不要轻易相信。每当有这类事的时候，都要善于考察真伪。

对国家授给的官职、爵位要珍惜慎重，不可轻率地将自己手中的权力假手他人。对赏给亲信、近臣爵位，更要加以控制、好好考虑。我对左右亲随很少施恩，如果外人这样说我，我也不觉得这有什么不对之处。以富贵强加于物并不能使物压服，以威势加于人也不能使人服气，这是很浅显的道理。

声色之乐，游玩嬉戏，不要过度；掷色子、喝酒、钓鱼、打猎，全都不要去干。用来供奉生活起居的物品，都要有节制地使用。穿奇装异服，用奇特的器皿，此风不可长。你已经有了数位嫔妃随侍左右，从今以后，不可再急急忙忙纳娶嫔妃。

◎王僧虔家训

王僧虔像

王僧虔（426～485），琅琊临沂（今山东临沂）人，东晋丞相王导玄孙，南朝宋侍中王昙首之子，刘宋和南齐时的官员、书法家。在南朝宋历任武陵太守、太子舍人、吴郡太守等职，又曾在宋孝武帝刘骏之子豫章王刘子尚、新安王刘子鸾帐下任职，所在皆有官声，又因擅长书法而为当权者所欣赏。萧道成称帝建立南齐后封王僧虔为持节、都督湘州诸军事、征南将军、湘州刺史，不久升任侍中、左光禄大夫、开府仪同三司。永明三年（485年），王僧虔去世，时年60岁，追赠司空，谥号简穆。喜文史，善音律，工楷书、行书。书承祖法，丰厚淳朴而有骨力。墨迹有《王琰帖》，著有《论书》等。

【原文】

知汝恨吾不许汝学，欲自悔厉，或以阖棺自欺，或更择美业，且得有慨，亦慰穷生。但亟闻斯唱，未睹其实。请从先师听言观行，冀此不复虚身。

吾未信汝，非徒然也。往年有意于史，取《三国志》聚置床头，百日许，复从业就玄，自当小差于史，犹未近仿佛。曼倩有云："谈何容易。"见诸玄，志为之逸，肠为之抽，专一书，转诵数十家注，自少至老，手不释卷，尚未敢轻言。汝开《老子》卷头五尺许，未知辅嗣何所道，平叔何所说，马、郑何所异，《指例》何所明，而便盛于麈尾，自呼谈士，此最险事。设令袁令命汝言《易》，谢中书挑汝言《庄》，张吴兴叩汝言《老》，端可复言未尝看邪？谈故如射，前人得破，后人应解，不解即输赌矣。且论注百氏，荆州《八帙》，又《才性四本》《声无哀乐》，皆言家口实，如客至之有设也。汝皆未经拂耳瞥目，岂有庖厨不修，而欲延大宾者哉？就如张衡思侔造化，郭象言类悬河，不自劳苦，何由至此？汝曾未窥其题目，未辨其指归——六十四卦，未知何名；《庄子》众篇，何者内外；《八帙》所载，凡有几家；《四本》之称，以何为长——而终日欺人，人亦不受汝欺也。

由吾不学，无以为训。然重华无严父，放勋无令子，亦各由己耳。汝辈窃议亦当云："阿越不学，在天地间可嬉戏，何忽自课谪？幸及盛时逐岁暮，何必有所减？"汝见其一耳，不全尔也。设令吾学如马、郑，亦必甚胜；复倍不如今，亦必大减。致之有由，从身上来也。汝今壮年，自勤数倍许胜，劣及吾耳。世中比例举眼是，汝足知此，不复具言。

吾在世，虽乏德素，要复推排人间数十许年，故是一旧物，人或以比数汝等耳。即化之后，若自无调度，谁复知汝事者？舍中亦有少负令誉弱冠越超清级者，于时王家门中，优者则龙凤，劣者犹虎豹，失荫之后，岂龙虎之议？况吾不能为汝荫，政应各自努力耳。或有身经三公，蔑尔无闻；布衣寒素，卿相屈体。或父子贵贱殊，兄弟声名异。何也？体尽读数百卷书耳。吾今悔无所及，欲以前车诫尔后乘也。汝年入立境，方应从官，兼有室累，牵役情性，何处复得下帷如王郎时邪？为可作世中学，取过一生耳。试复三思，勿讳吾言。犹捶挞志辈，冀脱万一，未死之间，望有成就者，不知当有益否？各在尔身己切，岂复关吾邪？鬼唯知爱深松茂柏，宁知子弟毁誉事！因汝有感，故略叙胸怀。

（《南齐书·王僧虔传》）

【译文】

我知道你怨恨我不赞许你学习的方法，打算自我勉励，或者以终生学习必有所得而自欺，或者另外选择自以为好的专业，况且能够有所感慨，也可以安慰自己这一生。只是我屡次听到你的这种高调的言论，却未看到实际效果。请听从先师孔子听其言而观其行的教诲，希望从此不再虚度一生。

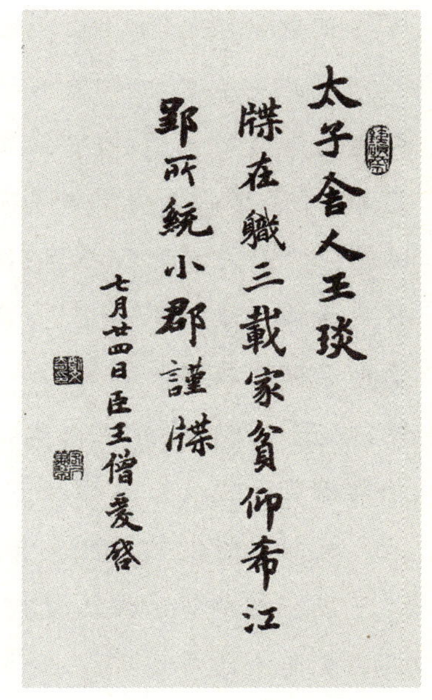

王僧虔《太子舍人帖》

我不相信你，不是没有根据。你过去对于史书有研究的兴趣，将《三国志》取来集放在床头上，有百天左右，又改换专业而去学老庄玄学。改行后自然应当比研究史学高一个层次，然而仍没有掌握玄学的大致轮廓。东方朔有这样的话：“谈说论议哪有那么容易？”你一见到道家的各种著述，精神为之而飘逸，内心因此而激荡。专攻一部书，进而通晓几十家对这部书的注解，从小到老，手不释卷，尚且不敢随便谈论。而你只打开《老子》一书几页，不知道王弼说了些什么，何晏作了什么解说，马融、郑玄的观点有什么不同，《指例》有什么发明，而随意地用作清谈的谈资，自称是清谈家，这是最危险的事。假若袁甫让你讲讲《周易》，谢安选你谈谈《庄子》，张玄询问你让你讲讲《老子》，果真可以又说不曾看过吗？清谈本来就像射覆之戏一样，前人必须有剖析，后人应当对前人的剖析作出解释，如果不能解释就像是射覆输了一样。况且道家著作的注释有百家之多，荆州《八帙》，又有《才性四本》《声无哀乐》，这些都是清谈家论议的资料，就如同客人要来需有准备好的菜肴一样。你对于这一切都不曾耳闻目睹，哪里有厨房中的菜肴不预备妥当，而想宴请贵宾的事呢？就像张衡的构思赶得上大自然的创造化育一样，郭象清谈起来口若悬河一般，不自己劳神苦学，又怎能达到如此境地？你不曾看见过书籍的标目，没有辨察过它们的主旨——六十四卦，不知道都叫什么名字；《庄子》那么多篇，哪些在内篇，哪些在外篇；《八帙》所记述的，总共有几家；《四本》所称述的，以什么为意长——而终日欺骗别人，别人也不接受你的欺骗。

因为我不学无术，没有用来教诲你的材料。然而重华没有尊敬的父亲，帝尧没有好的儿子，也各自由于自身的缘故罢了。你们一辈暗地里私下议论，也定会说："百越子弟不学习读书，在天地之间还可以嬉戏玩耍，我们何必要苛责自己呢？希望你们趁着年盛之时追赶我这已届暮年的人，又为什么要降低对自己的要求？"你看到的百越子弟只是一例罢了，并不是全部。假如我的学问像马融、郑玄一样，也一定会尽力努力；如果赶不上他们的一半，现在也一定会大大地放松学习。达到那样的地步是有原因的，是通过自身的艰苦努力才得来的。你现在正当壮年，自励勤奋几倍，才刚刚赶上我而已。世间这样的例证很多很多，你足以懂得这一点，我不再细说。

我在世虽然缺少德行和事业，又要应付人间的各种事务，几十年了，所以仍是先人的后代，有人还把我与你们相提并论。如果我死了以后，你们自己没有对人生的安排，谁又能知道你们的事呢？家中也有少年就负有美好的声誉，刚成年就已超越清贵之官的子弟，在那时王家门户之中，优秀的则为贤才，差一点儿的还是武将，失去荫封之后，怎能再有这样的议论呢？况且我不能够为你们荫封，正应当各自努力上进啊。有的人身经三公之位，而悄然无闻；有的人出身于平民寒门之家，却令公卿宰相拜服。有的父子贵贱悬殊，兄弟声名不同，这是什么原因呢？终身读了几百卷书而已。我今天后悔没有什么成就，想用我这前车颠覆的经历告诫你们后来者啊。你们已至而立之年，答应做他人的僚属，兼有家庭的牵累，左右你的性情，什么地方又能像王郎当时那样闭门苦读呢？因此你们可以作世俗的交际，度过一生罢

了。尝试着再三地思考思考，不要回避我的这番话。我还想督促志儿一辈，希望或许很微小，在我未曾死去的这一段时间，盼望能有有所成就的子弟，不知道应当有益处没有？这全在于你们自身的努力了，难道与我还有什么关系吗？做了鬼的先人只知道喜爱松柏茂盛，子孙繁衍，怎能知道子弟们被诽谤、被赞誉的事情？因为你有所感悟，所以我简略地叙述一下心中所想。

◎源贺《遗令敕诸子》

源贺（407～477），本名秃发破羌，鲜卑族，北魏名将，南凉河西王之子，西平乐都（今青海乐都）人。为人英勇果决，待士卒有恩。太武帝时封西平侯，历任龙骧将军、平西将军等职。太延五年（439），因破北凉有功，进爵为西平公，升任征西将军。文成帝即位，以定策功封征北将军，进爵西平王，后迁征南将军，改封陇西王。出为冀州刺史，任内政绩卓著，多次受到皇帝嘉奖。源贺的两个儿子，长子源延与次子源怀，一个谨严厚道，好学不倦，一个清廉节俭，严惩贪横，均有乃父之风。

【原文】

吾顷以老患辞世，不悟天慈降恩，爵逮于汝。汝其毋傲吝，毋荒怠，毋奢越，毋嫉妒。疑思问，言思审，行思恭，服思度，遏恶扬善，亲贤远佞。目观必真，耳属必正。诚勤以事君，清约以行己。吾终之后，所葬时服单椟，足申孝心，刍灵明器，一无用也。

（《北史·源贺传》）

【译文】

我不久前因年老患病而辞官离职，没想到圣上恩典，让你们继承了我的官爵。你们不要骄傲吝啬，不要玩乐放纵，不要奢侈炫耀，不要嫉妒猜忌。有疑难时要多问，言谈要谨慎，举止要谦逊，服饰要有限度。要去恶扬善，亲近贤良，疏远奸佞。眼要看到事物的真实面，耳要听从有道理的话。对皇上要忠诚勤恳，自己要清廉节约。我死后下葬时，只要给我穿上随身的衣服，准备一口棺材，就足以表达孝心了，纸扎之类明器，一点用都没有。

◎崔冏《临终诫二子》

崔冏（生卒年不详），字法峻，清河东武城（今河北清河）人。自幼好学，博览经传，北魏时任司空参军，北齐时任高阳太守、太子家令、散骑常侍、鸿胪卿等职。其性廉洁谨慎，恭谨俭朴，为人善诚，经常把薪俸分与亲戚故旧，受到时人称赞。

【原文】

夫恭俭福之舆，傲侈祸之机。乘福舆者浸以康休，蹈祸机者忽而倾覆，汝其戒欤！吾没后，敛以时服，祭无牢饩，棺足以周尸，瘗不泄露而已。

（《北史·崔逞传》）

【译文】

恭谨节俭，是承载福气的车子；而骄纵奢侈，则是脚踩祸患的先兆。乘载福气之车的人，生活得健康、幸福；而脚踩祸患先兆的人，倏忽之间就会倾覆败亡。你们一定要引以为戒啊！我死后，千万不要厚葬，给我穿上平时的衣服，祭祀不必用牛、羊、猪等；棺材只要能容下我的身体，埋在地下不露出来就行了。

◎杨椿《临行诫子孙》

杨椿（455～531），字延寿，北魏弘农华阴（今陕西华阴）人。曾祖杨珍，曾任上谷太守，即文中所说的上谷翁。祖杨真，曾任河内、清河二郡太守，即文中所说的清河翁。父杨懿，曾任广平太守，为政有公平之誉。杨椿为人足智多谋，宽和谨慎。历任豫州、梁州等州刺史，进号车骑大将军、仪同三司，加侍中，兼尚书右仆射，后为司徒。魏庄帝时，再三恳请辞官归老，庄帝亲自为他送行，竟至泪流满面。还乡临行之时，他给在朝为官的儿子写下这篇书信，告诫其保持谦恭好礼、俭朴戒奢的家风。

【原文】

我家入魏之始，即为上客。自尔至今，二千石方伯不绝，禄恤甚多。于亲姻知故吉凶之际，必厚加赠襚，来往宾僚，必以酒肉饮食，故六姻朋友无憾焉。国家初，丈夫好服彩色，吾虽不记上谷翁时事，然记清河翁时服饰。恒见翁着布衣韦带，常自约敕诸父曰：“汝等后世若富贵于今日者，慎勿积金一斤、彩帛百匹已上，用为富也。”不听兴生求利，又不听与势家作婚姻，至吾兄弟，不能违奉。今汝等服乘渐华好，吾是以知恭俭之德，渐不如上也。又吾兄弟，若在家，必同盘而食；若有近行，不至，必待其还。亦有过中不食，忍饥相待。吾兄弟八人，今存者有三，是故不忍别食也。又愿毕吾兄弟，不异居异财。汝等眼见，非为虚假。如闻汝等兄弟，时有别斋独食者，此又不如吾等一世也。吾今日不为贫贱，然居住舍宅，不作壮丽华饰者，正虑汝等后世不贤，不能保守之，将为势家所夺。

吾自惟文武才艺、门望姻援不胜他人，一旦位登侍中、尚书，四历九卿，十为刺史，光禄大夫、仪同、开府、司徒、太保，津今复为司空者，正由忠谨慎口，不尝论人之过，无贵无贱，待之以礼，以是故至此耳。闻汝等学时俗人，乃有坐待客者，有驱驰势门者，有轻论人恶者；及见贵胜则敬重之，见贫贱则慢易之，此人行之大失，立身之大病也。汝家仕皇魏以来，高祖以下乃有七郡太守、三十二州刺史，内外显职，时流少比。汝等若能存礼节，不为奢淫骄慢，假不胜人，足免尤诮，足成名家。吾今年始七十五，自惟气力，尚堪朝觐天子，所以孜孜求退者，正欲使汝等知天下满足之议，为一门法耳，非是苟求千载之名。汝等能记吾言，吾百年后终无恨矣。

（《北史・杨椿传》）

【译文】

我们家从入魏以来，就是朝廷的上宾。自你出生到现在，做到二千石官职的人连续不断，获得的俸禄和优恤非常多。遇上亲朋好友喜庆丧亡的时候，一定会厚礼相赠，来往宾客，无不酒肉款待，所以亲戚朋友没有什么非议的地方。魏立国初期，男人喜欢华丽的服饰，我虽然不记得曾任上谷太守的曾祖父时的事情，但是还记得曾任清河太守的祖父的服饰。当时，我常见祖父穿着粗布衣，系的是没有装饰的牛皮带，他经常训诫我的父辈们说：“你们后辈人今后假如比现在富贵的话，家中的积蓄，金不可满一斤，彩帛不可超过百匹，以至于使自己太显富。”不许做生意追求暴利，也不许与有权势的人

家联姻，到了我们兄弟这辈，却不能遵奉这一训诫了。现在你们的衣服和车马都在渐趋华丽，我因此知道奉行祖先节俭的美德，也渐渐不如上代了。再说我的兄弟，如果在家里，一定同盘吃饭；如果有人外出不远，还没有回到家，其他人一定等其归来同食。也有时候过了中午也不开饭，忍着饥饿等候未归的兄弟。我兄弟八人，如今在世的只有三人了，因此更不愿分开吃饭。我们毕竟是兄弟，始终没有分家分财产。这是你们亲眼所见，不是虚假的。如果听到你们兄弟有另住并且独食的，那又不如我们这辈人了。我们今天不算贫贱之家，然而住宅不作壮观华丽的修饰，正是顾虑到你们后代不争气，保不住家业，将来被有权势的人家夺去。

我自己深感在文才武艺、门望姻亲方面比不过人家，之所以能够位登侍中、尚书，四任九卿，十次为刺史，被授予光禄大夫、仪同、开府、司徒、太保等职，弟弟杨津现又任职司空，正是由于忠贞不贰、言语谨慎，不曾议论别人过错，无论身份贵贱，都以礼相待，正因此才有今天的地位啊。听说你们在学时下的那些俗人，竟然有坐着接待客人的，有奔走于权势之门的，有随便议论他人过错的；以至于有的看见权贵人家就显得敬重，看见贫贱人家就怠慢，这是人品的丧失，是立身处世的大错啊。我们家自从在魏为官以来，从我们高祖以下竟有七郡太守、三十二州刺史，历任内外显要职务，时人很少有能相比的，你们如能保持以礼待人，不奢侈骄傲怠慢，即使不能胜过别人，也足以避免被人指摘，足以成为有名望的家族。我今年才 75 岁，自觉气力尚能朝见天子，之所以一再请求隐退，是要使你们懂得天下事应知道满足，是家风使然，并不是苟且求得一个千载的美名。你们如能记住我的话，我死后就没有什么遗憾了。

◎徐勉《为书诫子崧》

徐勉(466～535),字修仁,东海郯(今山东临沂郯城)人。南北朝时期南梁文学家。天监六年(507),被任命为吏部尚书。有一个叫虞暠的人,仗着和徐勉的关系比较好,曾狮子大开口,一次便“求詹事五官”。徐勉正色道:“今夕只可谈风月,不宜及公事。”徐勉是一个十分清廉的官员。史书上说他“虽居显位,不营产业,家无蓄积,俸禄分赡亲族之穷乏者”。这些话绝非溢美之词。看到他家如此清贫,一些好心人便劝他经营产业,为子孙后代着想。徐勉回答说:“人遗子孙以财,我遗之以清白。子孙才也,则自致辎軿(辎和軿都是古代的车名,此处连用意为家产);如其不才,终为他有。”

【原文】

吾家世清廉,故常居贫素,至于产业之事,所未尝言,非直不经营而已。薄躬遭逢,遂至今日,尊官厚禄,可谓备之。每念叨窃若斯,岂由才致。仰藉先代风范,及以福庆,故臻此耳。古人所谓:“以清白遗子孙,不亦厚乎?”“遗子黄金满籯,不如一经。”详求此言,信非徒语。吾虽不敏,实有本志,庶得遵奉斯义,不敢坠失。……《记》云:“夫孝者,善继人之志,善述人之事。”今且望汝全吾此志,则无所恨矣。

(《梁书·徐勉传》)

【译文】

我家世代都很清正廉洁,因此常过着清贫朴素的生活,关于产业的事

情，不只是从来没有营求过，而且从未提起过。我出身卑微、遭遇苦辛，一直到今天，尊贵的官职和丰厚的俸禄可以说都拥有了。每每想起能得到这些，哪里是因为我自己的才能，实是仰赖先祖的风范榜样和福运吉庆的降临才至于此啊。古代圣贤说："把清白留给子孙，不也是丰厚的礼物吗？""留给子孙满箱的黄金，不如给子孙一本经书。"认真考虑这些话，确实是毫不虚妄的。我虽然不聪慧，但也有这样的志向，幸而能够奉行古人的这些教诲，不敢有所堕落失误。……《礼记》中说："什么叫作孝呢？就是善于继承父辈的志向，善于传述父辈的事迹。"现在期望你能够成全并继承我的这一志向，那我也就没有什么遗憾的了。

◎萧纲《诫当阳公大心书》

萧纲（503～551），字世缵，南兰陵（今江苏武进）人。梁代文学家，亦即南朝梁简文帝，梁武帝第三子。由于长兄昭明太子萧统早死，他在中大通三年（531）被立为太子。太清三年（549），侯景之乱，梁武帝被囚饿死，萧纲即位。大宝二年（551）为侯景所害。

【原文】

汝年时尚幼，所阙者学，可久可大，其唯学欤。所以孔丘言，吾尝终日不食，终夜不寝，以思，无益，不如学也。若使墙面而立，沐猴而冠，吾所不取。立身之道，与文章异，立身先须谨重，文章且须放荡。

（《全上古三代秦汉三国六朝文·全梁文》卷十一）

【译文】

你年龄还小，缺少的是学习。可以长久地大有用处的，就是人的学识吧！孔丘说："我曾经整天不吃，整夜不睡，去冥思苦想，却没有什么好处，还不如去学习哩。"人不学习，如同面对墙壁站立，一无所见；又如猕猴戴着帽子，虚有其表，这是我所不赞同的。做人的道理与写文章不同，做人先要谨慎持重，写文章却必须不受约束，洋汪自恣。

◎魏收《枕中篇》

魏收（506～572），字伯起，小字佛助，巨鹿下曲阳（今河北晋州）人，北齐史学家。北魏时任散骑常侍、编修国史，北齐时任中书令兼著作郎，奉诏编撰《魏书》，后累官至尚书右仆射，监修国史。

魏收有感于儿子、侄子们年轻，想陈述他的训诫与勉励，所以写下了《枕中篇》这篇文章。

这篇家训首先从管子的"任重""畏途""远期"落墨，再以此为内在意脉，旁征博引，归纳演绎，说明怎样才能成为君子，然后便能"以重任行畏途，至远期"。他提出的教子为人的独特见解，无不渗透着哲理的灵光，而且显示了他作为史学家严谨缜密、汇通今古、博大精深的才学。这篇训诫语言华美流畅，排比铺陈，属对工整，遣词造句，变化多端，承接转折，丝丝入扣，具有较高的文学价值。

【原文】

吾曾览管子之书，其言曰："任之重者莫如身，途之畏者莫如口，期之远者莫

如年，以重任行畏途，至远期，惟君子为能及矣。”追而味之，喟然长息。若夫岳立为重，有潜戴而不倾；山藏称固，亦趋负而弗停。吕梁独浚，能行歌而匪惕；焦原作险，或跻踵而不惊。九陔方集，故渺然而迅举；五纪当定，想窅乎而上征。

苟任重也有度，则任之而愈固；乘危也有术，盖乘之而靡恤，彼期远而能通，果应之而可必。岂神理之独尔，亦人事其如一。

呜呼！处天壤之间，劳死生之地，攻之以嗜欲，牵之以名利，梁肉不期而共臻，珠玉无足而俱致；于是乎骄奢仍作，危亡旋至。然则上知大贤，唯几唯哲，或出或处，不常其节。其舒也济世成务，其卷也声销迹灭。玉帛子女，椒兰律吕，谄谀无所先；称肉度骨，膏唇挑舌，怨恶莫之前。勋名共山河同久，志业与金石比坚。斯盖厚栋不桡，游刃砉然。逮于厥德不常，丧其金璞。驰骛人世，鼓动流俗。挟汤日而谓寒，包溪壑而未足。源不清而流浊，表不端而影曲。嗟乎！胶漆讵坚，寒暑甚促。反利而成害，化荣而就辱。欣戚更来，得丧仍续。至有身御魑魅，魂沉狴狱。讵非足力不强，迷在当局。孰可谓车戒前倾，人师先觉。

梁同书（1723~1815），字元颖，号山舟，晚号不翁、频罗庵主，90岁后号新吾长翁，浙江杭州人。乾隆十七年（1752）特赐进士，官侍讲。嘉庆十二年（1807）重宴鹿鸣，加学士衔。工书，法颜、柳、米法，70岁后愈臻变化，自立一家，负盛名六十年。与翁方纲、刘墉、王文治并称『四大家』。

梁同书行书

闻诸君子，雅道之士，游遨经术，厌饫文史。笔有奇锋，谈有胜理。孝悌之至，神明通矣。审道而行，量路而止，自我及物，先人后己。情无系于荣悴，心靡滞于愠喜。不养望于丘壑，不待价于城市。言行相顾，慎终犹始。有一于斯，郁为羽仪。恪居展事，知无不为。或左或右，则髦士攸宜；无悔无吝，故高而不危。异乎勇进忘退，苟得患失，射千金之产，邀万钟之秩，投烈风之门，趣炎火之室，载蹶而坠其贻宴，或蹲乃丧其贞吉。可不畏欤，可不戒欤！

门有倚祸，事不可不密；墙有伏寇，言不可而失。宜谛其言，宜端其行。言之不善，行之不正。鬼执强梁，人囚径廷。幽夺其魄，明夭其命，不服非法，不行非道。公鼎为己信，私玉非身宝。过缁为绀，逾蓝作青，持绳视直，置水观平。时然后取，未若无欲。知止知足，庶免于辱。

是以为必察其几，举必慎于微。知几虑微，斯亡则稀。既察且慎，福禄攸归，昔蘧瑗识四十九非，颜子几三月不违。跬步无已，至于千里。覆一篑进，及于万仞。故云行远自迩，登高自卑。可大可久，与世推移。月满如规，后夜则亏。槿荣于枝，望暮而萎。夫奚益而非损，孰有损而不害？益不欲多，利不欲大。唯居德者畏其甚，体真者惧其大。道遵则群谤集，任重而众怨会。其达也则尼父栖遑，其忠也而周公狼狈。无曰人之我狭，在我不可而覆。无曰人之我厚，在我不可而咎。如山之大，无不有也；无不有也；如谷之虚，无不受也；能刚能柔，重可负也；能信能顺，险可走也；能知能愚，期可久也；周庙之人，三缄其口。漏卮在前，攲器留后。俾诸来裔，传之坐右。

（《北齐书·魏收传》）

【译文】

我曾读管仲的书，其中说："责任再重大也没有比保重自身的事更大，道路再艰辛可怕也没有比自己的言语更可怕的，希望流传之久远没有比岁月更长远的。担负重大的任务，走艰险可怕的道路，又让它传之久远，只有君子才能做到。"追思此话，仔细体味，不禁让我喟然长叹。山岳虽然沉重，鳌鱼却能背负着而不倒；山的土石虽坚固，愚公却能担挑着不停；大禹独疏吕梁洪水，还歌唱着而不害怕；焦原山如此险峻，有人却能走在上面而不惊怯；九重青天方就，就有想飞上天的；时律刚定，就有想探溯其源头的。

假如担任重大事务而有一定法度，就会承担起它并且更加稳固；假如走在危险境地而有计谋，就能在险境中行走无患。如能有远大目标又有相应的途径，那么实现目标就是必然的。这哪是仅仅由于天意呢？也是由于人的不懈努力啊！人处在天地之间，劳作在生于此、死于此的土地上，嗜欲攻

于内，名利牵于外，福禄不需苦求便完满获得，钱财不够时自然而然就补充足够，这样便产生了骄奢淫逸的习性，危亡的时刻紧跟着也就到来了。但是大智大贤的人，见微知著，深谙哲理，或是出仕，或是独处，都能随时推移，不凝滞于一定的节度。他伸展开来治理天下，成就伟业；他卷藏起来声名不闻，形迹不著。财物美色，奸佞淫声，献媚阿谀不占先；挑肥拣瘦，搬弄是非，怨恨憎恶不近前。功勋名声可以与山川河流一样长久，志向事业可以与金玉璞石一样坚固。这就像厚实的栋梁不会轻易弯曲，高明的屠夫用刀游刃有余一样。后来像这样的德行没能保持多久，人们丧失了金玉一般的品德。在人世间趋炎附势，追求名利，随波逐流。怀抱着如沸水般炎热的太阳却仍说自己寒冷，囊括溪谷还不知满足。因为水源不清而导致水流浑浊，因为仪表不端导致影子弯曲。哎！如胶似漆可谓坚固，但随着时间而飞逝。不成利反而成害，荣耀化为耻辱，欢喜离去而悲戚随来，得去而失来。以至于身体抗击鬼怪，冤魂被沉入牢狱。这哪里是能力不够，关键是当局者自我迷惑。谁说是前车倒了后车就能引以为鉴，关键是老师有先知先觉。

听说诸位君子都是高雅有道之士，遨游在经典学术的大海里，饱学文史。他们下笔有奇锋，谈话有胜理。孝顺友爱无以复加，已经与神明相通了。仔细观察，测度路途，然后决定行止。从自己而推及他物，先替别人着想，然后才轮到自己。情不系挂于荣盛衰败，心不滞留于怒怨欢喜。不退居山林以沽名钓誉，不奇货自居以售高价于朝市。言行一致，善始善终。有其中的一点，便可作为表率。恭敬谨慎地处世行事，掌管的事没有不完成的。能左右逢源，那么俊杰之士就能顺性自得；能无悔无恨，所以处于高处而没有危险。他们完全不同于那些只知勇猛前进而不知退却，一有所得就担心失去，追求千金产业，谋取万钟官禄，投靠有功名之人，趋附有势力之臣，一旦受到挫折便失去了使子孙安乐吉祥的环境，卑躬屈膝而丧失了坚贞的德操的人。这难道不可怕吗！不值得引以为戒吗！

家门有灾祸，事情不能不保密；墙外有暗敌，说话要慎重。需要小心谨慎自己的言语，应该端正自己的行为。言辞不善，品行不正。鬼抓住凶暴的，人拘捕憨直的。暗里摄去魂魄，明里让你夭折。不做非法之事，不走不正之道。为公众谋福利使你得到威信,为自己聚私财则不会利于自身。过分的黑便变成天青色,过度的蓝便变成青色。用绳墨观看它是否直,用水来察看它是否平。时机到了以后获取,不如没有私欲。懂得适可而止,知足常乐,就能够避免受辱。

所以做事时必须洞察分毫,行动时必须谨小慎微。连细枝末节都考虑到,这样失败的时候就少了。既洞察又慎重,福禄自有所属。过去蘧瑗50岁时,知道自己49岁前都错了,颜回也能够任何时候都不违背仁义。一步一步不停地走下去,终会到达千里之途;一筐一筐地搬运下去,终会堆成万仞之山。因此说走向远大目标是从近处开始的,向高处攀登是从低处开始的,能否达到,能否长久,都将随着时世的变化而变化。月圆如规,到后来的夜晚就会变残缺;木槿花早晨开得旺盛,一到晚上就枯萎了。哪里有增加了以后而不亏损,亏损以后而不毁坏的呢?好处不要想得太多,利益不要想得过大。只有那些拥有德行的人害怕过多,体悟纯真的人担心过大。道德高尚,诽谤就会云集;责任重大,怨怒就会丛生。若仕途通达,即使你有孔子一样的学识,也会颠沛惊恐;若要忠诚不贰,即使你有周公一样的德行,也会狼狈遭谗。无论别人是否对小看我,我不能伺机报复;无论别人是否对我宽厚,我不能抱怨。要像山那样宽大,做到无所不有;要像谷那样虚心,做到无所不受;能刚能柔,可以承担重任;能忠信、能顺从,险途可以通过;能聪明、能糊涂,期望可以久远。周庙里的金人,封口三重,是为了告诫人们勿多招祸。把漏酒器放在面前,要经常学习它的虚怀若谷;把易倾器放在背后,应时刻提防自己自满招败。让这些后辈,把我的话当作座右铭传下去。

◎王褒《幼训》（节选）

王褒像

王褒（约 513～576），字子渊，琅琊临沂（今山东临沂）人。北朝大臣、文学家，东晋宰相王导之后。博览史传，善作草书。曾任太子少保、小司空、宜州刺史等职。明人集有《王司空集》。《幼训》是用来训诫其子的，保存下来的只有一章。这一段选文有两个方面的内容：一是爱日以学，坚持不懈。文人读书学习，就像武夫骑射一样，是一项必备的基本功。要夜以继日，珍惜每一点时间，勤学不懈。又要持保居处的肃静，排除一切干扰，专心致志。只有学习，才能有孔子门人那样的德行，才能有贾谊那样的文才。二是为人处世，立身行道，要有始有终，始终如一。要记取"靡不有初，鲜克有终"的古训，以极大的毅力和恒心，坚持德行，即使是在仓促慌忙的时候，在艰难困苦的境地，也不可一时违背。

【原文】

陶士衡曰："昔大禹不吝尺立璧而重寸阴。"文士何不诵书，武士何不马射？若乃玄冬修夜，朱明永日，肃其居处，崇其墙仞，门无糅杂，坐阙号呶。以之求学，则仲尼之门人也；以之为文，则贾生之升堂也。古者盘盂有铭，几杖有诫，进退循焉，俯仰观焉。文王之诗曰："靡不有初，鲜克有终。"立身行道，终始若一。"造次必于是"，君子之言欤？

（《梁书·王褒传》）

【译文】

陶士衡曾说："古时候大禹不吝惜一尺长的璧玉，却看重一寸光阴。"文士怎能不经常读书，武士又怎能不时常练习骑射？无论漫漫冬夜还是夏日中，门庭肃静，院墙高筑，家中无闲杂之人，座中无喧嚷之声。像这样来求学，就算得上是孔夫子的弟子了；以这种态度来写文章，就可以达到贾谊的那种境界了。古人在盘、盂上刻有勉励的格言，在茶几、拐杖上写有训诫的语句，进来出去、低头抬头都时刻遵循它们、参照它们。周文王有诗说道："做任何事情，开头并不是很难，难就难在很少有善终的。"为人处世，贵在始终如一。"即使是在最紧迫的时刻也一定要以此为准则"，这是君子的箴言啊。

◎颜之推《颜氏家训》（节选）

颜之推像

颜之推(531～约591)，字介，原籍琅琊临沂(今山东临沂)，生于建康(今江苏南京)的一个士族官僚之家。南齐治书御史颜见远之孙、南梁咨议参军颜协之子。中国古代文学家、教育家，生活年代在南北朝至隋朝期间。著有《颜氏家训》一书，共20篇，旨在用儒家思想教训子孙，以保持自己家庭的传统与地位，是一部系统完整的家庭教育教科书。这是他一生关于士大夫立身、治家、处事、为学的经验总结，在封建家庭教育发展史上有重要的影响，后世称此书为"家教规范"。

序致篇

【原文】

夫圣贤之书，教人诚孝，慎言检迹，立身扬名，亦已备矣。魏晋已来，所著诸子，理重事复，递相模敩，犹屋下架屋、床上施床耳。吾今所以复为此者，非敢轨物范世也，业已整齐门内，提撕子孙。夫同言而信，信其所亲；同命而行，行其所服。禁童子之暴谑，则师友之诫，不如傅婢之指挥；止凡人之斗阋，则尧、舜之道，不如寡妻之诲谕。吾望此书为汝曹之所信，犹贤于傅婢寡妻耳。

吾家风教，素为整密。昔在龆龀，便蒙诱诲；每从两兄，晓夕温凊，规行矩步，安辞定色，锵锵翼翼，若朝严君焉。赐以优言，问所好尚，励短引长，莫不恳笃。年始九岁，便丁荼蓼，家涂离散，百口索然。慈兄鞠养，苦辛备至；有仁无威，导示不切。虽读《礼》《传》，微爱属文，颇为凡人之所陶染，肆欲轻言，不修边幅。年十八九，少知砥砺，习若自然，卒难洗荡。二十已后，大过稀焉；每常心共口敌，性与情竞，夜觉晓非，今悔昨失，自怜无教，以至于斯。追思平昔之指，铭肌镂骨；非徒古书之诫，经目过耳也。故留此二十篇，以为汝曹后车耳。

【译文】

圣贤的书籍，教诲人们要忠诚孝顺，说话要谨慎，行为要检点，建功立业使名声播扬，所有这些也都已讲得很全面了。而魏晋以来，所著作的一些诸子书籍，类似的道理多次重复而且内容相近，一个接一个互相模仿学习，这好比屋下又架屋，床上又放床，显得多余无用了。我如今之所以要再写这部《家训》，并非是给大家在为人处世方面立什么规范，而只是用来整顿家风，教育子孙后代。同样的言语，因为是所亲近的人说出的就相信；同样的命令，因为是所佩服的人发出的就执行。如禁止小孩胡闹嬉笑，师友的训诫就不如侍婢的指挥；阻止俗人打架争吵，那尧、舜的教导就不如妻子的劝解。我希望这部《家训》能被你们所遵信，总还比侍婢、妻子的话来得贤明。

我家的门风家教，向来严整周密。在我还小的时候，就受到诱导教诲；每天跟随两位兄弟，早晚孝顺、侍奉双亲，言谈谨慎，举止端正，言语安详，神色平和，恭敬有礼，小心翼翼，好似拜见威严的君王一样。双亲经常劝勉鼓励我们，询问我们的爱好，鼓励我们改掉缺点，引导我们发展特长，既恳切又恰当。当我9岁的时候，父亲去世了，家庭陷入困境，家道衰落，人口萧条。哥哥抚养我，极其辛苦，他有仁爱而少威严，教训引导也不那么严厉。我当时虽也诵读《周礼》《春秋左传》，但又比较爱写文章，在很大程度上我受到世人的影响，欲望放纵，言语轻率，且不修边幅。到十八九岁，才稍加磨砺，但因为习惯已成自然，短时间内难以改正。直到20岁以后，大的过错才较少发生；但仍经常心是口非，善性与私情相矛盾，夜晚发觉清晨犯下的错误，今天悔恨昨天犯下的过失，自己常叹息由于缺乏教育，才会到这一步。如今回想起平生的意愿、志趣，真是刻骨铭心；不同于古书上的训诫，只是看一眼、听一下而已。所以写下这20篇文字，给你们作为鉴戒。

教子篇

【原文】

上智不教而成，下愚虽教无益，中庸之人，不教不知也。古者，圣王有胎教之法：怀子三月，出居别宫，目不邪视，耳不妄听，音声滋味，以礼节之。书之玉版，藏诸金匮。生子咳嗁，师保固明孝仁礼义，导习之矣。凡庶纵不能尔，当及婴稚，识人颜色，知人喜怒，便加教诲，使为则为，使止则止。比及数岁，可省笞罚。父母威严而有慈，则子女畏慎而生孝矣。

吾见世间无教而有爱，每不能然；饮食运为，恣其所欲，宜诫翻奖，应诃

反笑，至有识知，谓法当尔。骄慢已习，方复制之，捶挞至死而无威，忿怒日隆而增怨，逮于成长，终为败德。孔子云“少成若天性，习惯如自然”是也。俗谚曰：“教妇初来，教儿婴孩。”诚哉斯语！

凡人不能教子女者，亦非欲陷其罪恶；但重于诃怒。伤其颜色，不忍楚挞惨其肌肤耳。当以疾病为谕，安得不用汤药针艾救之哉？又宜思勤督训者，可愿苛虐于骨肉乎？诚不得已也。

父子之严，不可以狎；骨肉之爱，不可以简。简则慈孝不接，狎则怠慢生焉。

人之爱子，罕亦能均；自古及今，此弊多矣。贤俊者自可赏爱，顽鲁者亦当矜怜。有偏宠者，虽欲以厚之，更所以祸之。

齐朝有一士大夫，尝谓吾曰：“我有一儿，年已十七，颇晓书疏，教其鲜卑语及弹琵琶，稍欲通解，以此伏事公卿，无不宠爱，亦要事也。”吾时俯而不答。异哉，此人之教子也！若由此业，自致卿相，亦不愿汝曹为之。

【译文】

有智慧的人不用教育就能成才，愚昧的人即使教育再多也不起作用，只有绝大多数普通人需要教育，不教就不知道。古时候的圣王，有胎教的做法：女人怀孕三个月的时候，出去住到别的好房子里，眼睛不能斜视，耳朵不能乱听，听音乐，吃美味，都要按照礼义加以节制。还得把这些写到玉版上，藏进金柜里。到胎儿出生，还在幼儿时，担任“师”和“保”的人，就要讲解孝、仁、礼、义，来引导他们学习。普通老百姓家纵使不能如此，也应在婴儿识人脸色、懂得喜怒时，就加以教导训诲，叫他们做就得做，叫他们不做就得不做。等到他们长大几岁，就可省免鞭打的惩罚。只要父母既威严又慈爱，子女自然敬畏谨慎而有孝行了。

我见到世上那种对孩子不教育而只有慈爱的，常常不以为然；要吃什么，要干什么，任意放纵孩子，不加管制，该训诫时反而夸奖，该呵斥责骂时反而欢笑，到孩子懂事时，就认为这些道理本来就是这样。等到骄傲怠慢已

陈介祺行书《颜氏家训》

陈介祺（1813～1884），字寿卿、受卿，号簠斋、海滨病史，山东潍坊人。陈官俊子。道光二十五年（1845）进士，授编修，官至侍读学士。精鉴赏，富收藏。著有《簠斋金石文字考释·印集》《十钟山房印举》等。书法宗颜真卿，出入钟鼎文字，自成一家。

经成为习惯时，才去加以制止，那时候就算鞭打得再狠毒也树立不起威严，愤怒得再厉害也只会增加怨恨，到孩子长大成人，最终成为品德败坏的人。孔子说："从小养成的就像天性，习惯了的也就成为自然。"这是正确的。俗谚说："教媳妇要在初来时，教儿女要在婴孩时。"这话确实有道理！

普通人不能教育好子女，也并非想要使子女陷入罪恶的境地；只是不愿意使他因受责骂训斥而神色沮丧，不忍心使他因挨打而遭受肌肤的痛苦。这应该用生病来打比方，哪能生了病不用汤药、针艾来救治就好了的？还应该想一想那些经常认真督促、训诫子女的人，他们难道愿意对亲骨肉刻薄凌虐吗？实在是不得已啊！

父子之间要严肃，而不可以轻慢；骨肉之间要有爱，但不可以简慢。简慢了就连慈孝都做不好，轻忽了就会产生怠慢。

人们爱孩子，很少能做到平等对待；从古到今，这种弊病一直都很多。其实聪明俊秀的固然讨人喜爱，顽皮愚笨的也应该加以怜悯。那种有偏爱的家长，即使本意是想对他好，结果却反而会给他招来祸殃。

北齐有个士大夫，曾对我说："我有个儿子，已有17岁，很会写奏札，教他讲鲜卑语、弹奏琵琶，差不多都学会了，凭这些本事来服侍三公九卿，一定会被宠爱的，这也是紧要的事情。"我当时低头没有回答。奇怪啊，这个人用这样的方式来教育儿子！如果用这种办法当梯子，能够做到卿相，我也不愿让你们去干。

兄弟篇

【原文】

夫有人民而后有夫妇，有夫妇而后有父子，有父子而后有兄弟：一家之亲，此三而已矣。自兹以往，至于九族，皆本于三亲焉，故于人伦为重者也，不可不笃。兄弟者，分形连气之人也。方其幼也，父母左提右挈，前襟后裾，食则同案，衣则传服，学则连业，游则共方，虽有悖乱之人，不能不相爱也。及其壮也，各妻其妻，各子其子，虽有笃厚之人，不能不少衰也。娣姒之比兄弟，则疏薄矣；今使疏薄之人，而节量亲厚之恩，犹方底而圆盖，必不合矣。惟友悌深至，不为旁人之所移者，免夫！

二亲既殁，兄弟相顾，当如形之与影，声之与响，爱先人之遗体，惜已身之分气，非兄弟何念哉？兄弟之际，异于他人，望深则易怨，地亲则易弭。譬犹居室，一穴则塞之，一隙则涂之，则无颓毁之虑；如雀鼠之不恤，风雨之不防，壁陷楹沦，无可救矣。仆妾之为雀鼠，妻子之为风雨，甚哉！

兄弟不睦，则子侄不爱；子侄不爱，则群从疏薄；群从疏薄，则僮仆为仇敌矣。如此，则行路皆踖其面而蹈其心，谁救之哉？人或交天下之士，皆有欢爱，而失敬于兄者，何其能多而不能少也！人或将数万之师，得其死力，而失恩于弟者，何其能疏而不能亲也？

娣姒者，多争之地也，使骨肉居之，亦不若各归四海，感霜露而相思，伫日月之相望也。况以行路之人，处多争之地，能无间者鲜矣。所以然者，以其当公务而执私情，处重责而怀薄义也；若能恕己而行，换子而抚，则此患不生矣。

人之事兄，不可同于事父，何怨爱弟不及爱子乎？是反照而不明也。

【译文】

有了人群，然后才有了夫妻；有了夫妻，然后才有了父子；有了父子，然后才有兄弟：一个家庭里的亲人，就有这三种关系。由此类推，直推到九族，都是根源于这三种亲属关系，所以这三种关系在人伦中极为重要，不能不认真对待。兄弟，是形体虽分而气质相连的人。当他们幼小的时候，父母左手牵右手携，拉前襟扯后裙，吃饭同案，衣服递穿，学习用同一册课本，游玩去同一处地方，即使有荒谬胡乱的时候，也不可能不相互友爱。等到进入壮年时期，各有各的妻，各有各的子，即使是诚实厚道的，感情上也不可能不减弱。至于妯娌比起兄弟来，就更疏远而欠缺亲密了；如今让这种疏远欠亲密的人，来掌握亲厚不亲厚的节制度量，就好比那方的底座要加个圆盖，必然是合不拢了。这种情况只有十分敬爱兄长和仁爱兄弟，不被妻子所动摇的人，才能避免出现啊！

双亲已经去世，留下兄弟相对，应当既像形和影，又像声和响，爱护先人的遗体，顾惜自身分得父母的血气，除了兄弟还能挂念谁呢？兄弟之间，与他人可不一样，对对方要求高就容易产生埋怨，而关系和睦就容易消除隔阂。譬如住的房屋，出现了一个漏洞就堵塞，出现了一条细缝就填补，就不会有倒塌的危险；假如有了雀鼠也不忧虑，刮风下雨也不防御，那么就会墙崩柱摧，无从挽回了。仆妾好比那雀鼠，妻子好比那风雨，怕还更厉害些吧！

兄弟要是不和睦，子侄就不相爱；子侄要是不相爱，族里的子侄辈就更疏远而欠亲密；族里的子侄辈疏远而不亲密，那僮仆就成仇敌了。如果这样，即使走在路上的陌生人都踏他的脸踩他的心，那还有谁来救他呢？世人中有能结交天下之士并相处融洽的，却不能善待自己的兄长，为什么他能爱那么多外人，而独独不爱少数的几个兄长？有的人能统帅数万人的军队，使部下为他拼死效力，却不能善待自己的弟弟，为什么对关系疏远的人能广施恩惠，对关系亲密的人却薄情寡恩呢？

妯娌之间，纠纷最多，即使是亲姐妹成为妯娌，也不如住的距离远一点，好感受霜露而相思，等待日子来相会。何况本如走在路上的陌生人，却处在

多纠纷之地，能做到不生嫌隙的实在太少了。所以才会这样，是因为办的是大家庭的公事，却都要兼顾自己的私利，担子虽重却很少讲道义。如果能使自己宽恕、原谅对方，把对方的孩子像自己的孩子那样爱抚，那这类灾祸就不会发生了。

人在侍奉兄长时，不应等同于侍奉父亲，那为什么埋怨兄长爱弟弟不如爱儿子呢？这就是没有把这两件事对照起来看明白啊！

后娶篇

【原文】

吉甫，贤父也，伯奇，孝子也，以贤父御孝子，合得终于天性，而后妻间之，伯奇遂放。曾参妇死，谓其子曰："吾不及吉甫，汝不及伯奇。"王骏丧妻，亦谓人曰："我不及曾参，子不如华、元。"并终身不娶，此等足以为诫。其后，假继惨虐孤遗，离间骨肉，伤心断肠者，何可胜数。慎之哉！慎之哉！

江左不讳庶孽，丧室之后，多以妾媵终家事；疥癣蚊虻，或未能免，限以大分，故稀斗阋之耻。河北鄙于侧出，不预人流，是以必须重娶，至于三四，母年有少于子者。后母之弟，与前妇之兄，衣服饮食，爰及婚宦，至于士庶贵贱之隔，俗以为常。身没之后，辞讼盈公门，谤辱彰道路，子诬母为妾，弟黜兄为佣，播扬先人之辞迹，暴露祖考之长短，以求直己者，往往而有。悲夫！自古奸臣佞妾，以一言陷人者众矣！况夫妇之义，晓夕移之，婢仆求容，助相说引，积年累月，安有孝子乎？此不可不畏。

凡庸之性，后夫多宠前夫之孤，后妻必虐前妻之子；非唯妇人怀嫉妒之情，丈夫有沉惑之僻，亦事势使之然也。前夫之孤，不敢与我子争家，提携鞠养，积习生爱，故宠之；前妻之子，每居己生之上，宦学婚嫁，莫不为防焉，故虐之。异姓宠则父母被怨，继亲虐则兄弟为仇，家有此者，皆门户之祸也。

【译文】

吉甫，是贤明的父亲。伯奇，是孝顺的儿子。以贤父来对待孝子，应该是能够一直保有父与子之间慈孝的本性，但是由于后妻的挑拨离间，儿子伯奇就被放逐。曾参的妻子死去，他对儿子说：“我比不上吉甫贤明，你也比不上伯奇孝顺。”王骏的妻子死去，他也对人说：“我比不上曾参，我的儿子比不上曾华、曾元。”曾参与王骏两位后来都终身没有再娶。这些事例都足以引为训诫。后世那些做后母的虐待孤儿，离间前妻之子和其生父的骨肉之情，弄得人伤心断肠的人多得数不清。对此要小心啊！对此要小心啊！

江东不避忌庶妾，大老婆死了以后，多由小老婆来主持家事；细小的纠纷，有时本来不能免除。但限于名分，打架争吵等可耻的事情就很少见。河北鄙视小老婆，不让小老婆进入有身份的人的行列，所以必须妻亡重娶，甚至重娶三四次，因此，后母年龄有时比大的儿子还小。后母生的孩子（弟弟）和前妻生的孩子（兄长），会有在衣服、饮食以及婚姻、做官上的差异，甚至会有士庶贵贱之隔阂，而世俗对此现象习以为常。到本人死亡之后，家里的人为诉讼跑穿了官府，把诽谤污辱的言语嚷到大路上，前妻之子诬蔑后母为小老婆，后母之子贬斥前妻之子为仆役。宣扬先人的言词字迹，暴露祖考的是非，使自己变得很有道理，这种现象经常可以见到，真可悲啊！自古以来的奸臣佞妾，用一句话来害人的多得很呢！何况凭借夫妇的情义，早晚想办法来改变男人的心意，而婢仆为了讨主子的欢心，帮着劝说引诱，日子一久，哪里还有孝子呢？对此不可以不畏惧。

一般人的秉性，后夫大多宠爱前夫的孩子，后妻必然虐待前妻的孩子；这不只是因为妇人心怀妒忌，丈夫沉迷女色，头脑发昏，这也是事态促使他们这样的。因为前夫的孩子不敢和我的孩子争夺家业，将他提携抚养，天长日久自然生爱，因而宠爱他；而前妻的孩子常常居于自己所生的孩子之上，无论学业做官还是婚姻嫁娶，没有不需要防范的，因而虐待他。异姓之子受宠则父母遭怨恨，后母虐待前妻之子则兄弟成仇，家里发生这类事情，都是家门的祸患。

治家篇

【原文】

夫风化者，自上而行于下者也，自先而施于后者也。是以父不慈则子不孝，兄不友则弟不恭，夫不义则妇不顺矣。父慈而子逆，兄友而弟傲，夫义而妇陵，则天之凶民，乃刑戮之所摄，非训导之所移也。

笞怒废于家，则竖子之过立见；刑罚不中，则民无所措手足。治家之宽猛，亦犹国焉。

孔子曰："奢则不孙，俭则固；与其不孙也，宁固。"又云："如有周公之才之美，使骄且吝，其余不足观也已。"然则可俭而不可吝已。俭者，省约为礼之谓也；吝者，穷急不恤之谓也。今有施则奢，俭则吝；如能施而不奢，俭而不吝，可矣。

生民之本，要当稼穑而食，桑麻以衣。蔬果之畜，园场之所产；鸡豚之善，埘圈之所生。爰及栋宇器械，樵苏脂烛，莫非种殖之物也。至能守其业者，闭门而为生之具以足，但家无盐井耳。今北土风俗，率能躬俭节用，以赡衣食；江南奢侈，多不逮焉。

世间名士，但务宽仁；至于饮食饷馈，僮仆减损，施惠然诺，妻子节量，狎侮宾客，侵耗乡党：此亦为家之巨蠹矣。

裴子野有疏亲故属饥寒不能自济者，皆收养之；家素清贫，时逢水旱，二石米为薄粥，仅得遍焉，躬自同之，常无厌色。邺下有一领军，贪积已甚，家童八百，誓满一千；朝夕每人肴膳，以十五钱为率，遇有客旅，更无以兼。后坐事伏法，籍其家产，麻鞋一屋，弊衣数库，其余财宝，不可胜言。南阳有人，为生奥博，性殊俭吝，冬至后女婿谒之，乃设一铜瓯酒，数脔獐肉，婿恨其单率，一举尽之，主人愕然，俯仰命益，如此者再；退而责其女曰："某郎好酒，故汝常贫。"及其死后，诸子争财，兄遂杀弟。

妇主中馈，惟事酒食衣服之礼耳，国不可使预政，家不可使干蛊；如有聪明才智，识达古今，正当辅佐君子，助其不足。必无牝鸡晨鸣，以致祸也。

江东妇女，略无交游，其婚姻之家，或十数年间，未相识者，惟以信命赠遗，致殷勤焉。邺下风俗，专以妇持门户，争讼曲直，造请逢迎，车乘填街衢，绮罗盈府寺，代子求官，为夫诉屈。此乃恒、代之遗风乎？南间贫素，皆事外饰，车乘衣服，必贵整齐；家人妻子，不免饥寒。河北人事，多由内政，绮罗金翠，不可废阙，羸马悴奴，仅充而已；倡和之礼，或尔汝之。

河北妇人，织纴组紃之事，黼黻锦绣罗绮之工，大优于江东也。

太公曰："养女太多，一费也。"陈蕃曰："盗不过五女之门。"女之为累，亦以深矣。然天生蒸民，先人传体，其如之何？世人多不举女，贼行骨肉，岂当如此，而望福于天乎？吾有疏亲，家饶妓媵，诞育将及，便遣阍竖守之。体有不安，窥窗倚户，若生女者，辄持将去，母随号泣，使人不忍闻也。

妇人之性，率宠子婿而虐儿妇。宠婿，则兄弟之怨生焉；虐妇，则姊妹之谗行焉。然则女之行留，皆得罪于其家者，母实为之。至有谚曰："落索阿姑餐。"此其相报也。家之常弊，可不诫哉！

婚姻素对，靖侯成规。近世嫁娶，遂有卖女纳财，买妇输绢，比量父祖，计较锱铢，责多还少，市井无异。或猥婿在门，或傲妇擅室，贪荣求利，反招羞耻，可不慎欤！

借人典籍，皆须爱护，先有缺坏，就为补治，此亦士大夫百行之一也。济阳江禄，读书未竟，虽有急速，必待卷束整齐，然后得起，故无损败，人不厌其求假焉。或有狼藉几案，分散部帙，多为童幼婢妾之所点污，风雨虫鼠所毁伤，实为累德。吾每读圣人之书，未尝不肃敬对之；其故纸有《五经》词义及贤达姓名，不敢秽用也。

吾家巫觋祷请，绝于言议，符书醮酸，亦无祈焉，并汝曹所见也。勿为妖妄之费。

【译文】

教育感化这件事，是从上向下推行的，是从先向后施加影响的。所以父

不慈，子就不孝；兄不友爱，弟就不恭敬；夫不仁义，妇就不温顺。至于父虽慈爱而子叛逆，兄虽友爱而弟傲慢，夫虽仁义而妇好欺侮，那就是天生的凶恶之人，要用刑罚杀戮来使他恐惧，而不是用训诲诱导能改变的了。

家里没有人发怒，不用鞭打的惩罚，童仆的过错就会马上出现；刑罚用得不恰当，老百姓就会手足无措。治家的宽仁和严格，也好比治国一样。

孔子说："奢侈了就不恭顺，节俭了就固陋；与其不恭顺，宁可固陋。"又说："如果有周公那样的才能、那样的美德，但只要他既骄傲且吝啬，余下的也就不值得称道了。"这样说来是可以俭省而不可以吝啬了。俭省，是合乎礼的节省；吝啬，是对困难危急也不体恤。当今常有人讲施舍就成为奢侈，讲节俭就进入到吝啬。如果能够做到施合而不奢侈，俭省而不吝啬，那就很好了。

老百姓生活中最根本的事情，是要播收庄稼而果腹，种植桑麻而穿衣。贮藏的蔬菜果品，是果园场圃出产的；食用的鸡、猪，是鸡窝、猪圈里养殖的。还有那房屋器具、柴草蜡烛，没有不是靠种植的东西来制造的。那种能保守家业的，即使关上门生活必需品都够用，只是家里没有口盐井而已。如今北方的风俗，都能做到省俭节用，温饱就满足了。江南一带地方奢侈流行，多数比不上北方。

世上的名士，只求宽厚仁爱；却弄得待客馈送的饮食被僮仆减少，允诺资助的东西被妻子克扣，轻侮宾客，刻薄乡邻：这也是治家的大祸害。

裴子野对饥寒不能自救的远亲故旧，都收养下来；家里一向清贫，有时遇上水旱灾害，用二石米煮成稀粥，勉强让大家都吃得上，自己也和大家一起吃，从来没有厌倦。京城邺下有个大将军，贪欲积聚得实在太多，家僮已有了八百人，还发誓凑满一千；早晚每人的饭菜以十五文钱为标准，遇到客人来，也不增加一些。后来犯事处死，籍册没收家产，麻鞋有一屋子，旧衣藏了几个库，其余的财宝更是多得说不完。南阳地方有个人，深藏广蓄，性极吝啬，冬至后女婿来看他，他只给女婿准备了一铜瓯的酒，还有几块獐子肉，女婿嫌太简单，一下子就吃尽喝光了。这个人很吃惊，只好勉强添上一点，这样添过几次，回头责怪女儿说："某郎太爱喝酒，才弄得你老是贫穷。"等到他死后，几个儿子为争夺遗产，发生了兄杀弟的事情。

妇女主持家中衣食之事，只从事酒食衣服类的事务并合礼就行，于国不能让她过问大政，治家不能让她操办正事。如果真有聪明才智，见识通达古今，也只应辅佐丈夫，对他达不到的地方做点帮助。千万不要母鸡晨鸣，招致祸殃。

江东的妇女很少对外交往，在结成婚姻的亲家中，有十几年还不相识的，只派人传达音信或送礼品，来表示殷勤。邺城的风俗，专门让妇女当家，争讼曲直，谒见迎候，驾车的填塞道路，穿绮罗的挤满官署，替儿子乞求官职，给丈夫诉说冤屈，这应是古代的遗风吧？南方的贫素人家都注意修饰外表，车马衣服一定讲究整齐，而家人妻子却不免饥寒。河北交际应酬多凭妇女，绮罗金翠不能短少，而马匹瘦弱，奴仆憔悴，勉强充数而已；夫妇之间交谈，有时“尔”“汝”相称，用词并不拘泥于此。

河北妇女从事编织的工作，制作绣有花纹绸布的手工技巧，都大大胜过江东的妇女。

姜太公说：“养女儿太多，是一种耗费。”后汉大臣陈蕃说过：“盗贼都不愿偷窃有五个女儿的家庭。”女儿办嫁妆使人耗资，受累也够深重了。但天生芸芸众生，又是先人的身体，能对她怎么样呢？世人多有生了女儿不养育，残害亲生骨肉的，这样岂能盼望上天降福？我有个远亲，家里有许多妓妾，有妓妾将要生育时，就派童仆守候着，临产时，看着窗户，靠着门柱，如果生了女婴，马上抱走弄死，产妇随即哭号，真叫人不忍心听。

妇女的习性，大多宠爱女婿而虐待儿媳妇。宠爱女婿，那女儿的兄弟就会产生怨恨；虐待儿媳妇，那儿子的姐妹就容易进谗言。这样看来女的不论出嫁还是娶进都会得罪于家，都是为母的所造成的。以至于俗话有道：“落索阿姑餐。”说做儿媳妇的冷落婆婆以此来报复。这是家庭里常见的弊端，能不警戒吗！

婚姻要找贫寒人家，这是当年祖宗靖侯的老规矩。近代嫁娶，就有接受财礼出卖女儿的，通过运送绢帛买进儿媳妇的，这些人算计、比较父祖家势，计较锱铢钱财，索取多而回报少，这和做买卖没有区别，以至于有的门庭里

弄来个下流女婿，有的家中大权操纵在恶儿媳妇手中。贪荣求利，招来耻辱，这样的事能不谨慎吗！

借别人的书籍，都必须爱护，原先有缺失损坏的卷页，要修补完好，这也是士大夫百种善行之一。济阳人江禄，每当读书未读完时，即使有紧急事情，也要等把书本整理整齐，然后才起身，因此书籍不会损坏，人家对他来求借从不感到厌烦。有的人把书籍乱丢在桌案上，以致卷帙分散，多被小孩婢妾弄脏，又被风雨虫鼠毁伤，这真是有损道德。我每次读圣人写的书，从来没有不严肃恭敬地对待的。废旧纸上有《五经》文义和贤达之人的姓名，也不敢用在污秽之处。

我们家里从来不讲巫婆或道僧祈祷神鬼之事，也没有用符书设道场去祈求之举，这都是你们所见到的。切莫把钱花费在这些巫妖虚妄的事情上。

风操篇

【原文】

《礼》曰："见似目瞿，闻名心瞿。"有所感触，恻怆心眼，若在从容平常之地，幸须申其情耳。必不可避，亦当忍之；犹如伯叔，兄弟，酷类先人，可得终身肠断，与之绝耶？又："临文不讳，庙中不讳，君所无私讳。"益知闻名，须有消息，不必期于颠沛而走也。梁世谢举，甚有声誉，闻讳必哭，为世所讥。又有臧逢世，臧严之子也，笃学修行，不坠门风，孝元经牧江州，遣往建昌督事，郡县民庶，竞修笺书，朝夕辐辏，几案盈积，书有称"严寒"者，必对之流涕，不省取记，多废公事，物情怨骇，竟以不办而退。此并过事也。

近在扬都，有一士人讳审，而与沈氏交结周厚，沈与其书，名而不姓，此非人情也。

昔侯霸之子孙，称其祖父曰家公；陈思王称其父为家父，母为家母；潘尼称其祖曰家祖：古人之所行，今人之所笑也。今南北风俗，言其祖及二亲，无云家者；田里猥人，方有此言耳。凡与人言，言己世父，以次第称之，不云家者，以尊于父，不敢家也。凡言姑姊妹女子子：已嫁，则以夫氏称之；在室，则以次第称之。言礼成他族，不得云家也。子孙不得称家者，轻略之也。蔡邕书集，呼其姑姊为家姑家姊，班固书集，亦云家孙：今并不行也。

凡与人言，称彼祖父母、世父母、父母及长姑，皆加"尊"字，自叔父母以下，则加"贤"字，尊卑之差也。王羲之书，称彼之母与自称己母同，不云尊字，今所非也。

昔者，王侯自称孤、寡、不谷，自兹以降，虽孔子圣师，及门人言皆称名也。后虽有臣仆之称，行者盖亦寡焉。江南轻重，各有谓号，具诸《书仪》。北人多称名者，乃古之遗风，吾善其称名焉。

古人皆呼伯父叔父，而今世多单呼伯叔。从父兄弟姊妹已孤，而对其前，呼其母为伯叔母，此不可避者也。兄弟之子已孤，与他人言，对孤者前，呼为兄子弟子，颇为不忍，北土人多呼为侄。案：《尔雅》《丧服经》《左传》，侄虽名通男女，并是对姑之称。晋世已来，始呼叔侄；今呼为侄，于理为胜也。

古者，名以正体，字以表德，名终则讳之，字乃可以为孙氏。孔子弟子记事者，皆称仲尼；吕后微时，尝字高祖为季；至汉爰种，字其叔父曰丝；王丹与侯霸子语，字霸为君房；江南至今不讳字也。河北士人全不辨之，名亦呼为字，字固呼为字。尚书王元景兄弟，皆号名人，其父名云，字罗汉，一皆讳之，其余不足怪也。

偏傍之书，死有归杀。子孙逃窜，莫肯在家；画瓦书符，作诸厌胜；丧出之日，门前然火，户外列灰，祓送家鬼，章断注连：凡如此比，不近有情，乃儒雅之罪人，弹议所当加也。

《礼经》："父之遗书，母之杯圈，感其手口之泽，不忍读用。"政为常所讲习，雠校缮写，及偏加服用，有迹可思者耳。若寻常坟典，为生什物，安可悉废之乎？既不读用，无容散逸，惟当缄保，以留后世耳。

江南风俗，儿生一期，为制新衣，盥浴装饰，男则用弓矢纸笔，女则刀尺针缕，并加饮食之物，及珍宝服玩，置之儿前，观其发意所取，以验贪廉愚智，名之为试儿。亲表聚集，致宴享焉。

四海之人，结为兄弟，亦何容易。必有志均义敌，令终如始者，方可议之。一尔之后，命子拜伏，呼为丈人，申父友之敬，身事彼亲，亦宜加礼。比见北人甚轻此节，行路相逢，便定昆季，望年观貌，不择是非，至有结父为兄，托子为弟者。

【译文】

《礼记》上说："见到容貌相似的目惊，听到名字相同的心惊。"这是由于有所感触，以致心目凄怆。如果处在一般情况下，自应让这种感情表达出来。但如果无法回避，也应该有所隐忍；譬如伯叔、兄弟，容貌极像先人，能够一辈子因见到他们就非常悲痛，以至于和他们断绝往来吗？

《礼记》上又说："作文章不用避讳，在庙里祭祀不用避讳，在君王面前不避自己父祖的名讳。"可见听到名讳应该有所斟酌，不一定要匆忙走避。梁朝时有个叫谢举的人，很有声望，但听到自己父祖的名讳就哭，为世人所讥笑。还有个臧逢世，是臧严的儿子，学问踏实，品行端正，能维持门风。梁元帝出任江州牧，派他去建昌督办公事，郡县的百姓都抢着给他写信，信多得早晚汇集，堆满了案桌。信上有写了"严寒"字样的，他看到了一定会对信流泪，再不察看作回复。公事常因此不得处理，引起人们的责怪怨恨，终于因避讳影响办事而被召回。这都是把避讳的事情做过头了。

梁同书《颜氏家训》

近来在扬都，有个士人避讳"审"字，同时又和姓沈的结交友情深厚，姓沈的给他写信，只署名而不写上"沈"姓，这是因避讳而显得不近人情。

过去侯霸的子孙，称他们的祖父叫"家公"；陈思王曹植称他的父亲叫

“家父”，母亲叫“家母”；潘尼称他的祖叫“家祖”：这都是古人所做的，而为今人所笑的。如今南北风俗，讲到他的祖辈和父母双亲，没有说“家”的；农村里卑贱的人，才有这种叫法。一般和别人谈话，讲到自己的伯父，用排行来称呼，不说“家”，是因为怕显得比父亲还尊，不敢称“家”。凡讲到姑、姊妹、女儿，已经出嫁的就用丈夫的姓来称呼，没有出嫁的就用排行来称呼，意思是行婚礼就成为别的家族的人，不好称“家”。子孙不好称“家”，是对他们的轻视忽略。蔡邕文集里称呼他的姑、姊为“家姑”“家姊”，班固文集里也说“家孙”，如今都不通行了。

一般和人谈话，称人家的祖父母、伯父母、父母和长姑，都加个“尊”字，从叔父母以下，就加个“贤”字，以表示尊卑有别。王羲之写信，称人家的母和称自己的亲人相同，都不说“尊”，这是现在所不取的。

从前王侯自己称自己孤、寡、不谷，从此以后，即使孔子这样的圣师，和弟子谈话都自己称名。后来虽有自称臣、仆的，但也很少有人这么做。江南地方礼仪轻重各有称谓，都记载在专讲礼节的《书仪》上。北方人多自己称名，这是古代的遗风，我个人认为自己称名很好。

古人都喊伯父、叔父，而今世多单喊伯、叔。从父兄弟姐妹已孤，而当着他的面喊他母亲为伯母、叔母，这是无从回避的。兄弟之子已孤，和别人讲话，对着已孤者叫他兄之子、弟之子，就颇为不忍，北方人多叫他侄。按之《尔雅》《丧服经》《左传》，侄虽通用于男女，但都是对姑而言的。晋代以来，才叫叔侄。如今叫他侄，从道理上讲是对的。

古时候，名用来表明本身，字用来表示德行，名在死后要避讳，字就可以作为孙辈的氏。孔子的弟子在记事时，都称孔子为仲尼；吕后在微贱时，曾称呼汉高祖的字叫他季；至汉人爰种，称他叔父的字叫丝；王丹和侯霸的儿子谈话，称呼侯霸的字叫君房。江南地方至今对称字不避讳。这时候河北地区人士对名和字完全不加区别，名也叫作字，字自然叫作字。尚书王元景兄弟都号称名人，父名云，字罗汉，一概避讳，其余的人就不足怪了。

旁门左道的书里讲，人死后某一天要“回煞”。这一天子孙要逃避在外，没有人肯留在家里；要画瓦书符，作种种巫术、法术；出丧那天，要门前生火，

户外铺灰，除灾去邪，送走家鬼，上章以求断绝死者所患疾病之传染。所有这类迷信恶俗做法，都不近情，是儒学雅道的罪人，应该加以弹劾检举。

《礼经》上说："父亲留下的书籍，母亲用过的杯圈，觉得上面有汗水和唾沫，就不忍再阅读、使用。"这正因为是父亲所常讲习，经校勘抄写，以及母亲个人使用，有遗迹可供思念。如果是一般的书籍、公用的器物，怎能统统废弃不用呢？既已不读不用，那也不该分散丢失，而应封存保留传给后代。

江南的风俗，在孩子出生一周年的时候，要缝制新衣，洗浴打扮。男孩就用弓箭纸笔，女孩就用刀尺针线，再加上饮食，还有珍宝和衣服玩具，放在孩子面前，看他动念头想拿什么，用来测试他是贪还是廉，是愚还是智，这叫作试儿。聚集姑、舅、姨等表亲，招待宴请。

四海五湖之人，结义拜为兄弟，也不能随便。一定要志同道合，始终如一的才谈得上。一旦如此，就要叫自己的儿子出来拜见，称呼对方为丈人，表达对父辈的敬意，自己对对方的双亲也应该施礼。近来见到北方人对这一点很轻率，路上相遇，就可结成兄弟，只需看年纪老少，不讲是非，甚至有结父辈为兄，给子辈为弟的。

慕贤篇

【原文】

古人云："千载一圣，犹旦暮也；五百年一贤，犹比髆也。"言圣贤之难得，疏阔如此。傥遭不世明达君子，安可不攀附景仰之乎？吾生于乱世，长于戎马，流离播越，闻见已多；所值名贤，未尝不心醉魂迷向慕之也。人在少年，神情未定，所与款狎，熏渍陶染，言笑举动，无心于学，潜移暗化，自然似之；何况操履艺能，较明易习者也？是以与善人居，如入芝兰之室，久而自芳也；与恶人居，如入鲍鱼之肆，久而自臭也。墨子悲于染丝，是之谓矣。君子必慎交游焉。孔子曰："无友不如己者。"颜、闵之徒，何可世得！但优于我，便足贵之。

世人多蔽，贵耳贱目，重遥轻近。少长周旋，如有贤哲，每相狎侮，不加礼敬；他乡异县，微借风声，延颈企踵，甚于饥渴。校其长短，核其精粗，或彼不能如此矣。所以鲁人谓孔子为东家丘。昔虞国宫之奇，少长于君，君狎之，不纳其谏，以至亡国，不可不留心也。

梁孝元前在荆州，有丁觇者，洪亭民耳，颇善属文，殊工草隶，孝元书记，一皆使之。军府轻贱，多未之重，耻令子弟以为楷法，时云："丁君十纸，不敌王褒数字。"吾雅爱其手迹，常所宝持。孝元尝遣典签惠编送文章示萧祭酒，祭酒问云："君王比赐书翰，及写诗笔，殊为佳手，姓名为谁？那得都无声问？"编以实答。子云叹曰："此人后生无比，遂不为世所称，亦是奇事。"于是闻者少复刮目，稍仕至尚书仪曹郎，末为晋安王侍读，随王东下。及西台陷殁，简牍湮散，丁亦寻卒于扬州；前所轻者，后思一纸，不可得矣。

侯景初入建业，台门虽闭，公私草扰，各不自全。太子左卫率羊侃坐东掖门，部分经略，一宿皆办，遂得百余日抗拒凶逆。于时，城内四万许人，王公朝士，不下一百，便是恃侃一人安之，其相去如此。

齐文宣帝即位数年，便沉湎纵恣，略无纲纪；尚能委政尚书令杨遵彦，内外清谧，朝野晏如，各得其所，物无异议，终天保之朝。遵彦后为孝昭所戮，刑政于是衰矣。斛律明月，齐朝折冲之臣，无罪被诛，将士解体，周人始有吞齐之志，关中至今誉之。此人用兵，岂止万夫之望而已也，国之存亡，系其生死。

【译文】

古人说："一千年出一位圣人，尚且近得像从早到晚之间；五百年出一位贤人，仍然密得像肩碰肩。"这是讲圣贤之人是如此稀少难得。如果遇上世间所少有的明达君子，怎能不攀附景仰？我出生在乱离之时，成长在兵马之间，迁移流亡，见闻已多，遇上名流贤士，无不心醉魂迷，向往仰慕。人在年少的时候，精神、情感还未定型，和人家亲密交往，受到熏陶感染，人家的一言一笑、一举一动，即使无心学习，也会潜移默化，自然效仿，何况人家的操行技能，是更为明显易于学习的东西呢！因此和善人在一起，如同进入养育芝兰的花房，时

间一久身上自然就芬芳；若是和恶人在一起，如同进入卖鲍鱼的店铺，时间一久自然就腥臭。墨子看到染丝的情景，感叹丝染在什么颜色里就会变成什么颜色。所以君子在交友方面必须谨慎。孔子说："不要和不如自己的人做朋友。"像颜回、闵损那样的人，哪能常有，一个人只要有胜过我的地方，就很难得。

世上的人大多有所壅蔽而不能通明，重视所说的而轻视看见的，重视远处的而轻视身边的。从小到大往来于身边的人中，如果有了贤士哲人，也往往轻慢，缺少礼貌和尊敬。而对身居他乡的，稍稍传闻名声，就会伸长脖子、踮起脚跟，如饥似渴地想见一见。其实比较二者的短长，审察二者的粗细，很可能远处的还不如身边的，所以鲁人会把孔子叫作"东家丘"。从前虞国的宫之奇从小生长在虞君身边，虞君和他相处亲近却不庄重，听不进他的劝谏，终于落了个亡国的结局，不能不留心啊。

梁元帝从前在荆州时，有个叫丁觇的，只是洪亭地方的普通百姓，很善于写作文章，尤其擅长写草书、隶书，元帝的往来书信都叫他代写。可是，军府里的人轻贱他，对他的书法不重视，不愿自己的子弟模仿学习，一时有"丁君写十张纸，比不上王褒几个字"的说法。我是一向喜爱丁觇的书法的，还经常加以珍藏。后来，梁元帝派掌管文书的官员惠编送文章给祭酒官萧子云看，萧子云问道："君王刚才所赐的书信，还有所写的诗笔，真出于好手，此人姓什么叫什么，怎么会毫无名声？"惠编如实回答，萧子云叹道："此人在后生中没有谁能比得上，却不为世人称道，也算是奇怪的事情！"此后听到这话的人对丁觇稍稍刮目相看，丁觇也逐步做到尚书仪曹郎。最后丁觇做了晋安王的侍读，随王东下。到元帝被杀，西台陷落，书信文件散失埋没，丁觇不久也死于扬州。以前那些轻视丁觇的人，以后想要丁觇的一纸书法也不可能了。

侯景刚进入建康时，台门虽已闭守，但官员和普通百姓一片混乱，人人不得自保。太子左卫率羊侃坐镇东掖门，部署安排，一夜齐备，才得以抗拒叛军到一百多天。这时城里有四万多人，王公朝官不下一百人，就是靠羊侃一个人才使大家安定，二人才能高下昭然可见。

齐文宣帝即位几年，就沉迷酒色、放纵恣肆，法纪全无，但还能把政事委托给尚书令杨遵彦，使内外安定，朝野平静，大家各得其所，而无异议，整个天保一朝都是如此。杨遵彦后来为孝昭帝所杀，刑政于是衰弱。斛律明月，是齐朝抵御敌人的功臣，无罪被杀，将士人心离散，因此周人才有灭齐的想法，关中到现在还称颂这位斛律明月。将军的用兵，何止是万夫之望而已，而是他的生死关系到国家的存亡。

勉学篇

【原文】

自古明王圣帝，犹须勤学，况凡庶乎！此事遍于经史，吾亦不能郑重，聊举近世切要，以启寤汝耳。士大夫之弟，数岁已上，莫不被教，多者或至《礼》《传》，少者不失《诗》《论》。及至冠婚，体性稍定；因此天机，倍须训诱。有志向者，遂能磨砺，以就素业；无履立者，自兹堕慢，便为凡人。人生在世，会当有业：农民则计量耕稼，商贾则讨论货贿，工巧则致精器用，伎艺则沉思法术，武夫则惯习弓马，文士则讲议经书。多见士大夫耻涉农商，羞务工伎，射则不能穿札，笔则才记姓名，饱食醉酒，忽忽无事，以此销日，以此终年。或因家世余绪，得一阶半级，便自为足，全忘修学，及有吉凶大事，议论得失，蒙然张口，如坐云雾，公私宴集，谈古赋诗，塞默低头，欠伸而已。有识旁观，代其入地。何惜数年勤学，长受一生愧辱哉！

梁朝全盛之时，贵游子弟，多无学术，至于谚云："上车不落则著作，体中何如则秘书。"无不熏衣剃面，傅粉施朱，驾长檐车，跟高齿屐，坐棋子方褥，凭斑丝隐囊，列器玩于左右，从容出入，望若神仙，明经求第，则顾人答策；三九公宴，则假手赋诗。当尔之时，亦快士也。及离乱之后，朝市迁革，铨衡选举，非复曩者之亲；当路秉权，不见昔时之党，求诸身而无所得，施之世而无所用。被褐而丧珠，失皮而露质，兀若枯木，泊若穷流，鹿独戎马之间，转死沟壑之际。当尔之时，诚驽材也。有学艺者，触地而安。自荒乱已来，诸见

俘虏，虽百世小人，知读《论语》《孝经》者，尚为人师；虽千载冠冕，不晓书记者，莫不耕田养马。以此观之，安可不自勉耶？若能常保数百卷书，千载终不为小人也。

有客难主人曰："吾见强弩长戟，诛罪安民，以取公侯者有矣；文义习吏，匡时富国，以取卿相者有矣；学备古今，才兼文武，身无禄位，妻子饥寒者，不可胜数，安足贵学乎？"主人对曰："夫命之穷达，犹金玉木石也；修以学艺，犹磨莹雕刻也。金玉之磨莹，自美其矿璞，木石之段块，自丑其雕刻；安可言木石之雕刻，乃胜金玉之矿璞哉？不得以有学之贫贱，比于无学之富贵也。且负甲为兵，咋笔为吏，身死名灭者如牛毛，角立杰出者如芝草；握素披黄，吟道咏德，苦辛无益者如日蚀，逸乐名利者如秋荼，岂得同年而语矣。且又闻之：生而知之者上，学而知之者次。所以学者，欲其多知明达耳。必有天才，拔群出类，为将则暗与孙武、吴起同术，执政则悬得管仲、子产之教，虽未读书，吾亦谓之学矣。今子即不能然，不师古之踪迹，犹蒙被而卧耳。"

人见邻里亲戚有佳快者，使子弟慕而学之，不知使学古人，何其蔽也哉？世人但知跨马被甲，长槊强弓，便云我能为将；不知明乎天道，辩乎地利，比量逆顺，鉴达兴亡之妙也。但知承上接下，积财聚谷，便云我能为相；不知敬鬼事神，移风易俗，调节阴阳，荐举贤圣之至也。但知私财不入，公事夙办，便云我能治民；不知诚己刑物，执辔如组，反风灭火，化鸱为凤之术也。但知抱令守律，早刑晚舍，便云我能平狱；不知同辕观罪，分剑追财，假言而好露，不问而情得之察也。爰及农商工贾，厮役奴隶，钓鱼屠肉，饭牛牧羊，皆有先达，可为师表，博学求之，无不利于事也。

夫所以读书学问，本欲开心明目，利于行耳。未知养亲者，欲其观古人之先意承颜，怡声下气，不惮劬劳，以致甘腝，惕然惭惧，起而行之也。未知事君者，欲其观古人之守职无侵，见危授命，不忘诚谏，以利社稷，恻然自念，思欲效之也；素骄奢者，欲其观古人之恭俭节用，卑以自牧，礼为教本，敬者身基，瞿然自失，敛容抑志也；素鄙吝者，欲其观古人之贵义轻财，少私寡欲，忌盈恶满，赒穷恤匮，赧然悔耻，积而能散也；素暴悍者，欲其观古人之小心黜己，齿弊舌存，含垢藏疾，尊贤容众，苶然沮丧，若不胜衣也；素怯懦者，欲其观古人之达生委命，强毅正直，立言必信，求福不回，勃然奋厉，不可恐慑也：历兹以往，百行皆然。纵不能淳，去泰去甚。学之所知，施无不达。世人读书者，但能言之，不能行之，忠孝无闻，仁义不足，加以断一条讼，不必得其理；宰千户县，不必理其民；问其造屋，不必知楣横而棁竖也；问其为田，不必知稷早而黍迟也；吟啸谈谑，讽咏辞赋，事既优闲，材增迂诞，军国经纶，略无施用：故为武人俗吏所共嗤诋，良由是乎！

人生小幼，精神专利，长成已后，思虑散逸，固须早教，勿失机也。吾七岁时，诵《灵光殿赋》，至于今日，十年一理，犹不遗忘；二十以外，所诵经书，一月废置，便至荒芜矣。然人有坎壈，失于盛年，犹当晚学，不可自弃。孔子云："五十以学《易》，可以无大过矣。"魏武、袁遗，老而弥笃，此皆少学而至老不倦也。曾子七十乃学，名闻天下；荀卿五十，始来游学，犹为硕儒；公孙弘四十余，方读《春秋》，以此遂登丞相；朱云亦四十，始学《易》《论语》；皇甫谧二十，始受《孝经》《论语》：皆终成大儒，此并早迷而晚寤也。世人婚冠未学，便称迟暮，因循面墙，亦为愚耳。幼而学者，如日出之光，老而学者，如秉烛夜行，犹贤乎瞑目而无见者也。

学之兴废，随世轻重。汉时贤俊，皆以一经弘圣人之道，上明天时，下该人事，用此致卿相者多矣。末俗已来不复尔，空守章句，但诵师言，施之世务，殆无一可。故士大夫子弟，皆以博涉为贵，不肯专儒。梁朝皇孙以下，总丱之年，必先入学，观其志尚，出身已后，便从文吏，略无卒业者。冠冕为此者，则有何胤、刘瓛、明山宾、周舍、朱异、周弘正、贺琛、贺革、萧子政、刘绦等，兼通文史，不徒讲说也。洛阳亦闻崔浩、张伟、刘芳，邺下又见邢子才：此四儒者，虽好经术，亦以才博擅名。如此诸贤，故为上品。以外率多田野间人，音辞鄙陋，风操蚩拙，相与专固，无所堪能。问一言辄酬数百，责其指归，或无要会。邺下谚云："博士买驴，书券三纸，未有驴字。"使汝以此为师，令人气塞。孔子曰："学也，禄在其中矣。"今勤无益之事，恐非业也。夫圣人之书，所以设教，但明练经文，粗通注义，常使言行有得，亦足为人；何必"仲尼居"即须两纸疏义，燕寝讲堂，亦复何在？以此得胜，宁有益乎？光阴可惜，譬诸逝水。当博览机要，以济功业；必能兼美，吾无间焉。

俗间儒士，不涉群书，经纬之外，义疏而已。吾初入邺，与博陵崔文彦交游，尝说《王粲集》中难郑玄《尚书》事，崔转为诸儒道之。始将发口，悬见排蹙，云："文集只有诗赋铭诔，岂当论经书事乎？且先儒之中，未闻有王粲也。"崔笑而退，竟不以《粲集》示之。魏收之在议曹，与诸博士议宗庙事，引据《汉书》，博士笑曰："未闻《汉书》得证经术。"收便忿怒，都不复言，取《韦玄成传》，掷之而起。博士一夜共披寻之，达明，乃来谢曰："不谓玄成如此学也。"

邺平之后，见徙入关。思鲁尝谓吾曰："朝无禄位，家无积财，当肆筋力，以申供养。每被课笃，勤劳经史，未知为子，可得安乎？"吾命之曰："子当以养为心，父当以学为教。使汝弃学徇财，丰吾衣食，食之安得甘？衣之安得暖？若务先王之道，绍家世之业，藜羹缊褐，我自欲之。"

校订书籍，亦何容易，自扬雄、刘向，方称此职耳。观天下书未遍，不得妄下雌黄。或彼以为非，此以为是；或本同末异；或两文皆欠，不可偏信一隅也。

【译文】

自古以来的贤王圣帝，还需要勤奋学习，何况是普通百姓呢！这类事情常见于经籍史书，我也不能一一列举，只举近代切要的，来启发提醒你们。士大夫的子弟，几岁以上，没有不受教育的，多的读到《礼记》《左传》，少的也起码读了《毛诗》和《论语》。到了加冠成婚的年纪，人品性情稍稍定型；凭着这天赋的机灵，应该加倍教训诱导。有志向的，就能因此磨炼，成就士族的事业；没有成就功业志向的，则从此怠惰，成为庸人。人生在世，应当有所专业：农民则商议耕稼，商人则讨论货财，工匠则精造器用，懂技艺的人则考虑方法技术，武夫则练习骑马射箭，文士则研究议论经书。然而常看到士大夫耻于涉足农商，羞于从事工技，射箭则不能穿铠甲，握笔则才记起姓名，饱食醉酒，恍惚空虚，以此来打发日子，以此来终尽天年。有的凭家世余荫，弄到一官半职，就自感满足，全然忘记学习，遇到婚丧大事，议论得失，就昏昏然张口结舌，如同坐在云雾之中。公家或私人集会欢宴，谈古赋诗，又沉默低头，只会打呵欠、伸懒腰。有见识的人在旁看到，真替他羞得无处容身。可惜他不愿用几年时间勤学，导致遭受一辈子的羞愧和耻辱！

沈尹默（1883~1971），原名君默，字中、秋明，号君墨，别号鬼谷子，祖籍浙江湖州，生于陕西汉阴。著名的学者、诗人、书法家、教育家。书坛有「南沈北于（右任）」之称。

沈尹默书
《颜氏家训·书证》

梁朝全盛时期，士族子弟多数没有学问，以至有俗语说："上车不摔落就可当著作郎，能写句身体如何之类的问候语的书信也可做秘书官。"没有人不讲究熏衣剃面，涂脂抹粉，驾着长檐车，踏着高齿屐，坐着有棋盘图案的方块褥子，靠着用染色丝织成的软囊，左右摆满了器用玩物，从容地出入，看上去真好似神仙一般。到明经义求取及第时，则雇人回答考试的问题；要出席朝廷显贵的宴会时，就请人帮助作文赋诗。在这种时候，也算得上是个"才子佳士"。等到发生战乱流离后，朝廷变迁，执掌选拔人才的人，不再是从前的亲属；执政掌权者不再见当年的私党，他们就求之自身一无所得，施之世事一无所用。外边披上粗麻短衣，而内里没有真正的本领，失去光鲜的外表，露出空疏的本质，呆滞得像段枯木，卑微得像条干涸的水流，落拓于兵马之间，辗转死亡于沟壑之际，在这种时候，真正成了无用之才。只有有学问才艺的人，才能随处安身。从战乱以来，所见被俘虏的人，即使世代为寒士，只要懂得《论语》《孝经》的，还能给人家当老师；即使是历代做大官的人，不懂得书牍的，没有人不是去耕田养马的。从这点来看，怎能不自勉呢？如能经常保有几百卷的书，过上千年也不会成为小人。

有位客人追问我："我看见有的人只凭借强弓长戟，就去讨伐叛逆，安抚民众，取得公侯的爵位；有的人只凭借精通文史，就去救助末世，使国家富强，取得卿相的官职。而学贯古今、文武双全的人，却没有官禄爵位，妻子儿女饥寒交迫，类似这样的事数不胜数，学习又怎么值得崇尚呢？"我回答说：

“人的命运坎坷或者通达，就好像金玉木石；钻研学问，掌握本领，就好像琢磨雕刻的手艺。经过琢磨的金玉，自然比矿石本身来得好看；断成一截一截的木石，自然比经过雕刻的木石来得丑陋。因此我们怎么能说雕刻过的木石胜过尚未琢磨过的金玉呢？同样，我们不能将有学问的贫贱之士与没有学问的富贵之人相比。况且，身怀武艺的人也有去当小兵的，满腹诗书的人也有去当小吏的，身死名灭的人多如牛毛，出类拔萃的人少如芝草；埋头读书、传扬道德文章的人，劳而无益的少如日蚀，追求名利、耽于享乐的人多如秋草，二者怎么能相提并论呢？另外，我又听说：一生下来不学就会的人，是天才；经过学习才会的人，就差了一等。因而，学习使人增长知识，明白通达道理。只有天才才能出类拔萃，他们当将领就暗合于孙子、吴起的兵法，执政就同于管仲、子产的政治素养，像这样的人，即使不读书，我也说他们已经读过了。你们现在既然不能达到这样的水平，如果不效仿古人勤奋好学，就像盖着被子蒙头大睡，一无所知。”

人们看到乡邻亲戚中有称心的好榜样，叫子弟去学习，而不知道去学习古人，为什么这样糊涂？世人只知道骑马披甲、长矛强弓，就说我能为将；却不知道要有明察天道，辨识地利，考虑顺乎时势人心、审察通晓兴亡的能耐。只知道承上接下，积财聚谷，就说我能为相；却不知道要有敬神事鬼、移风易俗、调节阴阳、推荐选举贤圣之人的才能。只知道不谋私财，早办公事，就说我能治理百姓；却不知道要有诚己正人、办事条理、救灾灭祸、教化百姓的本领。只知道执行律令，早判晚赦，就说我能平狱；却不知道侦察、取证、审讯、推断等种种技巧。在古代，不管是务农的、做工的、经商的、当仆人的、做奴隶的人，还是钓鱼的、杀猪的、喂牛牧羊的人，都有显达贤明的先辈，可以作为学习的榜样，博学寻求，没有不利于成就事业的啊！

所以，读书做学问，本意在于使心胸开阔、眼睛明亮，有利于做实事。不懂得奉养双亲的人，要让他看到古人探知父母的心意，顺受父母的脸色，和声下气，不怕劳苦，弄来甜美软和的东西，于是谨慎戒惧，起而照办。不懂得服侍君主的人，要让他看到古人守职不越权，见到危难不惜生命，不忘对君主忠谏，以利国家，于是凄恻自忠，要想效法；一贯骄傲奢侈的人，要让他看到古人的恭俭节约，谦卑养德，以礼为教本，敬为身基，于是惊视自失，敛容抑气。一贯鄙吝的人，要让他看到古人重义轻财，少私寡欲，忌盈恶满，周济穷困，于是羞愧生悔，积而能散；一贯暴悍的人，要让他看到古人小心贬抑自己，懂得齿亡舌存的道理，待人宽容，尊贤纳众，于是疲倦沮丧，似乎身体弱不胜衣；一贯怯懦的人，要让他看到古人不怕死，坚强正直，说话必信，做事持之以恒，于是勃然奋力，不可慑服。这样历数下去，百行无不如此。即使很难做到极致，至少可以去掉过于严重的毛病，学习所得，用在哪一方面都会见成效。只是读书的世人，往往只能说而不能做，忠孝无闻，仁义不足，加以判断一件诉讼，不需要弄清事理；治理千户小县，不需要管好百姓；问他造屋，不需要知道楣是横而棁是竖；问他耕田，不需要知道稷是早而黍是迟；吟啸谈谑，讽咏辞赋，处理事情很悠闲，才能更见迂诞，处理军国大事，一点用处没有：所以被武人俗吏们共同讥谤，确是由于上述的缘由吧？

人在幼小的时期，精神专一；长成以后，思虑分散。所以就该早早进行教育，不要失掉时机。我 7 岁的时候，诵读《灵光殿赋》，直到今天，十年温习一次，还未忘记；20 岁以后，所诵读的经书，搁置一个月就生疏了。但人会有困顿不得志的时候而壮年失学，只能晚学，不可以自己放弃。孔子就说过："五十岁学《易经》，可以没有大过失了。"曹操、袁遗，老了之后学习更加专心致志；这都是从小学习到老年仍不厌倦的人。曾参 70 岁才学习，而名闻天下；荀卿 50 岁才游学，后成为儒家大师；公孙弘 40 多岁才读《春秋》，凭此就做到丞相；朱云也到 40 岁才学《易经》《论语》，皇甫谧 20 岁才学《孝经》《论语》，终于成为儒学大师：这都是早年迷糊而晚年醒悟的例子。世上之人到二三十岁婚冠之年没有学习，就自以为太晚了，因循保守而失学，也太愚蠢了。幼年学习，像太阳刚升起的光芒；老年学习，像夜里走路拿着蜡烛，总比闭上眼睛什么也看不见要好。

学习风气是否浓厚，取决于社会是否重视知识的实用性。汉代的贤能之士，都能凭一种经术来弘扬圣人之道，上通天文，下知人事，以此获得卿相官职的人很多。末世清谈之风盛行以来，读书人拘泥于章句，只会背诵师长的言论，至于用在时务上的学问，几乎没有一样用得上。所以士大夫的子弟，都以广泛涉猎为贵，不肯专治儒学。梁朝贵族子弟在童年时代，必须先让他们入国学，观察他们的志向与崇尚，走上仕途后，就做文吏的事情，很少有完成学业的。世代当官而从事经学的，则有何胤、刘瓛、明山宾、周舍、朱异、周弘正、贺琛、贺革、萧子政、刘绦等人，他们都兼通文史，但又不只是会讲解经术。我也听说在洛阳的有崔浩、张伟、刘芳，在邺下又见到邢子才，这四位儒者不仅喜好经学，也以文才博学闻名。像这样的一些贤士，自然可作上品。此外，大多数是田野间人，言语鄙陋，举止粗俗，还都专断保守，什么能耐也没有。问一句就得回答几百句，词不达意，不得要领。邺下有俗谚说："博士买驴，写了三张契约，没有一个'驴'字。"如果让你们拜这种人为师，会被他气死了。孔子说过："好好学习，俸禄就在其中。"现在有人只在无益的事情上尽力，这恐怕不是正道吧！圣人的典籍，是用来教化的，只要熟悉经文，粗通传注大义，常使自己的言行得当，也足以立身做人；何必"仲尼居"三个字就得用上两张纸的注释，一说是闲居的内室，一说是讲习经术的厅堂，现在又是哪里呢？这样就算争论得胜了，又有什么好处呢？光阴似箭，应该珍惜，它像流水一样，一去不复还。应当博览经典著作之精要，用来成就功名事业，如果能两全其美，那我自然也就没必要再说什么了。

世俗的儒生不博览群书，除了研读经书、纬书以外，只看注解儒家经术的著作而已。我刚到邺下的时候，和博陵的崔文彦交往，曾对他讲起《王粲集》里有驳难郑玄所注《尚书》的地方。崔文彦转向儒生们讲述这个问题，才开口，便被凭空排斥，说："文集里只有诗、赋、铭、诔，难道会有讲论经书的问题吗？何况在先儒之中，没听说有个王粲。"崔文彦含笑而退，终于没把《王粲集》给他们看。魏收在议曹的时候，和几位博士议论宗庙的事，他引用《汉书》作论据，博士们笑道："从没有听说《汉书》可以用来论证经学。"魏收很生气，不再说什么，拿出《韦玄成传》丢在他们面前站起来就离开了。博士们一起通宵翻阅《韦玄成传》，到了天亮，才前来向魏收致歉道："原来不知道韦玄成还有这样的学问啊！"

邺下平定以后，我被迁徙到关中。大儿思鲁曾对我说："朝廷上没有官位，家里面没有积财，应该多出气力干活挣钱，来尽供养之情。而我每被课程督促，在经史上用苦功夫，做儿子的能安心吗？"我教训他说："做儿子的应当以养为心，做父亲的应当以学为教。如果叫你放弃学业而一意求财，让我衣食丰足，我吃下去哪里会觉得甘美，穿上身哪里会感到暖和？如果你致力于先王之道，继承了家世之业，即使吃粗茶淡饭、穿麻布衣衫，我自己也愿意。”

校勘写订书籍，也很不容易，只有当年的扬雄、刘向才算得上是称职的。如果没有读遍天下的典籍，就不可以妄下雌黄去修改校订。有的那个本子以为错，这个本子认为对；有的观点大同小异，有的两个本子的文字都有欠缺，所以不能偏听偏信，偏向一个方面。

文章篇

【原文】

阮籍无礼败俗，嵇康凌物凶终，傅玄忿斗免官，孙楚矜夸凌上，陆机犯顺履险，潘岳干没取危，颜延年负气摧黜，谢灵运空疏乱纪，王元长凶贼自诒，谢玄晖侮慢见及。凡此诸人，皆其翘秀者，不能悉纪，大较如此。

至于帝王，亦或未免。自昔天子而有才华者，唯汉武、魏太祖、文帝、明帝、宋孝武帝，皆负世议，非懿德之君也。自子游、子夏、荀况、孟轲、枚乘、贾谊、苏武、张衡、左思之俦，有盛名而免过患者，时复闻之，但其损败居多耳。每尝思之，原其所积，文章之体，标举兴会，发引性灵，使人矜伐，故忽于持操，果于进取。今世文士，此患弥切，一事惬当，一句清巧，神厉九霄，志凌千载，自吟自赏，不觉更有傍人。加以砂砾所伤，惨于矛戟，讽刺之祸，速乎风尘。深宜防虑，以保元吉。

学问有利钝，文章有巧拙。钝学累功，不妨精熟；拙文研思，终归蚩鄙。但成学士，自足为人。必乏天才，勿强操笔。吾见世人，至无才思，自谓清华，流布丑拙，亦以众矣，江南号为“诊痴符”。近在并州，有一士族，好为可笑诗赋，诳撇邢、魏诸公，众共嘲弄，虚相赞说，便击牛酾酒，招延声誉。其妻，明

鉴妇人也,泣而谏之。此人叹曰:“才华不为妻子所容,何况行路!”至死不觉。自见之谓明,此诚难也。

学为文章,先谋亲友,得其评裁,知可施行,然后出手;慎勿师心自任,取笑旁人也。自古执笔为文者,何可胜言。然至于宏丽精华,不过数十篇耳。但使不失体裁,辞意可观,便称才士;要须动俗盖世,亦俟河之清乎!

凡为文章,犹人乘骐骥,虽有逸气,当以衔勒制之,勿使流乱轨躅,放意填坑岸也。

文章当以理致为心肾,气调为筋骨,事义为皮肤,华而为冠冕。今世相承,趋末弃本,率多浮艳。辞与理竞,辞胜而理伏;事与才争,事繁而才损。放逸者流宕而忘归,穿凿者补缀而不足。时俗如此,安能独违?但务去泰去甚耳。必有盛才重誉,改革体裁者,实吾所希。

古人之文,宏才逸气,体度风格,去今实远;但缉缀疏朴,未为密致耳。今世音律谐靡,章句偶对,讳避精详,贤于往昔多矣。宜以古之制裁为本,今之辞调为末,并须两存,不可偏弃也。

【译文】

阮籍因无礼败坏风俗,嵇康因欺物不得善终,傅玄因愤争而免官,孙楚因夸耀而欺上,陆机因作乱而冒险,潘岳因侥幸取利而致危,颜延年因负气而被免职,谢灵运因空疏而扰乱法纪,王元长因凶逆而被欺骗,谢玄晖因侮慢而遇害。以上这些人物,都是文人中杰出的代表,其他不能全部记述下来,大体是这样。

至于帝王,有的也未能避免这类毛病。古代当上天子并有才华的,只有汉武帝、魏太祖、魏文帝、魏明帝、宋孝武帝,但他们都被世人讥议,不算有美德的君王。从孔子的学生子游、子夏到荀况、孟轲、枚乘、贾谊、苏武、张衡、左思等一流人物,享有盛名而免于过失招致祸患的,也时常听到,只是其中遭受祸患的还是占多数。对此我常思考,寻找病根,当是由于文章这样的东西,要高超兴致,触发性灵,这就会使人夸耀才能,从而忽视操守,大胆冒进。

在现在文士身上,这种毛病更加明显,一个典故用得恰当,一个句子做得清巧,就会心神上达九霄,意气下凌千年,自己吟咏,自我欣赏,不知道身边还有别人。再加上恶语所造成的伤害,比矛戟伤人更狠毒;讽刺引起的灾祸,比狂风更迅速。你们应该认真思考防范,来获得福气。

做学问有聪明和迟钝之分,写文章有精巧和拙劣之别,学思迟钝的人积累功夫,不妨碍达到精熟的境界;文章拙劣的人再怎么钻研思考,终究难免粗鄙。其实只要有了学问,就足以自立做人;如果真是缺乏天分,就不必勉强执笔作文。我见到世上有些人,极其缺乏才思,却还自命清新华丽,让丑拙的文章流传在外,这种人也太多了,在江南称这种人为"詅痴符"。近来在并州地方,有个士族出身的人,喜欢写引人发笑的诗赋,还和邢邵、魏收诸公开玩笑,人家嘲弄他,假意称赞他,他就杀牛斟酒,请人家帮他扩大知名度。他的妻子是个明白事理的女人,哭着劝他,他却叹着气说:"我的才华不为妻子所承认,更何况不相干的人!"他到死也没有醒悟。自己能看清自己才称得上聪明,这确实是不容易做到的。

学作文章,先和亲友商量,得到他们的评判,知道拿得出去,然后出手;千万不能自我感觉良好,为旁人所取笑。自古以来执笔作文的人,多得数也数不清。但真能做到宏丽精美的,不过几十篇而已。只要体裁没有问题,表辞达意也还值得一看,就可称得上是有才之士。但要当真写得惊世骇俗、盖世无双,只怕要等到黄河变清吧!

凡是作文章,好比人骑千里马,虽豪逸奔放,还得用衔勒来控制它,不要让它乱了奔走的轨迹,肆意放纵于沟壑之间。

文章要以义理意致为心肾,气韵格调为筋骨,用典合宜为皮肤,华丽辞藻为冠冕。如今世人相互因袭,趋迎枝节,放弃根本,大多浮艳。辞藻和义理相竞,辞藻优美而义理被掩盖;用典和才思相争,用典繁而才思受损。放逸不拘者的文章,流利酣畅却忘了回归中心,穿凿附会者的文章,被辑连缀却可惜文采不足。时世习俗既如此,哪里能独自违背,但求不要做得过头。真出个才华横溢负有重名的才子,对这种体裁有所改革,那才是我所盼望的。

古人的文章,气势宏大,潇洒飘逸,其体度风格比现今的文章高出很多;

只是古人在撰写编著中，用词遣句、过渡勾连等方面还粗疏质朴，于是文章就显得不够周密细致。如今的文章，音律和谐华丽，词句工整对仗，避讳精细详密，比古人的高超多了。应该以古文的体制格调为根基，以今人的文辞格调作补充，这两方面都应该留存，不可以偏废。

名实篇

【原文】

名之与实，犹形之与影也。德艺周厚，则名必善焉；容色姝丽，则影必美焉。今不修身而求令名于世者，犹貌甚恶而责妍影于镜也。上士忘名，中士立名，下士窃名。忘名者，体道合德，享鬼神之福佑，非所以求名也；立名者，修身慎行，惧荣观之不显，非所以让名也；窃名者，厚貌深奸，干浮华之虚称，非所以得名也。

吾见世人，清名登而金贝入，信誉显而然诺亏，不知后之矛戟，毁前之干橹也！虑子贱云："诚于此者形于彼。"人之虚实真伪在乎心，无不见乎迹，但察之未熟耳。一为察之所鉴，巧伪不如拙诚，承之以羞大矣。伯石让卿，王莽辞政，当于尔时，自以巧密；后人书之，留传万代，可为骨寒毛竖也。近有大贵，以孝著声，前后居丧，哀毁逾制，亦足以高于人矣。而尝于苫块之中，以巴豆涂脸，遂使成疮，表哭泣之过。左右童竖，不能掩之，益使外人谓其居处饮食，皆为不信。以一伪丧百诚者，乃贪名不已故也。

有一士族，读书不过二三百卷，天才钝拙，而家世殷厚，雅自矜持，多以酒犊珍玩，交诸名士，甘其饵者，递共吹嘘，朝廷以为文华，亦尝出境聘。东莱王韩晋明笃好文学，疑彼制作，多非机杼，遂设宴言，面相讨试。竟日欢谐，辞人满席，属音赋韵，命笔为诗，彼造次即成，了非向韵，众客各自沉吟，遂无觉者。韩退叹曰："果如所量！"

治点子弟文章，以为声价，大弊事也。一则不可常继，终露其情；二则学者有凭，益不精励。

邺下有一少年，出为襄国令，颇自勉笃。公事经怀，每加抚恤，以求声誉。凡遣兵役，握手送离，或赍梨枣饼饵，人人赠别，云：“上命相烦，情所不忍，道路饥渴，以此见思。”民庶称之，不容于口。及迁为泗州别驾，此费日广，不可常周。一有伪情，触涂难继，功绩遂损败矣。

【译文】

名声与实质的关系，好比形体与影子的关系。道德深厚、才能周备的人，名声就一定好；容貌美丽的人，影像就一定美。如今不修身而想在世上留传好的名声，就好比容貌很丑而要求镜子里现出美丽的影子。道德高尚之人不在乎名声，道德一般的人希望树立名声，道德低下的人欺世盗名。不在乎虚名的人，就是体道合德，享受鬼神的福佑，并不是靠追求名声而得到美名；树立名声的人，就是修身慎行，生怕自己的声誉会得不到显扬，所以他们对名声是不会轻易谦让的；欺世盗名的人，就是外朴内奸，谋求浮华的虚名，但得不到真正的好名声。

我见到世上的人，声名扬播而开始聚敛钱财，信誉昭著但开始不守诺言，他们不懂得其后面的行为就像矛戟，是在捣毁前面的盾牌啊！虑子贱说过：“在这件事上做得真诚，就给另一件事树立了榜样。”人的虚或实、真或伪，固然在于心，但没有不在行动上表现出来的，只是观察得不仔细罢了。一旦观察得真切，那种巧于作伪就还不如拙而诚实，不然招来的羞辱只会更大。伯石推让卿位，王莽辞谢政权，在当时自以为既巧又密；可是被后人记载下来，留传万世，就叫人看得毛竖骨寒了。近来有个大贵人，以孝著称，先后居丧。哀痛毁伤过度，这也足以显得高于一般人了。可他在草苫土块之中，还用有毒的巴豆来涂脸，有意使脸上生疮，来显出他哭泣得多么厉害。但这种做作不能逃过身旁童仆的眼睛，反而使外边的人说他服丧中的起居饮食都在伪装。由于有一件事情伪装作假，而毁掉了百件事情的真，这就是无休止地贪图虚名导致的恶果啊！

有一个士族子弟，读的书不过二三百卷，天资笨拙，可家世殷实富裕，常常附庸风雅，多用酒肉珍宝玩好来结交那些名士。名士中对酒肉珍宝玩好感兴趣的，一个个都吹捧他，使朝廷也以为他有文采，曾经派他出境聘问。齐东莱王韩晋明深爱文学，对他的作品产生怀疑，怀疑大多数文章不是他本人所命意构思的，于是就设宴叙谈，当面讨论测试。当时一整天都欢乐和谐，诗人满座，他们按声韵提笔作诗，这个士族子弟轻松随意就写成了，可全然没有从前的风格韵味，别的客人各自在沉思吟咏，没有人发觉这一情况。韩晋明宴会后叹息道："果真像我们所估量的那样。"

修改子弟的文章，来抬高身价，是一大坏事。一来不能经常如此，终究要露出真相来；二来使正在学习的子弟有了依赖，更加不肯专心努力。

邺下有个少年，出任襄国县令，做事颇勤勉。公事经手，常加抚恤，来谋求声誉。每次派遣兵差，他都要握手相送，有时还拿出梨枣糕饼，与每个人都告别一番，说："上边有命令要麻烦你们，我感情上实在不忍，路上饥渴，送这些以表达我的心意吧。"民众都对他赞不绝口。等到他迁任泗州别驾时，这种费用一天天增多，不可能经常办到。可见时间长了，势必矫情虚饰，难以相继，原先的功名成绩也随之而丧失。

涉务篇

【原文】

士君子之处世，贵能有益于物耳，不徒高谈虚论，左琴右书，以费人君禄位也。国之用材，大较不过六事：一则朝廷之臣，取其鉴达治体，经纶博雅；二则文史之臣，取其著述宪章，不忘前古；三则军旅之臣，取其断决有谋，强干习事；四则藩屏之臣，取其明练风俗，清白爱民；五则使命之臣，取其识变从宜，不辱君命；六则兴造之臣，取其程功节费，开略有术：此则皆勤学守行者所能辨也。人性有长短，岂责具美于六途哉？但当皆晓指趣，能守一职，便无愧耳。

吾见世中文学之士，品藻古今，若指诸掌，及有试用，多无所堪。居承平之世，不知有丧乱之祸；处庙堂之下，不知有战陈之急；保俸禄之资，不知有耕稼之苦；肆吏民之上，不知有劳役之勤，故难可以应世经务也。晋朝南渡，优借士族；故江南冠带有才干者，擢为令仆已下尚书郎中书舍人已上，典掌机要。其余文义之士，多迂诞浮华，不涉世务，纤微过失，又惜行捶楚，所以处于清高，盖护其短也。至于台阁令史，主书监帅，诸王签省，并晓习吏用，济办时须，纵有小人之态，皆可鞭杖肃督，故多见委使，盖用其长也。人每不自量，举世怨梁武帝父子爱小人而疏士大夫，此亦眼不能见其睫耳。

梁世士大夫，皆尚褒衣博带，大冠高履，出则车舆，入则扶侍，郊郭之内，无乘马者。周弘正为宣城王所爱，给一果下马，常服御之，举朝以为放达。至乃尚书郎乘马，则纠劾之。及侯景之乱，肤脆骨柔，不堪行步，体羸气弱，不耐寒暑，坐死仓猝者，往往而然。建康令王复，性既儒雅，未尝乘骑，见马嘶喷陆梁。莫不震慑，乃谓人曰："正是虎，何故名为马乎？"其风俗至此。

古人欲知稼穑之艰难，斯盖贵谷务本之道也。夫食为民天，民非食不生矣，三日不粒，父子不能相存。耕种之，茠锄之，刈获之，载积之，打拂之，簸扬之，凡几涉手，而入仓廪，安可轻农事而贵末业哉？江南朝士，因晋中兴，南渡江，卒为羁旅，至今八九世，未有力田，悉资俸禄而食耳。假令有者，皆信僮仆为之，未尝目观起一垡土，耕一株苗；不知几月当下，几月当收，安识世间余务乎？故治官则不了，营家则不办，皆优闲之过也。

【译文】

士大夫立身处世，贵在能够做一些有益的事情，不能只是高谈阔论，抚琴读书，来虚耗君主给他的俸禄官位啊！国家使用人才，大体不外六个方面：一是朝廷的臣子，他们能通晓治理国家的体制纲要，满腹经纶，博学文雅；二是掌管文史的臣子，他们能撰写典章，不忘古制；三是军旅的臣子，他们能决断有谋，精明强干，熟习军事；四是镇守地方的臣子，他们能熟悉风俗，廉洁爱民；五是奉命出使的臣子，他们能随机应变，不辱君命；六是建筑营造的臣子，他们能

考核工程、节省费用，部署施工有条有理。这都是勤奋学习、认真工作的人所能办到的。只是人的秉性各有短长，怎么可以强求这六个方面都做好呢？只要对这些都能知晓其宗旨，而擅长其中的一个方面，也就无愧了。

我见到世上的文学之士，评议古今，好似了如指掌，等到试用时，多数不能胜任。处在累代太平之世，不知道有国丧民乱之祸；身在朝廷之上，不知道有战争的威胁；保有俸禄供给，不知道有耕稼之苦；凌驾于吏民之上，不知道劳役的繁重：这样就很难应付时世和处理政务了。晋朝南渡，对士族优待宽容，因此江南士绅中有才干的，就提拔到尚书令、仆射以下尚书郎、中书舍人以上，执掌机密要务。其余只懂得点文义的人，多数迂诞浮华，不会处理社会事务，有了点小过错，又不忍对他们实行杖责，因而把他们放在名高职轻的位置上，来掩饰他们的短处。至于那些尚书的令史、文书的监领、王侯的签帅省事，大都对工作通晓熟练，能按要求完成任务，纵使流露出小人的情态，还可以鞭打监督，所以多被委任，这是在用他们的长处。很多人往往没有自知之明，全天下都在抱怨梁武帝父子喜欢任用小人而疏远士大夫，就像眼睛不能看到眼睫毛一样，没有自知之明。

梁朝的士大夫都崇尚宽大的衣服，系阔腰带，戴大帽子，穿高跟木屐，出门就乘车代步，进门就有人伺候，城里城外，没有骑马的。宣城王萧大器很喜欢南朝学者周弘正，送给他一匹矮小的果下马，他常骑着这匹马，满朝的人都认为他放纵旷达，不拘礼俗。而当尚书郎骑马时，就会遭到士人的举发和弹劾。到了侯景之乱的时候，士大夫们一个个都是细皮嫩肉的，不能承受步行的辛苦，体质虚弱，又不能经受寒冷或酷热。在变乱中坐着等死的人，往往就是由于这个原因。建康令王复，性情温文尔雅，从未骑过马，一看见马嘶鸣喷气、跳跃奔腾，就惊慌害怕，对人说道："这明明是老虎，为什么叫它马呢？"当时的风气竟然颓废到这种程度。

古人深刻体会到务农的艰辛，正是为了使人珍惜粮食，重视农业劳动。民以食为天，没有食物，人们就无法生存，三天不吃饭的话，连父子之间都没有力气互相问候。粮食要经过耕种、锄草、收割、储存、脱粒、扬场等好几道工序，才能存入粮仓，怎么可以忽略农业而重视商业呢？江南朝廷里的官员，随着晋朝的复兴，南渡过江，流落他乡，到现在也经历了八九代了，这些官员从来没有人从事农业生产，全部凭借俸禄生活。如果他们有田产，也是随意交给年轻的仆役耕种，从没见过他们耕一垡土、插一次秧。他们不知何时播种、何时收获，又怎能懂得世间的其他事务呢？因此，他们做官任事不能尽职，经营家业不能得力，这都是养尊处优带来的危害。

省事篇

【原文】

铭金人云："无多言，多言多败；无多事，多事多患。"至哉斯戒也！能走者夺其翼，善飞者减其指，有角者无上齿，丰后者无前足，盖天道不使物有兼焉也。古人云："多为少善，不如执一；鼫鼠五能，不成伎术。"近世有两人，朗悟士也，性多营综，略无成名，经不足以待问，史不足以讨论，文章无可传于集录，书迹未堪以留爱玩，卜筮射六得三，医药治十差五，音乐在数十人下，弓矢在千百人中，天文、画绘、棋博、鲜卑语、胡书、煎胡桃油、炼锡为银，如此之类，略得梗概，皆不通熟。惜乎！以彼神明，若省其异端，当精妙也。

【译文】

周朝太庙前有一铜人，其背上铭刻的文字说："不要多话，多话会多失败；不要多事，多事会多祸患。"这个训诫对极了啊！善跑的不让它长翅膀，善飞的就减少其指头，长了双角的就不长上齿，后肢发达的就没有前足，大概是自然的法则不让生物兼具各种长处吧！古人说："干得多而又干得好的少，还不如专心干好一件事；鼫鼠有五种本事，却都不擅长。"近代有两个人，都是聪明人，喜欢多方面涉猎，可没有一样成名，经学经不起人家提问，史学不足以和人家讨论，文章不能入选集录流传，书法字迹不能存留把玩，卜筮六次才有三次猜对，医治十人才有五人痊愈，音乐水平在几十人之下，弓箭技能平庸，淹没在千百人之中，天文、绘画、棋牌博彩、鲜卑语、胡书、煎胡桃油、炼锡为银，诸如此类，只是懂个大概，都不精通熟练。可惜啊！凭这两位的灵气和聪明，如果不去弄那些旁门左道，应该能到很精妙的程度。

止足篇

【原文】

《礼》云："欲不可纵，志不可满。"宇宙可臻其极，情性不知其穷，唯在少欲知止，为立涯限尔。先祖靖侯戒子侄曰："汝家书生门户，世无富贵；自今仕宦不可过二千石，婚姻勿贪势家。"吾终身服膺，以为名言也。

天地鬼神之道，皆恶满盈，谦虚冲损，可以免害。人生衣趣以覆寒露，食趣以塞饥乏耳。形骸之内，尚不得奢靡，己身之外，而欲穷骄泰邪？周穆王、秦始皇、汉武帝富有四海，贵为天子，不知纪极，犹自败累，况士庶乎？常以二十口家，奴婢盛多不可出二十人，良田十顷，堂室才蔽风雨，车马仅代杖策，蓄财数万，以拟吉凶急速。不啻此者，以义散之；不至此者，勿非道求之。

【译文】

《礼记》上说："欲望不可以放纵，志气不可以满盈。"宇宙那么大，还有边缘呢，但是人的情性则没有尽头，只有减少自己的欲望，知道满足，立个限度。先祖靖侯教训子侄说："你家是书生门户，世代都没有出现过大富大贵之人；今后做官不可超过郡守这个职位，子女婚配不能贪图权势之家。"我衷心信服并牢记在心，并认为这是至理名言。

天地鬼神之道，都厌恶满盈，谦虚贬损，这样可以免除祸害。人穿衣服只是为了御寒，吃东西是为了填饱肚子以免饥饿乏力而已。身体本身尚且不能奢侈浪费，自身之外，难道还要极尽骄奢舒适吗？周穆王、秦始皇、汉武帝富有四海，贵为天子，不懂得适可而止，尚且把政事败坏，何况士人、百姓呢？人们常认为二十口之家，奴婢最多不可超出二十人，良田不超过十顷，堂室只需能遮挡风雨，车马足够驾乘代步，积蓄上几万钱财，用来应对不时之需。如果不止这些的话，就要通过急公好义来散掉；还没有达到这些，也切勿用不正当的办法来求取。

诫兵篇

【原文】

颜氏之先，本乎邹、鲁，或分入齐，世以儒雅为业，遍在书记。仲尼门徒，升堂者七十有二，颜氏居八人焉。秦、汉、魏、晋，下逮齐、梁，未有用兵以取达者。春秋世，颜高、颜鸣、颜息、颜羽之徒，皆一斗夫耳。齐有颜涿聚，赵有颜最，汉末有颜良，宋有颜延之，并处将军之任，竟以颠覆。汉郎颜驷，自称好武，更无事迹。颜忠以党楚王受诛，颜俊以据武威见杀，得姓已来，无清操者，唯此二人，皆罹祸败。顷世乱离，衣冠之士，虽无身手，或聚徒众，违弃素业，侥幸战功。吾既羸薄，仰惟前代，故置心于此，子孙志之。孔子力翘门关，不以力闻，此圣证也。吾见今世士大夫，才有气干，便倚赖之，不能被甲执兵，以卫社稷，但微行险服，逞弄拳腕，大则陷危亡，小则贻耻辱，遂无免者。

国之兴亡，兵之胜败，博学所至，幸讨论之。入帷幄之中，参庙堂之上，不能为主尽规以谋社稷，君子所耻也。然而每见文士，颇读兵书，微有经略。若居承平之世，睥睨宫阃，幸灾乐祸，首为逆乱，诖误善良；如在兵革之时，构扇反覆，纵横说诱，不识存亡，强相扶戴：此皆陷身灭族之本也。诫之哉！诫之哉！

习五兵，便乘骑，正可称武夫儿。今世士大夫，但不读书，即称武夫儿，乃饭囊酒瓮也。

【译文】

颜氏的祖先，本来在邹国、鲁国，有一分支迁到齐国，世代从事儒雅的事业，这些都在古书上面记载着。孔子的学生，学问达到精深的有七十二人，姓颜的就占了八个。秦汉、魏晋，直到齐梁，颜氏家族中是没有人靠带兵打仗来取得显贵的。春秋时代，颜高、颜鸣、颜息、颜羽之流，只不过是一介武夫而已。齐国有颜涿聚，赵国有颜最，东汉末年有颜良，宋代有颜延之，都担任过将军的职务，最终都落得个颠仆覆败的命运。西汉侍郎颜驷，自称喜好武功，却没有见他干出什么功绩。颜忠因党附楚王而被杀，颜俊因谋反占据武威而被诛，颜氏家族到现在为止，节操不清白的，只有这两个人，他们都遭遇祸患而失败。近代天下大乱，有些士大夫和贵族子弟，虽然没有勇力习武，却聚集众人，放弃清高儒雅的事业，想侥幸追求战功。我身体瘦弱单薄，又想起过去姓颜的人好兵致祸的教训，所以仍旧把心放在读书做官上面，子孙们对此要牢记在心。孔子力大能推开沉重的国门，却不肯以大力士闻名于世，这是圣人留下的榜样。我看到今世的士大夫，才有点气力，就作为资本，又不能披铠甲执兵器，保卫国家，而是行踪神秘，穿着武士之服，卖弄拳勇，重则陷于危亡，轻则留下耻辱，竟没人能逃得过这样的下场。

国家的兴亡、战争的胜败这类问题，希望你们在学问渊博的时候细心加以研究。在军队中运筹帷幄，在朝廷里参与议政，如果不尽力为君主出谋献策，商议国家大事，这是君子的耻辱。然而我看见一些文人，稍微读过几本兵书，略微懂得一些谋略。如果生活在太平盛世，就蔑视宫廷，幸灾乐祸，首先起来反叛，牵连贻害忠良；如果是在兵荒马乱的时代，就勾结煽动众人反叛，无所顾忌，四处游说，拉拢诱骗，不识存亡之机，拼命相互扶植拥戴：这些都是招致杀身灭族的祸根。要引以为戒啊！要引以为戒！

熟练五种兵器，并擅长骑马，才可以称得上是武夫。当今的士大夫，只要不肯读书，就称自己是武夫，实际上只是酒囊饭袋罢了。

养生篇

【原文】

神仙之事，未可全诬；但性命在天，或难钟值。人生居世，触途牵縶：幼少之日，既有供养之勤；成立之年，便增妻孥之累。衣食资须，公私驱役；而望遁迹山林，超然尘滓，千万不遇一尔。加以金玉之费，炉器所须，益非贫士所办。学如牛毛，成如麟角。华山之下，白骨如莽，何有可遂之理？考之内教，纵使得仙，终当有死，不能出世，不愿汝曹专精于此。若其爱养神明，调护气息，慎节起卧，均适寒暄，禁忌食饮，将饵药物，遂其所禀，不为夭折者，吾无间然。诸药饵法，不废世务也。庾肩吾常服槐实，年七十余，目看细字，须发犹黑。邺中朝士，有单服杏仁、枸杞、黄精、白术、车前得益者甚多，不能一一说尔。吾尝患齿，摇动欲落，饮食热冷，皆苦疼痛。见《抱朴子》牢齿之法，早朝叩齿三百下为良；行之数日，即便平愈，今恒持之。此辈小术，无损于事，亦可修也。凡欲饵药，陶隐居《太清方》中总录甚备，但须精审，不可轻脱。近有王爱州在邺学服松脂，不得节度，肠塞而死，为药所误者甚多。

夫养生者先须虑祸，全身保性，有此生然后养之，勿徒养其无生也。单豹养于内而丧外，张毅养于外而丧内，前贤所戒也。嵇康著《养生》之论，而以傲物受刑；石崇冀服饵之征，而以贪溺取祸，往事之所迷也。

夫生不可不惜，不可苟惜。涉险畏之途，干祸难之事，贪欲以伤生，谗慝而致死，此君子之所惜哉！行诚孝而见贼，履仁义而得罪，丧身以全家，泯躯而济国，君子不咎也。自乱离已来，吾见名臣贤士，临难求生，终为不救，徒取窘辱，令人愤懑。

【译文】

得道成仙的事情，不能说全是虚假；只是人的性命长短取决于上天，很难说会碰上好运还是遭遇厄运。人生在世，到处都有牵挂羁绊：少年时候，要尽供养侍奉父母的义务；成年以后，又增加养育妻子儿女的拖累。为衣食供给劳碌，为公事、私事操劳奔波，而希望隐居于山林，超脱于尘世的人，千万人中遇不到一个。加上得道成仙之术，要耗费黄金宝玉，需要炉鼎器具，更不是贫士所能办到的。学道的人多如牛毛，成功的人稀如麟角。华山之下，白骨多如野草，哪里还有顺心如愿的道理呢？再认真考察内教，即使能成仙，最后还是得死，无法摆脱人世间的羁绊而长生。我不愿意让你们致力于此事。如果是爱惜保养精神，调理护养气息，起居有规律，穿衣冷暖适当，饮食有节制，吃些补药滋养，顺着本来的天赋，保住元气，而不致夭折，这样，我也就没有什么可说的了。服用补药要得法，不要耽误了大事。庾肩吾常服用槐树的果实，到了70多岁，眼睛还能看清小字，胡须、头发还很黑。邺城朝廷里的官员，有人专门服用杏仁、枸杞、黄精、白术、车前，从中受益很多，不能一一举例。我曾患有牙疼病，牙齿松动得快掉了，吃冷热的东西，都要疼痛受苦。看了《抱朴子》里固齿的方法，以早上起来就叩碰牙齿三百次为佳；我坚持了几天，牙就好了，现在还坚持这么做。这一类的小技巧，对其他的事没有损害，也可以学学。凡是要服用补药，陶隐居的《太清方》中收录得很完备，但是必须精心挑选，不能轻率。最近有个叫王爱州的人，在邺城效仿别人服用松脂，不知节制，终因肠道堵塞而死，被药物伤害的人还有很多。

钱大昕行书《颜氏家训》

钱大昕（1728～1804），字晓征，一字辛楣，号竹汀，晚年自称潜研老人。江苏嘉定（今上海嘉定）人。对宋、辽、金、元四朝历史用功甚深，元史尤为专精。世人推其为“一代儒宗”，与纪昀并称“南钱北纪”。

养生的人首先应该考虑避免祸患，保住身家性命。保住生命，然后才得以保养它；不要白费心思地去保养不存在的所谓长生不老的生命。单豹这人很重视养生，但不去防备外界的伤害，结果被吃掉；张毅这人很重视防备外来侵害，但死于内热病。这些都是前人留下的教训。嵇康写了《养生》的论著，但是由于傲慢无礼而遭杀头；石崇希望服补药延年益寿，却因积财贪得无厌而遭杀害。这都是前代人的糊涂之处。

生命不能不珍惜，也不能苟且偷生。走上邪恶危险之路，卷入祸患危难之事，追求欲望的满足而伤害生命，进谗言、藏恶念而致死，君子应该珍惜生命，不应该做这些事。行忠孝的事而被害，做仁义的事而获罪，丧一身而保全家，丧一身而利国家，这些都不是君子的过失与罪责。自从梁朝离乱以来，我看到一些有名望的官吏和贤能的文士，面临危难，苟且偷生，最终生不能得救，还白白地招致窘迫和羞辱，真叫人愤懑。

◎杨坚《诫太子勇》

杨坚像

杨坚（541～604），弘农郡华阴（今陕西华阴）人，汉太尉杨震十四世孙，隋朝开国皇帝，即隋文帝，中国古代伟大的政治家、战略家。杨坚在位期间，军事方面，攻灭陈国，成功地统一了严重分裂数百年的中国，击破突厥，被尊为“圣人可汗”；内政方面，开创先进的选官制度，发展经济文化，使得中国成为盛世之国。开皇年间，隋朝疆域辽阔，人口达到 700 余万户，是中国农耕文明的辉煌时期。

杨坚的良苦用心，就是担心儿子奢华，而不能使其统治长久维持。“历观前代帝王，未有奢华而能长久者”这一道理是为历史所证明了的，有前车之鉴。隋文帝在教诲儿子时，为什么说要给儿子留下旧物服饰、一把刀子和一盒酱？旧时衣物、刀子、菹酱（一种食物）等，这是“实物教育”，杨坚想以此使儿子时时想起自己的教诲和过去艰苦的生活，引以为戒。

【原文】

我闻天道无亲，唯德是与。历观前代帝王，未有奢华而能长久者。汝当储后，若不上称天心，下合人意，何以承宗庙之重，居兆民之上？我昔日衣服，各留一物，时复看之，以自警戒。又拟分赐汝兄弟，恐汝以今日皇太子之心，忘昔时之事，故令高颎赐汝我旧所带刀子一枚，并菹酱一合。汝昔作上士时，所常食如此。若存忆前事，应知我心。

（《全上古三代秦汉三国六朝文·全隋文》卷三）

【译文】

我听说上天没有偏私，只把国家给予有德之人。纵观历代帝王，没有生活奢侈豪华却能维持长久的。你当储君以后，如果不上顺天意，下合民心，怎么能担当国家的重任，去治理百姓呢？我从前的衣物各留一件给你，你要反复观看，用来自我告诫。我还打算把我旧时的衣物分别赏赐给你的兄弟们，担心你因为今天皇太子的尊贵，忘记了从前艰难的事情。所以让高颎送给你我过去带的一把刀和一盒菹酱。你以前做上士的时候，平常吃的就是这种食物。你假如回想从前的事，就应明白我的良苦用心。

◎李勣《遗命弟弼》

李勣像

李勣(594～669)，本姓徐，名世勣，字懋功，曹州离狐(今山东东明东北)人。入唐，赐姓李；后避唐太宗李世民讳，单名勣。隋大业末年，17岁的李勣从翟让起义于瓦岗。李密归唐，他以户口、土地籍账由李密呈交李渊，授黎州总管。后降窦建德。620年自拔归唐。从李世民伐东都，战功卓著。唐太宗即位，任其为并州都督、通漠道行军总管、尚书左仆射、司空等。760年，唐肃宗把他与李靖一起誉为历史上"十大名将"之一，配享武成王(姜太公)庙。李勣对医学也很有研究，曾奉命与许敬宗、苏敬、于志宁等人编修《新修本草》行于世。另有《脉经》一卷，系其自撰之书。

【原文】

我即死，欲有言，恐悲哭不得尽，故一诀耳！我见房玄龄、杜如晦、高季辅皆辛苦立门户，亦望诒后，悉为不肖子败之。我子孙今以付汝，汝可慎察，有不厉言行、交非类者，急榜杀以闻，毋令后人笑吾，犹吾笑房、杜也。

我死，布装露车载柩，敛以常服，加朝服其中，倘死有知，庶着此奉先帝。明器惟作五六寓马，下帐施幔，为皂顶白纱裙，中列十偶人，它不得以从。众妾愿留养子者听，余出之。葬已，徙居我堂，善视小弱。苟违我言，同戮尸矣！

(《新唐书·李勣传》)

【译文】

我要死了，有些话要说，害怕在一片悲哭声中不能把话说完，所以同你一个人诀别。过去，房玄龄、杜如晦、高季辅等人都辛辛苦苦建立了门户，也希望将家业传给子孙后代。结果，全被不肖子孙挥霍一空了。现在，我把子孙托付给你，你可要严格监督，有操行不端、结交坏人的，立刻鞭笞杀之，然后报告皇上，不要让后人笑话我，就像我笑话房玄龄、杜如晦那样。

我死后，就用没有车篷的车装载我的棺木，给我穿上平时穿的衣服，再加上朝服一套。倘若死后有知觉，我希望穿上它去拜见先帝。随葬的器物，只需五六匹马，地宫里使用的帷帐，顶用黑布，四周用白纱，帐中再放十个木偶。此外，不得随葬其他东西。姬妾中有愿意留下养育子女的，悉听其便，其余的全部放她们回自己的老家。丧事办理完以后，你就搬到我家里居住，帮我抚养、照顾年幼的子女。希望你不要违背我的嘱托。如果违背了，就如同残害我的尸体一般。

【说明】

据《新唐书·李勣传》记载，李勣临终前，其弟李弼去看望他，李勣命奏乐宴饮，列子孙于堂下，他单独与弟弟进行了一番谈话。

在这个遗嘱中，李勣以房、杜后人的惨痛教训教育子孙，用反面教材让他们引以为戒。这种别具一格的教育方法是有可取之处的。

◎卢承庆《遗言诫子》

卢承庆像

卢承庆(595～670)，字子余，号幽忧子，幽州范阳(今河北涿郡)人，唐高宗年间任宰相。成语“宠辱不惊”讲的就是他的故事。一次，卢承庆奉命调查漕运船只失事的责任问题，他给负责此事的一个官员评定了“中下”的评语，并通知了本人。受到惩处的官员听说后，既没有提出异议，也没有任何疑惧的表情。卢承庆事后通过调查又了解到，粮船翻沉，并不是他一个人的责任，也不是他一个人可以挽救的，给他一个“中下”的评语未免太过严苛了，于是就把评语改成了“中中”，并通知了本人。那位官员依然没有发表意见，既未表谢意，也未露喜色。卢承庆得知此事，脱口称赞道：“好！宠辱不惊，难得难得！”于是，又把他的评语改成了“中上”。后来，卢承庆本人也经历过大起大落，命运坎坷，但他的心情始终平静如水，并不因命运的起落无常而改变自己做人的原则。

【原文】

死生至理，亦犹朝之有暮。吾终，敛以常服；望朔常馔，不用牲牢；坟高可认，不须广大；事办即葬，不须卜择；墓中器物，瓷漆而已；有棺无椁，务在简要；碑志但记官号、年代，不须广事文饰。

（《旧唐书·卢承庆传》）

【译文】

死与生的最根本的道理，好像有早晨就必有晚上一样。我死后，只需穿上平常所穿的便服；农历每月的十五和初一的祭祀只需用普通的食物，而不必用牛、羊、猪等牲畜祭祀；坟堆高出地面可以辨认就行了，不需广大；简单的丧事办理完毕，就进行安葬，不需要占卜选择时日；墓中的器物，只放一些瓷器、漆器就可以了；只需要有内棺而不需要套在棺外的椁，一切务必从简；碑文只要求记一些官号和年代，而不要广泛地进行文采修饰。

【说明】

卢承庆临终前曾作《教戒》，叮嘱儿子办理丧事务必从简，为后世所称道。

◎李世民箴言

李世民（598～649），祖籍陇西，是唐高祖李渊和窦皇后的次子，唐朝第二位皇帝，即唐太宗，年号贞观。李世民为帝之后，虚心纳谏，以文治天下，并开疆拓土，在国内厉行节约，使百姓能够休养生息，出现了国泰民安的局面，开创了中国历史上著名的“贞观之治”，为后来唐朝100多年的盛世奠定了重要基础。

李世民像

帝范·求贤篇

【原文】

夫国之匡辅，必待忠良。任使得人，天下自治。故尧命四岳，舜举八元，以成恭己之隆，用赞钦明之道。士之居世，贤之立身，莫不戢翼隐鳞，待风云之会；怀奇蕴异，思会遇之秋。是明君旁求俊乂，博访英贤，搜扬侧陋，不以卑而不用，不以辱而不尊。

昔伊尹有莘之媵臣，吕望渭滨之贱老，夷吾困于缧绁，韩信弊于逃亡。商汤不以鼎俎为羞，姬文不以屠钓为耻，终能献规景亳，光启殷朝；执旌牧野，会昌周室。齐成一匡之业，实资仲父之谋；汉以六合为家，是赖淮阴之策。

故舟航之绝海也，必假桡楫之功；鸿鹄之凌云也，必因羽翮之用；帝王之为国也，必藉匡辅之资。故求之斯劳，任之斯逸。照车十二，黄金累千，岂如多士之隆，一贤之重！此乃求贤之贵也。

【译文】

凡是一个国家要得到匡正辅助，没有忠良之臣是不行的。任用得人，天下自治。所以尧选择有分掌四时、方岳才能的官员加以任用，舜提拔有特殊才能的人加以重用，故能成其恭敬自持之重，赞其敬事节用之道。士人在世，贤人立身，他们在没有遇到时机以前，大多是隐居以待局势的变化；他们怀有卓异的才能，一定要在时机成熟之时方肯出仕。因此，英明的君主务必要多方寻求德高望重的贤能之人，务必要多方考察虽居于卑微地位但确有才德的人，决不能因人才地位卑下而不用他，也决不能因人才染上一些污点而看不起他。

古代的伊尹最初耕于有莘这个地方，后来又成为有莘氏的随嫁臣仆，吕

望起初是垂钓于渭水之滨的穷困潦倒的老人，管仲曾事公子纠，公子纠死后他曾一度被囚禁，韩信早年曾因贫困过着流亡漂泊的生活。然而，商朝汤王并不因为伊尹低贱得曾为媵臣、负鼎俎为奴而羞辱他，仍立伊尹为相；周文王并不因为吕望曾屠牛沽酒、垂钓于渭水而耻笑他，仍拜吕望为师。结果伊尹献规于亳以助太甲，使商朝得以昌盛；吕望佐辅武王，执旌旗而誓师牧野，使周室天下大定。同样，齐桓公九合诸侯，一匡天下，皆仰赖管仲之谋；汉之灭楚，定天下为一家，也全靠淮阴侯韩信之策。

所以说，舟航渡海，必借助于船桨的功劳；大鸟高飞，必是运用羽翼的缘故；帝王想治理好国家，亦必须有贤才辅佐。因此，辛勤地寻求贤能之人，治国时便可安逸无劳。即使珠宝之光能照亮十二车，黄金累积有成千之多，也远不如人才济济，远不如求得一个贤士！这就是求贤的可贵。

帝范·纳谏篇

【原文】

夫王者，高居深视，亏听阻明。恐有过而不闻，惧有阙而莫补。所以设鞀树木，思献替之谋；倾耳虚心，伫忠正之说。言之而是，虽在仆隶刍荛，犹不可弃也；言之而非，虽在王侯卿相，未必可容。其义可观，不责其辩；其理可用，不责其文。至若折槛怀疏，标之以作戒；引裾却坐，显之以自非。故云忠者沥其心，智者尽其策。臣无隔情于上，君能遍照于下。

昏主则不然。说者拒之以威，劝者穷之以罪。大臣惜禄而莫谏，小臣畏诛而不言。恣暴虐之心，极荒淫之志。其为壅塞，无由自知。以为德超三皇，材过五帝。至于身亡国灭，岂不悲哉！此拒谏之恶也。

【译文】

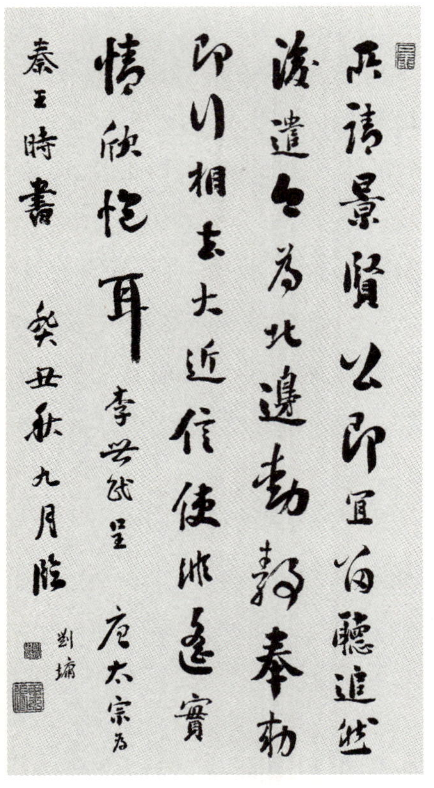
刘墉书唐太宗书帖

帝王居住深宫，与外界隔绝，想要听却听不见，想要看却看不着。古代的一些明君，唯恐听不到自己的过失，害怕有缺失得不到补救，因而设置鼗鼓，树立谤木，以便臣下进谏诤言。君主自己则侧耳而听，虚心而受，期待着谏诤者告以正直之言。如果说得对，即便是地位低下的供役使的仆人、奴隶或草野鄙陋之人，也不可置之不理；如果说得不对，即使是地位很高的王侯将相，也未必接受他的意见。只要议论可取，就不必要求谏诤者分析得条条是道，因为空辩不足信；只要道理可用，就不必要求谏诤者文采优美动听，因为虚文没什么用。古代如朱云因进谏而攀折殿槛，汉成帝特意保留已折之槛，以表彰朱云的直谏；师经因进谏而投瑟撞坏了窗子，魏文侯决意留下撞坏的窗户以供借鉴；辛毗进谏魏文帝曹丕，而不惜扯着曹丕的前襟；袁盎进谏汉文帝刘恒，坚决不让慎妃与皇后同坐；等等。正因为君主能容纳折槛引裾之鉴，所以就可以使忠直者竭尽其忠心，使智者完成其计策。如此则君臣之道上下相通，君主恩德就可以至公大明而普照于天下。

昏庸的皇帝却不是这样。他们恰恰相反，对进谏者以威权抗拒，对劝说者追究罪责，从而使得大臣为保全俸禄而不进谏，小臣因怕杀头而不敢说话。于是君主便昏昏然，恣行残暴，极尽荒淫。壅蔽障闭，对自己的过错懵然无知，反而以为自己德超三皇，才过五帝。结果导致身死国灭，岂不可悲！这完全是拒绝进谏所带来的恶果啊！

帝范·去谗篇

【原文】

夫谗佞之徒，国之蠹贼也。争荣华于旦夕，竞势利于市朝。以其谄谀之姿，恶忠贤之在己上；奸邪之志，恐富贵之不我先。朋党相持，无深而不入；比同相习，无高而不升。令色巧言，以亲于上；先意承旨，以悦于君。朝有千臣，昭公去国而不悟；弓无九石，宁一终身而不知。以疏间亲，宋有伊戾之祸；以邪败正，楚有郤宛之诛。斯乃暗主庸君之所迷惑，忠臣孝子之可泣冤。故蘩兰欲茂，秋风败之；王者欲明，谗人蔽之。此奸佞之危也。斯二者，危国之本。

砥躬砺行，莫尚于忠言；败德败正，莫逾于谗佞。今人颜貌同于目际，犹不自瞻，况是非在于无形，奚能自睹？何则？饰其容者，皆解窥于明镜；修其德者，不知访于哲人。讵自庸愚，何迷之甚！良由逆耳之辞难受，顺心之说易从。彼难受者，药石之苦喉也；此易从者，鸩毒之甘口也！明王纳谏，病就苦而能消；暗主从谀，命因甘而致殒。可不诫哉！可不诫哉！

【译文】

谗佞的人，乃是一个国家的蠡贼，蠹败祸乱之由。这些人一天到晚贪图荣华，奔竞财利于市，争夺权势于朝，无心于邦国。这些人以谄谀的嘴脸，憎恶忠良贤能之人处于自己之上；他们怀着奸诈的心志，唯恐富贵被别人占先。为了私利而勾结同党，极其所嗜欲，虽至深之所，亦无不入；为了营私而交相因习，穷其所好乐，虽至高之地，亦无不进。这些人采用动听之言，使用谄谀之态，取悦上级；他们顺从人主之意，逢迎人主之趣，取悦于君王。朝廷里有臣属千人，但因为没人劝谏，宋昭公直至被逐出国，还没醒悟过来；周宣王好强驰射，其实膂力不过能拉开三石的弓，但左右都奉承他，宣王一直自以为能拉开九石的弓。不亲近的人常常进谗言离间亲近的人，所以春秋时

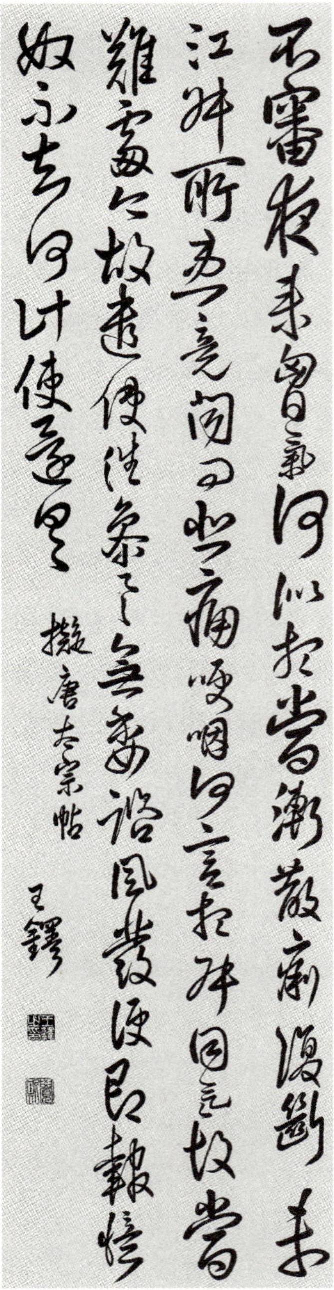

代宋平公的太子痤为其师所谗害致死；奸佞者往往耍手段残害正直人士，因而春秋时期楚昭王的左尹郤宛无故被费无极等人谗害。这一切，都是暗弱不明之主和昏庸无察之君荒迷惑乱，拒贤听谗所造成的，以至于忠者如郤宛、孝者如太子痤身受屠戮，实在是让人痛哭而深感冤枉。因此，这就有如芳兰丛生，将欲茂盛之时，竟被凄然之秋风败落；君主正要明察，就被谄谀之小人遮蔽了耳目。这完全是奸邪谄佞之徒所造成的危害和恶果。此两者，乃危害国家的祸根。

王铎行草临唐太宗帖

君主想舍利而行仁义，最好听从崇尚忠直之言；使国君败坏德行、政治，莫过于听从谄谀奸佞之徒。人眼是看不到自己的面容的，因而以显然形体见于外者，尚不能识别，更何况是非往往发生在冥然无形之间了，自己怎能看见？为什么呢？人们修饰自己的面貌，都懂得借助于明亮的镜子；而修养自己的德行，却不知道访问贤智之人，多么昏庸愚昧啊，还有比这更糊涂的吗？说来说去，还是由于逆耳之言难以接受，顺心的话容易听从。那些难以接受的，是因为忠言虽是良药，但苦口难咽；那些容易听从的，是因为谗言虽如毒药，但多属甜言蜜语啊！开明的君主，乐于听说自己的过失，因而过失日消而福日增；昏暗的君主，乐于听人赞誉，因此信誉日损而祸即至。因此，为人君者，能不引为戒惧吗？能不引为戒惧吗？

帝范·诫盈篇

【原文】

夫君者，俭以养性，静以修身。俭则人不劳，静则下不扰。人劳则怨起，下扰则政乖。人主好奇技淫声、鸷鸟猛兽，游幸无度，田猎不时，如此则徭役烦，徭役烦则人力竭，人力竭则农桑废焉。人主好高台深池，雕琢刻镂，珠玉珍玩，黼黻絺绤，如此则赋敛重，赋敛重则人才遗，人才遗则饥寒之患生焉。乱世之君，极其骄奢，恣其嗜欲。土木衣缇绣，而人裋褐不全；犬马厌刍豢，而人糟糠不足。故人神怨愤，上下乖离，佚乐未终，倾危已至。此骄奢之忌也。

【译文】

人君如果以俭德涵养其性情，就不至于骄奢；人君如果宁静而无为，就可以修正其身心。人君崇尚节俭，国人就不会辛苦；人君致力于安定平和，下面就不会发生叛乱。人君如生奢侈之心，耗用不节制，重敛于民，那么国人就一定会辛苦，国人辛苦就会抱怨迭起，下面一定发生动乱，下面动乱就会使得政局不稳。如果人君喜爱新奇的技巧和浮靡不正派的乐调、乐曲，喜爱鹰、鹞、雕、鹗等凶猛的鸟类和貔、虎、熊、罴等凶猛的兽类，加之游荡无度，再不按田猎之时去打猎，势必造成徭役繁多，徭役繁多则人力疲竭，人力疲竭则农桑荒废。如果人君爱好修筑高台和开凿深池，爱好雕琢刻镂，喜玩珍玩珠玉，喜欢穿绣有花纹的礼服和刺绣的衣服，那么就一定会造成赋役繁重，赋役繁重则人才流失，人才流失则饥寒的祸患就会发生。那些乱世君王，穷极其骄奢，肆虐其贪欲。居住的宫殿像披了锦绣一样金碧辉煌、色彩斑斓，而穷苦的人连粗陋之衣也不得完整；他们用谷物喂养犬马等家畜，而穷苦的人连糟糠之食也不得温饱。这样一来，人神共生怨愤，上下离心离德，淫佚享乐还未终了，国家的危机已经来到了。对这样骄奢的生活应该有所忌惮啊！

帝范·崇俭篇

【原文】

夫圣世之君，存乎节俭。富贵广大，守之以约；睿智聪明，守之以愚。不以身尊而骄人，不以德厚而矜物。茅茨不剪，采椽不斫，舟车不饰，衣服无文，土阶不崇，大羹不和。非憎荣而恶味，乃处薄而行俭。故风淳俗朴，比屋可封。

斯二者，荣辱之端。奢俭由人，安危在己。五关近闭，则嘉命远盈；千欲内攻，则凶源外发。是以丹桂抱蠹，终摧荣耀之芳；朱火含烟，遂郁凌云之焰。以是知骄出于志，不节则志倾；欲生于心，不遏则身丧。故桀纣肆情而祸结，尧舜约己而福延，可不务乎？

【译文】

古代创业垂统的圣明之君，都保持着节俭的美德。他们富有四海，贵为天子，安于俭约而不奢侈；他们智慧聪明，不乱心志，安于愚拙而不取巧。他们不以地位尊贵而在人前骄横，不以恩德广厚而在人前居功。他们居住的房屋，屋顶用茅草盖成而不加修剪，椽子用柞栎做成而不加雕饰，使用的舟车不加装饰，所穿的衣服不绣花纹，土筑的台阶不高，所食肉汁不加调料。他们的生活如此俭朴，并不是讨厌荣华、不喜美味，而是要做到居以淡薄，行以从俭，从而示范于国人，以达到不严而治、不令而行的目的。既然人君能如此节俭以感天化民，所以普天之下风俗淳厚，老百姓家家都有德行。

尽情奢侈与崇尚节俭，此二者是一个人荣与辱的开端。节俭还是奢侈，由人自己决定，安危也全在于自身。耳、目、口、鼻、身的情欲收敛，则美德充盈；千百种嗜欲内攻，则凶事外发。丹桂内生长的蛀虫虽小，但终会损坏丹桂的荣芳；朱火内的烟尘虽小，但必然会阻碍火焰凌云。由此可知，骄奢是由人的意志决定的，如果不克制骄奢的欲望就势必使人意志消沉；情欲生于一个人的自

身，如不节制就会丧身。桀、纣完全放纵自己而不知遏制，因此酿成大祸；尧、舜时时约束自己并懂得节制，最终福泽绵延。有鉴于此，我们能不努力崇尚节俭吗？

【说明】

《帝范》是唐太宗李世民自撰的论述人君之道的一部政治文献。他在赐予子女时，再三叮嘱，作为遗训："饬躬阐政之道，皆在其中，朕一旦不讳，更无所言。"书成于贞观二十二年（648）。《帝范》共12篇：君体、建亲、求贤、审官、纳谏、去谗、诫盈、崇俭、赏罚、务农、阅武、崇文。为文虽短，但文辞有力而优美，展现出一代英主对人生和世界的体悟；也是一个马上争天下、马下治天下的开国君主一生经验的总结。其充满哲理性的语言，往往一言中的，不仅闪露着看问题的高瞻远瞩，也隐含着论理的深邃透彻。

诫皇属

【原文】

朕即位十三年矣，外绝游观之乐，内

周金然（生卒年月不详），字广居，号广庵，别号七十二峰主人。浙江山阴（今浙江绍兴）人。康熙二十一年（1682）进士，榜名金然。改庶吉士，散馆授编修，官至洗马中允。能诗词，擅书法。

周金然书法

却声色之娱。汝等生于富贵，长自深宫。夫帝子亲王，先须克己。每着一衣，则悯蚕妇；每餐一食，则念耕夫。至于听断之间，勿先恣其喜怒。朕每亲临庶政，岂敢惮于焦劳。汝等勿鄙人短，勿恃己长，乃可永久富贵，以保贞吉，先贤有言：“逆吾者是吾师，顺吾者是吾贼。”不可不察也。

（《戒子通录》卷一）

【译文】

我在位十三年了，在外杜绝游览观赏的乐趣，在内退却歌舞女色的欢娱。你们这些人生于富贵之家，长在深宫大院之内，作为皇亲贵戚，必须严格要求自己。每穿一件衣服，就想到养蚕妇人的辛苦；每吃一顿饭，则要想到种田农夫的艰难。在听取别人的言语时，一定要冷静思考，作出正确的判断，不能凭着自己的喜怒感情用事。我经常亲自处理各种烦杂的政务，岂敢因为辛劳而推辞。你们不要讥笑别人的短处，也不要因为自己比别人强就妄自尊大，只有这样才能永久享有富贵，确保一生吉祥顺利。先贤曾说过：“敢于触犯我的人是我的老师，一味顺从我的人是我的仇敌。”这句话不能不仔细体会啊！

百字箴言

【原文】

耕夫役役，多无隔夜之粮；织女波波，少有御寒之衣。日食三餐，当思农夫之苦；身穿一缕，每念织女之劳。寸丝千命，匙饭百鞭，无功受禄，寝食不安。交有德之朋，绝无义之友。取本分之财，戒无名之酒。常怀克己之心，闭却是非之口。若能依朕所言，富贵功名可久。

（摘自福建上杭《李氏史记》）

【译文】

种田人多劳苦，吃了今天没明天；纺织女多奔波，却没有御寒的棉衣穿。我们吃饭应该想到农民的辛苦，穿衣不忘织女的劳累。穿一丝一线则关心千万人生活，吃一匙饭就鞭策自己一百次，无功受奖，吃饭、睡觉都感到不安。结交有品德的朋友，拒绝没有信义的朋友。求取来路正当的钱财，戒喝理由不正当的请酒。常常怀抱克制自己的决心，闭上招惹是非的悠悠之口。如果能依照我的话去做，那么富贵功名就能持久。

◎姚崇《遗令诫子孙文》

姚崇像

姚崇(651～721)，本名元崇，字元之，陕州峡石(今河南三门峡东南)人。武则天时以字行，玄宗时避开元讳，改名崇。姚崇文武双全，历仕则天、中宗、睿宗三朝，两次拜为宰相，并兼任兵部尚书。他曾参与神龙政变，后因不肯依附太平公主，被贬为刺史。唐玄宗亲政后，姚崇被任命为兵部尚书、同平章事，进拜中书令，封梁国公。他提出“十事要说”，实行新政，辅佐唐玄宗开创“开元盛世”，被称为“救时宰相”。姚崇执政三年，与房玄龄、杜如晦、宋璟并称“唐朝四大贤相”。开元九年(721)，姚崇去世，追赠扬州大都督，赐谥文献。

【原文】

古人云：富贵者，人之怨也。贵则神忌其满，人恶其上；富则鬼瞰其室，虏利其财。自开辟已来，书籍所载，德薄任重而能寿考无咎者，未之有也。故范蠡、疏广之辈，知止足之分，前史多之。况吾才不逮古人，而久窃荣宠，位逾高而益惧，恩弥厚而增忧。往在中书，遘疾虚惫，虽终匪懈，而诸务多阙。荐贤自代，屡有诚祈，人欲天从，竟蒙哀允。优游园沼，放浪形骸，人生一代，斯亦足矣。田巴云："百年之期，未有能至。"王逸少云："俯仰之间，已为陈迹。"诚哉此言！

比见诸达官身亡以后，子孙既失覆荫，多至贫寒，斗尺之间，参商是竞，岂惟自玷，仍更辱先，无论曲直，俱受嗤毁。庄田水碾，既众有之，递相推倚，或致荒废。陆贾、石苞，皆古之贤达也，所以预为定分，将以绝其后争，吾静思之，深所叹服。

昔孔丘亚圣，母墓毁而不修；梁鸿至贤，父亡席卷而葬。昔杨震、赵咨、卢植、张奂，皆当代英达，通识千古，咸有遗言，属以薄葬。或濯衣时服，或单帛幅巾，知真魂去身，贵于速朽，子孙皆遵成命，迄今以为美谈。凡厚葬之家，例非明哲，或溺于流俗，不察幽明，咸以奢厚为忠孝，以俭薄为悭惜，至令亡者致戮尸暴骸之酷，存者陷不忠不孝之诮。可为痛哉！可为痛哉！死者无知，自同粪土，何烦厚葬，使伤素业。若也有知，神不在柩，复何用违君父之令，破衣食之资。吾身亡后，可敛以常服，四时之衣，各一副而已。吾性甚不爱冠衣，必不得将入棺墓，紫衣玉带，足便于身，念尔等勿复违之。且神道恶奢，冥涂尚质，若违吾处分，使吾受戮于地下，于汝心安乎？念而思之。

且五帝之时，父不葬子，兄不哭弟，言其致仁寿、无夭横也。三王之代，国祚延长，人用休息。其人臣则彭祖、老聃之类，皆享遐龄。当此之时，未有佛教，岂抄经铸像之力，设斋施之功耶？且死者是常，古来不免，所造经像，何所施为？

夫释迦之本法，为苍生之大弊，汝等各宜警策，正法在心，勿劳儿女子曹，终身不悟也。吾亡后必不得为此弊法。……不得辄用余财，为无益之枉事；亦不得妄出私物，徇追福之虚谈。汝等身没之后，亦教子孙依吾此法。

（《旧唐书·姚崇传》）

【译文】

古人说过：富与贵，是众人所怨恨的。地位高贵，则神灵忌其太满，众人恨他高高在上；家中豪富，则鬼怪窥看他的居室，盗贼贪图他的钱财。自有人类以来，根据书上的记载，凡是德行浅薄、任务繁重而能高寿无灾祸的人，是从来没有过的。所以范蠡、疏广这些人知道满足，及早辞官而免于过失，前史多有称赞。何况我才不及古人，而久受荣誉恩宠，地位越高越发感觉惶恐，恩泽越厚越发加深忧虑。以前我在中书省，因患病身体虚弱，虽然始终努力不懈怠，而各项事务仍多有缺失。我曾经多次推荐贤能的人来替代我，屡有请求，天遂人愿，这次终于允许我辞去宰相职务。从此我可以优游于田园湖池，身体不再受约束，人生一世，也就可以满足了。田巴说过："百岁之寿，没有几个人能达到的。"王羲之也说过："转眼之间，现实社会里许多东西就成了历史陈迹。"这话说得很对！

近来见到一些达官贵人死后，子孙既失去了依靠和庇荫，多陷于贫寒，而且还为斗米尺布相争不休，不仅玷污了自己，而且还辱没了先人，不论是非曲直，都受人讥笑。庄田水碾这些家财，大家共有之后，却互相推诿，经常导致荒废。贤达如陆贾、石苞，所以预先瓜分，以防子孙争家产。我静下心来考虑，深为叹服。

古代的圣人孔子，母亲的坟墓毁坏了也不再维修；梁鸿是位贤达的人，父亲死了用席子卷着安葬。东汉时代的杨震、赵咨、卢植、张奂，都是当时的英才贤达，通今识古，他们都有遗言，嘱咐后代薄葬。他们或穿洗过的平常衣服，或着单层幅巾；他们知道真魂离开，贵在速朽，子孙都照着办了，至今仍传为美谈。那些厚葬之家都不明智，或者沉湎于流俗而不明是非，都以奢侈厚葬为忠孝，以节俭薄葬为吝惜，致使坟墓被盗、尸骨暴露，使死者受到摧残，生者陷于不忠不孝的地步。实在感到悲痛啊！死去的人没有感知，自然同粪土一般，何必一定要厚葬使伤清素之业。如果死者真的有知，而神不在柩，那又用不着违君父之命，破衣食之资。因此，我死后，可以穿着常服，四时之衣各准备一套就行了。我不喜爱的帽子和衣服，一定不能放进我的棺材坟墓里，象征我生前做官的紫衣玉带，也一定要适于身体，希望你们不要违背我的话。况且神明之道也厌恶奢侈，而阴间也崇尚质朴，你们如果违背我的处置办法，使我受戮于地下，这样你们能心安吗？你们好好想想吧！

况且五帝在位的时候，人们父不葬子，兄不哭弟，人人得以善终长寿，没有夭折横世。三王在位的时候，享国长久，人们得以休息。其人臣如彭祖、老聃之类，都得长寿。当时并无佛教，难道也是抄佛经、铸佛像的效力，设斋醮、布施财物的功用吗？死是很平常的事，自古以来都不可避免，所造佛经佛像又会有什么办法呢？

释迦牟尼创造佛教本法，成为天下百姓的大弊病，你们各人务必要警惕自己，不要终身不觉悟。我死后，一定不得去效法此等不合时宜的法度。……一定不得用钱去做那些无益的佛事，一定不得随意拿出私物去追求那些所谓福泽的空谈。你们将来死了以后，也务必要教导你们的子孙依照我这个办法去做。

◎陈子昂《座右铭》

陈子昂像

陈子昂(661～702)，字伯玉，梓州射洪(今四川射洪)人，唐初诗人、文学家。18 岁犹未知书，轻财好施，任侠尚气。后发愤攻读，24 岁举进士，官麟台正字，后升右拾遗，直言敢谏。圣历元年(698)，因父老解官回乡，不久父亲去世。居丧期间，权臣武三思指使射洪县令段简罗织罪名，加以迫害，致陈子昂冤死狱中。陈子昂是唐代诗文革新运动的先驱。存诗 100 多首，最有代表性的是《感遇》诗 38 首、《蓟丘览古赠卢居士藏用》7 首和《登幽州台歌》。陈子昂的诗歌以进步、充实的思想内容和质朴、刚健的语言风格，对整个唐代诗歌产生了巨大影响。

【原文】

事父尽孝敬，事君端忠贞。兄弟敦和睦，朋友笃信诚。从官重公慎，立身贵廉明。待干慕谦让，莅民尚宽平。理讼惟正直，察狱必审情。谤议不足怨，宠辱讵须惊。处满常惮盈，居高本虑倾。诗礼固可学，郑卫不足听。幸能修实操，何俟钓虚声？白珪玷可灭，黄金诺不轻。秦穆饮盗马，楚客报绝缨。言行既无择，存殁自扬名。

（《全唐文》卷二一四）

【译文】

侍奉父母要尽力孝敬，侍奉国君要正直忠贞。兄弟之间要崇尚和睦，朋友之间要注重诚信。当官要注重公正慎重，立身贵在廉明。待士要追求谦让，与民相处崇尚宽大平和。处理狱讼要正直，审察案件必须依据实情。别人的诽谤议论不值得怨恨，自身要宠辱不惊。装满了液体的器皿，会经常担心太满流出来，站在高处本来就忧虑跌倒掉下来。诗礼固然可以学习，郑卫之音不要听。幸而能够修养自己真实的节操，不必去沽名钓誉。白玉上的斑点可以磨灭，对别人要一诺千金。要像秦穆王对待盗杀自己马匹的人那样温和，要像楚庄王对待调戏自己爱姬的人那样宽厚。言行都没有什么可以挑剔的，这样无论生死都可扬名。

石韫玉（1756～1837），字执如，号琢堂，又号花韵庵主人，亦称独学老人，江苏吴县人。乾隆五十五年（1790）中一甲一名进士，授翰林院修撰。工诗善书，尤工隶书，兼擅古文

石韫玉行书节录陈子昂文

◎颜真卿《守政帖》

颜真卿像

颜真卿(709～784),字清臣,别号应方,生于京兆万年(今陕西西安),祖籍琅玡临沂(今山东临沂),唐代名臣、杰出的书法家。开元二十二年(734),颜真卿登进士第,曾四次被任命为监察御史,迁殿中侍御史。因受权臣杨国忠排挤,被贬为平原太守,人称颜平原。安史之乱时,起义军对抗叛军。唐肃宗即位后,拜为工部尚书兼御史大夫,为河北招讨使。至凤翔,授宪部尚书,后迁御史大夫。唐代宗时官至吏部尚书、太子太师,封鲁郡公,人称颜鲁公。颜真卿书法精妙,擅长行、楷,创"颜体"楷书,与赵孟頫、柳公权、欧阳询并称为"楷书四大家"。又与柳公权并称"颜柳",被称为"颜筋柳骨"。

颜真卿一生"出入四朝,坚贞一志",敢于直谏,刚直不阿。尤其是他能在自己遭谗被贬时,矢志不移,坚守正义,并亲笔写下《守政帖》以警示儿女子孙。他以"守正"为做人要义,严格要求自己,教育子女,为我们树立了榜样。在唯利是图、金钱至上的今天,《守政帖》无疑对我们教育子女、对领导干部廉洁自律都具有现实指导意义和警示作用。

【原文】

政可守,不可不守。吾去岁中言事得罪,又不能逆道苟时,为千古罪人

也。虽贬居远方，终身不耻。汝曾当须会吾之志，不可不守也。

（摘自《容斋随笔·容斋四笔》卷二）

【译文】

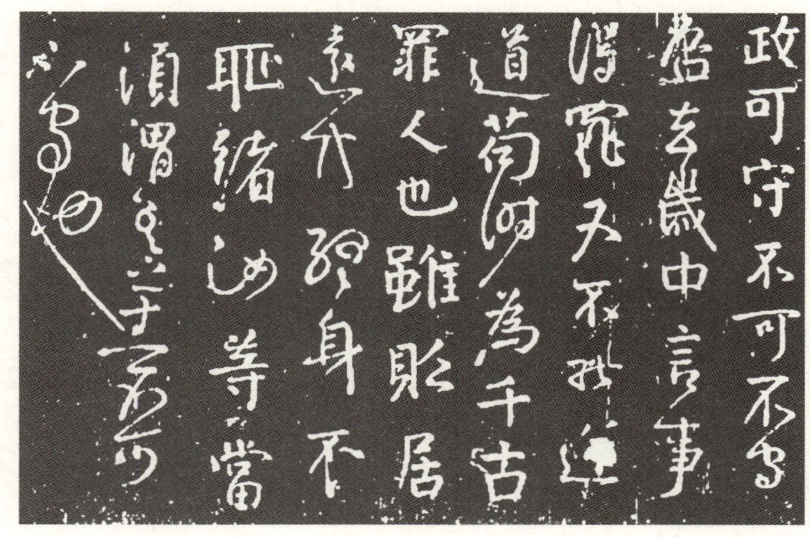

颜真卿《守政帖》

正直的品行要坚持，不能不坚持。去年我为了国事遭受诬陷之罪，可我又不能违背正理，贪图苟安一时，而堕落为千古罪人。虽然我现在被贬黜到偏远的地方，但我终生也不因此感到耻辱。你们一定要领会我的意思，不能不坚持（正直的品行）啊！

◎韩愈箴言

韩愈像

韩愈(768～824)，字退之，唐河内河阳(今河南孟州)人。自谓郡望昌黎，因此世称韩昌黎。唐代古文运动的倡导者，宋代苏轼称他“文起八代之衰”，明人推他为“唐宋八大家”之首，与柳宗元并称“韩柳”，有“文章巨公”和“百代文宗”之名，著有《韩昌黎集》40卷、《外集》10卷、《师说》等。

符读书城南

【原文】

木之就规矩，在梓匠轮舆。人之能为人，由腹有诗书。诗书勤乃有，不勤腹空虚。欲知学之力，贤愚同一初。由其不能学，所入遂异闾。两家各生子，提孩巧相如。少长聚嬉戏，不殊同队鱼。年至十二三，头角稍相疏。二十渐乖张，清沟映污渠。三十骨骼成，乃一龙一猪。飞黄腾踏去，不能顾蟾蜍。一为马前卒，鞭背生虫蛆。一为公与相，潭潭府中居。问之何因尔，学与不学欤。金璧虽重宝，费用难贮储。学问藏之身，身在则有余。君子与小人，不系父母且。不见公与相，起身自犁锄。不见三公后，寒饥出无驴。文章岂不贵，经训乃菑畬。潢潦无根源，朝满夕已除。人不通古

今，马牛而襟裾。行身陷不义，况望多名誉。时秋积雨霁，新凉入郊墟。灯火稍可亲，简编可卷舒。岂不旦夕念，为尔惜居诸。恩义有相夺，作诗劝踌躇。

（《昌黎先生文集》卷六）

【译文】

木材能按照圆规曲尺做成器具，是因为木工和轮舆匠人的辛勤劳动。人之所以能够成才，是因为饱读诗书。诗书中的知识只有勤奋才能获得。不勤奋肚子里就空虚。人之初生，学识都是一样的，并无贤愚之分，由于有的人不能勤学，所走的门径也就不同。两家生子时一样聪明，年岁稍大，在一起玩耍嬉戏，就像一个队里的鱼群一样。到十二三岁，各人表现出来的才智就稍稍不同了。到20岁，就变得差别很大，就像清沟、污渠一样分出了清浊。到30岁，人已完全长成，区别就像龙和猪一样。结果是一个人成了公和相，另一个成了马前卒。这是什么缘故呢？原因就在于勤学与否。黄金璧玉虽是重宝，但难以储藏，学问藏在自己的身上，身在就用之有余。积水池里的水没有源头，早晨还满满的，晚间就干涸了。人不懂得古今之事，就像牛马穿着人的衣服，将即陷于不义之地，还想得到什么名誉？秋天连绵不断的阴雨时节结束了，城外乡下的天气日渐凉爽。这正是挑灯夜读的好时光，你务必要抓紧时间勤奋学习。我无论白天黑夜都在挂念着你，希望你珍惜光阴，不要虚度。父母对子女的恩情和对子女的严格教育有时相互冲突，但都是为子女着想，我写这首劝你勤奋读书的诗，已经犹豫思虑了很久，希望你能理解父母的良苦用心。

五箴并序

【原文】

人患不知其过；既知之，不能改，无勇也。予生三十有八年，发之短者日益白，齿之摇者日益脱，聪明不及于前时，道德日负于初心。其不至于君子而卒为小人也，昭昭矣！作《五箴》，以讼其恶云。

游 箴

余少之时，将求多能，蚤夜以孜孜。余今之时，既饱而嬉，蚤夜以无为，呜呼余乎！其无知乎？君子之弃，而小人之归乎！

言 箴

不知言之人，乌可与言？知言之人，默焉而其意已传。幕中之辩，人反以汝为叛；台中之评，人反以汝为倾。汝不惩邪？而呶呶以害其生邪？

行 箴

行与义乖，言与法违，后虽无害，汝可以悔。行也无邪，言也无颇，死而不死，汝悔而何？宜悔而休，汝恶曷瘳？宜休而悔，汝善安在？悔不可追，悔不可为；思而斯得，汝则弗思。

好恶箴

无善而好，不观其道；无悖而恶，不详其故。前之所好，今见其尤，从也为比，舍也为雠。前之所恶，今见其臧，从也为愧，舍也为狂。维雠维比，维狂维愧，于身不详，于德不义。不义不详，维恶之大。几如是为，而不颠沛？齿之尚少，庸有不思；今其老矣，不慎胡为？

知名箴

内不足者，急于人知。霈焉有余，厥闻四驰。今日告汝，知名之法；勿病无闻，病其晔晔。昔者子路，惟恐有闻，赫然千载，德誉愈尊。矜汝文章，负汝言语，乘人不能，揜以自取。汝非其父，汝非其师，不请而教，谁云不欺！欺以贾憎，揜以媒怨，汝曾不寤，以及于难。小人在辱，亦克知悔，及其既宁，终莫能戒。既出汝心，又铭汝前，汝如不顾，祸则宜然。

（《昌黎先生文集》卷三十）

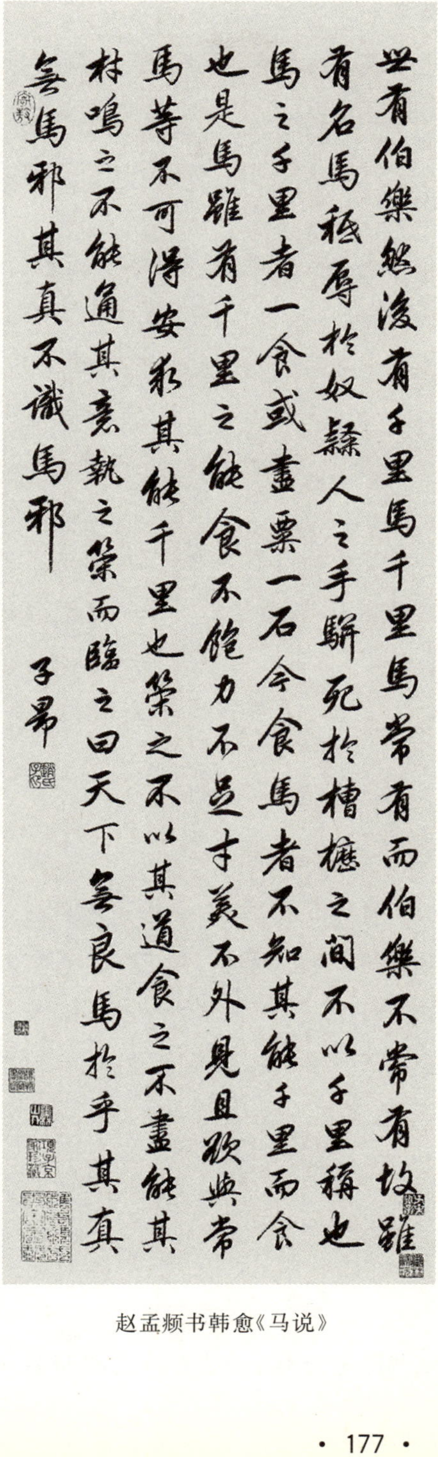

【译文】

人就怕不知道自己的过失；知道了自己的过失，如果不能改，那就是缺乏勇气。我今年 38 岁了，稀疏的头发日益斑白，松动的牙齿日益脱落，听力

赵孟頫书韩愈《马说》

和视力都不如以前好,道德学问也一天天脱离当初希望达成的目标。我无法达到君子的境界,最终不得不成为小人,这已是明确无疑的啦!写此《五箴》来批评自己一番。

游 箴

我年轻的时候,决心获得多方面的才能,从早到晚,孜孜不倦地学习。我现在的情形:吃饱了就嬉戏游玩,从早到晚碌碌无为。唉!我这个人呀!难道不知道吗?我已经被君子唾弃,归入小人之流了啊!

言 箴

不能体会言外之意的人,怎么可以同他讲话?能够体会言外之意的人,不用你开口,他就能知道你想说什么。在幕府中说得太多,人们反而以为你有二心;在御史中进行品评,人们反而以为你是诬陷别人。你还不引以为戒吗?难道一定要多嘴多舌导致送掉性命吗?

行 箴

行为背离礼义,言论违反规范,即使后来没造成什么恶果,你也应该后悔。行为端正无邪,言论不离正道,人死而精神不死,还有什么应该后悔的?该悔恨的不悔恨,你的恶性怎么改正?不该悔恨的却要悔恨,你的善心到哪里去了?有的东西难以追悔,有的东西则不必后悔,只要想想就会明白这个道理,你却不肯好好动动脑筋。

好恶箴

他没有优点,你偏喜欢他,因为你没有考察他的立身之道;他没有错误,你却不喜欢他,因为你没有搞清楚其中的缘故。以前所喜欢的人,现在发现他的错误，追随他就等于依附他，抛弃他就会结成仇家；以前所憎恶的人，现在才发现他的美德，追随他则感到惭愧，抛弃他也就是癫狂。依附、结仇、愧悔、癫狂，对自己来说都是很不吉祥的，对德行来说则不合道义。不合道则义则不吉祥，犯的罪恶就特别大。考察这样的做法，哪个不遭受挫折？年轻的时候，对此不假思虑；如今上了年纪，为什么还不谨慎？

知名箴

本身缺乏学养的人，急于被人赏识。本身学问很充实，名声自然会四处传扬。现在我告诉你，获取声名的办法：不要怕自己默默无闻，怕的是自己的声名太显赫。过去孔子的弟子子路，他生怕自己太有名，可千余年来声名显赫，德行声望更加受到尊崇。自以为文章了不起，又对自己的言辞很自负，趁人还没有这些本事，就把声名统统猎取。你不是别人的父亲，也不是别人的老师，不来请你就去教训别人，谁说这不是欺负人？欺负人招致憎恶，争名声惹人嫉恨，你竟然还不醒悟，灾难必然会降临。小人遭受屈辱的时候，也知道后悔，等到事过境迁，最后还是不能引以为戒。这番话你既然从心里悟出，又铭刻在你的座位之前，你如果视而不见，祸患将不可避免。

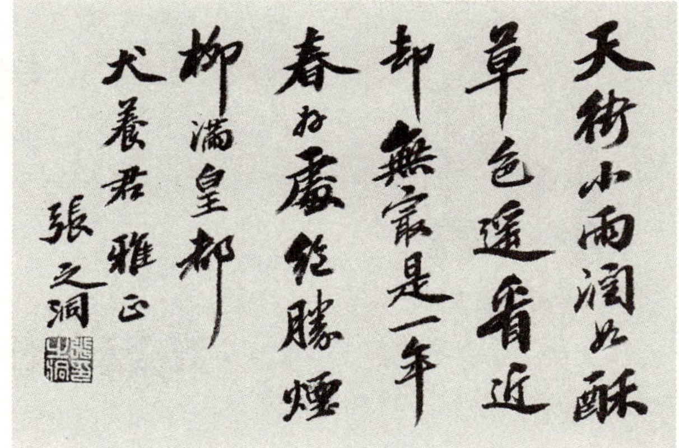

张之洞行书韩愈诗

张之洞（1837～1909），字孝达，号香涛，清代直隶南皮（今河北南皮）人，洋务派代表人物之一。又是总督，称“帅”，故时人皆呼之为“张香帅”。政治上主张“中学为体，西学为用”。工业上创办汉阳铁厂、大冶铁矿、湖北枪炮厂等。与曾国藩、李鸿章、左宗棠并称晚清“四大名臣”。有《张文襄公全集》留世。

◎白居易箴言

白居易像

白居易（772～846），字乐天，晚年又号香山居士，唐代伟大的现实主义诗人。他的诗歌题材广泛，形式多样，语言平易通俗，有“诗魔”和“诗王”之称。官至翰林学士、左赞善大夫。有《白氏长庆集》传世，代表诗作有《长恨歌》《卖炭翁》《琵琶行》等。

狂言示诸侄

【原文】

世欺不识字，我忝攻文笔。世欺不得官，我忝居班秩。人老多病苦，我今幸无疾。人老多忧累，我今婚嫁毕。心安不移转，身泰无牵率。所以十年来，形神闲且逸。况当垂老岁，所要无多物。一裘暖过冬，一饭饱终日。勿言宅舍小，不过寝一室。何用鞍马多，不能骑两匹。如我优幸身，人中十有七；如我知足心，人中百无一。傍观愚亦见，当己贤多失。不敢论他人，狂言示诸侄。

（《白氏长庆集·白氏文集》卷六三）

【译文】

世人总是欺侮不识字的人，所以我愈发努力学习写文章。世人总是欺侮没做官的人，所以，我愈发钻营官场。人老之后大多有病痛，我现在所幸无病。人老之后多忧愁劳累，我现在已经办完了婚嫁的事。我心里安静无憾事，身体安康无牵挂。所以，这十年来，身心闲适清逸。况且我一年比一年衰老，需要的东西不多了。一件裘皮衣可保暖一个冬天，一样饭可以饱食终日。不要说住宅小，我睡一间房屋也就够了。要那么多的鞍马有何用，我又不能同时骑两匹马。像我这样特别幸运的人，十人中有七人；像我这样有知足心的人，是很少很少的（百人中不会有一人的）。旁观者，再愚蠢的人也是看得清的；当局者，即使圣贤也会有失误。我不敢随便去评论别人。我只是口出狂言，对你们这些侄子说说而已。

徐元文（1634～1691），字公肃，号立斋，江苏昆山人。徐乾学之弟。顺治十六年（1659）进士第一，顺治帝称徐元文为「佳状元」，赐冠带、蟒服、乘御马等，授翰林院修撰。《明史》总裁，官至大学士兼翰林院掌院学士。

徐元文行书白居易诗

续座右铭并序

【原文】

崔子玉《座右铭》，余窃慕之。虽未能尽行，常书屋壁。然其间似有未尽者，因续为座右铭：

勿慕贵与富，勿忧贱与贫，自问道何如，贵贱安足云。闻毁勿戚戚，闻誉勿欣欣，自顾行何如，毁誉安足论。无以意傲物，以远辱于人；无以色求事，以自重其身。游与邪分岐，居与正为邻。于中有取舍，此外无疏亲。修外以及内，静养和与真。养内不遗外，动率义与仁。千里始足下，高山起微尘。吾道亦如是，行之贵日新。不敢规他人，聊自书诸绅。终身且自勖，身殁贻后昆。后昆苟反是，非我之子孙。

（《白氏长庆集·白氏文集》卷二二）

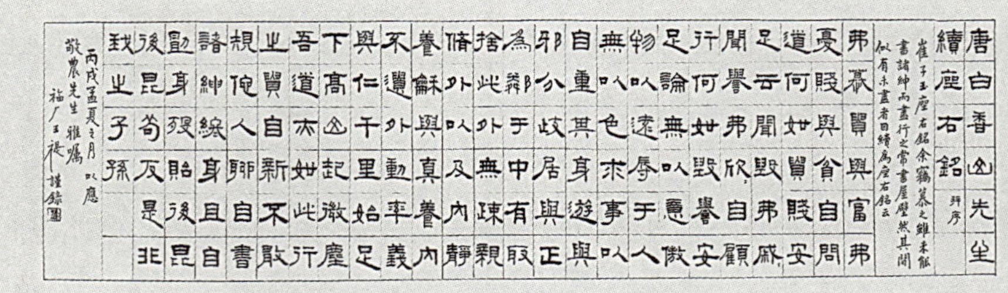

王禔 1946 年作白香山座右铭

【译文】

我很敬仰崔瑗的《座右铭》，虽然里面的内容我没有全部践行，但也常写在屋里的墙上。但里面好像有没有说完的东西，因而我续写了这篇座右铭。

不要羡慕富贵，不要忧虑贫贱，应该问问自己道德怎么样，而贵贱不值一提。听到诽谤不要忧伤，听到赞誉不要高兴。应该考察自己做得怎样，诽谤和赞誉不值得议论。不要骄傲自满，瞧不起人，这样才能远离别人的侮辱。不要用谄媚的脸色乞求侍奉别人，这样才能自重。出游要远离邪恶，居家要与正直为邻。从中有取舍，此外没有亲疏。修养外在以及内心，静静地保养自己的和顺与纯真。修养内心也不要遗漏外在，行动要遵循仁义。千里之行始于足下，高山是由微尘积累起来的。我们的道德也是如此，践行它贵在每天都自新。不敢要求别人，姑且自己写下来并牢记于心。要一辈子自我勉励，死后传给子孙。子孙如果违反了它，就不是我的子孙了。

◎李翱《寄从弟正辞书》

李翱（772～841），字习之，陇西成纪（今甘肃秦安东）人，唐朝哲学家、文学家，贞元年间进士。历任国子博士、庐州刺史、中书舍人、户部侍郎、山东南道节度使等职。

李翱的一个从弟参加科举考试未中，他得知后，写信劝告从弟要正确对待，不可为此而忧虑。

李翱像

【原文】

知尔京兆府取解，不得如其所怀，念勿在意。凡人之穷达所遇，亦各有时尔，何独至于贤丈夫而反无其时哉？此非吾徒之所忧也。其所忧者何？吾畏之道未能到于古之人尔。其心既自以为到，且无谬，则吾何往而不得所乐？何必与夫时俗之人同得失忧喜，而动于心乎？借如用汝之所知，分为十焉，用其九学圣人之道，而知其心，使有余以与时世进退俯仰。如可求也，则不啻富且贵矣；如非吾力也，虽尽用其十，只益劳其心矣，安能有所得乎！

……

夫性于仁义者，未见其无文也，有文而能到者，吾未见其不力于仁义也。由仁义而后文者，性也；由文而后仁义者，习也。犹诚明之必相依尔。贵与富，在乎外者也，吾不能知其有无也，非吾求而能至者也。吾何爱而屑屑于其间哉？仁义与文章，生乎内者也，吾知其有也，吾能求而充之者也。吾何惧而不为哉？汝虽性过于人，然而未能浩浩于其心，吾故书其所怀以张汝，且以乐言吾道云尔。

（《全唐文》卷六三六）

【译文】

知道你在京兆府应考进士，没有如愿，希望你不要以此为意。人的成败机遇各有时运，难道贤德君子会没有属于自己的时运吗？这不是我们这些人所忧虑的事。那么我们所忧虑的是什么呢？我们担心自己的德行没能与古人看齐。内心已经自以为达到了，而且确乎如此，那么还有什么外在际遇能使我们不开心呢？为何一定要随那些时俗之人一起因得失而忧喜，扰乱自己的内心呢？如果把你的智慧一分为十，不妨用其中的九分学习圣人之道，去感知圣人的用心，用余下的一分来追逐世俗进退。如果富贵可求，那你所得绝不只是富贵；如果这不是人力所能及的，即便把十分都投入进去，也只是越发劳顿心灵，哪里能有什么收获！

……

秉行仁义的人，从没有见过做不好文章的；文章能做得好的人，我没见过他不致力于行仁义的。由秉行仁义到做好文章，是内在的天性使然；由做好文章到践行仁义，也是惯性使然。这就像诚和明是相互依存、相伴相生的。富贵，取决于身外的因素，我不知道此生能否拥有，这不是我追求就能得到的。我何必热衷于它而急切地用心在这上面呢？仁义和文章，是内在产生的，我知道它是实有的，是我可以通过追求而拥有的东西。那我有什么可担忧而不去争取的呢？你虽然天性超过一般人，然而胸怀还不够坦荡、大气，所以我写下这些想法来开阔你的心胸，希望我所讲的道理能使你宽慰并津津乐道。

◎ 舒元舆《贻诸弟砥石命》

舒元舆（791～835），字升远，婺州东阳上卢泉塘北人（一说浙江婺州兰溪岘坦人）。其先祖曾任东阳郡守，祖父舒缜，授兰溪医学训导、学正，父敬之，母薛氏，其为长子。唐代大臣、诗人，唐元和八年（813）进士，初仕即以干练知名。曾任刑、兵两部侍郎，唐文宗时期两位宰相之一（舒元舆是兰溪历史上第一位官至宰相的人，另一位宰相为李训），擅长写文章，有著作《舒元舆集》等，有作品被收录于《全唐诗》。

舒元舆像

【原文】

昔岁吾行吴江上，得亭长所贻剑。心知其不莽卤，匣藏爱重，未曾亵视。今年秋在秦，无何发开，见惨翳积蚀，仅成死铁。意惭身将利器，而使其不光明之若此，常缄求淬磨之心于胸中。

数月后，因过岐山下，得片石，如绿水色，长不满尺，阔厚半之。试以手磨，理甚腻，文甚密。吾意其异石，遂携入城，问于切磋工。工以为可为砥，吾遂取剑发之。初数日，浮埃薄落，未见快意。意工者相绐，复就问之，工曰："此石至细，故不能速利坚铁，但积渐发之，未一月，当见真貌。"归如其言，果睹变化。苍惨剥落，若青蛇退鳞，光劲一水，泳涵星斗。持之切金钱三十枚，皆无声而断，愈始得之利数十百倍。

吾因叹，以为金刚首五材，及为工人铸为器，复得首出利物。以刚质铓利，苟暂不砥砺，尚与铁无以异，况质柔铓钝，而又不能砥砺，当化为粪土耳，又安得与死铁伦齿耶！以此益知人之生于代，苟不病盲聋喑哑，则五常之性全；性全则豺狼燕雀亦云异矣。而或公然忘弃砺名砥行之道，反用狂言放情为事，蒙蒙外埃，积成垢恶，日不觉寤，以至于戕正性，贼天理，生前为造化剩物，殁复与灰土俱委，此岂不为辜负日月之光景耶！

吾常睹汝辈趋向，尔诚全得天性者，况夙能承顺严训，皆解甘心服食古圣人道，知其必非雕缺道义，自埋于偷薄之伦者。然吾自干名在京城，兔魄已十九晦矣。知尔辈惧旨甘不继，困于薪粟，日丐于他人之门。吾闻此，益悲此身使尔辈承顺供养至此，亦益忧尔辈为穷窭而斯须忘其节，为苟得眩惑而容易徇于人，为投刺牵役而造次惰其业。日夜忆念，心力全耗，且欲书此为戒，又虑尔辈年未甚长成，不深谕解。

今会鄂骑归去，遂置石于书函中，乃笔用砥之功，以寓往意。欲尔辈定持刚质，昼夜淬砺，使尘埃不得间发而入。为吾守固穷之节，慎临财之苟，积习肄之业，上不贻庭闱忧，次不贻手足病，下不贻心意愧。欲三者不贻，只在尔砥之而已，不关他人。若砥之不已，则向之所谓切金涵星之用，又甚琐屑，安足以谕之，然吾固欲尔辈常置砥于左右，造次颠沛，必于是思之，亦古人韦弦铭座之义也。因书为《砥石命》，以勖尔辈，兼刻辞于其侧曰：

剑之锷，砥之而光；人之名，砥之而扬。砥乎砥乎，为吾之师乎！仲兮季兮，无坠吾命乎！

（《全唐文》卷七二七）

【译文】

往年我在吴江旅行时，得到亭长赠送的一把宝剑。我知道亭长不会随便送我这把剑，我就用匣子珍藏着，非常珍视，从来没有轻易地打开来看过。今年秋天在秦地，心血来潮，打开匣子来看，只见剑身已经积了厚厚的锈，惨不忍睹，几乎变成一块废铁。随身携带的利器，却使它不能锃光明亮而到如此的地步，想起来就很惭愧，因此心里经常存有把它磨亮的想法。

几个月后，因为路过岐山脚下，得到一块石头，颜色像绿水，长度不满一尺，宽与厚相当于长度的一半。试着用手摸上去，感觉纹理滑腻细密。我猜想这是块奇异的石头，就把它带进了城，并向打磨工匠询问。工匠认为可做一块磨刀石，我就取出剑用它来磨剑。最初几天，剑身表面上的铁锈磨掉了一些，但还不能让我满意。我猜想是工匠骗我，又前去询问，工匠说："这块石头极为细腻，所以不能很快地使坚硬的铁剑变得锋利，只要坚持慢慢地打磨它，不出一个月，应该会见到剑的本来面貌。"我回来后按他所说的反复地磨，果真看到了剑的变化。蒙在剑上绿色的锈掉落了，好像青蛇蜕去了鳞皮，比水光还亮，夜里从剑身上能照出天上的星星。拿着它切三十枚铜钱，铜钱都无声无息地断了，锋利程度超过了刚得到时的几十倍甚至上百倍。

我因而感叹，认为金属的刚硬在金、木、水、火、土五材中居首位，等到被工匠铸造成剑，又成为器物中最锋利的。这把剑倚仗着质地的坚硬和锋刃的锐利，如果一时不磨砺，尚且跟一般的铁没有区别，何况质地柔软、锋刃不锋利的其他东西，并且又得不到磨砺，就会化为粪土，又怎能和铁相提并论呢？由此更加明白人生在世，如果没有眼瞎、耳聋、哑巴等疾病，那么仁、义、礼、智、信等五常的本性就都具备；本性完备，那么和豺狼、燕雀等走兽飞禽也就不同了。如果有人公然忘掉和放弃像在磨刀石上磨刀那样不断磨炼名节品行的原则，反而用狂妄的语言和放纵情欲的方式做事，就像乱七八糟的尘埃积累成污垢一样，一天又一天，仍不醒悟，以至于毁坏了仁、义、礼、智、信的本性和天理，那么活着的时候是天地间的多余的东西，死了又与尘土一起被丢弃，这样活着难道不是辜负了日月时光吗？

我常常观察你们的志趣取向，你们确实是具备五常天性的人，况且平素能接受、顺从父亲的教导，懂得心悦诚服地接受古时圣人传下来的学问，知道你们一定不是损害道义，自甘堕落于轻薄小人的队伍中。然而我在京师求取功名，已经十九个月了。知道你们害怕没有好菜好饭给父母吃，为柴米所困扰，天天向他人乞讨。我已听说了这些，更加令我悲伤的是，我使你们顺从地接受供养父母的责任竟到如此的境地，也更加担心你们因为穷困而有一时片刻忘掉自己的操守，被苟且得到的东西迷惑而轻易地顺从他人，为到处求人引荐而懈怠了学业。我日日夜夜惦念你们，心力耗尽，并且想要写下这些作为规诫，又担心你们还没有长大成人，不能深刻地理解我的心意。

今天正好碰上鄂州驿站的人回去，于是我就把磨刀石放在信函中，写出用其磨剑的好处，以寄寓我往日的心意。希望你们坚定地保持刚正的品质，日夜淬炼磨砺，使不良品行不能像尘埃一样趁着缝隙侵入。为我坚守贫困不移的品节，慎重对待钱财而不随便伸手，勤奋积累自己的学业，上不给父母带来忧患，中不给兄弟带来祸害，下不给自己的心灵带来羞耻。想要做到这三个“不给”，只在于你们磨砺自己而已，与他人无关。如果不停地磨砺，那么刚才所说的切钱币、耀星斗的用途，又显得十分琐碎了，又怎能用来形容你们人品磨炼后所达到的境界呢？然而我之所以想让你们常把磨刀石放在左右，每当匆忙紧迫、狼狈困窘的时候，一定要对着它好好想一想，这也就如同古人佩戴熟牛皮和弓弦以及在座位上刻记格言的意图一样。为此写下这篇《砥石命》来勉励你们，同时镌刻文辞在砥石的侧面说：

剑的锋刃，经常磨砺才会保持锋利光亮；人的品德名誉，不断磨炼才会传扬。磨刀石啊，磨刀石啊，你是我的老师啊！二弟、三弟呀，不要忘记我的话啊！

◎ 钱镠《钱氏家训》

钱镠像

钱镠（852～932），字具美（一作巨美），小字婆留，杭州临安（今浙江杭州）人，五代十国时期吴越国创建者。钱镠在位期间，采取保境安民的政策，经济繁荣，渔盐桑蚕之利甲于江南；文士荟萃，人才济济，文艺也著称于世。他曾征用民工，修建钱塘江捍海石塘，由是“钱塘富庶盛于东南”。

《钱氏家训》是一篇无价的宝典，是钱镠留给子孙的精神遗产。《钱氏家训》分为个人、家庭、

社会、国家四部分，对钱氏子孙立身处世、持家治国的思想行为，作了全面的规范和教诲。

个人篇

【原文】

心术不可得罪于天地，言行皆当无愧于圣贤。曾子之三省勿忘，程子之四箴宜佩。持躬不可不谨严，临财不可不廉介。处事不可不决断，存心不可不宽厚。尽前行者地步窄，向后看者眼界宽。花繁柳密处拨得开，方见手段；风狂雨骤时立得定，才是脚跟。能改过则天地不怒，能安分则鬼神无权。读经传则根柢深，看史鉴则议论伟；能文章则称述多，蓄道德则福报厚。

【译文】

存心谋事不能够违背规律和正义，言行举止都应不愧对圣贤教诲。曾子“一日三省”的教诲不要忘记，程子用以自警的“视、听、言、动”四箴应当珍存。要求自己不能不谨慎严格，面对财物不能不清廉耿介。处理事务不能够没有魄力，起心动念必须要宽容厚道。只知道往前走的，处境会越来越狭窄；懂得回头看的，见识会越来越宽。花丛密布、柳枝繁杂的地方能够开辟出道路，才显示出本领；狂风大作、暴雨肆虐的时候能够站立得住，才算是立定了脚跟。能够改正过错，天地也不再生气；能够安守本分，鬼神也无可奈何。熟读古书才会根基深厚，了解历史才能谈吐不凡；擅长写作才能著述丰富，蓄养道德才能福报深厚。

家庭篇

【原文】

欲造优美之家庭，须立良好之规则。内外门闾整洁，尊卑次序谨严。父母伯叔孝敬欢愉，妯娌弟兄和睦友爱。祖宗虽远，祭祀宜诚；子孙虽愚，诗书须读。娶媳求淑女，勿求妆奁；嫁女择佳婿，勿慕富贵。家富提携宗族，置义塾与公田；岁饥赈济亲朋，筹仁浆与义粟。勤俭为本，自必丰亨；忠厚传家，乃能长久。

【译文】

想要营造幸福美好的家庭，必须建立适当妥善的规矩。里里外外的街道房屋要整齐干净，长幼之间的次序伦理要谨慎严格。对父母叔伯要孝敬承欢，对妯娌兄弟要和睦友爱。祖先即使年代久远，祭祀也应该虔诚；子孙即便头脑愚笨，但也必须读书学习。娶媳妇要找品德美好的女子，不要贪图人家的嫁妆；嫁女儿要选才德出众的女婿，不要羡慕人家的富贵。家庭富足时要帮助家族中人，设立免费的学校和共有的田地；年景饥荒时要救济亲戚朋友，筹备施舍的钱米。把勤劳节俭当作根本，自然会丰衣足食；用忠实厚道传承家业，才能源远流长。

社会篇

【原文】

信交朋友，惠普乡邻。恤寡矜孤，敬老怀幼。救灾周急，排难解纷。修

桥路以利人行，造河船以济众渡。兴启蒙之义塾，设积谷之社仓。私见尽要铲除，公益概行提倡。不见利而起谋，不见才而生嫉。小人固当远，断不可显为仇敌；君子固可亲，亦不可曲为附和。

【译文】

用诚信结交朋友，把恩惠遍及乡邻。救济寡妇、怜惜孤儿，尊敬老人、关心小孩。救济受灾的人民，接济急困的百姓，为人排除危难、化解矛盾纠纷。架桥铺路，方便人们行走，开河造船帮助人们摆渡。兴办免费学校，让孩子接受启蒙教育，建立民间粮仓，存贮粮食用来救济饥荒。个人成见要全部去除，公众利益要全面提倡。不要看见利益就动心谋取，不要看见贤才就心生嫉妒。小人固然应该疏远，但一定不要公然与之为敌；君子固然应该亲近，但也不要失去原则曲意附和。

国家篇

【原文】

执法如山，守身如玉。爱民如子，去蠹如仇。严以驭役，宽以恤民。官肯著意一分，民受十分之惠；上能吃苦一点，民沾万点之恩。利在一身勿谋也，利在天下者必谋之；利在一时固谋也，利在万世者更谋之。大智兴邦，不过集众思；大愚误国，只为好自用。聪明睿智，守之以愚；功被天下，守之以让；勇力振世，守之以怯；富有四海，守之以谦。庙堂之上，以养正气为先；海宇之内，以养元气为本。务本节用则国富，进贤使能则国强，兴学育才则国盛，交邻有道则国安。

【译文】

执行法令像山一样不可动摇，守护节操像玉一样不可玷污。要像爱护自己的子女一样去爱护百姓，像对待自己的仇敌一样去剪除贪蠹之徒。管理属下要严格，体恤百姓要宽厚。官员如能用一分心力，百姓就能得十分利益；君王如肯受一点辛苦，百姓就能得万倍的恩惠。如果利益只惠及自己，那就不去谋取，如果能泽及天下百姓，那就一定要谋取；利益得在当前一时固然要谋取，得在千秋万代则更要谋取。才智出众的人能使国家强盛，不过是汇集了大家的智慧；极端无知的人会败坏国家大事，只因为他们总喜欢自以为是。即便聪颖明智，也要以愚笨自处；即便功高盖世，也要以辞让自处；即便勇猛无双，也要以胆怯自处；即便富有天下，也要以谦恭自处。朝廷之中，要把培养刚正气节作为首要；普天之下，要把培养元气生机作为根本。抓住生财根本，努力节约开支，国家就会富足；选拔任用德才兼备的人，国家就会强大；兴办学校，培养人才，国家就会昌盛；与邻邦交往，信守道义，国家就会安定。

林则徐行书钱氏家训

◎ 元稹《诲侄等书》

元稹(779～831)，字微之，河南府东都洛阳(今河南洛阳)人，唐朝著名诗人。元稹机智过人，年少即有才名，与白居易同科及第，并结为终生诗友，二人共同倡导新乐府运动，世称“元白”。其诗作号称“元和体”，留有“曾经沧海难为水，除却巫山不是云”的千古佳句。

元稹像

【原文】

告仑等：吾谪窜方始，见汝未期。粗以所怀，贻诲于汝。汝等心志未立，冠岁行登。古人讥十九童心，能不自惧？吾不能远谕他人，汝独不见吾兄之奉家法？吾家世俭贫，先人遗训常恐置产怠子孙，故家无樵苏之地，尔所详也。吾窃见吾兄自二十年来，以下士之禄持窘绝之家，其间半是乞丐羁游以相给足。然而吾生三十二年矣，知衣食之所自始。东都为御史时，吾常自思：尚不省受吾兄正色之训，而况于鞭笞诘责乎！呜呼！吾所以幸而为兄者，则汝等又幸而为父矣！有父如此，尚不足为汝师乎？

吾尚有血诚将告于汝：吾幼乏岐嶷，十岁知文，严毅之训不闻，师友之资尽废。忆得初读书时，感慈旨一言之叹，遂志于学。是时尚在凤翔，每借书于齐仓曹家，徒步执卷就陆姊夫师授，栖栖勤勤，其始也若此。至年十五，得明经及第，因捧先人旧书于西窗下，钻仰沉吟，仅于不窥园井矣。如是者十年，然后粗沾一命，粗成一名。及今思之，上不能及乌鸟之报复，下未能减亲戚之饥寒，抱衅终身，偷活今日。故李密云：生愿为人兄，得奉养之日长。吾每念此言，无不雨涕。

汝等又见吾自为御史来，效职无避祸之心，临事有致命之志，尚知之乎？吾此意，虽弟兄未忍及此。盖以往岁乔职谏官，不忍小见，妄干朝听，谪弃河南，泣血西归，生死无告。幸余命不殒，重戴冠缨。常誓效死君前，扬名后代，殁有以谢先人于地下耳。呜呼！及其时而不思，既思之而不及，尚何言哉！今汝等父母天地，兄弟成行，不于此时佩服诗书以求荣达，其为人耶？其曰人耶？

吾又以吾兄所识，易涉悔尤，汝等出入游从，亦宜切慎。吾诚不宜言及于此。吾生长京城，朋从不少，然而未尝识倡优之门，不曾于喧哗纵观，汝信之乎？吾终鲜姊妹，陆氏诸生，念之倍汝、小婢子等。既抱吾殁身之恨，未有吾克己之诚，日夜思之，若忘生次。汝因便录吾此书寄之，庶其自发，千万努力，无弃斯须。稹付仑、郑等。

（《元氏长庆集》卷三十）

【译文】

告诉元仑等侄儿们：我的贬谪流离生活才刚刚开始，不知道什么时候才可以见到你们。这里，我把一些粗略的想法留给你们作为训诲。你们胸中的志向还没树立，而加冠的年龄就要到了。古人讥刺说 19 岁仍怀着童心，能不感到自怕吗？我不能远举别人的例子来告诫你们，而你们真的看不到我的兄长是怎样奉行家法的吗？我的家世穷困贫乏，祖先留下训诲，时常害怕多置产业会使子孙懒惰，因此家里没有自己的庄园田产，这些情况你们是知道的。我私下看见我兄长二十余年来，用下等官职的俸禄，维持极端贫困的家庭。这期间又多半是为了求食而出游在外，以此来维持生计。然而我已活了三十二年了，这才知道衣食从哪里来。当初在东都任监察御史时，我常常自己沉思，我尚且不曾受过哥哥严厉的训斥，更何况是鞭打诘责呢。唉！所以我有幸得到这样的兄长，你们则有幸得到这样的父亲。有这样的

父亲，难道不足以作为你们的师表吗？

我以发自内心的诚意，还要告诉你们一些事情：我幼年时并不聪慧，10 岁才懂得道理和礼法。父亲严厉的训诲不曾听到，老师朋友的帮助一点也没有。记得开始读书时，因为感念母亲的一句勉励的话，才立志学习。当时正在凤翔郡，常常从齐仓曹家那里借书。拿着书卷，步行到陆姐夫那里求教，辛勤忙碌，刚开始的情形就是这样的。到了 15 岁那年，考中了明经科，因而得以捧着前人的旧书在西窗下钻研沉吟，学业逐渐长进，差不多不再像井底之蛙那样只看到井口那么一点天了。就这样过了十年，然后好歹蒙恩得到了一个职位，也多少有了点名气。如今想起来，对上不能像乌鸦反哺那样报答父母的深厚恩情，对下又不能减轻亲戚的饥饿寒冷。终身怀着这样的遗憾，苟且偷生到今天。因此李密说："活在世上愿意做兄长，因为这样侍奉父母的日子可以多一些。"我每次想起这句话，没有不泪落如雨的。

沈尹默行书元稹诗

你们又见我自从做监察御史以来，效忠职守，没有避祸之心，遇到事情有捐躯的志气，你们知道这些吗？我的这种意向，即使是我的弟兄也不忍心让我这样做。大概是因为去年有辱谏官的职务，忍不住提出自己的一点看法，妄加指责朝廷，结果遭贬谪而回到河南，痛心西归，生死没有依靠。侥幸我命不该死，又重新履职。我经常发誓要在君主面前效命至死，要给后代留下好名声，这样就是死了也可以向地下的祖先谢罪了。唉，在那个时候没有去想，等想到了却又来不及了，还能说什么呢！现在你们父母双全、兄弟成行，不在这时刻苦钻研读书，以求得荣华显达，那还是人吗？那还叫人吗？

我还认为我兄长所交往的朋友，容易招致自我悔恨和他人的指责，你们与人交往，也应该非常谨慎。我的确不应该谈及这些。我生长在京城，朋友不少，但是我不曾知道歌楼妓院，不曾在喧哗的闹市放眼观看，你们相信这些吗？我少有姐妹，陆家的各位后生，我想起来超过你们和小丫环等。我已经抱有终身之憾，又没有克己的诚心，日日夜夜想到这些，好像忘了身在何处。你们趁便抄录这封信寄给陆家诸位后生，希望他们自强奋发，千万要努力，片刻也不要放松了对自己的严格要求。元稹写给元仑、元郑等侄儿。

◎柳玭《诫子弟书》

柳玭像

柳玭（？～888），京兆华原（今陕西耀县）人，出身于唐朝后期高官世家。其祖父柳公绰是著名书法家柳公权的哥哥，曾两登贤良方正科，当过刑部尚书、兵部尚书，“处事郑重，所取士人，成名者甚多”。柳玭的《诫子弟书》谆谆告诫出身门第高贵的子弟如何做人、为官，在当时很有现实意义。对于今天的父母来说，也不无借鉴意义。

【原文】

夫门第高者，可畏不可恃。可畏者，立身行己，一事有坠先训，则罪大于他人。虽生可以苟取名位，死何以见祖先于地下？不可恃者，门高则自骄，

族盛则人之所嫉。实艺懿行，人未必信；纤瑕微累，十手争指矣。所以承世胄者，修己不得不恳，为学不得不坚。夫人生世，以无能望他人用，以无善望他人爱，用爱无状，则曰："我不遇时，时不急贤。"亦由农夫卤莽而种，而怨天泽之不润，虽欲弗馁，其可得乎！

予幼闻先训，讲论家法。立身以孝悌为基，以恭默为本，以畏怯为务，以勤俭为法，以交结为末事，以气义为凶人。肥家以忍顺，保交以简敬。百行备，疑身之未周；三缄密，虑言之或失。广记如不及，求名如傥来。去吝与骄，庶几减过。莅官则洁己省事，而后可以言守法，守法而后可以言养人。直不近祸，廉不沽名。廪禄虽微，不可易黎氓之膏血；楚挞虽用，不可恣褊狭之胸襟。忧与福不偕，洁与富不并。比见门家子孙，其先正直当官，耿介特立，不畏强御；及其衰也，唯好犯上，更无他能。如其先逊顺处己，和柔保身，以远悔尤；及其衰也，但有暗劣，莫知所宗。此际几微，非贤不达。

夫坏名灾己，辱先丧家。其失尤大者五，宜深志之。其一，自求安逸，靡甘淡泊，苟利于己，不恤人言。其二，不知儒术，不悦古道，懵前经而不耻，论当世而解颐，身既寡知，恶人有学。其三，胜己者厌之，佞己者悦之，唯乐戏谭，莫思古道。闻人之善嫉之，闻人之恶扬之，浸渍颇僻，销刻德义，簪裾徒在，厮养何殊。其四，崇好慢游，耽嗜曲蘖，以衔杯为高致，以勤事为俗流，习之易荒，觉已难悔。其五，急于名宦，昵近权要，一资半级，虽或得之，众怒群猜，鲜有存者。兹五不是，甚于痤疽。痤疽则砭石可瘳，五失则巫医莫及。前贤炯戒，方册具存，近代覆车，闻见相接。

夫中人以下，修辞力学者，则躁进患失，思展其用；审命知退者，则业荒文芜，一不足采。唯上智则研其虑，博其闻，坚其习，精其业，用之则行，舍之则藏。苟异于斯，岂为君子？

（《旧唐书·柳公绰传》）

【译文】

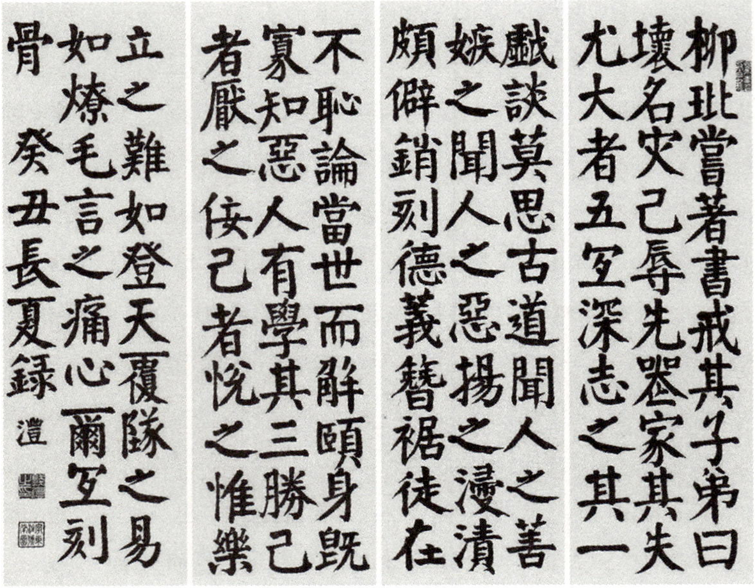

钱南园楷书柳玭《诫子弟书》

出身门第高，可心怀畏惧但不可倚仗。可畏惧的是，立身做人，一件事做错了有损祖先垂训，那罪过就大过一般人。即使活着可以用它苟且获得名声地位，但死后如何去见地下的祖先？不可倚仗，是因为门第高就容易自我骄纵，家族强盛就会招人嫉妒。自己有实在的本领和美好的品行，别人未必相信；出了细微的瑕疵和一点点差错，众人就会争相指指点点。所以世家大族的子孙，修身必须恳切认真，做学问必须脚踏实地。人生在世，自己没本事还希望他人重用，没长处却期望别人爱戴，得不到重用和爱戴就说："我生不逢时啊，这个时代不重视人才。"也就像农民不用心耕种，却埋怨上天降水不够，虽然不想挨饿，哪能免得了啊！

我从小听先人训导，讲论家法。立身以孝顺父母、爱护兄弟为基础，以恭敬沉默为根本，以怀有敬畏羞怯之心为要务，以勤劳俭朴为法度，以呼朋唤友为枝节琐事，以哥们义气为祸端。靠忍耐、和顺使家庭富足，以平淡、尊重来维护友情。事都办好了，仍检点自身哪儿还没做周全；向来三缄其口，还总考虑言谈有没有不当之处。博闻强识唯恐不及，要让名声在无意间得

来。去除悭吝和骄横，以求减少过失。做官廉洁奉公，而后可以谈论守法，守法而后可以谈论养民。正直但不接近祸患，清廉但不沽名钓誉。官府俸禄虽然微薄，但不能靠榨取民脂民膏来补充；刑具虽然可以动用，但不能心胸狭窄，随意用刑。忧虑与福祉，廉洁与财富，都不能同时兼得。譬如看那些世家子弟，祖先为官正直，有独立的人格操守，不畏豪强势力；等到门第衰落，只喜好犯上，再没有别的本事。如果他的祖先谦逊恭顺地自处，宽和柔顺地保身，从而远离悔过和罪愆，等到衰落以后，即便有缺陷和劣迹，都不知道得自哪里。此中的差别很微小，只有贤人才能洞悉。

那种毁坏名誉，给自己招来灾祸，辱没祖先，丧尽家财的人，最严重的错误有五点，应当深深牢记：其一，自求安逸生活，不甘心淡泊，如果对自己有利，不顾别人评说；其二，不懂儒术，不以古时的道理为乐，对前代经典懵懵懂懂而不知羞耻，一谈到身边大事小情、飞短流长就喜笑颜开，自己已然孤陋寡闻，却还讨厌别人有学问；其三，厌恶比自己强的人，喜欢花言巧语讨好自己的人，只喜欢瞎侃，不去想古时的正道。听到人家的长处就嫉妒，听到人家的缺点就宣扬，久处其中而心生偏邪，道德义气被损耗消磨掉，空有显贵的身份，与奴仆有何不同？其四，崇尚浪荡遨游，嗜好饮酒，把举杯醉饮当作高雅风致，把勤勉做事当作庸俗流习，修习的正业轻易荒废，觉察到了也已很难真心忏悔并痛改前非；其五，急于得到名声和官位，亲近逢迎权贵之人，虽然有时捞到一点点官资品级，但马上会招来众人的怨恨、猜疑，很少能长久保有的。这五种不良的做法，比患上毒疮还严重。毒疮还可以用砭石治愈，这五种失误，巫师、神医都治不了。前代贤人明明白白的告诫，书本典籍里都清清楚楚地记载着；近代失败的教训，通过耳闻目睹都可以接触到。

中等资质以下的人，修习辞藻努力向学，就急于进取，患得患失，一心想着为世所用；达观知命懂得隐退的人，就会荒废了学业文章，没有什么可取之处。只有上等智慧的人，研习思考，广博见闻，坚持修习，把学业做到精深，被任用即行其道，不被任用即退而隐居。如果做不到这些，怎么能算君子呢？

◎章仔钧《章氏家训》

章仔钧像

章仔钧(868～941)，字仲举，号彰良，福建浦城(今属福建南平浦城)人，世称太傅公。自幼勤奋好学，后出仕为官，深受百姓爱戴。其素以“吾不幸生当乱世，诸子当以‘仁’字为名，示其有志于仁也”告诫子孙。卒后获赠金紫光禄大夫、上柱国、武宁郡开国伯，后追赠琅琊王。其妻练隽(873～952)，浦城仙阳练村人，世称练夫人。她在危急存亡之时，不愿独生，捐生取义，建州城(今福建建瓯，别称芝城)得免屠城惨祸，被誉为“芝城之母”。

《章氏家训》原名《太傅仔钧公家训》，是中国十大著名的家训之一。

【原文】

传家两字，曰耕与读；兴家两字，曰俭与勤；安家两字，曰让与忍；防家两字，曰盗与奸；亡家两字，曰嫖与赌；败家两字，曰暴与凶。休存猜忌之心，休听离间之语。休作生忿之事，休专公共之利。吃紧在尽本求实，切要在潜消未形。

子孙不患少而患不才；产业不患贫而患非正；门户不患衰而患无志；交游不患寡而患从邪。不肖子孙，眼底无几句诗书，胸中无一段道理；神昏如醉，礼懈如痴，意纵如狂，行卑如丐；败祖宗之成业，辱父母之家声；乡党为之

羞，妻妾为之泣。岂可立于世而名人类乎哉！

格言具在，朝夕诵思。

【译文】

“耕”“读”两字是为传家之宝；“俭”“勤”两字是为发家之道；“让”“忍”两字是为安家之本；“盗”“奸”两字是为居家必防；“嫖”“赌”两字是为亡家之路；“暴”“凶”两字是为败家之源。不可存有怀疑别人的心，不要听不利于团结的话。不能干引起公愤的事，不要有贪图公众利益的行为。最要紧的是实事求是，万事以诚为本，不良行为在萌生意念时就应当及时遏制，切不可发展为坏习惯。

不要担心子孙不寡少，而要担心他们不成才；不要担心家业微薄，而要担心来路不正；不要担心门户不衰败，而要担心没有志向；不要担心朋友不多，而要担心被损友引上邪路。不肖子孙，眼底没有几句诗书，胸中没有一点道理；精神萎靡不振，为人的礼仪如痴人一般茫然不知，却纵欲如狂，气度像乞丐一样卑鄙；败祖宗家业，辱父母名声；乡邻为之羞耻，妻妾为之哭泣。像这种人怎能立于世而被称作人类呢？

以上安家处世格言，应日夜诵读，切记在心。

◎范质《诫儿侄八百字》（节选）

范质（911～964），字文素，大名宗城（今河北大名）人。五代后周时期至北宋初年官至宰相。自幼好学，9岁能文，13岁诵五经，博学多闻。后唐长兴四年（933）进士，官至户部侍郎。后周太祖郭威自邺起兵入京，范质为避战祸，藏匿民间，后来被太祖找到，时值严冬，郭威脱下外袍给范质披上，封范质为兵部侍郎、枢密副使。后周显德四年(957)，范质上书朝廷，建议重修法令，编定后周的《显德刑律统类》。宋代第一部法典《宋刑统》即直接来源于此法典。宋乾德元年(963)，封范质为鲁国公。乾德二年(964)正月，与王溥、魏仁浦同日罢相，是年九月去世。临终时"戒其后勿请谥立碑，自悔深矣"。朝廷追赠其为中书令。著有《范鲁公集》《五代通录》等。

【原文】

戒尔学立身，莫若先孝弟。怡怡奉亲长，不敢生骄易。战战复兢兢，造次必于是。

戒尔学干禄，莫若勤道艺。尝闻诸格言，学而优则仕。不患人不知，惟患学不至。

戒尔远耻辱，恭则近乎礼。自卑而尊人，先彼而后己。《相鼠》与《茅鸱》，宜鉴诗人刺。

戒尔勿旷放，旷放非端士。周孔垂名教，齐梁尚清议。南朝称八达，千载秽青史。

戒尔勿嗜酒，狂药非佳味。能移谨厚性，化为凶险类。古今倾败者，历历皆可记。

戒尔勿多言，多言众所忌。苟不慎枢机，灾厄从此始。是非毁誉间，适足为身累。

举世重交游，拟结金兰契。忿怨容易生，风波当时起。所以君子心，汪汪淡如水。

举世好承奉，昂昂增意气。不知承奉者，以尔为玩戏。所以古人疾，蘧篨与戚施。

举世重任侠，俗呼为气义。为人赴急难，往往陷刑死。所以马援书，殷勤戒诸子。

举世贱清素，奉身好华侈。肥马衣轻裘，扬扬过闾里。虽得市童怜，还为识者鄙。

我本羁旅臣，遭逢尧舜理。位重才不充，戚戚怀忧畏。深渊与薄冰，蹈之唯恐坠。

尔曹当悯我，勿使增罪戾。闭门敛踪迹，缩首避名势。名势不久居，毕竟何足恃。

物盛必有衰，有隆还有替。速成不坚牢，亟走多颠踬。灼灼园中花，早发还先萎。迟迟涧畔松，郁郁含晚翠。

（《宋文鉴》卷十四）

【译文】

我今番告诫你，学习立身不如先从孝悌开始。和顺地事亲敬长，不能产生任何骄傲的情绪。平时要常怀恐惧戒慎之心，即使急遽之时也必须这样。

我今番告诫你，求取俸禄不如先钻研治国理民的道理和技艺。曾经听说过有这么一句格言：学而优则仕。不要担心人家不知道、不了解自己，只应担心自己学问不到家。

我今番告诫你，远离耻辱，恭顺则合乎礼节。要求自己谦逊而对他人却要尊重，随时要先他人而后自己。《相鼠》和《茅鸱》两首诗是用来讽刺无礼和不敬的，宜以古代诗人这种讽刺作为鉴戒。

我今番告诫你，不要放纵而不拘礼俗，放纵不拘礼俗之人不是正直之士。周公和孔子以正名定分为中心的礼教代代相传，南北朝时的齐、梁两朝士大夫彼此以清议相尚。南朝的所谓八个通达之士并不通达，只能在历史上留下污名。

我今番告诫你，不要嗜酒贪杯，酒是狂药，并非佳味。酒喝多了能移去人的谨厚本性，并易于转化为凶暴之类。自古至今那些遭到倾覆的人，历历在目全都可以记录下来。

我今番告诫你，不要乱说话，乱说话最为众人所忌。在关键时刻倘有不慎，灾厄就会从此开始。在是非毁誉方面乱说话的人，正好足以为自身之累。

全世间的人都注重交游，而且往往交结互相投合、互相默契的朋友。这样，就容易产生风波和怨忿。所以，君子之交淡如水。

全世间的人都喜欢奉承，一受到别人巴结奉承就挺拔高傲、意气风发。殊不知那些奉承你的人，是以你作为玩戏的。所以古人最憎恨的，是那些察言观色、看人说话和谄谀献媚的人。

全世间的人都重视负气仗义、打抱不平，世人习惯地称之为义气。一些帮助别人赴急难的人，往往使自己陷入牢狱之灾。所以东汉人马援就经常写信回去，殷勤地告诫自己的子侄。

全世间的人都很轻视清贫穷苦，以豪华奢侈为荣。他们喜欢骑着高大的肥马，身着绫罗绸缎，夸耀于乡里民间。虽也曾惹得市井俗人的羡慕，却为真正有见识的人所鄙视。

我原本是前朝的遗臣，入了新朝，遭逢尧舜治世。位高权重但自知才不堪任，心中常常忧惧。好似站在深渊之旁，立在薄冰之上，没有什么倚仗，生怕会跌落下去。

你们这些晚辈们也得怜恤我这位长者，不要使我再增加罪恶。你们要闭门在家收敛行迹，约束自己的行为而远离名势。名势历来是难以长久的，决不可有恃无恐。

万事万物发展到了顶点就必然衰落下去，也就是说有隆兴就一定会有衰替。一个人的学识事业要力求打好坚实的基础，速成是不坚牢的，走快了多半是要跌倒的。园中开得很茂盛的花，早开的到头来还是要先枯萎的。生长在涧畔的青松，虽然萌芽得迟，但总是郁郁葱葱。

◎赵匡胤《家训》

赵匡胤(927～976)，即宋太祖，涿州(今河北涿县)人。出生于洛阳。后周显德三年(956)，积功至殿前都指挥使，拜定国军节度使。六年，升殿前都点检。960年初，发动陈桥兵变，建立宋朝，改元建隆。次年，以杯酒释兵权的方式，解除了石守信等重要禁军将领的兵权。继而采取了“先南后北”的战略，先后攻灭了南平、武平、后蜀、南汉、南唐等割据政权，并加强了对北方契丹的防御。赵匡胤在进行统一战争的同时，又改革官制，加强中央集权；还重视农业生产，注意兴修水利，减轻徭役，促进了社会经济的发展。

赵匡胤像

作为宋朝开国之君的赵匡胤，深深懂得“马上得之，不可以马上治之”的道理，特别提倡读书和重用读书人。他曾经说过：“宰相必用读书人。”他不仅自己勤奋好学，还诏命武臣多读书，“贵知为治之道”；勉励皇子多读书，“知治乱之大体”。在他的倡导和鼓励下，“臣僚始贵文学”。赵普在政治上颇有谋略，但也多凭经验办事，并非满腹经纶，在赵匡胤的影响和劝导下，赵普也养成了手不释卷的习惯。赵匡胤器量宽宏，不尚重刑厉法，用人亦不问资历，只注重才德兼备。

赵匡胤生活俭朴，反对奢靡，对亲族(包括皇后、皇子、公主、弟兄)要求甚严，随时利用机会谆谆教诲他们，勉励他们为树立举国俭朴之风带一个好头，给后世留下较好的影响。

诫公主当节俭

【原文】

（永庆）公主尝衣贴绣铺翠襦入宫中。上见之，谓主曰：“汝当以此与我，自今勿复为此饰。”主笑曰：“此所用翠羽几何？”上曰：“不然，主家服此，宫闱戚里必相效。京城翠羽价高，小民逐利，展转贩易，伤生寖广，实汝之由。汝生长富贵，当念惜福，岂可造此恶业之端？”主惭谢。

（永庆）公主因侍坐，与皇后同言曰：“官家作天子日久，岂不能用黄金装肩舆，乘以出入？”上笑曰：“我以四海之富，宫殿悉以金银为饰，力亦可办。但念我为天下守财耳，岂可妄用！古称以一人治天下，不以天下奉一人。苟以自奉养为意，使天下之人何仰哉！当勿复言。”

（《续资治通鉴长编》卷十三，太祖开宝五年七月）

【译文】

永庆公主曾身穿缀满翡翠鸟羽毛的绣花短衣进入宫内。赵匡胤看见了，很严肃地对公主说：“你把这件衣服脱下来交给我吧，从今天起不要再穿翠羽服饰了。”公主笑着说：“这又能用多少翠羽呢？”赵匡胤说：“不能这样说。如果公主们都穿这种服饰，宫廷内外势必竞相仿效。这样一来，京城翠羽的价格必然高涨，黎民百姓眼见有利可图，就会争相倒卖贩运，不利于民生的危害就会渐渐扩展，这些都是由你引起的啊！你从小生长在富贵环境中，应当时刻想到惜福，怎么能去带头做这样不好的事呢？”公主觉得很惭愧，承认了自己的不是。

永庆公主陪侍在赵匡胤身旁，与皇后一道向赵匡胤进言说：“陛下做天子已经很久了，难道就不能用黄金装饰轿子，乘坐着出入内外吗？”赵匡胤笑着说：“我拥有四海财富，就算是用金银装饰全部宫殿，也完全能够办到。但是想到我不过是在为天下守护财富，怎么能够随便动用呢？古人说以一人治理天下，不以天下奉养一人。如果我肆意将全天下的财富拿来奉养我一人，那么全天下的人还有什么可以依靠和指望！因此，你们以后不要再这么说了。”

望胞弟不忘布衣时事

【原文】

乾德、开宝间，天下将大定，惟河东未遵王化。而疆土实广，国用丰羡，上愈节俭。宫人不及二百，犹以为多。又宫殿内惟挂青布缘帘、绯绢帐、紫褥䌷，御衣止赭袍，以绫罗为之，其余皆用绝绢。晋王已下因侍宴禁中，从容言服用太草草，上正色曰：“尔不记居甲马营中时耶？”上虽贵为万乘，其不忘布衣时事皆如此。

（《邵氏闻见录》卷七引《建隆遗事》）

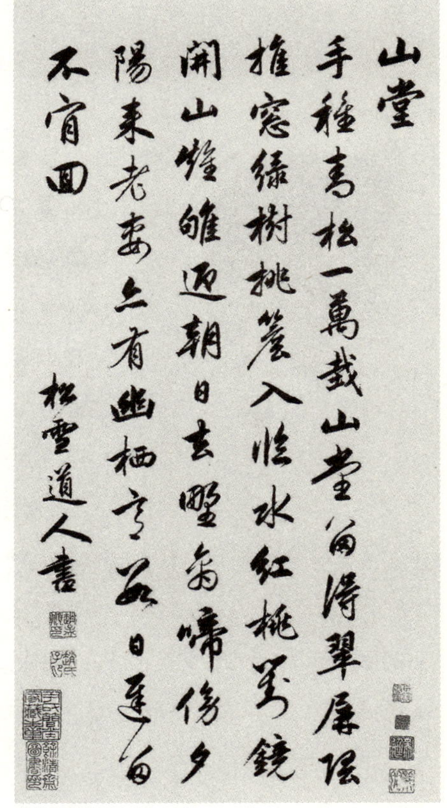

赵孟頫（赵匡胤十一世孙）山堂诗

【译文】

宋太祖赵匡胤乾德、开宝年间，天下就要基本平定，只有北方割据的河东（在今山西境内）尚未归附。当时疆土广袤，物产丰富，国库充实，可是宋

太祖却更加节俭。宫中侍仆不足二百名，宋太祖却还嫌多。另外宫内日常起居所用也只是简单的青布缘帘、绯绢帐、紫紬褥等，宋太祖所穿也只是用绫罗制成的赭黄袍，其余衣物都以粗绸绢为材料。有一次，晋王和他的侍臣在宫中参加宴会，从容地言及宫中的衣着和日用太过简陋了。宋太祖严肃地对他说："你不记得我们过去在甲马营时那段困苦的经历了吗？"宋太祖虽然贵为天子，但仍不忘记昔日自己做布衣时的自我警示，一向如此。

◎赵光义《家训》

赵光义像

赵光义（939～997），即宋太宗，字廷宜，宋朝的第二位皇帝。本名赵匡义，后因避其兄宋太祖名讳改名赵光义，即位后又改名赵炅。开宝九年（976），宋太祖驾崩后，赵光义登基为帝。赵光义可以称得上是五代以来第一位非武人坐天下的君主。他始以重武，转而重文，而终以文治显。他是一个"锐意文史""熟悉掌故"的帝王，深知"王者虽以武功克定，终须用文德致治"。因而他喜欢读书，很重视文人，建崇文馆，编纂《太平御览》《太平广记》《文苑英华》等书，并扩大科举取士的规模，加强"重文"风气。赵光义在位共21年，于至道三年（997）去世，庙号太宗。

饬诫皇后

【原文】

元德皇后尝用销金缘皂襜（通“幨”，车上的帷幕），太宗皇帝怒曰：“近日宫中用度不足，皆缘皇后奢侈所致。”

（《建炎以来系年要录》卷八三）

【译文】

宋太宗赵光义的元德皇后曾在自己坐的车上使用镶饰金边的黑色车帷。宋太宗见了大发脾气说：“近来宫中用度不足，都是因为皇后平时奢侈浪费所造成的。”

敦劝子弟

【原文】

太宗曾谓皇属曰：“朕即位以来，十三年矣。朕持俭素，外绝游田之乐，内鄙声色之娱，真实之言，固无虚饰。汝等生于富贵，长自深宫，民庶艰难，人之善恶，必是未晓，略说其本，岂尽予怀。夫帝子亲王，先须克己励精，听卑纳诲。每着一衣，则悯蚕妇；每餐一食，则念耕夫。至于听断之间，勿先恣其喜怒。朕每亲临庶政，岂敢惮于焦劳；礼接群臣，无非求于启沃。汝等勿鄙人短，勿恃己长，乃可永久富贵，以保终吉。先贤有言曰：‘逆吾者是吾师，顺吾者是吾贼。’不可不察也。”

（《宋朝事实》卷二《诏书》）

【译文】

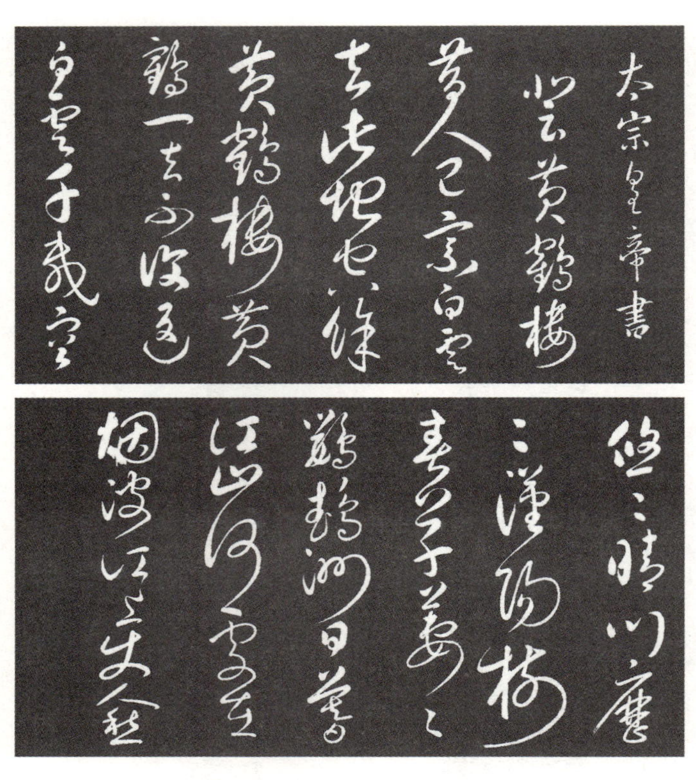

宋太宗赵光义草书唐崔颢《黄鹤楼》一诗

宋太宗曾经对皇属们说："我自即位以来，已经十三年了。我一直保持着节俭朴素的作风，出外杜绝游玩田猎的乐趣，在宫里看不惯歌舞女色的娱乐。这是真实之言，没有半点虚假掩饰。你们生在富贵之中，长在深宫之内，黎民百姓的生计艰难，人世间的诚善险诈，一定是不知晓多少。现在简略地向你们说说应当注意的基本要求，以排遣我的忧虑。作为帝子亲王，首先必须严格要求自己，振奋精神努力学习，善于谦卑地听取别人的意见，接受尊长们的教诲。每穿一件衣服，都要怜悯蚕妇的艰辛；每进一顿饭食，都要想着农民耕作的劳苦。至于在听取意见、做出决断之时，一定不要先带有自己的喜怒爱恶的主观感情色彩。我每次亲自处理各种政务，从不敢因事情的烦琐和困难而有所畏惧与松懈；我按照礼节接待群臣，无非是向他们寻求对治国有启示的至理名言。你们千万不要因为别人有短处就瞧不起他们，也不要仗着自己的某些长处而妄自尊大。只有这样，才能永保富贵，终生顺利吉祥。古代贤者说得好：'同自己意见相左的人，往往是自己需要的老师；而一贯顺从自己的人，则很可能是屡屡危害自己的贼子。'不能不明察啊！"

【说明】

关于崇尚节俭，赵光义与赵匡胤是一脉相承的。赵光义亦颇为重视皇家内部的家训，身为帝王，不仅自己注意生活的俭朴，还不准家属亲眷们铺张浪费，并将他们置于严格的监督之下。如有擅自逾越者，便严加斥责、制止，即使连皇后也不能例外。这种恭俭的家规家法，对于今人，特别是对于从政的官员们来说，是颇值得玩味与深思的。

◎王旦家训

王旦像

王旦（957～1017），字子明，北宋大名莘县（今属山东聊城）人。宋太宗太平兴国年间进士及第。初仕著作佐郎，参加编撰《文苑英华》；继而又升迁知制诰，同判吏部流内铨。宋真宗即位，擢翰林学士兼知审官院、通进银台封驳司。咸平四年（1001）任副宰相。景德三年（1006）任宰相，居相位10余年。卒谥文正。王旦为相，能知人，多提拔厚重之士。宾客不敢以私事相求，自己也坚持不置田宅。后来病重时，宋朝廷赐他白金5000两，他作表辞谢，命人把白金退还给朝廷。家训告诫兄弟子侄，务必保持俭朴的家风，不得多用民财。

务必保持俭朴家风

【原文】

我家盛名清德,当务俭素,保守门风,不得事于泰侈。勿为厚葬,以金宝置柩中。子孙当各念自立,何必田宅,徒使争财为不义尔。

(《宋书·王旦传》)

【译文】

我家历来就有美好的名声和清高的德行,一定要注意节俭朴素,保持这种门风,不能变得骄泰奢侈。我死了以后,不得厚葬,不得把金银珠宝放在棺材里。子孙应当各自考虑着如何自立,又何必老是想着良田美宅,徒使彼此之间为了争夺钱财而做出不义的事情来呢!

不宜多用民财

【原文】

遭遇如此,愈增忧惧,何可贺也?生民膏血,安用许多?

(摘自《事文类聚》别集卷二六《人事部》)

【译文】

我们这些人生活经历如此,(官越做越大)只会越来越增加忧虑和戒心,有什么可以值得庆贺的呢?(所得赏赐)都是人民费精力、流血汗所累积起来的财富,怎么能用得了这么多呢?

◎寇准《六悔铭》

寇准(961～1023)，字平仲，华州下邽(今陕西渭南)人。北宋政治家、诗人。淳化四年(993)九月，寇准以左谏议大夫出任知青州。淳化五年(994)九月，寇准被召回京师任左谏议大夫、参知政事(副相)。寇准善诗能文，七绝尤有韵味，有《寇忠愍诗集》三卷传世。与白居易、张仁愿并称“渭南三贤”。曾作有《青州西楼雨中闲望》：“海上秋添寂寞情，万家烟树暝重城。萧萧细雨遥天暮，独向空楼闻笛声。”

寇准像

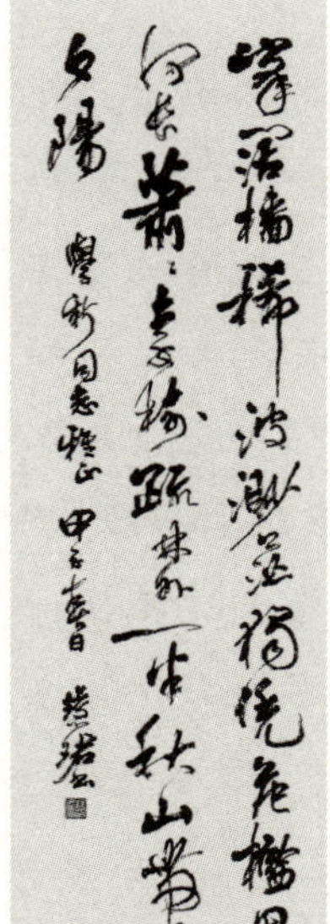

周慧珺行书寇准《书河上亭壁》诗

【原文】

官行私曲失时悔，富不俭用贫时悔，艺不少学过时悔，见事不学用时悔，醉发狂言醒时悔，安不将息病时悔。此言真寡悔之大法也！

(《太上感应篇》卷十五)

【译文】

做官时假公济私，失官时才知道后悔。富贵时不知道节俭，贫穷时才知道后悔。少年时不学无术，年老时才知道后悔。遇事时不明实情，处理时才知道后悔。酒醉时胡言乱语，酒醒时才知道后悔。平安时不善保养，患病时才知道后悔。此这六句话真是减少人们悔恨的好方法啊！

◎胡则《胡氏家训》（摘编）

胡则（963～1039），字子正，北宋婺州永康（今浙江金华永康）人，为宋朝婺州第一个进士，是宋太宗、宋真宗、宋仁宗三朝的名臣，一生为官清廉，心系百姓，被尊称为“胡公”。毛泽东同志曾评价他“为官一任，造福一方”。

胡则在政治上力主宽刑薄赋，兴利除弊，做了许多利国利民的好事，深受百姓爱戴。尤其于宋仁宗明道元年（1032），直言劝谏，奏请免除衢、婺两州百姓的身丁钱，为百姓所铭记，青史留名。

《胡氏家训》由胡则及其弟胡赈创始，历经宋、元两代传承后，明崇祯九年（1636），胡氏子孙根据胡则遗留的祖训，制定了《胡氏家训》十三条，此后又不断传承完善，到乾隆十二年（1747），胡氏子孙整理形成了较为系统完整的《胡氏家训》。《胡氏家训》深受中国传统儒家思想及当时吴越文化的影响，内容涵盖了修身、齐家、治国的方方面面。在《胡氏家训》中，崇学重教思想得到高度体现，一再申明教导子孙“为人者至乐莫如读书，至要莫如教子”“子孙虽愚，经书不可不读，即使冥顽，纵有开悟之时”。正是有了这种精神的传递和观念的引导，胡氏后人寒窗苦读的传统和对未知世界的向往与探索从未改变，成就了世代书香之家。

行善篇

【原文】

家道盛衰，皆系于积善与积恶而已。何谓积善？居家则孝悌，处事则仁恕，凡所以济人者皆是也；何谓积恶？恃己之势以自强，克人之财以自富，凡所以欺心者皆是也。

凡事当留余地，得意不宜再往。人有喜庆不可生妒忌心，人有祸患不可生侥幸心。善欲人见，不是真善；恶恐人知，便是大恶。

（《库川胡氏宗谱》）

【译文】

家业的昌盛和衰败，都取决于是积德行善还是积恶为患。什么是积善？就是在家中要做到尊敬长辈、友爱兄弟，立身行事做到仁善宽容，凡是救助他人的都是积善；什么是积恶？就是仗着自己的势力妄自称强，通过掠夺他人财富使自己富有，凡是欺骗自己内心的都是积恶。

做什么事都要留有余地，满足了自己的内心之后就不应该再贪求更多。他人有喜庆的事时，不可有妒忌的心；他人有灾祸的事时，不可以有侥幸的心。做好事想要人看到，那就不是真正的善；而做坏事恐怕别人知道，那做的就是大恶事了。

【原文】

诚则致祥，狡则致祸，自古以来未有伪而得善者，凡我子孙永宜蹈矩，有犯此禁者，责之于庭，削其名于谱。凡人有谋于我者，当尽心以尽其事；友之有托于我者，当无宿诺以践其言。

（《华溪胡氏宗谱》）

【译文】

为人真诚会带来祥和，为人狡诈就会带来祸患。自古从来没有为人虚伪而获得赞许肯定的，但凡我的子孙应当永远遵循这一规矩，子孙中如果有触犯这条禁令的，要当众予以责罚，并将其从家族宗谱中除名。凡是有人来和我们谋划商议事情，我们应当尽心尽力去帮助他们；朋友托付给我们的事情，我们应当尽快去完成，及时践行我们的诺言。

修身篇

【原文】

正人君子，淡泊明志。为人应以忠孝仁义为上，当以家国为重；先忧后乐，鞠躬尽瘁。

（《库川胡氏宗谱》）

【译文】

正人君子，应该淡泊名利而使自己志趣高洁。做人应当以忠、孝、仁、义为最高道德准则，应当以国家利益为重；要忧患在前，享乐在后，要恭敬谨慎，竭尽心力。

【原文】

吾家本寒族，世以清白相承。

人情之戾莫不起于争，大谋之乱莫不起于争，自古以来未有争而不忿，忿而不争者。凡我子孙永宜戒斯二者，以成一团和气。

（《华溪胡氏宗谱》）

【译文】

我们家族原本就是普普通通的平头百姓之家，世世代代都把清白做人作为家族立世传承的根本。

人的戾气没有不是由的争端引起的，乱了大计往往也是由互不相让引起的，自古以来从没有相争而不引起怨恨的，也从没有怨恨而不导致互相争夺的。凡是我的子孙要永远以“争”“忿”两字为戒，以使家族和睦融洽。

勤业篇

【原文】

族中子弟当各勤生业，士者攻其学，农者力于耕，工者专于艺，商者蓄其贷。

毋学赌博以废事业，毋酒色以乱德性，毋摇唇鼓舌以生是非，毋游手好闲以荒岁月，毋玩法而犯刑，毋浪费而破产。

宜未雨绸缪，毋临渴掘井。居家务其质朴，莫贪意外之财，莫饮过量之酒。

（《库川胡氏宗谱》）

【译文】

家族中的子弟应当在各自的行业中勤勤恳恳、兢兢业业，读书人要用心攻读学业，务农的人要致力于耕种劳作，工匠要专注于技艺精进，商人要积聚资产财富。

不要学人赌博而荒废事业，不要沉迷于美酒女色而乱了道德品性，不要耍弄嘴皮而惹是生非，不要游手好闲而浪费时间，不要玩忽法令而触犯刑律，不要奢侈浪费而破败产业。

应当把眼光放长远，做到未雨绸缪、防患于未然，不要临阵磨枪、临渴掘井。持家应当勤俭朴素，不贪恋意外得来的财物，不过量饮酒。

【原文】

由俭入奢易，由奢入俭难。

（《华溪胡氏宗谱》）

【译文】

从节俭变得奢侈很容易，而从奢侈变得节俭却很困难。

劝学篇

【原文】

为人者至乐莫如读书，至要莫如教子。子孙虽愚，经书不可不读，即使冥顽，纵有开悟之时。

夫何但知争讼奢靡为事，而不教子读书，此有家者之大患也。当以争讼之心，为教子之心，以奢靡之费，为读书之费。

读书志在圣贤，为官心存君国。穷则独善其身，达则兼济天下。

（《库川胡氏宗谱》）

【译文】

人最快乐的事情应当是读书，最重要的事应当是教育子女。子孙即使愚钝，但“四书”“五经”也是一定要读的；即使是愚昧顽固的人，读多了书也

会有通达醒悟的时候。

如果只知道争论辩驳、奢靡享乐，而不去教育子女读书修身，这就是一个家庭的祸患和灾难。应当把争论辩驳的心思放到教育子女上来，把奢靡享乐的钱财用到读书修身上来。

读书要以努力成为圣贤之人为志向，做官就要始终保持忠君爱国的思想。不得志时，要洁身自好，修养个人品德；得志显达时，要造福天下百姓。

孝悌篇

【原文】

万恶淫为首，百善孝为先，子孙敢有忤逆父母，气凌尊长者，亲房不得徇情。为人者需知屋檐滴水从上落，点点滴滴不差移。为人妇者，需修妇德，事舅姑以孝顺，奉丈夫以恭敬，待姊姑子孙以慈爱。

（《库川胡氏宗谱》）

【译文】

各种邪恶品行中，淫邪欲念是排在第一位的，而各色各样的仁善品行中，孝顺长辈也是排在第一位的。子孙后代中如果有不孝顺父母、不尊敬长辈的，家族成员不得徇私偏袒。为人处世需要知道屋檐上的水总是从上往下流的，点点滴滴总是落在同一个位置，不会有所偏移。为人妻子的，需要修持妇女的贞顺德行，以孝顺之心侍奉公婆，以恭敬之心对待丈夫，以慈爱之心对待姐妹姑嫂以及家中晚辈。

【原文】

恩莫大于父母，情莫切于兄弟。

（《华溪胡氏宗谱》）

【译文】

恩情中最大的超不过父母恩情，情感中最深切的也超不过兄弟亲情。

◎范仲淹家训

范仲淹像

范仲淹（989～1052），字希文，祖籍彬州（今陕西彬县），生于苏州吴县（今江苏苏州）。北宋名臣、政治家、文学家、军事家，谥号文正。宋仁宗庆历三年（1043），范仲淹对朝政的弊病极为痛心，提出“十事疏”，主张建立严密的仕官制度，注重农桑，整顿武备，推行法制，减轻徭役。宋仁宗采纳了他的建议，陆续推行，史称“庆历新政”。可惜不久因为保守派的反对而不能实现，继而被贬任陕西四路宣抚使。皇祐三年（1051）初，以户部侍郎知青州，充淄、潍等州安抚使。后来在赴颍州途中病死，有《范文正公集》传世。范仲淹工于诗词散文，所作文章富政治内容，文辞秀美，气度豁达。他的《岳阳楼记》一文中的“先天下之忧而忧，后天下之乐而乐”，为千古佳句，也是他一生爱国忧民的写照。

与中舍书

【原文】

千古圣贤，不能免生死，不能管后事，一身从无中来，却归无中去。谁是亲疏？谁是主宰？既无奈何，即放心逍遥，任委来往。如此断了，即心气渐顺，五脏亦和，药方有效，食方有味也。

（《范文正公尺牍》卷上）

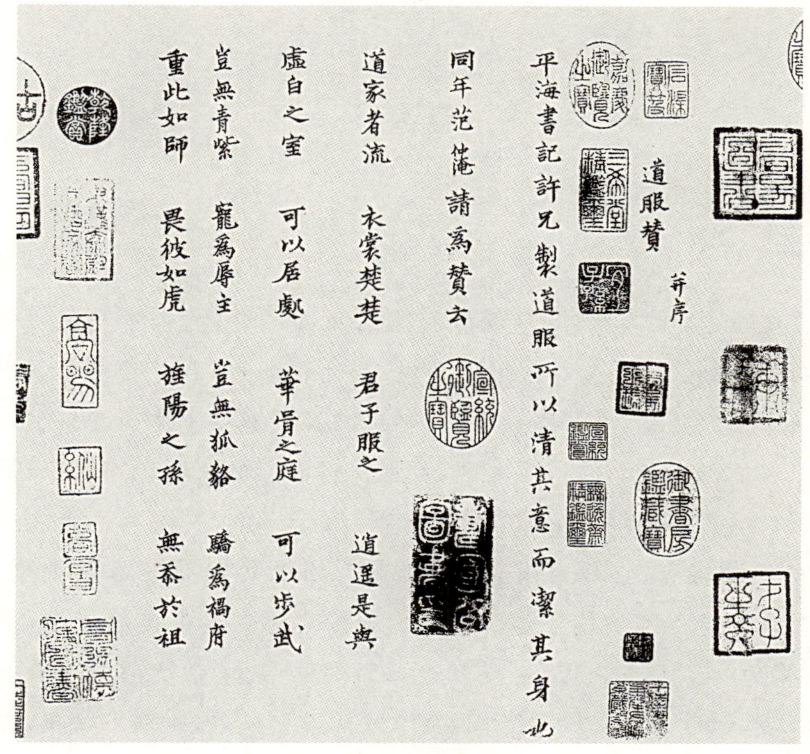

范仲淹书法《道服赞》

【译文】

千古圣贤都不能免于一死，也管不了死后的事，从虚无中来，又回归到虚无中去。谁跟我亲近和我疏远？谁能主宰自己的命运？既然无可奈何，那就放心逍遥，随意往来。若能如此果断，心气就能归于平静祥和，五脏六腑顺畅流通，吃药有效，吃饭也有味了。

【说明】

此信是范仲淹写给重病缠身的三哥的，劝慰他放下思想包袱，安心养病。

告诸子

【原文】

吾贫时，与汝母养吾亲，汝母躬执爨而吾亲甘旨，未尝充也。今得厚禄，欲以养亲，亲不在矣。汝母已早世，吾所最恨者，忍令若曹享富贵之乐也。吴中宗族甚众，于吾固有亲疏，则饥寒者吾安得不恤也。自祖宗来积德百余年，而始发于吾，得至大官，若享富贵而不恤宗族，异日何以见祖宗于地下，今何颜以入家庙乎？京师交游，慎于高论，不同当言责之地。且温习文字，清心洁行，以自树立平生之称。当见大节，不必窃论曲直，取小名招大悔矣。京师少往还，凡见利处，便须思患。老夫屡经风波，惟能忍穷，故得免祸。大参到任，必受知也。为勤学奉公，勿忧前路。慎勿作书求人荐拔，但自充实为妙。将就大对，诚吾道之风采，宜谦下兢畏，以副士望。青春何苦多病，岂不以摄生为意耶？门才起立，宗族未受赐，有文学称，亦未为国家用，岂肯循常人之情，轻其身汩其志哉！贤弟请宽心将息，虽清贫，但身安为重。家间苦淡，士之常也，省去冗口可矣。请多着功夫看道书，见寿而康者，问其所以，则有所得矣。汝守官处小心不得欺事，与同官和睦多礼，有事只与同官议，莫与公人商量，莫纵乡亲来部下兴贩，自家且一向清心做官，莫营私利。汝看老叔自来如何，还曾营私否？自家好，家门各为好事，以光祖宗。

（《戒子通录》卷六）

【译文】

我贫穷的时候，同你母亲一起侍奉我的双亲，你的母亲亲自在灶下操持，使双亲感受到了生活的甜蜜，但生活并不富足。如今我得到优厚的俸禄，想用来好好赡养双亲，可双亲已不在人世了。你的母亲也已经早去世了，我最痛苦的就是不忍心让你们享受富贵之乐。吴县家中有很多宗族，对我来说固然有亲有疏，但是那些饥寒的人我怎么能不接济呢？祖宗积德百余年，才刚刚从我这里开始发家，使我做了大官，如果独享富贵而不抚恤宗族，以后有什么面目见祖宗于九泉之下呢？现在又有什么面目进入家庙呢？在京师交游，要谨慎于高议，京师不同于一般可以讲谴责

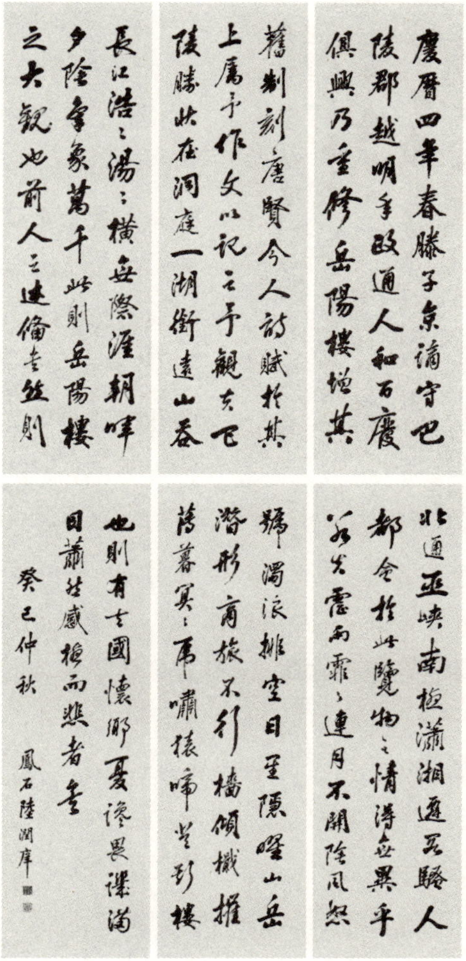

陆润庠（1841～1915），字凤石，号云洒、固叟，元和（今江苏苏州）人。同治十三年（1874）状元，历任国子监祭酒、山东学政、国子监祭酒。其书法清华朗润，意近欧、虞。然馆阁

陆润庠书法《岳阳楼记》六屏

话的地方。并希望你温习功课，清心洁行，树立起与自己相称的形象。应当从大节处着眼，不必暗地里论曲直，不可因得小名而招来大的后悔啊！在京师少与人往来，凡有利可图时，一定要想到后患。我屡经风波，因为能够忍住穷困，所以能够免于灾祸。只要勤学奉公，不必担忧前程。千万不要随便写信求人荐拔，只有切实提高自己的才干才是最好的办法。跟随大义做正确的事情，实在是我们做人行事的风采，要谦虚谨慎，不要辜负了人们对你们的期望。年纪轻轻为何多病？难道没有注意养生吗？刚刚立起门户来，宗族还未受赐，在文学方面有称誉，也没有对国家贡献出来，怎么能随常人之情，不注意身体而使自己的抱负不能实现呢！贤弟请宽心静养，家里虽然清贫，但身体健康是最要紧的。家境清苦，是读书人常有的，减少多余的仆役就可以了。请多些时间精力看看书，遇到长寿健康的人，讨教一下，就会有收获了。你为官要小心谨慎，不能玩忽职守，与同事要和睦共处，注重礼节，有事只与同事商议，不要与公差商量，不要纵容乡亲到部下来兴贩取利，咱们家一向为官清廉，不要谋取私利。你看我的一贯表现，有没有为自己谋私利？自己做个好榜样，家里也都看样做好事，只有这样才能光耀祖宗。

林则徐书法

家训百字铭

【原文】

孝道当竭力，忠勇表丹诚。兄弟互相助，慈悲无边境。勤读圣贤书，尊师如重亲。礼义勿疏狂，逊让敦睦邻。敬长与怀幼，怜恤孤寡贫。谦恭尚廉洁，绝戒骄傲情。字纸莫乱废，须报五谷恩。作事循天理，博爱惜生灵。处世行八德，修身奉祖神。儿孙坚心守，成家种善根。

（摘自杨镜如编著《苏州府学志・人物》）

【译文】

在家要竭心尽力善事父母，为国要忠诚勇敢以表赤诚之心。兄弟之间要互相帮助，对人仁慈悲悯没有边界。要多读圣贤书，尊敬老师要像尊敬自己的双亲一样。做事要以礼义为先，不能恃才傲物，要处处谦逊，与邻居和睦相处。要尊老爱幼，怜孤恤寡，帮助穷人。要谦虚恭敬，廉洁自律，戒骄戒躁。写过字的纸不要随便乱扔，要对养育我们的五谷杂粮怀有感恩之心。做事要顺从自然法则，对生灵万物要有博爱之心。为人处世要以“八德”（即是指孝、悌、忠、信、礼、义、廉、耻）为本，修养身心要遵奉圣贤人的教导。后世子孙要坚守本心，成家立业后要世代传承为善的根本。

【说明】

中国古代家训是立训者思想的外在表现形式。这篇《家训百字铭》以朴实无华、言简意赅的文字，提出孝亲尊师、敬长怀幼、怜贫恤孤，逊让睦邻、慈悲博爱、礼让谦恭、廉洁简约等立身处世、持家治业的训诫和教化，充分反映了范仲淹一生“以恕己之心恕人，以责人之心责己”的人生准则。他的“忠恕”思想和因此而形成的“范式家风”，遗泽后世。

◎贾昌朝《诫子孙》（节选）

贾昌朝像

贾昌朝（997～1065），字子明。宋朝宰相、文学家、书法家，真定获鹿（今河北获鹿）人。真宗朝赐同进士出身。庆历中同中书门下平章事，封魏国公，谥文元。著作有《群经音辨》《通纪时令》等书。其著作《群经音辨》是一部专释群经之中同形异音异义词的音义兼注著作，集中而又系统地分类辨析了唐陆德明《经典释文》所录存的群经及其传注中的别义异读材料，并对这些材料作了音义上的对比分析，同时还收集、整理了不少古代假借字、古今字、四声别义及其他方面的异读材料，有助于读书人正音辨义，从而读通经文及其注文。

【原文】

今诲汝等，居家孝，事君忠，与人谦和，临下慈爱。众中语涉朝政得失，人事短长，慎勿容易开口。仕宦之法，清廉为最，听讼务在详审，用法必求宽恕。追呼决讯，不可不慎。吾少时见里巷中有一子弟，被官司呼召，证人詈语，其家父母妻子见吏持牒至门，涕泗不食，至暮放还乃已。是知当官莅事，凡小小追讯，犹使人恐惧若此，况刑戮所加，一有滥谬，伤和气、损阴德莫甚焉。

吾见近世以苛剥为才，以守法奉公为不才；以激讦为能，以寡辞慎重为不能。遂使后生辈当官治事，必尚苛暴，开口发言，必高诋訾。市怨贾祸，莫大于此。用是得进者有之矣，能善终其身，庆及其后者，未之闻也。

复有喜怒爱恶，专任己意。爱之者变黑为白，又欲置之于青云；恶之者以是为非，又欲挤之于沟壑。遂使小人奔走结附，避毁就誉。或为朋援，或为鹰犬，苟得禄利，略无愧耻。吁，可骇哉！吾愿汝等不厕其间。

又见好奢侈者，服玩必华，饮食必珍。非有高赀厚禄，则必巧为计画，规取货利，勉称其所欲。一旦以贪污获罪，取终身之耻，其可救哉！

（《戒子通录》卷六）

【译文】

现在教诲你们，居家要孝顺父母，事君要忠心耿耿，待人要谦和，对下要慈爱。在公众场合，凡议论到朝政得失、人事短长，千万别轻易开口。做官最为重要的是清廉，办案务必仔细慎重，使用法律一定要以宽恕为怀。传讯证人，也一定要慎重。我小时看见里巷中有一子弟被官方传去做证人，他家父母妻儿见官吏拿着文书到门口，痛哭不已，饭也不吃，直到傍晚放回为止。由此可见当官的办事，哪怕只是小小的传讯，就使人恐惧到这个地步，何况处以死刑，万一有滥用或差错，没有比此事更伤和气、损阴德的了。

我亲眼看见近来人们将苛刻视作有本事的表现，将奉公守法看作没有本事的表现；以能竭力揭别人的短处和隐私为能干，以少说话、慎重办事为无能。这样一来，就使年轻人做官处理事情习惯于苛刻暴虐。每逢开口说话，必定会厉声诋毁他人，没有比这更加招惹怨恨和祸害的了。用此办法得以升官的人也是有的，但能善始善终，吉庆能传到后代的人却没有听说过。

还有的人，喜怒爱恶只由着自己的意愿。爱起来，可以颠倒黑白，想把人捧上天；恨起来，可以混淆是非，想把人排挤到沟壑之中。于是使小人奔走投靠，听不进坏话，只爱听好话。或者勾结援引，或者甘作鹰犬，只要能获取禄利，则毫不感到羞愧。唉，这种情形真是可怕啊！我希望你们不要混到里面，与他们同流合污。

我又见到一些奢侈的人，对服饰玩物必定要追求华丽，对饮食必定要讲究贵重珍奇。如果家中没有很多钱财和优厚的收入,那么必定投机取巧,设法捞钱,拿来供自己挥霍,一旦因贪污获罪,那就成了终身的耻辱,这样还有救吗?

◎包拯家训

包拯像

包拯(999～1062),字希仁,庐州合肥(今安徽合肥肥东)人,北宋名臣。天圣五年(1027),登进士第。累迁监察御史,曾建议练兵选将、充实边备。历任三司户部判官,京东、陕西、河北路转运使。入朝担任三司户部副使,请求朝廷准许解盐通商买卖。改知谏院,多次弹劾权贵。授龙图阁直学士、河北都转运使,移知瀛、扬诸州,再召入朝,历权知开封府、权御史中丞、三司使等职。嘉祐六年(1061),任枢密副使。因曾任天章阁待制、龙图阁直学士,故世称“包待制”“包龙图”。

包拯廉洁公正、立朝刚毅,不附权贵,铁面无私,且英明决断,敢于替百姓申不平,故有“包青天”及“包公”之名,京师有“关节不到,有阎罗包老”之语。后世将他奉为神明崇拜,认为他是文曲星转世,由于民间传其黑面形象,亦被称为“包黑”。

【原文】

后世子孙仕宦,有犯赃滥者,不得放归本家;亡殁之后,不得葬于大茔之中。不从吾志,非吾子孙。仰珙刊石,竖于堂屋东壁,以昭后世。

(《能改斋漫录》卷十四)

【译文】

包家后世做官为宦的子孙，如果有贪污和违法乱纪行为的，家族不准接纳他们。他们死后，也不准葬入家族墓地。如果不追随我的志向，就不是我们包家的子孙。嘱告石匠刻石刊布，竖立于大堂东面墙壁下，以此明白地告诉后人。

【原文】

清心为治本，直道是身谋。秀干终成栋，精钢不作钩。仓充鼠雀喜，草尽兔狐愁。史册有遗训，毋贻来者羞。

（《宋诗纪事》卷十一）

包拯家训
後世子孫仕宦有犯贓濫者不得放歸
本家亡殁之後不得葬于大塋之中不
從吾志非吾子孫仰珙刊石竪于堂屋
東壁以昭後世
公元一千九百九十七年中秋 趙樸初敬書

赵朴初手书《包拯家训》

【译文】

内心清澈是治国之本，正直守道才能更好地做人。挺拔的树干终究会成为栋梁之才，好钢不会用来制作弯钩。府库充盈，偷食的仓鼠和麻雀就会高兴；将草锄尽，狐兔就会因无草可吃而发愁。历史典籍上留下许多这方面的训诫，你们要谨慎行事，不要留下任何污点。

【说明】

宋天圣五年（1027），包拯一举考中进士，授官建昌县（今江西南城）知县。因当时其父母年事已高，不愿远离家乡，为了照顾父母，他放弃知县，在离合肥不远的和州（今安徽和县），获得一个较低的官位。其父母仍不愿随同前往，于是包拯毅然辞去官职，回乡奉养双亲，直至父母去世，守孝三年期满后，已经39岁的包拯才重登仕途。为官期间，包拯写了上面这首题为《书端州郡斋壁》的明志诗。包拯是这么写的，也是这么做的。任官20多年，他都把此明志诗作为自己的座右铭，政绩突出，政声卓著，深受人民爱戴。

◎欧阳修家训

欧阳修像

欧阳修（1007～1072），字永叔，号醉翁，又号六一居士，庐陵（今江西吉安）人。4岁时他的父亲就去世了，他是跟着守寡的母亲长大的。天圣八年（1030）登进士第，曾官任枢密副使、参知政事，谥文忠。后人将其与韩愈、柳宗元和苏轼合称“千古文章四大家”；与韩愈、柳宗元、苏轼、苏洵、苏辙、王安石、曾巩合称为“唐宋散文八大家”。他于宋神宗熙宁元年至三年（1068～1070）以兵部尚书知青州，兼京东东路安抚使。欧阳修知青州期间，为青州人民做了不少好事。

母教子学父为官清廉

【原文】

汝父为吏廉，而好施与，喜宾客，其俸禄虽薄，常不使有余，曰：“毋以是

为我累。”故其亡也，无一瓦之覆，一垅之植，以庇而为生，吾何恃而能自守邪？吾于汝父，知其一二……汝父为吏，尝夜烛治官书，屡废而叹。吾问之，则曰：“此死狱也，我求其生不得尔。”吾曰：“生可求乎？”曰：“求其生而不得，则死者与我皆无恨也，矧求而有得邪，以其有得，则知不求而死者有恨也。夫常求其生犹失之死，而世常求其死也。”回顾乳者抱汝而立于旁，因指而叹曰：“术者谓我岁行在戌将死。使其言然，吾不及见儿之立也。后当以我语告之。”其平居教他子弟常用此语，吾耳熟焉，故能详也。其施于外事，吾不能知。其居于家无所矜饰，而所为如此，是真发于中者邪。呜呼！其心厚于仁者邪，此吾知汝父之必将有后也，汝其勉之！夫养不必丰，要于孝；利虽不得博于物，要其心之厚于仁，吾不能教汝，此汝父之志也。

（《欧阳文忠公集·居士集》卷二五《泷冈阡表》）

【译文】

你的父亲为官清廉，又好施舍，喜欢结交朋友，收入虽然不多，但常常花得没有一点剩余，他说：“不要让钱财成为我的牵累。”所以，他死后，没有留下一间房、一块田，让我赖以为生，我靠什么守寡呢？我对你的父亲，还是了解一些的。你的父亲做官时，经常在夜里点着蜡烛处理官府文书，见他多次搁下文书叹息，我问他为何叹息，他说：“这是一个判了死刑的案件，我想给罪犯一条生路却做不到啊！”我说：“有生路可求吗？”你的父亲说：“想给他一条生路却不可能，那么死者与我都没有怨恨的了。况且有时还真能使罪犯得到一条生路。因为能得到生路，就知道如果轻率处死一个人，死者是有怨恨的。审理案件的人常常想为罪犯开脱一条生路，但仍不能避免误杀，何况有的人就是想把罪犯置之死地而后快呢。”他回过头看见乳母抱着你站在旁边，就指着叹息说：“算命先生说我戌年将死，如果真是这样的话，我就看不见我儿长大成人了。等他以后懂事了，把我的这些话告诉他。”你父亲平时常用这些话教育其他子弟，所以我听熟了，牢记在心里。他在社会上的活动我不太知道；在家里没有一点装模作样的地方，所作所为都是真正发自内心的啊！他有着一颗深厚的仁爱之心。所以，我知道你的父亲必定有贤良的后代，希望你以这些来勉励自己！赡养父母不在于一定要丰厚，主要看是否孝敬；为百姓谋利的事虽然限于个人条件不能博施于众，但关键是要有深厚的仁爱之心。我没有什么可教导你的，上面这些都是你父亲的意愿和对你的期望。

【说明】

本文节选自《泷冈阡表》。《泷冈阡表》是欧阳修的文学代表作，是欧阳修在他父亲去世60年后所作的墓表。在表文中，作者盛赞了父亲的孝顺与仁厚，又颂扬了母亲的恭俭与贤良。

勉诸子

【原文】

“玉不琢，不成器；人不学，不知道。”然玉之为物有不变之常，虽不琢以为器，而犹不害为玉也；人之性因物则迁，不学则舍君子而为小人，可不念哉？

（《戒子通录》卷五）

【译文】

“玉不雕琢，就不能成为器用；人不学习，就不通晓道理。”玉作为一种物质，有它不变的常性，即使不把它雕琢成器用，也不失为玉；而人的习性是会随着外物的变化而改变的，不学习就成不了君子，反而会成为小人，这些难道不值得认真思考吗？

与十二侄

【原文】

自南方多事以来，日夕忧汝，得昨日递中书，知与新妇诸孙等各安，守官无事，顿解远想。吾此哀苦如常。欧阳氏自江南归明，累世蒙朝廷官禄，吾今又被荣显，致汝等并列官裳，当思报效。偶此多事，如有差使，尽心向前，不得避事。至于临难死节，亦是汝荣事，但存心尽公，神明亦自佑汝，慎不可思避事也。昨书中言欲买朱砂来，吾不阙此物。汝于官下宜守廉，何得买官下物？吾在官所，除饮食物外，不曾买一物，汝可安此为戒也。已寒，好将息。不具。

（《欧阳文忠公集·书简》卷十）

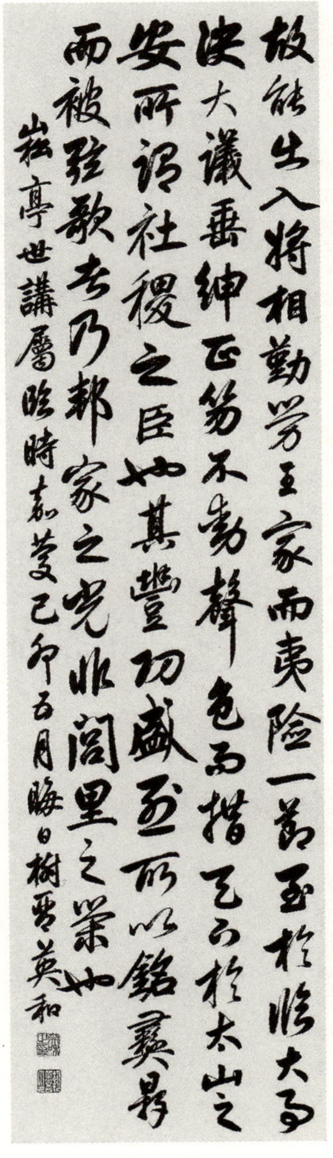

英和书欧阳修《相州昼锦堂记》

英和（1771~1840），初名石桐，字定甫、树琴，号煦斋、梦禅居士，满洲正白旗人。德保子。乾隆五十八年（1793）进士，授编修。藏书甚富。工书法，与成亲王、刘墉齐名当时。

【译文】

自从南方发生战事以来，我日夜都为你担忧，昨日收到你寄来的信，得悉你与侄媳及各位侄孙都平安无事，你任官也平安无事，我的心总算放了下来，我现在还像日常一样哀苦。我们欧阳家族自从在江南归附明主，数代都享受朝廷恩赐的官禄爵位，我现在又被授以荣耀显赫的职位，使得你们也都得到官职，你们应当随时想着报效国家。身处战事偶发之地，如有差使，要尽心向前，不能逃避。即使遇到危难，为守节义而死，也是你应感到光荣的事。只要忠心为国，神明自然也会保佑你，千万不要逃避差使。昨日来信中说想给我买朱砂来，我不缺这种物品。你做官应该廉洁自守，怎么能买公家出产的东西？我在官署内，除日常饮食之物外，不曾买过一件公家出产的东西，你应当以此为戒。现在天气转寒，你要好好保重。我就不一一详说了。

董其昌（1555~1636），字玄宰，号思白、香光居士。松江华亭（今上海闵行）人。万历十七年（1589）进士，授翰林院编修，官至南京礼部尚书。擅画山水，其画及画论对明末清初画坛影响甚大。其书法兼有「颜骨赵姿」之美。

董其昌书欧阳修《相州昼锦堂记》（局部）

◎苏洵《名二子说》

苏洵像

苏洵（1009～1066），字明允，号老泉，眉州眉山（今四川眉山）人。北宋文学家，与其子苏轼、苏辙合称“三苏”，均被列入“唐宋八大家”。擅长散文，尤其擅长政论，议论明畅，笔势雄健。著有《嘉祐集》20卷及《谥法》3卷。

【原文】

轮、辐、盖、轸，皆有职乎车，而轼独若无所为者。虽然，去轼则吾未见其为完车也。轼乎，吾惧汝之不外饰也。天下之车，莫不由辙，而言车之功者，辙不与焉。虽然，车仆马毙，而患亦不及辙，是辙者，善处乎祸福之间也。辙乎，吾知免矣。

（《戒子通录》卷五）

【译文】

车轮、车辐条、车顶盖、车厢四周横木，对一辆车来说都有其职责，但唯独作为扶手的横木，好像是没有用处的。尽管如此，如果去掉横木，那么我看不出那是一辆完整的车了。苏轼啊，我担心的是你因不会掩饰自己而遭受迫害。天下的车没有不顺着车轮印走的，但谈到车的功劳，车轮印从来都不参与其中。尽管这样，遇到车翻、马死的灾难，祸患也从来不会波及车轮印。这车轮印，是善于处在祸福之间的。苏辙啊，我知道你是可以免于灾祸的。

◎邵雍《戒子孙》

邵雍（1011～1077），字尧夫，谥号康节，自号安乐先生、伊川翁，后人称百源先生。其先范阳（今河北涿县）人，幼随父迁共城（今河南辉县）。北宋哲学家。少有志，读书苏门山百源上。仁宗嘉祐及神宗熙宁年间，先后被召授官，皆不赴。创“先天学”，以为万物皆由“太极”演化而成。著有《观物篇》《先天图》《伊川击壤集》《皇极经世》等。

邵雍像

【原文】

上品之人，不教而善；中品之人，教而后善；下品之人，教亦不善。不教而善，非圣而何？教而后善，非贤而何？教亦不善，非愚而何？是知善也者，吉之谓也；不善也者，凶之谓也。

吉也者，目不观非礼之色，耳不听非礼之声，口不道非礼之言，足不践非理之地，人非善不交，物非义不取，亲贤如就芝兰，避恶如畏蛇蝎。或曰不谓之吉人，则吾不信也。凶也者，语言诡谲，动止阴险，好利饰非，贪淫乐祸。疾良善如雠隙，犯刑宪如饮食。小则殒身灭性，大则覆宗绝嗣。或曰不谓之凶人，则吾不信也。

《传》有之曰："吉人为善，惟日不足；凶人为不善，亦惟日不足。"汝等欲为吉人乎？欲为凶人乎？

（《宋文鉴》卷一〇八）

【译文】

上等资质的人，不用教育就是良善之辈；中等资质的人，经过教育也可以变得良善；下等资质的人教也教不好。不用教育就很善良，这样的人不是圣人又会是什么呢？经过教育而变得良善的人，这样的人不是贤达之人又是什么呢？教都教不好，这样的人，不是愚笨之人又是什么呢？所以说知道善恶、分清是非又能身体力行的人，就是好人；不辨善恶、不明事理的人，就是恶人。

良善之人是这样的：眼睛不看那些不合乎礼的世相，耳朵不听那些不合乎礼的声音，嘴上不说那些不合乎礼的话语，不涉足没有道义的是非之地，不是良善之人不交往，不义之财不能取，亲近贤达之人就像喜闻芝兰之香那样，躲避邪恶之人就像惧怕毒蛇毒蝎一般。如果有人说这样的人不是好人，那我是绝对不会相信的。邪恶之徒是这样的：说话诡怪无伦次，举止狡诈多阴险，贪占利益，善于掩饰自己的错误。个人生活荒淫，对别人幸灾乐祸。善良的东西在他们看来怎么都不顺眼，他们犯法如同吃家常便饭一般。这种人，往小里说，则有可能小命不保，或灭绝人性；往大里说，则有可能祸及祖宗，甚至断子绝孙。如果有人说这样的人不是恶人，那我是绝对不会相信的。

《尚书》有言："好人行善事，天天唯恐日子不够用；坏人干恶事，也是唯恐日子不够用。"你们是想要做个好人呢，还是想要做个坏人呢？

◎蔡襄《福州五戒》

蔡襄（1012～1067），字君谟，兴化仙游（今属福建）人，天圣八年（1030）进士。庆历三年（1043）知谏院，曾知福、泉、杭三州，累官至端明殿学士，卒谥忠惠。《宋史》有传。工书法，学虞世南、颜真卿，并取法晋人，正楷端庄沉着，行书温淳婉媚，草书参用"飞白法"，人称当时第一，为"宋四家"之一。诗文清道粹美，皆入妙品。有《茶录》《荔枝谱》《蔡忠惠集》等。

蔡襄像

【原文】

观今之俗，为父母者，视己之子犹有厚薄；迨至娶妇，多令异食。贫者困于日给，其势不得不然；富者亦何为之？盖父母之心，不能均于诸子以至此。不可不戒！

人之子孝，本于养亲以顺其志，死生不违于礼，是孝诚之至也。观今之俗，贫富之家，多于父母异财，兄弟分养，乃至纤悉无有不校；及其亡也，破产卖宅，以为酒肴，设劳亲知，施于浮图，以求冥福。原其为心，不在于亲，将以夸胜于人，是不知为孝之本也。生则尽养，死不妄费，如此岂不善乎？

兄弟之爱，出于天性，少小相从，其心欢欣，岂有间哉？迨因娶妇，或至临财，憎恶一开，即成怨隙；至有兴诉讼，冒刑狱，至死而不息者，殊可哀也。盖由听妇言，贪财利，绝同胞之恩、友爱之情，遂及于此。

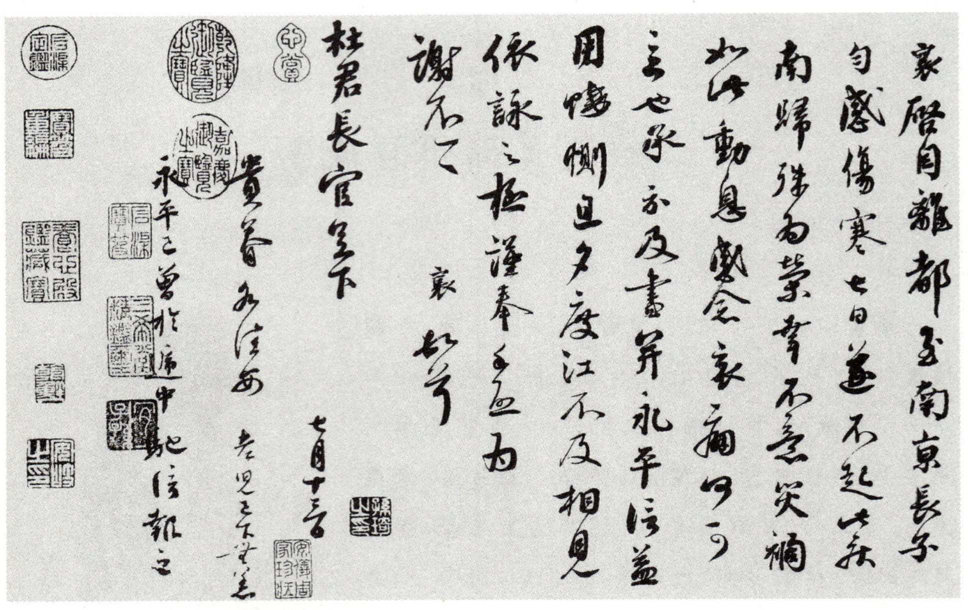

蔡襄尺牍《离都帖》

娶妇何谓？欲以传嗣，岂为财也。观今之俗，娶其妻不顾门户，直求资财，随其贫富，未有婚姻之家不为怨怒。原其由，盖婚礼之夕，广靡费；已而校奁橐，朝索其一，暮索其二。夫虐其妻，求之不已；若不满意，至有割男女之爱，辄相弃背。习俗日久，不以为怪。此生民之大弊，人行最恶者也。

凡人情莫不欲富，至于农人商贾百工之家，莫不昼夜营度，以求其利。然农人兼并，商贾欺谩，大率刻剥贫民，罔昧神理；譬如百虫聚居，强者食啖，曾不暂息。求而得之，广为施与，冀灭罪恶，其愚甚矣。今欲为福，熟若减刻剥之心，以宽贫民，去欺谩之行，以畏神理？为子孙之计，则亦久远；居乡党之间，则为良善。其义至明，不可不志。

（《宋文鉴》卷一〇八）

【译文】

观察今日的风俗，做父母的，看待自己的子女还有厚薄之分，到了儿子娶了媳妇，大多让他们分居另炊。贫穷之家由于为每日的供给所困，这种情势使他们不得不这样，那富贵之家为何也要这样做呢？大概是父母的心，不能够公正平均地对待儿子们使然。不能不引以为戒！

人子的孝敬，根本在于侍奉双亲而顺着双亲的心思做事，无论死生都不能与礼相违背，这才是孝顺忠诚的最高表现。而观察今日的风俗，贫困和富贵之家，大多是与父母各管各的财物，兄弟数人分养父母，甚至于对很微小的事物也没有不算计的；到父母死的时候，儿子破产出卖田宅，所得钱财用来买酒肉，设宴款待亲朋故旧，把钱送给佛教僧人，目的是求得阴间的幸福。推究他们的用心所在，并不是为双亲送终，而是借以夸耀胜过他人，这是不懂得孝敬的根本啊。父母活着时尽力奉养，死了后不胡乱花费，这样难道不好吗？

兄弟之间的友爱，是出于天性，年幼时小的跟着大的，他们的心情欢欣无比，哪里有什么隔阂呢？大概由于娶了媳妇之后，或者是对于财物的取予方面，憎恶的感情就开始萌生了，随即有了怨隙和不和；甚至于有兴起诉讼，顶着受刑坐监的危险，到死都不安分放松的人，这特别让人悲哀啊！大概由于听了妇人之言，贪图财物利益，就断绝了一母同胞的恩德和兄弟友爱的情分，于是到了这种地步。

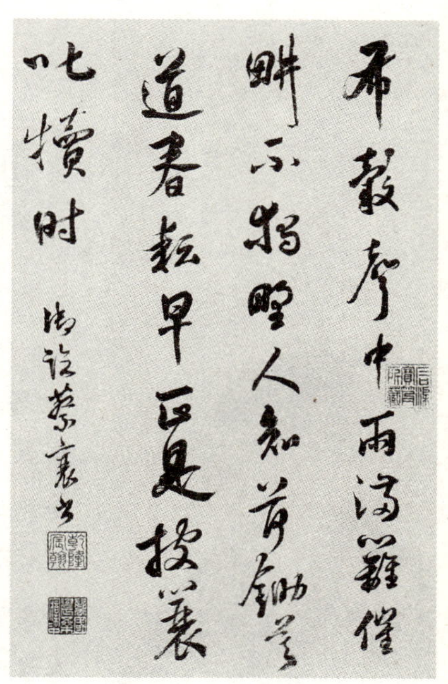
乾隆临蔡襄书法

娶媳妇怎么讲呢？想因此而传宗接代，哪里是为了财物呢？而观察今日的风俗，娶媳妇不顾及什么出身门户，只不过是为了求得钱财，无论是贫是富，没有两亲家不结为怨仇的，推究其

中的缘由，大概是因为操办婚礼之时，大肆铺张浪费；之后丈夫清点妻子陪嫁的奁匣和袋子，早上索要这一件，晚上索要那一件。丈夫虐待他的妻子，索求嫁妆没有停止。倘若不能令丈夫满意，甚至有的隔断男女之爱，就相互抛弃了。习俗一天天地流传下来，而人们不以为怪，这是百姓中的最大弊端，人行为中最恶劣的表现啊。

大凡人之常情没有不想富贵的，至于农民、商人、各种工匠之家，没有不昼夜经营考虑，以求得利益的。但是农民相互兼并，商人欺骗买主，大都是剥削贫苦的百姓，欺骗神明天理；这就如百虫聚集在一起，强横者吃弱小者，竟然没有片刻的停息。而搜求得到财物之后，却广施众人，希望能减掉自己的罪恶，这种做法是最愚蠢的。现在想求得福气，试比较减少剥削之心而宽待贫苦百姓，与丢弃欺骗之行而畏惧神明天理，哪一种好呢？为子孙后代打算，那么也能够永久长远；即使居住在乡村父老之间，那也能算是善良和行善。这中间的含义非常明白，不能不记在心间。

◎司马光家训

司马光像

司马光（1019～1086），字君实，号迂叟，陕州夏县（今山西夏县）涑水乡人，世称涑水先生。北宋政治家、史学家、文学家。历仕仁宗、英宗、神宗、哲宗四朝，卒赠太师、温国公，谥文正，为人温良谦恭、刚正不阿；做事用功刻苦、勤奋。以“日力不足，继之以夜”自诩，其人格堪称儒学教化下的典范，历来受人景仰。宋神宗时，王安石施行变法，朝廷内外有许多人反对，司马光就是其中之一。王安石变法以后，司马光离开朝廷十五年，主持编纂了中国历史

上第一部编年体通史《资治通鉴》。司马光生平著作甚多，除史学巨著《资治通鉴》外，还有《温国文正司马公文集》《稽古录》《涑水记闻》《潜虚》等。

训俭示康

【原文】

吾本寒家，世以清白相承。吾性不喜华靡，自为乳儿，长者加以金银华美之服，辄羞赧弃去之。二十忝科名，闻喜宴独不戴花。同年曰："君赐不可违也。"乃簪一花。平生衣取蔽寒，食取充腹；亦不敢服垢弊以矫俗干名，但顺吾性而已。

众人皆以奢靡为荣，吾心独以俭素为美。人皆嗤吾固陋，吾不以为病。应之曰：孔子称"与其不逊也宁固"；又曰"以约失之者鲜矣"；又曰"士志于道，而耻恶衣恶食者，未足与议也"。古人以俭为美德，今人乃以俭相诟病。嘻，异哉！

近岁风俗尤为侈靡，走卒类士服，农夫蹑丝履。吾记天圣中，先公为群牧判官，客至未尝不置酒，或三行、五行，多不过七行。酒酤于市，果止于梨、栗、枣、柿之类；肴止于脯醢、菜羹，器用瓷漆。当时士大夫家皆然，人不相非也。会数而礼勤，物薄而情厚。近日士大夫家，酒非内法，果、肴非远方珍异，食非多品，器皿非满案，不敢会宾友。常量月营聚，然后敢发书。苟或不然，人争非之，以为鄙吝。故不随俗靡者盖鲜矣。嗟乎！风俗颓敝如是，居位者虽不能禁，忍助之乎！

又闻昔李文靖公为相，治居第于封丘门内，厅事前仅容旋马，或言其太隘，公笑曰："居第当传子孙，此为宰相厅事诚隘，为太祝奉礼厅事已宽矣。"参政鲁公为谏官，真宗遣使急召之，得于酒家，既入，问其所来，以实对。上曰："卿为清望官，奈何饮于酒肆？"对曰："臣家贫，客至无器皿、肴、果，故就酒家觞之。"上以无隐，益重之。张文节为相，自奉养如为河阳掌书记时，所吴熙载（1799～1870），原名廷扬，字熙载，后以字行，改字让之，亦作攘之，号让翁、晚学居士、方竹丈人等。江苏仪征（今江苏扬州）人。清代篆刻家、书法家。包世臣的入室弟子。

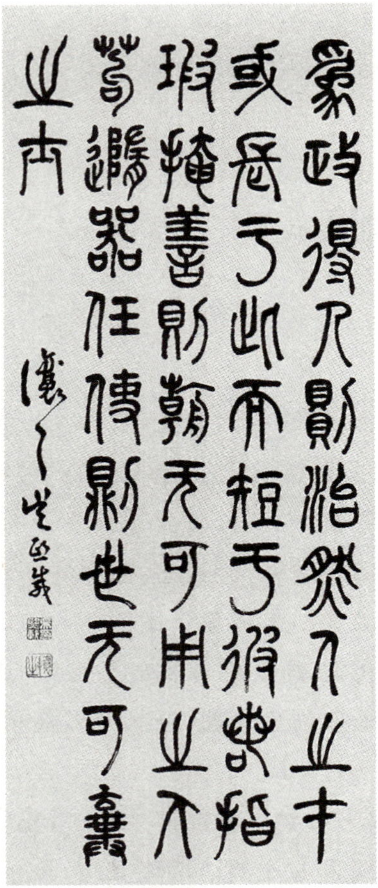

吴熙载书司马光语

亲或规之曰："公今受俸不少，而自奉若此。公虽自信清约，外人颇有公孙布被之讥。公宜少从众。"公叹曰："吾今日之俸，虽举家锦衣玉食，何患不能？顾人之常情，由俭入奢易，由奢入俭难。吾今日之俸岂能常有？身岂能常存？一旦异于今日，家人习奢已久，不能顿俭，必致失所。岂若吾居位、去位、身存、身亡，常如一日乎？"呜呼！大贤之深谋远虑，岂庸人所及哉！

御孙曰："俭，德之共也；侈，恶之大也。"共，同也；言有德者皆由俭来也。夫俭则寡欲：君子寡欲，则不役于物，可以直道而行；小人寡欲，则能谨身节用，远罪丰家。故曰："俭，德之共也。"侈则多欲：君子多欲则贪慕富贵，枉道速祸；小人多欲则多求妄用，败家丧身；是以居官必贿，居乡必盗。故曰："侈，恶之大也。"

昔正考父饘粥以糊口，孟僖子知其后必有达人。季文子相三君，妾不衣帛，马不食粟，君子以为忠。管仲镂簋朱纮、山节藻棁，孔子鄙其小器。公叔文子享卫灵公，史鳅知其及祸；及戌，果以富得罪出亡。何曾日食万钱，至孙以骄溢倾家。石崇以奢靡夸人，卒以此死东市。近世寇莱公豪侈冠一时，然以功业大，人莫之非，子孙习其家风，今多穷困。其余以俭立名，以侈自败者多矣，不可遍数，聊举数人以训汝。汝非徒身当服行，当以训汝子孙，使知前辈之风俗云。

（《温国文正公文集》卷六九）

【译文】

我本来出生在贫寒的家庭，清白的家风代代相承。我生性不喜欢豪华奢侈，幼儿时，长辈把饰有金银的华美的衣服穿在我身上，我总是害羞地扔掉它。20岁那年忝列在进士的科名之中，参加闻喜宴时，只有我不戴花，同年说："花是君王赐戴的，不能不戴。"我才在帽檐上插上一枝花。我一向衣服只求抵御寒冷，食物只求填饱肚子，也不敢故意穿肮脏破烂的衣服以违背世俗常情，表示与一般人不同以求得名誉，只是顺着我的本性行事罢了。

许多人都把奢侈浪费看作光荣，我心里独自把节俭朴素看作美德。别人都讥笑我固执，不大方，我不把这些作为缺陷，回答他们说：孔子说"与其骄纵不逊，宁可寒酸"，又说"因为俭约而犯过失的，那是很少的"。还说"有志于探求真理，却以吃得不好、穿得不好、生活不如别人为羞耻的读书人，这种人是不值得跟他谈论的"。古人把节俭作为美德，现在的人却因节俭而相讥议，认为是缺陷，唉，真奇怪呀！

近年风气尤其奢侈浪费，当差的大都穿士人的衣服，农夫穿丝织品做的鞋。我记得天圣年间，我的父亲做群牧司判官时，客人来了未尝不摆设酒席，但有时斟酒三次，有时斟五次，最多不超过七次就不斟了。酒是在集市上买的，水果限于梨、栗子、枣、柿子之类，下酒

積金以遺子孫子孫未必守積書以遺子孫子孫未必讀不如積陰德於冥冥之中以為子孫長久之計此先賢之格言乃後人之龜鑑

光绪皇帝书司马光家训一则

清德宗载湉（1871～1908），即光绪皇帝，为醇亲王之子，1874～1908年在位。光绪帝自幼习书画，师从翁同龢、张之万，练就一笔敦厚醇圆的书法。

菜限于干肉、肉酱、菜汤，食具用瓷器和漆器。当时士大夫人家都这样，大家并不相互讥笑非议。那时聚会次数多而礼意殷勤，食物少而感情深厚。近来在士大夫家庭里，酒如果不是照官内酿酒的方法酿造的，水果、下酒菜如果不是从远方运来的珍贵奇异之品，食物如果不是品种多样，食具如果不是摆满桌子，就不敢邀请招待客人朋友。为了招待往往先要用几个月的时间准备，然后才敢发请柬。如果有人不这样做，人们都争相非议他，认为他没有见过世面、舍不得花钱。因此不跟着习俗顺风倒的人就少了。唉，风气败坏成这样，居高位有权势的人即使不能禁止，难道忍心助长这种恶劣风气吗？

又听说从前李文靖公做宰相时，在封丘门内修筑住宅，厅堂前面仅仅能够让一匹马转个身。有人说它太狭窄，李文靖公笑笑说："住宅是要传给子孙的，这里作为我当宰相的厅堂，确实是狭窄，但是将来用作当太祝、奉礼的我的子孙的厅堂却已经够宽敞了。"参政鲁公当谏官时，真宗派人紧急召见他，后来在酒馆里找到他，鲁公入宫以后，真宗问他从哪里来，他如实地回答真宗。皇上说："你担任的官职属于清望官，为什么在酒馆里喝酒？"他回答说："小臣家里贫寒，客人来了没有食具、下酒菜、水果，所以就到酒馆请客人喝酒。"皇上因为鲁公没有隐瞒，越发尊重他。张文节当宰相时，自己的生活如同以前当河阳节度判官时一样，亲近的人有的劝他说："您现在领取的俸禄不少，可是自己生活却这样节俭，您虽然知道自己确实是清廉节俭，但是外人对您很有讥评，说您如同公孙弘盖布被子那样矫情作伪，您应该稍稍随从众人的习惯做法才好。"张文节公叹息说："我今天的俸禄这样多，即使全家穿绸缎的衣服，吃珍贵的饮食，还怕不能做到吗？但是人们的常情，由节俭到奢侈是容易的，由奢侈到节俭就困难了。我今天的高俸禄哪能长期享有呢？我自己哪能永远存在呢？如果有一天我罢官或病死了，情况与现在不一样，家里的人早已习惯于奢侈的生活，不能立刻适应节俭的生活，那时候一定会因为挥霍净尽而沦落到饥寒无依、流离失所的地步，何如不论我做大官或不做大官，活着或死亡，家中的生活标准都固定像同一天一样呢？"唉，有道德才能的人的深谋远虑，哪

里是凡庸的人所能比得上的呢！

御孙说："节俭是各种好品德的共有特点；奢侈是各种罪恶中的大罪。""共"就是"同"，是说有好品德的人都是由节俭而来的。因为如果节俭就少贪欲。有地位的人如果少贪欲，就不为外物所役使，不受外物的牵制，可以走正直的道路。没有地位的人如果少贪欲，就能约束自己，节约用度，避免犯罪，丰裕家室。所以说："节俭是各种好品德的共有特点。"如果奢侈就会多贪欲。有地位的人如果多贪欲，就会贪图富贵，不走正路，最后招致祸患；没有地位的人如果多贪欲，就会多方营求，随意浪费，最后败家丧身：因此，做官的如果奢侈，就必然贪赃受贿，乡间当老百姓如果奢侈，就必然盗窃他人财物。所以说："奢侈是各种罪恶中的大罪。"

古时候正考父用稀粥维持生活，孟僖子因而推知他的后代必定有显达的人。季文子前后辅佐三位国君，他的小妾不穿丝绸，马不喂小米，有名望的人认为他忠于公室。管仲使用刻有花纹的食具、红色的帽带，住宅有上边刻着山岳的斗栱，上边画着水藻的梁上的短柱，生活奢华，孔子看不起他，批评他见识不高。公叔文子在家里宴请卫灵公，史鳝知道他一定将要遭到灾祸，果然到了文子去世，其子公孙戌就因为富裕招罪，出国逃亡。何曾一天吃喝要花一万个铜钱，到了孙子这一代就因为傲慢奢侈而家人死光。石崇以奢侈浪费来向人夸耀，终于因此而死在刑场上。近年寇莱公的豪华奢侈，在当代人中堪称第一，但是因为他的功业大，所以没有人批评他，可是他的子孙习染他的家风也豪华奢侈，现在多数穷困潦倒。其他因为节俭而立下好名声，因为奢侈而自招败落的事例还很多，不能统统列举。上面姑且举几个人的故事来教诲你。你不但自身应当履行节俭，还应当以节俭教诲你的子孙，使他们了解前辈的生活作风与习俗。

【说明】

《训俭示康》是司马光写给其子司马康，教导他应该崇尚节俭的一篇家训。司马光在《训俭示康》一文中，紧紧围绕着"成由俭，败由奢"这个古训，结合自己的生活经历和切身体验，旁征博引许多典型事例，对儿子进行了耐心细致、深入浅出的教诲。司马光认为俭朴是一种美德，并大力提倡，反对奢侈腐化，这种思想在当时封建官僚阶级造成的奢靡的流俗中，无疑是具有巨大进步意义的。而现今看来，司马光的见解和主张对现代人也有着积极意义。

与侄书

【原文】

近蒙圣恩除门下侍郎，举朝忌嫉者何可胜数？而独以愚直之性处于其间，如一黄叶在烈风中，几何不危坠也！是以受命以来，有惧而无喜。汝辈当识此意，倍须谦恭退让，不得恃赖我声势，作不公不法，搅扰官司，侵凌小民，使为乡人所厌苦，则我之祸皆起于汝辈，而汝辈亦不如人也。

（摘自《渊鉴类函》卷二四五《人部四》）

【译文】

近来承蒙皇上恩典，任命我做了门下侍郎，满朝猜忌嫉恨我的人哪里数得过来？而我独自一人以刚正不阿的秉性处在这样的环境里，宛如一片枯黄的树叶在凛冽的西风中一样，究竟还能保持多久而不坠落呢？因此，受任以来，只有恐惧之感，而无欢乐之情。你们应当懂得这个意思，要加倍地谦恭退让，不得倚仗我的权势威望做违法不公、扰乱官府、欺压百姓的事情，使故乡的人们都讨厌、痛恨你们。如果你们胡作非为，那么我的祸患就都是由你们引起的，你们就更加不如人了！

温公家范（节选）

【原文】

《大学》曰："古之欲明明德于天下者，先治其国；欲治其国者，先齐其家；欲齐其家者，先修其身；欲修其身者，先正其心；欲正其心者，先诚其意；欲诚其意者，先致其知；致知在格物。物格而后知至，知至而后意诚，意诚而后心正，心正而后身修，身修而后家齐，家齐而后国治，国治而后天下平。自天子以至于庶人，一是皆以修身为本。其本乱而末治者否矣，其所厚者薄，而其所薄者厚，未之有也！"此谓知本，此谓知之至也。所谓治国必先齐其家者，其家不可教而能教人者，无之。故君子不出家而成教于国。孝者所以事君也，弟者所以事长也，慈爱者所以使众也。《诗》云："桃之夭夭，其叶蓁蓁。之子于归，宜其家人。"宜其家人，而后可以教国人。《诗》云："宜兄宜弟。"宜兄宜弟，而后可以教国人。《诗》云："其仪不忒，正是四国。"其为父子，兄弟足法，而后民法之也。此谓治国在齐其家。

潘龄皋行书温公人洛诗

潘龄皋（1867～1954），字锡九，号葛城居士，河北保定安新安州（古称葛城）人。其书法造诣颇高，擅楷、行书，小字尤精。坊间亦有"草书三原于右任；榜书天津华世奎；核桃楷北京潘龄皋"之语。时人称其书为"潘体"。

《孝经》曰：闺门之内具礼矣乎！严

父，严兄。妻子臣妾，犹百姓徒役也。

昔四岳荐舜于尧，曰："瞽子，父顽、母嚚、象傲。克谐以孝，烝烝乂，不格奸。"帝曰："我其试哉！女于时，观厥刑于二女。"厘降二女于妫汭，嫔于虞。帝曰："钦哉！"

《诗》称文王之德曰："刑于寡妻，至于兄弟，以御于家邦。"此皆圣人正家以正天下者也。降及后世，爰自卿士以至匹夫，亦有家行隆美可为人法者，今采集以为《家范》。

【译文】

《大学》中说："古代那些想在天下彰明德行的人，必须首先治理好他的国家；想要治理好国家，必须首先要管理好家政；想管理好家政，必须先提高自己的修养；想要提高自己的修养，一定先端正自己的心意；想要端正了自己的心意，一定先要有一个诚恳的态度；想要有诚恳的态度，必须先要有知识；想获得知识就必须去探求事物的理。通过探求事物的理获得知识，有了知识就会产生诚恳的态度，有了诚恳的态度就会端正自己的心意。心意端正了就能够提高自己的修养，提高了自己的修养就能够管理好自己的家，能够管理好自己的家就能够治理好国家，能够治理好国家就能够平定整个天下。从天子到一般百姓，都要将提高自己的修养作为根本。根本乱了而想细枝末节得到治理是不可能的，想本来应该厚的东西用薄的来代替，而把本来应该薄的东西用厚的来代替，都是不可能的！"这才是抓住了事物的根本，这才是最高的知识和智慧。所谓想治理好国家必须首先管理好自己的家，意思是说，连家都管理不好，而想去治理好国家，这是不可能的。所以君子不出家门就教化了全国的人。这是因为对父母的孝顺可以用于侍奉君主，对兄长的恭敬可以用于侍奉长官，对子女的慈爱可以用于统治民众。《诗经》说："美丽的桃树啊，枝叶繁茂；妙龄女子出嫁到丈夫家，使其家庭和顺。"将家庭治理得非常和谐，而后可以去教导国人。《诗经》说："宜兄宜弟。"自己的兄弟之间非常和睦，而后就可以去教导国人了。《诗经》说："其仪不忒，正是四国。”父亲处理与子女之间的关系，是兄弟之间处理关系的榜样。推而广之，也成为全国民众足以效法的榜样。这就是治国先要能够齐家的道理所在。

《孝经》说：家虽小，但治理天下的方法都在其中了！侍奉父亲，侍奉兄长。对待妻子臣妾，就像对待百姓臣民一样，必须御之以道。

从前四方部落的首领向尧推荐舜，说：“他是乐官瞽叟的儿子。他父亲心术不正，他的后母说话不诚实，弟弟象傲慢而不友好，但是舜能和他们和睦相处，他用孝行美德来感化他们，又加强自身修养，不流于邪恶。”尧帝说：“让我试试他吧！我将两个女儿嫁给舜，通过两个女儿来观察他的德行。”于是尧帝命令两个女儿下到妫水的转弯处，嫁给舜。尧帝说：“严肃认真地处理政务吧！”

《诗经》称赞文王的德行说：“周文王能以身作则，用礼法感化妻子和兄弟，进而来教化全国百姓，治理国家。”这都是古代的圣人先治理好家庭，然后再治理国家的典范。到后世，上至卿士下至一般百姓，也有许多在家里遵守礼法，而且可以成为别人学习的榜样的人和事，现在将这些典范事例收集起来，编成这本《家范》。

勤俭致富，仗义疏财

【原文】

樊重，字君云。世善农稼，好货殖。重性温厚，有法度，三世共财，子孙朝夕礼敬，常若公家。其营经产业，物无所弃；课役童隶，各得其宜。故能上下勠力，财利岁倍，乃至开广田土三百余顷。其所起庐舍，皆重堂高阁，陂渠灌注。又池鱼牧畜，有求必给。尝欲作器物，先种梓漆，时人嗤之。然积以岁月，皆得其用。向之笑者，咸求假焉。赀至巨万，而赈赡宗族，恩加乡闾。外孙何氏，兄弟争财，重耻之，以田二顷解其忿讼。县中称美，推为三老。年八十余终，其素所假贷人间数百万，遗令焚削文契。债家闻者皆惭，争往偿之。诸子从敕，竟不肯受。

【译文】

潘龄皋行书温公咏乐诗

樊重，字君云。他家世世代代都很擅长耕种庄稼，并且喜欢做生意。樊重性情温和厚道，做事情很讲究法度。他们家三代没有分家，财物共有，但子孙都能相互礼敬，家里常常像官府一样讲究礼仪。樊重经营家里的产业非常得法，一点损失浪费都没有；他使用仆人、佣工，能够人尽其用。所以家里能够上下勠力同心，财产和利润每年都成倍增长，以至于到后来拥有田地三百余顷。樊重家所建造的房舍都是层楼高阁，四周有陂渠灌注。樊重家还养鱼、养牲畜，乡里有穷困紧急的人向他家求助，樊重一般都满足他们。樊重曾经想制作器物，他就先种植梓树和漆树，当时的人们都对他的做法嗤之以鼻。但是几年之后，梓树和漆树都派上了用场。过去那些耻笑他的人，现在返过来都向他借这些东西。樊重的钱财积累至成千上万，他便经常周济本家同族，施惠于乡里。樊重的外孙何氏，兄弟之间为一些财产而争斗，樊重为他们的行为感到羞耻，索性送给他们两顷田地，来解决他们兄弟之间的相互愤恨，相互诉讼。本县的人都称道樊重的行为和品德，将他推为三老，樊重在80多岁的时候去世，他平素所借给别人的钱财多达数百万，他在遗嘱中安排子女们将那些有关借贷的文书契约全部烧掉。向他借贷的那些人听说后都感到很惭愧，争先恐后地前去偿还。樊重的孩子们都谨遵父亲的遗嘱，一概不接受。

单箭易折，众箭难断

【原文】

夫人爪牙之利，不及虎豹；膂力之强，不及熊罴；奔走之疾，不及麋鹿；飞扬之高，不及燕雀。苟非群聚以御外患，则反为异类食矣。是故圣人教之以礼，使之知父子兄弟之亲。人知爱其父，则知爱其兄弟矣；爱其祖，则知爱其宗族矣。如枝叶之附于根干，手足之系于身首，不可离也。岂徒使其粲然条理以为荣观哉！乃实欲更相依庇，以扞外患也。

吐谷浑阿豺有子二十人，病且死，谓曰："汝等各奉吾一支箭，将玩之。"俄而命母弟慕利延曰："汝取一支箭折之。"慕利延折之。又曰："汝取十九支箭折之。"慕利延不能折。阿豺曰："汝曹知否？单者易折，众者难摧。勠力一心，然后社稷可固。"言终而死。彼戎狄也，犹知宗族相保以为强，况华夏乎？

圣人知一族不足以独立也，故又为之甥舅、婚媾、姻娅以辅之。犹惧其未也，故又爱养百姓以卫之。故爱亲者，所以爱其身也；爱民者，所以爱其亲也。如是则其身安若泰山，寿如箕翼，他人安得而侮之哉！故自古圣贤，未有不先亲其九族，然后能施及他人者也。彼愚者则不然，弃其九族，远其兄弟，欲以专利其身。殊不知身既孤，人斯戕之矣，于利何有哉？昔周厉王弃其九族，诗人刺之曰："怀德惟宁，宗子惟城；毋俾城坏，毋独斯畏；苟为独居，斯可畏矣。"

宋昭公将去群公子，乐豫曰："不可。公族，公室之枝叶也。若去之则本根无所庇荫矣。葛藟犹能庇其根本，故君子以为比，况国君乎？此谚所谓庇焉，而纵寻斧焉者也，必不可君。其图之，亲之以德，皆股肱也。谁敢携贰！若之何去之？"昭公不听，果及于乱。

华亥欲代其兄合比为右师，谮于平公而逐之。左师曰："汝亥也，必亡。汝丧而宗室，于人何有？人亦于汝何有？"既而，华亥果亡。

【译文】

人的爪牙再锋利，也比不上虎豹；腰力再强大，也比不上熊罴；跑得再快，也比不上麋鹿；飞得再高，也不及燕雀。如果不是靠大家的力量来抵御外患，就会被其他动物吞食。因此贤德之人教给人们礼法，告诉人们父子兄弟应该相亲相爱。一个人如果爱戴他的父亲，就同样会爱他的兄弟；热爱他的祖宗，就同样会爱他的宗族。人与自己家族的关系，就好像枝叶依附于根干，手脚长在身体上，不可分离。哪里只是为了壮观和秩序井然以达到表面上的荣耀呢？实在是希望互相保护，以抵御外敌啊。

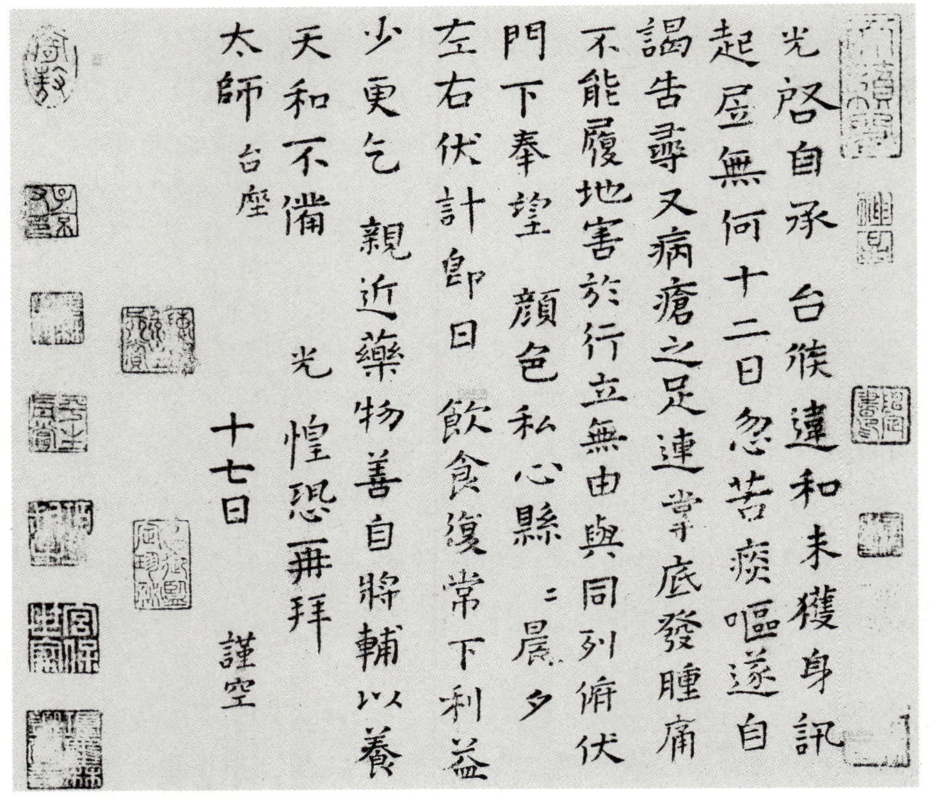
光啓自承　台候違和未獲身訊
起居無何十二日忽苦瘶嘔遂自
謁告尋又病瘡之足連輦底發腫痛
不能履地害於行立無由與同列俯伏
門下奉望　顏色私心縣縣晨夕
左右伏計即日飲食復常下利益
少更乞　親近藥物善自將輔以養
天和不備　光　惶恐再拜
太師台座　十七日　謹空

司马光《自承帖》

吐谷浑阿豺有二十个儿子，他在患病快死的时候对儿子们说：“你们各

拿一支箭给我，我要玩个游戏。”一会儿对同母的弟弟慕利延说：“你拿一支箭来折断它。”慕利延折断了。阿豺又说：“你去拿十九支箭来，将其折断。”慕利延却不能折断。这时阿豺对儿子们说：“你们知道吗？一支箭很容易折断，众多的箭在一起，就难以折断，只要你们勠力同心，国家就可以稳固。”说完就死了。阿豺是戎狄之人，尚且知道宗族互相保护才能够强大的道理，何况我们是中原之人呢？

古代的贤德之人知道仅靠自己本宗族的人力量太单薄，所以又用甥舅关系、婚姻关系来作为辅助。即便如此，仍觉得不够，所以又爱护和抚育百姓，让百姓来做自己的护卫。由此看来，爱护自己的亲人，就等于是在爱护自己；爱护天下的民众，就等于是在爱护自己的亲人。如果能这样，那么自己就会安如泰山，永无危殆。别人怎么能够侵犯、侮辱你呢？所以，自古以来的圣贤之人，都是先和睦自己的本族远亲，然后再去护佑天下的百姓。那些愚蠢的人就不一样了，他们抛弃本族和亲戚，与自己的兄弟们疏远关系，一心想自己独得利益。却不知道你一旦孤立无援，别人就会来戕害你，最终能得到什么利益呢？从前，周厉王抛弃九族，当时的人们写诗来讽刺他：“君王广施仁德国家才会安宁啊，宗族子弟是王室的坚强护卫。不要损坏自己的护卫啊，不要独任其力。如果什么事都自己独断专行，这样实在是太可怕了！”

宋昭公将要除掉群公子，乐豫说：“不能这样做。整个公族好比是公室的枝叶，如果去掉这些枝叶，那么公室这个树根就没有庇护了。连葛藟这种植物都懂得去庇护它的根，所以君子都用葛藟来比喻做人的道理，而况国君呢？这个谚语说的是国君要用本宗族作为辅弼，好像根要用枝叶来庇护自己一样。如果你用斧子砍掉这些枝叶，那么你一定不能当好国君。对待本家公族，应当用仁德来亲近他们，这样他们就都会成为你强有力的后盾。天下有谁敢对你有二心呢？为什么要除掉他们呢？”昭公不听乐豫的话，果然导致了国家的大乱。

华亥想取代他的兄长合比成为右师，便到平公那里去说合比的坏话，让平公把合比赶走。左师说：“你这个华亥呀，早晚必定要灭亡！你连自己的同宗本族都要削弱，对别人又会怎么样呢？别人又会对你怎么样呢？”过了不久，华亥果然死了。

为儿孙积钱财，不如给后代留功德

【原文】

为人祖者，莫不思利其后世。然果能利之者，鲜矣。何以言之？今之为后世谋者，不过广营生计以遗之。田畴连阡陌，邸肆跨坊曲，粟麦盈囷仓，金帛充箧笥，慊慊然求之犹未足，施施然自以为子子孙孙累世用之莫能尽也。然不知以义方训其子，以礼法齐其家。自于数十年中勤身苦体以聚之，而子孙于时岁之间奢靡游荡以散之，反笑其祖考之愚不知自娱，又怨其吝啬，无恩于我，而厉虐之也。始则欺绐攘窃，以充其欲；不足，则立券举债于人，俟其死而偿之。观其意，惟患其考之寿也。甚者至于有疾不疗，阴行鸩毒，亦有之矣。然则向之所以利后世者，适足以长子孙之恶而为身祸也。顷尝有士大夫，其先亦国朝名臣也，家甚富而尤吝啬，斗升之粟、尺寸之帛，必身自出纳，锁而封之。昼而佩钥于身，夜则置钥于枕下，病甚，困绝不知人，子孙窃其钥，开藏室，发箧笥，取其财。其人后苏，即扪枕下，求钥不得，愤怒遂卒。其子孙不哭，相与争匿其财，遂致斗讼。其处女蒙首执牒，自讦于府庭，以争嫁资，为乡党笑。盖由子孙自幼及长，惟知有利，不知有义故也。夫生生之资，固人所不能无，然勿求多余，多余希不为累矣。使其子孙果贤耶，岂蔬粝布褐不能自营，至死于道路乎？若其不贤耶，虽积金满堂，奚益哉？多藏以遗子孙，吾见其愚之甚也。然则贤圣皆不顾子孙之匮乏邪？曰：何为其然也？昔者圣人遗子孙以德以礼，贤人遗子孙以廉以俭。舜自侧微积德至于为帝，子孙保之，享国百世而不绝。周自后稷、公刘、太王、王季、文王，积德累功，至于武王而有天下。其《诗》曰：“诒厥孙谋，以燕翼子。”言丰德泽，明礼法，以遗后世而安固之也。故能子孙承统八百余年，其支庶犹为天下之显，诸侯棋布于海内。其为利岂不大哉！

【译文】

做祖辈的，没有一个不希望能够造福于后代的，可是真能造福于后代的却很少。为什么这样说呢？因为如今为后代谋利益的那些人，只不过靠广泛地经营生计留给后代儿孙。田地阡陌相连，商铺遍布街巷，粮食堆满了仓库，财物塞满了箱子，仍然觉得不够，还在苦心营求。这样他们心里就怡然自得，自以为子子孙孙、世世代代都享用不尽了。但是这些祖辈们却不懂得更重要的是应该用仁义方正的品行来教育子孙，也不懂得用礼法来管理家庭。他们自己几十年辛勤劳作积累起来的财富，却被那些没有教养的子孙们在短时间内就挥霍殆尽。子孙们还反过来讥笑祖辈们愚蠢，不会享受，并且埋怨祖辈吝啬小气，曾经对自己不好，虐待了自己。那些家里广有钱财但又没有得到良好教育的后代子孙，大都是一开始欺骗盗窃，以满足自己的私欲，钱不够的时候，就向他人立券借债，打算等到祖父死后再来还债。仔细考察一下这些子孙们的心思，发现他们只是盼望祖父早死。更有甚者，祖父有病不但不给治疗，反而暗中投毒，以求早日得到家里的财产。那些为后代谋利益的祖父们，不但助长了子孙的恶行，也给自己带来了杀身之祸。过去有一位士大夫，他的祖先也是当朝名臣，家境非常富裕，但他却很小气，连斗升之粟、尺寸之布都要亲自管理。他还把金银财宝锁得严严实实，白天把钥匙装在身上，晚上睡觉时把钥匙放在枕头下边。后来他得了重病，不省人事，子孙们趁机把他的钥匙偷走，打开密室，找到存放财宝的箱子，偷走了金银财宝。他从昏迷中苏醒过来后就寻找枕头下面的钥匙，可是钥匙已没有了，于是在愤怒中死去了。他的子孙们不但没有为他的死而哭泣，反而因为相互争夺、藏匿财产而打斗、诉讼。就连家中还未嫁人的女子也蒙着头拿着状纸，在公堂之上喊冤叫屈，为自己争夺嫁妆。他们的卑鄙行为受到了乡里的讥笑。究其原因，大概就是这些子孙们从小到大只懂得追逐利益，不知道讲道义。生活中所用的钱财物资，本来是人所必需的，但是也不要去过分贪求。钱财一旦太多了，就会成为拖累。如果子孙们确实贤能，难道他们连粗食布衣都不能自己求得,会冻死饿死在路旁吗?倘若子孙们无能,即便是金银堆满屋子,又有什么用呢?祖父们积累财富留给子孙后代,足见他们十分愚蠢。难道古代那些先贤都不关心他们的子孙后代的穷富吗?有人问:他们为什么不给后代留下很多财产呢?因为古代圣人懂得留给子孙后代高尚的品德与严格的礼法熏陶,贤人们传给子孙的是廉洁的品质和俭朴的作风。舜出身卑贱却能够努力修养品德,终于当上了帝王。他的子孙们继承他的高尚品德,统治国家历经百代而不灭。周朝从后稷、公刘、太王、王季、文王开始修德积功,到了周武王的时候,终于推翻殷商,夺取了天下。《诗经》里说:"周文王谋及子孙,扶助子孙。"指的就是周文王积累恩德,申明礼法,而且将其传给后代,使得国家安定、社稷稳固。因而他们的子孙后代能够统治国家八百年。他们的那些旁系亲戚也成了天下的望族,被分封的诸侯遍及海内。周家祖先留给后代的利益财富难道不大吗?

留下清白给儿孙

【原文】

涿郡太守杨震,性公廉,子孙常蔬食步行。故旧长者,或欲令为开产业。震不肯,曰:"使后世称为清白吏子孙,以此遗之,不亦厚乎!"

【译文】

涿郡太守杨震,秉性公正廉洁,子孙经常粗食步行。杨震的亲朋好友和同乡长者都劝杨震为儿孙们置办些产业。杨震始终不肯,他说:"让我的儿孙后代被世人称为清廉官吏的子孙,把这样的美名留给子孙,不也是很丰厚的遗产吗?"

曾子杀猪教子

【原文】

曾子之妻出外，儿随而啼。妻曰："勿啼！吾归，为尔杀豕。"妻归，以语曾子。曾子即烹豕以食儿，曰："毋教儿欺也。"

【译文】

曾子的妻子到外边去办事，儿子跟着她边走边哭。妻子说："别哭！等我回来给你杀猪炖肉吃。"妻子回来后，把这件事告诉了曾子。曾子就赶紧去杀猪炖肉给孩子炖肉吃，他说："我之所以真的给他杀猪炖肉吃，是为了教他不要欺骗人。"

近朱者赤，近墨者黑

【原文】

贾谊言：古之王者，太子始生，固举以礼，使士负之，过阙则下，过庙则趋，孝子之道也。故自为赤子，而教固已行矣。提孩有识，三公三少，固明孝、仁、礼、义。以道习之，逐去邪人，不使见恶行。于是皆选天下之端士、孝弟、博闻、有道术者，以卫翼之。使与太子居处出入。故太子乃生而见正事，闻正言，行正道，左右前后皆正人也。夫习与正人居之，不能毋正。犹生长于齐，不能不齐言也；习与不正人居之，不能毋不正，犹生长于楚，不能不楚言也。

【译文】

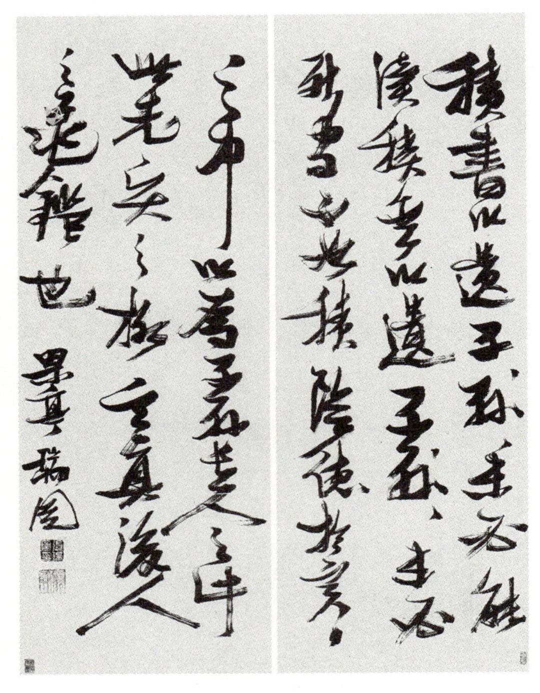

张瑞图草书司马光家训

汉朝的贾谊说：古代的帝王，在太子一生下来的时候，就用符合礼法的行动来给他示范。让人抱着他，经过宫阙的时候就要表示礼貌，经过庙堂的时候就要小步快走，这是培养孝子之道啊！所以，帝王对于后代，在孩子还是婴儿的时候，就已经开始对他进行教育了。在孩子懂事的时候，就要请太师、太傅、太保三公和少保、少傅、少师三少来教育太子，让他明白“孝、仁、礼、义”的道理。用道来教育太子，把那些心术不正的小人都赶走，不让太子见到坏事恶行。于是挑选天下品行端正的人、讲究孝悌的人、学识渊博的人和有德行的人，来辅佐教育他。让这些人一起与太子居住出入。这样，太子从一生下来看到的就都是有德行的事，听到的就都是符合道义的话，走的就是正道，因为在他的周围都是些正人君子。道理很简单，每天和正人君子在一起，自然自己就会成为正人君子。这就好比你从小生长在齐地，就不可能不说齐地的方言；如果每天和那些邪恶的人在一起，你自己也就会成为邪恶的人，这就好比你从小生长在楚地，不能不讲楚地的方言一样。

孟母三迁教子

【原文】

孟轲之母，其舍近墓，孟子之少也，嬉戏为墓间之事，踊跃筑埋。孟母曰："此非所以居之也。"乃去。舍市傍，其嬉戏为炫卖之事。孟母又曰："此非所以居之也。"乃徙。舍学宫之傍，其嬉戏乃设俎豆揖让进退。孟母曰："此真可以居子矣！"遂居之。孟子幼时问东家杀猪何为，母曰："欲啖汝。"既而悔曰："吾闻古有胎教，今适有知而欺之，是教之不信。"乃买猪肉食。既长就学，遂成大儒。彼其子尚幼也，固已慎其所习，况已长乎！

【译文】

孟轲的母亲家住在靠近墓地的地方，孟轲小时候就常玩些挖墓埋死人的游戏，而且玩得非常起劲。母亲就说："此处不适合居住。"于是将家搬走，迁居到集市的旁边，于是孟轲又以学习商贩吆喝叫卖为游戏。孟母又说："这里也不适合居住。"就又举家迁徙。搬到学校旁边的房舍里，这样孟子就玩些祭祀、揖让、进退的有关礼仪方面的游戏。孟母高兴地说："这里才是居住的好地方！"于是就在这里安居。孟子小时候问母亲邻居为什么要杀猪，母亲回答说："给你吃肉。"说完又后悔了，心想："我听说古人就很注重胎教，现在孩子刚懂事，我就欺骗他，这是教他不讲信用。"为了证明自己说话算数，孟母就买猪肉给孟子吃。孟子长大后读书学习，终于成为博学多才的大学问家。孟母在孩子小的时候，就认真培养儿子的好习惯，何况在儿子长大之后呢？

苟得钱财，不如正己立名

【原文】

太子少保李景让母郑氏，性严明，早寡家贫，亲教诸子。久雨，宅后古墙颓陷，得钱满缸。奴婢喜，走告郑。郑焚香祝之曰："天盖以先君余庆，愍妾母子孤贫，赐以此钱。然妾所愿者，诸子学业有成，他日受俸，此钱非所欲也。"亟命掩之。此唯患其子名不立也。

【译文】

太子少保李景让的母亲郑氏秉性严明，年轻时就守了寡，家里也很贫穷，她就亲自教育子女。一次，因为下了很长时间的雨，房屋后面的古墙倒塌，露出满满一缸钱。奴婢发现后非常高兴，连忙跑去告诉郑氏。郑氏烧香祈祷："大概是因为孩子的父亲生前积下阴德，上天可怜我们母子孤寡贫穷，赐给我们这些钱。然而我所希望的只是孩子们学业有成，将来做官得到俸禄，这些钱并不是我想要的。"祈祷完毕，她立刻命令奴婢将钱掩埋。郑氏这样做就是担心子女将来不能立名。

【原文】

齐相田稷子受下吏金百镒，以遗其母。母曰："夫为人臣不忠，是为人子不孝也。不义之财，非吾有也。不孝之子，非吾子也。子起矣。"稷子遂惭而出，反其金而自归于宣王，请就诛。宣王悦其母之义，遂赦稷子之罪，复其位，而以公金赐母。

【译文】

齐国丞相田稷子接受了部下送给他的一百镒金子，回家之后他把这些金子交给母亲。母亲说："为人之臣而不忠诚，就等于是为人之子而不孝顺。你这些是不义之财，我不要。你这个不孝之子，也不是我的儿子，你走吧！"田稷子十分羞愧地离开家，将那一百镒金子还给部下，自己到齐宣王那里请求杀头治罪。宣王欣赏他母亲的深明大义，于是就赦免了他的罪过，让他仍任原职，而且还从国库里拿出一些金子赏赐给他的母亲。

隽母教子：为吏不可贪残

【原文】

汉京兆尹隽不疑，每行县录囚徒，还，其母辄问不疑，有所平反，活几何人耶？不疑多有所平反，母喜，笑为饮食，言语异于它时。或亡所出，母怒，为不食。故不疑为吏严而不残。

【译文】

汉代京兆尹隽不疑，每次下去验收登记囚徒返回的时候，母亲总要询问隽不疑：这次有没有平反的囚徒，你救了几个被冤枉的人？如果隽不疑平反得多，母亲就高兴，有说有笑地吃饭，说起话来也与平时不一样。有时，隽不疑说没有囚徒得到平反，母亲就不高兴，拒绝用餐。正因为这样，隽不疑身为官吏，虽然严厉，但并不残酷。

教子为官廉洁

【原文】

吴司空孟仁尝为监鱼池官，自结网捕鱼作鲊寄母。母还之曰："汝为鱼官，以鲊寄母，非避嫌也！"

【译文】

三国时东吴的司空孟仁曾经担任监鱼池官，他亲自结网捕鱼，将捕获的鱼制成腌鱼，然后寄给母亲。母亲退还给他说："你身为鱼官，却把腌鱼寄给你的母亲，你没有做到当官应该避免嫌疑！"

【原文】

晋陶侃为县吏，尝监鱼池，以一坩鲊遗母。母封鲊责曰："尔以官物遗我，不能益我，乃增吾忧耳。"

【译文】

晋代陶侃担任县吏，曾经监管鱼池，他把一些腌鱼送给母亲。母亲不接受，还责备他说："你将公家的东西送给我，不但对我没有好处，相反还会增加我的忧虑。"

郑母有节操，儿子为清官

【原文】

隋大理寺卿郑善果母翟氏，夫郑诚讨尉迟迥战死。母年二十而寡，父欲夺其志。母抱善果曰："郑君虽死，幸有此儿。弃儿为不慈，背死夫为无礼。"遂不嫁。

善果以父死王事，年数岁拜持节大将军，袭爵开封县公，年四十授沂州刺史，寻为鲁郡太守。母性贤明，有节操，博涉书史，通晓政事。每善果出听事，母辄坐胡床，于障后察之。闻其剖断合理，归则大悦，即赐之坐，相对谈笑；若行事不允，或妄嗔怒，母乃还堂，蒙袂而泣，终日不食。善果伏于床前不敢起。母方起，谓之曰："吾非怒汝，乃惭汝家耳。吾为汝家妇，获奉洒扫，知汝先君忠勤之士也，守官清恪，未尝问私，以身殉国。继之以死，吾亦望汝副其此心。汝既年小而孤，吾寡耳，有慈无威，使汝不知礼训，何可负荷忠臣之业乎？汝自童稚袭茅土，汝今位至方岳，岂汝身致之邪？不思此事而妄加嗔怒，心缘骄乐，堕于公政，内则坠尔家风，或失亡官爵；外则亏天子之法，以取辜戾。吾死日，何面目见汝先人于地下乎？"

母恒自纺织，每至夜分而寝。善果曰："儿封侯开国，位居三品，秩俸幸足，母何自勤如此？"答曰："吁！汝年已长，吾谓汝知天下理，今闻此言，故犹未也。至于公事，何由济乎？今此秩俸，乃天子报汝先人之殉命也，当散赡六姻，为先君之惠，奈何独擅其利，以为富贵乎？又丝枲纺织，妇人之务，上自王后，下及大夫士妻，各有所制，若堕业者，是为骄逸。吾虽不知礼，其可自败名乎？"

自初寡，便不御脂粉，常服大练，性又节俭，非祭祀、宾客之事，酒肉不妄陈其前；静室端居，未尝辄出门阁。内外姻戚有吉凶事，但厚加赠遗，皆不诣其门。非自手作，及庄园禄赐所得，虽亲族礼遗，悉不许入门。善果历任州郡，内自出馔，于衙中食之，公廨所供皆不许受，悉用修理公宇及分僚佐。善果亦由此克己，号为清吏，考为天下最。

【译文】

隋代大理寺卿郑善果的母亲翟氏，丈夫郑诚征讨尉迟迥时战死。翟氏才20岁就守了寡，其父想让她改嫁，翟氏抱着儿子善果说："郑君虽然已死，但是幸亏还有一个儿子。抛弃儿子就是不慈爱，背叛死去的丈夫就是无礼。"于是不再嫁人。

善果因为父亲为国而死，年仅几岁就被封为持节大将军，袭开封县公的爵位，40岁就担任沂州刺史，不久又为鲁郡太守。善果的母亲秉性贤良，很有节操，博览书史，通晓政事。善果每次出去处理公事，母亲就坐在胡床上，躲在屏障后暗中观察。听到儿子分析裁断合理，回家就非常高兴，让儿子坐在身旁，母子俩说说笑笑。如果儿子办事不公允，或者无端发怒，母亲回到屋里，就蒙面而哭，一整天不吃饭。善果跪在母亲床前不敢起来。母亲这才起来，对他说："并不是我对你发怒，只是为你家感到羞愧。我是你家的媳妇，能在你家洒扫侍奉，知道你父亲是个忠诚勤奋的人，为官清廉，未尝钻营以谋私利，最终以身殉国。我也指望你继承你先父的遗志。你年幼丧父，我丧夫守寡，有慈爱而无威严，使你不懂得遵守礼义的训诫，你又怎能胜任忠臣的事业？你自孩童之时就承袭爵位，如今位至地方大员，这难道是你自己努力所获得的吗？不去想想这些事情，却妄自发怒，心里想着骄奢取乐，怠于公务，对内你是败坏家风，甚至会丢官失爵；对外则违背天子的王法，自取灭亡。我死后，又有什么脸面去见你的父亲呢？"

善果的母亲坚持纺纱织布，直到深夜才睡觉。善果便问："我封侯开国，位至三品，俸禄丰厚，母亲为什么还要如此辛劳？"母亲回答说："唉！你已长大，我以为你懂得道理了。如今听你这番话，才知道你还是不懂道理。你这个样子，又怎么能干好公事呢？你现在的俸禄，是皇帝对你父亲为国捐躯的厚报，你应当将这些好处散发给六亲，以示你父亲的恩惠，为何你只想着独享其利，谋求个人的富贵呢？再说纺纱织布，是妇人的本职，上自王后，下至士大夫之妻，各有应该干的事。如果停止纺纱织布，就是贪图安逸。我虽然不懂得礼法，可是怎么能败坏郑家的名声呢？"

翟氏从守寡开始,就不再涂脂抹粉,经常穿粗布衣服。她秉性节俭,除了祭祀或宴请宾客,吃饭一般不摆放酒肉。平时只静静地独自呆在家里,未曾离开房门一步。内外亲戚有什么吉凶事情,她都要赠送厚礼,但从不亲自登门。不是亲手制作的东西,以及庄园出产或皇上赏赐给的东西,即便是亲戚朋友赠送的礼品,她都一概不许拿进家门。善果担任各地州郡长官,都由自己家提供饮食,他拿到衙门里去吃,官署提供的物资他都不接受,或者用在修理官舍上,或者分给下边的官员僚属。善果也因此能够克己奉公,被誉称为清廉的官吏,被考评为全国最好的官员。

为官贪赃,与强盗无异

【原文】

唐中书令崔玄暐,初为库部员外郎,母卢氏尝戒之曰:“吾尝闻姨兄辛玄驭云:‘儿子从官于外,有人来言其贫窭不能自存,此吉语也;言其富足,车马轻肥,此恶语也。’吾尝重其言。比见中表仕宦者,多以金帛献遗其父母。父母但知忻悦,不问金帛所从来。若以非道得之,此乃为盗而未发者耳,安得不忧而更喜乎?汝今坐食俸禄,苟不能忠清,虽日杀三牲,吾犹食之不下咽也。”玄暐由是以廉谨著名。

【译文】

唐代中书令崔玄暐,起初担任库部员外郎,母亲卢氏经常告诫他说:“我曾经听姨兄辛玄驭对我说:‘儿子在外边做官,如果有人来说他贫穷得都要过不下去了,这是好话;如果说他十分富裕,车轻马肥,那就是坏话。’我很重视姨兄的这些话。我常见那些做官的表兄表弟,多拿回金银布帛送给他们的父母。他们的父母只知道高兴,却不问金银布帛从哪里来的。若是他们通过不正当的途径得来,那就好比做了强盗未被发现一样,这怎么能叫人不发愁反倒高兴呢？你现在拿着国家的俸禄，如果不能忠诚、清廉，即便是每天给我杀猪宰羊，我也吃不下去啊！”崔玄暐在母亲的教育下，以为官清廉、谨慎自守闻名于当时。

百善孝为先

【原文】

《孝经》曰：“夫孝，天之经也，地之义也，民之行也。天地之经，而民是则之。”又曰：“不爱其亲而爱他人者，谓之悖德；不敬其亲而敬他人者，谓之悖礼。以顺则逆，民无则焉。不在于善，而皆在于凶德。虽得之，君子不贵也。”又曰：“五刑之属三千，而罪莫大于不孝。”孟子曰：“不孝有五：惰其四支，不顾父母之养，一不孝也；博弈好饮酒，不顾父母之养，二不孝也；好货财，私妻子，不顾父母之养，三不孝也；从耳目之欲，以为父母戮，四不孝也；好勇斗狠以危父母，五不孝也。”夫为人子，而事亲或亏，虽有他善累百，不能掩也，可不慎乎！

【译文】

《孝经》中说：“孝顺，就像天上日月运行一样是永恒的规律，也像地上万物生长一样是不变的法则，更是天下民众的行为准则。天地间的规律，万民都要遵循。”又说：“不喜爱自己的亲人却去喜爱他人，这叫作违背道德；不敬重自己的父母却敬重别人，这叫作违反礼法。君王训导万民要尊敬爱戴父母，而有的人却违背道德和礼法，这种人即使能得志，君子也不以此为贵。”又说：“五种刑罚的罪状包括三千条，而其中罪恶最大的就是不孝。”孟子说：“不孝顺有五种情状：四肢不勤，好逸恶劳，不知道回报父母的养育之恩，这是第一种不孝；沉湎于赌博和酗酒，不知道回报父母的养育之恩，这是第二种不孝；贪图钱财，只顾自己的妻子儿女，却不顾父母的养育之恩，这是第三

种不孝；寻欢作乐，给父母带来耻辱，这是第四种不孝；喜欢打架斗殴而危及父母，这是第五种不孝。”作为人子，在侍奉父母方面如果做得不够，即便其他的长处优点再多，也不能掩盖他的罪过。所以为人子女能不小心谨慎吗？

后代子孙莫败家

【原文】

《书》曰：“辟不辟，忝厥祖。”《诗》云：“无忘尔祖，聿修厥德。”然则为人而怠于德，是忘其祖也，岂不重哉！

【译文】

《尚书》中说：“人如果有罪过就会使他的祖上蒙羞。”《诗经·大雅·文王》说：“不要忘记你的祖先，要继承发扬先人的德业。”这样说来，做人如果不修德行，就是忘记了他的祖宗，这难道不重要吗？

【原文】

晋李密，犍为人。父早亡，母何氏改醮。密时年数岁，感恋弥至，烝烝之性，遂以成疾。祖母刘氏躬自抚养。

密奉事以孝谨闻，刘氏有疾则泣，侧息，未尝解衣。饮膳汤药，必先尝后进。仕蜀为郎，蜀平，泰始诏征为太子洗马。密以祖母年高，无人奉养，遂不应命。上疏曰：“臣无祖母，无以至今日。祖母无臣，无以终余年。母孙二人更相为命，是以私情区区，不敢弃远。臣密今年四十有四，祖母刘氏今年九十有六，是臣尽节于陛下之日长，而报养刘氏之日短也。乌鸟私情，乞愿终养。”武帝矜而许之。

【译文】

吾齋之中不尚虛禮不迎客来不送客去賓主之間坐列無序真率為約簡素為具有酒且酌無酒且止清琴一曲好香一炷閑談古今靜玩山水不言是非不論官事行立坐卧忘形適意冷落家風林泉高致道義之交如斯而已羅列腥膻周旋布置俯仰奔趨揖讓拜跪內非真誠外徒矯僞一關利害反目相視此事俗交吾斯屏棄

司馬光真率銘 癸巳春月福洲書

尹福洲楷书司马光《真率铭》

尹福洲，积步斋主。1958年生于河北肃宁，河北省书法家协会会员。

西晋的李密，犍为（今四川乐山犍为）人。父亲早逝，母亲何氏改嫁。当时李密只有几岁，他性情淳厚，恋母情深，思念成疾。祖母刘氏亲自抚养他。

李密侍奉祖母以孝顺和恭敬闻名当时，祖母刘氏一有病，他就哭泣，侍候祖母，夜里都不曾脱衣。为祖母端饭菜、端汤药，他总是尝过之后才让祖母用。他后来在蜀汉做郎官。蜀中平定后，泰始初年，晋武帝委任他为太子洗马。他因为祖母年高，无人奉养，没有接受官职。他上书武帝说："我如果没有祖母，就不能活到今天。祖母如果没有我，就不能安度晚年。我们祖孙二人相依为命，因为我的区区私情，我不敢离开祖母而远行。我今年 44 岁，祖母今年 96 岁，我为陛下效劳的时日还很长，可是我报恩于祖母的日子却很短。因奉养老人的私情，我请求皇上准许我为祖母养老送终。"武帝同情他，并同意了他的请求。

【原文】

齐彭城郡丞刘，有至性，祖母病疽经年，手持膏药，溃指为烂。

【译文】

齐彭城郡丞刘，性情至为孝顺，祖母身患毒疮，长年不好，他就手拿膏药，亲自为祖母敷药治疮，以至于手指都溃烂了。

【原文】

后魏张元，芮城人，世以纯至为乡里所推。元年六岁，其祖以其夏中热甚，欲将元就井浴，元固不肯。祖谓其贪戏，乃以杖击其头曰："汝何为不肯浴？"元对曰："衣以盖形，为覆其亵。元不能亵露其体于白日之下。"祖异而舍之。年十六，其祖丧明三年，元恒忧泣，昼夜读佛经礼拜，以祈福佑。每言"天人师乎？元为孙不孝，使祖丧明，今愿祖目见明，元求代暗"。夜梦见一老翁，以金鎞疗其祖目，元于梦中喜跃，遂即惊觉，乃遍告家人。三日，祖目果明。其后，祖卧疾再周，元恒随祖所食多少，衣冠不解，旦夕扶侍。及祖没，号踊，绝而复苏。复丧其父，水浆不入口三日。乡里咸叹异之。县博士杨辄等二百余人上其状，有诏表其门闾。

【译文】

后魏时候的张元，芮城人，以性格纯厚为乡里所推崇。张元6岁的时候，他的祖父认为夏天的中午非常炎热，想把他带到井池边洗澡，可是张元坚决不肯。祖父以为他贪玩，就用手杖打他的头，问他："你为什么不愿意洗澡？"他回答说："穿衣服是为了遮体避羞。我不能在大白天袒露自己的身体。"祖父听了他的话觉得惊异，就放过了他。16岁的时候，其祖父已失明三年，张元为此忧愁、哭泣，日夜诵经拜佛，祈求神灵保佑。他常这样说："是天人师如来吗？我为孙而不孝，使祖父失明，现在我愿意让祖父重见光明，让我来代替他失明。"这天夜晚，他梦见有个老头，用金鎞治疗祖父的眼睛，张元在梦中高兴地跳起来，于是惊醒，他将这个梦告诉了家里的每一个人。过了三天，祖父的眼睛果然重见光明。此后，祖父卧病在床，持续了十天，张元一直侍候着祖父的饮食，而且衣不解带，昼夜不离。等祖父病死，他哭得死去活来。接着又丧父，他三天水米未进，乡里的人们都为之赞叹称奇。县博士杨辄等200多人上书皇帝，陈述张元的孝行，皇帝便下诏表彰。

【原文】

唐仆射李公，有居第在长安修行里，其密邻即故日南杨相也。丞相早岁与之有旧，及登庸，权倾天下。相君选妓数辈，以宰府不可外馆，栋宇无便事者，独书阁东邻乃李公冗舍也，意欲吞之。垂涎少俟，且迟迟于发言。忽一日，谨致一函，以为必遂。及复札，大失所望。又逾月，召李公之吏得言者，欲以厚价购之。或曰：水竹别墅交质。李公复不许。又逾月，乃授公之子弟官，冀其稍动初意，竟亡回命。有王处士者，知书善棋，加之敏辩，李公寅夕与之同处，丞相密召，以诚告之，托其讽谕。王生忭奉其旨，勇于展效。然以李公褊直，伺良便者久之。一日，公遘病，生独侍前，公谓曰："筋衰骨虚，风气因得乘间而入，所谓空穴来风，枳枸来巢也。"生对曰："然，向聆西院，枭集树杪，某心忧之，果致微恙。空院之来妖禽，犹枳枸来巢矣。且知赍器换缗，未如鬻之，以赡医药。"李公卞急，揣知其意，怒发上植，厉声曰："男子寒死，馁死，鹏窥而死，亦其命也。先人之敝庐，不忍为权贵优笑之地。"挥手而别。自是，王生及门，不复接矣。

【译文】

唐代仆射李公，在长安修行里有一所宅第，他的邻居就是过去的南杨相的宅第。丞相早年与李公就有来往，一直到他成为宰相，权倾天下。丞相从各地挑选了许多歌妓舞女，他认为宰相的府第不适合让这些歌女居住，而一时也找不到合适的房舍，唯独东邻李公家有多余的房舍，他就很想抢夺过来。丞相对李公的房子垂涎欲滴，现在只不过是在等待机会，而迟迟没敢张嘴。一天，丞

相很客气地给李公写了一封书信，自认为肯定能遂愿。等到李公回信后，令他大失所望。过了一个多月，丞相派人对李公说，丞相想出大价钱购买李公的房子。还说，用丞相的水竹别墅作为抵押也可以，李公再次拒绝。又过了一个多月，丞相提拔李公的子弟做官，希望李公能改变初衷，然而竟没有回音。当地有一个王处士，知书善棋，而且能说会道，李公经常与他在一起。丞相悄悄将王处士叫去，把事情告诉他，让他给想办法成全此事。王处士很痛快地接受了请托，而且立刻去积极地张罗此事。然而，他知道李公这个人不好说话，寻找机会已经很长时间了。有一天，李公病了，王处士独自陪伴在旁。李公对他说："我筋衰骨虚，冷风寒气于是便乘虚而入。这就像是人们所说的，空穴容易来风，有枳枸就会有鸟来筑巢。"王处士答道："对呀，先前我听到你的西院里，有枭鸟齐集树梢的声音，我当时就很为此忧心，不想你果真就病了。我分析，空着的院落容易招来这些怪鸟，就好像枳枸会招来鸟筑巢一样。而且你现在拿家里的东西去换钱，倒不如将西院的房舍卖掉，用来为你治病。"不料，李公一下子急了眼，他揣摩王处士可能是丞相的说客，勃然大怒，以至于头发都竖了起来。他厉声说："男子汉即便是受冻受饿而死，那也听天由命去吧！祖先留下的房舍，我怎么忍心让它变成权贵和歌妓舞女调笑的地方呢？"于是他挥手与王处士作别。从此之后，王处士再来做客，他不再接待。

【原文】

平卢节度使杨损，初为殿中侍御史，家新昌里，与路岩第接。岩方为相，欲易其厩以广第。损宗族仕者十余人议曰："家世盛衰，系权者喜怒，不可拒也。"损曰："今尺寸土，皆先人旧物，非吾等所有，安可奉权臣邪！穷达，命也。"卒不与。岩不悦，使损按狱黔中。年余还。彼室宅，尚以家世旧物，不忍弃失，况诸侯之于社稷，大夫之于宗庙乎？为人孙者，可不念哉！

【译文】

平卢节度使杨损，开始担任殿中侍御史时，家住在新昌里，与路岩的住宅相邻。路岩当时刚担任宰相，想买杨损家的马圈来扩大庭院。杨损家族的十多个当官的子弟商议说："家世的盛衰，都取决于当权者的喜怒好乐，我们不能拒绝这件事。"杨损说："我们家的尺土寸地，都是祖先留给我们的遗产，并不是我们自己的，怎么能将它奉送给权臣呢？穷困与发达，那都是命。"最终还是没有把马圈卖给路岩。路岩不高兴，就派杨损到贵州去巡视监狱。一年之后杨损才被允许回来。就连房屋住宅，他们都因为是祖传的资产，不忍舍弃，更何况诸侯对于社稷、大夫对于宗庙呢？为人子孙，能不念及祖宗吗？

◎张载家规家训

张载像

张载（1020～1077），字子厚，凤翔府郿县（今陕西眉县）人，北宋哲学家、思想家、教育家，理学支脉"关学"的创始人，世称横渠先生，尊称张子。其"为天地立心，为生民立命，为往圣继绝学，为万世开太平"的名言，因言简意宏，历代传颂不衰。张载青年时文武兼修，21岁时即向陕西招讨副使并延州知州范仲淹上书《边议九条》。范仲淹慧眼独具，劝说他弃武从文。张载从此在横渠深入钻研儒、道、释及天文和医学，融会贯通，37岁时即以《周易》为核心，初步形成了哲学思想"气本论"的雏形。38岁时，张载与苏轼、苏辙同时考中进士，先后任祁州（今河北安国）司法参军、丹州云岩（今陕西宜川）县令、签渭州（今甘肃陇西）

军事判官公事。后来张载被任命为中央政府的著作郎、崇文院校书。熙宁十年（1077），58岁的他辞官还乡，在回归横渠的途中，因病辞世。张载与周敦颐、邵雍、程颐、程颢合称“北宋五子”，有《正蒙》《横渠易说》等著述留世。

东铭

【原文】

戏言出于思也，戏动作于谋也。发乎声，见乎四支，谓非己心，不明也。欲人无己疑，不能也。过言非心也，过动非诚也。失于声，缪迷其四体，谓己当然，自诬也。欲他人己从，诬人也。或者以出于心者，归咎为己戏。失于思者，自诬为己诚。不知戒其出汝者，归咎其不出汝者。长傲且遂非，不知孰甚焉！

（《宋文鉴》卷七三）

東銘
戲言出於思也戲動作於謀也發於聲見乎四支謂非己心不明也欲人無己疑不能也過言非心也過動非誠也於聲謬迷其四體謂己當然自誣也欲他人己從誣人也或者謂出於心者歸咎於己戲失於思者自誣爲己誠不知戒其出汝者反歸咎其不出汝者長傲且遂非不知孰甚焉
吴興趙孟頫

赵孟𫖯楷书《东铭》

【译文】

平日的戏言原本是出于心中的思想，平时戏谑的举动原本是出于心中的谋划。已经由自己的声音发出来，由四肢显现出来，还认为不是出于自己的本心，这是不明智的。要想让人不怀疑自己，这是不可能的。过分的言论本非心所固有，过分的举动也不是人的诚心所应如此。由于失言而说出，由于错误乱了手脚而做出，还说这是本来真要如此的，是欺瞒自己。在这种情况下还想让别人跟从自己，是欺瞒别人。有时把出于自己内心的这些东西当成自己的戏谑，有时又把缺乏考虑的失误，自诬为出于自己本心。不知道警戒出于你本心的言论，却归罪于自以为并不出于你的本心的随意戏耍。自大自傲，并且掩饰自己的错误，不知道还有什么比这更过分的。

西銘

乾稱父坤稱母予茲藐焉乃混然同處故天地之塞吾其體天地之帥吾其性民吾同胞物吾與也大君者吾父母宗子其大臣宗子之家相也尊高年所以長其長慈孤弱所以幼其幼聖其合德賢其秀也凡天下疲癃殘疾惸獨鰥寡皆吾兄弟之顛連而無告者也于時保之子之翼也樂且不憂純乎孝者也違德曰悖害仁曰賊濟惡者不才其踐形惟肖者也知化則善述其事窮神則善繼其志不愧屋漏為無忝存心養性為匪懈惡旨酒崇伯子之顧養育英才潁封人之錫類不弛勞而底豫舜其功也無所逃而待烹申生其恭也體其受而歸全者參乎勇於從而順令者伯奇也富貴福澤將厚吾之生也貧賤憂戚庸玉女於成也存吾順事歿吾寧也

第一行中處中誤作同

心盦居士屬書

寐叟

沈曾植（1850～1922），字子培，号巽斋，别号乙盦，晚号寐叟，晚称巽斋老人、东轩居士等。浙江嘉兴人。他博古通今，学贯中西，以「硕学通儒」蜚振中外，被誉称为「中国大儒」。

沈曾植楷书《西铭》

西铭

【原文】

乾称父，坤称母；予兹藐焉，乃混然中处。故天地之塞，吾其体；天地之帅，吾其性。民，吾同胞；物，吾与也。

大君者，吾父母宗子；其大臣，宗子之家相也。尊高年，所以长其长；慈孤弱，所以幼其幼；圣，其合德；贤，其秀也。凡天下疲癃、残疾、惸独、鳏寡，皆吾兄弟之颠连而无告者也。

于时保之，子之翼也；乐且不忧，纯乎孝者也。违曰悖德，害仁曰贼，济恶者不才，其践形，惟肖者也。

知化则善述其事，穷神则善继其志。不愧屋漏为无忝，存心养性为匪懈。恶旨酒，崇伯子之顾养；育英才，颍封人之锡类。不弛劳而底豫，舜其功也；无所逃而待烹，申生其恭也。体其受而归全者，参乎！勇于从而顺令者，伯奇也。

富贵福泽，将厚吾之生也；贫贱忧戚，庸玉汝于成也。存，吾顺事；没，吾宁也。

（《宋文鉴》卷七三）

【译文】

《易经》的乾卦，表示天道创造的奥秘，被称作“万物之父”；坤卦表示万物生成的物质性原则与结构性原则，被称作“万物之母”。我如此藐小，却融天地之道于一身，而处于天地之间。这样看来，充塞于天地之间的（坤地之气），就是我的形色之体；而引领统率天地万物以成其变化的，就是我的天然本性。百姓是我的兄弟姊妹，而万物与我都是同类。

天子是我乾坤父母的嫡长子，而大臣则是嫡长子的管家。“尊敬年高者”，是为了礼敬同胞中年长的人；“慈爱孤苦弱小者”，是为了保育同胞中的幼弱之属。所谓的圣人，是指同胞中与天地之德相合的人；而贤人则是其中优异秀出之辈。天底下无论是年老多病或有残疾的人，还是孤苦无依之人或鳏夫寡妇，都是我困苦而没有地方诉说的兄弟。

及时地保育他们，是子女对乾坤父母应有的协助。如此地乐于保育而不为己忧，是对乾坤父母最纯粹的孝顺。若是违背了乾坤父母这样的意旨，就叫作“悖德”，如此伤害仁德就叫作“贼”。助长凶恶的人是乾坤父母不成材之子，而那些能够将天性表现于形色之身的人才像是乾坤父母的孝子。

能知晓造物者善化万物的功业（知晓我们的道德良知如何成就人文价值），才算是善于记述乾坤父母的事迹；能彻底地洞察造化不可知、不可测之奥秘，才算是善于继承乾坤父母的志愿。即便在屋漏隐僻独处的地方也能对得起天地神明，无愧无怍，才算无辱于乾坤父母；时时存仁心、养天性，才算是事天奉天无所懈怠。崇伯之子大禹，是透过厌恶美酒，来照顾赡养乾坤父母的；在颍谷守疆界的颍考叔，是经由点化英才、培育英才，而将恩德施与其同类。不松懈、继续努力，以使父母达到欢悦，这便是舜对天地父母所立下的功劳；顺从父命，不逃往他处，以待烹戮，这是太子申生所以被谥为“恭”的缘故。临终时，将从父母那里得来的身体完整地归还给乾坤父母的是曾参；勇于听从以顺父命的是伯奇。

富贵福禄的恩泽，是乾坤父母所赐，用以丰富我的生活；贫贱忧戚，是用来帮助你成就一番事业的。活着的时候，我顺从（乾坤父母所要求的）事理；死的时候，我心安理得，安宁而逝。

【说明】

《东铭》《西铭》是张载《正蒙乾称篇》中的一部分，张载曾将其录于横渠镇学堂墙壁两侧，东曰《砭愚》，西曰《订顽》，以之作为学规。后来程颐来到关中，对这两篇文字大为赞赏，玩味再三，把学堂窗户西边的《订顽》改称《西铭》，将贴在学堂窗户东边的《砭愚》改称《东铭》。《西铭》因是程颐改名，朱

熹又单篇作注，所以影响很大，后世都视其为张载的代表作。

《东铭》剖析了部分子弟在言听视动中所表现出的恶习，含蓄地指出，之所以有这些恶习，根本原因是他们自欺欺人，没有做到“至诚”。督促子弟要在“言”“动”等小处着眼，明确分辨并省察、改正有心之故与无心之误，正心诚意，迁善改过，以正立身之本。

《西铭》之核心思想在于：合乾坤、天地、父母（含男女、夫妇及家庭）为一体，以乾坤确立起感通之德能，阐明此德能如何从个体之身位向家庭或家政展开，并推达至天下。隐而不显的是“气之本体”感发的思想，是气之感通性贯穿其间，如果离开了“气”的贯通和感通性的话题，是不会有文本语句之层层展开的。这也与张载本人的“气本论”是相通的，而乾坤之说源于《易经》，与阴阳之气的理论也相关。

四　为

【原文】

为天地立心，为生民立命，为往圣继绝学，为万世开太平。

（《宋元学案》卷十七《横渠学案》）

【译文】

要探求天地真知，要为天下百姓谋幸福，要继承古圣先贤的思想文化精髓，要开创一个万世太平的和谐社会。

六　有

【原文】

言有教，动有法，昼有为，宵有得，息有养，瞬有存。

（《宋名臣言行录续集别集外集》卷九）

【译文】

说话要有教养，行动应有规矩。白天要有所作为，晚上应当静思自己的心得。休息时必须保养身体与气质，瞬息之间也不能放心外驰，而要有收获存养。

横渠书院内“六有”砖刻

十　戒

【原文】

戒逐淫朋队伍；戒好鲜衣美食；戒驰马试剑斗鸡走狗；戒滥饮狂歌；戒早眠晏起；戒倚父兄势轻动打骂；戒喜行尖戳事；戒近暱婢子；戒气质高傲不循足让；戒多谗言习市语。

（摘自杜崇斌《大儒张载》）

【译文】

戒追随社会下流之人不务正业；戒喜好穿着艳丽，吃喝玩乐；戒喜好骑马比剑斗鸡遛狗，招摇过市，玩物丧志；戒无节制地喝酒，贪恋歌舞；戒睡得早、起得晚，不勤奋工作和学习；戒倚仗宗族、兄弟的势力欺负人；戒不守法律规矩，带头闹事；戒亲近女仆，关系不当；戒心高气傲，不懂礼仪，不尊重他人，不懂得谦让；戒说虚伪不实的话，讲粗俗的市井之语。

◎范纯仁《诫子弟言》

范纯仁(1027～1101)，字尧夫，北宋大臣，人称“布衣宰相”。参知政事范仲淹次子，宋仁宗皇祐元年(1049)进士，曾从胡瑗、孙复学习。父亲殁后才出仕，知襄邑县，累官侍御史，同知谏院，出知河中府，徙成都路转运使。宋哲宗立，拜官给事中，元祐元年(1086)同知枢密院事，后拜相。宋哲宗亲政，累贬永州安置。宋徽宗立后，官复观文殿大学士，后以目疾乞归。建中靖国年间去世，追赠开府仪同三司，谥号忠宣。著有《范忠宣公集》。

范纯仁像

【原文】

吾平生所学，得之“忠恕”二字，一生用不尽。以至立朝事君，接待僚友，亲睦宗族，未尝须臾离此也。

人虽至愚，责人则明；虽有聪明，恕己则昏。苟能以责人之心责己，恕己之心恕人，不患不至圣贤地位也。

惟俭可以助廉，惟恕可以成德。

（《宋史·范纯仁传》）

【译文】

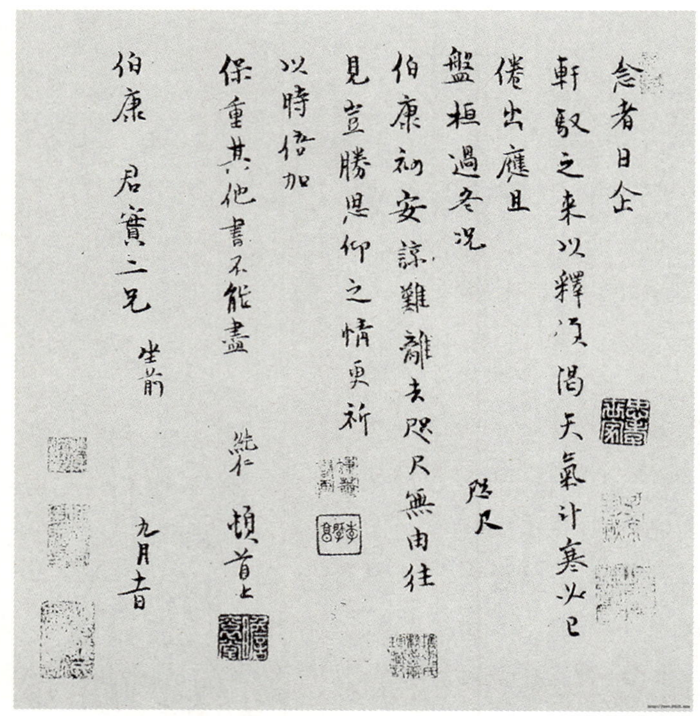
念者日企
軒馭之来以釋須渴天氣汁寒必已
倦出應且
盤桓過冬況　　咫尺
伯康初安諒難離去咫尺無由往
見豈勝思仰之情更祈
以時倍加
保重其他書不能盡　純仁頓首上
伯康　君實二兄　坐前　九月

范纯仁书法

我平生所学，主要得益于“忠恕”二字，一生受用不尽。以至于在朝廷侍奉君王，与同僚朋友交往，与宗族和睦相处等，不曾有一刻离开这两个字。

即使是愚笨到了极点的人，要求别人时却是明察的；即使是聪明人，宽恕自己时也是糊涂的。如果能用要求别人的心思要求自己，用宽恕自己的心思宽恕别人，就不用担心自己不会达到圣贤的境界了。

只有节俭可以帮助一个人廉洁清明，只有宽恕可以培养一个人应有的良好品德。

◎程颐《四箴》

程颐像

程颐（1033～1107），字正叔，宋博野（今河北保定南）人，后迁居河南伊川。曾任汝州团练推官、崇政殿说书等职。程颐和其兄程颢（1032～1085）曾从学于周敦颐（1017～1073），后来并称“二程”，同为北宋理学的奠基人。后人把二程的著作合编为《河南程氏遗书》及《外书》。当时学者称程颐为伊川先生，其事迹见《宋史·道学传》。

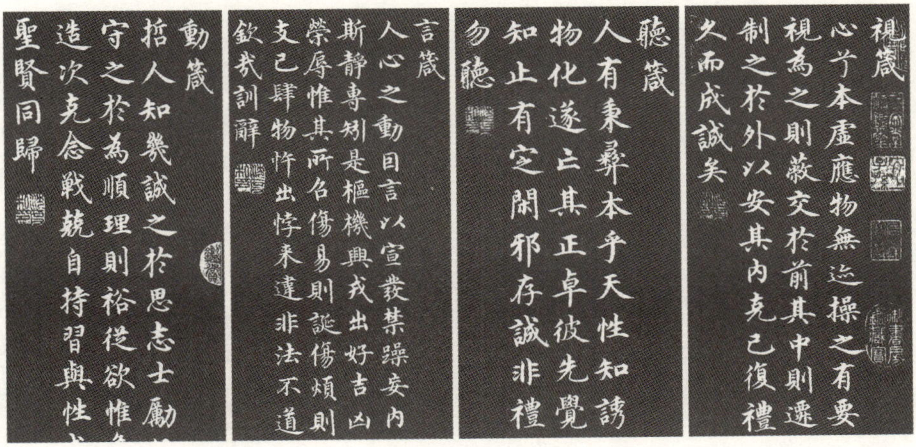

沈度书法

沈度（1357～1434），字民则，号自乐，松江华亭（今上海松江）人。明代书法家，曾任翰林侍讲学士。擅篆、隶、楷、行等书体，与弟沈粲皆擅长书法，藏于秘府，被称为“台阁体”，为明代台阁体书法的代表人物。

【原文】

颜渊问克己复礼之目，夫子曰："非礼勿视；非礼勿听；非礼勿言；非礼勿动。"四者，身之用也。由乎中而应乎外；制于外所以养其中也。颜渊事斯语，所以进于圣人。后之学圣人者，宜服膺而勿失也。因箴以自警。

视　箴

心兮本虚，应物无迹。操之有要，视为之（一作"之为"）则：蔽交于前，其中则迁。制之于外，以安其内。克己复礼，久而诚矣。

听　箴

人有秉彝，本乎天性。知诱物化，遂亡其正。卓彼先觉，知止有定。闲邪存诚，非礼勿听。

言　箴

人心之动，因言以宣。发禁躁妄，内斯静专。矧是枢机，兴戎出好。吉凶荣辱，惟其所召。伤易则诞，伤烦则支。己肆物忤，出悖来违。非法不道，钦哉训辞。

动　箴

哲人知几，诚之于思。志士厉行，守之于为。顺理则裕，从欲惟（一作"为"）危。造次克念，战兢自持。习与性成，圣贤同归。

（《二程文集》卷九《伊川文集》）

【译文】

颜渊向孔子请教为仁的条目。孔子说："不合礼的不看，不合礼的不听，不合礼的不说，不合礼的不做。"以上四件事，都是自身要实行的。由人的内心产生，而应对外物。掌握并决断外物对自己的影响，用以培养内在的本性。颜渊按孔子的这些言论去实践，所以德性进展到圣人的程度。后来向圣人学习的人应该衷心信奉，不要忘记了。就此作《四箴》以警示自己。

朱耷（1626～约1705），本名由㮵，字雪个，号八大山人、个山、驴屋等，江西南昌人。明末清初画家，中国画一代宗师。擅书法，能诗文。

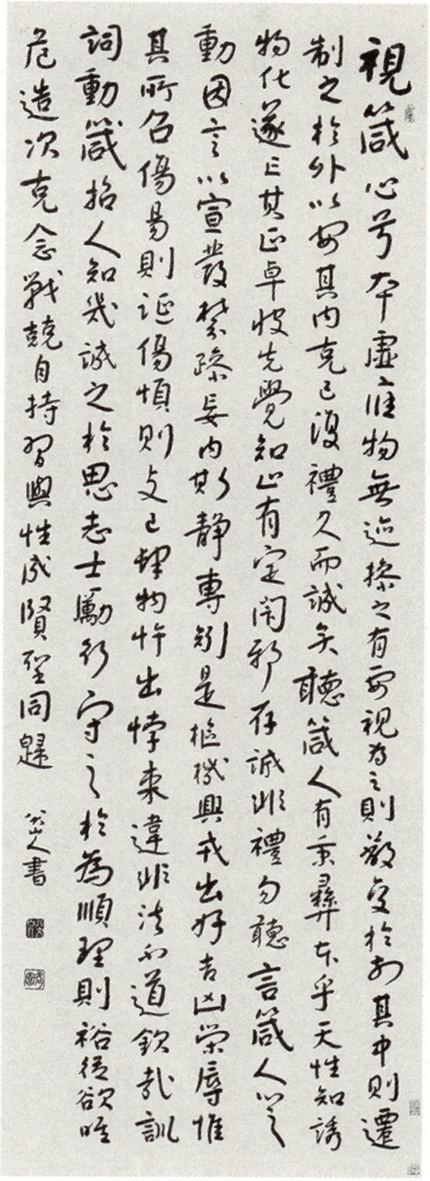

朱耷（八大山人）行书程颐《四箴》

视　箴

人的心本来是空虚灵动的，思考外界事物不留痕迹。运用心去思考有重要诀窍，观察也有它的法则：外在物欲的各种蒙蔽交织在眼前，受它的影响，仁善的本性就会发生改变。要控制外在物欲的影响，使内心安定，仁善的本性才不会发生改变。控制自己，循礼而行，时间一长就达到"诚"的境地，仁善之性也就稳定了。

听 箴

人所持有的仁善本性，本来就是先天具备的。被物欲诱导而产生变化，于是失去了先天所秉持的仁善本性。那些卓越的觉悟早于常人的人，知道要立定志向达到至善的仁的境地。防止邪恶，保持真诚的仁善本性，就要控制自己，不合礼仪制度的不听。

言 箴

人们应对外物时进行思考，要依靠言语来表达。所发的言论不能轻率虚谬，这样内心才能贞静专一，仁善本性不会发生变异。况且言论在一些情况下是事情发展的关键，言论可能引起战争，也可能引出吉祥的好事。吉祥的好事，凶险的坏事，光荣和屈辱，这一切都可能是人的言论所带来的。言论错在失常、轻率，就会流于虚妄夸诞；言论失之于繁杂、纠结，就会支离散漫，偏离主旨。自己随意滥说，就会触犯他人；自己说出违背道理的话，他人也会回敬违理之言。“不合法度的话不说”，向圣人学习的人要自觉地敬守、实行这圣贤教训的言辞。

动 箴

明智卓越的人有预见，能看出事物发生变化的征兆，在思考时不离真诚的仁善本性。有德行的人在应对世务时，行事要坚守仁善的本性。以天理的仁善指导行事就平安顺利，为满足个人的欲望和物质享受的嗜好行事，其结果就非常危险。临事时不论是安定还是匆忙，都要能想到天理的仁善，时刻要畏惧戒慎地持守仁善的本性，不能陷于物欲。这样长期不懈地进行修养，必能坚定自己的仁善的本性，就与圣贤一致了。

◎苏轼箴言

苏轼像

苏轼（1037～1101），字子瞻，又字和仲，号东坡居士，世称苏东坡、苏仙。北宋眉州眉山（今属四川眉山）人，著名文学家、书法家、画家。苏轼是宋代文学最高成就的代表，在诗、词、散文、书、画等方面均取得了很高的成就。其诗题材广阔，清新豪健，善用夸张、比喻，独具一格，与黄庭坚并称“苏黄”；其词开豪放一派，与辛弃疾同是豪放派代表，并称“苏辛”；其散文著述宏富，豪放自如，与欧阳修并称“欧苏”，为“唐宋八大家”之一；苏轼亦善书，为“宋四家”之一；工于画，尤擅墨竹、怪石、枯木等。有《东坡七集》《东坡易传》《东坡乐府》等传世。

苏元老，字在廷，是苏轼的侄孙。《与元老侄孙》是苏轼在儋州时写给他的一封书札，是一封娓娓动听的家书。

与元老侄孙

【原文】

侄孙元老秀才，久不闻问，不识即日体中佳否？蜀中骨肉，想不住得安讯。老人住海外如昨，但近来多病瘦瘁，不复往日，不知余年复得相见否？循、惠不得书久矣。旅况牢落，不言可知。又海南连岁不熟，饮食百物艰难，

及泉、广海舶绝不至，药物酱酢等皆无，厄穷至此，委命而已。老人与过子相对，如两苦行僧耳。然胸中亦超然自得，不改其度，知之，免忧。所要志文，但数年不死便作，不食言也。侄孙既是东坡骨肉，人所觑看。住京，凡百倍加周防，切祝切祝！今有书与许下诸子，又恐陈浩秀才不过许，只令送与侄孙，切速为求便寄达。余惟万万自重。

（《苏文忠公全集·东坡续集》卷七）

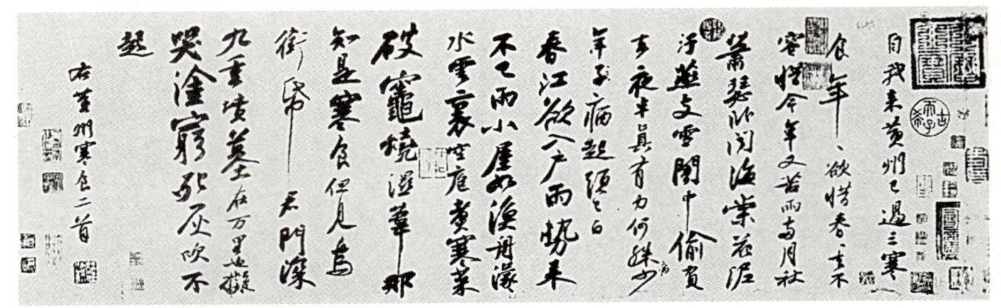

苏轼《黄州寒食诗帖》

《黄州寒食诗帖》是苏轼书法作品中的上乘，在书法史上影响很大，元朝鲜于枢把它称为继王羲之《兰亭序》、颜真卿《祭侄文稿》之后的“天下第三行书”。

【译文】

侄孙元老秀才，很久没有听到你的音信了，不知最近身体如何？四川的家人，都得不到他们安好的消息。我住在海南岛，情况一如往昔，只是近来生病，瘦了一些，不如以前那样健壮了，不知道这剩下的岁月还能不能与你再见面。循州和惠州也很久时间没有消息了。贬谪在外的凄凉孤寂，我不说你也明白。加上海南岛连年荒灾，吃饭生活等都很艰难，泉州和广州的商船很久没来了，因此连药品、鱼酱等物都没有了，穷困到这种地步，只能听天由命了。我和儿子苏过相伴过日子，就好像两个苦行僧。不过心中依然超脱自得，没有改变心意，你知道了这些，也就不必替我们担忧了。你以前向我要求的墓表，只要我不死，一定会写，不会食言的。因为你是我的侄孙，必然会受到人们的关注，你又住在京城，行事一定要百倍小心防范，切记！切记！我还有一封书信给许州的家人，但是担心送

信的陈浩秀才不路过许州，只得请他送信给你，请你再速速替我转寄吧。剩下的话不多说了，你一定要多保重呀。

广心斋铭

【原文】

细德险微，爱争彼我。君子广心，物无不可。心不运寸，中积琐琐。得之戚戚，忿欲生火。沃以远水，井泉无波。天下为量，万物一家。前圣后圣，惠我光华。

（《苏文忠公全集·东坡续集》卷十）

【译文】

小人道德渺小，心胸狭窄，爱互相争斗。君子心胸宽广，什么东西都能装得下。心的运动不超过一寸，中间积聚了琐碎的东西。得到了也忧惧，发怒和欲望像冒火。用远处的水来浇，使他的心像井水一样没有波澜。把天下作为自己的度量，将万物视作一家。前前后后的圣人，都给我光华。

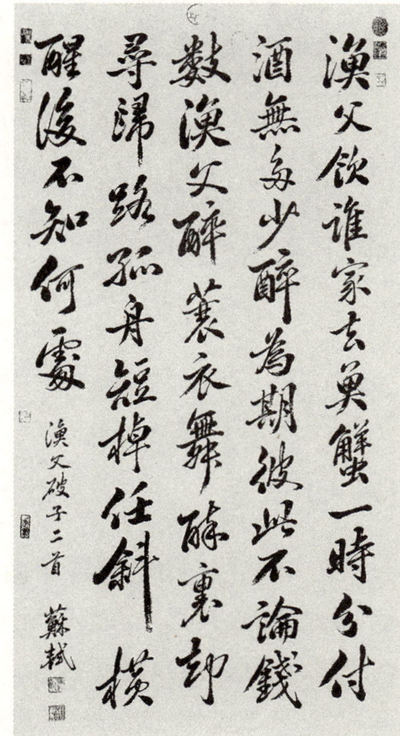

苏轼书法

◎苏辙《古今家诫》叙

苏辙像

苏辙（1039～1112），字子由，一字同叔，晚号颍滨遗老，北宋眉州眉山（今属四川眉山）人，文学家、诗人、宰相，“唐宋八大家”之一。宋高宗时累赠太师、魏国公，宋孝宗时追谥文定。苏辙与父亲苏洵、兄长苏轼齐名，合称“三苏”。其学问深受父兄影响，以散文著称，擅长政论和史论，苏轼称其散文“汪洋澹泊，有一唱三叹之声，而其秀杰之气终不可没”。其诗力图追步苏轼，风格淳朴无华，文采稍逊。苏辙亦善书，其书法潇洒自如，工整有序。有《诗传》《春秋传》《栾城集》等行于世。

【原文】

老子曰：“慈故能勇，俭故能广。”或曰：“慈则安能勇？”曰：“父母之于子也，爱之深，故其为之虑事也精。以深爱而行精虑，故其为之避害也速，而就利也果，此慈之所以能勇也。非父母之贤于人，势有所必至矣。”辙少而读书，见父母之戒其子者，谆谆乎惟恐其不尽也，恻恻乎惟恐其不入也，曰：“呜呼！此父母之心也哉！”师之于弟子也，为之规矩以授之，贤者引之，不贤者不强也。君之于臣也，为之号令以戒之，能者予之，不能者不取也。臣之于君也，可则谏，不则去。子之于父也，以几谏不敢显，皆有礼存焉。父母则不然，子虽不肖，岂有弃子者哉！是以尽其有以告之，无憾而后止。《诗》曰：“洞酌彼行潦，挹彼注兹，可以馈饎。岂弟君子，民之父母。”夫虽行潦之陋，而

无所弃，犹父母之无弃子也。故父母之于子，人伦之极也。虽其不贤，及其为子言也必忠且尽，而况其贤者乎？

太常少卿长沙孙公景修，少孤而教于母。母贤，能就其业。既老而念母之心不忘，为《贤母录》，以致其意。既又集《古今家诫》，得四十九人，以示辙，曰："古有为是书者，而其文不完。吾病焉，是以为此。合众父母之心，以遗天下之人，庶几有益乎?"辙读之而叹曰："虽有悍子，忿斗于市莫之能止也，闻父之声则敛手而退，市人之过之者亦莫不泣也。慈孝之心，人皆有之，特患无以发之耳。今是书也，要将以发之欤？虽广之天下可也。自周公以来至于今，父诫四十五，母诫四。公又将益广之，未止也。"元丰二年四月三日，眉阳苏辙叙。

（《栾城集》卷二五）

【译文】

老子说："做到仁慈就能够勇敢，做到节俭就能够广大。"有人问："做到仁慈，怎么会变得勇敢?"回答说："父母对于子女，爱之既深，所以为他们考虑得很周密。因为深爱的情感所以才能够做到精深的思虑，所以他们为了保护子女躲避灾祸就很迅速，而为子女趁机取利也十分果敢，这就是仁慈能够导致勇敢的原因。并不是父母比其他的人贤明，而是必如此啊。"我小时候读书，看见父母告诫他们的

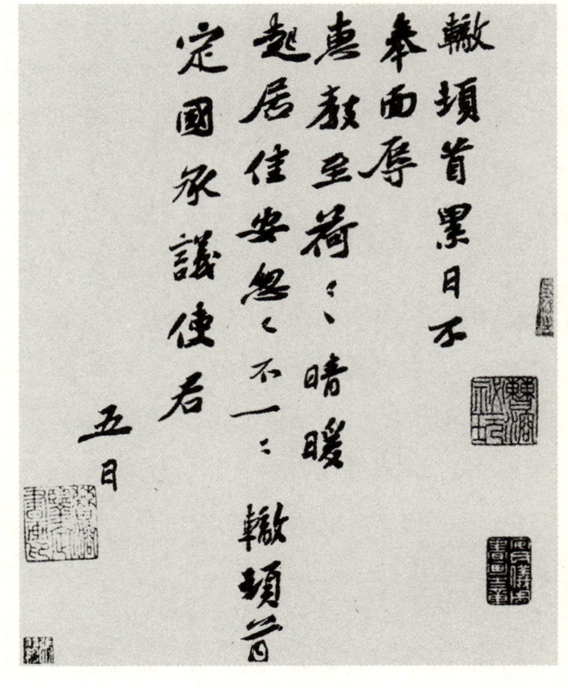

苏辙书法

子女，不厌其烦，唯恐有说不到的地方，伤心地唯恐子女听不进去劝告。那人感叹道："是啊，这就是父母的心啊！"老师对于弟子，给他们立了规矩传授给他们知识、本领，贤明的人引导他们，不贤明的人也不勉强他们。君主对于臣子，对他们发号施令告诫他们，对贤能的给予官职，对于不贤能的不授予官职。臣子对于君主，可以的话就谏诤，不然就离职而去。儿子对于父亲，用隐讳的言辞劝谏，不敢太过显露，这都是因为礼的存在约束着。父母就不这样了，儿子即使不好，哪有抛弃儿子的呢？所以他们竭尽所能教导子女，直到没有遗憾才停止。《诗经》说："到远方酌取流水，从那里舀取注入此中，可以蒸饭、煮酒食。和蔼善良的是君主，如同百姓的父母。"即使是卑陋的流水也不放弃，就像是父母不抛弃子女一样。所以父母对于子女，是人类伦理道德的极致。即使他们本身并不贤能，等到他们和自己的子女说话的时候，一定会竭尽所能地展现他们的慈爱，更何况那些贤明的父母呢？

太常少卿，长沙人孙公景修，年幼丧父而受教于母亲。母亲贤能，能够成就他的学业。等到年纪老了之后，感激母亲的心意不能够忘怀，作《贤母录》以表达他的心意。后来又编辑《古今家诫》，选了四十九人的家诫，拿来给我看，并说："古代就有辑集这种书的人，而他们的内容不完整。我对此感到遗憾，所以又编写了此书。集中天下众多父母的心，用来馈赠给天下的人，希望能够带来益处。"我读了之后感叹道："虽然有凶悍的儿子在集市上斗狠而没有人能够阻止，但他听到父亲的声音就收敛罢手退去，路过集市的人看到这一幕没有不哭泣的。慈孝的心，所有的人都有，只是担忧没有办法能够启发它罢了。如今的这本书，大概将会有所启发吧！即使推广流传于天下也是行得通的。自从周公以来到如今，父亲写的家诫有四十五篇，母亲写的家诫有四篇，孙公又把它作了扩充，当然也不止于这些。"元丰二年四月三日，眉阳苏辙叙。

【说明】

本文是苏辙为孙景修选辑的《古今家诫》所写的一篇序言。在这篇序言中，苏辙把自己对于孝、慈等人伦观念的理解表达了出来。文章紧紧围绕父

母对于子女的那种至大至亲的爱，父母为了自己的孩子能够做出一些超越他们自身能力的事情。在论述的过程中，引用《诗经》关于孝道的说法，表现了父母那种无私的爱，同时，对孙景修编写的《古今家诫》给予了很高评价。文章有理有据，写得很感人。

◎郑侠《教子孙读书》

郑侠（1041～1119），字介夫，北宋福州福清（今属福建）人。宋英宗治平年间进士，任光州司法参军。吕惠卿执政时，贬逐英州。哲宗初年，为泉州教授，后再贬英州。徽宗时得归，居家而卒。著有《西塘集》。

【原文】

水在盘盂中，可以鉴毛发。盘盂若动摇，星日亦不察。镜在台架上，可以照颜面。台架若动摇，眉目不可辨。精神在人身，水镜为拟伦。身定则神疑，明于乌兔轮。是以学者道，要先安其身。坐欲安如山，行若畏动尘。目不妄动视，口不妄谈论。俨然望而畏，曝慢不得亲。淡然虚而一，志虑则不分。眼见口即诵，耳识潜自闻。神焉默省记，如口味甘珍。一遍胜十遍，不令人艰辛。

（《西塘集》卷九）

【译文】

盘盂里盛满水，可以照见人的头发那样细微的东西。如果晃动盘盂，盘盂中的水即使像天空中星星、月亮那么大的东西也照不见了。把镜子安装在台架上，高低适中，就可以照见脸面；而如果晃动镜子，人就看不清镜中的眉毛和眼睛。人的精神是存在于身体上的，而水和镜子只是反映人的面貌。身体站稳，精神就会集中，放稳水盂和镜架，照出的影子就会胜过日月。因此说，学者之道，就要首先坐下来安心读书。坐下来身子要安稳如山，走路也要轻缓，得像害怕扬起飞尘一般。眼睛不要东张西望，也不要随便说话。要严肃认真，使人钦佩，但不要傲慢，让人不敢亲近。读书时心境要宁静，专心致志，思考问题才会有条不紊。边看边读，边读边听，牢牢记住。在理解的基础上记忆，就会感到像吃着美味可口的食品那样。像这样读书，事半功倍，能体会到其中的乐趣，而且不会使人感到读书学习的艰辛。

【说明】

这首诗是用水盂和镜子能照出人的面孔作比喻，告诫子孙要获得知识，必须心境宁静，聚精会神，专心致志，刻苦读书。

◎黄庭坚《家戒》

黄庭坚像

黄庭坚（1045～1105），字鲁直，号山谷道人，晚号涪翁，洪州分宁（今江西修水）人。北宋著名文学家、书法家，为盛极一时的江西诗派开山之祖，与杜甫、陈师道和陈与义素有“一祖三宗”（黄庭坚为其中一宗）之称。与张耒、晁补之、秦观都游学于苏轼门下，合称为“苏门四学士”。生前与苏轼齐名，世称“苏黄”。著有《山谷词》。其书法亦独树一格，为“宋四家”之一。

【原文】

庭坚自总角读书及有知识迄今，四十年时态，历览谛见润屋封君巨姓、豪右衣冠世族，金珠满堂，不数年间，复过之，特见废田不耕，空囷不给。又数年，复见之，有缧绁于公庭者，有荷担而倦于行路者。问之曰："君家曩时蕃衍盛大，何贫贱如是之速耶？"有应于予曰："嗟乎！吾高祖起自忧勤，噍类数口，叔兄慈惠，弟侄恭顺。为人子者告其母曰：'无以小财为争，无以小事为仇。'使我兄叔之和也。为人夫者告其妻曰：'无以猜忌为心，无以有无为怀。'使我弟侄之和也。于是共卮而食，共堂而燕，共库而泉，共廪而粟。寒而衣，其布同也；出而游，其车同也。下奉以义，上谦以仁，众母如一母，众儿如一儿，无尔我之辨，无多寡之嫌，无私贪之欲，无横费之财。仓箱共目而敛之，金帛共力而收之。故官私皆治，富贵两崇。逮其子孙蕃息，妯娌众多，内言多忌，人我意殊，礼义消衰，诗书罕闻，人面狼心，星分瓜剖，处私室则包羞自食，遇识者则强曰同宗，父无争子而陷于不义，夫无贤妇而陷于不仁。所志者小而失者大，至于危坐孤立，患害不相维持，此所以速于苦也。"庭坚闻而泣曰："家之不齐，遂至如是之甚，可志此以为吾族之鉴。"

（《戒子通录》卷六）

【译文】

我从小读书到现在有知识以来，已经四十年了，这期间耳闻目睹那些富门豪族、高官厚禄之家，金玉满屋，不过数年再经过那里，只见田地抛荒无人耕种，空虚的仓库没法供应粮食。几年后又看到，有的人进入牢房，有的人肩挑着担子，疲惫地行走在路上。我问他们道："你们家从前繁衍盛大，如今为什么变得贫贱了，而且是这么快呢？"有的回答我说："哎！我家高祖发家于忧劳勤勉，当时才几个人，叔父兄长慈善仁爱，弟弟侄儿恭敬顺从。做儿子的对他的母亲说：'不要为着很少的钱财去争执，不要因为小事而结为仇

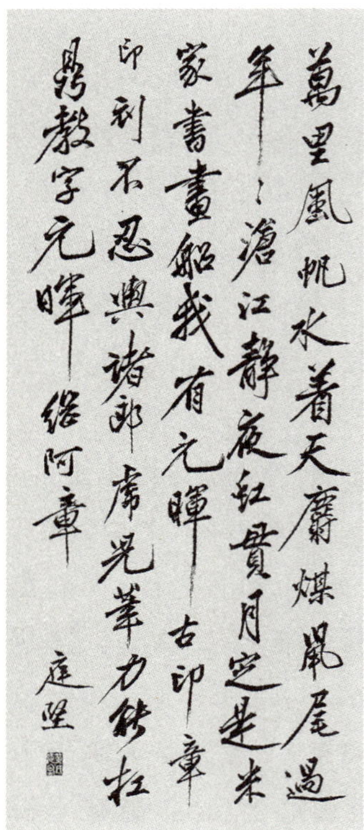

黄庭坚书法

敌。'这样使得叔父兄长们和睦相处。做丈夫的对他的妻子说：'不要有猜忌的心思，不要把有无放在心上。'这样使得弟弟侄儿都能和睦相处。一家人在同一个锅里吃饭，同在一屋里宴乐，钱财放在同一仓库，粮食放在同一个仓廪。天寒穿的衣服是同样的布料，外出坐的车没有什么两样。下辈以礼义恪守孝道，长辈以谦和施予仁爱，大家虽然各有其母，但就像一母所生；大家虽有许多子女，但待之如一人的子女，不分你我，不嫌多少，没有私欲，没有浪费的钱财。仓库衣箱大家都一起监督而收藏，金钱大家共同劳动而储积在一起。所以公私皆治，富贵两增。等到我们家子孙繁衍，妯娌众多时，家里说话的忌讳越来越多，分起你我，礼义也消失了，也听不到读书声了，个个人面兽心，大家庭四分五裂，各自躲在家里开小灶，见到有知识的就硬说是本家同宗。父亲因没有能规劝自己的儿子而陷入不义的境地，丈夫由于没有贤淑的妻子而陷于不仁的境地。个个都胸无大志，而且失误贻害越来越多，以至于各自孤立，灾难到来时不能相互支持扶救，这就是我们快速地陷入目前这种困苦境地的原因啊。"我听了这些话，流泪说道："因为没有整治好家政，所以最终落到这种可怕的地步！可以记下这些教训来作为我们家族的借鉴。"

◎杨时《此日不再得示同学》

杨时像

杨时（1054～1135），字中立，南剑州将乐县（今属福建）人，我国古代著名的理学家。北宋熙宁九年（1076）登徐铎榜进士，历任州一级的司法、推官、通判等职，还担任过知县、著作郎、工部侍郎、龙图阁直学士等。杨时少年时聪颖好学，善诗文，人称“神童”。29岁时前往河南颍昌，拜程颢为师，勤奋好学，与游酢、伊焞、谢良佐并称“程门高弟”。程颢去世后，杨时又一次北上求学，师从程颢之弟程颐。他不仅学习勤勉，而且非常尊师重道。有一次，他与游酢去拜见程颐，见老师正在厅堂上休息，不忍惊动，便静静地站在门廊下等候。这时，天空正纷纷扬扬地下着大雪，待程颐醒来，门外的积雪已经下得很厚很厚了，成语“程门立雪”讲的就是杨时的故事。

杨时一生精研理学，特别是他“倡道东南”，对闽中理学有筚路蓝缕之功，被后人尊为“闽学鼻祖”。他著述颇多，主要收集在《杨龟山先生文集》中。

【原文】

此日不再得，颓波注扶桑。跹跹黄小群，毛发忽已苍。愿言媚学子，共惜此日光。术业贵及时，勉之在青阳。行矣慎所之，戒哉畏迷方。舜跖善利间，所差亦毫芒。富贵如浮云，苟得非所臧。贫贱岂吾羞，逐物乃自戕。胼胝奏艰食，一瓢甘糟糠。所逢义适然，未殊行与藏。斯人已云没，简编有遗芳。希彦亦顽徒，要在用心刚。譬犹适千里，驾言勿徊徨。驱马日云远，谁谓阻且长。末流学多歧，倚门诵韩庄。出入方寸间，雕镌事辞章。学成欲何用，奔趋利名场。挟策博塞游，异趣均亡羊。我懒心意衰，抚事多遗忘。念子方妙龄，壮图宜自强。至宝在高深，不惮勤梯航。茫茫定何求，所得安能常？万物备吾身，求得舍即亡。鸡犬犹知寻，自弃良可伤。欲为君子儒，忽谓予言狂。

（《龟山集》卷三八）

【译文】

时光易逝，不可再得，就好像流水注入大海。一群天真浪漫的孩子，不知不觉就已头发花白。因此，我要好好地告诉学子们，应该珍惜现在的时光。学习贵在及时，从小就要立下远大的志向。所有言行要注意，不能迷失方向。圣人和强盗，最初的行为只是差之毫厘的。富贵就好像是天上的浮云，随随便便得到的东西并不见得是好的。贫穷并不是让我们感到羞愧的事，一味追逐物质的享受无异于自我戕害。用辛苦的劳动换取粮食，过着艰苦的生活。只要行为合乎道义，无论是出仕还是归隐，都没有什么不同。孔子及其弟子虽然已不在了，但其著作仍然流芳百世。希彦小时也很顽皮，但他后来用心坚定，所以也成了圣人。学习就好像是日行千里，不能够徘徊不前。要策马不停向前，不要怕路途遥远和艰难。不要像那些在学习上迷失方向的人，只知道倚门诵读韩非、庄子的文章，只懂得在方寸之间雕文琢句。学成后做什么用呢，难道是为了奔驱名利场吗？就像怀揣着书去游艺场一样，志趣不同，就会迷失方向，误入歧途。我已经年龄大了，记忆力也差了，可是你们正年轻，要树立远大的志向，自强不息。不要害怕学问的高深，只要勤奋钻研，就一定能达到高深的境界。对于一个人来说，人世纷繁复杂，有什么值得追求的？除了学问，一切身外之物得到了也不能长久。世间的一切上天都为我们事先安排好了，只要去追求，就会有收获；如果放弃，就会失去。鸡狗都知道为了生存寻找食物，自暴自弃实在是令人伤悲。你要想成为君子，成为优秀的儒生，就不要认为我说的话太狂妄。

【说明】

这首诗又名《读书舍云寺示学者》。诗中谆谆告诫后学：要甘于清贫，爱惜光阴，勤奋学习，注重道德修养，不追名逐利，具有很强的思想性和艺术性。

◎周行己《座右铭》

周行己像

周行己（1067～1125），字恭叔，世称浮沚先生。祖籍浙江瑞安芳山文周湾（今属瑞安湖岭镇）。自幼好读书，7 岁诵经书，10 余岁学属文。少年时与同里许景衡等私淑林介夫先生。14 岁其家迁往郡城永嘉。15 岁随父宦游京师。元丰六年（1083）时年 17 岁，补太学诸生，从学于陆佃、龚原“新学”。元祐二年（1087）改从太学博士吕大临“关学”。五年（1090）又赴洛阳师从程颐受学。行己“从学伊川，持身艰苦，块然一室，未尝窥”，遂成为程门著名弟子。元祐六年（1091）赴试汴京，登癸未科进士第。官太学博士、温州教授（府学官员）、齐州教授，为“温州元丰九先生”“瑞安元丰四先生”之一，对南宋永嘉事功学派诸儒影响较大。

【原文】

惟余之生兮，父命以名，谓余曰“行己”兮，俾充夫性之所能。曰：汝立志必高而宏。曰：汝学道必思而行。待人过厚，可以保生。责己尽详，然后有成。人恶勿记，人善乃称。切磋琢磨，孰无朋友。惟善可亲，惟敬能久。闻过必改，见善斯守。诚心行此，惟汝之有。圣人何得？不轻小善为无益；圣人何长？不恃小恶为无伤。告汝以行己之道，汝慎无忘。呜呼予乎，年既成人矣，而行实迷其途。嗟已往之无及，念来今之可图。汝尚不守，惟汝不孝。汝尚无知，惟汝无教。敬之戒之，久乃知效。

（《浮沚集》卷五）

惟余之生
兮父命以名謂
余曰行己兮俾
充夫性之
所能曰汝
立志必高而宏
曰汝學道必思
而行待人
過厚可以
保生責己盡祥
然後有成人惡
勿記人善
乃稱切磋
琢磨孰無朋友
惟善可親惟敬
能久聞過
必改見善
斯守誠心行此
惟汝之有聖人
何得不輕
小善為無
益聖人何長不
恃小惡為無傷
告汝以行
己之道汝
慎勿忘嗚呼予
乎年既成人矣
而行實迷
其途嗟已
往之無及念來
今之可圖汝尚
不守惟汝
不孝汝尚
無知惟汝無教
敬之戒之久乃
知效
宋周行己
座右銘
戊辰季春月
御筆

爱新觉罗·颙琰（1760～1820），原名永琰，清朝入关后的第五位皇帝，乾隆帝第十五子。1796～1820年在位，年号嘉庆。在位前四年是太上皇乾隆帝弘历发号施令，嘉庆帝并无实权。乾隆帝死后才独掌大权，惩治贪官和珅，肃清吏治。

嘉庆帝书周行己《座右铭》

【译文】

我出生时，父亲给我起名，称呼我为“行己”，使我充实那本性所具有的东西。说：你立志必须高而大。说：你学道必须经过思虑而后实行。对待别人非常厚道，你可以保全性命。要求自己详尽周全，而后才可以有所成就。别人的恶行不要记在心上，别人的善行要不吝称赞。互相学习商量，谁能没有朋友？只有善良的朋友才可接近，只有互相敬重，友谊才能长久。听到他人指出自己的过失一定要改，见到善行就学，诚心这样做，就指望你了。圣人有什么心得？不要轻视小小的善行，认为它无益。圣人有什么长处？不仗着小小的恶行，认为它无害。告诉你立身行事的方法，你千万不要忘记。哎，我呀，年龄已经是成人了，而行动实在是迷了路。叹息过去已经来不及挽回了，思念现在和将来还可想办法。

你还不听父亲的话，就是你的不孝。你还不知晓，就是你没有教养。恭敬地按它来行事，引以为戒，时间久了，就知道它的效用了。

◎胡安国《与子寅书》（节选）

胡安国（1074～1138），字康侯，号青山，学者称其为武夷先生，后世称胡文定公。原籍福建崇安（今福建武夷山）。南宋时期著名经学家和湖湘学派的创始人之一。早年拜程颢、程颐弟子杨时为师，研究性命之学。入太学时，又从程颐之友朱长文、靳裁之，得程学真传。其治学理念上承二程，下接谢良佐、杨时、游酢，在理学发展史上居于承上启下的地位。胡安国对心、理、性等理学范畴的研究虽尚未形成规范的理论体系，但其以心为本、心与理一的思想对后学产生了重要影响。

胡安国像

【原文】

公使库待宾，并以五盏为率，自足展尽情意。

禁奸吏必止其邪心，不徒革面。为政必以风化德礼为先，风化必以至诚为本。民讼既简，每日可着一时工夫，详与理会，因训道之使趋于善，且以风动左右，不无益也。

立志以明道，希文自期待；立心以忠信，不欺为主本；行己以端庄，清慎见操执；临事以明敏，果断辨是非；又谨三尺，考求立法之意而操纵之；斯可

为政，不在人后矣，汝勉之哉！治心修身，以饮食男女为切要，从古圣贤，自这里做工夫，其可忽乎？

君实见趣本不甚高，为他广读书史，苦学笃信，清俭之事而谨守之。人十己百，至老不倦，故得志而行，亦做七分已上人。若李文靖澹然无欲，王沂公俨然不动，资禀既如此，又济之以学，故是八九分地位也。后人皆不能及，并可师法。

汝在郡，当一日勤如一日，深求所以牧民共理之意，勉思其未至，不可忽也。若不事事，别有觊望，声绩一塌了，更整顿不得，宜深自警省，思远大之业。

（《戒子通录》卷六）

【译文】

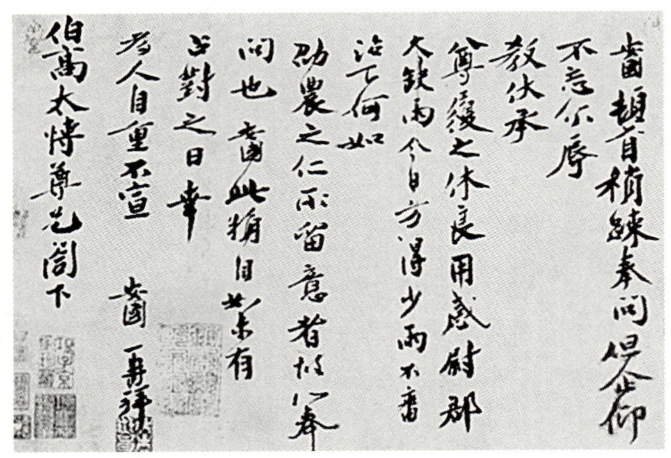

胡安国尺牍

用公款请客，饮酒以五杯为度，足以表达盛情就可以了。

禁止奸吏做坏事，必须去掉他的邪心，而不仅仅是表面上改正。处理政务要以风俗教化、道德礼义为先。而风俗教化又必须以至诚不欺为根本。诉讼案件少了，每天就可抽出一些时间接近百姓，加以教育，使之心存向善学好，也可以为身边的人做出表率，使他们效仿，这样做不是没有益处啊。

立下志向追求圣贤之道，期望自己成为范希文（仲淹）那样的人。居心忠厚守信用，诚实不欺；行为端正庄重，操守清廉谨慎；处理事情精明敏捷，果断辨明是非；考求立法的原意，谨慎执法；这样，你的政绩就不会落在别人的后边，你一定要以之勉励自己啊！修养身心，要特别注意不能在吃喝和两

性关系方面出问题。自古以来，有才华、品德高尚的人，都在这一点上严于律己，难道你可以疏忽放任自己吗？

君实（司马光）的见识意趣本来不是很高，但他能广泛阅读，勤苦学习，坚定信心，持身处世清俭，并且坚持到底。别人用十分力气，他就用百分力气，一直坚持到老也不知疲倦。像李文靖公（李沆）恬淡无欲，王沂公（王曾）庄严不动，天资禀赋既好，再加上勤奋好学，所以十分能做到八九分，后人都不及他们，可资效仿。

你在郡为官，应当一天比一天勤奋，深入探求治理国家的道理，想想什么还没有办到，不能疏忽大意。如果不是亲自去做事，一旦声名事业一败涂地，要想重新整顿就很难了。你要时刻提醒自己，想着更远大的事业。

◎叶梦得《石林家训》（节选）

叶梦得像

叶梦得（1077～1148），字少蕴，苏州吴县（今江苏苏州）人。宋代词人。绍圣四年（1097）登进士第，历任翰林学士、户部尚书、江东安抚大使等官职。晚年隐居湖州弁山玲珑山石林，故号石林居士，所著诗文多以“石林”为名，如《石林燕语》《石林词》《石林诗话》等。死后追赠检校少保。在北宋末年到南宋前半期的词风变异过程中，叶梦得是起到先导和枢纽作用的重要词人。作为南渡词人中年辈较长的一位，叶梦得开拓了南宋前半期以“气”入词的词坛新路。叶词中的气主要表现在英雄气、狂气、逸气三方面。

【原文】

张謇（1853～1926），字季直，号啬庵，祖籍江苏常熟，生于江苏省海门市长乐镇（今海门市常乐镇）。清末状元，中国近代实业家、政治家、教育家，主张：「实业救国」。中国棉纺织领域早期的开拓者。

张謇行书节录叶梦得《避暑录话》

《易》曰："乱之所由生也，言语以为阶。君不密则失臣，臣不密则失身。"庄子曰："两喜多溢美之言，两怒多溢恶之言。"大抵人言多不能尽实，非喜即怒。喜而溢美，有失近厚；怒而溢恶，则为人之害多矣。孟子曰："言人之不善，当如后患何？"夫己轻以恶加人，则人亦必轻以恶加我，以是自相加也。吾见人言，类不过有四：习于诞妄者，每信口纵谈，不问其人之利害，于意所欲言。乐于多知者，并缘形似，因以增饰，虽过其实，自不能觉。溺于爱恶者，所爱虽恶，强为之掩覆。所恶虽善，巧为之破毁。轧于利害者，造端设谋，倾之惟恐不力，中之惟恐不深。而人之听言，其类不过二途：纯质者不辨是非，一皆信之；疏快者不计利害，一皆传之。此言所以不可不慎也。今汝曹前四弊，吾知其或可免，若后二失，吾不能无忧。盖汝曹涉世未深，未尝经患难，于人情变诈，非能尽察，则安知不有因循陷溺者乎！故将欲慎言，必须省事，择交每务简静，无求于事，令则自然不入是非毁誉之境，所以游者，皆善人端士，彼亦自爱己防患，则是非毁誉之言亦不到汝耳。汝不得已而友纯质者，每致其思则而无轻信；友疏快者，每谨其戒而无轻薄，则庶乎其免矣。

【译文】

《易经》上说："乱子之所以会产生，语言是它的阶梯。国君不慎密就会失掉臣子，臣子不慎密就会丧失生命。"庄周说："二人相互友好，就彼此过分地夸奖；二人相互怨恨，就互相严厉地谴责。"大致人的话多数都不完全真实，不是喜就是怒。喜的时候往往会过分夸奖，有失亲近宽厚；怒的时候往往会过分指责，危害很大。孟子说："说人不好的人，他自己也应该想想后来的祸患怎么样呢？"轻易地把恶语加于人，那么他也必然轻易地把恶言加于自己，这等于自己加害于自己。我见人说话，不过有四类：一是惯于说些虚妄的话，每每信口开河，不问利害，想怎么说就怎么说。二是好表现知道得多的人，听到一些似是而非的话，就不惜添枝加叶、添油加醋，虽然言过其实，自己还不能察觉。三是沉溺于个人所爱所恶的人，所爱的人尽管很恶，也硬要为他掩饰，所恨的人尽管很善，也想方设法去诋毁。四是为利害而互相倾轧的人，制造事端，设置阴谋，唯恐倾轧不力，唯恐中伤不深。而人听话，也只有两类：淳朴的人不辨是非，一切话都相信。嘴快的人不管后果如何，一切话都加以传播。所以不能不谨慎啊！如今对你们来说，前面所说的四种弊病我知道也许可以避免，而像后两类，就不能不引起我的担心了。由于你们阅历不深，没有经过患难和挫折，对于人情世故、突然事件不能尽察，因此可能不知变通而执迷不悟。所以，如果说话要谨慎，必须省事，交朋友一定要少，不要什么事都求别人办，这样自然就不会进入是非之地。所以来往的人，都是善良正直的人，他们也很自爱，防患于未然，那些搬弄是非、毁人誉人的话也不会传到你的耳朵里。你不得已才与淳朴的人为友，不要轻信别人的话；不要与嘴快的人交友，凡事要谨慎，不能轻浮，如果能够这样，就可以基本上免除祸患了。

【原文】

旦起须先读书三五卷，正其用心处，然后可及他事。暮夜见烛亦复然。

若遇无事，终日不离几案。苟能如此，一生永不会向下，作下等人。如见他事，自然不妄。吾二年来目力极昏，看小字甚难。然盛夏帐中，亦须读书。至极困，乃就枕。不尔胸次歉然，若有未了事，往往睡亦不美，况昼日乎？若凌晨便治俗事，或冗或默闲坐，日复一日，与书卷渐远，岂复更思学问？如此不流入俗人，则着衣吃饭，一骙子弟耳。况复博弈饮酒，追逐玩好，寻求交友，惟意所欲。有一如此近二三年，远五六年，未有不丧身破家者。此不待吾言，知之，则庶乎其免矣。

【译文】

清晨起来必须先读上三五卷书，端正自己的心态，然后才可以做其他的事情。晚上点灯后也要这样。倘若没有遇到什么特别重大的事情，就应该整天不离书桌。如果能像这样，一生永远也不会向下走，做下等人。倘若看到其他事情，自然不会乱想。我近两年来视力非常模糊，看小字特别艰难。然而即便酷夏之夜在帐中，也一定要读书。直到困到极点的时候，才就枕入睡。如果不这样就感觉心中好像亏欠了什么，似乎有什么没有了结的事一样，往往睡也睡不香，更何况是白天呢？如果清晨就操办流俗杂事，有时冗繁，有时呆处，这样日复一日，年复一年，与书卷逐渐疏远，怎么还能想到学问呢？这样即便不变成庸俗之人，也不过是一个只知道吃饭穿衣的痴呆子弟罢了。更何况再去赌博下棋，花天酒地，追求玩物娱乐，结识狐朋狗友，随心所欲地行事。一旦如此，短者二三年，长者五六年，没有不家破人亡的。这些都不需要我说。如果能明白这一点，那么也许可以避免灾祸。

◎吕本中《官箴》

吕本中(1084～1145)，字居仁，世称东莱先生。祖籍莱州(今属山东)，寿州(今安徽凤台)人。宋代诗人、词人、道学家。诗属江西派。著有《春秋集解》《紫微诗话》《东莱先生诗集》等。今人赵万里《辑宋金元人词》辑有《紫微词》，《全宋词》据之录词 27 首。吕本中诗数量较多，约 1270 首。

【原文】

当官之法，唯有三事：曰清，曰慎，曰勤。知此三者，可以保禄位，可以远耻辱，可以得上之知，可以得下之援。然世之仕者，临财当事，不能自克，常自以为不必败。持不必败之意，则无所不为矣；然事常至于败而不能自已，故设心处事，戒之在初，不可不察。借使役用权智，百端补治，幸而得免，所损已多，不若初不为之为愈也。司马子微《坐忘论》云：“与其巧持于末，孰若拙戒于初。”此天下之要言，当官处事之大法，用力简而见功多，无如此言者，人能思之，岂复有悔吝耶？

康熙帝书法“清慎勤”匾额

【译文】

当官的方法，只有三个：一是清廉，二是谨慎，三是勤奋。做到这三样，就可以保持你的官位俸禄，可以远离耻辱，可以得到上司的器重，可以得到下属的尊重与服从。然而世上有些当官的人，在钱财面前，遇事不能克制自己的私欲，常常认为非法的行为一定不会败露。抱着这种非法行为一定不会败露的想法，就会无所不为，什么非法的事都敢做了，常常到了败露的地步还不能约束自己，不知道有所收敛。所以在考虑处理事务时，开始就应该有所警戒，不做违法的事，不能不详细地分辨行事的对错。做了非法的事后，纵然使用权谋机巧，用各种办法去补救，幸而得以避免败露，自己损失得也已经够多的了，不如当初不做为好。司马子微《坐忘论》说："与其后来用虚伪欺诈的办法去寻求补救，怎么比得上开始就坚定地保持警戒，不做不合道义的事。"这句话是世上切要精妙的言论，是当官处事的基本法则，照着做很简单，成效很大，没有比得上它的。人们能想通这句话，哪里还会遭受灾祸呢？

【原文】

事君如事亲，事官长如事兄，与同僚如家人，待群吏如奴仆，爱百姓如妻子，处官事如家事，然后为能尽吾之心，如有毫末不至，皆吾心有所未尽也。故事亲孝，故忠，可移于君；事兄悌，故顺，可移于长；居家理，故治，可移于官，岂有二理哉！

【译文】

侍奉皇帝就好像侍奉自己的父母，侍奉上级长官就好像侍奉自己的兄长，与同事相处就好像与家人相处，对待官署里的胥吏、差役就好像对待家中的奴仆那样严格，爱护百姓就好像爱护自己的妻子儿女，处理衙门的政事就好像处理自己的家事，如果都这样做了，就算得上是尽心尽力了。如果有一点没有做到，都是自己没有尽到心力。所以孔子说“孝顺地侍奉双亲，这是真诚无私的忠心，可以转移到侍奉君主身上；敬重地侍奉兄长，这是和顺的心意，可以转移到侍奉上级长官身上；在家务事上整饬安定，这是治家严整有规矩，可以转移到当官任职处理政务上”。在家事和国事上，难道还有两个道理吗？

【原文】

当官处事，常思有以及人。如科率之行，既不能免，便就其间求其所以使民省力，不使重为民害，其益多矣。不与人争者，常得利多；退一步者，常进百步；取之廉者，得之常过其初；约于今者，必有垂报于后：不可不思也。惟不能少自忍者必败，此实未知利害之分，贤愚之别也。予尝为泰州狱掾，颜岐夷仲以书劝予治狱次第，每一事写一幅相戒。如夏月处罪人，早间在东廊，晚间在西廊，以辟日色之类。又如狱中遣人勾追之类，必使之毕此事，不可更别遣人，恐其受赂已足，不肯毕事也。又如监司、郡守严刻过当者，须平心定气与之委曲详尽，使之相从而后已，如未肯从，再当如此详尽，其不听者少矣。

【译文】

当官处理政事，要经常想到为百姓带去好处。例如实施向民间定额征购物资的政策，既然不能免除此事，就应该在实施中找出能够使百姓少费力气的办法，不让它加重百姓的负担，对百姓的好处就多了。不和他人争好处的人，常常能多获得利益；遇事多退一步的人，常常能前进一百步；争取利益时不苟且、不贪心，得到的反而比当初多；当下能简省，以后一定会得到回报：这些在处理政事时，不能不考虑。一点都不能自我克制的人，一定会失败，这实在是因为不能分辨利益与损害、贤能与愚笨的原因。我曾经担任泰州狱掾，友人颜歧写信劝诫我，按顺序每一件事写一条办事要领以为警戒。如夏天发落犯人，早晨在西边的官厅，晚间在东边的官厅，用以避免阳光之类。又比如狱中派人拘捕犯人之类的差事，一定要让所派的差人办完公事，不能中途又另外派人拘捕，以免他从犯人那里得到了不少贿赂，不肯办完差事。又比如上级监察长官和知府，如果过分严厉苛刻，就必须根据事实，平心静气、详尽委婉地向他们汇报解释，直到让他们同意为止。假如他们不肯听从，必须再次向他们解释，这样做，上级不听从的情况很少。

【原文】

当官之法，直道为先。其有未可一直向前，或直前反败大事者，须用冯宣徽、惠穆“秤停”之说。此非特小官然也，为天下国家当知之。

【译文】

当官处事，行正道是首要的，但是有些事情因为有各种复杂的原因，不能直奔主题，直奔主题往往会坏了大事，这就需要用冯宣徽、吕公弼所称赞的“斟酌审量，务求平正”之说，权衡利弊，化解各方面的阻力，以求达到目的。不仅做小官的人要学会这样做，治理天下国家的人，也应该知道这样的道理。

【原文】

黄兑刚中尝为予言：顷为县尉，每遇检尸，虽盛暑，亦先饮少酒，捉鼻亲视。人命至重，不可避少臭秽，使人横死无所申诉也。

【译文】

黄兑曾经对我说过：最近任职县尉，每次遇到验尸，即使是夏天最热的时候，

也要事先喝一点酒，捏着鼻子亲自查看。人的生命是最宝贵的，当官的不能为了避免一点污秽臭气，不认真勘检，致使他人被害而得不到公正的申诉。

【原文】

范侍郎育作库务官，随人箱笼只置厅上，以防疑谤。凡若此类，皆守臣所宜详知也。

【译文】

户部侍郎范育在当库务官时，在官衙理事，随身的箱笼只放在官厅上，避免引起旁人的猜疑而招来诽谤。像这样要避免他人猜疑的事都是地方官员应该详细了解的。

【原文】

徐丞相择之尝言："前辈尽心职事。"仁庙朝，有为京西转运使者，一日见监窑官。问："日所烧柴凡几灶？"曰："十八九灶。"曰："吾所见者十一灶。何也？"窑官愕然。盖转运使者晨起望窑中所出烟几道知之。其尽心如此。

【译文】

丞相徐择之曾经说："官场前辈担任职务当尽心竭力。"仁宗皇帝时，有位担任京西转运使的官员，一天接见监窑官，问道："每天有几座窑灶点火烧柴？"监窑官答道："大约十八九座。"京西转运使说："我所看到的只有十一座，为什么呢？"监窑官惊讶不已，回答不上来。原来这位转运使是早晨起来从窑灶处升起几道烟了解到实情的。他们就是这样尽心地履行自己的职务。

【原文】

当官者，凡异色人皆不宜与之相接，巫祝、尼媪之类尤宜疏绝，要以清心省事为本。

【译文】

当官的人，凡是那些与一般人不同的人，都不应该与他们交往，巫祝、尼姑之类的人尤其应该疏远、隔绝，总归要把居心清正、处理政务作为根本。

【原文】

后生少年乍到官守，多为猾吏所饵，不自省察，所得毫末，而一任之间不复敢举动。大抵作官嗜利，所得甚少，而吏人所盗不赀矣。以此被重谴，良可惜也！

【译文】

年轻人刚到任所执行官员的职责，多为狡猾的胥吏所引诱，自己不能审察是非，被拖下水，因为得到一点私利，在整个任期内就不敢有所作为了。一般说来，当官贪求私利，得到的不多，胥吏盗窃的好处却不少。一些官员因此被王法从严谴责惩处，实在是可惜呀！

【原文】

当官者先以暴怒为戒，事有不可，当详处之，必无不中。若先暴怒，只能自害，岂能害人？前辈尝言："凡事只怕待。"待者，详处之谓也；盖详处之，则思虑自出，人不能中伤也。

【译文】

当官的人首先要警戒大怒，遇到不能办的事情，就应该审慎地分析它，一定会找到正确的处置办法。假如一开始就大怒，这样只会损害自己，怎么能惩罚他人？官场前辈说过："凡事只怕待。""待"就是去审慎地分析；审慎地分析后自然能思索出结果，其他人就不能中伤自己了。

【原文】

孙思邈尝言："忧于身者，不拘于人；畏于己者，不制于彼；慎于小者，不惧于大；戒于近者，不侈于远。如此，则人事毕矣。"实当官之要也。

【译文】

孙思邈曾经说："经常担心自己能不能诚敬处事的人，不会被他人束缚；经常担心自己偏离道义的人，不会被他人控制。小处都能谨慎的人，不会害怕面对大事；随时都能警惕戒慎的人，永远不会被轻慢侮辱。能够做到这样，人情事理的应对就完全没有问题。"这话实在是当官的要诀。

【原文】

叔曾祖尚书当官至为廉洁，盖尝市缣帛欲制造衣服，召当行者取缣帛，使缝匠就坐裁取之，并还所直钱与所剩帛，就坐中还之。荥阳公为单州，凡每月所用杂物悉书之库门，买民间未尝过此数，民皆悦服。

【译文】

我的曾叔祖当官非常廉洁，曾经要买丝绢做衣服，叫供丝绢的工匠送来丝绢，让裁缝当场裁取所需的丝绢，同时把应该付的丝绢价钱和余下的丝绢立刻交给工匠带走。荥阳公任单州知州时，凡是每个月要使用杂物的品种和数量都写在仓库门上，从民间购买，都不曾超过这个数目，百姓们对他都心悦诚服。

【原文】

关沼止叔获盗，法当改官。曰："不以人命易官。"终不就赏，可谓清矣。然恐非通道，或当时所获盗有情轻法重者，止叔不忍以此被赏也。

【译文】

关沼破获了一件盗案，根据法规应该晋升调任另一官职。关沼说："我不想拿别人的性命换官做。"最终没有接受升迁，他这样做可以说是为官清正，但恐怕不能普遍适用，或许当时破获的盗案有情节轻却处罚重的情况，他不忍心因此而接受升职的奖赏。

【原文】

当官取佣钱、船家钱之类，多为之程而过受其直。所得至微，所丧多矣，亦殊不知此数亦吾分外物也。

【译文】

当官的报销佣钱、船家钱之类的开支，往往多报，以获取超过应得的钱数。这样做得到的私利虽然微小，但是在德行上失去的就很多了，竟然不知道这些钱原本是官员名分以外的收入。

【原文】

当官者,前辈大多不敢就上位求荐章,但尽心职事,所以求知也。心诚尽职,求之虽不中,不远矣,未有学养子而后嫁者也。当官遇事,以此为心,鲜不济矣。

【译文】

当官的人中,前辈多不敢向所知的显达高官要求举荐自己,只是尽心做好自己的本职工作,用这种办法来让上司了解自己。诚心尽职,做出成就,谋求升职,即使不能很快成功,但也不会很远了,就像没有女子先学会养育孩子的方法然后再出嫁那样。当官做事,只要有这个想法,就没有不成功的。

【原文】

畏避文法,固是常情,然世人自私者,常以文法难任,委之于人。殊不知人之自私亦犹己之自私也,以此处事,其能有济乎?其能有后福乎?其能使子孙繁衍昌盛乎?

【译文】

害怕和躲避法律法规固然是人之常情,但是世上自私的人常常因为难以担当法律法规,就推卸给他人。殊不知别人只图个人的利益,只为自己打算,与自己的自私也是一样的,用这种不敢担当的心态做事,能把事办好吗?能获得未来的幸福吗?能使后代子孙繁衍昌盛吗?

【原文】

当官处事，务合人情，忠恕违道不远，观于己而得之，未有舍此二字而能有济者也。尝有人作郡守，延一术士同处书室，后术士以公事干之，大怒，叱下，竟致之理，杖背编置。招延此人，已是犯义，即与之稔熟而干以公事，亦人常情也，不从之足矣，而治之如此之峻，殆似绝灭人理。

【译文】

当官处理事情，一定要合乎人情，忠、恕离中庸之道不远，从自己的行为可以看出自己能不能实行中庸之道，没有不奉行忠、恕而能实行中庸之道的人。曾经有一个知府，把一个会占卜的术士请到府邸，二人时常一同在书房逗留。后来术士拿公事向知府请托，知府非常愤怒，呵斥术士，并且把他关押起来，按刑法处置，拷打后发配到边远地区，受地方官管束。招延这种人已经是损害了道义，主客熟悉后，客人请托公事也算是合乎人情，你不听从就够了，用这种严酷的手段处置，几乎是毁灭做人的道德规范。

【原文】

尝谓仁人所处，能变虎狼如人类，如虎不入境、不害物，蝗不伤稼之类是也。如其不然，则变人类如虎狼，凡若此类及告讦中伤，谤人欲置于死地是也。

【译文】

我曾经说过，仁德的人所在的地方，能将虎狼变得像人一样友善，如老虎不到他的境内、不伤人，蝗虫不吃庄稼一类的情况就是这样。否则，就会使正常的人变成像虎狼一样凶残，那些告发别人的阴私、诬蔑别人、造谣诋毁别人，直到把别人置于死地的情况就是这样。

【原文】

唐充之广仁，贤者也。深为陈、邹二公所知。大观、政和间守官苏州，朱氏方盛，充之数刺讥之，朱氏深以为怨，傅致之罪。刘器之以为：充之为善欲人之见知，故不免自异，以致祸患，非明哲保身之谓。

【译文】

唐充之是有才德的人，朝廷大臣陈瓘、邹浩非常欣赏他。唐充之在大观、政和年间任职苏州，当时朱勔父子势力很大，唐充之多次讥评讽刺他们。朱勔父子非常怨恨唐充之，于是就虚构罪名陷害他，使他失去官职。刘安世认为：充之去做正义的事情，希望他人都了解，所以不免与众不同，不去迎合他人，以致遭受祸患，这不是明哲保身之法。

【原文】

当官大要，直不犯祸，和不害义，在人精详斟酌之尔。然求合于道理，本非私心专为己也。

【译文】

当官最重要的莫过于正直而不招惹灾祸，和善而不损害大义，临事精细周详地考虑罢了。而且不过是要求能够合乎道义，本来就不是自私地专为自己打算。

【原文】

刘器之，建中、崇宁初知潞州，部使者观望治郡中事，无巨细皆详考，然竟不得毫发过。虽过往驿券，亦无违法予者。部使者亦叹伏之。后居南京，有府尹取兵官白直点磨，他寓居无有不借禁军者，独器之未尝借一人，其廉慎如此。

【译文】

刘器之，建中靖国年间和崇宁初年任潞州知州，朝廷派监司的官员到他的任所考察其政务有无缺失，不论大事小事都详加审察，然而竟然找不到一丝一毫的过错。即使是经过潞州的公务人员所需的驿券，也没有不合法令给予的情况。监司官员对刘器之也赞叹佩服。后来刘器之在南京时，有位府尹调用军营官兵，不给报偿，让官兵为自己去做清点、查核一类的公事，以致其他寄居在南京的官员没有不借用军营士兵的，只有刘器之没有借用过一个士兵。他就是廉洁谨慎到这种地步。

【原文】

故人龚节亨彦承尝为予言："后生当官，其使令人无乞丐钱物处，即此职事可为；有乞丐钱物处，则此职事不可为。"盖言有乞丐钱物处，人多陷主人以利或致嫌疑也。

【译文】

老朋友龚节亨曾经对我说过："年轻人当官，在其任所，如果他的随从没有借用、索取钱物的来源，那么此处的职务可以做；如果有借用、索取钱物来源，那么此处的职务就不可以做。"这是因为如果有借用、索取钱物的来源，那么随从会为利益谋害主人，或是为主人带来被怀疑有贪赃枉法行为的可能。

【原文】

前辈尝言："公罪不可无，私罪不可有。"此亦要言，私罪固不可有，若无公罪，则自保太过，无任事之意。

【译文】

官场前辈曾经说过："因为处理公事而获得的罪过不能没有，借助公职谋取私利而获得的罪过不能有。"这也是做官的至理名言，贪赃枉法而获罪本来就是不应该的，假如任职中没有一点过错，那就是过于维护自己的官职禄位，没有承担责任的诚意。

【原文】

范忠宣公镇西京日，尝戒属官受纳租税不要令两头探。或问何谓。公曰："贤问是也。不要令人户探官员等候；受纳官员不要探纳者多少，然后入场。此谓两头探，但自绝早入场等人户，则自无人户稽留之弊。"

【译文】

范忠宣公（范纯仁）镇守西京的时候，曾经告诫下属官吏接受民户交纳租税时不要使人两头预先等待。下属问两头等是什么意思。忠宣公说："你问得好。不要让交租的人在官员到来之前到场等候；收税官员不要预先了解交税人的有多少，然后进场。这就是两头等。收税官员只管自己尽早入场去等完粮纳税的人，那就自然没有民户延迟纳税的弊病了。"

◎李侗《家训八要》

李侗像

李侗（1093～1163），字愿中，学者称延平先生。南剑州剑浦（今属福建南平）人。李侗为程颐的二传弟子，年轻时拜杨时、罗从彦为师，得授《春秋》《中庸》《论语》《孟子》，学成退居山田，谢绝世故40年。他认为万物统一于天理，只是天理的变化，提出“理与心一”的主张与“默坐澄心，体认天理”的认识方法。朱熹曾从游其门，并将其语录编为《延平答问》。李侗对朱熹十分器重，把贯通的“洛学”传授朱熹。自此朱熹不但承袭二程的“洛学”，而且综合了北宋各大家思想，奠定了他一生学说的基础。著有《李延平集》。

【原文】

一要孝，父母面前无违拗。在生不见子承欢，死后念经有何效？尔子在旁看尔样，忤逆之人忤逆报。当知孝。

二要悌，兄长面前无使气。手足痛痒本相关，尔争我妒终何益？有酒有肉朋友多，打虎还是亲兄弟。当知悌。

三要忠，富贵贫贱本相同。譬如替人谋一事，能尽其心便是忠。一点欺心天不依，弄得钱来转眼空。当知忠。

四要信，一诺千金人所敬。譬如约人到午时，不到未时终是信。若是一事不践言，下次说来人不信。当知信。

五要礼，循规蹈矩无粗鄙。先生长者当尤尊，子弟轻狂人不敢。况我侮人人侮我，到底哪个饶了你。当知礼。

六要义，事大遇幼无不及。譬如一事本当为，有才也要留余地。又如好事不向前，懦弱何无男子气。当知义。

七要廉，百般有命只由天。口渴莫饮盗泉水，家贫休要昧心钱。巧人诈得痴人谷，痴人终买巧人田。当知廉。

八要耻，好汉原来一张纸。含羞忍辱骗得来，哪知背后有人指。寄语男儿当自强，甘居人下何无耻。当知耻。

【译文】

一要孝顺父母，不要违背父母的心意。父母在世时没有好好孝敬，父母不在了请和尚、道士念经做法事有什么用？你的孩子在一边看你做、学你样，忤逆之人也会现世报。所以，应当懂得孝道。

二要敬爱兄长，不能对兄长发脾气。兄弟本是同根生，互相妒忌争吵有什么好处？酒肉朋友要不得，打虎还得亲兄弟。所以，应当懂得对兄长恭敬。

三要对人忠心，朋友之间应不分富贵贫贱。尽心尽力帮助人就是忠，不得有半点欺心。否则老天爷也不会放过你，让你弄来的钱财转眼成空。所以，应当懂得忠诚。

四要诚信做人，做到一诺千金才会获得别人尊敬。比如约人到午时，不到未时终究还是信；如果有一件事没有践行自己所言，那么下次你说的话就没有人相信。所以，应当懂得诚信。

五要注重礼节，做到遵纪守法，循规蹈矩，不要粗俗鄙陋。老师、长辈，尤其应当尊敬，作为子弟太过轻狂就没有人敢结交。况且这次我欺负你，下次你欺负我，最后还不知道是谁饶了谁。所以，应当懂得礼节。

六要讲究义气，无论谁有困难，事情大小都要大公无私地去帮助。比如一件事应当去做，即便有才能也要留有余地。需要你做好事的时候不要犹豫，太过懦弱就没有男子汉的气概。所以，应当懂得义气。

七要注重廉洁，富贵自有天注定。即使口渴了也不要去饮盗泉之水，就算家里贫穷也不要贪那昧心钱。聪明人骗得痴呆之人的粮食，到头来痴呆之人最终买下聪明人的田地。所以，应当懂得廉洁。

八要懂得羞耻，英雄好汉开始都像一张白纸一样纯洁。如果靠含羞忍辱骗来好汉的名声，那只会落得千夫所指。希望男儿自立自强，甘居人下太羞耻。所以，应当懂得耻辱。

◎胡铨家族《芗城胡氏家规十条》

胡铨像

胡铨（1102～1180），字邦衡，号澹庵，吉州庐陵芗城（今江西吉安青原区值夏镇）人。南宋政治家、文学家，爱国名臣，庐陵“五忠一节”之一，被誉为“脖子最硬的人”，与李纲、赵鼎、李光并称为“南宋四名臣”。淳熙七年（1180）卒，赠通议大夫，谥忠简。著有《澹庵集》等。清朝乾隆皇帝为他重修陵墓，御笔题词“与日月争光”，刻于墓碑。

五代末年，胡铨一族在江西吉安芗城开基立业。自胡铨开始，子孙多以“忠义”自勉，人杰辈出。凝聚整个家族历经千年风霜而生生不息的秘诀，除了胡铨的表率作用之外，更重要的是流传了千年的《芗城胡氏家规十条》。

第一条　礼让篇

【原文】

今惟恪遵圣谕明训，佩服圣贤遗经，朝夕而不离乎。是则周中规，折中矩，暴戾不生，祸乱不作，休明之风骎骎乎日上矣。尚其勉旃无忽。

【译文】

而今只能恪守谕训，敬重圣贤留传下来的经典，朝夕不离，这样才合乎规矩，不生暴戾，不生祸乱，美好清明的风气才会日渐形成。这还需要大家勉励，不可疏忽。

第二条　士习篇

【原文】

士习不端，古今同慨也。乃者盛朝设科，自岁科两试迄乡会场，以文取士，皆以觇其品行经术。忠简公有云："道六经而文，不六经者有之，未有道不六经而文六经者。"斯言也，是可勒为士者箴。尔子姓其各凛之遵之。

【译文】

读书人的行为不端正，是古今之人所共同愤慨的。过去昌盛的朝代设科举，自岁科两次考试到乡试，以写作才能评价读书人，都是测评他们的品德行为和经术程度。胡忠简公说："遵循六经而写文章，不遵循六经的人有，但却没有不遵循六经而可以写出具有六经精神文章的人。"这句话可以作为读书人的箴言，家族子孙应当秉承并且遵守。

第三条　官箴篇

【原文】

凡有隶仕籍者，无论一绾半通，尚各一乃心奏乃绩。以佐圣明，是之谓忠；以绍祖烈，是之谓孝。毋奔竞，毋瘝官，毋觖望。庶几圣朝名臣，而余姓亦有厚幸焉。

【译文】

凡是在仕途中的人，不论官职大小、俸禄多少，都应一心一意工作，做出成绩。以这样的态度来辅佐圣明，就叫作忠；以这样的态度来继承列祖列宗之志，就叫作孝。不要奔走竞逐，不要去卖官鬻爵，不要因为不满意而生怨恨。历代圣朝名臣中，我们家族的人也有在列的。

第四条　农桑篇

【原文】

尔子姓属在耒负，出作入息，其各宜乃力。《书》曰："若农服田力穑，乃亦有秋。"此其验也。他若业工贾者，尚亦黾勉。司其职，庶不愧盛世良民。

【译文】

我族人以耕种为主，出门耕种，归来休息，每个人应尽自己的努力。《尚

书》中说："如果用心耕作，总会有收成的时候。"这句话是很灵验的。其他如从事手工业、商业的人也应该以此勉励自己。用心做好自己的本职工作，就不愧是太平盛世里的良民。

第五条　国课篇

【原文】

朱文公云："国课早完，即囊橐无余，自得至乐。"吾族现有田亩者，共当仰体上仁，急公早输，以无愧为淳良。慎毋顽梗拖牵滋追呼之扰。

【译文】

朱文公说："尽快缴完国家的赋税，即使自己口袋里所剩不多，也能自得其乐。"我家族现有田亩的人，应当尽快地将公粮输送给朝廷，这样才无愧为淳朴善良的百姓。千万不要顽劣梗阻，故意拖延，从而导致税吏追缴的扰累。

第六条　俗尚篇

【原文】

吾族素号节义文章，家有传礼，谨以司马、晦翁二公为法，恪守成法，无或背戾，陨越典章，有愧方家风规焉。

【译文】

我家族一直以来以文章节义著称，家传礼仪，慎重地效法司马光、晦翁（朱熹）二人治家格言，恪守既成的礼法，不违背或乖戾，不逾越典章，否则有愧于大方之家的风范。

第七条　禁盗篇

【原文】

盖游惰而不务生业，而流为盗赌博，则荡尽产业而激而为盗。本祠设立条约诰诫者三，盖盗贼最干禁令。上罹国法，下玷门风，莫此为甚。

【译文】

懒惰的人不愿从事生产劳作，而陷于盗窃赌博，将家产荡尽后变成盗贼。本祠堂立条约，再三告诫，盗贼最受禁止，上触犯国法，下玷污门风，没有什么比做盗贼更可怕的。

第八条　表率篇

【原文】

《孟子》曰："中也养不中，才也养不才，故人乐有贤父兄也。"斯言也，交责之辞也。兹者设立条约，无非为族姓勉以入孝出弟仕忠之义。而督教者久而玩愒不责实效，则子亦渐为懈惰而视为具文。是其不出家，而成教于国之道乎？《书》云："慎厥始，惟图厥终。"父兄勉之，子弟勉之。

【译文】

《孟子》中说："品德修养好的人能教育熏陶品德修养不够的人。有才能的人能教育熏陶没有才能的人，所以人们都希望有贤良的父兄。"这句话是一种托付责任的言辞。现在设立族规条约，无非是为勉励族人入则孝、出则悌，做官忠心耿耿。如果督促教育的人长期只是倡议而不查究实效，那么家族弟子也渐渐懈怠懒惰而视家规为徒具形式的规章制度。这种不出家门的教育能成就教育之道吗？《尚书》中说："谨慎地做好开始，就要想到它最后的结果。"父兄以此相勉，子弟也以此相勉。

附：胡铨《家训》

悲哉为儒者，力学不知疲。观书眼欲暗，秉笔手生胝。无衣儿号寒，绝粮妻啼饥。文思苦冥搜，形容长苦羸。俯仰多迍邅，多受胯下欺。十举方一第，双鬓已如丝。丈夫老且病，焉用富贵为。可怜少壮日，适在贫贱时。沉沉朱门宅，中有乳臭儿。状貌如妇人，光莹膏粱肌。襁褓袭世爵，门承勋戚资。前庭列嬖仆，出入相追随。千金办月禀，万钱供赏支。后堂拥姝姬，早夜同笑嬉。错落开珠翠，艳辉沃膏脂。妆饰及鹰犬，绘采至蔷薇。青春付杯酒，白日消枰棋。守俸还酒债，堆金选娥眉。朝从博徒饮，暮赴娼楼期。逢人说门阀，乐性惟珍奇。弦歌恣娱燕，缯绮饰容仪。田园日朘削，户门日倾隳。声色游戏外，无余亦无知。帝王是何物，孔孟果为谁。咄哉骄矜子，于世奚所裨。不思厥祖父，亦曾寒士悲。辛苦擢官仕，锱铢积家基。期汝长富贵，岂意遽相衰。儒生反坚耐，贵游多流离。兴亡等一瞬，焉须嗟而悲。吾宗二百年，相承惟礼诗。吾蚤仕天京，声闻已四驰。枢庭皂囊封，琅玕肝胆披。但知尊天王，焉能臣戎夷。新州席未暖，珠崖早穷羁。辄作贾生哭，谩兴梁士噫。仗节拟苏武，赓骚师楚累。龙飞睹大人，忽诏衡阳移。帝曰尔胡铨，无事久栖迟。生还天所相，直谅时所推。更当勉初志，用为朕倚毗。一月便十迁，取官如摘髭。记言立螭坳，讲幄座龙帷。草麻赐莲炬，陟爵衔金戹。巡边辄开府，御笔亲标旗。精兵三十万，指顾劳呵麾。闻名已宵遁，奏功靖方陲。归来笳鼓竞，虎拜登龙墀。诏加端明职，赐第江之湄。自喜可佚老，主上复勤思。专礼逮白屋，悲非吾之宜。四子还上殿，拥笏腰带垂。父子拜前后，兄弟融怡愉。诚由积善致，玉音重奖咨。资政尊职隆，授官非由私。吾位等公相，吾年将耆颐。立身忠孝门，传家清白规。但愿后世贤，努力勤撑持。把盏吸明月，披襟招凉飔。醉墨虽欹斜，是为子孙贻。

（《澹庵文集》卷三）

【说明】

胡铨家族制定的《芗城胡氏家规十条》共有礼让、士习、官箴、农桑、国课、俗尚、邪教、备荒、禁盗、表率等十条戒律，包含礼义教化、为官修德、农桑稼穑、缴纳田赋、禁盗安分等内容。整个家规贯穿始终的就是“忠”，即入则孝、出则悌、仕则忠，教育子孙恪守道德，修养学识，正心修身，保持忠孝节义的门风。更难能可贵的是，为了能让子孙后代遵家规、传家风，胡铨还专门用古律写下家训。在家训里，胡铨告诫子孙后代要“立身忠孝门，传家清白规”。家规和家训共同写进族谱，胡铨家族世代传承，奉为圭臬。

◎张浚《遗令》

张浚（1097～1164），字德远，世称紫岩先生，汉州绵竹（今属四川）人。南宋名相、抗金名将、学者，西汉留侯张良之后。宋徽宗政和八年（1118）登进士第，历枢密院编修官、侍御史等职。张浚的《遗令》主要是告诫儿子，婚、丧、祭、宴都要从简。

【原文】

婚礼不用乐，三日后管领亲家，即随宜使酒成礼可矣；不当效彼俗子，徒为虚费，无益有损。祭礼重大，以至诚严洁为主，别置盘盏碗碟之类，常切封锁，以待使用。丧礼贵哀，佛事徒为观看之美，诚何益？不若节浮费而依古礼，施惠宗族之贫者。宾客尽诚尽礼可也，恣烹炮，饰器用，又群集妇女，言语无节，昏志损财，为害莫大。

（《戒子通录》卷五）

【译文】

婚礼不用音乐，三天后接待亲家，随地所宜地办成酒席就可以了；不应当去仿效那些凡夫俗子，白白地浪费钱财，有害无益。祭礼是重大的事情，必须以最具诚意、最严肃、最清净为主，可以另外添置盘盏碗碟之类，平时严密封存起来，以待祭祀时专门使用。丧礼贵在有悲哀气氛，请僧人做法事只是好看，实际上有什么好处呢？不如节省这宗不必要的开支，依循古礼，施恩惠于宗族中那些贫困的人。接待宾客尽力做到热情、合礼就可以了，恣意烹调珍贵菜肴，装饰器用，又群集妇女，言语不知道节制，既迷乱了心志又浪费了钱财，为害最大。

◎江端友《家训》

江端友（约1099年前后在世），字子我，号七里先生，陈留（治今河南开封东南陈留城）人，江休复之孙，北宋江西派诗人。以父懋柏荫当补官，端友让之其弟端本。靖康初以吴敏荐召见，为承务郎，赐进士出身，诸王宫教授。

上书辩宣仁诬谤遭黜，渡江寓居桐庐之鸬鹚源。北宋末年隐居汴京封丘门外。宋高宗建炎元年（1127），任福建路抚谕使。绍兴二年（1132），主管江州崇道观，卒于温州。著有《七里先生自然斋集》七卷，《文献通考》传于世。

【原文】

凡饮食知所从来，五谷则人牛稼穑之艰难，天地风雨之顺成，变生作熟，皆不容易。肉味则杀生断命，其苦难言，思之令人自不欲食，况过择好恶，又生嗔恚乎？一饱之后，八珍草莱，同为臭腐，随家丰俭，得以充饥，便自足矣。门外穷人无数，有尽力辛勤而不得一饱者，有终日饥而不能得食者。吾无功坐食，安可更有所择。若能如此，不惟少欲易足，亦进学之一助也。吾尝谓欲学道当以攻苦食淡为先，人生直得上寿，亦无几何，况逡巡之间，便乃隔世，不以此时学道，复性反本，而区区惟事口腹，豢养此身，可谓虚作一世人也。食已无事，经史文典慢读一二篇，皆有益于人，胜别用心也。

与人交游，宜择端雅之士，若杂交终必有悔，且久而与之俱化，终身欲为善士，不可得矣。谈议勿深及他人是非，相与意了，知其为是为非而已。棋弈雅戏，犹曰无妨，毋及妇人，嬉笑无节，败人志意，此最不可也。既不自重，必为有识所轻，人而为人，所轻无不自取之也，汝等志之。

（《戒子通录》卷五）

【译文】

大凡人在饮食时应该知道食物的由来，五谷是农民经过播种收获的艰难过程，在天地间风调雨顺时才长成的，再把生的做成熟的，这些都是不容易的。肉食美味则是杀生断命而来，牲畜被杀时的痛苦难以言表，想起来真使人不忍心食用，更何况挑剔好坏，不合口就产生厌嫌之情呢？人在一顿饭吃饱之后，再珍贵的食品美味，都视为臭腐之物。因而，无论家境多么优渥，也需节俭，只要能填饱肚子，也就知足了。要知道门外还有无数的穷人，有

尽力辛勤劳苦而吃不上一顿饱饭的人,有整天饥肠辘辘却得不到食物的人。我没有功劳而坐享食物,怎么能再挑三拣四!如果能这样,不仅少欲而易于满足,也可算是对求学进取的一大帮助。我曾经说要学道应当以刻苦攻读、节俭生活为先,人生顺遂可得高寿的人,也没有多少,况且一般人只在须臾之间便离开人世,因而不在这时候学道、恢复本性,返归本真,而只知道满足口腹之欲,养肥这一躯体,这真可谓白做了一世人。吃罢饭无事,经史典籍随意读上一二篇,对人都是有益的,这胜过把心思用到别处。

和人交流,应该选择端正高雅之士,如果泛交滥交终会后悔,况且长时间和那些人在一起,受他们影响,终身想做善人,也是不可能的。谈论别人,不要涉及人家的是非,彼此心里明白,知道谁是谁非即可。下棋是高雅的游戏,玩玩无妨,不要让女人参与,嬉笑无节制,以败损自己的意志,这是最要不得的。既然自己不自重,必然为有识之士所轻视。一个人,被他人轻视,没有不是咎由自取的,你们可要记住这一点。

◎袁采《袁氏世范》(节选)

袁采(?～1195),字君载,信安(今浙江常山)人。宋孝宗隆兴元年(1163)进士,官至监登闻鼓院。《衢州府志》称其“登进士第,三宰剧邑,以廉明刚直称”。淳熙五年(1178),任乐清县令。在乐清县令任上,为官刚正,并重建县学,纂修《乐清县志》十卷,为乐清最早的县志。袁采的著述中,以治家格言之作《袁氏世范》最受世人推崇。《四库全书提要》曰:“其书于立身处世之道反复详尽,所以砥砺末俗者极为笃挚……大要明白切要,览者易知易从,固不失为《颜氏家训》之亚也。”时人评此书“行之一时,垂诸后世也”。不仅教化乐清百姓,刘镇认为还可作“万世之范”,改名《俗训》。

睦亲·人宜将心比心

【原文】

人之父子,或不思各尽其道,而互相责备者,尤启不和之渐也。若各能反思,则无事矣。为父者曰:“吾今日为人之父,盖前日尝为人之子矣。凡吾前日事亲之道,每事尽善,则为子者得于见闻,不待教诏而知效。倘吾前日事亲之道有所未善,将以责其子,得不有愧于心!”为子者曰:“吾今日为人之子,则他日亦当为人之父。今父之抚育我者如此,畀付我者如此,亦云厚矣。他日吾之待其子,不异于吾之父,则可以俯仰无愧。若或不及,非惟有负于其子,亦何颜以见其父?”然世之善为人子者,常善为人父,不能孝其亲者,常欲虐其子。此无他,贤者能自反,则无往而不善;不贤者不能自反,为人子则多怨,为人父则多暴。然则自反之说,惟贤者可以语此。

【译文】

在社会生活中,父亲与儿子之间,有的彼此不考虑自己的职责,却责备对方,这是导致父子不和的最重要的原因。如果父亲与儿子各自都能反思一下自己,那么就会相安无事。做父亲的应该这样说:“我现在做了父亲,从前曾经是别人的儿子。大凡我原来侍奉父母的原则是每事力求尽善尽美,那么做子女的就会有所闻见,不等做父亲的去教导他们,他们就会明白怎样去对待父母了。倘若我过去侍奉父母未能尽善尽美,现在却责备孩子不能做到这些,难道不是有愧于自己的良心吗?”做儿子的应该这样说:“我今天做了儿子,日后肯定会成为父亲。今日我的父亲这样尽心尽力地抚养培育我,并且为我付出许多心血,可以称得上是厚爱了。日后我对待自己的子女,只有做到与我父亲待我的程度一样,才可以无愧于自己的良心。如果做

不到这些，不仅仅有负于子女，更没有颜面去见父亲。”世上的人善于做儿子的，常常也很善于做父亲，不能够侍奉父母双亲的，也常常想虐待子女。这其中没有别的道理，贤达的人能够反省自己，那么就会做事稳当，少出差错。不贤达的人不能够反省自己，做儿子时多怨恨，做父亲时多暴戾。那么自我反省的道理，只有贤达的人才可以与之谈论。

睦亲·处家多想别人长处

【原文】

慈父固多败子，子孝而父或不察。盖中人之性，遇强则避，遇弱则肆。父严而子知所畏，则不敢为非；父宽则子玩易，而恣其所行矣。子之不肖，父多优容；子之愿悫，父或责备之无已。惟贤智之人即无此患。至于兄友而弟或不恭，弟恭而兄或不友；夫正而妇或不顺，妇顺而夫或不正，亦由此强即彼弱，此弱即彼强，积渐而致之。为人父者，能以他人之不肖子喻己子；为人子者，能以他人之不贤父喻己父，则父慈而子愈孝，子孝而父亦慈，无偏胜之患矣。至如兄弟、夫妇，亦各能以他人之不及者喻之，则何患不友、恭、正、顺者哉！

【译文】

过于慈祥的父亲容易造就败家子，儿子的孝顺有时却并不为父亲所觉察。大概根据平常人的性情来说，碰到强大的事物就会回避，遇到软弱的事物就会肆意放纵。父亲严肃，儿子知道自己该畏惧什么，那么就不敢胡作非为；父亲宽缓，儿子对一切事物都持轻视态度，从而放纵自己的行为。对于儿子的没出息，父亲多宽容；对于儿子的谨慎老实，做父亲的有时责备不已。只有贤达充满智慧的人才没有这样的祸患。至于那些兄长友爱弟弟，弟弟却不敬重兄长的，弟弟敬重兄长，兄长却并不爱护弟弟的，丈夫正派，妻子却不和顺的，妻子和顺而丈夫不正派的，也是由于一方强大，另一方就很弱小，一方弱小，另一方就会强大，这是逐渐积累而形成的。做父亲的，如果能将他人的不肖子与自己的儿子相比，做儿子的，如果能将他人不贤达的父亲与自己的父亲相比，那么父亲慈祥和顺，儿子就会愈加孝顺；儿子孝顺，父亲就会更加慈爱，这样就避免了偏爱的隐患。至于兄弟、夫妻之间，如果各自都能以他人的缺点与自己亲人的优点去比较，那么还怕自己的亲人对自己不友爱、不恭敬、不正直、不和顺吗？

睦亲·居家贵宽容

【原文】

自古人伦，贤否相杂。或父子不能皆贤，或兄弟不能皆令，或夫流荡，或妻悍暴，少有一家之中无此患者，虽圣贤亦无如之何。譬如身有疮痍疣赘，虽甚可恶，不可决去，惟当宽怀处之。能知此理，则胸中泰然矣。古人所以谓父子、兄弟、夫妇之间人所难言者如此。

【译文】

自古以来的人伦关系，贤达和不肖都存在。有的父子不能够都做到贤达，有的兄弟不能够都做到美好，有的丈夫闲游放荡，有的妻子凶悍粗暴，很少有家庭能免此患，即便是圣贤之人也无可奈何。正如身上生有创伤和脓疽疮毒，虽然很是可恶，却不能够除去，只能以宽怀之心来对待。如果懂得这个道理，那么心里就会坦然对待此事。古人所谓父子、兄弟、夫妇之间难以言说的就是这些。

睦亲·为人岂可不孝

【原文】

人当婴孺之时，爱恋父母至切。父母于其子婴孺之时，爱念尤厚，抚育无所不至。盖由气血初分，相去未远，而婴孺之声音笑貌自能取爱于人。亦造物者设为自然之理，使之生生不穷。虽飞走微物亦然，方其子初脱胎卵之际，乳饮哺啄必极其爱。有伤其子，则护之不顾其身。然人于既长之后，分稍严而情稍疏。父母方求尽其慈，子方求尽其孝。飞走之属稍长则母子不相识认，此人之所以异于飞走也。然父母于其子幼之时，爱念抚育，有不可以言尽者。子虽终身承颜致养，极尽孝道，终不能报其少小爱念抚育之恩，况孝道有不尽者。凡人之不能尽孝道者，请观人之抚育婴孺，其情爱如何，终当自悟。亦由天地生育之道，所以及人者至广至大，而人之回报天地者何在？有对虚空焚香跪拜，或召羽流斋醮上帝，则以为能报天地，果足以报其万分之一乎？况又有怨咨于天地者，皆不能反思之罪也。

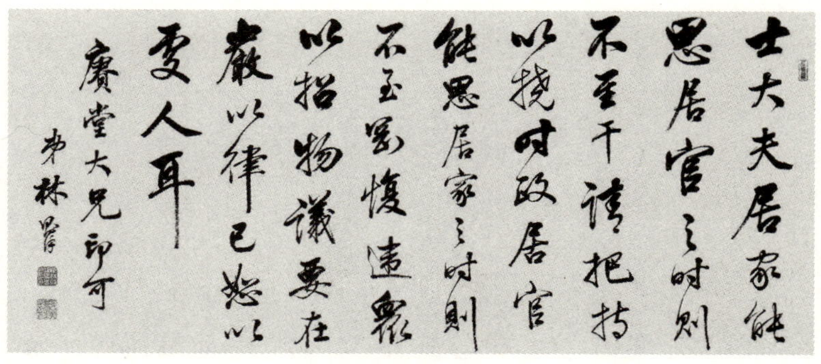

林则徐书法

【译文】

人在婴孩时代，对于父母的爱戴和依恋是很深切的。而父母对于处在婴孩时代的儿女，爱护怜惜之情也很深厚，抚养培育几乎到了无所不至的地步。大概由于父母和孩子相连的气血刚刚分离，相去还不算遥远，并且婴孩的声音笑貌本身便能取悦于人，得到人的疼爱的缘故吧！这也是造物者特意安排的自然而然的道理，使人类、使这个世界能生生不止、繁衍不息。即使是飞禽走兽、微小生物等也是这个道理，当它们的子女刚刚脱离母体的时候，哺乳喂养极其细心。如果有意外的伤害降临到它们的孩子身上，它们就会奋不顾身，毫不犹豫地挺身而出去保护孩子。然而，当孩子渐渐地长大之后，名分稍稍严格起来，感情也日渐疏远起来。此时父母极力要求尽自己最大的努力做到慈祥，子女们也力求做到至孝。飞禽走兽之类渐渐长大之后，母与子不相识认，这是人之所以与飞禽走兽不相同的地方。但是，父母在孩子幼小的时候，对他们的爱念抚育之情，简直不能用言语表达得尽。子女们即使终其一生承颜致养，极尽孝道，也不能报答父母从小爱念抚育的恩情，何况对有些人来说，根本不能尽孝道。凡是不能尽孝道的人，请他注意一下人类是怎样抚育婴孩的，其中的情爱的分量有多重，最终就会自己醒悟。正如天地孕育万物的至理，这种至理涉及人类的又是那样广大，而人类又怎样去报答天地呢？有的对着空中焚香跪拜，有的请道士做道场以祭祀上帝，认为这样就能报答天地至爱，真的能报答其万分之一吗？更何况那些对天地有埋怨责怪的人，这些都是不进行反思所造成的错啊！

睦亲·父母不可妄憎爱

【原文】

人之有子，多于婴孺之时，爱忘其丑，恣其所求，恣其所为。无故叫号，不知禁止，而以罪保母。陵轹同辈，不知戒约，而以咎他人。或言其不然，则曰小未可责，日渐月渍，养成其恶，此父母曲爱之过也。及其年齿渐长，爱心渐疏，微有疵失，遂成憎怒。摭其小疵，以为大恶，如遇亲故，妆饰巧辞，历历陈数，断然以大不孝之名加之，而其子实无他罪。此父母妄憎之过也。爱憎

之私，多先于母氏，其父若不知此理，则徇其母氏之说，牢不可解。为父者须详察此，子幼必待以严，子壮无薄其爱。

【译文】

世人有了儿子，大多在其幼小时百般疼爱，看不到其任何缺点，尽可能满足其要求，对其言行听之任之。孩子无理取闹，家长不去禁止，反而怪罪保姆。孩子欺侮其他孩子，家长不去制止，反而指责他人的不是。有人指出孩子的错误，做家长的借口孩子太小，不忍心责罚，任其日积月累，逐渐养成不良的品行，这完全是父母溺爱的结果。等到孩子长大成人，父母的爱心便渐渐淡薄，孩子稍微犯了一点过失，父母便大发雷霆，抓住孩子的小错，当作不可饶恕的大错，遇到亲戚朋友，就添油加醋，一桩桩地数落个没完，甚至还把大逆不道的罪名强加在孩子头上，实际上孩子并没有什么大不了的过错。这就是父母轻率发怒的害处。爱怜和憎恶不当，多数是先由母亲引起，做父亲的没有弄清事实真相，就听信做母亲的所说，深信不疑。所以做父亲的应当注意这一点，在孩子年幼时要严格要求，在孩子成年后不要使爱心淡薄。

睦亲·教子莫若使其有所学

【原文】

大抵富贵之家教子弟读书，固欲其取科第及深究圣贤言行之精微。然命有穷达，性有昏明，不可责其必到，尤不可因其不到而使之废学。盖子弟知书，自有所谓无用之用者存焉。史传载故事，文集妙词章，与夫阴阳、卜筮、方技、小说，亦有可喜之谈，篇卷浩博，非岁月可竟。子弟朝夕于其间，自有资益，不暇他务。又必有朋旧业儒者，相与往还谈论，何至饱食终日，无所用心，而与小人为非也。

【译文】

大体而言，富贵之家教育子弟读书，本来想让他们在科举中取得功名，并且更深一层探究圣贤言行中的精微之处。然而，人的命运注定有的仕途不顺，有的却仕途畅达，各人的性情资质也不同，有的昏昧迟钝，有的明达灵活，不能苛责每一个人都能达到预定的目标。尤其不能因为他们没有达到预期的目标而让他们放弃学业。大凡子弟读书，本来就有许多看似无用实则大有用处的书籍存在。史传中所记载的故事，文集中奇妙辞章，与那些阴阳、占卜、方术、小说之类的书籍收集在一起，都有许多可以谈论的好内容，篇章书卷浩浩荡荡，广博精深，并不是一年半载就能浏览得完的。子弟们早晚沉醉在书籍中，自然会有所收益，而且没有空闲干其他不轨之事。同时他们一定会有以儒学为业的旧朋故交，时常往来谈论学问，这样，子弟们何至于饱食终日，无所事事，而与小人为伍，为非作歹呢。

睦亲·对待家人宜公心

【原文】

兄弟子侄同居至于不和，本非大有所争。由其中有一人设心不公，为己稍重，虽是毫末，必独取于众，或众有所分，在己必欲多得。其他心不能平，遂启争端，破荡家产。驯小得而致大患。若知此理，各怀公心，取于私则皆取于私，取于公则皆取于公。众有所分，虽果实之属，直不数十文，亦必均平，则亦何争之有！

【译文】

兄弟子侄共同生活在一起，产生不和谐的原因；本来就不是因为有什么

大的争论和意见分歧。大概是由于其中的一两个人私心太重，缺乏公允，总是把自己的利益放在第一位，即便是像蝇头一样的小利，也一定要自己单独摄取，或者有时大家一起分配，他自己一定要比别人多拿一点儿才心理平衡。这样一来，其他的人心中就产生了愤愤不平的感觉。于是会引起争端，甚至于倾家荡产。贪图小便宜而导致了大的祸患。假如人们都知道这个道理，各自都能持有一颗公允之心，该私人出钱的就从私人那里支取，该公家出钱的就从大家的财物中支取。每个人都能分到相同的东西，即便是果实之类的小东西，价值不过几十文钱，也同样公平分配，那么还有什么值得相争的呢！

睦亲·居家相处贵宽容

【原文】

同居之人，有不贤者非理以相扰，若间或一再，尚可与辩。至于百无一是，且朝夕以此相临，极为难处。同乡及同官亦或有此，当宽其怀抱，以无可奈何处之。

【译文】

共同居住在一起，对于有些品质恶劣总是以无理取闹来扰乱他人的人，如果是一次两次，还可与他争辩。如果他已经到了一无是处、无可救药的地步，并且早晚总是这样无理取闹，那就很难与他相处了。同乡居住或一同做官也有时会遇到这种无理取闹的人，应当用宽阔的胸怀，以无可奈何的方式与他相处。

睦亲·身教重于言传

【原文】

人有数子，无所不爱，而为兄弟则相视如仇雠，往往其子因父之意遂不礼于伯父、叔父者。殊不知己之兄弟即父之诸子，己之诸子，即他日之兄弟。我于兄弟不和，则己之诸子更相视效，能禁其不乖戾否？子不礼于伯叔父，则不幸于父亦其渐也。故欲吾之诸子和同，须以吾之处兄弟者示之。欲吾子之孝于己，须以其善事伯叔父者先之。

【译文】

一个人不管有几个儿子，对每一个儿子都同样无限厚爱，但往往对自己的兄弟却相视如仇敌，他的儿子们往往由于父亲的态度，也对伯父、叔父不加礼遇。孰不知自己的兄弟就是自己父亲的几个儿子，自己的几个儿子有一天也会成为兄弟。我和亲生同胞兄弟不和睦，那么我的几个儿子就争相仿效，怎么能阻止他们彼此乖违不和呢？儿子们对伯父、叔父不加礼遇，那么不孝顺父亲是他们日后逐渐要干的事。所以想要使自己的几个儿子和睦相处，自己必须和自己的兄弟和睦相处。如果想要让自己的儿子们日后能孝顺自己，就必须首先让他们做到善待伯父、叔父们。

处己·在朝在野，互相理解

【原文】

士大夫居家能思居官之时，则不至干请把持而挠时政；居官能思居家之

时，则不至刚愎暴恣而贻人怨。不能回思者皆是也。故见任官每每称寄居官之可恶，寄居官亦多谈见任官之不韪，并与其善者而掩之也。

【译文】

士大夫闲居在家里的时候，能思索一下在朝做官时的所作所为，就不至于再去干预政治了；做官时能思索一下做官时的心情，就不至于刚愎自用、暴戾恣肆而为人怨恨了。但是有许多人就是不善于反省过去。因此正在做官的人往往说赋闲在家的人讨厌，赋闲在家的人也常常说正在做官的人这也不对，那也不对，连人家做得好的地方也一笔抹杀了。

处己·严律己宽待人

【原文】

忠、信、笃、敬，先存其在己者，然后望其在人者。如在己者未尽，而以责人，人亦以此责我矣。今世之人能自省其忠、信、笃、敬者盖寡，能责人以忠、信、笃、敬者皆然也。虽然，在我者既尽，在人者亦不必深责。今有人能尽其在我者固善矣，乃欲责人之似己，一或不满吾意，则疾之已甚，亦非有容德者，只益贻怨于人耳！

【译文】

忠诚、有信、厚道、恭敬，这些品德首先要自身具备，然后才可能希望别人也具有。如果自己在待人接物时还没有完全达到这些要求，却用此来苛求别人，别人便也会以此来责怪你了。现在，能自我反省是否做到了待人忠诚、有信、厚道、恭敬的人大概很少了，而以此来要求别人的却比比皆是。其实，即使自己在待人接物时做到了这些，也不必要求别人一定做到。现在有的人能够在待人接物时做到这些，确实是不错的。可是他想要别人也都像他一样，一时不称他的心，就严厉地责备人家。这种人绝不是有容人之德的人，是很容易与人结怨的。

处己·知耻近乎勇

【原文】

人之处事，能常悔往事之非，常悔前言之失，常悔往年之未有知识，其贤德之进，所谓长日加益，而人不自知也。古人谓行年六十，而知五十九之非者，可不勉哉？

（《晋书·凉武昭王传》）

【译文】

为人处事，若能常常反省自己做错的往事，反省过去说的不合适的话，反省过去的无知，那么他在品德方面就会日渐长进，只是对这种日渐的进步，人们往往察觉不到。古人称年纪到了60岁，就应该知道过去59年的过错，能不以此自勉吗？

处己·小人当远之

【原文】

人之平居，欲近君子而远小人者。君子之言，多长厚端谨，此言先入于吾心，乃吾之临事，自然出于长厚端谨矣；小人之言多刻薄浮华，此言先入于

吾心，及吾之临事，自然出于刻薄浮华矣。且如朝夕闻人尚气好凌人之言，吾亦将尚气好凌人而不觉矣；朝夕闻人游荡不事绳检之言，吾亦将游荡不事绳检而不觉矣。如此非一端，非大有定力，必不免渐染之患也。

【译文】

日常生活中，人们都想与君子结交而远离小人。君子的言论，大多忠厚老实端庄严谨，有长者的风范，这种言论先进入我的心中，等到我遇到事情的时候，我也自然而然会有忠厚老实端庄严谨的长者风度。小人的言论却多为刻薄浮华之言。如果这种言论首先进入我的心中的话，等我在事情面前时，自然而然也有了刻薄浮华的言论。正如早晚耳边充斥的都是盛气凌人之言，我也就变得盛气凌人而自己却不觉得；早晚听那些游荡之人目无法纪的言论，我也变得喜欢游荡、目无法纪却不自知。像这样的情况出现得多了，如果没有很强的自控能力，必然免不了逐渐沾染因习的不良后果。

处己·君子有过必改

【原文】

圣贤犹不能无过，况人非圣贤，安得每事尽善？人有过失，非其父兄，孰肯诲责；非其契爱，孰肯谏谕。泛然相识，不过背后窃议之耳。君子惟恐有过，密访人之有言，求谢而思改。小人闻人之有言，则好为强辩，至绝往来，或起争讼者有矣。

【译文】

圣贤尚且不能没有过错，何况一般人还不是圣贤，怎么能够每件事都做得十全十美呢？一个人犯了过错，如果不是他的父母、兄长，有谁肯教诲、督责他呢？如果不是他情意相投的朋友，有谁肯规谏劝告他呢？关系一般的人，不过是背地里议论议论他罢了。品德高尚的君子唯恐自己犯有过错，暗暗察访别人对自己的议论，听到这些议论就会感谢别人，并且考虑改正过错。品德低下的小人听到别人对自己的议论，就爱强行替自己辩解，以至于与朋友都断绝了交往，还有人为此而对簿公堂。

处己·正人先正己

【原文】

勉人为善，谏人为恶；固是美事，先须自省。若我之平昔自不能为人，岂惟人不见听，亦反为人所薄。且如己之立朝可称，乃可诲人以立朝之方：己之临政有效，乃可诲人以临政之术；己之才学为人所尊，乃可诲人以进修之要；己之性行为人所重，乃可诲人以操履之详；己能身致富厚，乃可诲人以治家之法；己能处父母之侧而谐和无间，乃可诲人以至孝之行。苟为不然，岂不反为所笑！

【译文】

别人做了好事，对他进行勉励赞扬；别人做了坏事，对他进行规谏劝告，这当然是好事。但是必须事先自己反省自己。如果是自己平时也有做不到的事，却要去规谏别人，非但不会被别人听取，反而要被别人鄙薄。这就好比是自己在朝为官，有被人称颂的地方，才可以用自己在朝为官的方法教诲别人；自己处理政事卓有成效，才可以用自己处理政事的方法来教诲别人；自己的才学被人尊崇，才可以用自己进德修业的要领来教诲别人；自己的品性德行被人尊重，才可以用自己的操行来教诲别人；自己能发家致富，才可

以用治家的办法教诲别人；自己能住在父母旁边而能与父母和睦相处，才能用自己的孝顺行为来教诲别人。如果说自己还做不到这些，却要去教诲别人，岂不反被别人耻笑吗？

处己·他人议论不足畏

【原文】

人有出言至善，而或有议之者；人有举事至当，而或有非之者。盖众心难一，众口难齐如此。君子之出言举事，苟揆之吾心，稽之古训，询之贤者，于理无碍，则纷纷之言皆不足恤，亦不必辩。自古圣贤，当代宰辅，一时守令，皆不能免，况居乡曲，同为编氓，尤其无所畏，或轻议己，亦何怪焉？大抵指是为非，必妒忌之人，及素有仇怨者，此曹何足以定公论，正当勿恤勿辩也。

【译文】

有人话说得极为好并且得体，还有非议他的人；有人做事做得极为妥当，仍然有非议他的人。这就是众人的心思很难一致，众人的口实议论难以整齐划一而导致的结果。品德修养好的君子说话办事，如果能本着自己的良心，参考古代圣贤的遗训，向当代的贤明人士咨询请教，这样做出事来在道理上没有缺陷，对别人纷纷攘攘的议论都可以不必去担忧考虑，也不必去跟那些人争辩。自古以来的圣贤，当代的宰相，为官一时的太守县令，都不能免于被别人议论，何况一般人居住在乡野之间，同样是平民百姓，就更应该不畏惧别人对自己的议论了，有的人轻易地就议论自己，那又有什么奇怪的呢？一般来讲，一个人硬把对的说成错的，一定是妒忌别人，或者是平常就和别人有仇怨，这些人说的话怎么可以定为公论呢？对于这些人的话，应当不加考虑不加辩解才是正确的。

处己·小人不必责以忠信

【原文】

忠信二事，君子不守者少，小人不守者多。且如小人以物市于人，弊恶之物，饰为新奇；假伪之物，饰为真实。如绢帛之用胶糊，米麦之增湿润，肉食之灌以水，药材之易以他物。巧其言词，止于求售，误人食用，有不恤也。其不忠也类如此。负人财物久而不偿，人苟索之，期以一月，如期索之不售，又期以一月，如期索之又不售。至于十数期而不售如初。工匠制器，要其定资，责其所制之器，期以一月，如期索之不得，又期以一月，如期索之又不得，至于十数期而不得如初。其不信也类如此，其他不可悉数。小人朝夕行之，略不知怪，为君子者往往忿懥，直欲深治之，至于殴打论讼。若君子自省其身，不为不忠不信之事，而怜小人之无知，及其间有不得已而为自便之计，至于如此，可以少置之度外也。

【译文】

“忠”“信”这两件事，君子不奉守它们的少见，但小人不奉守的往往甚多。小人在市场上卖东西，就是质量低劣的东西，也能够装饰得新颖奇特；假冒伪劣的东西也能做得跟真的一样。比如用胶糊来处理丝绢布帛使之更有光泽，在米麦或肉里加上水，以增加重量，用便宜的东西来代替名贵药材。花言巧语，目的是把东西卖出去，至于耽误了别人的饮食、使用，他才不管这些，这些小商小贩就是这样不讲忠信。欠人钱物拖了很长时间也不偿还，人家如果向他索要，他就答应一个月以后偿还。到时候向他要，他又不给，说再过一个月偿还，到时候索要他仍然不会偿还。有的甚至约定了十多次偿还之期可还是没有偿还。请工匠制造东西，给了他定金，向他要所制造的东西，他说一个月后给，到了日期向他要，他不给，又说再过一个月给，到时候向他索要他又不给，以至于约了十多次日期还是像当初一样没能拿到东西。这些人就是这样不讲信义，至于其他事情就更是不可胜数了。那些小人每天都做不讲信义的事，所以也不以为怪，而君子对这些行为却深感气愤，恨不得严惩他们，甚至于殴打、控告他们。如果君子能够经常反省自己，不做不忠不信的事，并且可怜小人的无知，考虑到他们是出于不得已，并且是为了自己方便才作假骗人的，君子如果能这样想，那么也就不把他们的所作所为放在心上了。

处己·财色不可苟得

【原文】

圣人云：不见可欲，使心不乱。此最省事之要术。盖人见美食而下咽，见了美色而必凝视，见钱财而必起欲得之心，苟非有定力者，皆不免此。惟能杜其端源，见之而不顾，则无妄想，无妄想则无过举矣。

【译文】

圣人说：不去看那些可能引起欲望的东西，心里就不会感到迷乱。这是省去诸多烦恼的秘诀。一般来说，人见了美食就要咽口水，见了美色就会注目凝视，见了钱财就会引起贪求的心思，如果不是思想坚定的人，就很难避免如此。只有彻底断绝这些贪欲的根源，对它们视而不见，就不会产生妄想了，没有妄想就不会在这些事情上犯错误了。

处己·居家宜为长久计

【原文】

人之居世，有不思父祖起家艰难，思与之延其祭祀，又不思子孙无所凭藉，则无以脱于饥寒。多生男女，视如路人，耽于酒色，博弈游荡，破坏家产，以取一时之快。此皆家门不幸。如此，冒干刑宪，彼亦不恤，岂教诲、劝谕、责骂之所能回？置之无可奈何而已。

【译文】

有些人活在世上，既不考虑祖辈、父辈起家创业艰难，把家业继承下去，也不考虑如果将来家业败落，子孙后代就会失去依靠，难免要忍饥受冻。他们不加节制地生下很多儿女，又对儿女不重视，把他们看作陌路人一样，一味沉溺于酒色之中，赌博下棋，不务正业，败坏了家产，求取一时的享乐。这些人都是家门的不幸。这样的人，连触犯刑律也不害怕，他自己都不体恤自己，又怎么能用教诲、劝导、责骂来使他们回心转意呢？对他们只能是无可奈何、听之任之了。

处己·节俭宜持之以恒

【原文】

人有财物，虑为人所窃，则必缄縢扃镉，封识之甚严。虑费用之无度而致耗散，则必算计较量，支用之甚节。然有甚严而有失者，盖百日之严，无一日之疏，则无失；百日严而一日不严，则一日之失与百日不严同也。有甚节

而终至于匮乏者，盖百事节而无一事之费，则不至于匮乏，百事节而一事不节，则一事之费与百事不节同也。所谓百事者，自饮食、衣服、屋宅、园馆、舆马、仆御、器用、玩好，盖非一端。丰俭随其财力，则不谓之费。不量财力而为之，或虽财力可办，而过于侈靡，近于不急，皆妄费也。年少主家事者宜深知之。

【译文】

人们有了财物害怕被他人偷盗，就用绳索捆上，再加上锁，严实地贴上标志和封条。害怕日常花费没有计划而耗散家产，就会精心地计算一切花销。然而也有人虽然对日常花销精打细算，但还是破了产，这是因为一百天严格谨慎地花销，没有一天疏忽，才不会破产；一百天在花销上严格谨慎，只有一天疏忽放任，那么这一天的疏忽放任与一百天不严格谨慎造成的后果是一样的。有人十分节俭，但最后还是到了资财匮乏的地步，这就是因为在各种事情上都节俭而没有一件事是破费的，那么不至于到资财匮乏的地步；各种事情上都节俭而在一件事上不节俭，那么这一件事的破费与各种事情都不节俭的后果是一样的。这里所说的各种事情，就是饮食、衣服、住宅、园林、馆舍、车马、仆人差役、器皿用具、玩赏爱好，也不是一两句话能说得清的。对这些事物的使用，丰富或节俭要按自己的财力来定，就不算是浪费。不根据自己的财力去做，或是虽然有这份财力却过于奢侈浪费，做不是紧急要办的事，都是乱花费。主持家事的年轻人应该深深清楚这一点。

处己·居官持家本一理

【原文】

居官当如居家，必有顾藉；居家当如居官，必有纲纪。

【译文】

当官应当像当家一样，一定要像对待自己的子女一样照顾爱惜百姓；当家也应当像当官一样，一定要用规矩来处理家事。

处己·荒淫必为患

【原文】

凡人生而无业，及有业而喜于安逸，不肯尽力者，家富则习为下流，家贫则必为乞丐。凡人生而饮酒无算，食肉无度，好淫滥，习博弈者，家富则致于破荡，家贫则必为盗窃。

【译文】

凡是人生在世而没有正当职业的人，或是虽有职业而喜欢安逸享乐，不肯尽力去工作的人，家庭富有他就会不务正业，成了下流无耻之人，家庭贫困他就会沦为乞丐。凡是人生在世而不加节制地饮酒，不适度地去吃肉，荒淫无度，染有赌博恶习的人，家里富有他会败坏财产，家里贫困，他就会去做盗贼。

处己·以直报怨

【原文】

圣人言“以直报怨”，最是中道，可以通行。大抵以怨报怨，固不足道，而士大夫欲邀长厚之名者，或因宿仇，纵奸邪而不治，皆矫饰不近人情。圣人

之所谓直者，其人贤，不以仇而废之；其人不肖，不以仇而庇之。是非去取，各当其实。以此报怨，必不至递相酬复无已时也。

【译文】

圣人所谓“对待仇怨，须以正直之道来对待”，最符合中庸之道，可以通行无阻。一般来说，以怨报怨的说法当然不足称道，而有的士大夫为了博取仁厚长者的名声，有时因为旧怨，放纵奸邪之人而不去惩治，都是虚伪不合情理的做法。圣人所说的正直，就是他人贤德，不因仇怨而废掉人家；他人不肖，也不因为仇怨而庇护他。是非取舍应当根据实际情况来定。以直报怨，就不会有无休无止地互相报复了。

治家·待客不宜强进酒

【原文】

亲宾相访，不可多虐以酒。或被酒夜卧，须令人照管。往时括苍有困客以酒，且虑其不告而去，于是卧于空舍而钥其门。酒渴索浆不得，则取花瓶水饮之。次日启关而客死矣。其家讼于官。

郡守汪怀忠究其一时舍中所有之物，云“有花瓶，浸旱莲花”。试以旱莲花浸瓶中，取罪当死者试之，验，乃释之。又置水于案而不掩覆，屋有伏蛇遗毒于水，客饮而死者。凡事不可不谨如此。

【译文】

亲戚、宾客来访，不要强迫对方喝酒。如果有的人喝醉了酒晚上睡着时，一定要派人照看。从前，括苍曾经有位留客不让走的人，用酒把客人灌醉了，又怕他酒醒后不辞而别，于是就把他锁在一间空房子让他睡觉。客人由于喝了酒口渴就找水喝，没有找到，于是就把花瓶里的水喝了。第二天，主人开门一看，客人已经死了。死者家人告到官府。

郡守汪怀忠追究这个人当时客人所在屋子里都有什么东西，此人说："有一个花瓶，浸泡着旱莲花。"于是，他用旱莲花浸泡在水中试验，让一个判了死刑的犯人喝下，死囚果然就死了，案子才了结。又有主人在屋子里留下水，但是水碗没有加盖子，屋子里有毒蛇，把毒液滴到了水中，客人饮了以后而死亡。因此，干什么事情都不能像这样不谨慎的。

治家·纳税要积极

【原文】

凡有家产，必有税赋，须是先截留输纳之资，去将赢余分给日用。岁入或薄，只得省用，不可侵支输纳之资。临时为官中所迫，则举债认息，或托揽户兑纳而高价算还，是皆可以耗家。大抵曰贫曰俭自是贤德，又是美称，切不可以此为愧。若能知此，则无破家之患矣。

【译文】

凡是有家产的，就必须纳税。因此，必须事先把纳税的部分提留出来，剩下的才能用作日常的费用。如果当年的收入较少，也只得节俭，不能侵占用于纳税的钱。官府要临时开征赋税，年中如果没有钱，就要靠借债来交税，甚至要托专门承税的人代为交纳然后得高价偿还，这些都足以使家庭破产。大概说你家贫、节俭是一种美德，也是一种美称，你不要因此而感到羞愧。如果能知晓这一点，那么就不会有败家的担忧了。

治家·公益事业要热心

【原文】

乡人有纠率钱物以造桥、修路及打造渡航者，宜随力助之，不可谓舍财不见获福而不为。且如道路既成，吾之晨出暮归，仆马无疏虞，及乘舆马、过渡桥，而不至惴惴者，皆所获之福也。

【译文】

乡里有号召大家募捐钱物造桥、修路以及打造渡船的人，人们都应该根据自己的财力资助这类善举，而不能说自己捐了钱财却得不到好处就不干。而且如果将来道路修成了，你早出晚归，仆人、马匹都无危险，至于你坐轿、骑马过河，也不至于担惊受怕，这都是你将获得的好处。

◎陆游家训

陆游（1125～1210），字务观，号放翁，越州山阴（今浙江绍兴）人。南宋爱国诗人，著有《剑南诗稿》《渭南文集》等数十个文集，自言“六十年间万首诗”，今尚存9300余首，是我国现有存诗最多的诗人。

陆游像

放翁家训(节选)

【原文】

子孙才分有限,无如之何,然不可不使读书。贫则教训童稚,以给衣食,但书种不绝足矣。能布衣草履,从事农圃,足迹不至城市,大是佳事。关中村落,有魏郑公庄,诸孙皆为农。张浮休过之,留诗云:“儿曹不识字,耕凿郑公庄。”仕宦不可常,不仕则农,无可憾也。但切不可迫于衣食,为市井小人事耳。戒之戒之。

后生才锐者,最易坏。若有之,父兄当以为忧,不可以为喜也。切须常加管束,令熟读经子,训以宽厚恭谨,勿令与浮薄者游处。如此十许年,志趣自成。不然,其可虑之事,盖非一端。吾此言,后人之药石也,各须谨之,毋贻后悔。

【译文】

子孙的才能有限,无可奈何,但一定要让他们读书。贫困就教儿童读书,来供给衣食,只要读书的种子能延续就足够了。假如能穿布衣草鞋,从事耕地种菜,足迹不到城市,那就是最大的好事了。关中村落,有个叫魏郑公庄的地方,每家子孙都务农。张浮休经过此地时,留下一句诗说:“儿童不识字,耕凿郑公庄。”做官不可能长久,不做官就务农,没有什么遗憾。但千万不能为衣食所迫,做市井小人之事。一定要警戒啊警戒。

才思敏锐的年轻人,最容易学坏。倘若有这样的情况,做长辈的应当把它认为是值得忧虑的事,不能将其视为是可喜的事。切记要经常加以约束和管教,让他们熟读经典,训导他们做人必须宽容、厚道、恭敬、谨慎,不要让他们与轻浮浅薄的人来往。就这样十多年后,他们的志向和情趣会自然养成。假如不这样的话,其可担忧的事情就会不止一件。我这些

话，是后人防止过错的良言规诫，都应该谨慎地对待它，不要留下遗憾和愧疚。

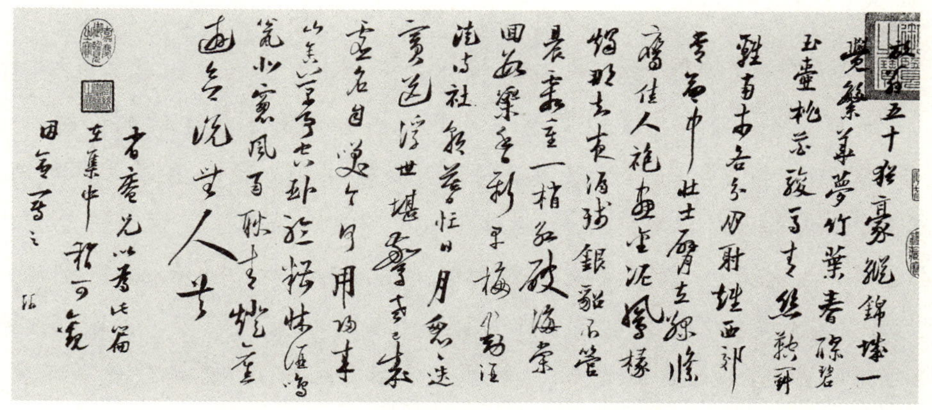

陆游行草《怀成都十韵诗》卷

送子龙赴吉州掾

【原文】

我老汝远行，知汝非得已。驾言当送汝，挥涕不能止。人谁乐离别？坐贫至于此。汝行犯胥涛，次第过彭蠡。波横吞舟鱼，林啸独脚鬼。野饭何店炊？孤棹何岸舣？判习比唐时，犹幸免笞棰。庭参亦何辱，负职乃可耻。汝为吉州吏，但饮吉州水；一钱亦分明，谁能肆谗毁？聚俸嫁阿惜，择士教元礼。我食自可营，勿用念甘旨。衣穿听露肘，履破从见指。出门虽被嘲，归舍却睡美。益公名位重，凛若乔岳峙。汝以通家故，或许望燕几。得见已足荣，切勿有所启。又若杨诚斋，清介世莫比。一闻俗人言，三日归洗耳。汝但问起居，余事勿挂齿。希周有世好，敬叔乃乡里。岂惟能文辞，实亦坚操履。相从勉讲学，事业在积累。仁义本何常，蹈之则君子。汝去三年归，我倘未即死，江中有鲤鱼，频寄书一纸。

（《剑南诗稿》卷五十）

【译文】

我老了，你却离家远行，我知道你是出于无奈。临行说到要去送你，我的眼泪就止不住了。有谁会愿意离别呢？因为贫困才到这般地步的。你（从山阴老家去吉州）一路上经过钱塘江时要冒风浪之险的，接着过鄱阳湖。波涛中横游着可以吞舟的大鱼，树林中有呼啸着的独脚鬼。荒野中没有什么店铺可生火做饭，孤舟又能在哪儿靠岸呢？宋朝做个小吏，比唐朝时好些，可以不受责打了。去参拜上司没什么可害羞的，玩忽职守才可耻。你身为吉州的官吏，只饮吉州的水；一枚小钱也都公私分明，谁敢放肆毁谤呢？积聚俸禄为你长女阿惜出嫁用，选择学问好的老师来教你长子元礼。我自己会安排好饮食，你不用挂念我是否满意。衣服破了，无非露出胳膊肘来，鞋子破了无非让人看得见脚。如此这般，出门虽然会被人嘲笑，但到了归处就可以美美地睡觉了。益国公周必大声名地位隆重好像高山一样让人敬佩。你凭着世交旧好，也许可以受到接见的。见得到，就算很荣幸了，千万不要提出什么要求。又如杨万里，清正廉洁世人没有能比得了的。一听见俗人说俗话，就认为污秽了他的耳朵，回到家要洗耳三天。你去时，只可以问问起居的事，其他都不要说。陈希周是世交好友，杜敬叔是同乡。他们不但能诗善文，而且能坚持正直廉洁的操行。可以跟从他们与朋辈一起切磋学问，要知道事业的成功在于积累。仁义本来不是出自天生，为某些人所常有，只要认真坚持实践，就可以成为一个品德完美的君子。你三年后才能回来，我倘若还健在，你就“鱼传尺素”，经常寄书信回家。

◎陆九韶《陆氏家制》

陆九韶(1128～1205)，字子美，江西抚州金溪人。南宋学者。陆九渊四兄，与弟陆九龄、陆九渊并称“三陆”。曾讲学授理于家乡的梭山，人称梭山先生。治家严谨，以训诫之辞编为韵语，供家人谒祖先祠诵读。著有《梭山文集》《家制》《州郡图》等。

读书明理

【原文】

古者民生八岁，入小学，学礼、乐、射、御、书、数。至十五岁，则各因其材而归之四民。故为农工商贾者，亦得入小学，七年而后就其业。其秀异者，入大学而为士，教之德行。凡小学大学之所教，俱不在言语文字。故民皆有实行而无诈伪。

(《陆氏家制·居家正本下》)

【译文】

古时候小孩生下来8岁后，就进入小学，学习礼仪、音乐、射箭、驾车、书法、算术。到15岁时，就根据他的才能选择农、工、商不同的出路。所以说做农民、工人、商贾的都应入小学，学习七年后各就其业。其中学业优秀的进大学学习成为学者，教他们进修德行。无论小学还是大学的教育，都不专注于教语言文字，而更注重道德的培养，所以人们朴实而不奸诈虚伪。

【原文】

愚谓人之爱子，但当教之以孝悌忠信，所读须先六经论孟，通晓大义，明父子君臣夫妇昆弟朋友之节，知正心修身齐家治国平天下之道，以事父母，以和兄弟，以睦族党，以交朋友，以接邻里，使不得罪于尊卑上下之际。次读史，以知历代兴衰。究观皇帝王霸与秦汉以来为国者，规模措置之方，功效逐日可见，惟患不为耳。

（《陆氏家制·居家正本上》）

【译文】

我认为人要是真爱自己的孩子，就应当教给他们孝、悌、忠、信的德行，所读之书要先从“六经”、《论语》《孟子》开始，使之通晓大义，明白父子、君臣、夫妇、兄弟、朋友这五伦的礼节，懂得正心、修身、齐家、治国、平天下的道理。从而以此来侍奉父母，团结兄弟，和睦族人，结交朋友，接洽邻里，使之在处理尊卑、上下关系时能够遵循礼义，不犯错误。其次，要读史书，以便明白历朝历代兴衰盛亡的规律。仔细研究观察历代帝王霸主与秦汉以来各国君王的治国安邦的策略，学习的功效就会逐渐显现，只是担心他们不学习呀！

孝亲和睦

【原文】

至如奉亲最急也，啜菽饮水尽其欢，斯之谓孝。

（《陆氏家制·居家正本上》）

【译文】

奉养双亲是最重要的，即使吃豆羹喝清水，生活清苦，也要让他们精神上高兴，这就叫作孝顺。

【原文】

人孰不爱家、爱子孙、爱身，然不克明爱之之道，故终焉适以损之。一家之事，贵于安宁和睦悠久也，其道在于孝悌谦逊。

（《陆氏家制·居家正本下》）

【译文】

人没有不爱家、不爱子孙、不爱自身的，但是如果不懂得如何爱，最终反而会带来损害。一个家庭，最可贵的是能够长久地保持安宁和睦，而保持的方法就在于孝悌和谦逊。

仁义为本

【原文】

就使遂志，临政不明仁义之道，亦何足为门户之光耶？

（《陆氏家制·居家正本下》）

【译文】

即便幸运中了科举做了官，但是处理政事不懂得仁义之道，又怎么能够光耀门楣呢？

【原文】

夫事有本末，知愚贤不肖者本，贫富贵贱者末也。得其本则末随，趋其末则本末俱废，此理之必然也。今行孝悌，本仁义，则为贤为知。贤知之人，众所尊仰，箪瓢为奉，陋巷为居，己固有以自乐，而人不敢以贫贱而轻之，岂非得其本而末自随之？夫慕爵位，贪财利，则非贤非知。非贤非知之人，人所鄙贱。虽纡青紫、怀金玉，其胸襟未必通晓义理。己无以自乐，而人亦莫不鄙贱之，岂非趋其末而本末俱废乎？

（《陆氏家制·居家正本下》）

【译文】

凡事都有本末之分，智慧还是愚痴、贤能还是不肖，这是为人的根本，而贫困与富有、高贵与低贱则是为人末端的事情。抓住了根本，自然就能得到枝末。如果一味追求枝末，就会本末都失掉，这是必然的道理。现在孝敬父母、友爱兄弟，以仁义为做人之本，则将成为有贤德和智慧的人。而有贤德和智慧的人自然就会受到众人的尊敬和仰望。即使像颜回一样，奉行箪食瓢饮的俭朴生活，住在陋巷也能自得其乐，而别人也不敢因他贫穷和地位低下而轻视他。这难道不是得到了其根本而枝末也随之而得吗？如果仰慕爵位，贪图财利，就不会是贤德而有智慧的人。不是贤德而有智慧的人，自然会被众人鄙视。虽然穿着官服，怀藏金玉，但是心中未必明白义理。不仅自身不能得到真乐，人们也无不鄙视他，这难道不是追求枝末而本末都失去了吗？

量入为出

【原文】

凡家有田畴，足以赡给者，亦当量入以为出。然后用度有准，丰俭得中。怨讟不生，子孙可守。

（《陆氏家制·居家制用上》）

【译文】

凡是家里有田地的，即使收成足够养家，也要量入为出。这样用度才会有准则，丰俭相宜，家人之间不会有怨言，子孙能够长守家业。

【原文】

今以田畴所收，除租税及种盖粪治之外，所有若干，以十分均之。留三分为水旱不测之备，一分为祭祀之用，六分分十二月之用。取一月合用之数，均为三十分，日用其一。可余而不可尽用，至七分为得中，不及五分为啬。

（《陆氏家制·居家制用上》）

【译文】

现在把田地所收的粮食，除去租税及种子、肥料所用之外，剩下的平均分成十份。留下三份作为旱涝灾害之时的备粮，一份作为祭祀之用，其余六份作为一年十二个月的正常食用。平时，按一个月所需粮食，大致分为三十份，每天食用一份。可以剩余但不可用完，以可用总量的七成为宜，如所用不到该用的一半，则过于节省了。

【原文】

愚今考古经国之制，为居家之法，随赀产之多寡，制用度之丰俭。合用万钱者用万钱，不谓之侈；合用百钱者用百钱，不谓之吝。是取中可久之制也。

（《陆氏家制·居家制用下》）

【译文】

我现在参考古代治国的办法，制定居家的法规，根据家中财产的多少，制定家中开支用度的丰俭。应当使用万贯钱的，就用万贯钱，这不能说是奢侈；应当使用一百贯钱的，就用一百贯钱，这不能说是吝啬。这是用度取用适中，以保证家道长久的方法啊。

助困扶弱

【原文】

又有余，则以周给邻族之贫弱者，贤士之困穷者，佃人之饥寒者，过往之无聊者。

（《陆氏家制·居家制用上》）

【译文】

如果还有剩余，那么可以用来周济邻族贫困羸弱的人、穷困的贤良之士、饥寒困顿的佃户和贫苦无依的流浪者。

【原文】

夫丰余而不用者，疑若无害也。然己既丰余，则人望以周济，今乃恝然，必失人之情。既失人情，则人不佑。

（《陆氏家制·居家制用下》）

【译文】

那些富有而积财不用的，表面看起来似乎没什么害处。然而，你既然富有，人们就期望能够得到你的周济。现在如果你漠不关心，必然会有失人情。如果失了人情，那么别人便不会再护佑你了。

清心俭素

【原文】

其有田少而用广者，但当清心俭素，经营足食之路。于接待宾客、吊丧问疾、时节馈送、聚会饮食之事，一切不讲。家居如此，方为称宜，而远吝侈之咎。

（《陆氏家制·居家制用上》）

【译文】

那些田地少而开销大的人，应清心少欲、节俭朴素，设法经营，使得家中足以过上温饱的生活。至于平日招待宾客、吊丧问候、节日馈赠、聚会宴饮等就不要再讲究了。居家能够如此，才能称得上合宜，从而远离吝啬、奢侈等过错。

◎朱熹家训

朱熹像

朱熹(1130～1200)，字元晦，一字仲晦，号晦庵，晚称晦翁，又称紫阳先生、考亭先生、沧州病叟、云谷老人、逆翁，谥文，又称朱文公。祖籍江南东路徽州府婺源县(今江西婺源)，生于南剑州尤溪(今属福建)。南宋著名的理学家、思想家、哲学家、教育家、诗人、闽学派的代表人物，世尊称“朱子”，享祀孔庙，位列大成殿十二哲，是孔子之后又一位儒家思想的集大成者。朱熹是程颢、程颐的三传弟子李侗的学生，任江西南康、福建漳州知府，浙东巡抚，做官清正有为，振举书院建设。官拜焕章阁侍制兼侍讲，为宋宁宗讲学。其著作甚多，辑定《大学》《中庸》《论语》《孟子》为“四书”作为教本立于学宫，自宋朝至清末，影响深远。其一生为学，穷理及致其知，反躬以践其实。

与长子受之书

【原文】

早晚受业请益，随众例不得怠慢。日间思索有疑，用册子随手札记，候见质问，不得放过。所闻诲语，归安下处，思省要切之言，逐日札记，归日要看。见好文字，录取归来。

不得自擅出入，与人往还。初到，问先生有合见者见之，不令见则不必

往。人来相见，亦启禀然后往报之，此外不得出入一步。

居处须是居敬，不得倨肆惰慢。言语须要谛当，不得戏笑喧哗。凡事谦恭，不得尚气凌人，自取耻辱。

不得饮酒，荒思废业，亦恐言语差错，失己忤人，尤当深戒。不可言人过恶，及说人家长短是非。有来告者，亦勿酬答。

交游之间，尤当审择，虽是同学，亦不可无亲疏之辨。此皆当请于先生，听其所教。大凡敦厚忠信，能攻吾过者，益友也；其谄谀轻薄，傲慢亵狎，导人为恶者，损友也。推此求之，亦自合见得五七分，更问以审之，百无所失矣。但恐志趣卑凡，不能克己从善，则益者不期疏而日远，损者不期近而日亲。此须痛加检点而矫革之，不可荏苒渐习，自趋小人之域。如此则虽有贤师长，亦无救拔自家处矣。

见人嘉言善行，则敬慕而记录之。见人好文字胜己者，则借来熟看，或传录之，而咨问之，思与之齐而后已。不拘长少，惟善是取。

以上数条，切宜谨守。其所未及，亦可据此推广，大抵只是勤谨二字。循之而上，有无限好事。吾虽未敢言，而窃为汝愿之。反之而下，有无限不好事。吾虽不欲言，而未免为汝忧之也。

盖汝若好学，在家足可读书作文，讲明义理，不待远离膝下，千里从师。汝既不能如此，即是自不好学，已无可望之理。然今遣汝者，恐汝在家汩于俗务，不得专意。又父子之间，不欲昼夜督责。及无朋友闻见，故令汝一行。汝若到彼，能奋然勇为，力改故习，一味勤谨，则吾犹有望。不然，则徒劳费。只与在家一般，他日归来，又只是旧时伎俩人物，不知汝将何面目归见父母亲戚乡党故旧耶？念之！念之！“夙兴夜寐，无忝尔所生！”在此一行，千万努力。

（《性理大全书》卷五一）

敬齋箴
正其衣冠尊其瞻視潛心
以居對越上帝足容必重
手容必恭擇地而蹈折旋
蟻封出門如賓承事如祭
戰戰兢兢罔敢或易守口
如缾防意如城洞洞屬屬
無敢或輕不東以西不南
以北當事而存靡它其適
弗貳以二弗參以三惟心
惟一萬變是監從事於斯
是日持敬動靜無違表裏
交正須臾有間私欲萬端
不火而熱不冰而寒毫釐
有差天壤易處三綱既淪
九法亦斁於乎小子念哉
敬哉墨卿司戒敢告靈臺
永樂十六年仲冬至日
翰林學士雲間沈度書

沈度书法《敬斋箴册》

【译文】

每天听先生讲书和请教，要和他人一样按常例进行，不得怠慢。有疑点要用小本子随手记录下来，等候向老师请教。听到老师训诲，回到自己住处，要思考其中最紧要的话，逐日记下，回来的时候带给我看。看到好的文章，也要抄下来带回。

不得擅自出入，与人来往。有人初来，要请问老师，有适合见的就见，不适合见的就不见。平时有人来会，也要启禀老师后再回访，此外不得出入一步。

在居所一定要恭敬端庄，不得放肆怠慢。说话一定要得当，不得嬉笑喧哗。凡事要谦恭，不得盛气凌人，自取其辱。

不能因肆意饮酒而荒废学业，害怕言行出现差错，而迷失自己、触犯别人，尤其应当引以为戒。不能讨论别人的过错，指点别人的长短是非，有人来告诉你或打听是非的话，也不要给予回复。

交往当中，特别应当谨慎地选择朋友，即使都是同学，那也不能该接近该疏远全无分别，这类问题应当请教并听从老师的教导。大体上说，为人敦厚老实，能尖锐指出我的错误的人，是有益我向上的好朋友。那些阿谀奉承、言行轻佻，粗野傲慢、放荡下流，教唆别人干坏事的人，是不利我长进的

坏朋友。据此推理，你自己也应当看得清五七分，加上根据老师的回答所做出的判断，就能百无一失了。我只担心你志趣平常，不能严格要求自己不断进步，那么，那些对你有益的朋友，你心里不想同他们分开，但事实上他们和你一天天疏远了，而那些对你有损害的朋友，尽管你不愿同他们接近，但事实上他们和你一天天亲近了。这是一定要严加检点和坚决改正的，万万不可放松警惕而渐渐堕落到小人的行列。因为如果到了这一步，即使有贤良的师长，也不能使你自救自拔了。

听到他人精辟的言语和好的事迹的时候，应怀着尊敬羡慕之心把它们记录下来。看到胜过自己的好文章，要借来熟看，或抄录下来请教，一直到向他看齐了才罢休。不管是老是少，有优点就学。

以上数条，务必严格遵守。有未谈到的，可举一反三，大抵不出“勤谨”二字。如果能遵循上进，就将有无限好事，我虽不敢说一定有，但私下为你祝愿；反之，如果不这样的话，就将有无限不好的事。我虽不想说，但也不免为你担忧。

如果你努力学习，在家里也可以读书写文章，弄明白言论或文章的内容和道理，用不着远离父母，千里迢迢地去跟从老师学习。你既然不能这样，就是自己不好学，也不能指望你懂得这个道理。但是现在让你出外从师的原因，是担心你在家里为俗务所缠身，不能专心致志地读书学习。同时，父子之间，我也不希望日夜督促责备你。在家里也没有朋友和你一起探讨，增长见识，所以要让你出去走一走。你要到了那里，能奋发努力有所作为，用心改掉以前的不好的习惯，一心勤奋严谨，那么我对你还有期望。若不是这样，那就是徒劳费力，和在家里没什么两样，日后回来，还仅仅是以前那样的小人物，不知道你准备用什么样的面目来见你的父母、亲戚、同乡和老朋友呢？记住！记住！“每天晚上睡觉前，想想自己今天做了什么有意义的事情，对得起自己的生命吗？”这一次出去求学，要千万努力呀！

敬恕斋铭

【原文】

出门如宾，承事如祭。以是存之，敢有失坠？己所不欲，勿施于人。以是行之，与物皆春。胡世之人，恣己穷物？惟我所傻，谓彼奚恤。孰能反是，敛焉厥躬。于墙于羹，仲尼子弓。内顺于家，外同于邦。无小无大，罔时怨恫。为仁之功，曰此其极，敬哉恕哉，永永无斁。

（《晦庵集》卷八五）

【译文】

出门像恭恭谨谨的宾客，办事像认认真真的祭祀。用这样的态度来对待，怎么会有失误？自己所不喜欢的，就不要强加给他人。用这样的准则行为处事，待人接物都温暖如春。为何世间的人，放纵自己而困于物欲？只有像我这样的老人，才有这样一种忧虑。什么是坏事，什么是好事，都要自行约束，亲身实行。或居墙下，或食菜羹，都要像仲尼、子弓那样如祭如宾。对内能使家庭和睦，对外能使邦国太平。无论是小事还是大事，都没有什么怨恨哀伤。做到上面所说的，为仁之道的功德，可以说就达到了它的极致。诚敬啊，忠恕啊，永远不能厌弃。

朱子家训

【原文】

君之所贵者，仁也。臣之所贵者，忠也。父之所贵者，慈也。子之所贵者，孝也。兄之所贵者，友也。弟之所贵者，恭也。夫之所贵者，和也。妇之所贵者，柔也。事师长贵乎礼也，交朋友贵乎信也。见老者，敬之；见幼者，爱之。有德者，年虽下于我，我必尊之；不肖者，年虽高于我，我必远之。慎勿谈人之短，切莫矜己之长。仇者以义解之，怨者以直报之，随所遇而安之。人有小过，含容而忍之；人有大过，以理而谕之。勿以善小而不为，勿以恶小而为之。人有恶，则掩之；人有善，则扬之。

处世无私仇，治家无私法。勿损人而利己，勿妒贤而嫉能。勿称忿而报横逆，勿非礼而害物命。见不义之财勿取，遇合理之事则从。诗书不可不读，礼义不可不知。子孙不可不教，童仆不可不恤。斯文不可不敬，患难不可不扶。守我之分者，礼也；听我之命者，天也。人能如是，天必相之。此乃日用常行之道，若衣服之于身体，饮食之于口腹，不可一日无也，可不慎哉！

（摘自《紫阳朱氏宗谱》）

王登瀛行书《朱文公家训》

王登瀛，生卒年不详，字阆洲，明末清初福建人，与陈元辅、程顺则等交游，书法宗董香光，辑有《中山诗文集》18种18卷，尝序跋《晚香园梅诗》《梅花百咏》等文。

【译文】

当国君所珍贵的是“仁”，爱护人民。当人臣所珍贵的是“忠”，忠君爱国。当父亲所珍贵的是“慈”，疼爱子女。当儿子所珍贵的是“孝”，孝顺父母。当兄长所珍贵的是“友”，爱护弟弟。当弟弟所珍贵的是“恭”，尊敬兄长。当丈夫所珍贵的是“和”，对妻子和睦。当妻子所珍贵的是“柔”，对丈夫温顺。侍奉师长要有礼貌，交朋友应当重视信用。遇见老人要尊敬，遇见小孩要爱护。有德行的人，即使年纪比我小，我一定尊敬他。品行不端的人，即使年纪比我大，我一定远离他。不要随便议论别人的缺点，切莫夸耀自己的长处。对有仇隙的人，用讲事实、摆道理的办法来解除仇隙。对埋怨自己的人，用坦诚正直的态度来对待他。不论是身处顺境还是逆境，都要随遇而安，以平常心对待。别人有小过失，要谅解容忍；别人有大错误，要讲道理劝导帮助他。不要因为是细微的好事就不去做，不要因为是细微的坏事就去做。别人做了坏事，应该帮助他改过，不要宣扬他的恶行。别人做了好事，应该多加表扬。

待人处事没有私人仇怨，治理家务不要另立私法。不要做损人利己的事，不要妒忌贤才和嫉恨有能力的人。不要声言忿愤对待蛮不讲理的人，不要违反正当事理而随便伤害人和动物的生命。不要接受不义的财物，遇到合理的事物要拥护。不可不勤读诗书，不可不懂得礼义。子孙一定要教育，童仆一定要体恤。一定要尊敬有德行、有学识的人，一定要扶助有困难的人。这些都是做人应该懂得的道理，每个人尽本分去做才符合“礼”的标准；而我们一生的命运，是由上天来决定的。一个人如能懂得并努力去做，则老天必会来相助。这些日常生活中的基本道理，就像衣服之于身体，饮食之于口腹，是每天都不可缺少的，怎能不慎重对待呢！

白鹿洞书院揭示

【原文】

父子有亲，君臣有义，夫妇有别，长幼有序，朋友有信。右五教之目。尧舜使契为司徒，敬敷五教，即是也，学者学此而已。而其所以学之之序，亦有五焉，具列如左：博学之，审问之，慎思之，明辨之，笃行之。右为学之序。学问思辨四者，所以穷理也。若夫笃行之事，则自修身以至于处事接物，亦各有要，具列如左：言忠信，行笃敬，惩忿窒欲，迁善改过。右修身之要。正其义，不谋其利；明其道，不计其功。右处事之要。己所不欲，勿施于人；行有不得，反求诸己。右接物之要。

白鹿洞书院

熹窃观古昔圣贤所以教人为学之意，莫非使之讲明义理，以修其身，然后推以及人，非徒欲其务记览为词章，以钓声名，取利禄而已也。今人之为学者，则既反是矣。然圣贤所以教人之法，具存于经，有志之士，固当熟读深思而问辨之。苟知其理之当然，而责其身以必然，则夫规矩禁防之具，岂待他人设之而后有所持循哉？近世于学有规，其待学者为已浅矣。而其为法，又未必古人之意也。故今不复以施于此堂，而特取凡圣贤所以教人为学之大端，条列如右，而揭之楣间。诸君其相与讲明遵守，而责之于身焉，则夫思虑云为之际，其所以戒谨而恐惧者，必有严于彼者矣。其有不然，而或出于此言之所弃，则彼所谓规者，必将取之，固不得而略也。诸君其亦念之哉。

（《晦庵集》卷七四）

【译文】

父子间要有骨肉之亲，君臣间要有礼义之道，夫妻间既要挚爱又要内外有别，老少间要有长幼之序，朋友间要有诚信之德。这就是“五教”的纲目。圣人尧、舜让司徒契教化百姓的就是这“五教”，学子要学的也是这“五教”。广博地学习，审慎地发问，谨慎地思考，明晰地分辨，诚实地践行，这就是学习的顺序。学、问、思、辨，是为了探究道理。如果要诚实地践行，那么修身乃至处事接物也都各有各的原则，列举如下：说话忠诚信实，行为笃厚恭敬；惩戒忿愤，抑止情欲；见善便学，有过则改。这是修身的原则。以礼义端正自己，不去追求物质利益；努力张扬阐明天下之大道，不去计较个人得失。这是处事的原则。自己所不愿意做的事，不要勉强别人去做；做事未达到目的，应从自己身上找原因。这是接物的原则。

朱熹书法

我私下里考察古代圣哲教人读书学习，无非是为了使人明白礼义道理，修养身心，然后推己及人，并不是为了记览词章，以便沽名钓誉，追求利禄。今天的一些学子，违背了圣贤的教导。圣贤教育人的法则，在经典中都有记载，有志向的人固然应当熟读精思，审问明辨，但如果知道这是自然之理，必须以此约束自己，那么何必要等他人立下规矩，才照着去做呢？近世学堂虽有规则，但对学者来说已经很肤浅了，而且它作为规则，未必符合圣哲的本意。所以，本书院另立学规，特意摘录圣哲教人读书求学的根本原则，分条列出，贴在门楣上。请诸位学子共同研读，遵守执行，并以身作则，在思考、言论、行为之时，这些原则之所以让你小心谨慎甚至于恐惧，一定是因为有比其更严厉的。如果不是这样，或许是因为有些言论发表了之后又被抛弃，那么这样的所谓规范一定会被取而代之，一定不可能使人有所心得从而得出方略。大家也该想想这些。

◎家颐《教子语》

家颐，宋代学者，生卒年不详，字养正，眉山（今属四川）人。著有《子家子》。家颐在《教子语》中充分认识到了读书和教子的重要性，认为读书是人生最大的乐事，而教子是最重要的事。

【原文】

人生至乐，无如读书；至要，无如教子。父子之间，不可溺于小慈。自小律之以威，绳之以礼，则长无不肖之悔。教子有五：导其性，广其志，养其才，鼓其气，攻其病，废一不可。养子弟如养芝兰，既积学以培植之，又积善以滋润之。人家子弟惟可使觌德，不可使觌利。富者之教子须是重道，贫者之教子须是守节。子弟之贤不肖系诸人，其贫富贵贱系之天。世人不忧其在人者而忧其在天者，岂非误耶？

（《戒子通录》卷六）

【译文】

人生最大的乐事是读书，人生最重要的事情是教子。父亲对孩子不可过于慈爱。要从小就用威严来约束孩子，用礼节来教育孩子，这样孩子长大以后就不会因没有出息而让父母后悔当初的教育不妥。教育孩子的方法有五：引导孩子的天性，宽广孩子的志向，培养孩子的才能，鼓舞孩子的锐气，改正孩子的缺点。这五个方面缺一不可。养子如养花，既要用广博的知识来培育，又要用实际的善德来滋润。教育孩子时要发现别人家孩子德行良好的一面，而不要去注意其重利的一面。富人教育孩子应该重视道德教育，穷人教育孩子应该注重守住气节。孩子以后是贤良或是没出息这些都与人的教育有关，其贫富贵贱是上天注定的。现在大家不去关心人可以努力的方面反而去关心上天注定了的事情，这难道不是一种错误吗？

◎吕祖谦《少仪外传》（节选）

吕祖谦（1137～1181），字伯恭。宋代婺州（今浙江金华）人，祖籍寿州（今属安徽），世称东莱先生。宋孝宗隆兴年间进士，又中博学鸿词科。历太学博士兼史职，官至著作郎兼国史院编修和实录院检讨。他博学多识，为学主张“明理躬行”，治经史以致用，反对空谈心性。他创建了“婺学”，与朱熹、张栻齐名，时称“东南三贤，鼎立为世师”。其主要著作有《少仪外传》《吕氏家塾读诗记》《吕东莱集》《东莱博议》《历代制度详说》等。

吕祖谦十分重视子孙的教育，对子孙在勤学、节俭、处世几个方面的教育尤为关注。

【原文】

温公幼时患记问不若人，群居讲习，众兄弟既成诵游息矣，独下帷绝编，迨能背诵乃止。用力多者，其所诵乃终身不忘矣。

发人私书，拆人信物，深为不德。甚者遂至结为仇怨。余得人所附书物，虽至亲卑幼者，未尝辄留，必为附至。及入托于某处问迅干求，若事非顺理，而己之力不及者，则可至诚而却之；若已诺之矣，则必须达所欲言，至于听与不听，则在其人。凡与宾客对坐，及往人家，见人得亲戚书，切不可往观及注目偷视。若屈膝并坐，目力可及，则敛身而退，候其收书，方复进以续前

话。若其人置书几上，亦不可取观，须俟其人云“足下可观”，方可一看。若书中说事无大小，以至戏谑之语，皆不可于他处复说。

凡借人书册器用，苟得已者，则不须借；若不获已，则须爱护过于己物。看用才毕，即便归还，切不可以借为名，意在没纳，及不加爱惜，至有损坏。大率豪气者于己物多不顾惜，借人物岂可亦如此？此非用豪气之所，乃无德之一端也。

凡与人同坐，夏则己择凉处，冬则己择暖处；及与人共食，多取先取，皆无德之一端也。

文正范公子纯仁娶妇将归，传闻以罗为帷幔者，公闻之不悦，曰：“罗绮岂帷幔之物耶？吾家素清俭，安得乱吾家法？持至吾家，当火于庭。”

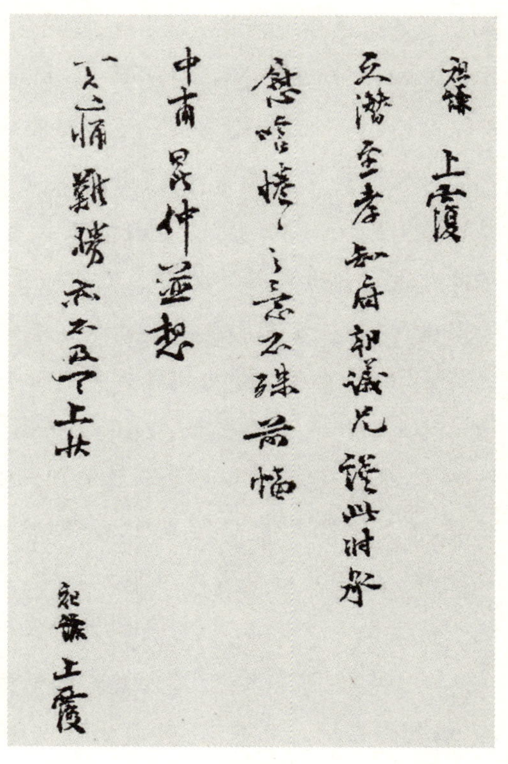

吕祖谦《文潜帖》

韩公为陕西招讨时，尹师鲁与夏英公不相与。师鲁于公处即论英公事，英公于公处亦论师鲁，公皆纳之，不形于言，遂无事。不然不静矣。

【译文】

司马光小的时候，曾担心自己的记忆力不如别人，大家在一起听老师讲授，师兄师弟们早已经背诵完到外边游玩休息去了，唯独司马光一个人回到住所不断地翻阅书籍，反复学习，直到能够滚瓜烂熟地背诵下来为止。比别人费了更多的气力所能背诵的东西，一辈子也不会忘记了。

打开别人的私人书信，拆开别人的信物，实在是不道德的行为，甚至会因此结下仇怨。因此，我给别人捎带的书信和物品，即使收件人是至亲好友或者是后生晚辈，我也没有稍作停留，而是设法替他们马上捎去。别人委托你于某处问讯或有所求，如果这事不合情理，自己又无能为力，那么就可以坦诚地拒绝；如果自己答应了别人，那就必须把一切都明白地告诉人家，至于接受不接受，那就随他了。凡是与客人坐在一起或者到别人家里，看见人家收到亲戚送来的书信，千万不要走近去看或侧目偷视。倘若与人家促膝并坐，一眼就可以瞧见，那也要约束自己，起身退避，等人家收好了书信，才可以再进去继续谈话。如果人家把书信放在桌上，也不要拿起来看，而要等人家说“您可以看看”时才可以看。假如书信中内容事无大小，甚至是一些玩笑话，都不能在别处再向他人说起。

凡是向别人借用书籍、器具，如果可以不借的，那就不必借了；如果不得已要借，那也必须比自己的东西更加爱护。书籍看完，器具用毕，就要立即归还，千万不能以借为名，有意私吞，或者不加爱惜，以致损坏。一般来说，豪放的人对自己的东西多半不加珍惜，但借别人的东西难道也可以这样吗？这不是慷慨大方的举动，而是不讲道德、没有教养的一种表现。

凡是与人同室而坐，夏天自己选择最凉爽的地方，冬天则选择最温暖的地方；凡是与别人同桌共食，自己多吃、先吃；这些都是不讲道德、没有教养的一种表现。

范仲淹的儿子范纯仁结婚的时候，听说女方的嫁妆有用丝织品做的帷幕。范仲淹知道了很不高兴地说：“丝织品难道是做帷幕的材料吗？我家向来清廉节俭，怎么能让这事乱了我的家法？这样的奢侈品拿到我家来，就应当在庭院里烧了。”

韩琦当陕西经略招讨使的时候，尹师鲁与夏英公两个人很少交往，关系不很融洽。师鲁在韩琦面前说了英公的事情，英公在韩琦跟前也谈到师鲁，两人所说的不利于对方的话，韩琦都耐心地听取，但自己并没有在言谈中表露出来，于是大家相安无事。不然的话，他们之间就会不得安宁了。

◎廖行之《座右铭》

廖行之（1137～1189），字天民，号省斋，衡州（今湖南衡阳）人，南宋孝宗淳熙十一年（1184）进士，调岳州巴陵尉。未数月，以母老归养。告满，改授潭州宁乡主簿，未赴而卒，时淳熙十六年（1189）。他品行端正，留心经济之学。遗著由其子谦编为《省斋文集》10卷，已佚。

【原文】

责己如责人则明，处人如处己则通，心一而公。俭于欲则贞，俭于用则足，自身而家，惟俭伊福。《诗》曰："文王既勤止。"文王犹勤，况吾侪小人，宜鉴斯文。言必虑其所终，行必稽其所敝。深长尔思，庶无尤悔。仰胡以事？俯胡以育？惟顺惟均，斯之谓足。有弗孚于人，盍反诸吾身？禀其勿欺，行胡越兮比邻。

（《省斋集》卷九）

【译文】

要求自己像要求别人那样就明智，对待别人如同对待自己那样就通达，心专一而公正。在欲望上节俭则坚贞，在日用上节俭则充足，从自身到家庭，只有节俭才能幸福。《诗经》说："文王一生多勤劳。"周文王尚且勤劳，何况我们这些小人物，应该借鉴这篇文章。说话必须考虑最终的后果，做事必须考察失败的因素，你思虑长远，才可以没有过失、后悔。对上怎样侍奉父母？对下怎样养育子女？只有孝顺，只有均平，这才叫作满足。有不能取信于人的地方，为什么不反省自己？坚持不欺骗人的态度，即使走到边疆，也像同邻居在一起居住一样。

◎真德秀《西山政训》（节选）

真德秀像

真德秀（1178～1235），始字实夫，后更字景元，又更为希元，号西山。本姓慎，因避孝宗讳改姓真。福建浦城（今福建浦城仙阳镇）人。南宋后期著名理学家，与魏了翁齐名，学者称其为西山先生。庆元五年（1199），真德秀进士及第，开禧元年（1205）中博学宏词科。理宗时擢礼部侍郎、直学士院。史弥远惮之，被劾落职。起知泉州、福州。端平元年（1234），入朝为户部尚书，改翰林学士、知制诰。次年拜参知政事，旋卒，赠银青光禄大夫，谥文忠。真德秀立朝有直声，于时政多所建言，奏疏不下数十万字。真德秀为继朱熹之后的理学正宗传人，同魏了翁二人在确立理学正统地位的过程中发挥了重大作用，创西山真氏学派。著有《真文忠公集》。

【原文】

某愿与同僚各以四事自勉，而为民去其十害。何谓四事？曰：

律己以严。凡名士大夫者，万分廉洁，止是小善一点，贪污便为大恶不廉之吏。如蒙不洁，虽有它美，莫能自赎。故此为四事之首。

抚民以仁。为政者，常体天地生万物之心，与父母保赤子之心。有一毫之惨刻，非仁也；有一毫之忿疾，亦非仁也。

存心以公。《传》曰："公生明。"私意一萌，则是非易位，欲事之当理，不可得也。

莅事以勤是也。当官者一日不勤，下必有受其弊者。古之圣贤，犹且日昃不食，坐以待旦，况其余乎？今之世有勤于吏事者，反以鄙俗目之，而诗酒游宴，则谓之风流娴雅，此政之所以多疵，民之所以受害也。不可不戒！

何谓十害？曰：

断狱不公。狱者民之大命，岂可少有私曲？

听讼不审。讼有实有虚，听之不审，则实者反虚，虚者反实矣。其可苟哉？

淹延囚系。一夫在囚，举室废兴；囹圄之苦，度日如岁，其可淹久乎？

惨酷用刑。刑者，不获已而用。人之体肤，即己之体肤也，何忍以惨酷加之乎？今为吏者，好以喜怒用刑。甚者或以关节用刑，殊不思刑者国之典，所以代天纠罪，岂官吏逞忿行私者乎？不可不戒！

泛滥追呼。一夫被追，举室皇扰，有持引之需，有出官之费，贫者不免举债，甚者至于破家，其可泛滥乎？

招引告讦。告讦乃败俗乱化之原，有犯者自当痛治，何可勾引？今官司有受人实封状与出榜召人告首，阴私罪犯，皆系非法，不可为也。

重叠催税。税出于田，一岁一收。可使一岁至再税乎？有税而不输，此民户之罪也，输已而复责以输，是谁之罪乎？……

科罚取财。民间自二税合输之外，一毫不当妄取。今县道有科罚之政，与夫非法科敛者，皆民之深害也，不可不革。

纵吏下乡。乡村小民，畏吏如虎。纵吏下乡，犹纵虎出柙也。弓手士兵，尤当禁戢，自非捕盗，皆不可差出。

低价买物是也。物同则价同，岂有公私之异？今州县有所谓市令司者，又有所谓行户者，每官司敷买，视市令直率减十之二三，或即不还，甚至白著，民户何以堪此？

某之区区，其于四事，敢不加勉？同僚之贤，固有不俟丁宁而素知自勉者矣，然亦岂无当勉而未能者乎？《传》曰："过而不改，是谓过矣。"又曰："谁谓德难厉。"其庶几贤不肖之分，在乎勉与不勉而已。异时举刺之行，

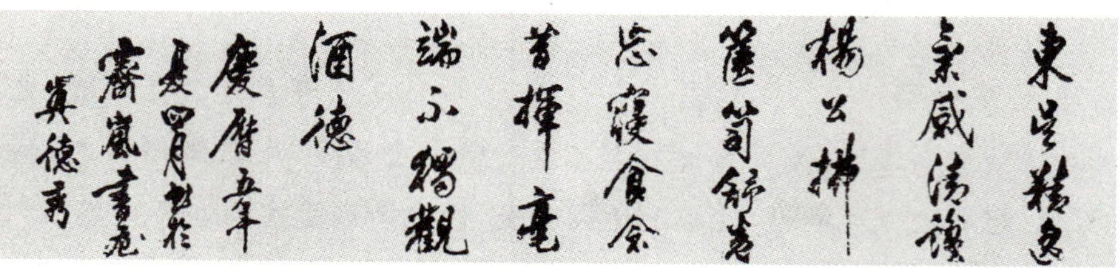

真德秀书法

当以是为准。至若十害有无，所未详知。万一有之，当如拯溺救焚，不俟终日，毋狃于因循之习，毋牵于利害之私。或事关州郡，当见告而商榷焉，必明于去民之瘼而后已。此又某之所望于同僚者。抑又有欲言者矣，夫州之与县，本同一家。长吏僚属，亦均一体。若长吏偃然自尊，不以情通于下，僚属退然自默，不以情达于上，则上下痞塞，是非莫闻，政疵民隐，何从而理乎？

（《真西山文集》卷三四《潭州谕同官咨目》）

【译文】

我愿意和同事们分别用四件事来勉励自己，同时又为百姓铲除十种祸害。四件事指的是什么？那就是：

要用廉洁来约束自己。凡是士大夫，能做到廉洁，只不过是一个小优点，而贪污之人便是最坏的不廉洁的官吏。如果蒙受了不廉洁的名声，即使有其他的优点，也不能弥补自己的罪过，所以我把这一点放在这四件事的首位。

要用仁爱来安抚百姓。从政之人，应当体察天地使万物生长的用心，以及父母养育幼儿的用心。只要有一点点儿狠毒，那就不叫仁爱；有一点点儿愤激，也不是仁爱。

要用公心来要求自己。《左传》上说：“公心能使自己明智。”私心一旦产生，正确与错误就会调换位置，混淆不分，再想使事情符合道理，就不可能了。

处理政事要勤快尽力。当官的人一天不勤勉，下面就一定有为此而受到损害的老百姓。古代的圣贤，尚且太阳不西斜就不吃饭，坐着等待天亮，更何况其他一般的人呢？现在社会上工作勤恳的官吏们，反被人们看成是鄙陋庸俗的人，而那些整天做诗喝酒、到处游玩吃喝的人，却被称作风流雅致。这就是政治为什么有很多缺漏、百姓为什么受到损害的原因。不能不以此为戒。

十种祸害是什么？那就是：

审理官司不公正。官司是关系老百姓生死的大事，怎么能有一点私心杂念掺和在里面呢？

倾听诉讼不能明察。诉讼有真话有假话，听取别人的诉讼却不明察，那么实话反被当成假话，假话反被当成真话，怎么能不认真呢？

拖延审理囚犯的时间。一个人关在牢中，全家人都干不成什么事。关在监狱里面所受的苦，使得过一天就像过了一年似的，怎么能拖延时间呢？

使用残酷的刑罚。刑罚是不得已才使用的。别人的肌肤，就是自己的肌肤。怎么能忍心用酷刑来惩治别人呢？今天当官吏的，喜欢根据自己的高兴与不高兴来使用刑罚，甚至还有人根据别人的想法使用刑罚，也不想一想刑罚是国家的法则，是代替天来纠正罪过的，哪里是官吏发泄愤怒、满足私心的工具呢？不能不以此为戒。

抓捕的罪犯太多。一人被抓起来，全家都被搅扰得惶惶不安，持引、出官需要大量费用，贫穷的人家免不了四处借钱，更严重的则是使家庭破产。能够抓人抓得太多吗？

诱使人去诬陷告发别人。诬陷告发是导致风俗败乱的缘由。犯了罪的人自然应当严厉惩处，怎么能够去诱使人诬陷告发呢？现在官府有让人将攻击别人的状文用袋子封缄以防泄漏，张榜寻求告发别人隐私的，以及私下里偏向罪犯的，这些都是违法行为，不能这样做。

反复催促纳税。税是从田地中产生的，一年只有一次收成，可以在一年中征收两次税吗？该交的税不交，这是老百姓的不对。老百姓交了税还要他们再交，这又是谁的过错呢？

通过刑罚,聚敛钱财。民间除了两种税应当交纳之外,其他的一点也不应妄自征收。现在州县为政设立刑罚与非法收取财物,都是老百姓深重的灾难,不能不改掉它。

放纵官吏到乡下去。乡村的老百姓们害怕官吏就像害怕老虎。放纵官吏到乡下去,就像把老虎放出笼子之外。至于弓箭手和士兵们,更应当禁止他们携带武器外出。如果不是追捕盗寇,都不能放他们到乡下去。

用很低的价格购买物品。物品相同,价格也就应该相同,哪能因买主是官府或私人就不同呢?现在州县有所谓专管购买物品的部门,买东西时参照市价,竟直接减少十分之二三,或者不马上付钱,甚至还有白拿的,老百姓哪里经受得住这些呢?

我是微不足道的,对于上面说的四件事,敢不努力去做吗?同事们是很好的,固然有不等叮咛嘱咐就向来知道自己努力的,但是哪里会没有应当努力而未能这样做的人呢?《左传》上说:“有了错误而不去加以改正,这就叫做有错误了。”又说:“谁说道德难以磨砺。”大概贤者与不好的区别,就在于努力和不努力吧。以后在提拔和黜免官吏时就应当以这个为标准。至于十种祸害,到底有没有还不能详细地知道。万一有,就应当像去救落水者或失火一样,不能等到最后一天才去做。不要因为习惯而不去改正,不要考虑自己一人的利害关系而不去改正,也不要因为事情关系到州郡的大官,便去告诉他们,与他们商量,只要一心想着去掉百姓的疾苦就行了。这又是我希望同事们都能够做到的。但我还有要说的话。州与县,本来就是一家。长官与手下人,也都是一个整体。如果长官得意洋洋,自高自大,不将情况通报给下面;而手下人畏缩不前,默不作声,不将情况汇报给上面,那么上下闭塞,是对是错都无法知道。政事存在毛病,百姓隐瞒疾苦,又怎么能治理得好呢?

◎文天祥《狱中家书》

文天祥像

文天祥（1236～1283），初名云孙，字宋瑞，一字履善，自号文山、浮休道人。江西吉州庐陵（今江西吉安）人，宋末政治家、文学家，爱国诗人，抗元名臣，民族英雄，与陆秀夫、张世杰并称为“宋末三杰”。宝祐四年（1256）状元及第，官至右丞相，封信国公。他从至元十六年（1279）十月抵达大都，至元十九年（1282）十二月被杀，其间一共被囚禁了三年两个月。这段期间，元朝千方百计地对文天祥劝降、逼降、诱降，参与劝降的人物之多、威逼利诱的手段之毒、许诺的条件之优厚、等待的时间之长久，都超过了其他的宋臣。因此，文天祥经受的考验之严峻、其意志之坚定，也是历代罕见的。至元十九年（1282）十二月初九，他在柴市从容就义。他是历代状元中，最为后世钦敬的民族英雄。其以崇高的爱国精神和民族气节，被誉为“状元中的状元”。其在狱中写作的诗词《过零丁洋》《正气歌》等作品已成为千古绝唱，是中华民族精神的象征。

【原文】

父少保、枢密使、都督、信国公批付男陞子：

汝祖革斋先生以诗礼起门户，吾与汝生父及汝叔同产三人。前辈云：“兄弟其初，一人之身也。”吾与汝生父俱以科第通显，汝叔亦致簪缨。使家门无虞，骨肉相保，皆奉先人遗体，以终于牖下，人生之常道也。不幸宋遭阳九，庙社沦亡。吾以备位将相，义不得不殉国；汝生父与汝叔姑全身以全宗祀。惟忠惟孝，各行其志矣。

吾二子，长道生，次佛生。佛生失之于乱离，寻闻已矣。道生，汝兄也，以病没于惠之郡治，汝所见也。呜呼，痛哉！吾在潮阳闻道生之祸，哭于庭，复哭于庙，即作家书报汝生父，以汝为吾嗣。兄弟之子曰犹子，吾子必汝，义之所出，心之所安，祖宗之所享，鬼神之所依也。及吾陷败，居北营中，汝生父书自惠阳来，曰："陞子宜为嗣，谨奉潮阳之命。"及来广州为死别，复申斯言。《传》云："不孝，无后为大。"吾虽孤孑于世，然吾革斋之子，汝革斋之孙，吾得汝为嗣，不为无后矣。吾委身社稷，而复逭不孝之责，赖有此耳。

汝性质闿爽，志气不暴，必能以学问世吾家。吾为汝父，不得面日训汝诲汝。汝于"六经"，其专治《春秋》。观圣人笔削褒贬，轻重内外，而得其说，以为立身行己之本。识圣人之志，则能继吾志矣。吾网中之人，引决无路，今不知死何日耳。《礼》："狐死正邱首。"吾虽死万里之外，岂顷刻而忘南向哉！吾一念已注于汝，死有神明，厥惟汝歆。仁人之事亲也，事死如事生，事亡如事存，汝念之哉！岁辛巳元日书于燕狱中。

（《文天祥全集》）

【译文】

父少保、枢密使、都督、信国公书付嗣子陞儿：

你的祖父革斋先生以读书起家，我和你的生父及你叔父三人都是他所生。前辈们说："兄弟在最初的时候，是源于一个人的身子。"我和你生父都是由科举考试而官居显要的，你叔父也做了官。假如家中不出意外，兄弟们会互相保护，爱惜好先人留给我们的身体而终老于家中，这是人生的纲常道义。不幸的是宋家王朝遭遇到灾殃，宗庙社稷沦丧了，王朝灭亡了。我因为身居宋朝将相的显位，道义上不能不为国献身；你的生父和叔父姑且保全身体以延续宗族的祀典。我和他们在忠孝问题上选择点不同，各行其志吧。

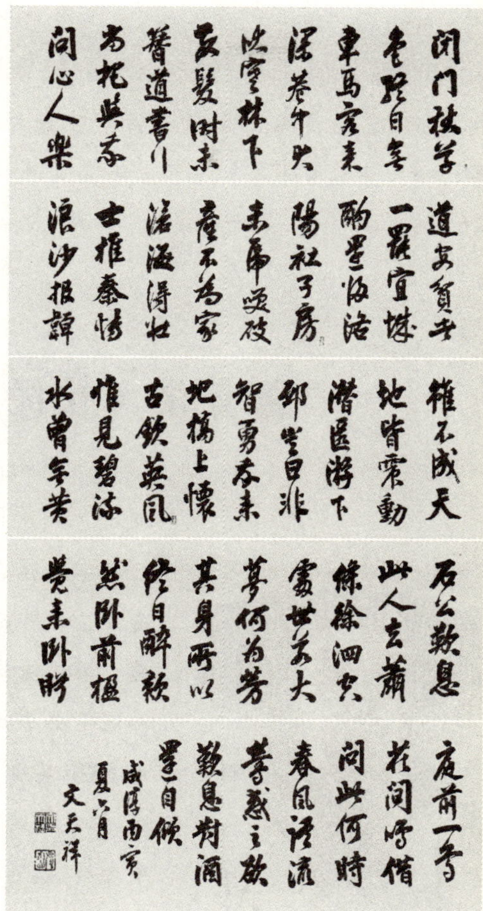
文天祥书法

我有两个儿子，大的叫道生，小的叫佛生。佛生在战乱中走失，不久就听说已死了。道生是你的哥哥，因病死在惠州州府，你是看见的。啊，多么令人伤心啊！我在潮阳听到道生病死的噩耗，在庭院里哭，又在家庙里哭，马上写家信给你的生父，告诉他发生的一切，与他商量把你作为我的嗣子。兄弟的儿子叫做犹子，我的嗣子一定是你，这也符合道义，我也因此安心了，祖宗可以得到祭祀，鬼神才有所凭依。当我兵败被俘，拘留在北营中，你生父从惠阳寄信来说："陞儿适合做你的嗣子，我恭谨地遵照你在潮阳来信的意思办。"等到他来广州与我作死别时，又重申这话。《左传》说："所有的不孝中，没有后嗣就是最大的不孝。"我虽然在世上孤苦伶仃，但我是革斋先生的儿子，你是革斋先生的孙子，我得到你做嗣子，就不算无后嗣了。我献身于国家，又能逃避不孝的罪责，就全靠这件事了。

你生性乐观豪爽，心气平和，将来一定能够凭学问光耀我们的门庭。我身为你的父亲，不能够每天面对面训导你、教诲你。你在修习"六经"的时候，要特别用心研究《春秋》，探究其中所记载和删除的内容、所褒扬和贬损的人和事、所轻蔑和重视的东西以及对内外的分置，求得书中的精粹，把它作为立身处世的根本。你认识到圣人的志向，就能够继承我的想法了。我是罗网中的人，想自杀都办不到，还不知道死在哪天呢？《礼记》说："狐狸死的时候一定要把头向着巢穴所在的山丘。”我即使死在距离家乡万里之外的地方，难道能片刻忘记回到家乡吗？我的一切意念都已倾注在你身上，如果死后有神明存在，一定只歆享你的供物。仁人君子侍奉父母，对待死者就像对待生者，对待亡者就像对待存者，你要牢记啊！辛巳岁正月初一日于燕山狱中。

◎张养浩《牧民忠告》（节选）

张养浩像

张养浩（1270～1329），字希孟，号云庄，山东济南人。元代著名散曲家。诗、文兼擅，而以散曲著称。历任堂邑县尹、监察御史、翰林学士、礼部尚书、参议中书省事。英宗至治二年（1322），因为父亲年老多病，辞职回家侍奉亲人。家居期间，朝廷多次征召，都没有再行出仕。直到文宗天历二年（1329），关中大旱，朝廷特别征召，任命他为陕西行台中丞。为了拯救黎民，他遂“散其家之所有”“登车就道”，连夜赶赴灾区任所。在就职的四个月期间，因劳累致病而不幸去世，享年60岁。朝廷追封他为滨国公，谥文忠。

【原文】

命下之日，则拊心自省：有何勋阀行能，膺兹异数？苟要其廪禄，假其威权，惟济己私，靡思报国，天监伊迩，将不汝容。夫受人直而怠其工，偺人爵而旷其事，已则逸矣，如公道何？如百姓何？

（《牧民忠告》卷上《拜命第一·省己》）

【译文】

接受任命官职的那一天，就要扪心自问：自己究竟有什么功劳能担任这个职位？如果求得了俸禄后，利用职能的权威，只是假公济私，不图报效国家，皇帝的鉴察就在眼前，是不会宽容你的。那些接受了工作报酬却想着消极怠工，担任了官职却空占职位而不做事的人，你自己是安逸了，但你怎么对得起公道，怎么对得起百姓！

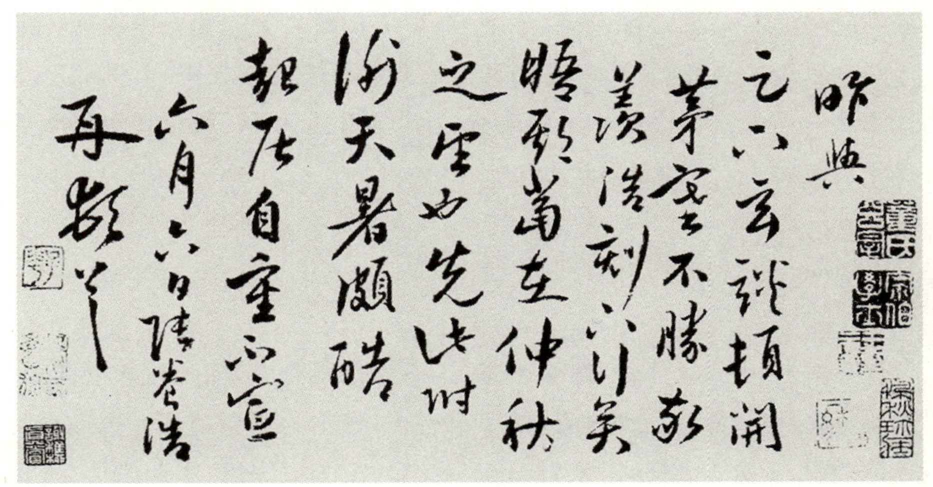

张养浩书法

【原文】

夫及物之心，人孰不有？第材质强劣，有所不同。苟即其所短而痛自克治，则官无难为，事无不集者矣。弛缓克之以敏，浮薄克之以庄，率略克之以详，烦苛克之以大体。苟不度所任，一循己之偏而处之，鲜有不败者矣。古人佩弦、佩韦，亦皆此意。今人往往读书无益、莅官不才者，皆由狃于习而不知痛自克治故也。

（《牧民忠告》卷上《拜命第一·克性之编》）

【译文】

关爱他人的仁德之性，是人们所共有的。只不过人的资质有强弱的区别，（仁德之性就有深厚、薄弱的差别）。如果针对弱点去尽力克服、改正，那么任职并不困难，办事没有不成功的。要用敏捷勤勉克服松弛不严，用庄敬严谨克服轻薄虚浮，用详细周全克服草率简略，用大局、整体的观念克服烦琐苛细。如果不考虑自己的能力能否胜任，一味地用自己偏颇的思维和极端片面的能力去处事，很少有不失败的。古代生性缓慢的人佩带紧绷的弓弦来自警，生性急迫的人佩带柔韧的韦皮来自警，就是这个意思。现在一些人往往读书却没有进益，当官却不能尽职，都是因为囿于积习而不知道去用心克服、改正。

【原文】

普天率土，生人无穷也，然受国宠灵，而为民司牧者，能几何人既受命，以牧斯民矣，而不能守公廉之心，是不自爱也，宁不为世所诮耶？况一身之微，所享能几？厥心溪壑，适以自贼。一或罪及，上孤国恩，中贻亲辱，下使乡邻、朋友蒙诟包羞。虽任累千金，不足以偿一夕缧绁之苦。与其戚于已败，曷若严于未然！嗟尔有官，所宜深诫。

（《牧民忠告》卷上《拜命第一·戒贪》）

【译文】

世上的人多得很，然而有几个人能受到国家的恩宠，成为治理百姓的官员呢？受命为官，治理百姓，却不能坚持公正、廉明的操守，就是不自爱，怎么能不受到世人的讥刺、责备呢？何况微弱的身躯，能享受多少物质财富呢？像那种填不满的溪谷般的贪婪心态，恰恰能害死自己。一旦犯罪，对上而言，是辜负了国家的恩典；对家庭而言，将给亲人带来耻辱；对下而言，会

使乡邻朋友蒙受羞辱。即使在任上积累了千金的财富，也抵不上坐一天监狱的痛苦。与其在罪行败露后忧愁、悲伤，不如在没有犯罪之前公正、廉明地履行职责。哎，官员们，应该深深地引以为戒呀！

【原文】

治官如治家，古人常有是训矣。盖一家之事无缓急巨细，皆所当知；有所不知，则有所不治也。况牧民之长，百责所丛，若庠序，若传置，若仓廥，若囹圄，若沟洫，若桥障，凡所司者，甚众也。相时度力，敝者葺之，污者洁之，堙者疏之，缺者补之，旧所无有者经营之。若曰“彼之不修，何预我事？瞬息代去，自苦奚为！”此念一萌，则庶务皆隳矣。前辈谓：“公家之务，一毫不尽其心，即为苟禄，获罪于天。”

（《牧民忠告》卷上《上任第二·治官如治家》）

【译文】

治理官府政事就像治理家务一样，古人曾有这样的教诲。大概家庭的事务不分轻重缓急，都是应该知道的；有不知道的，就不能及时处理它。何况治理百姓的官长，身负的职责众多，如学校，如驿站，如仓库，如监狱，如农田水利设施，如桥梁堤防，应该管理的有很多。看清时机，衡量力量，破旧的修葺它，污损的清理它，堵塞的疏浚它，缺损的修补它，以前没有的就筹划营造它。你可能会说：“这些不修理，关我什么事？很快就会有其他的官员来接任，我将离去，何必如此自找苦吃？”这种念头一旦产生，那么所有的政务都将毁弃了。前辈说：“对公家的事务，一点也不放在心上，就是当官的人无功受禄，将会受到天谴。”

◎郑文融《郑氏规范》(节选)

郑文融(生卒年不详),字太和,别字顺卿,婺州浦江(今属浙江)人。元至大时受朝廷嘉奖。他为人方正,不信佛道,家中冠婚丧葬都按朱熹《家礼》行事。继其从兄文嗣主持家事,家规森严,家门之内凛然如同官府。子弟稍有过,即使是头发半白的人,也要受到鞭打的惩罚。以此名闻远近,官府下令免除其家徭役,并写了"东浙第一家"的匾额来旌表他。他曾在元朝当过官,但也不敢稍违家规。除著述《郑氏规范》外,并辑宋以来诸家题赠诗赋及题跋、碑志、序记等,共为一编,即《麟溪集》。

《郑氏规范》,一名《郑氏家范》,又名《郑氏旌义编》,系郑氏家族家规。《郑氏规范》作为约束家人行为的重要家规,在当时产生了重大影响。明初,朱元璋在南京还破格召见其家长郑濂,擢其弟郑湜、郑沂、郑济等为高官,并旌其家为"孝义之门"。本书陆续增删,共168则,刊行于世,流传甚广。

【原文】

为家长者,当以至诚待下,一言不可妄发,一行不可妄为,庶合古人以身教之意。临事之际,毋察察而明,毋昧昧而昏,更须以量容人,常视一家如一身可也。

子孙倘有出仕者,当蚤夜切切,以报国为务,抚恤下民,实如慈母之保赤子,有申理者,哀矜恳恻,务得其情,毋行苟虚。又不可一毫妄取于民,若在任衣食不能给者,公堂资而勉之,其或廪禄有馀,亦当纳之公堂,不可私于妻孥,竞为华丽之饰,以起不平之心。违者天实临之。

子孙出仕,有以赃墨闻者,生则于谱图上削去其名,死则不许入祠堂。

子孙年未三十者，酒不许入唇，壮者虽许少饮，亦不宜沈酗杯酌，喧哗鼓舞，不顾尊长，违者箠之。若奉延尊客，惟务诚悫，不必强人以酒。

子孙当以和待乡曲，宁我容人，毋使人容我。

子孙不得惑于邪说，溺于淫祀，以邀福于鬼神。

子孙处事接物，当务诚朴，不可置纤巧之物，务以悦人，以长华丽之习。

子孙不得畜养飞鹰猎犬，专事佚游，亦不得恣情取餍以败家，违者以不孝论。

（《丛书集成初编》）

号称“江南第一家”的浦江郑宅镇郑义门

【译文】

作为一家之长，应当以最真诚的态度来对待下人，不能胡乱地说一句荒诞的话，也不能随意地做一件荒谬的事，这样也许才符合古人言传身教的意思。遇到问题的时候，既不要在细小的事情上过分要求以显示精明，也不要在较大的事情上装糊涂而显得昏庸，而要以宽厚的态度和宏大的气量来待人，时常把一家人当做自己的身体来看待就行了。

子孙中如果有做官的，应当从早到晚辛勤而不怠惰地工作，以报效国家为责，抚恤下层百姓，要确实像慈母保护初生的婴儿一样，有申冤的，要以怜悯诚恳的态度对待，一定要了解并掌握真实情况，不能随便地敷衍了事。不得随意从老百姓手中搜刮一丝一毫的钱财，如果在任期间穿衣吃饭有困难，公堂应资助而勉励他；如果他的俸禄有余，也应当交给公堂，不能私自给予妻子和儿女，让他们竞相追求华丽的衣着，从而让她们有不平之心。违背了这条清廉节俭规定的人，老天爷也不会赞同他的行为。

子孙当官，如果有因贪污受贿而招致坏名声的，他在世时从家谱图册上削去他的名字，他死后也不准放入祠堂。

子孙后代不满30岁的，不许喝酒；满了30岁之后，虽然允许饮一点酒，但也不应该沉溺其中，喧哗欢跃，不顾全尊长，不依从这个规定的就要受到鞭打。如果筵请客人，只需做到真诚，不必强行劝酒。

子孙应该以和气的态度对待左邻右舍，宁愿自己宽容别人，而不要让别人来宽容自己。

子孙不要被邪说所迷惑，不要沉溺于祭祀，企图以此向鬼神求福。

子孙待人接物，务必诚恳朴实，不能购置华丽的物品，以此取悦别人，助长奢侈浮华的不良习气。

子孙不能畜养飞鹰猎犬，一心只求安逸游玩，也不能恣肆纵情以满足个人私欲而败坏家庭，违背这条规定的要按不孝之罪论处。

◎王祎《座右铭》

王祎(1322～1373)，字子充，婺州义乌(今浙江义乌)人，元末明初著名的文学家、史学家。他师学柳贯、黄溍，明初时与同门友人宋濂俱以文章名世，二者同为浙东学派的代表性人物，著述颇丰。现有《王忠文公集》24卷存世。明初，与宋濂

同为《元史》总裁。洪武六年(1373)，奉诏出使云南，诏谕梁王归降，不幸遇害。建文时，谥“文节”，正统间，谥“忠文”，事迹见于《明史·忠义传》。作为元末明初浙东学派的重要代表人物，王祎在文学、史学等领域均做出了突出贡献。

【原文】

七尺之身，具形甚微。所以配两仪而特立，亘千载而不朽者，曷从而致之？夫亦曰德以为实，才为上资。不德不成，不才不施。不成无以有诸己，不施无以见于时。内不自有，外不自见，则不守途之人而已，其无愧于此身者几希。是故仁义以建其本，礼乐以畅其支，将之以忠信，华之以文辞。推而用世，细则以弥纶当世之务，大则以立邦家太平之基。此之谓明体而适用，成德而达才。古之君子，如是而已。吾何足以与于斯？虽然，学颜子之学，志伊尹之志，固吾之自勉而不疑。誓斯言斯允蹈，庶日夕以孳孳。

（《王忠文公集》卷九）

【译文】

七尺高的身躯，形体很微小。之所以能够匹配天地，特立于世间，贯穿千年而不朽，是凭什么做到的呢？就是以德作为实际内容，以才能作为本钱。没有道德不能成人，没有才能无法施展。不能成人就没有什么善行，无法施展就没法在当时有所表现。内不自有，外不自见，只不过是过路人罢了，无愧于这个身躯的人很少。因此，用仁义来建立根本，用礼乐来作为枝条，把忠信当成辅助，用文辞作为装饰。推广到为世所用，往小里说则可以治理当世事务，往大里说可以建立国家太平的根基。这就是所说的明了事体而可以实际应用，成就道德并且发挥才能。古代的君子，不过是做到这些罢了。对于这些，我哪有资格参与？既然这样，学习颜渊的学问，立下伊尹那样的志向，我当然要自勉而不疑。我发誓这样说，就要恪守它，天天都要孜孜不倦地去做。

◎孙作《座右铭》

孙作（1340？～1424），字大雅，以字行，一字次知，孙权四弟孙匡的后人，后唐三司使孙岳的二十世孙，江阴（今属江苏）人。自号东家子，学者称清尚先生。明初诗文家、学者、藏书家。元朝至正末年，避兵于吴，是上海烛湖孙氏始祖。

【原文】

多言，欺之蔽也；多思，欲之累也。潜静以养其心，强毅以笃其志。去恶于人所不知之时，诚善于己所独知之地。毋贱彼以贵我，毋重物以轻身。毋徇俗以移其守，毋矫伪以丧其真。能忍所不能忍则胜物，能容所不能容则过人。极高明以游圣贤之域，全淳德而为太上之民。

【译文】

多言，是因为有欺人的毛病；多思，是受欲望的牵累。要用深沉安静来保养自己的心，要用坚强刚毅来使自己志向专一。在人们还不知道的时候改正错误，在只有自己知道的地方真心实意做善事。不要轻视别人而抬高自己，不要重视外物而轻视自身。不要曲从流俗而改变自己的操守，不要矫揉造作而丧失自己的纯真。能忍受别人所不能忍受的就胜过别人，能容纳别人所不能容纳的就超过别人。达到高明的境界而成为圣贤，保全自己淳朴的美德而成为至高无上的人。

◎方孝孺《幼仪杂箴》

方孝孺（1357～1402），浙江宁海人，明朝文学家、散文家、思想家，字希直，一字希古，号逊志。曾以“逊志”名其书斋，因其故里旧属缑城里，故称缑城先生。又因在汉中府任教授时，蜀献王赐名其读书处为“正学”，亦称正学先生，后因拒绝为发动“靖难之役”的燕王朱棣草拟即位诏书，牵连其亲友学生870余人并全部遇害，成为中国历史上唯一一个被“诛十族”的人。南明福王时追谥“文正”。

方孝孺像

【原文】

道之于事，无乎不在。古之人自少至长，于其所在，皆致谨焉而不敢忽。故行跪、揖拜、饮食、言动有其则，喜怒好恶、忧乐、取予有其度。或铭于盘盂，或书于绅笏，所以养其心志，约其形体者，至详密矣。其进于道也，岂不易哉。后世教无其法，学失其本。学者汩于名势之慕，利禄之诱，无所养，外无所约，而人之成德者难矣。予病乎此也。盖久欲自其近而易行者学焉而未能。因列所当勉之目为箴，揭于左右，以攻己阙。由乎近而至乎远，盖始诸此，非谓足以尽乎自修之事也。方孝孺序。

坐

维坐容，背欲直，貌端庄，手拱臆。仰为骄，俯为戚。毋箕以踞，欹以侧。坚静若山乃恒德。

立

足之比也如植，手之恭也如翼。其中也敬，而外也直。不为物迁，进退可式。将有立乎圣贤之域。

行

步履欲重，容止欲舒。周旋迟速，与仁义俱。行不畔乎仁义，是为恒途。

寝

形倦于昼，夜以息之。宁心定气，勿妄有思。偃勿如伏，仰勿如尸。安养厥德，万化之基。

揖

张拱而前，肃以纾敬。上手宜徐，视瞻必定。勿游以傲，勿佻以轻。远耻辱于人，动必以正。

拜

古拜有九，今存其一。数之多寡，尊卑以秩。宜多而寡，倨以取祸。宜寡而多，为谄为阿。以礼制事，不爽其宜。

食

珍腴之惭，不若藜藿之甘。万钟之尸居，不若釜庾之有为。苟无待于富贵，夫孰得而贫贱之？噫！

饮

酒之为患，俾谨者荒，俾庄者狂，俾贵者贱，而存者亡。有家有国，尚慎其防。

言

发乎口，为臧为否。加乎人，为喜为嗔。用乎世，为成为败。传乎书，为贤为愚。呜呼！其发也可不慎乎！

动

吾形也人，吾性也天。不天之祇，而人之随。徇人而忘反，不弃其天，而沦于禽兽也几希。

笑

中之喜，笑勿启齿。见其异，勿侮以戏。内既病乎德，外为祸阶。抵掌绝缨，匪优则俳。

喜

得乎道而喜，其喜曷已。得乎欲而喜，悲可立俟。惟道之务，惟欲之去。颜孟之乐，反身则至。

怒

世人于怒，伤暴与遽。切齿攘袂，不审厥虑。圣贤不然，以道为度。揆道酬物，己则无与。暴遽是惩，圣贤是师。颜之好学，自此而推。

忧

惰学与德，汝日戚戚，忧为有益。名位不光，惟日忧伤，汝志则荒。弃其所当忧，而忧其不必忧，世之人皆然。汝孰忧哉？勉于自修。

好

物有可好，汝勿好之。德有可好，汝则效之。贱物而贵德，孰谓道远？将允蹈之。

恶

见人不善，莫不知恶。己有不善，安之不顾。人之恶恶，心与汝同。汝恶不改，人宁汝容？恶己所可恶，德乃日新。己无不善，斯能恶人。

取

非吾义，锱铢勿视。义之得，千驷无愧。物有多寡，义无不存。畏非义如毒螫，养气之门。

与

有以处己，有以处人。彼受为义，吾施为仁。义之不图，陷人为利。私惠虽劳，非仁者事。当其可与，万金与之。义所不宜，毫发拒之。

诵

诵其言，思其义。存诸心，见乎事。以敬畜德，以静养志。日化岁加，山立川驶。圣德卓然，焉敢不至？

书

德有余者，其艺必精。艺本于德，无为而名。惟艺之务，德则不至。苟极其精，世不之贵。汝书不美，自视不善。德不若人，乃不知忧。先乎其大，后乎其细。大或可传，人不汝弃。

（《逊志斋集》卷一）

【译文】

对任何事物来讲，道都是无处不在的。古代的人从小到大，在任何时候、任何地方都极其谨慎而不敢稍有疏忽。所以他们走路跪拜、拱手拜礼、日常饮食、言语动作等都有相应的规矩，高兴愤怒、喜欢讨厌、忧伤快乐、索取给予都有相应的法度。有人把它们刻在盘子和器皿上，有人写在衣带和笏板上，用它们来修养自己的心志，约束自己的身体，也算是极其周详细致了。有了这些规矩和法度，古人在道德上有所进益，哪有不容易的啊？后世的教育没有正确的方法，学问又失去了根本。学者沉溺于仰慕名誉权势，处于荣华富贵的诱惑之中，在内不能修心养性，在外没有规范约束，所以想要养成高尚的品德就很困难了。我对此深感忧虑。所以很早就想从那些贴近生活、易于实行的地方开始学习，却不能真正落实。因此，列出一些应当努力去做的条目作为箴言，张贴在容易看到的地方，用来督促自己克服缺点。从离自己近的地方开始逐步推及到远方，大概就是这样开始，不只是说说就足以做到自我修养这种事情啊。方孝孺序。

坐

端坐之容，要脊背挺直，外貌端庄，双手相合于胸前。仰面是傲慢，俯首是悲伤。不要张开双腿坐，不要斜身倚坐。像山那样坚定镇静，才是恒久之德。

立

两脚并立像木柱一样，双手合于胸前，双臂抬起像鸟张开翅膀一样。人的内心恭敬，外表才会正直。不为外界事物所左右，进退才符合规矩。这样的人才会成为圣贤。

行

行走脚步要稳重，容貌举止要舒展。进退揖让的动作快慢，要合乎仁义道德。走路不违背仁义道德，这才是长久的大道理。

寝

白天身体疲倦了，晚上就要好好休养。要心态平和，气息安定，不要胡思乱想，要闲静安居。躺下不要像伏尸那样横七竖八，仰卧不要像神像那样四肢僵直。安静地修养自己的品德，这是万事万物的根本。

揖

抬起双臂，拱手向前，外貌严正，以此表达内心的恭敬。抬手时应当缓慢，观看瞻望，目光要坚定。不要放纵而傲慢，不要随意而轻薄。要想远离被人羞辱的境地，行为就必须端正。

拜

古代拜礼有九种，现在只存下一种。（拜礼）次数的多少，体现了尊卑的次序。应该多拜却少拜，就会因为傲慢而取祸。应该少拜却多拜，则会被认为谄媚和阿谀。按照礼的规定来拜见，就不会偏离正确的道路。

食

吃着肥美可口的食物却感觉惭愧，不如吃着粗劣的饭菜却感觉甜美。拿着万钟俸禄却尸位素餐，不如拿着微薄的薪水而有所作为。如果不希求富贵，谁又能认为我贫贱呢？唉！

饮

酒成为一种祸患，是因为它使严谨的人荒诞，使庄重的人狂妄，使尊贵的人下贱，使本该生存的人死亡。对于肩负家庭和国家责任的人，一定要谨慎地提防酒的害处。

言

话从嘴里说出来，就有褒扬有贬损。施加到别人身上，就会有喜悦有嗔

恨。用于世间事务上，就会有成功有失败。流传于书册之上，就会引来贤良或愚昧的评价。哎呀，说话怎么能不慎重呢？

动

我的形体是人，我的禀性是上天赋予的。不安于天性，却随从人欲。迎合他人却忘记回归本性，不抛弃天性而沦为禽兽的人就很少了。

笑

心中喜悦，笑不要露齿。看见怪异的人，不要侮辱和取笑。否则，从内里看在德行方面有缺损，从外面看会成为惹祸的事端。抵掌言欢，欢宴中扯断结冠的带，不是娼优，就是小丑。

喜

得到大道而喜悦，那种喜悦不可遏止。满足欲望而喜悦，悲哀可立等而至。要一心追求大道，一心去除物欲。颜回与孟子那种得道的快乐，转个身就可以得到。

怒

世俗之人发怒，伤于火暴和急躁。（发怒时）咬牙切齿，捋袖愤臂，不详细考虑事情的后果。古圣先贤就不这样，他们用大道作准则，按大道的要求应对万物，自己却不动怒。我们应该克服火暴急躁的毛病，把古圣先贤作为自己的老师。颜回的好学，就是从这儿推衍出来的。

忧

在学习和品德修养上懒惰，你若是一天比一天忧惧，这样的忧惧是有好处的。名誉和地位不显赫，你只是一天比一天忧伤，那么你的志向就会荒废。不忧虑应当忧虑的，而忧虑那些不必忧虑的，世俗之人都是这样。你忧虑的是什么呢？快点勤勉地自我修养吧。

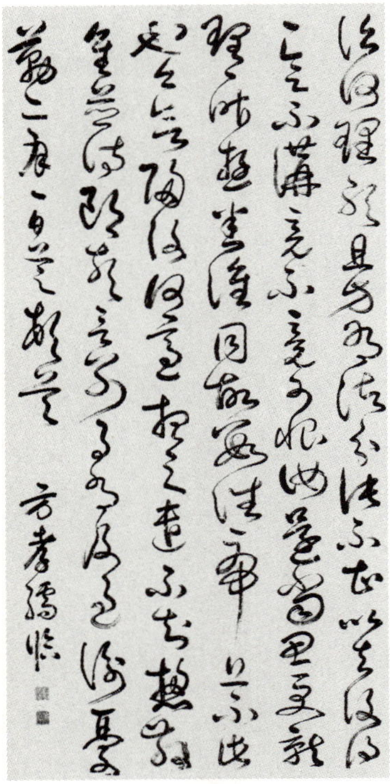

好

东西有称心喜欢的，你不要去喜欢它。德行有称心喜欢的，你一定要仿效它。以东西为贱，以品德为贵，谁说圣人之道离我们很远呢？我将认可并且努力地践行它。

恶

见到别人有不好的地方，没有人不知道讨厌。自己有不好的地方，却安之若素，不管不顾。人都讨厌恶行，这个想法跟你是一样的。你的恶行不改，别人怎会容忍你？（知道）厌恶自己身上可以厌恶的地方，德行才会一天天增进。自己没有缺点，才有资格去厌恶别人不好的地方。

方孝孺书法

取

不是我该得的东西，一分一厘也不去看一眼。是我该得的东西，一千辆大马车送来我也毫无愧疚。物品有多有少，道义却无处不在。害怕不义之财就像害怕毒蝎一样，这是培养浩然之气的法门。

与

有正确对待自己之道，也有正确对待别人之道。别人接受是因为道义，我施舍是因为仁慈。给别人东西却不追求道义，就会陷人于唯利是图的境地。小恩小惠虽然用心良苦，却不是仁者应当做的事情。应当给予的时候，即使是万金也毫不犹豫地送去。在道义上所不应该给予的，即使毫发之利也要拒绝。

诵

诵读书上的言语，思虑其中蕴含的道义。道义存在心里，体现在所做的事情

上。用恭敬来蓄养品德，用安静来培养心志。日积月累，道德就会像高山那样巍然屹立，像大川那样浩荡前行。神圣的道德高悬在那里，怎么敢不去追随呢？

书

道德修养高的人，他的才艺一定精到。才艺以品德为根本，因为无欲无求而成就名声。如果一心追求才艺，那么品德就不会通达。虽然才艺极其精到，世人也不以此为贵。如果你的字写得不美观，自己就会看出不好来。如果你的德行不如他人，自己却不一定知道忧虑。学习应该以修心养德为先，以技能才艺为后。品德高尚，作品才有可能流传，后人才不会抛弃你。

◎何济《何氏家范》（节选）

何济（1373～1451），字伯舟，号体素。自幼聪敏，喜读书，常把劝人为善、有益道德修养的话摘抄授人，身体力行，散德乡里，颇受乡里人敬重。他认为一个人独善其身还不够，因而制定了《何氏家范》。泰兴何氏能够成为一方鼎族，何济是承前启后的一个重要角色。

何济像

《何氏家范》又名《何氏家范条件十则》，共1352字。其中包括孝父母、友兄弟、叙长幼、敦善行、训读书、奖行谊、崇节俭、安生理等10条。内容涵盖修身、齐家、治学等各个方面，强调奉养父母，“纵使家贫，当以色养”，“无论宗党姻友，当以厚道自处”，而读书要以“勤苦为本”，将传统的忠、信、孝、悌、礼、仪、廉、耻具体化，要求子孙仁德立身、礼义持家、规矩做人、依范行事，从而给每个族人划定了为人做事的基本准则，严明了必须遵循的行为规范。

孝父母

【原文】

父母之恩，如天高地厚，最难图报。吾族为子者，只是尽其心力所当为，如饮食衣服之类，虽是孝之疏节，宜极力营办，以奉养父母。纵使家贫，当以色养，不可便生怨怼。冬温夏清，昏定晨省，礼不可缺。不幸父母有过，必下气怡色，柔声以谏，委曲婉转，以待其听。或遇疾病，必奉侍汤药，不离左右。然孝心易衰，于妻子必须朝夕省谕，教以事舅姑之礼，方是一家孝顺。此为子者不可不知。

【译文】

父母的恩情，就像天一般高，像地一般厚，最难回报。我们家族中为人儿女的人，应该尽他们的孝心做好应当做的事，如吃饭、穿衣这些事情，虽然只是尽孝的简略礼节，也应当尽力操办来赡养父母。即使家庭贫困，也应该以愉悦的神色尽奉养之道，不可因此产生怨恨的情绪。冬天暖被，夏天扇凉，晚间服侍就寝，早上省视问安，这些礼数都不能缺少。如果父母不幸有过错，一定要态度恭顺，气色和悦，柔声细语地劝说，委婉而动听，以等待他们听进去。如果遇上父母生病，一定要奉侍汤药，不离左右。然而尽孝容易懈怠，对于妻子又必须早晚告知，经常教导她们侍奉公公婆婆的礼节，这样才能做到一家孝顺。这些都是作为人子不可不知的。

叙长幼

【原文】

长上礼当尊敬，不可傲慢。吾族为子弟者，须尽到尊卑长少之分。如侍长者之侧，命之坐方坐，有问则起而对；侍食于长者，长者未举，少者不敢食；

从长者于外，必须随行，不得并肩而走。至如出恶言以相骂，逞血气以相殴，则为以少犯上，渐不可长，切不可为。

【译文】

对于长辈，按礼应当尊敬，不能傲慢。我们家族中的年轻后辈，须尽尊卑长幼的本分。如果在长者身边侍奉，长辈让坐才能坐，长辈提问要站起来回答；侍奉长者吃饭，长者没动碗筷，晚辈不能先吃；在外陪伴长者，必须随行，不得与长辈并肩行走。至于口出恶言辱骂长辈，逞一时之气殴打长辈，就是以少犯上，这种风气绝对不可以滋长，这种事绝对不可以做！

敦善行

【原文】

人家世世积善，可保子孙蕃衍，福泽灵长。吾族人须体此意，毋以尊凌卑，毋以强凌弱，毋以众暴寡。无论宗党姻友，当以厚道自处，即乡里，必须和睦。若倚门户欺压贫寒，恃豪横凌轹柔懦，放六畜作践人田苗，拖钱粮负陷人赔纳，并占人疆界，吞人产业，此皆心术不端，最伤天理，贻害子孙，切不可为。

【译文】

世世代代积德行善的人家，可以保证子孙繁衍不息，福泽久远。我们族人必须深刻体会其中的意义，不要以尊凌卑，不要以强凌弱，不要以多欺少。无论是本族人还是姻亲，都应该以本分厚道地要求自己，乡里之间必须和睦相处。如果倚仗富贵欺压贫寒，倚仗豪横侵犯柔弱，放出六畜作践人家的田苗，拖欠钱粮致使别人蒙受损失，并侵占别人疆界，恶意吞并别人产业，这些都是心术不正的行为，最是伤天害理，遗祸子孙，切记千万不能做啊！

训读书

【原文】

人家子弟以读书为先,而读书以勤苦为本。吾族为父兄者,须延师取友,教子弟以诗书,令其晓通文义,不令放纵偷安。上可以立身扬名,次可以登科入仕,下亦可以支持门户。若不教读书,甚至子弟目不知书,纵富必为愚痴顽蠢之夫,贫则甘为人下而不辞矣。戒之!戒之!

【译文】

我们家族中的年轻后辈要以读书为先,而读书要以勤奋刻苦为本。我们家族中作为父亲兄长的人,须延请师友,认真教年轻后辈读诗书,让他们通晓文义,不使他们放纵自己、苟且求生、贪图安逸。这样做,首先,可以立身扬名;其次,可以登科为官;最后,也可以撑起自家门户。如果不教年轻后辈读书,甚至他们大字不识,即使家境富裕,也必定是愚笨顽固的人;如果家境贫寒,那么就会甘为人下而不懂得改变现状。戒之!戒之!

崇节俭

【原文】

人情由俭入奢易,由奢入俭难。人能节俭,则必勤劳,劳则逸欲之心不生,而可以保身持家。若不节俭,必至于侈衣食,崇宫室,好珍宝奇怪之物,习狎小人,嫖饮赌博,鲜有不至于破家荡产者。凡我子孙务习勤劳,服食居处,崇尚俭朴,一应奢侈嫖赌之事切不可为。

【译文】

人之常情从俭入奢容易，从奢入俭困难。人想要节俭，就一定要勤劳，勤劳就不会产生安逸之心，从而可以保身持家。如果不节俭，就会追求奢侈的衣食，崇尚华美的房屋，喜好珍宝奇怪的物品，亲近小人，嫖娼、嗜酒、赌博，这样的人很少有不倾家荡产的。凡是我们家族的子孙，务必保持勤劳，衣服、饮食、住房都要崇尚俭朴，凡是讲求奢侈、嫖娼赌博的事切不可做！

◎薛瑄《诫子书》

薛瑄（1389～1464），字德温，号敬轩，河津（今山西万荣）人。明代著名思想家、理学家、文学家，河东学派的创始人，世称薛河东。薛瑄从宣德三年（1428）开始，到天顺元年（1457），陆续居官24年，大多执掌法纪，如监察御史、大理寺少卿和大理寺卿等。他严于律己，勤廉从政，刚直不阿，执法如山，被誉为“光明俊伟”的清官。

薛瑄像

【原文】

人之所以异于禽兽者，伦理而已。何为伦？父子、君臣、夫妇、长幼、朋友，五者之伦序是也。何为理？即父子有亲，君臣有义，夫妇有别，长幼有序，朋友有信，五者之天理是也。于伦理明而且尽，始得称为人之名。苟伦理一失，虽具人之形，其实与禽兽何异哉？

盖禽兽所知者，不过渴饮饥食、雌雄牝牡之欲而已，其于伦理，则愚然无知也。故其于饮食雌雄牝牡之欲既足，则飞鸣踯躅，群游旅宿，一无所为。若人但知饮食男女之欲，而不能尽父子、君臣、夫妇、长幼、朋友之伦理，即暖衣饱食，终日嬉戏游荡，与禽兽无别矣！

圣贤忧人之陷于禽兽也如此，其得位者则修道立教，使天下后世之人，皆尽此伦理；其不得位者则著书垂训，亦欲天下后世之人，皆尽此伦理。是则圣贤穷达虽异，而君师万世之心则一而已。

汝曹既得天地之理气凝合，祖父之一气流传，生而为人矣，其可不思所以尽其人道乎？欲尽人道，必当于圣贤修道之教、垂世之典，若小学，若四书，若六经之类，诵读之，讲习之，思索之，体认之，反求诸日用人伦之间。圣贤所谓父子当亲，吾则于父子求所以尽其亲。圣贤所谓君臣当义，吾则于君臣求所以尽其义。圣贤所谓夫妇有别，吾则于夫妇思所以有其别。圣贤所谓长幼有序，吾则于长幼思所以有其序。圣贤所谓朋友有信，吾则于朋友思所以有其信。于此五者，无一而不致其精微曲折之详，则日用身心，自不外乎伦理，庶几称其人之名，得免流于禽兽之域矣！

其或饱暖终日，无所用心，纵其口目耳鼻之欲，肆其四体百骸之安，耽嗜于非礼之声色臭味，沦溺于非礼之私欲宴安。身虽有人之形，行实禽兽之行，仰贻天地凝形赋理之羞，俯为父母流传一气之玷，将何以自立于世哉？汝曹勉之！敬之！竭其心力，以全伦理，乃吾之至望也。

（《薛文清公文集》卷一二）

【译文】

人和禽兽的不同之处，只在于人有伦道德之理罢了。什么是伦？就是父子、君臣、夫妇、长幼、朋友，这五种人伦次序啊！什么是理？就是父子之间有亲爱的感情，君臣之间有相敬的礼义，夫妇之间有内外的分别，长幼之间有尊卑的次序，朋友之间有诚信的友谊，这五种是天理啊！能够明白伦理而且完全做到，才可称为人。如果丧失伦理，纵然具有人的形体，事实上和禽兽又有什么不同呢？

大抵禽兽所知道的，只是渴了要喝、饿了要吃，以及雌雄公母本性之欲罢了，对于伦理，却愚昧不知。所以它们在饮食、性欲满足之后，就飞翔、鸣叫、踱步徘徊，成群结伴游戏栖息，再也没有其他追求。如果身为人类，只知道饮食及男女的欲望，却不能做到父子、君臣、夫妇、长幼、朋友的人伦道德所要求的，在穿暖吃饱之后，就知道整日玩乐游逛，那和禽兽就没有什么分别了。

薛瑄《夏山欲雨》

圣贤忧虑男女双方的结合会像禽兽那样，于是当政在位的就修习道术，以施行教化，使天下后代的人都遵从伦理；那些没有当政在位的，就著书立言，垂教于世，以希望后世的人都遵从伦理。因此，圣贤之人，虽穷困、顺达之路不同，但是他们教化、抚育万世万代人民的心则是一样的。

你们既然得到天地理气的凝聚、祖辈与父辈流传的血脉，出生并长成人，怎能不想想如何实践做人的道理呢？想要实践做人的道理，就一定要对于圣贤修道教化的典范和留传后代的典籍，像研究文字形、音、义的学问，像《大学》《中庸》《论语》《孟子》，像《诗》《书》《礼》《乐》《易》《春秋》，诵读它，研究它，思索它，体认它，并且在日常生活及人与人的和睦相处之间探求。圣贤说父子之间应当感情深切，我就在父子之间探求如何实现深切的情感；圣贤说君臣之间应当有礼义，我就在君臣之间探求如何做到礼义；圣贤说夫妇之间应有内外的分别，我就在夫妇间思考如何做到内外有别；圣贤说长幼间应有尊卑的次序，我就在长幼间思考如何做到有尊卑大小的次序；圣贤说朋友有诚信的交谊，我就在朋友间的交往上思考如何做到有诚信。一个人对于这五种伦理，没有一样不竭尽心力要做到妥帖精当，于是日常生活、身心内外，自然就不离人伦道德之理，这样或许可称为人，至少能够免于沦为禽兽的境地了。

至于有些人每天吃饱穿暖了，却不用心思索，只是放纵口目耳鼻的欲望，尽量追求身体的安逸享乐，沉迷于不合礼义的声色气味，耽溺于不合礼义的私欲之中，他们的身体虽然具有人的外形，行为实际上就是禽兽的表现，向上使天地因造化你而羞辱，向下使父母为生育你而蒙耻，将用什么来安身立足于世上呢？你们要勉励谨慎呀！要竭尽心力，做到人伦道德之理，这是我最深切的期望哪！

◎于谦《示冕诗》

于谦（1398～1457），钱塘（今浙江杭州）人，字廷益，永乐进士。任监察御史，河南、山西巡抚，曾平反冤狱，赈济灾荒。正统十四年（1449）土木之变后，从兵部侍郎升任尚书，拥立明景帝，反对南迁。调集重兵，在北京城外击退瓦剌军，加少保。景泰元年（1450），也先以无隙可乘，被迫释放明英宗。他以和议难恃，努力整顿京营军制，创立团营，加强训练。景泰八年（1457），夺门之变后，明英宗重回帝位，诬以“谋逆罪”杀之。籍没时家无余资，都督同知陈逵收埋遗体，后由婿朱骥葬于杭州。万历间，谥忠肃，有《于忠肃集》。

于谦在担任山西巡抚时，有一次忽然接到家信，信中说几天后就是他的长子于冕的13岁生日，希望他有所表示。于谦看了这封信才想起来，上次家中来信已经提及此事，只因自己政务繁忙，竟把这件事忘记了。当时于冕不在他身边，而随祖父祖母在钱塘老家居住。为了庆贺儿子的生日，于谦便

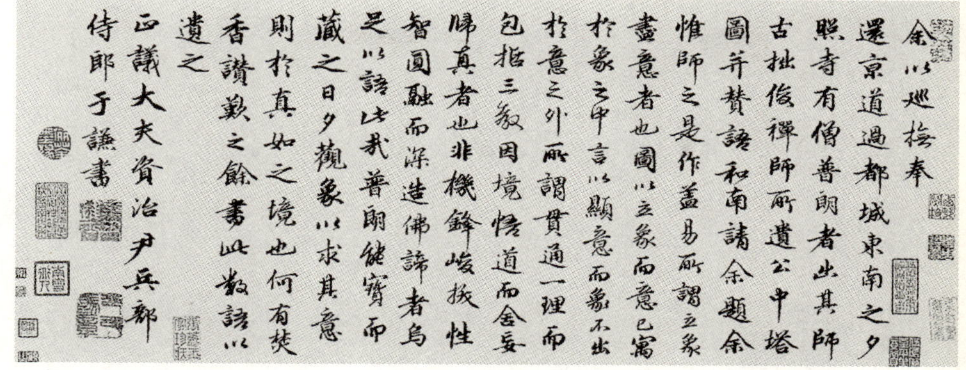

于谦书法

给于冕写下了这首诗。这首诗写得浅显易懂，亲切感人。在诗中，作者自始至终都没有要求儿子去做什么，但是却达到了教育子女的目的，所以说这是一首非常不错的“示儿诗”，当为借鉴。

【原文】

阿冕今年已十三，耳边垂发绿鬖鬖。
好亲灯火研经史，勤向庭闱奉旨甘。
衔命年年巡塞北，思亲夜夜想江南。
题诗寄汝非无意，莫负青春取自惭。

【译文】

我的阿冕今年已经13岁了，耳边也应垂下了乌黑的头发。我知道你每天发奋读书，研习经史，而且还孝敬长辈。虽然我奉命年年在外工作，但是却天天思念着你们。写这首诗寄给你，不是没有意义，希望你不要虚度青春年华，到将来自取惭愧。

◎霍韬《家训·教子务农》

霍韬像

霍韬(1487～1540)，字渭先，号渭崖，南海县石头乡(今属广东佛山石湾区澜石镇)人。霍韬平生勤奋上进，广博多学，文人学士多称他为渭崖先生。“大礼朝议”斗争之时，他援引古礼，揆之事体，主张嘉靖帝(明世宗)应尊生父兴献王为皇考，不同意群臣同议以兴献王为皇叔考之名称。他义正词严，力排众议，使得嘉靖帝最后采纳他的主张。事后升官，他也因避媚上取宠之嫌，三次坚辞不受。嘉靖十五年(1536)才官至礼部尚书太子少保。嘉靖十九年(1540)，霍韬在京暴病逝世，享年54岁。明帝追封他为太师太保，谥文敏，运葬于广东省增城县境风箱冈对面山上，并在乡内建祠祀奉(祠现存)。后人将他和石肯乡梁储、西樵大同乡方献夫，同称为明代南海县的“三老阁”。霍韬学博才高，著作甚多，有《诗经注解》《象山学辨》《程周训释》等。今有《霍文敏公全集》传世。

【原文】

凡子侄，多忌农作，不知幼事农业，则不知粟入艰难，不生侈心。幼事农业，则习恒敦实，不生邪心。幼事农业，力涉勤苦，能兴起善心，以免于罪戾。故子侄不可不力农作。

凡富家，久则衰倾，由无功而食人之食。夫无功食人之食，是谓厉民自养。凡厉民自养，则有天殃。故久享富佚，则致衰倾，甚则为奴仆，为牛马。

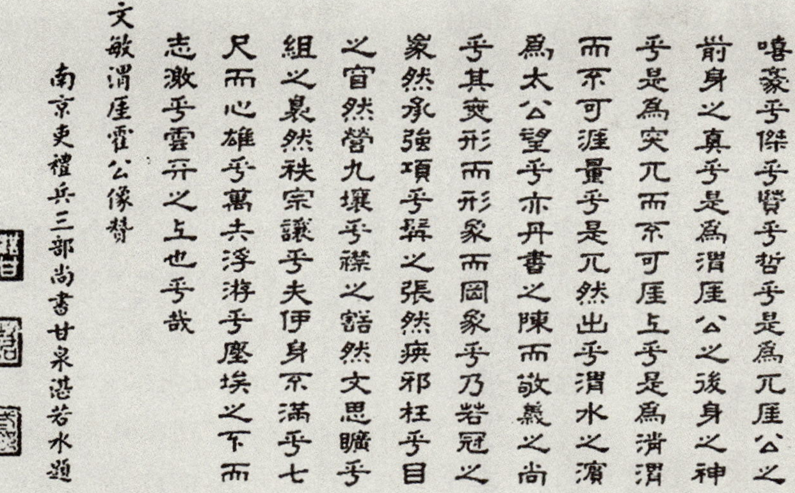

湛若水隶书《霍公像赞》

是故子侄不可不力农作。

汉取士，设孝弟力田科，敦实务本也。凡为官者，如皆取之农家，有不恤民艰者或寡矣。子侄入社学，遇农时俱暂力农。一日或寅卯力农，未申读书；或寅卯读书，未申力农。或春夏力农，秋冬读书。勿袖手坐食，以致穷困。

凡社学师，须考社学生务农力本，居家孝弟，以纪行实。乡间骄贵子弟，耻力田勿强。本家子侄兄弟，入社学耻力田，耻本分生理，初犯责二十，再犯责三十，三犯斥出，不许入社学。

【译文】

大凡子侄这代人，多数不喜欢参加农业劳动。他们不知道幼时参加一些农业劳动，便不能理解粟米来之不易，唯有体验到勤苦的滋味，才不会产生奢侈的心理。一个人幼时参加农业劳动，就会性格敦厚老实，不会产生邪念；一个人幼时参加农业劳动，亲身体验到辛苦的滋味，就能一心向善，避免罪过。所以子侄不可不参加农业劳动。

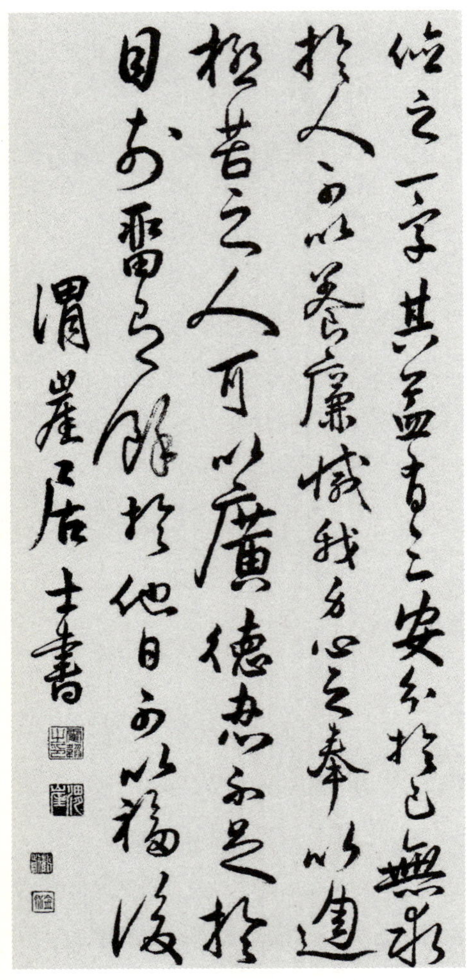

霍韬书法

大凡有钱的人家，时间长了就会衰落破产，这是不劳而食的缘故。不劳而食，就是害民肥己。凡是害民肥己的人，上天就会降祸殃于他。所以久享富贵安逸生活的人，必然导致衰落破产，甚至于沦为奴仆，当牛做马，所以我们的子侄一定要参加农业劳动。

汉代选拔人才，设立了孝悌力田科，正是为了提倡诚实淳朴，致力于农业。凡是做官的人，如果是农民家庭出身，不怜惜百姓疾苦的人是很少的。子侄们入乡校学习，遇到农忙时就都暂时去参加农业劳动。一天之内或早上劳动，下午读书；或早上读书，下午劳动。一年之内，或春夏劳动，秋冬读书。不要伸手白吃饭，以致坐吃山空，穷困潦倒。

凡是乡村学校的教师，都要考核学生从事农业生产、致力于根本，以及在家孝顺父母、友爱兄弟的情况，把他们的表现记录下来。乡里骄贵人家的子弟，耻于耕作的人，不要去勉强他们。但本家子侄兄弟，若进了社学就耻于耕作，耻于劳动为本的谋身之道，初犯的责打 20 次，再犯的打 30 次，三犯就要驱逐出学校，不许他们再入学。

◎马中锡《示师言》（节选）

马中锡(1446～1512)，字天禄，号东田，祖籍大都，先世为避战乱于明初徙于故城(今属河北故城)。明代官员、文学家。成化十一年(1475)进士，官至右都御史。以兵事为朝廷论罪，下狱死。能诗文，生平有文名，李梦阳、康海、王九思曾师从于他。著有《东田集》。

【原文】

如今公卿之子，鲜有不败家辱亲者，盖由安于豢养，不知稼穑之艰难，习于娇恣，不遵礼义之轨度故尔。至登科第，作美官，亦有愈肆放纵，卒至丧其名节，陨其家声，遗笑于世，反不如白身人、贫家子扰有一节一行之可观也。此时法禁严峻，入京应试时，须谨慎韬晦，不令人知为某人之子，甚善。凡衣服之华丽，饮食之丰腴，交游之轻佻，言语之夸诞，皆足以贾祸招尤，要当深警而痛绝之，以纾吾忧，不为吾累可也。听之戒之！毋怠毋忽。

【译文】

如今朝廷大官的儿子，很少有不败坏门庭、使父母蒙受耻辱的。这实在是他们安处豪门，过着锦衣玉食的生活，根本不知道种庄稼的劳累和艰辛，习惯于骄纵恣肆，不遵守礼仪法度的缘故。等到他们金榜题名，高中进士，做了理想的官(有权而少有风险)，也有人愈加恣肆放纵，不知天高地厚，到头来丧失名誉，使家族名声殒灭，给世人留下笑柄，反不如无官之人、贫家子弟，他们中还有一桩一件的义举，让人们传颂。此时法律条款严峻，不容宽贷。你入京应试时必须谨慎，收藏起锋芒和行迹，不让人知道你是谁家的儿子，那就很好。举凡华丽的衣服，丰盛的吃喝，不庄重严肃的交游，夸张、荒诞的言语，都能招致祸患怨恨，你应当谨慎警惕，痛下决心杜绝这些毛病，以缓解我的忧虑，不要成为我的牵累才可以。你不要懈怠，不要忽视！

中国历代名人家规家训精选

下　册

中共潍坊市纪委宣传部
中 共 青 州 市 纪 委　编

山东大学出版社

《中国历代名人家规家训精选》

编委会

目　录

（下　册）

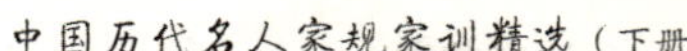

◎王阳明家训箴言

王阳明像

王阳明(1472～1529),原名王守仁,字伯安,别号阳明。浙江绍兴府余姚县(今属宁波余姚)人,因曾筑室于会稽山阳明洞,自号阳明子,学者称之为阳明先生,亦称王阳明。明代著名的思想家、文学家、哲学家和军事家,陆王心学之集大成者,精通儒家、道家、佛家。弘治十二年(1499)进士,历任刑部主事、贵州龙场驿丞、庐陵知县、右佥都御史、南赣巡抚、两广总督等职,晚年官至南京兵部尚书、都察院左都御史。因平定宸濠之乱而被封为新建伯,隆庆年间追赠新建侯。谥文成,故后人又称王文成公。王守仁(心学集大成者)与孔子(儒学创始人)、孟子(儒学集大成者)、朱熹(理学集大成者)并称为“孔孟朱王”。

示宪儿

【原文】

幼儿曹,听教诲:勤读书,要孝弟;学谦恭,循礼义;节饮食,戒游戏;毋说谎,毋贪利;毋任情,毋斗气;毋责人,但自治。能下人,是有志;能容人,是大器。凡做人,在心地;心地好,是良士;心地恶,是凶类。譬树果,心是蒂;蒂若坏,果必坠。吾教汝,全在是。汝谛听,勿轻弃!

(《王阳明全集·示宪儿》)

【译文】

孩子们啊，你们要听从教诲：勤奋读书，孝顺父母，敬爱兄长；要学会谦恭待人，一切按照礼仪行事；饮食要有所节制，少玩游戏；不要说谎，不要贪利；不要任情耍性，不要与人斗气；不要责备别人，但需管住自己。能够放低自己的身份，这是有志气的表现；能够容纳别人，这是有度量的表现。做人，主要在于心地的好坏：心地好，就是善良之人；心地恶劣，就是凶狠之人。譬如树上结的果子，它的心是蒂；如果蒂先败坏了，果子必然会坠落。我现在教诲你们的，全都在这里了。你们应该好好听从，不要轻易放弃。

先立志

【原文】

夫学，莫先于立志。志之不立，犹不种其根而徒事培壅灌溉，劳苦无成矣。……夫志，气之帅也，人之命也，木之根也，水之源也。源不濬则流息，根不植则木枯，命不续则人死，志不立则气昏。是以君子之学，无时无处而不以立志为事。

（《王阳明全集·示弟立志说》）

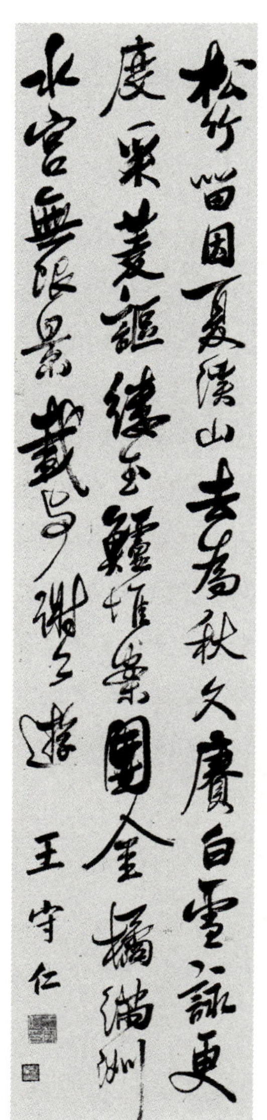

王阳明书法（一）

【译文】

求学，没有不先立志的。不确立志向，就好比栽树不栽培它的根而徒劳地对树木培土浇灌，劳苦却不会成功。……志向，是气的统帅、人的性命、树的根本、水的源头。水源不疏通，川流就会停息；根不培植，树木就会枯萎；性命不延续，人就会死；志向不树立，心气就会昏沉。因此，君子做学问，无时无处不以立志作为要务。

【原文】

夫恶念者，习气也；善念者，本性也；本性为习气所汩者，由于志之不立也。故凡学者为习所移，气所胜，则惟务痛惩其志。久则志亦渐立，志立而习气渐消。学本于立志，志立而学问之功已过半矣。

（《王阳明全集·与克彰太叔》）

【译文】

恶念，是后天的习气；善念，是先天的本性；本性被习气扰乱，那是因为没有立定志向。因此凡是做学问的人，内心因不良习惯而改变、被不良风气所侵扰，就应该好好地反省，并端正自己的志向了。久而久之，人的志向就会慢慢地树立起来；确立了志向，人的不良习惯就会慢慢改变。做学问以立志为根本，志向确立了，做学问也就成功了一半。

勤读书

【原文】

汝在家中，凡宜从戒论而行。读书执礼，日进高明，乃吾之望。……吾平生讲学，只是“致良知”三字。仁，人心也；良知之诚爱恻怛处，便是仁，无诚爱恻怛之心，亦无良知可致矣。汝于此处，宜加猛省。

（《王阳明全集·寄正宪男手墨二卷》）

【译文】

你在家里，一切应该遵从训诫来行事。勤读诗书，遵守礼制，一天比一天进步，这才是我对你的期望。……我平生讲学，归结起来就是“致良知”三个字。仁，指的是人心；良知引发诚意、真爱、悲痛、忧伤，这就是仁；没有诚意真爱、悲痛忧伤的心，也就达不到良知了。你在这方面，应该好好反省。

【原文】

尔辈须以仁礼存心，以孝弟为本，以圣贤自期，务在光前裕后，斯可矣。吾惟幼而失学无行，无师友之助，迨今中年，未有所成。尔辈当鉴吾既往，及时勉力，毋又自贻他日之悔，如吾今日也。

（《王阳明全集·赣州书示四侄正思等》）

【译文】

你们必须时刻牢记仁、礼，把孝悌作为做人的根本，把成为圣贤作为对自己的期望，为前人争光，为后人造福，能做到这些也就可以了。我就是小时候太顽皮，学习不够刻苦，又没有老师、朋友的督促，所以到了中年，也没取得什么成就。你们应当吸取我年轻时的教训，抓紧时间努力学习，不要给自己的将来留下遗憾，就像我现在这样。

【原文】

今教童子，必使其趋向鼓舞，中心喜悦，则其进自不能已。譬之时雨春风，霑被卉木，莫不萌动发越，自然日长月化；若冰霜剥落，则生意萧索，日就枯槁矣。……讽之读书者，非但开其知觉而已，亦所以沉潜反复而存其心，抑扬讽诵以宣其志也。凡此皆所以顺导其志意，调理其性情，潜消其鄙吝，

默化其粗顽，日使之渐于礼义而不苦其难，入于中和而不知其故。

（《王阳明全集·训蒙大意示教读刘伯颂等》）

【译文】

现在教育孩子，一定要使他们欢欣鼓舞，使他们内心喜悦，那么他们自然就能不断进步。就像春天的和风细雨，滋润了花草树木，花木没有不萌芽发育的，自然能一天天地茁壮生长。如果遇到冰霜的侵袭，那么它们就会萧条破败，一天天地枯萎。……教导他们读书，不仅是为了开启他们的智慧，也是借此使他们在反复思索中存养本心，在抑扬顿挫的朗诵中弘扬志向。所有这些都是用来顺应他们的天性，引导他们的志向，调理他们的性情，潜移默化中消除他们粗俗愚顽的秉性的，使他们每天在学习礼仪方面有所进步而不觉得艰难，性情在不知不觉中达到中正平和。

学谦恭

【原文】

今人病痛，大段只是傲。千罪百恶，皆从傲上来。傲则自高自是，不肯屈下人。故为子而傲，必不能孝；为弟而傲，必不能弟；为臣而傲，必不能忠。汝曹为学，先要除此病根，方才有地步可进。“傲”之反为“谦”。“谦”字便是对症之药。非但是外貌卑逊，须是中心恭敬、撙节、退让，常见自己不是，真能虚己受人。故为子而谦，斯能孝；为弟而谦，斯能弟；为臣而谦，斯能忠。尧舜之圣，只是谦到至诚处，便是允恭克让、温恭允塞也。汝曹勉之敬之，其毋若伯鲁之简哉！

（《王阳明全集·书正宪扇》）

【译文】

现在人的毛病，大多只因一个“傲”字。千罪百恶，都是从傲上来的。人一旦傲了，就会变得自以为是，不肯在别人面前屈服。因此，为人子而傲，必然不是个孝顺父母的人；为弟而傲，必然不是个敬爱兄长的人；为人臣而傲，必然不是个忠臣。你们为学，首先要除去这一病根，才会取得更大的进步。“傲”的反义词为“谦”。“谦”字便是对症治“傲”的药。做人不但容貌举止要谦虚恭谨，内心也必须保持恭敬、节制、礼让，要常常看到自己的不足，真正虚心接受他人的意见。因此，为子谦虚，就能孝敬父母；为弟谦虚，就能友爱兄长；为臣谦虚，就能做到忠君。尧和舜之所以成为圣人，是因为谦虚到了至诚的境界，那便是既有内心的诚实、恭敬和谦让，又有外在的温和之色、恭逊之容。你们应该以此自勉，遵记教导，千万不要出现像伯鲁那样内心缺少恭敬！

慎交友

【原文】

近日正思辈在此，始觉稍有分毫之益，决不可纵，今在家放荡过了也。此间良友比在家稍多，古人所谓“蓬生麻中，不扶而直”，是真实不诳语。

（《王阳明全集·寄余姚诸弟手札》）

【译文】

最近像侄子王正思这样的孩子在你们这里，开始发觉比以前有了一点点进步，但你们决不可放纵他，如今在家里长辈们对他过于骄纵。在你们这里他能交到的良友会比家里更多一点，古人说：“蓬草生长在麻丛中，不用扶

持，自然挺直。”这句话是有道理的，不是谎话。

【原文】

昔人云：“脱去凡近，以游高明。”此言良足以警，小子识之！

（《王阳明全集·赣州书示四侄正思等》）

【译文】

古人说：“要远离那些庸俗的人，应该与那些高明的人交朋友。”这句话说得好，足以作为警示，你们这些小孩子一定要懂得这个道理。

示弟立志说（节选）

【原文】

每日清晨，诸生参揖毕，教读以次遍询诸生：在家所以爱亲敬长之心，得无懈忽未能真切否？温凊定省之仪，得无亏缺未能实践否？往来街衢步趋礼节，得无放荡未能谨饬否？一应言行心术，得无欺妄非僻未能忠信笃敬否？诸童子务要各以实对，有则改之，无则加勉。教读复随时就事，曲加诲谕开发，然后各退就席肄业。

凡歌诗，须要整容定气，清朗其声音，均审其节调，毋躁而急，毋荡而嚣，毋馁而慑。久则精神宣畅，心气和平矣。每学量童生多寡分为四班。每日轮一班歌诗，其余皆就席敛容肃听。每五日则总四班递歌于本学。每朔望集各学会歌于书院。

凡习礼需要澄心肃虑。审其仪节，度其容止，毋忽而惰，毋沮而怍，毋径而野，从容而不失之迂缓，修谨而不失之拘局。久则礼貌习熟，德性坚定矣。童

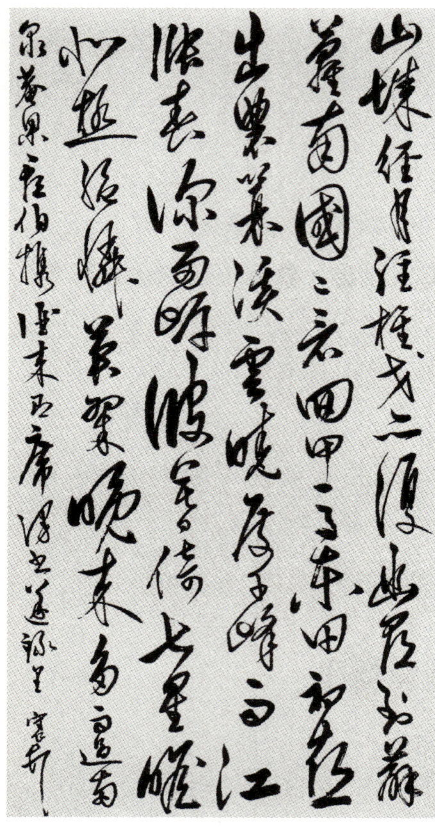
王阳明书法（二）

生班次皆如歌诗。每间一日则轮一班习礼，其余皆就席敛容肃观。习礼之日，免其课仿。每十日则总四班递习于本学，每朔望则集各学会习于书院。

凡授书不在徒多，但贵精熟。量其资禀，能二百字者止可授以一百字，常使精神力量有余，则无厌苦之患，而有自得之美。讽诵之际，务令专心一志，口诵心惟，字字句句，䌷绎反复。抑扬其音节，宽虚其心意。久则义礼浃洽，聪明日开矣。

每日工夫，先考德，次背书诵书，次习礼或作课仿，次复诵书讲书，次歌诗。凡习礼歌诗之数，皆所以常存童子之心，使其乐习不倦，而无暇及于邪僻。教者如此，则知所施矣。虽然，此其大略也。“神而明之，则存乎其人。”

（《王阳明全集·示弟立志说》）

【译文】

每天清早，学生参拜行礼后，老师要依序向每位学生提问：居家时，爱亲敬长的情感方面，是松懈疏忽还是情真意切？温凊定省的礼节方面，该不是有所欠缺而未能身体力行吧？在路上行走时，该不是行为放荡而缺少谨慎庄重？一切言行心术，该不是欺妄怪僻而未能忠信笃实吧？每位学生都要如实回答，老师要随时随地给学生以委婉的教导和启发，然后让学生各自回到座位上学习。

唱歌咏诗时仪容要整洁，心气安定，使声音明朗、节奏匀称，不急不躁，不狂不闹，不因畏难而气馁。久而久之，自然精神饱满，心平气和了。每所

学校依据学生的多少分成四班。每天安排一个班唱歌咏诗，其余的都在座位上神情严肃地静听。第五天时，让四个班的学生在学校里一个班接一个班地唱咏。每当农历的初一、十五，把各学校召聚起来在书院里会歌。

练习礼仪，必须做到静心、严肃。老师要认真观察学生的礼仪细节，审查学生的容貌举止，不容疏忽，不容懒惰，不容自满，不容羞怯，不容随意，不容粗野，从容不迫但不迂腐迟缓，修行谨慎却不拘束紧张。时间一长，礼仪自能纯熟，德性自能坚定。学生的班次有如歌咏。相隔一天，就轮到一个班练习礼仪，其余的都在座位上神情严肃地静静观看。练习礼仪的那一天，可以免去课外练习。每十天就让四个班在学校依次练习礼仪，每月初一、十五召集各学校在书院一起练习礼仪。

老师讲授功课不在数量多少，贵在精熟与否。依据学生的资质，能认识200个字的，只能教他认100个字，让学生精力富余，那么他们就不会因为辛苦而讨厌学习，相反会因有收获而愿意学习。诵读时，一定要让学生专心致志，口读心想，一字一句，反复玩味。音节要抑扬顿挫，思想要宽广虚静。久而久之，学生自会礼貌待人，智慧与日俱增。

作为老师，每天首先要考察学生的德性，而后依次为背书诵书、练习礼仪或做课业练习、读书讲书、唱歌咏诗。大凡练习礼仪、唱歌咏诗等，都是为了经常保养学生的童心，使他们乐于学习而不感到厌倦，没有空余时间去干歪门斜道的事。老师们认识到了这一点，也就知道该怎样教育学生了。即便如此，此处也只作了一个大致的述说。“神而明之，则存乎其人。”

王文成公《告谕》（选二）

【原文】

古之君子，洞物情之向背而握其机，察阴阳之消长以乘其运，是以动必有成而吉无不利。伊、旦之于商、周是矣。其在汉唐，盖亦庶几乎。此者虽其学术有所不逮，然亦足以定国本而安社稷，则亦断非后世偷生苟免者之所能也。

夫权者，天下之大利大害也。小人窃之以成其恶，君子用之以济其善，故君子之不可一日去，小人之不可一日有者也。欲济天下之难，而不操之以权，是犹倒持太阿而授人以柄，希不割矣。故君子之致权也有道，本之至诚以立其德，植其善类以多其辅，示之以无不容之量以安其情，扩之以无所竞之心以平其气，昭之以不可夺之节以端其向，神之以不可测之机以摄其奸，形之以必可赖之智以收其望。坦然为之，下以上之；退然为之，后以先之。是以功盖天下而莫之嫉，善利万物而莫与争。

（《王阳明全集·寄杨邃庵阁老》）

【译文】

古时的君子，洞察事物的道理而把握住机会，考察阴阳的消长而抓住命运，因此行动一定会成功，所向无不吉利。伊尹在商代，姬旦在周代就是这样。在汉朝、唐朝的君子，差不多没有这样的人了。虽然他们的学问还有不够纯粹的地方，但是已经足够安定天下，绝不是后代那些偷生苟活者可以相比的。

权力是天下利害的关键，小人窃取了权力会成就其恶行，君子掌握了权力就会成全其善意。所以君子不能够一天失掉权力，小人不能够一天拥有权力。想解除天下的危难却不掌握天下的权力，这就相当于倒拿着太阿宝剑而把剑柄交给他人，很少有不受伤的。所以君子使用权力是有他的原则的，以至诚为本，培养自己的品德；扶持有德行的人来帮助自己；宽宏大量，使人心得以安定；与世无争，使人心气平和；展示自己不可改变的节操，使人端正方向；运用他人无法想见的计谋，以震慑奸邪；表现自己完全可以依赖的水平，让人相信自己。坦然做自己该做的事，因为甘居下位而得以占据上位；以谦卑而恬淡的态度做自己该做的事，因为甘居人后而占尽先机。因此，功盖天下而没有谁会嫉妒，美好的品德使万物得到恩泽而没有谁与之争功。

【原文】

当进身之始，德业未著，忠诚未显，上之人岂能遽相孚信？使其以上之未信，而遂汲汲于求知，则将有失身枉道之耻，而悔吝之来必矣。故当宽裕雍容，安处于正，则德久而自孚，诚积而自感……使其已当职任，不信于上，而优裕废弛，将不免于旷官之责，其能以无咎乎？

（《王阳明文集·五经臆说》）

王陽明先生客坐私祝
但願溫恭直諒之友來此講學論道示以孝友謙和之行
德業相勸過失相規以教訓我子弟使毋陷於非僻不願
狂悖惰慢之徒來此博奕飲酒長傲飾非導以驕奢淫蕩
之事誘以貪財黷貨之謀冥頑無恥扇惑鼓動以益我子
弟之不肖嗚呼由前之說是謂良士由後之說是謂凶人
我子弟苟遠良士而近凶人是謂逆子戒之戒之嘉靖丁
亥八月將有兩廣之行書此以戒我子弟并以告夫士友
之辱臨於斯者請一覽教之
守倫仁兄大雅之屬即正 甲申春日海鹽張元濟

张元济书法

张元济（1867～1959），号菊生，浙江海盐人。出生于名门望族、书香世家，清末中进士，入翰林院任庶吉士，后在总理事务衙门任章京。1902年，张元济进入商务印书馆历任编译所所长、经理、监理、董事长等职。中华人民共和国建立后，担任上海文史馆馆长，继任商务印书馆董事长。著有《校史随笔》等。

【译文】

一个人刚开始走上仕途的时候，德行和才干还未显露出来，忠诚之心未得到表现，上级怎么会一下子就信任呢？假使上级未能信任自己，就急切地期望得到赏识，将蒙受丧失人格道义的耻辱，因而必然招致悔恨。因此，应当庄严从容，心平气和，依正道而行，这样久而久之，品德逐渐得到认可，诚意逐渐得以显露……一个人如果已经担任职务，却不被上级信任，因此心思恍惚，不能从容应对，就不免会失于职守，疏怠工作，这样难道没有责任吗？

客座私祝

【原文】

但愿温恭直谅之友来此讲学论道，示以孝友谦和之行；德业相劝，过失相规，以教训我子弟，使毋陷于非僻。不愿狂燥惰慢之徒来此博弈饮酒，长傲饰非，导以骄奢淫荡之事，诱以贪财黩货之谋；冥顽无耻，扇惑鼓动，以益我子弟之不肖。

呜呼！由前之说是谓良士；由后之说，是谓凶人。我子弟苟远良士而近凶人，是谓逆子，戒之！戒之！嘉靖丁亥八月，将有两广之行，书此以戒我子弟，并以告夫士友之辱临于斯者，请一览教之。

（《王阳明全集》卷四《外集》）

【译文】

只希望温文尔雅、谦虚谨慎的人来这里讲学论道，告诉学生孝亲、友爱、谦和的德行。鼓励他们修习自己的德业，改正自己的过失。这样教育我的学生，不要去干那些不正当的事。不要那些没有德行的人来这里饮酒和高谈阔论，以便惹出是非。对于那些只贪钱财，随随便便，不愿学习，搞煽动破坏的人，要告诉我的子弟不要去听他们的煽动。

哎呀！前面所说的都是好人，后面所说的都是些坏家伙。如果我的子弟疏远好人而接近坏人，那他可能会变成坏人，千万不要这样！嘉靖丁亥(1527)八月，我奉命到两广一段时间，于是我写下这些规矩告诉学生，并请那些莅临这里的朋友们阅览及指教。

【说明】

明嘉靖六年(1527)八月，王阳明奉命兼任都察院左都御使并两广及江西湖广四省军务，征剿思田叛乱。临行前，他将绍兴阳明书院的一切事务交给门人钱洪德和王畿暂理，并特意书写了《客座私祝》，告诫书院诸生要注意德业向善，刻苦攻书。客座，指招待客人的房间；私祝，即“私嘱”。所谓《客座私祝》，就是悬挂于客堂的一幅字，是告诫弟子及昭示来访客人的“告示”。该书法率意苍劲，有颜之掘厚、柳之清劲、褚之温韵。

王阳明行书《客座私祝》

教条示龙场诸生

【原文】

诸生相从于此，甚盛。恐无能为助也，以四事相规，聊以答诸生之意：一曰立志，二曰勤学，三曰改过，四曰责善。其慎听毋忽！

立 志

志不立，天下无可成之事。虽百工技艺，未有不本于志者。今学者旷废隳惰，玩岁愒时，而百无所成，皆由于志之未立耳。故立志而圣，则圣矣；立志而贤，则贤矣；志不立，如无舵之舟，无衔之马，漂荡奔逸，终亦何所底乎？昔人所言："使为善而父母怒之，兄弟怨之，宗族乡党贱恶之，如此而不为善，可也。为善则父母爱之，兄弟悦之，宗族乡党敬信之，何苦而不为善、为君子？使为恶而父母爱之，兄弟悦之，宗族乡党敬信之，如此而为恶，可也。为恶则父母怒之，兄弟怨之，宗族乡党贱恶之，何苦必为恶、为小人？"诸生念此，亦可以知所立志矣。

勤 学

已立志为君子，自当从事于学。凡学之不勤，必其志之尚未笃也。从吾游者，不以聪慧警捷为高，而以勤确谦抑为上。诸生试观侪辈之中，苟有"虚而为盈，无而为有"，讳己之不能，忌人之有善，自矜自是，大言欺人者，使其人资禀虽甚超迈，侪辈之中有弗疾恶之者乎？有弗鄙贱之者乎？彼固将以欺人，人果遂为所欺，有弗窃笑之者乎？苟有谦默自持，无能自处，笃志力行，勤学好问，称人之善而咎己之失，从人之长而明己之短，忠信乐易，表里一致者，使其人资禀虽甚鲁钝，侪辈之中，有弗称慕之者乎？彼固以无能自处，而不求上人，人果遂以彼为无能，有弗敬尚之者乎？诸生观此，亦可以知所从事于学矣。

改 过

夫过者，自大贤所不免，然不害其卒为大贤者，为其能改也。故不贵于无过，而贵于能改过。诸生自思，平日亦有缺于廉耻忠信之行者乎？亦有薄于孝友之道，陷于狡诈偷刻之习者乎？诸生殆不至于此。不幸或有之，皆其不知而误蹈，素无师友之讲习规饬也。诸生试内省，万一有近于是者，固亦不可以不痛自悔咎，然亦不当以此自歉，遂馁于改过从善之心。但能一旦脱然洗涤旧染，虽昔为盗寇，今日不害为君子矣。若曰吾昔已如此，今虽改过而从善，将人不信我，且无赎于前过，反怀羞涩疑沮，而甘心于污浊终焉，则吾亦绝望尔矣。

责 善

“责善，朋友之道”，然须“忠告而善道之”，悉其忠爱，致其婉曲，使彼闻之而可从，绎之而可改，有所感而无所怒，乃为善耳。若先暴白其过恶，痛毁极诋，使无所容，彼将发其愧耻愤恨之心；虽欲降以相从，而势有所不能。是激之而使为恶矣。故凡讦人之短，攻发人之阴私，以沽直者，皆不可以言责善。虽然，我以是而施于人，不可也；人以是而加诸我，凡攻我之失者，皆我师也，安可以不乐受而心感之乎？某于道未有所得，其学卤莽耳。谬为诸生相从于此，每终夜以思，恶且未免，况于过乎？人谓“事师无犯无隐”，而遂谓师无可谏，非也。谏师之道，直不至于犯，而婉不至于隐耳。使吾而是也，因得以明其是；吾而非也，因得以去其非。盖教学相长也。诸生责善，当自吾始。

（《王阳明全集》卷二六）

【译文】

学生们相聚于此，跟我学习。我不知道有什么能帮助你们的，姑且用以下四个方面规劝诸位，以答谢你们对我的敬意：第一是立志，第二是勤奋好学，第三是知错能改，第四是有责任感和善心。你们要谨慎听取，不要疏忽。

立 志

志向不确立，天下便没有可做得成的事情。各行各业学习技能、才艺的，学成时也没有不立定志向的。现在的读书人，荒废学业，堕落懒散，贪玩而荒费时日，因此百事无成，这都是由于志向未能确立。所以立志做圣人，就可以成为圣人；立志做贤人，就可以成为贤人。志向没有确立，就像没有舵木的船、没有衔环的马，随水漂流，任意奔逃，最后到什么地方为止呢？古人说："假使做了好事，可是父母对他不满，兄弟怨恨他，族人乡亲轻视、厌恶他，这样就不去做好事，是可以的。假使做了好事而父母疼爱他，兄弟喜欢他，族人乡亲尊敬、信服他，何苦不做好事、不做君子呢？假使做了坏事，可是父母疼爱他，兄弟喜欢他，族人乡亲尊敬、信服他，这样就做坏事，是可以的。做坏事而使父母不满、兄弟怨恨他，遭族人乡亲轻视、厌恶，何苦一定要做坏事、做小人呢？"各位同学想到这点，也可以由此知道为君子应立定志向了。

勤　学

已经立志做一个君子，自然应当求学。凡是求学而不能勤奋的人，必定是他的志向还没有坚定的缘故。跟随我求学的人，不是以聪明敏捷为高等，而是以勤奋谦逊为上等。各位同学，试看你们当中，假若有人"本来空虚却装作充实，本来没有却装作已有"，掩饰自己的无能，忌恨他人的长处，自我炫耀，自以为是，说大话骗人，即使这个人天赋异禀，同学当中有不痛恨、厌恶他的吗？有不鄙弃、轻视他的吗？他固然可以欺骗人，别人果真就被他欺骗而不暗中讥笑他吗？假如有人谦虚沉默、自我持重，以没有才能自居，坚定意志，努力实行，勤奋求学，喜好请教别人，称赞别人的长处并且责备自己的过失，学习别人的长处并且能明白自己的短处，忠诚信实，和乐平易，表里如一，即使这个人天资愚钝，同学当中有不称赞、羡慕他的吗？他固然以无能者自居，并且不求超过他人，他人果真就以为他是无能的而不尊敬、崇尚他吗？各位同学如果明白了这个道理，也就可以知道为君子应勤于治学了。

改　过

说到过失，虽然大贤人也不至于完全没有一点过失，但是不妨碍他最后成为大贤人，因为他能改正自己的错误。所以做人不注重没有过失，而注重能够改过。各位同学自己想想，平日里有没有缺少廉耻忠信的人？有不孝顺父母、不友爱朋友而陷入狡猾奸诈、苟且刻薄的习气的人？各位同学恐怕

不至于这样。如果不幸有人有此情形，都是他不能自知而误犯过错，平日没有老师、朋友规劝约束的缘故啊。各位同学试着反省一下，万一有类似的行为，固然不可以不极力悔过，然而也不应当因此自卑，以至于没有充分的改过从善的心了。只要能有一天完全除掉旧有的恶习，即使从前做过强盗贼寇，今天仍不妨碍他成为一个君子啊。如果说我从前已经这样坏，今天即使能改过而向善，别人也将不会相信我，而且也无法补救以前的过失，反而怀着羞愧、疑惑、沮丧的心理，而甘愿沉沦、自暴自弃，那我对他也只能表示绝望了。

责　善

“互相责求向善，是朋友相处的道理”，但是必须做到“尽心地劝告并且好好地开导他”，尽自己忠诚爱护的心意，尽量用委婉的态度，使朋友易于接受，悟出道理后就能够改过，对我感激不已而不会恼怒，这才是最好的方法啊。如果首先揭发他的过失、罪恶，极力地毁谤、斥责，使他无地自容，他将产生惭愧、羞耻或愤怒、怨恨的心理；即便他想要委屈自己来听从，在情势上也已经不可能了。这等于是激怒他，使他做坏事了。所以凡是当面抨击他人的短处，揭发他人的隐私，用来换取正直名声的人，都不能和他谈论要求朋友为善的道理。即使这样，我用这种态度对待别人，也是不可以啊；他人用这种态度加在我的身上，凡是指责我的过失的人，都是我的老师，怎么可以不乐意接受而且心存感激呢？我对于圣道没有什么心得，我的学问是粗浅的。各位同学跟随我来此求学，我经常整夜思量，发现自己还没有完全避免做坏事，何况过失呢？有人说：“侍奉老师不可以冒犯，也不可以对老师有所隐瞒。”为此就说对老师没有可以劝谏的地方，这是不对的。劝谏老师的方法，要坦直却不至于恶言冒犯，要用委婉的态度却不至于隐讳不说。假如我是对的，我就会因为学生的规劝而理解自己为何是对的；假如我是错的，我就会因为学生的批评而改正这种错误。大概这就是教者、学者相辅相成。各位同学责求向善，应当从要求自我为善开始。

◎喻茂坚《喻氏家规家训》（节选）

喻茂坚像

喻茂坚（1474～1566），字月梧，号心庵，明重庆府荣昌县（今重庆荣昌区）人。正德六年（1511）进士，授安徽铜陵知县，后历任浙江临海知县、福建道监察御史、陕西巡按、大理寺卿、刑部侍郎等职，官至刑部尚书。喻茂坚为官刚正不阿，清廉有为，被赞誉为“天下清官”。任职刑部期间，他以国为重，秉公办案，不徇私情，在当时就有“汉庭老吏，当代法家”的美誉。喻茂坚还曾主持修订明代大法典《问刑条例》，该部法典增加了严惩官吏等内容，促进了当时经济社会的稳定。

喻茂坚过世后，1642 年喻氏后人、明末著名易学家喻国人秉承喻茂坚“垂训联”的精神，修订了《喻氏家规族训》，并写入《喻氏族谱》，至今为喻氏后人世代铭记、遵守。

奉忠孝

【原文】

衍祖宗一脉真传，克忠克孝；教子孙两行正路，惟读惟耕。

（喻茂坚“垂训联”）

【译文】

继承和发扬祖辈世代相传的优秀家规家训，忠于国家、孝顺父母；教导子孙走两条正路，即勤读诗书、踏实耕作。

【原文】

若有志上进，须以忠君爱国为念，方不负先人数代忠贞。

（《喻氏族谱·家规家训》）

【译文】

若有志成就一番事业，必须树立忠于君主、热爱国家的信念，才不至于背弃先辈数代的忠诚坚贞。

【原文】

以孝顺父母为先，若有继母，更宜竭诚孝敬，不可悖逆妄为。如有犯者，视其轻重责惩不贷。

（《喻氏族谱·家规家训》）

【译文】

以孝顺父母为先，如果有继母，更应该尽心孝敬，不可违背孝道、胡作非为。如果有违反的，视其情节轻重给予处罚，不得宽恕。

重耕读

【原文】

以耕读为本，不得妄入娼优，犯者永不准入祠。

（《喻氏族谱·家规家训》）

【译文】

以农耕和读书为立家之本，不得从事不正当的职业，违反的人永远不准进入祠堂。

【原文】

事五尺天而天知，存方寸地而地知，为人父母无愧；领千钟粟以粟养，读万卷书以书养，在我子孙自修。

（喻茂坚“训示联”）

【译文】

敬侍头顶五尺苍天而苍天有感知，心存脚下方寸土地而土地有感知，不使父母为你的行为感到羞愧；领受千钟粟俸禄则以俸禄养活自己，读万卷诗书则以诗书修身养性，在于我之子孙自己体悟、践行。

严规矩

【原文】

幼年子弟，各宜教训。易诱以声色，复难规于正道。为父兄者宜早开

导，不可使之奸盗邪淫，误入迷途。

（《喻氏族谱·家规家训》）

【译文】

对于年纪幼小的子弟，各家应该加强教育。他们容易被荒嬉娱乐之事所引诱，一旦被诱惑，再想规劝他们入正道就难了。做父兄的应该尽早开导他们，不能让其奸淫盗窃、作奸犯科，误入歧途。

【原文】

各家女子荣辱，关大一族。为父母者，必先教之于未嫁之先，务使勤俭端庄，孝敬翁姑，尊敬丈夫，和睦妯娌，谨守妇道，方不贻羞。无论原配继娶，各宜谨戒，循规蹈矩，不得忝辱族内。如有犯者，治以教法不严之罪。

（《喻氏族谱·家规家训》）

【译文】

各家女子的荣辱，关系到整个家族的声誉。做父母的，必须在女儿出嫁之前就注重教育，务必使其勤俭端庄，孝敬公婆，尊敬丈夫，与妯娌和睦相处，谨守妇人应遵守的道德规范，只有这样才不会使家族蒙受羞辱。无论原配还是继娶，都应敬慎戒惧，遵守规矩，不得使家族蒙受耻辱。如有触犯者，按教法不严之罪处罚。

遵法纪

【原文】

毋习伪以欺，毋好讼以胥戕，毋侮国宪典以自罹于辟，毋淫于货财以虐细民，毋游手好闲，毋攘窃，毋诲淫，毋鬻子为人奴隶，毋大故勿黜妻。

（《喻氏族谱·家规家训》）

【译文】

不要养成狡诈诓骗的习气，不要热衷打官司、得理不饶人，不要违反法律法规而受到法律的制裁，不要贪图钱财盘剥百姓，不要游手好闲，不要抢劫、窃取他人财物，不要与他人发生不正当的男女关系，再穷也不要卖孩子给他人当奴隶，妻子没有严重的错误不能休掉。

明奖惩

【原文】

一岁之中，举族之能人为善者书其事于策，尊者进之席前而劝之。积有善者，死则为之立传，书于谱。其为不善者，举其事而戒之。成而改，仍劝之。从而不悛，明书于谱，罚如前。

（《喻氏族谱·家规家训》）

【译文】

一年之中，推举族中有才能的人把族内的好人好事整理记录在册，由族中

长者或族长当面进行勉励。长期做好事的人，死后就为他立传，记入族谱。对于做坏事的人，列举他的错误事实，进行警告劝诫。犯错误后改正了的人，仍对他进行勉励。放任自流并且不悔改的，则将其恶行记入族谱，按家规惩罚。

尚节俭

【原文】

凡酒筵，仅成礼，毋习奢侈。凡富贵入家庭，并以齿相尚，毋骄长傲。

（《喻氏族谱·家规家训》）

【译文】

设酒席，只要符合礼节就可以，不要养成奢侈的习气。富贵之人回到族内，应按辈分、长幼的礼节相互尊重，不得傲慢无礼。

◎许相卿《许云村贻谋》（节选）

许相卿（1479～1557），字伯台。海宁灵泉里（今属浙江）人，寓居海盐。明正德十二年（1517）进士，嘉靖时进授兵科给事中。时宦官张锐、张忠有罪论死，帝欲宽之。相卿谏曰："天下希望陛下像孝宗皇帝那样贤明，为什么您却像正德皇帝那样宠信宦官呢？"帝又赐宦官张钦的义子本贤为锦衣世袭指挥。相卿谏曰："于谦的儿子封锦衣千户，王守仁的儿子封锦衣百户，宦官的养子而超过他们。忠勋大臣不如您的近奴，人心怎么能不散离呢？”言皆切要。相卿为给事中三年，所言世宗皆不从，遂称病归里。以盐邑紫云村山水为胜，徙家居村南茶磨山，植树相泉，疏畦世敌，谢客隐居三十余年，自号“云村老人”。相卿课耕力食之余，时以骑黄犊、戴笠披蓑于山间觅句为乐。曾冒大雪上云岫山顶赋诗。其后断拒出仕，清名益高。著有《革朝志》。

【原文】

及婴孩怀抱，毋太饱暖，宁稍饥寒，则肋骨坚凝，气岸精爽。毋饰金银珠玉绮绣，以导炫侈，以召戕贼。及能言、能行、能食，时良知端倪发见，便防放逸。

教子弟，必慎择师友。待师友，当备尽诚敬。贤达远，必资遣游；从近，令恭勤延访。后生常亲礼法士，熟闻道义，言渐染薰，蒸日与之化，忽不自知，其入于高明矣。非类交游，痛惩严禁。

士幼而绩学业，以尧舜君民为志。壮而入仕，固当不论崇卑，一以廉恕忠勤报国安民为职，持此黜谪何愧？如或贪酷阿纵，负国辱家，贵显祇重，罪愆合宗，告祠削谱，勿齿于族。

【译文】

至于抚育婴儿，不要使婴儿过于饱暖，宁可稍微饥寒一点，可使婴儿筋骨健壮、心清气爽。不用金银首饰打扮孩子，以免使孩子产生奢侈之心，也免得盗贼图财害命。孩子到了会说话、会走路、能吃饭的年纪，要注意约束孩子，不能随意放任。

教育子弟要慎重地选择朋友和老师，对待朋友和老师要恭敬。如果远方有贤达之士，要为子弟提供经费去求学；如果近处有贤达之士，就让孩子

经常去拜访请教。年轻人常与有才德的人接触，耳濡目染，气质就会发生变化，不知不觉中已达到了较高的境界。要绝对禁止子弟与不三不四的人交往。

读书人自幼要读书增进学识，以尧舜治国作为自己理想的楷模。及至壮年进入仕途，不论职位高低，要以忠诚廉洁、勤于职守、报国安民为己任，抱着这一理想，即使被罢了官也问心无愧。如果做了贪官酷吏，到头来负国负民又辱家，地位越高贵越会加重惩罚，罪刑牵连全族，则告于祠堂开除族籍，为全族人所不齿。

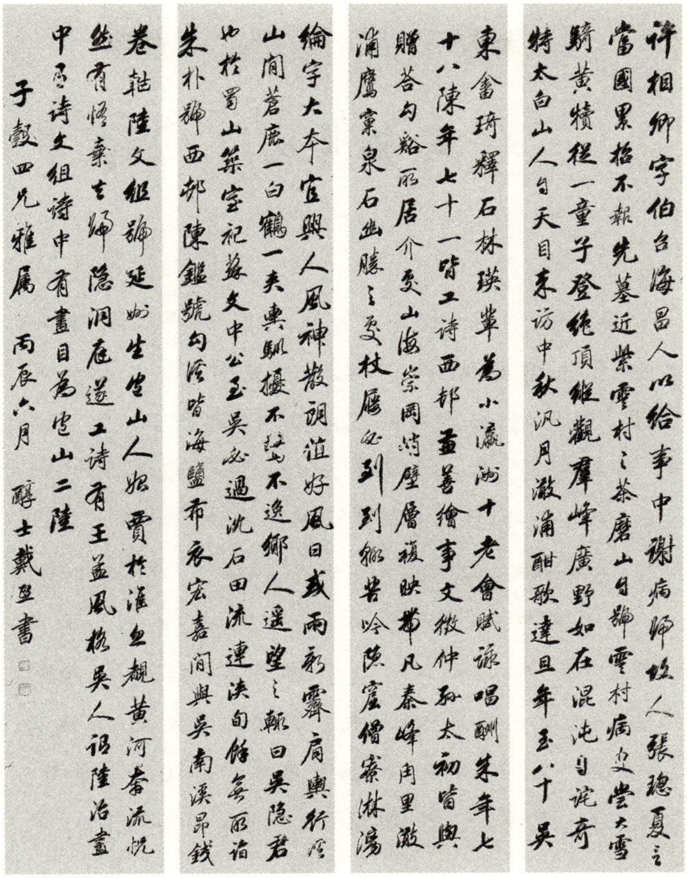

戴熙 1856 年作行书《许相卿传》

◎杨升庵与《四足歌》

杨升庵像

杨升庵(1488～1559)，名慎，字用修，号升庵，四川新都(今成都新都)人，明朝著名文学家。正德六年(1511)中状元，后授翰林院修撰、经筵讲官。为官清廉，刚正不阿。明嘉靖三年(1524)，在明朝著名的“大礼议”事件中，因触怒嘉靖皇帝被终身流放云南永昌卫(今云南保山)。嘉靖三十八年(1559)，卒于云南戍所。

杨升庵一生勤奋好学，博涉百家，其诗、词及散曲创作水平很高，尤以《临江仙》“滚滚长江东逝水”名扬于世。《明史·杨慎传》记载：“明世记诵之博，著作之富，推慎为第一。”据统计，杨升庵生平著述达百余种，涉及文学、哲学、史学、地理、民俗等，均有较高的学术水平，后人辑为《升庵集》。

杨升庵流放云南前夕，借前人创作的《四足歌》，从居住、饮食、娶妻、育儿四个方面教育子孙要淡泊名利，节俭持家。

【原文】

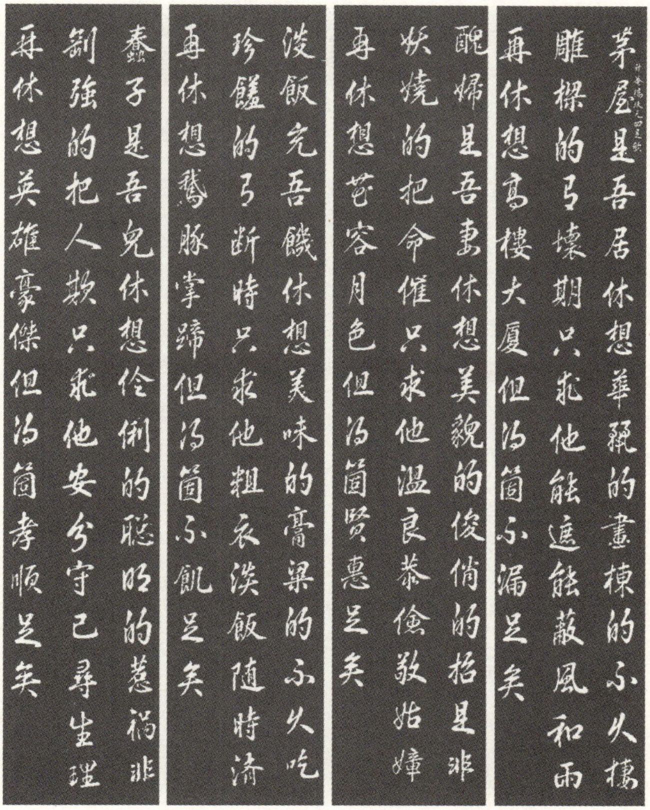

其一

茅屋是吾居，休想华丽的。画栋的不久栖，雕梁的有坏期。只求他能遮能避风和雨，再休想高楼大厦，但得个不漏足矣。

其二

淡饭充吾饥，休想美味的。膏粱的不久吃，珍馐的有断时。只求他粗食菜羹随时济，再休想鹅掌豚蹄，但得个不饿足矣。

杨升庵书法

其三

丑妇是吾妻，休想美貌的。俊俏的招是非，妖娆的把命催。只求她温良恭俭敬姑嫜，再休想花容月色，但得个贤惠足矣。

其　四

蠢子是吾儿，休想伶俐的。聪明的惹是非，刚强的把人欺。只求他安分守己寻生计，再休想英雄豪杰，但得个孝顺足矣。

【译文】

其　一

用茅草盖的房屋是我的住处，其实不必过于华丽，不要老想着住高楼大厦，就算再富丽堂皇的屋子也会有坏的时候，有一个能遮风避雨的住所便够了。

其　二

粗茶淡饭能够让肚子不再挨饿，不要老想着吃珍馐美味的食物，能时时刻刻吃到这些粗茶淡饭就很好了，因为再精美、再珍奇的食物也有被吃完的一天。

其　三

我的妻子不必过于美丽，漂亮俊俏未必是好事。只希望她能够温和善良、谦恭节俭并且孝顺父母长辈就好。

其　四

我的孩子也不必过于精明，有时候过于聪明和刚强也未必是好事。只希望他能够安分守己，找到谋生之道，孝顺长辈就足够了。

◎王渔洋家族家规

新城王氏家族代表人物：

王重光（1502～1558），字廷宣，号泺川，山东桓台新城人。明嘉靖二十年（1541）进士，历任工部主事、户部员外郎、云中佥事、上谷参议。后任贵州布政使左参议，奉命采办贵州大木以修三大殿，因积劳成疾，身染瘴疠病逝林区。嘉靖亲书“忠勤可悯”匾额，建祠以祀，并追赠太仆寺少卿，累赠太子太保、兵部尚书。王重光不仅是新城王氏家族第一个进士，还制定了家族第一则成文家训，以道义和读书为准则教育子嗣，成为王氏治家之宝。

王渔洋像

王之垣（1527～1604），王重光次子，字尔式，号见峰，明嘉靖四十一年（1562）进士。他为官明敏干练，不徇私情，直言敢谏，严拒请托，官至户部左侍郎，追赠户部尚书，累赠太子太保、兵部尚书。王之垣善于治家理政，晚年辞官归里，居家长达二十载，建家祠，修族谱，置义田，立家范，完善家规门训，编纂了家族第一部总结性家训《念祖约言》，撰写《历仕录》《炳烛编》《摄生编》《百警编》等家规著作。

王象晋（1561～1653），王之垣次子，字荩臣，号康宇，自号明农隐士、赐闲老人。明万历三十二年（1604）进士，授中书舍人，官至浙江右布政使。王象晋为人正直宽厚，孝友敦睦，为官公正严明，清廉自律。晚年致仕还乡，在故里新城著书立说，并亲自教导子孙课业，93 岁自撰祭文《辞世小言》。他精于农学，旁通医学，在家族教育、养生观念、为官之道、农学实践等方面都有建树。一生著述 30 多种、100 多册，著有农学巨著《群芳谱》《赐闲堂集》《保安堂三补简便验方》等。

王渔洋（1634～1711），名王士祯，原名王士禛，王象晋的孙子。清初诗坛领袖，字子真，号阮亭，自号渔洋山人，世称王渔洋。清顺治十五年（1658）进士，26岁授扬州推官。后任户部郎中，至京为官。康熙十七年（1678）入翰林，官至刑部尚书。王渔洋一生文政兼从，独创诗论“神韵说”，主持清初诗坛五十载，一生著述极丰，被尊为“一代正宗”。为官始终践行“清慎勤”的原则，清正廉洁，政绩卓著，深受康熙赏识和同僚赞叹。他总结自身为官经验，亲书《手镜》50条，教育初仕为官的儿子洁己爱民、宽政慎行，做一个“不负民”的好官。

处世篇

【原文】

所存者必皆道义之心，非道义之心，勿汝存也，制之而已矣。所行者必皆道义之事，非道义之事，勿汝行也，慎之而已矣。所友者必皆读书之人，非读书之人，勿汝友也，远之而已矣。所言者必皆读书之言，非读书之言，勿汝言也，诺之而已矣。

（王重光《忠勤公家训》）

【译文】

每个人必须存有道义的心，非道义之心，都不应该存在，要立即制止并消除。所做的必须是符合道义的事，不合道义之事，都不应该发生，要谨慎地去终止。所交的朋友必须是热爱读书之人，不喜欢读书之人，不能与之为友，要远离他。所说的话必须是读书人应该讲的话，非读书之言，不能随便乱讲，保持沉默就好了。

【原文】

士大夫当实有忧国之心，莫徒有忧国之语。当为天下必不可少之人，莫做天下必不可常之事。

（王象晋《清寤斋心赏编》）

【译文】

士大夫应该切实怀有忧国之心，不要仅仅只是说些忧国的话。应该成为天下必不可少的人，不要做毫无准则的事情。

【原文】

世人多言处世难，非世果难处，无所以处之之方耳。如我好胜，谁甘处其败？我好富，谁甘处其贫？我好自是，谁甘处其非？我好安逸，谁甘处其劳碌？推之一切，莫不皆然。常将自己心向别人一忖量，则损人利己之事必不敢做。

（王象晋《清寤斋心赏编》）

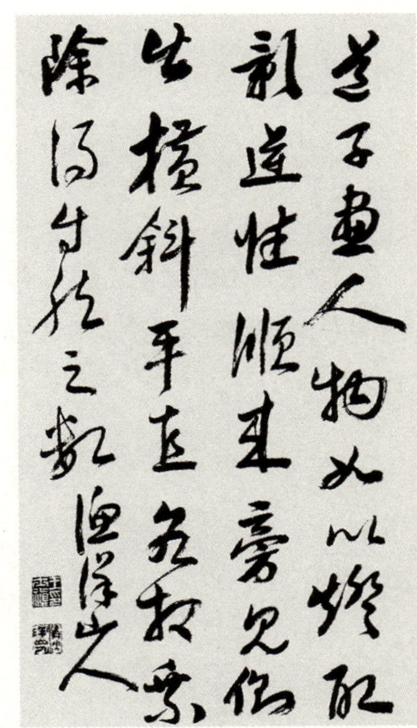

王渔洋书法

【译文】

世人都说人生处世艰难，并非世事难处，而是还没找到好的处世方法。如果说我好胜，谁会甘心失败？如果我希望富贵，谁又甘处贫困？如果我自以为对，谁又自认为错？如果我乐享安逸，谁又甘愿整日劳碌呢？推之一切，莫不如此。一个人常站在别人的角度考虑问题，就一定不敢做损人利己的事。

【原文】

（王象晋处世立身之法宝）一为六字经：曰忍，曰方便，曰守本分。一为九字经：勿欺心，勿妄想，守廉耻。

（王象晋《清寤斋心赏编》）

【译文】

（王象晋处世立身的法宝）一个是六字经：善于忍耐，与人方便，安守本分。一个是九字经：不欺心，不妄想，守廉耻。

劝学篇

【原文】

久望垣儿出犬群，莫甘落落不如人。寄来文字增光艳，才得科场畅紫芬。好向窗前惜日月，管教足下起风云。千言万语无他意，一举成名天下闻。

（王重光《教子诗》）

【译文】

长久以来一直盼望着垣儿你能出人头地，不要自甘低人一等。你寄来的信中说，你刚刚在科场上考取了好成绩，为我们家族增添了光彩。你应该珍惜时间，继续努力读书，有所成就。千言万语没有别的意思，惟愿你能一举成名，名动天下。

【原文】

少年不学堕复堕，壮年不学亏复亏，老年不学衰复衰。一息不学谓之忘，一时不学谓之狂，一日不学谓之荒。

（王之垣《炳烛编》）

【译文】

少年不学习是让自己堕落败坏，壮年不学习是让自己蒙受损失，而且越不学习损失越大，老年不学习是让自己倒退，而且越不学习倒退越大。一霎那不学习是损失，一个时辰不学习是放荡，一整天不学习是荒废。

【原文】

作文不振扬、不透切，只是悟处未到，悟从思入。语云：思之思之又重思之，思而不通，鬼神将通之。非鬼神之力也，精诚之极也。凡思浮泛不可，穿凿不可，必须先体认题旨，就题旨上致思，就思意措辞，愈思愈有悟处，愈悟愈有精神。

（王之垣《念祖约言》）

【译文】

文章不够显扬透彻，只是理解不够，要理解透彻必须先进行思考。有句话说：思考、思考、再反复地思考，思考不通，鬼神将会帮你想通。其实这不是鬼神的力量，而是人之精诚所至。思考不能肤浅，也不可牵强附会，必须先认清题目主旨，围绕主旨进行思考，根据思考得出的结论行文措辞。越思考就越有领悟，越有领悟，思维就会越活跃。

【原文】

少年为学者，每一书皆作数次读，当如入海，百货皆有。人之精力，不能兼收尽取，但得其所欲求者尔。故愿学者每次作一意求之，如欲求古今兴亡治乱、圣贤作用，且只作此意求之，勿生余念。求事迹文物之类，亦如之。若学成，八面受敌，与涉猎者不可同日而语。

（王象晋《清寤斋心赏编》）

【译文】

年少者求学，每一本书都要反复阅读，就好像投入知识的海洋，各种知识应有尽有。但人的精力有限，不可能不加选择，什么都学，只选自己需要的去学就可以了。所以希望求学者每次确定一个学习目标，比如想要了解古今兴亡治乱的历史、古代圣贤人物的作为，暂且只选这方面的知识进行探索，不必涉猎太杂。要想学习事件、文物之类，也是如此。如果某一方面学有所成，就能应付各种情况，那些不求甚解的人就不能与之相提并论。

为政篇

【原文】

为令，当上宣王德，下奠民生，一染于墨，视盗加等，吾不愿有此子也，勉之哉。

（王之垣《念祖约言》）

【译文】

当县令，应当首先宣扬朝廷的功德，其次夯实民生之基，一旦品行受污，

就比盗贼还要可恶，我不愿有这样的儿子啊，你要勉励自己啊！

【原文】

莅官之法，事来莫放，事去莫追，事多莫怕。为政之要曰公与清，成家之道曰勤与俭。事上之道，与其循之以法，不若奉之以体；临下之法，与其循人之情，不若平我之情。

（王象晋《清寤斋心赏编》）

【译文】

为官之道，在于事情发生时不逃避、不松懈，事情过去后不过多追究计较，事情繁杂时也不害怕忙乱。从政之道在于公正、清廉，治家之道在于勤劳、节俭。对待上司，与其循规蹈矩，不如设身处地为其着想；对待下属，与其用情感抚慰，不如平等待之。

【原文】

严于公门，宽于百姓。严于奸恶，宽于良善。政之体也。然公门防闲又当详于大而略于细。若事事苛求，恐人不乐为所用。奸恶惩治，又当去其甚而警其余。若人人计较，或生他变。是以持法者切忌任意而过。

（王象晋《清寤斋心赏编》）

【译文】

对公职人员要严格管理，对地方百姓要宽容体恤。对奸诈凶恶之人要严惩，对心地善良之人要宽容。这是政务管理的根本。然而要防止衙门过于清闲，大事要事要详慎处理，细枝末节不必过分追究。如果事事都过分要求，恐怕没有人愿为其所用。惩恶除奸，应当严惩大奸大恶以警示其他人。如果追究每个人的过错，就有可能会引发其他变故。因此，执掌法纪者一定不能任意妄为。

【原文】

公子公孙做官，一切倍要谨慎检点。见上司，处同寅，接待绅士皆然。稍有任性，便谓以门第傲人。时时事事须存此意，做官自己手脚须正，持门第不得。

（王渔洋《手镜》）

【译文】

官宦子弟做官，凡事都要加倍谨慎检点。拜见上司，与同僚相处，接待绅士都要这样。稍有任性，便会被说成凭借出身门第傲慢待人。时时事事都要留心这一点，做官要行为端正，不能倚仗门第傲慢待人。

【原文】

无暮夜枉法之金，清也；事事小心，不敢任性率意，慎也；早作夜思，事事不敢因循怠玩，勤也。畿辅之地，果为好官，声誉易起；如不努力做好官，亦易滋谤。勉之，勉之！

（王渔洋《手镜》）

【译文】

没有夜晚收受钱财的事，就是清；事事小心谨慎，不敢任性而为，就是慎；早起劳作，入夜反思，事事不拖拉、怠惰、玩忽职守，就是勤。在京城附近，如果做好官，声誉容易得到传扬；如果不努力做好官，容易滋生怨谤。努力啊！努力啊！

【原文】

居官以得民心为主，为民间省一分，则受二分之赐，诵声亦易起矣。

（王渔洋《手镜》）

【译文】

做官要以得民心为主，为百姓节省一分，就能得到二分的回报，人家对你的赞扬之声也容易传播了。

修身篇

【原文】

凡为子孙计者，当戒以愤怒致争。愤怒致争，其初甚微，其祸甚大。

（王之垣《炳烛编》）

【译文】

凡是替子孙谋划打算的，应力戒因愤怒而起争执。由愤怒导致的争执，最初事小，但产生的祸害却非常大。

【原文】

清夜内省，颇知自励。不敢丧心，不求满意，能甘淡泊，能忍闲气，九十年来于心无愧，可偕众而同欢，可含笑而长逝。

（王象晋《辞世小言》）

【译文】

夜深人静的时候反思，能够深知自我勉励的重要性。不敢丧失本心，不求尽如人意，甘于淡泊，能忍受闲气，90年来问心无愧，可与众人同乐，可含笑而眠。

【原文】

夫人一日不知非，则一日安于自是。日日知非，日日改过，则此身为义理再生之身，可以造命。

（王象晋《清寤斋心赏编》）

【译文】

做人如果一天没有省悟自己的过错，就会安于现状，自以为是。如果每天能反省自己的过错，每天能改过自新，那么你的生命就是被义理重新孕育的生命，能够掌握命运。

【原文】

人生一日，或闻一善言，见一善行，行一善事，此日方不虚生。

（王象晋《清寤斋心赏编》）

【译文】

人生在世一日，或者听闻一句善言，或者眼观一次善行，或者做一件善事，这一日才不算虚度。

治家篇

【原文】

为家以正伦理为本，以尊祖睦族为先，以勉学修身为要，以树艺牧畜为常，守以节俭，行以慈让，足己而济人，习礼而畏法。可以寡过，可以静摄，可以成德。

（王之垣《炳烛编》）

【译文】

治家以端正伦理为根本，以尊敬祖辈、和睦族人为前提，以勤勉学习、修养身心为重点，以种植五谷、饲养禽畜为常务，坚持勤俭节约，行事仁慈谦让，充实完备自己，热情帮助别人，学习礼节仪式，敬畏法令制度。这样就可以减少过失、静养身心，养成美好的品德。

◎周怡《勉谕儿辈》

周怡（1505～1569），字顺之，号讷溪，仙源（今安徽黄山）人。明代嘉靖十七年（1538）登进士，初任顺德（今河北邢台）推官，政绩优异。翌年，擢升吏部给事中。刚正直言，嘉靖二十二年（1543）六月，吏部尚书许瓒揭发大学士严嵩擅权，遭世宗斥责。因上《劾大臣不和疏》，历数千言，切中时弊。激怒世宗，以中伤朝廷罪被庭杖下锦衣卫狱。隆庆元年（1567），穆宗即位，被复用，擢太常少卿。

【原文】

由俭入奢易，由奢入俭难。饮食衣服，若思得之艰难，不敢轻易费用。酒肉一餐，可办粗饭几日；纱绢一匹，可办粗衣几件。不馋不寒足矣，何必图好吃好着？常将有日思无日，莫待无时思有时，则子子孙孙常享温饱矣。

（《尺牍精华》）

【译文】

从节俭变得奢侈很容易，从奢侈变得节俭却很难。饮食穿衣，如果思考得到这些东西很艰难，就不会轻易地花费钱财了。一顿酒肉，可以置办几天的粗茶淡饭；一匹绸缎，可以置办几件平常的衣服。不饿不冷就够了，何必要吃好穿好？经常在拥有的时候想着没有的时候，不要等到失去的时候再想着拥有的时候，那么子子孙孙就能经常过着温饱的生活了。

◎海瑞《禁馈送告示》

海瑞（1514～1587），字汝贤，号刚峰，琼山（今海南海口）人，明朝著名清官。海瑞一生，经历了正德、嘉靖、隆庆、万历四朝。嘉靖二十八年（1549），海瑞参加乡试中举，初任福建南平教谕，后升浙江淳安和江西兴国知县，推行清丈，平赋税，并屡平冤假错案，打击贪官污吏，深得民心。历任州判官、户部主事、兵部主事、尚宝丞、两京左右通政、右佥都御史等职。为官时，不仅能搏击豪强，禁绝侵渔，且廉洁奉公，最恨贪污。在福建南平县学任教谕时，

海瑞像

制订《教约》，禁止学生给老师送礼；在浙江淳安任知县时，发布《禁馈送告示》，严禁下属给上司送礼；在应天（南京）任巡抚时，制订《督抚条约》，力革积弊，杜绝贪墨。疏浚河道，修筑水利工程，力主严惩贪官污吏，禁止徇私受贿，并推行“一条鞭法”，强令贪官污吏退田还民，遂有“海青天”之誉。

【原文】

接受所部馈送土宜礼物，受者笞四十，与者减一等，律有明禁。粮里长各色人等每送薪送菜，禁不能止。穷诘所以，盖沿袭旧日风，今日视为常事。且尔等名奉承官府，意为实有所需求。谓之意有希求者，盖亿官府不易反面。而今少献殷勤，他日禀公事，取私债，多科钱粮，占人便宜，得以肆行无忌也。若有美意，则周尔邻里乡党之急可也。官有俸禄，何故继富？与之官，取之民，出其一而收其十，陷阱不浅。今后凡有送薪送菜入县门者，以财嘱论罪。虽系乡宦礼物，把门皂隶先禀明后许放入。其以他物装载，把门人误不搜检者，重责枷号。

（《海瑞集》）

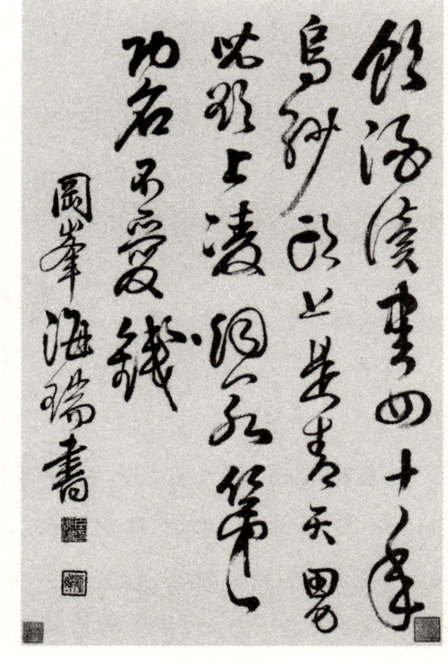

海瑞书法

【译文】

接受所辖部下赠送的土特产礼物，接受的人要受笞刑四十，参与的人受比笞刑低一等的刑罚，法律上有明文禁止。粮长、里长各色人物经常给上司送柴送菜，屡禁不止。探究其原因，大概是继承往日的风气，如今把这样的馈送看作是平常事情。送礼的这班人名义上是奉承官府，实际上却另有所图。说他另有所图的原因，大概料想官府不会轻易翻脸。如今稍献殷勤，他日承办公事，巧收私账，多征收些钱粮，占别人的便宜，能够肆意行事而无所顾忌。假如真有馈送的美意，那么周济你那乡邻中的急需者就可以了。官吏有俸禄，为什么还要多取财富？馈送给官吏的礼物，来自于百姓，(可馈送的人)送出一份礼物却能收回10倍，这个陷阱不浅呀。自今以后，凡是有送柴送菜进县衙门的，按贿赂罪论处。即使是乡绅的礼物，守门差役也应先禀报后才能放入。送礼的人用其他东西载着入县衙，守门人失责不搜查的，戴上枷号从重责罚。

◎杨继盛家训

杨继盛(1516～1555)，字仲芳，号椒山，直隶容城(今河北容城北河照村)人。嘉靖二十六年(1547)进士，师从南京吏部尚书韩邦奇，初任南京吏部主事，后官兵部员外郎。明代著名谏臣，曾因上疏弹劾仇鸾开马市之议，被贬为狄道典史。其后被起用为诸城知县，迁南京户部主事、刑部员外郎，调兵部武选司员外郎。

杨继盛像

诫子周济“同族贫寒”

【原文】

我一母同胞，见在者四人：你大伯、二姑、四姑及我。大伯有四个好子，且家道富实，不必你忧。你二姑、四姑俱贫穷，要你常看顾她，你敬她和敬我一般。至于你五姑、六姑，亦不可视之如路人也。房族中人有饥寒者，不能葬者，不能嫁娶者，要你量力周济，不可忘一本之念，漠然不关于心。

我家系诗礼士夫之家，冠昏丧祭，必照家礼行。你若不知，当问之于人，不可随俗苟且，庶子孙有所规法。你姊是你同胞的人，她日后若富贵便罢，若是穷，你两个要老实供给照顾她。你娘要与她东西，你两个休要违阻；若是有些违阻，不但失兄弟之情，且使你娘生气，又为不友，又为不孝。记之！记之！

……然居家做人之道，尽在是矣。拿去你娘看后，做一个布袋装盛，放在我灵前桌上，每月初一、十五，合家大小灵前拜祭了，把这手绢从头至尾念一遍，合家听着；虽有紧事，也休废了！

（《杨忠愍集》）

【译文】

我一母所生的同胞，如今健在的有：你大伯、二姑、四姑和我。你大伯有四个好儿子，而且家里富足，你不必忧虑。你二姑、四姑都很贫穷，你要经常照顾她们，你尊敬她们要和尊敬我一样。至于你五姑、六姑，也不能把他们当外人看待。同族之人若有饥寒的、不能安葬的、不能嫁娶的，你要量力周济，不可忘记同族之情，对他们漠不关心。

我们家属于书香官宦之家，遇上加冠、婚娶、丧事、祭祀，一定要按照家礼办理。如果你不知道如何办理，应当求教于他人，不能随俗了事，要使子孙后代有所效法。你姐姐是你的同胞，她今后若富贵便好；若是贫穷，你兄弟俩要好好地照顾她。你母亲要给她一点东西，你兄弟俩不要阻拦；如果有点阻拦，不但会失去手足之情，而且会惹你母亲生气，这样既不友好，又不孝顺。切记！切记！

……至于为人处世的道理，全都写在上面了。送去给你母亲看了之后，做一个布袋把它装好，放在我灵前的桌子上面，每月初一、十五，全家大小在灵前拜祭完毕，把我这封家书从头到尾念一遍，全家人静心聆听，即使有紧急的事情，也不要废了这个规矩。

诫子孝顺母亲

【原文】

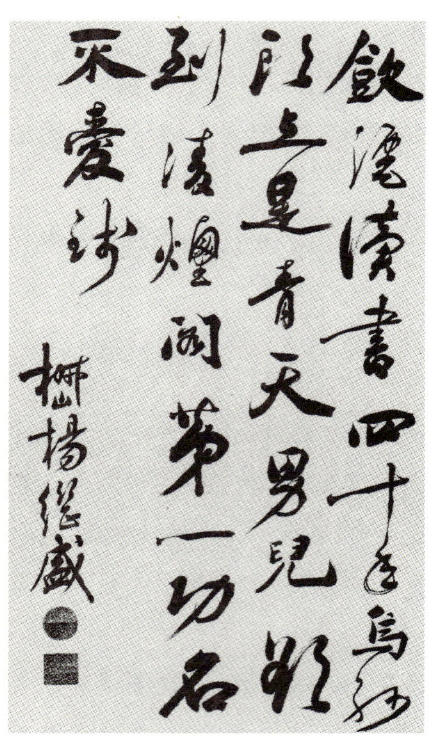

杨继盛书法（一）

你读书若中举中进士，思我之苦，不做官也是。若是做官，必须正直忠厚，赤心随分报国。固不可效我之狂愚，亦不可因我为忠受祸，遂改心易行，懈了为善之志，惹人父贤子不肖之笑。

我若不在，你母是个最正直不偏心的人，你两个要孝顺他，凡事依他。不可说你母向哪个儿子，不向哪个儿子；向哪个媳妇，不向哪个媳妇。要着她生一些儿气，便是不孝。不但天诛你，我在九泉之下，也摆布你。

你两个是一母同胞的兄弟，当和好到老。不可各积私财，致起争端；不可因言语差错，小事差池，便面红耳赤。应箕性暴些，应尾自幼晓得他性儿的，看我面皮，若有些冲撞，担待他罢！应箕敬你哥哥，要十分小心，和敬我一般的敬才是。若你哥哥计较你些儿，你便自家跪拜与他赔礼；他若十分恼不解，你便央及你哥相好的朋友劝他。不可他恼了，你就不让他。你大伯这样无情的摆布我，我还敬他，是你眼见的。你待你哥，要学我才好。

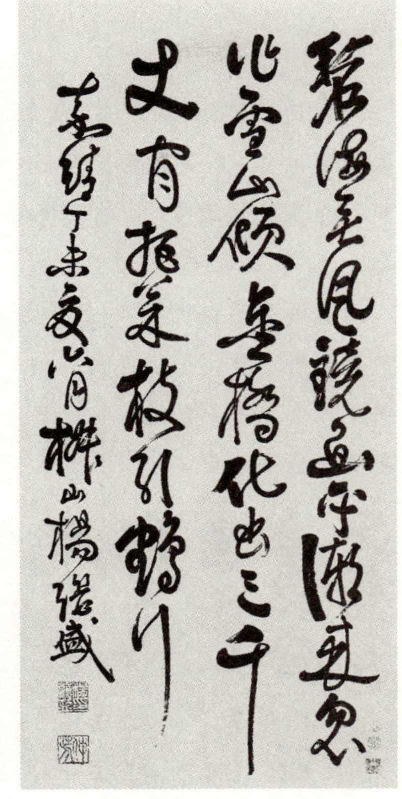
杨继盛书法（二）

应尾媳妇是儒家女，应箕媳妇是宦家女，此最难处。应尾要教导你媳妇，爱弟妻如亲妹，不可因他是官宦人家女，便气不过，生猜忌之心。应箕要教导你媳妇，敬嫂嫂如亲姊，衣服首饰休穿戴十分好的，你嫂嫂见了，口虽不言，心里便有几分不耐烦，嫌隙自此生矣。四季衣服，每遇出入，妯娌两个是一样的，兄弟两个也是一样的。每吃饭，你两个同你母一处吃，两个媳妇一处吃，不可各人和各人媳妇自己房里吃，久则就生恶了。

你两个不拘有天来大恼，要私下请众亲戚讲和，切记不可告之于官。要是一人先告，后者把这手卷送至于官。先告者即是不孝，官府必重治他。央及你两个好歹与我长些志气。再预告问官老先生，若见此卷，幸怜我苦情，教我二子，再三劝诱，使争而复和，则我九泉之下，必有衔结之报。

你堂兄燕雄、燕豪、燕杰、燕贤，都是知好歹的人。……你两个要敬他、让他。祖产分有未均处，他若是爱便宜，也让他罢。切记休要争竞，自有旁人话短长也。

（《杨忠愍集》）

【译文】

你读书，假如能中举，做个进士，想到我眼前所受的痛苦，不做官也罢！假如要做官，务必正直忠厚，赤胆忠心报国。固然不能像我这样狂愚，也不能因为我忠诚而受祸，就改变心愿和作为，松懈自己行善的志向，而招致“父贤子不肖”的耻笑。

我如果不在人世了，你母亲是个最正直不偏心的人，你兄弟俩要孝顺她，凡事要依着她。不能说她偏向那个儿子，不向着那个儿子；偏向那个媳妇，不向着那个媳妇。要是惹她生一点点气，就是不孝。不仅老天要讨伐你，我在九泉之下也要处置你。

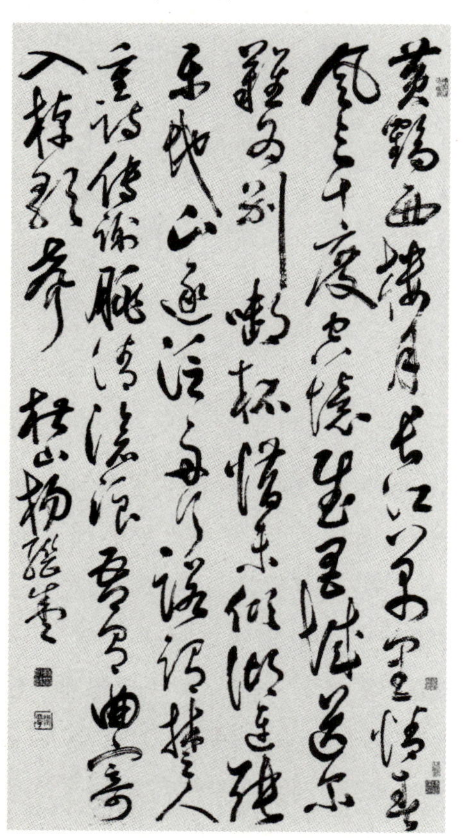
杨继盛书法（三）

你俩是一母同胞的兄弟，应当终生和睦相处。不能各自私积钱财，引起争吵；不能因为言语上的差错、小事的差池，就争得面红耳赤。应箕你性子粗暴些，应尾你从小了解他的性子，看在我的面上，如果发生冲撞，应尾你要让着他些！应箕你要敬重哥哥，十分敬重，像敬重我一样才对。如果你哥哥和你计较什么，你就自己跪拜在他面前，给他赔礼道歉；如果他仍然十分恼怒，你就去请求与你哥哥相好的朋友来规劝他。千万不能因为他恼怒，你就不谦让他了。你大伯曾经这样无情地摆布我，我还是这样敬重他，这是你亲眼所见的。你对待你哥哥，一定要向我学习才好。

应尾的妻子出自书香门第，应箕

的妻子出自宦家之家，这是很不容易相处的。应尾你要教导你的妻子，爱护弟媳妇如同亲妹妹一样，切不可因她是官宦人家的女儿，就气不过，产生猜忌心理。应箕你也要教导自己的妻子，敬重嫂嫂如同亲姐姐一样，衣服、首饰不要穿戴得过分好，要不然你嫂嫂看见了，嘴上虽然不说什么，心里就有几分不耐烦，彼此就会产生隔阂。四季衣服，每逢外出，妯娌俩要一样，兄弟俩也要一样。吃饭时，你兄弟俩应同你母亲一起吃，妯娌俩一起吃，切不可各人同各人的妻子回到自己房里吃；否则，时间长了，彼此就会产生厌恶感了。

你们兄弟俩不论发生多大的纠纷，要私下里请亲戚来讲和，千万不能告到官府去。……你们的堂兄燕雄、燕豪、燕杰、燕贤，都是知好歹的人。你们兄弟俩要敬重、谦让他们。祖辈留下来的遗产在分配过程中有不平均的地方，如果他们爱占点便宜，也就让他们去吧！切记不要争夺，谁是谁非，左邻右舍自有公论。

◎庞尚鹏《庞氏家训》（节选）

庞尚鹏（1524～1580），字少南，广东南海（今广东广州）人。嘉靖三十二年（1553）进士，由乐平知县巡按河南、浙江。万历年间任福建巡抚，清廉自洁。其《虚室行》诗云："细视瓶中久无粟，举火终朝待邻曲。长饥近午始一餐，敢望丰年收万斛。"主要从事福建军政事务，以推行"一条鞭法"和清理整顿"两淮盐法"而闻名。隆庆二年（1568）任右佥都御史。隆庆三年（1569）十二月，河东巡盐郜永春劾尚鹏行事乖违。神宗即位，御史计坤亨等上疏言尚鹏无罪。万历四年（1576），时任福建巡抚庞尚鹏与胡守仁发生冲突，首辅张居正以重言谴责庞尚鹏。隔年，庞尚鹏罢官南归。万历八年（1580）卒于家，谥惠敏。著有《百可亭稿》《奏议》《殷鉴录》《行边漫议》《庞氏家训》。

【原文】

骨肉天亲，同枝连气，凡利害休戚，当死生相维持。若因财产致争，便相视如仇敌，及遭死丧患难，反面不相顾，甚于路人，祖宗有灵，岂忍于见此。良心灭绝，马牛而襟裾，人祸天刑，其应如响，愿子孙以此言殷鉴。

处宗族、乡党、亲友，须言顺而气和。非意相干，可以理遣，人有不及，可以情恕。若子弟僮仆与人相忤，皆当反躬自责，宁人负我，无我负人。彼悻悻然怒发冲冠，讳短以求胜，是速祸也。若果横逆难堪，当思古人所遭，更有甚于此者，惟能持雅量而优容之，自足以消其狂暴之气。

放债切不可违例深求，或准折人子女田地，及利中展利。

论人惟称其所长，略其所短，切不可扬人之过。非惟自处其厚，亦所以寡怨而弭祸也。若有责善之义。则委屈道之，无为已甚。

雇工人及僮仔，除狡猾顽惰斥退外，其余堪用者，必须时其饮食，察其饥寒，均其劳逸。陶渊明曰："此亦人子也，可善遇之。"欲得人死力，先结其欢心，其有忠勤可托者，尤宜特加周恤，以示激励。

（《庞氏家训·崇厚德》）

【译文】

骨肉相亲，同气连心，一切利害休戚与共，应当生死相随，相互维护。假如因为财产而引起争斗，彼此之间便视如仇敌，等到遭遇死丧患难之事，不管不顾，甚至连路人都不如。祖宗如有灵验，怎么忍心看见这些惨状呢？一个人如果丧尽天良，连衣冠禽兽都不如。因此谁造成的灾祸，苍天自然会给谁惩罚，这叫天人感应啊！希望子孙以我这些话作为鉴戒。

和宗族、乡邻、亲友相处必须和颜悦色、心平气顺。不是故意牵扯的，可以说理解释；有人不及你，可以真心宽恕。假如自家的子弟、僮仆与他人发生冲突，都应当反省自责。宁可人负我，不能我负人。如果别人愤恨不平、怒发冲冠，不肯正视自己的错误而强求制胜，那么灾祸就会很快降临到他的头上。如果他蛮横无理使你难堪，那么你应当想想古人的遭遇，还有比你更难堪的人。这样一想，也许你就能保持宽宏的气度，从而更加谦让他，自然也可以消除他那种狂暴的气焰。

放债，切不可违约而变本加厉，不许损害人家的子女和田产，不能利中滚利。

评论别人，最好多说他的长处，略去他的短处，切不可宣扬他的错误。这样，不但说明自己能待人诚恳，同时也能因此少结怨恨，平息祸害！如果确实要进行善意的批评，也得婉转地指出，不要做得太过分。

雇工人及童工，除狡猾贪懒者斥退外，其余可以用的人，平时必须供应他们的饮食，关心他们的饥寒，注意他们的劳逸。陶渊明说："这也是人家的儿子啊！可要好好地对待他们。"要想使他们舍生忘死地努力工作，必须先取得他们的欢心，其中有忠厚勤劳可以托付的人，尤其应当给以周济，以表示激励和劝慰。

◎张居正《示季子懋修书》

张居正(1525～1582)，字叔大，号太岳，江陵(今湖北荆州)人，明朝中后期政治家、改革家。嘉靖二十六年(1547)进士。隆庆元年(1567)任吏部左侍郎兼东阁大学士。后迁任内阁次辅，为吏部尚书、建极殿大学士。隆庆六年(1572)，万历皇帝登基后，张居正代高拱为首辅，辅佐万历皇帝开创了"万历新政"。

张居正像

这篇家训，是张居正写给他最小的儿子懋修的一封书信，帮助儿子总结科举考试失利的原因。他认为儿子两次科考失利，都是好高骛远、贪多务得、用力不专的缘故。于是，他以自己的经验教训教育儿子，鼓励儿子努力改正自己学习上的缺点。儿子听从了父亲的教诲，后来果然中了状元。

【原文】

汝幼而颖异，初学作文，便知门路，吾尝以汝为千里驹。即相知诸公见者，亦皆动色相贺曰："公之诸郎，此最先鸣者也。"乃自癸酉科举之后，忽染一种狂气，不量力而慕古，好矜己而自足，顿失邯郸之步，遂至匍匐而归。

丙子之春，吾本不欲求试，乃汝诸兄咸来劝我，谓不宜挫汝锐气，不得已黾勉从之，竟致颠蹶。艺本不佳，于人何尤？然吾窃自幸曰："天其或者欲厚积而钜发之也。"又意汝必惩再败之耻，而俯首以就矩镬也。岂知一年之中，愈作愈退，愈激愈颓。以汝为质不敏耶？固未有少而了了，长乃懵懵者。以汝行不力耶？固闻汝终日闭门，手不释卷。乃其所造尔尔，是必志骛于高远，而力疲于兼涉，所谓之楚而北行也！欲图进取，岂不难哉！

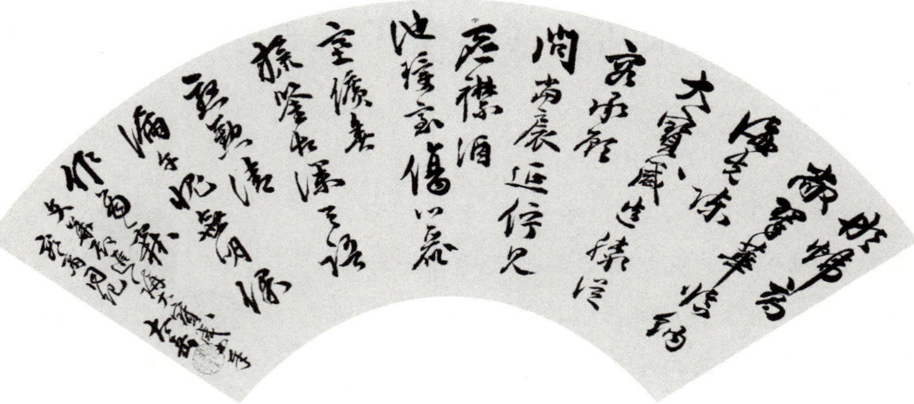

张居正《彤帏高敞》七律诗扇

夫欲求古匠之芳躅，又合当世之轨辙，惟有绝世之才者能之。明兴以来，亦不多见。吾昔童稚登科，冒窃盛名，妄谓屈宋班马，了不异人，区区一第，唾手可得，乃弃其本业，而驰骛古典。比及三年，新功未完，旧业已芜。今追忆当时所为，适足以发笑而自点耳。甲辰下第，然后揣己量力，复寻前辙，昼作夜思，殚精毕力，幸而艺成，然亦仅得一第止耳，扰未能掉鞅文场，夺标艺苑也。今汝之才，未能胜余，乃不俯寻吾之所得，而蹈吾之所失，岂不谬哉！

吾家以诗书发迹，平生苦志励行，所以贻则于后人者，自谓不敢后于古之世家名德。固望汝等继志绳武，益加光大，与伊巫之俦，并垂史册耳！岂欲但窃一第，以大吾宗哉！吾诚爱汝之深，望汝之切，不意汝妄自菲薄，而甘为辕下驹也。

今汝既欲我置汝不问，吾自是亦不敢厚责于汝矣！但汝宜加深思，毋甘自弃。假令才质驽下，分不可强；乃才可为而不为，谁之咎与！己则乖谬，而使诿之命耶，惑之甚矣！且如写字一节，吾呶呶谆谆者几年矣，而潦倒差讹，略不少变，斯亦命为之耶？区区小艺，岂磨以岁月乃能工耶？吾言止此矣，汝其思之！

（《张太岳集》）

【译文】

你小时候十分灵敏聪慧，刚开始学写文章，便知道写作的方法，我曾经认为你是一匹千里马。每当我的朋友看到你，也都高兴地祝贺我说："您的几个儿子当中，他应该是最先取得成功的一个。"然而自从癸酉年科举考试之后，你忽然染上了一种狂傲之气，自不量力地仿效古人，总爱在人前表现自己，骄矜自满，好比那个邯郸学步的年轻人，不但没学好，反而把自己原有的本领忘了，只能爬着回家。

丙子年的春天，我本不想让你去应试，是你的几个兄长都来劝我，说不应该挫伤了你的锐气，我只好勉强答应，最终你还是遭受挫败。你学艺不精，我埋怨你又有什么用呢？可是我私下庆幸地说："老天大概是要让你厚积薄发吧！"又想到你会以这次失败作为耻辱并引以为戒，肯低下头来遵守规矩。哪里想到一年里，你越写越退步，越激励你上进，你却越颓废。

是你的才质不聪敏吗？本来就没有小时候聪慧、长大了却糊涂的人。是你不够努力吗？我听说你终日闭门读书，手不释卷。造成这种情况，一定是你好高骛远，涉猎面太广而使得自己精力疲倦，这就是南辕北辙啊！要追求进步，能不困难重重吗？

想追寻前人的足迹，又合乎当世的准则，只有才华卓著的人才能做到。从明朝建立以来，这种人并不多见。我早年年少登科，得到了好名声，胡乱品评屈原、宋玉、班固、司马迁这些人，认为自己了不起，与一般的人不同，以为科举及第是很轻松的事情，于是放弃原来的学业，一心钻研古代典籍。等到过了3年，新学的东西还没有掌握，原来的学业早已经荒废。现在回忆当时所做的一切，只能招人讥笑，给自己带来羞辱。甲辰年我科举落第，于是估摸自己的能力，继续以前的学业，不分昼夜地学习，用尽自己的力量，侥幸学业有所成就，然而也只是科举中第罢了，还没有能力在文学界拔得头筹。而今，你的才能还没有超过我，可是不放低姿态按照我成功的路径去走，却要重蹈我失败的覆辙，这不是很荒谬吗？

我们家凭读书兴起，我一生尽力追求、努力学习，要留给你们后人的家规，是不敢落后于古代世家的高尚道德。本来希望你们能继承我的志愿，将这种精神道德发扬光大，以便能同伊尹、巫咸这些人一起彪炳史册，哪里想只是侥幸在科举考试中考中一次，来光大我们宗族呢！我的确爱你很深，对你有殷切的期望，然而没有料到你却过分地看轻自己，甘心做一个平庸的人。

张居正书法

现在既然你希望我对你不闻不问，我自然也不敢对你严加指责！但是

你应该进一步地思考，不要自暴自弃。如果你才质驽钝，自然无法勉强；可是你有能力却不去做，这又能怪谁呢？自己性情怪僻，却归咎于命运，糊涂得很厉害呀！譬如说写字，我啰啰唆唆地给你讲了几年，可是（你）字迹潦草而且有错误，没有一点改变，难道这也是命运造成的吗？写字这么一件小事，难道也非要经过漫长的时间才能做好吗？我的话就说到这里了，你可要好好地想想啊！

◎何以尚《何氏家训十二则》
（节选）

何以尚像

何以尚（1526～1597），字仁甫，生于广西兴业县石南镇东山村，明朝举人，历任江西建昌县儒学教谕、户部司务、户部主事、南京大理寺丞、鸿胪寺卿等职，官至太仆寺卿，赐进士出身。何以尚官声清越，忠诚正直，曾冒死救海瑞，抵制首辅严嵩胡乱动用库银，弹劾另一个首辅高拱专权腐败等。1590年，何以尚致仕还乡。还乡后，何以尚十分关心家乡事业，倡建兴业县街上的登云桥和通往郁林州道路的鸣水桥，鼓励乡民发展农业生产，并撰有一副对联勉励后人："植树修河山水秀，精耕细作物阜丰。"曾著有《便蒙诗训》《忠孝经》。

训 忠

【原文】

尽己为忠，中心为忠，忠之时，义大矣哉。故不忠为省身之首务，效忠乃匡国之要图。圣贤之明训，既详言于典籍矣。若晋之次道公，社稷为怀；明之相刘公，城颓尽节。吾族之光，于史册者实不乏人。果知忠之为道，凡于应事物之际，尽其心而竭其力，质诸己而可对诸人，庶俯仰无惭矣，影衾不怍矣。

何以尚故居正门

【译文】

尽自己之心忠于国家，最中心的内容就是“忠”字，效忠国家是最大的义举。因此，不忠是反省自身的首要方面，效忠是匡扶国家的重要态度。这些

说法都是圣贤的训示，详细记录在经典书籍中。比如我族先人东晋宰相何充，他就是以国家社稷为根本；又比如我族明代先人何相刘，所守之城被敌人攻破，宁愿牺牲自己，也要为国尽忠心。这是我们何氏家族的光荣，这种人在历史上不少。因此，为国忠心的道理在于，凡是应对事情时，要尽心竭力忠于国家，严于律己，利于别人，不做亏心事，无论日间走路还是夜里睡觉都不会感到惭愧。

训　信

【原文】

有诸己之谓信，神圣之始基也，昔孔子以轧軏，喻信之不可无，信可行之蛮貊，不信则难行于州里，圣贤问答，亦綦详矣。溯庐江子思公，西城栖凤公，著书立说，无不以信为指归……则信实为家传之宝，后人切勿放弃焉。

【译文】

善存在于我们自身中叫作“信”，这是成为圣贤的基础，正如孔子所说，人不能不讲信用，要以诚待人。讲信用的人即便到异邦也行得通，不讲信用的人连在当地都难行，这些圣贤的说法，在古书上已经说得很详细了。我族先人何宪和何妥，他们著书立说，都是极讲信用的人，无不以诚信为准则，所以信用是何氏的家传之宝，后人千万不要放弃。

训　义

【原文】

以义制事，动合时宜，见义不为，实曰无勇，圣贤立身行己，可舍生取义，断不至响利而背义。故不义之行，人所深恶，好义之士，众所咸钦。……明时巨川公，守义以辞请谒，惟其知义之为义，乃能勇赴义也。吾愿后之人，以贼义为戒，而以前人之重义者，为法也可。

【译文】

我们做事要以义来约束自己，行动的时候，首先要想到“义”字。如果需要伸张正义的时候而不去行动，那你就是懦夫。历史上的贤人立身处世的时候，都是不顾自己的性命去伸张正义，却不会为了利益而背弃道义。因此，不义的行为，人人都是深恶痛绝的；好义的人，人人都钦佩尊敬。……如明代时我祖何文渊，遵守道义，谢绝私下告求，只是因为懂得正义，才愿意为正义去献身。我希望我族后人，远离不义行为，把重视道义的先辈作为自己学习的榜样。

训　廉

【原文】

语云“贪夫殉财，烈士殉名”。故为富不仁，贻讥阳虎，见得思义，特重子张。临时不苟谓之廉，廉者察也，察其所当取而取之，是谓义，然后无伤于廉也。若不辨礼义，利令智昏，虽千驷万钟，名节安在！吾祖敬容、敬叔，仕宦俱以廉称；并公、远公，史册皆以廉纪，清白传家。

【译文】

常言道："贪污的人死于贪财，而为国家牺牲的人因受人尊敬而留名青史。"因此，那些富裕却没有仁义的人，就像与孔子同时代常常叛变其君主的阳贺一样，受到众人讥笑；而像孔子的弟子子张一样，见到利益时首先会思考是不是正当所得，人们会特别尊敬他。得到利益时，不做苟且之事就是廉，清廉的人善于明察，发现是自己应当取的才去取得，这叫作义，如此才不会伤害自己的廉洁品性。如果不辨别礼义，见了利益就昏了头脑，即使有百万家财，哪里还有名声和节操？我们何氏之祖何敬容、何敬叔，当官时都留下了廉洁的名声；何氏之祖何并、何远，在史书上也记录有他们的廉洁事迹，这种清白家风是我们应该代代相传的。

训为善

【原文】

今如为善，期如圣贤，虽不万一蹴而至，苟能奋然儆省，惕若戒励，入能孝，出能悌，不昧心负人，不欺心骗人，不忍心害人，刻薄暴戾之行勿为，济人利物之事行之……循是而进，圣贤地位亦可驯至……

人不可以不为善。……理事见人有争者息之，灾者救之，贫老无依者周之，道之艰步、水之病涉者杜之平之……昔昭烈戒子曰："勿以善小而不为，勿以恶小而为之。"

【译文】

今天我们为人行善，就要向圣贤看齐，虽不能马上成功，但只要做到一丝不苟，时时反省、警惕自己的行为，在家孝顺长辈，在外团结、友爱别人，不昧着良心愧对别人,不违心骗人,不忍心害人,刻薄暴戾的行为不要做,救济别人的事要去做……遵循这样的规则做善事,就会像圣人一样受人尊敬。

所以说,我们不可以不行善,看到有人争吵就去劝解,看见发生灾难就去相救,看见那些贫穷老弱、无依靠者要去救济,遇到道路难行或者趟水过河的病人要去帮助或者修桥补路……三国时,刘备曾对他的儿子说过:“千万不要以行善的事太小而不去做,也千万不要以作恶的事太小而去做。”

◎ 王锡爵《王氏家训》(节选)

王锡爵(1534～1611),字元驭,号荆石,谥文肃,明南直隶苏州府太仓州(今苏州太仓)人。嘉靖四十一年(1562)中会元、榜眼,授编修。万历十二年(1584),拜礼部尚书兼文渊阁大学士,入阁为次辅。万历二十年(1592),入阁为首辅,又拜吏部尚书兼建极殿大学士。万历二十二年(1594),致仕还乡。王锡爵从政三十余载,功业卓著,尤其是领导了万历二十一年(1593)的中原特大水灾的赈灾工作,连上数疏,减免赋税,率官捐俸,挽救了数以百万计灾民,深受百姓爱戴。

王锡爵出仕30余年间,始终坚持以很高的道德标准来要求自己,自忖“不欺天,不害人,不贪财,不怙宠”,“平生不私一介,不害一人”。明朝文学家沈德符评价王锡爵“以予所知,持身之洁,嫉恶之严,无如王太仓相公(即王锡爵)”。

王锡爵不仅严于律己,对待家中子侄亦严格要求。王锡爵孙王时敏尝忆祖父教诲,云:“自幼侍祖父之侧,每闻绪言,士大夫居乡,以早完国课、勤行善事为第一义。余戢之于心,藉寐弗忘。”故而将祖父王锡爵的家风家训传承深化，编写成册，以垂后世。《王氏家训》分为“孝友敦睦”“省察功过”“和睦乡闾”“克己退让”“早完国课”五款，教导家族子弟务存宽厚、勿萌邪曲、培养元气、和睦乡间。

王锡爵后代人才辈出。王锡爵之子王衡于万历二十九年(1601)参加会试，以一甲第二名进士及第(榜眼)，人称“父子榜眼”；王锡爵的孙子王时敏是一代大画家，开创娄东画派，是享誉海内外的“四王画”(“四王画”是清初画坛的一个绘画流派，包括王时敏、王鉴、王翚、王原祁四人)领衔人物；王锡爵的曾孙王掞在清代官至大学士。因此，王家有“祖孙宰相”“两世鼎甲”的美誉。

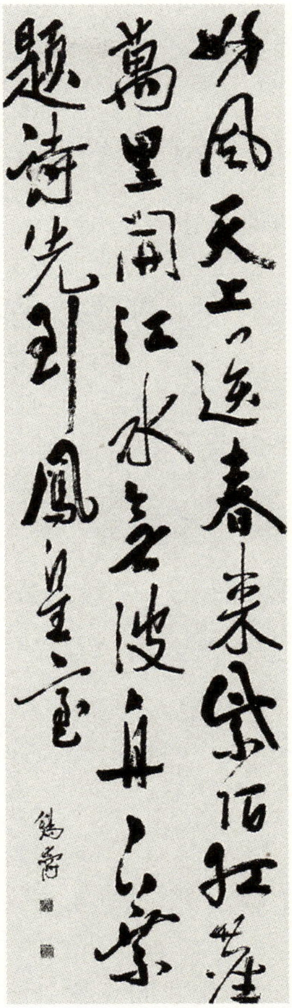

王锡爵书法(一)

孝友敦睦

【原文】

家之兴替，在礼义，不在富贵。所谓礼义者，其类多端，而孝友敦睦为首务。循行之，则虽贫贱为兴；反是，则虽荣盛为替。

【译文】

一个家族的兴衰，主要在于是否重视和践行礼义，而不在于是否富裕和高贵。所谓礼义，涉及很多方面，但是孝顺亲友、和睦乡邻是第一位的。只要遵照践行，即使一时贫贱，也终将兴盛；反之，即使一时荣盛，也终将衰败。

省察功过

【原文】

每日惟以善、恶两端，事事检点，刻刻循省。自然邪念少，而正念多。

【译文】

每天都要从善、恶两个方面，对自己所做的每一件事情进行反思、审查。时间长了，习惯就成了自然，头脑中的邪恶念头就会越来越少，正直善良的念头就会越来越多。

和睦乡闾

【原文】

凡生同土壤，周旋累世者，非系戚党，即属交游。或其子孙衰替，久断往还，或市井谋生，衣冠路隔，而其始未尝不情联故旧，谊洽比邻。

【译文】

凡是与我们共同出生在这一块土地且世代交往的人，不是亲友，就是同乡。可能他们的后代有的事业衰败，有的与我们中断往来，有的在街市谋生，有的不再读书仕宦。但是，我们还是要用当初的情谊，像老朋友、好邻居一样来对待他们。

克己退让

【原文】

吾家素守先世家法，严戢僮奴，凡家人与外人争殴者，但有只字相闻，不问曲直，立行笞责，故人知戒惧，生事者少。此行之数十年如一日，里中所共悉也。

【译文】

我家一向遵守先代家法，严格约束家人和奴仆，凡是家人与外人之间产生争吵斗殴的，只要听到一点信息，不问是非对错，先行训斥家人，因此家人知道戒惧，很少在外面惹是生非。这一规矩实行了几十年，始终如一，不曾改变，乡人也都知道。

早完国课

【原文】

士大夫居乡，以早完国课为第一义，诚为至言。有田供赋，固臣民通义，毋容逋缓。

【译文】

士大夫住在乡间，应该把及早缴完国家的赋税作为最重要的事情，这是一个人人皆知的道理。况且拥有田地，向国家缴纳赋税，本来就是臣民应尽的责任，我们决不能拖欠缓交。

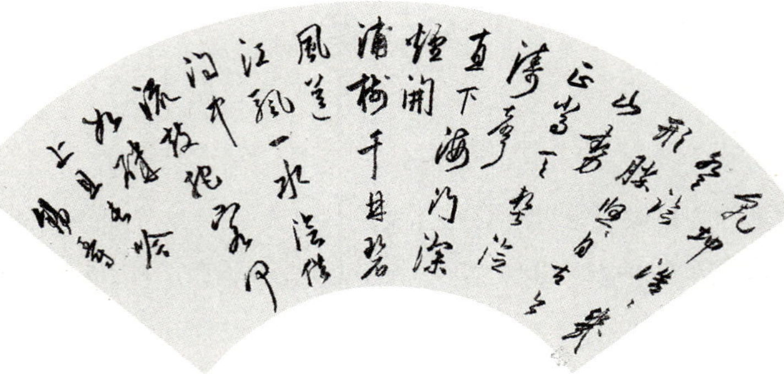

王锡爵书法（二）

◎秦氏家规家训

秦良玉像

秦良玉(1574～1648)，字贞素，忠州(今四川重庆忠县)人，明朝著名女将，也是中国古代唯一被正史立传的女将。秦良玉自幼深受“执干戈以卫社稷”庭训的影响，从其父秦葵操练武艺，演绎阵法，很小就显露出较高的军事才能。

秦氏家规家训来源于秦良玉父亲秦葵“执干戈以卫社稷”的庭训，成型于秦良玉堂叔秦弁在明朝嘉靖九年(1530)所编修的《秦氏家乘》。

《秦氏家乘》共有家规十条，家训八条。秦氏家规的核心理念是“遵纪守法”“寓兵于农”“忠贞爱国”“勿越规矩”。秦氏家训则进一步要求秦氏族人在遵循家规的基础上，做到“崇祖德，守邱墓；重家塾，敦人伦；守恒业，正心术；端风俗，示激劝”。

秦氏家规家训的主要特色在于强调和体现了国和家的关系，即“国大于

家”“先国后家”，家规第一条就要求子孙“遵国家法制，正赋当及期而供”，并且对“家”“国”的关系有深刻的认识，秦氏家训提到“端一族之风俗，而一家因之”，认为社会风气的形成受千千万万个家庭的家风影响。此外，秦氏家规家训要求子孙除了重视耕读、崇文重教外，还要强身练武，“今族中子弟强有力者，宜于农闲时练武艺”。

秦氏家规教育出了满门忠烈的秦良玉一家——秦良玉一家兄弟子侄（包括自己的独生子）前后七人为国捐躯，战死沙场，而秦良玉本人则多次为国建“首功”“功第一”。

急国赋

【原文】

秦氏子孙遵国家法制，正赋当及期而供。即正赋外随时所议征输，亦上供须早，勿听浮薄子言，不知忠爱，以惜财误公，自干罪戾。

（《秦氏家乘》）

【译文】

秦氏子孙必须遵循国家法制，各项赋税必须按时缴纳。即使已经缴清了国家规定常年征收的各项赋税，出于种种原因国家临时决定征收的税赋，也必须及早缴纳，千万不要听信那些浅薄轻浮的人教唆，不知道忠君爱国，进而因为吝惜财物而贻误了国家大事，自身触犯法律。

睦宗族

【原文】

和睦宗族，言理兼立情。勿持富欺贫，勿挟贵凌贱，又勿贫不自守，听珥笔民无端起诉，有事则质明智者排解之，以息诉端而保田业，违者凭公议罚。

（《秦氏家乘》）

【译文】

族人间应该和谐相处，说话做事既要合理又要入情。切记不要倚仗富裕而欺侮贫穷之人，不要因为地位高而欺负卑贱之人，也不要因为贫穷而不遵守道德规范，误听那些讼民的教唆，无理挑起事端诉讼。有什么大小事情，应当面实事求是地讲明白，或者请德高望重、处事公平、有学问的人化解矛盾。只有这样，才能平息争论，保住自己的田产家业。族中人若违反这些要求，就根据家规家训条款公平合理地作出决定，给予处罚。

奉规矩

【原文】

子孙不得有辱门楣，言行出处勿越规矩。子孙切忌奸、娼、盗、淫、赌、毒等败坏家风、家门及社会风气行为。违者依家法、律例严惩。

（《秦氏家乘》）

【译文】

族中子孙不能做任何给自己的家族、家庭丢脸的事情，个人的言语和行为、姿态与风度、做人和做事都要循规蹈矩。族中子孙切忌偷盗、淫乱、赌博等败坏家风和社会风气的行为，违反者要根据家法、国家法律严厉惩处。

重家塾

【原文】

于族中子弟择师善教。再置义田，以助膏火所不及。其后成就虽殊，而读书首敦。士行居乡则节自励，化俗型，方立朝，则六计本廉。由忠爱所发抒，见诸政事。学范文正公一流人，斯文教启后之德崇也。

（《秦氏家乘》）

【译文】

要在秦氏家族子弟中选择学问、道德、修为堪为人师者，让他循循善诱地教育好秦氏族人的孩子们。还要设置义田，将所有收入作为私塾的津贴，用来帮助那些家境不好的孩子完成学业。这些孩子后来的成就可能不尽相同，但无论如何，读书起码对他们都同样起到了启蒙、教化和勉励的作用。他们以后不管是做官还是在家乡安居乐业，相信都能够遵循规矩、守住气节、互勉自励，成为有德行、有修为、有益于社会的人；如果能够入朝为官，就能够做到用多方面的聪明才智辅助朝政，同时做到廉洁自律。由此，忠国爱民的本分才能够发自内心，落实到尽心尽力处理好各项政务中。如果族中子弟都能够效法范仲淹“先天下之忧而忧，后天下之乐而乐”那样的境界，这就证明我们兴文教、办私塾、厚德崇学收到了应有的效果。

端风俗

【原文】

风正则世由此盛，风变则世由此衰。端一族之风俗，而一家因之。治家在勤、在俭，游惰戒之，郑术之风斯熄矣。此由古迄今，天下国家之风俗，皆自一乡始，其言坊行表，尤在仁人君子克倡诸先也。

（《秦氏家乘》）

【译文】

无论国还是家，风气正，就能繁荣昌盛；歪风邪气盛行，就会国家于衰败，家道中落。而端正一国一族的风气，要从每个家庭做起。因此，治国、治家的关键在于勤勉、节俭，切忌贪玩和懒惰，只有这样才能革除铺张浪费、骄奢淫逸的不正之风。这些道理都是由古到今一代一代传下来的，国家和社会的风气，都是由一乡一族一家积累起来的。每个人的言行要能作为别人的表率，要特别倡导学习仁人君子和先贤们的优良传统。

示激劝

【原文】

《春秋》一书，劝善之书也。即惩恶亦归于劝善，而心术正之，风俗端之；即守恒业，敦人伦，崇祖德，亦由有所激发，以底于成。士君子生当今日，为一族树仪型，如崇祖德诸遗训，常从弱冠激劝之，其成人美，不成人恶，为得《春秋》立言之大旨也哉。

（《秦氏家乘》）

【译文】

《春秋》这部书，是一部劝人积善行德的书。即便是书中讲述的惩恶，其目的也是劝人行善。惩恶扬善，才能树立正气，才能扭转不良的社会风气。书中强调每个人都要守住安家立命的职业、恪守传统的伦理道德、继承祖先遗留下来的优良传统，这些内容也能够给我们以启发和激励，只要我们从头做起，一定会取得相当的成就。不论是做官还是做有德行的正人君子，生在今日、活在当下，都要把握住时机，或建功立业，或为人师表，或安守本分，都要为秦氏一族的后世子孙做出表率。又如该书中讲述的继承祖先优良传统和所有遗规遗训的道理，通常要在年轻人成年之前开始勉励他们，教育他们要做成人之美的好事，不做成人之恶的坏事。做好了这些，那么我们也就领会了《春秋》这部书的宏观大义了。

◎袁了凡《了凡四训》（节选）

袁了凡（1533～1606），生于嘉善县魏塘镇（今属浙江嘉兴），初名表，后改名黄，字庆远，又字坤仪、仪甫，初号学海，后改了凡，后人常以其号“了凡”称之。袁了凡是明朝重要思想家，是迄今所知中国第一位具名的善书（流传于民间的阐述劝善惩恶的经典）作者。

袁了凡像

《了凡四训》融会禅学与理学，劝人积善改过，强调从治心入手的自我修养，被佛教界推崇为积德行善、改造命运的典范。袁了凡的言行经历对善书思想的兴盛具有划时代的意义，也对后世的道德伦理思想的变迁产生了重大影响。清代中兴第一名臣曾国藩读了《了凡四训》后，给自己改号“涤生”，“涤者，取涤其旧染之污也；生者，取明袁了凡之言：‘从前种种，譬如昨日死；从后种种，譬如今日生也’”。胡适先生则认为，《了凡四训》是研究中国中古思想史的一部重要代表作。

【原文】

汝之命，未知若何？即命当荣显，常作落寞想；即时当顺利，当作拂逆想；即眼前足食，常作贫窭想；即人相爱敬，常作恐惧想；即家世望重，常作卑下想；即学问颇优，常作浅陋想。

远思扬祖宗之德，近思盖父母之愆；上思报国之恩，下思造家之福；外思济人之急，内思闲己之邪。

务要日日知非，日日改过；一日不知非，即一日安于自是；一日无过可改，即一日无步可进；天下聪明俊秀不少，所以德不加修、业不加广者，只为“因循”二字，耽搁一生。

（《了凡四训·立命之学》）

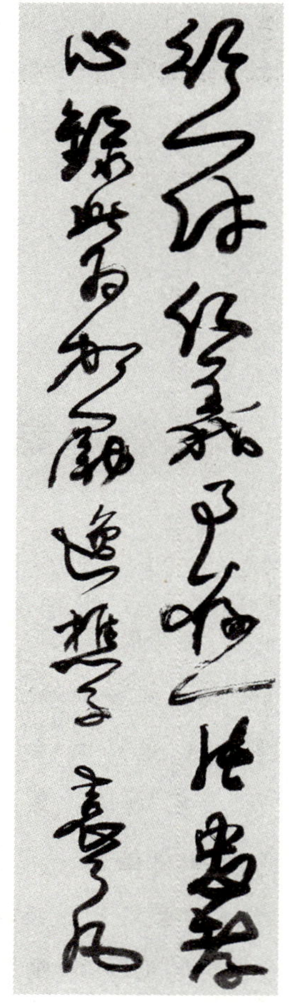
袁了凡书法

【译文】

你的命，不知究竟怎样？就算命中应该荣华发达，还是要常常当作不得意想。就算碰到顺当吉利的时候，还是要常常当作不称心、不如意来想。就算眼前有吃有穿，还是要常常当作没钱用、没有房子住想。就算别人拥护、爱戴你，还是要小心谨慎，常怀恐惧。

就算你家世代有大声名，人人都看重，还是要常常当作低微想。就算你学问高深，还是要常常当作粗浅想。

从远处来讲，应该想着把祖先的名德传扬开来；从近处来讲，向上应该想着报答国家的恩德，对下应该想着为家人造福，对外应该想着救济别人的急难，对内应该想着预防自己的歪念和邪想。

一个人必须天天反省自己的过失，天天改正过错。若是一天不知道自己的过失，就一天安于现状，自认为没有过失。如果一天都无过可改，当天就没有进步；天底下聪明俊秀的人实在不少，然而他们道德上不肯用功去修，事业上不能用功去做，就只为了“因循”两个字，得过且过，不想前进，所以才耽搁了自己的一生。

◎姚舜牧《药言》

姚舜牧（1543～1622），字虞佐，乌程（今浙江湖州）人。著有《乐陶吟草》三卷及《五经四书疑问》《孝经疑问》等。《药言》（亦名《姚氏家训》）一书是他在广昌任知县时所写，原名《药训》，后人取药石之意，改为《药言》。

一

【原文】

“孝悌忠信，礼义廉耻”，此八字是八根柱子，有八柱始能成宇，有八字始克成人。圣贤开口便说孝弟，孝弟是人之本。不孝之弟，便不成人了。孩提知爱，稍长知敬。奈何自失其初，不齿于人类也？

【译文】

“孝、悌、忠、信、礼、义、廉、耻”这八个字是八根支柱，有了它们才能撑起人生的天地，有了它们才能成为一个真正的人。圣贤开口便教导人们要孝敬父母、友爱兄弟，就是因为这两个方面都是做人最基本的要求，否则就没有资格做人了。人在孩提时就懂得友爱，稍长大些懂得尊敬。为什么成年后却失去了原有的美德，遭到世人的唾弃呢？

二

【原文】

《戴记》载小孝、中孝、大孝，《孝经》载孝之始、孝之中、孝之终，统是教人做人，无忝尔所生。一孝立，万善从，是为孝子，是为完人。

【译文】

《大戴礼记》所记载的小孝、中孝、大孝，《孝经》所记载的孝的开始、孝的延续、孝的归宿，都是教导人如何做人，不使父母受到委屈。树立一个孝的美德，其他各种善行就会随之做到，这样的人才是孝顺的儿子，才是完美的人。

三

【原文】

贤不肖皆吾子，为父母者切不可毫发偏爱。偏爱日久，兄弟间不觉怨愤之

积，往往一待亲殁而争讼因之。创业思垂永久，全要此处见得明，不贻后日之祸可也。今人但为子孙做牛马计，后人竟不念父母天高地厚之恩。诚一衣一食无不念及言及，尔曹数数闻之，必能自立自守。长久之计，不过如是矣！

【译文】

自己的孩子不论贤良还是不肖，做父母的一定不能有丝毫的偏心。假如厚此薄彼，时间长了，兄弟之间的怨恨之情就会越积越深，往往等到父母离世，就开始发生纠纷，甚至为此诉讼于公堂。所创的家业要想永久传承，就得在这个问题上有清醒的认识，千万不能给后代留下祸根啊！现在的人们只知道为子孙辛苦操劳，可后辈们竟然不知道感念父母的大恩大德。如果通过日常穿衣吃饭等点滴小事经常数说父母的艰辛，儿孙们听得多了，一定能够发奋自立，谨慎守业。保持家业长久不败的关键其实就在这里。

四

【原文】

《斯干》之诗，说到“鸟革翚飞”“弄璋弄瓦”。盛矣！然开首却云：“兄及弟矣，式相好矣，无相犹矣。”未有不相好而相犹，能守其基业，克开其子孙者。

【译文】

《诗经·小雅·斯干》中讲到，贵族修建的宫室，房顶像鸟儿高飞，屋檐像野鸭展翅；生下儿子就给他玩璋玉，生下女儿就让她玩纺锤。这种景象真是兴盛啊！但是在诗的开篇却讲：“兄弟之间要相敬和睦，不要互相欺骗。”可见，如果不相互友爱而互相欺骗，就不能保守祖宗基业，培养出贤良的子孙来。

五

【原文】

兄弟间偶有不相惬这处，即宜明白说破，随时消释，无伤亲爱。看大舜对待傲象，未尝无怨无怒也，只是个不藏不宿，所以为圣人。今人假借怡怡之名，而中怀仇隙，至有阴妒仇结而不可解，吾不知其何心也。兄弟虽当亲殁时，宜常若亲在时，凡一切交接礼仪、门户差役及他有急难，皆当出身力为之，不可彼此推诿。

【译文】

兄弟之间偶然发生了不愉快的事情，就应该及时把话说明，化解矛盾，不要伤了和气。看大舜对待傲慢的兄弟象，未必就没有怨恨和怒气，可是他能做到不记仇，所以才能成为圣人。现在的人们表面上显得兄弟和睦，而心中却彼此怨恨，甚至成为不共戴天的死对头，我不知道这些人心里是怎么想的。兄弟之间，即使在父母去世后，也应当像父母在世时一样亲密无间，一切来往礼仪、乡里摊派之事，或者对方遇到急难之事，都应当挺身而出，全力去做，不能相互推诿。

六

【原文】

尝谓结发糟糠万万不宜乖弃。或不幸先亡后娶，尤宜思渠苦于昔，不得享于今，厚加照抚其所生，是为正理。今或有偏爱后妻后妾，并弃前子不爱

者，岂前所生者出于人所构哉？可发一笑。

【译文】

我曾经说过，结发的妻子千万不能离弃。有的人不幸死了前妻，又娶了后妻，尤其要想到前妻过去吃尽苦头，现在却不能享受好的生活，所以要好好抚养照管其所遗下的子女，这才是正理。现在有的人偏爱后妻、后妾，因而不喜爱前妻所生的子女，难道这些子女都是别人的骨血吗？说起来真是好笑。

七

【原文】

蒙养无他法，但日教之孝悌，教之谨信，教之泛爱众亲仁，看略有余暇时，又教之文学。不疾不徐，不使一时放过，一念走作，保完真纯，俾无损坏，则圣功在是矣。是之谓以养正。

【译文】

对孩子的启蒙教育没有别的办法，只是每天教他孝敬父母、和睦兄弟，教他谨慎诚信，教他广泛地爱怜众生、亲近仁义，如果还有空余时间就让他学习诗文。就这样，不能太着急，也不能太缓慢，不让他任何时刻放过过错，不让他的念头发生一点偏差，努力使他保持纯真的天性而不受丝毫损害，那么这就是建立了莫大的功勋。这就是启蒙养正的真正含义。

八

【原文】

古重蒙养，谓圣功在此也，后世则易骄养矣。骄养起于一念之姑息，然爱不知劳，其究为傲为妄，为下游不肖，至内戕本根，外召祸乱，可畏哉！可畏哉！蒙养不耑在男也，女亦须从幼教之，可令归正。女人最污是失身，最恶是多言，长舌历阶，冶容诲淫，自古记之。故一教其缄嘿，勿妄言是非；一教其俭素，无修饰容仪。针凿纺绩外，宜教他烹调饮食，为他日中馈计。《诗》曰："无非无仪，惟酒食是计。"此九字可尽大家姆训。

【译文】

古人重视启蒙养正，认为至高无上的功业德行就在于此。可到了后世，人们却常常娇生惯养。娇生惯养都是由于内心的姑息迁就所致，只知道疼爱子女却不让他们受些劳苦，终究会使其养成骄傲、狂妄的毛病，从而堕落为品质低劣的人，太可怕了，太可怕了！启蒙养正不光针对男孩，女孩也应该从幼年抓起，这样才能使其品行端正。女人最大的污点是失去贞操，最大的缺点是多嘴多舌，长舌招致灾祸，仪容妖冶导致淫乱，自古以来就为人们所忌讳。因此，一方面要教导她沉静少言，不要说三道四、议论是非；另一方面要教育她生活节俭、衣着朴素，不要过分打扮。除了教她做针线活、纺线织布外，还应该教她烹饪做饭，为以后操持家务做好准备。《诗经·小雅·斯干》说："不要抗命不尊，不要自作主张，只想着张罗酒浆和饭食。"这几句话可以说囊括了大家族教育女儿的全部内容。

九

【原文】

凡议婚姻，当择其婿及妇之性行及家法如何，不可徒慕一时之富贵。盖婿妇性行良善，后来自有无限好处，不然，虽富与贵无益也。

【译文】

在处理婚姻大事时，应当看男方、女方的性情和品行以及家庭对他们的教育怎么样，不能只贪图一时的富贵。大概如果夫妇双方都性情和善、品行端方，那么以后必定会和睦幸福；否则的话，尽管家庭富有、地位显贵，也没有什么好处。

十

【原文】

《麟趾》之诗首章云："振振公子。"次章云："振振公孙。"三章云："振振公族。"由子而孙，而族，皆振振焉，是为一家之祯。语曰："子孙贤，族将大。"凡我族人其勉之。

【译文】

《诗经·周南·麟之趾》第一章说："诚实的儿子。"第二章说："诚实的孙子。"第三章说："诚实的族人。"从儿子到孙子再到族人都忠厚诚实，可真是这家人的福气。常言道：子孙贤能，家族就会兴盛。凡是我们的同族人都应当以此自勉。

十一

【原文】

人须各务一职业。第一品格是读书，第一本等是务农，此外为工为商，皆可以治生，可以定志，终身可免于祸患。惟游手放闲，便要走到非僻处所去，自罹于法网，大是可畏。劝我后人，毋为游手，毋交游手，毋收养游手之徒。

【译文】

每个人都应当从事一种固定的职业。最高雅的当然是读书做官，最实在可靠的是务农，此外是做工或经商，都可以维持生计，可以确立志向，终生可以避免遭受祸患。如果游手好闲，就有可能误入歧途，触犯刑律，招来祸端，这非常可怕。劝告我的子孙后代不要游手好闲，不要与游手好闲的人交往，也不要收养、周济游手好闲的人。

十二

【原文】

凡居家不可无亲友之辅，然正人君子多落落难合，而侧媚小人常倒在人怀。易相亲狎、识见未定者遇此辈，即倾心腹任之，略无尔我。而不知其探取者悉得也，其所追求者无厌也。稍有不惬，即将汝阴私攻发于他人矣，名节身家，丧坏不小，孰若亲正人之为有裨哉？然亲正远奸，大要在“敬”之一字。敬则正人君子谓尊己而乐与，彼小人则望望而去耳。不恶而严，舍此更无他法。

【译文】

居家度日不可能不需要亲友的帮助，然而亲友中的正人君子多半耿直而难以接近，而那些惯于阿谀逢迎的人最善于投其所好。容易与他人相处得亲密无间、缺乏主见的人遇到这类人，马上对其推心置腹，深信不疑，不分你我，成为莫逆之交。殊不知这些人想要得到的东西能全部得到，而其贪欲又没有满足的时候。稍微不能使其满意，他们便会将你的隐私到处向外人宣扬。你的名声和人格受到很大伤害，哪里比得上亲近正人君子那么有益呢？不过亲近正人君子、远离阴险小人的关键在于“敬”字。如果你做到了尊敬，那么正人君子便认为你能礼贤下士，于是就愿意与你亲近；而那些小人则因为无机可乘而悻悻离去。不必伤害他人就能显出威严，除此以外，再也没有别的好办法。

十三

【原文】

亲友有贤且达者，不可不厚加结纳。然交接贵协于理，若从未相知识者，不可妄援交结，徒自招卑谄之辱。且与其费数金，结一贵显之人，不为所礼，孰若将此以周贫急，使彼可永旦夕，而怀感于无穷也。

【译文】

亲友中有贤能且地位显赫的人，不可不与之密切往来。可是在交往中一定要合乎礼节，如果是从来没有打过交道的，不可轻易攀附结交，以免低三下四，白白招来羞辱。而且，与其花费大量金钱结交显贵而又得不到礼遇，还不如用这些钱来周济贫穷或有急用的人家，使他们解决一时之急，他们会永远感激你。

十四

【原文】

睦族之次，即在睦邻，邻与我相比日久，最宜亲好。假令以意气相凌压，即彼一时隐忍，能无忿怒之心乎？而久之缓急无望其相助，且更有仇结而不可解者。

【译文】

与族人和睦相处之外，就是与邻居友好相处，邻居与我家隔墙而居，最应当相互亲近，彼此友好。假如凭着一时的意气用事而对其欺凌压制，即使他当时忍气吞声，难道就不怀恨在心吗？时间久了，万一有个急事也无法得到帮助，甚至还有可能结下深仇，不可化解。

十五

【原文】

吾子孙但务耕读本业，且莫服役于衙门；但就实地生理，切莫奔利于江湖。衙门有刑法，江湖有风波，可畏哉！虽然，仕宦而舞文而行险，尤有甚于此者。

【译文】

我家子孙后代只需做好耕田、读书的本业，千万不要在官府衙门当差；只需在当地老老实实过日子，千万不要在江湖上奔走逐利。衙门有刑法，江湖有风波，非常可怕啊！即便如此，如果混迹于官场，想凭借腹中的一点学问就铤而走险的话，所带来的灾害还要可怕得多。

十六

【原文】

世称清白之家，匪苟焉而可承者，谓其行己唯事乎布素，教家克尚乎俭约，而交游一本乎道义。凡声色货利、非礼之干，稍有玷于家声者，戒勿趋之。凡孝友廉节，当为之事，大有关于家声者，竞则从之。而长幼尊卑聚会时，又互相规诲，各求无忝于贤者之后，是为真清白耳。

【译文】

世人所说的家风清明的人家，不是随随便便就能传承这一名声的，必须行事朴实无华，教育、约束家人崇尚简朴节约，与他人交往完全合乎道义。凡是歌舞美色、不义之财、不合礼法的行为，总之稍微有损于家族名声的事，都坚决不去做。凡是孝敬父母、友爱兄长、清廉守节等应当做的事情，只要对家族的名声有好处，就抢着去做。全家老少在一起聚会时，又能做到相互规诫教导，各人都想着无愧于贤者后代的声名，这才是真正的清白之家。

十七

【原文】

凡势焰熏灼，有时而尽，岂如守道务本者，可常享荣盛哉？一团茅草之诗，三咏亡煞有深味。

【译文】

凡是声势显赫的家庭，都有衰败消亡的时候，哪像那些坚守正道、致力于本业的家庭可以保持长久繁盛？哪怕是状写茅草的闲诗，反复吟咏起来，也是很有趣味的。

十八

【原文】

凡人欲养身，先宜自息欲火；凡人欲保家，先宜自绝妄求。精神财帛，惜得一分，自有一分受用。视人犹己，亦宜为其珍惜，切不可尽人之力，尽人之情，令其不堪处。出尔反尔，反损己之精力矣。有走不尽的路，有读不尽的

书，有做不尽的事，总须量精力而为之，不可强所不能，自疲其精力。余少壮时多有不知循理事，多有不知惜身事，至今一思一悔恨。汝后人，当自检自养，毋效我所为，至老而又自悔也。

【译文】

人们要想保养自身，就应当先抑制内心的欲望之火；要想保全家庭，就应当先摒弃非分的要求。精力和财富，节省一分，就会多留出一分供日后享用。把他人看成自己人，也应当珍惜，千万不要耗尽别人的力量和情分，令他人无法承受。当他人忍无可忍时，就会放弃当初的承诺，反过来又会损耗自己的精力。世上有走不完的路，有读不完的书，有做不完的事，必须根据自己的精力去做，不能勉强自己去做力不能及的事情，使自己筋疲力尽。我年轻时做事经常不知道遵循事理，经常做一些不顾惜自己身体的事情，至今一想起来就后悔。你们这些后辈应当自我反省，自我保养，不要效仿我的做法，以免到老了又后悔。

十九

【原文】

讼非美事，即有横逆之加，须十分忍耐，莫轻举讼，到必不可已处，然后鸣之官司，然有从旁劝释者，即听其解已之可也。《讼卦》辞中有“吉凶”“不克”等语，最宜三复。然究之“作事谋始”一语，则绝讼之本也。

【译文】

诉讼不是什么好事情，纵然有人蛮横不讲理，也应当尽量忍让，不要轻易提出诉讼。到了实在难以平息的时候，可以向官府提出控告，然而假如有人从旁劝解调停，就应当听从其劝解，息事宁人。《易经·讼卦》中所讲“吉凶”“不克”等话，最应当反复温习。然而，探究“作事谋如”这句话，即做事情从一开始就谋划好，才是杜绝争讼的根本办法啊。

二十

【原文】

凡有必不可已的事，即宜自身出，斯可以了得，躲不出，斯人视为懦，受欺受诈，不可胜言矣。且事亦终不结果，多费何益？语云：“畏首畏尾，身其余几？”可省已。

【译文】

凡是遇到不得不做的事情，就应当挺身而出，有所担当，这样才可以很快使事情了结。如果一味逃避，就会被人视为懦弱无能，那你所受到的欺辱讹诈，就会没完没了。而且事情还难以了断，就是花再多的钱财也无济于事。俗话说：“这也怕、那也怕，还有什么不害怕的？”你们应该明白其中的道理吧。

二十一

【原文】

积金积书，达者犹谓未必能守能读也，况于珍玩乎？珍玩取祸，从古可为明鉴矣，况于今世乎？庶人无罪，怀璧其罪。身衣口食之外，皆无长物也；布帛菽粟之外，皆尤物也。念之。

【译文】

积攒金钱，收藏图书，贤达的人尚且认为子孙后代未必能够守住财富、阅读书籍，何况是奇珍宝玩呢？珍宝可以招来灾祸，自古以来已经有很多事例了，更何况今天呢？常言道："庶人无罪，怀璧其罪。"除了身上的衣服、糊口的食物以外，其他的东西都是多余的；除了布帛和菽粟这些生活必需品之外，其他的东西都是稀奇古怪的无用之物。你们一定要好好记住这一点。

二十二

【原文】

今人酷信风水，将祖先坟茔迁移改葬，以求福泽之速效。不知富贵利达自有天数，生者不努力进修，而专责死者之荫庇，理有是乎？甚有贪图风水至倾其身家者，曷不反而求之天理也？可谓惑已。看上世尝有不葬其亲者节，说到孝子仁人之掩其亲，亦必有道矣，安可不觅善地以比化者？但善地是藏风敛气，可荫庇后人耳。必觅发达之地，多费心力以求谋，甚至损人利己，此最是伤天理事，切不可为。若无葬埋处，苟无水无蚁，亦可自惬矣。或听堪舆家言，别迁移以求利达，是大不孝事，天未有肯佑者，尤切戒不可，切戒不可。

【译文】

现在的人们十分相信风水，将祖先的坟茔迁移改葬，以求尽快获得福泽。这些人不明白富贵和幸运都取决于天命，活着的人不想着努力进取修炼，却一味要求死者在冥冥之中保佑、帮助自己，世上哪有这样的道理？甚至有的人因为贪图好风水而倾家荡产，祸及自身，为什么就不知道从天理中寻求原因呢？真是糊涂啊！我曾经在书中看到古时有人不安葬亲人的内容，说孝子仁人埋葬亲人也有一定的讲究，确实应该选择好的地方，以便合乎礼仪教化。可是，所谓的好地方是指能够藏风敛气，可以荫庇子孙后代的地方。一定要找一处能使自己发家致富、官运亨通的地方，煞费苦心、不遗余力地搜求，甚至不惜损人利己，这是最伤天害理的事情，千万不能去干。如果没有好的埋葬之处，只要坟地没有水涝、虫蚁之害，就心满意足了。有的人迷信风水，一再迁移先人遗骨，以求升官发财，这是一种很不孝顺的做法，上天一定不会保佑他，千万不要这样做，千万不要这样做！

二十三

【原文】

吾上世初无显达者，叨仕自吾始，此如大江大湖中，偶尔生一小洲渚耳。唯十分培植，或可永延无坏，否则夜半一风潮，旋复江湖矣。可畏哉！可畏哉！

【译文】

我家祖上没有显耀闻达的人，做官也不过从我开始，这就像大江大湖中偶然形成的一个小沙洲，一定要精心维护，或许可以使其永远延续、不被破坏，否则的话，半夜里遇到一阵大风大浪，马上就会淹没在水里。真可怕啊，真可怕啊！

二十四

【原文】

创业之人，皆期子孙之繁盛，然其本要在一“仁”字。桃、梅、杏、果之实皆曰“仁”。仁，生生之意也，虫蚀其内，风透其外，能生乎哉？人心内生淫欲，外肆奸邪，即虫之蚀、风之透也，慎戒兹，为生子生孙之大计。

【译文】

创建基业的人都期望子孙满堂、家业繁盛，然而其根本在于“仁”字。桃、梅、杏、花生的果实都称作“仁”。所谓“仁”，就是“繁衍生息”的意思。如果虫子在里面蛀蚀，寒风在外面侵蚀，这样的果仁还能生长繁衍吗？人的内心产生淫邪的欲念，肆意做奸邪的事情，就仿佛果仁被虫子蛀蚀、寒风侵蚀，一定要小心谨慎，严防这一点，这才是为子孙后代造福的根本啊。

二十五

【原文】

凡人为子孙计，皆思创立基业，然不有至大到久者在乎，舍心地而田地，舍德产而房产，已失其本矣。况惟利是图，是损阴骘。欲令子孙永享，其可得乎？

【译文】

人们为子孙后代考虑，都想着创立基业，但是却缺乏使基业宏大、传之久远的远见，舍弃了心性的培养而忙于经营田地，舍弃了品德的修养而忙于购置房产，已经失去了纯真的本性。更何况惟利是图，有损阴德。这样想让子孙永远保持富贵，怎么能行呢？

二十六

【原文】

祖宗积德若干年，然后生我们，叨在衣冠之列。乃或自恃才势，横作妄为，得罪名教，可惜分毫珠玉之积，一朝尽委于粪土中也。

【译文】

祖宗积德多年，然后生养了我们，跻身官宦人家之列，可是有的人却依仗才能和权势，胡作非为，败坏家族名声，有损教化，可惜祖先一点一滴积攒起来的家业，转眼间便灰飞烟灭，付诸东流了。

二十七

【原文】

释氏云："要知前世因，今生受者是；要知来世因，今生作者是。"此言极佳，但彼云前世后世，则轮回之说耳。吾思昨日以前，而父而祖皆前世也；今日之后，而子而孙皆后世也。不有祖父之积累，昔日之勤劬，焉有今日？乃今日作为，不如祖父之积累，可望此身之考终，子孙之福覆乎？是所当惕省者。

【译文】

释迦牟尼说："要知道前世种下的因，那么今生所承受的一切就都能说明；要知道下一辈子的情况，从今天的所作所为就能推知。"这话说得太好了，不过佛家所说的前生后世，是指人的生死轮回。我想，昨天以前，你的父辈、祖辈都可算是前生；今天以后，你的儿子、孙子都可算是后世。没有祖辈的积累、过去的勤奋努力，怎么会有我们的今天？然而今天的所作所为，如果不能像祖辈、父辈那样积德积福，还能指望长寿以及子孙永享福禄吗？这是特别应当提防、反省的。

二十八

【原文】

余令新兴，无他善状，唯赈济一节，自谓可逭前过，乃人揭我云："百姓不粘一粒，尽入私囊。"余亦不敢辨，但书衙舍云："勤恤在我知不知有天知，品骘由人得不得皆自得。"今虽不敢谓天知，然亦较常自得矣。汝辈后或有出仕者，但求无愧于心，勿因毁誉自为加损也。

【译文】

我在新兴做县令时，没有别的政绩，只有在赈济灾民方面，自认为可以抵偿先前的过失，可是仍然有人弹劾我说："百姓没有见到一粒米，赈济粮全部被私吞了。"我也不作申辩，只在官衙内写上这样一副对联："勤恤在我知不知有天知，品骘由人得不得皆自得。"现在虽然不敢说上天已经知道我的为人，可是我自己起码做到了心安理得。你们这些后辈如果有人做了官，也要做到问心无愧，不要因为名誉受到诋毁而贬低自己。

二十九

【原文】

一部《大学》，只说得修身；一部《中庸》，只说得修道；一部《易经》，只说得善补。“修补”二字极好，器服坏了，且思修补，况于身心乎？

【译文】

一部《大学》，主要讲的是修身的道理；一部《中庸》，主要讲的是修习天道的道理；一部《易经》，主要讲的是怎样弥补自身的过错。“修补”这两个字非常形象，器物、衣服破了，尚且需要修补，何况身心呢？

三十

【原文】

《易》曰：“聪不明也。”《诗》曰：“无哲不愚。”自恃聪哲的，便要陷在昏昧不明处所去，可惜哉！所以，人贵善养其聪、自全其哲。

【译文】

《易经·夬卦》说：“听到他人的善言却不相信，说明听觉不灵敏了。”《诗经·大雅·抑》说：“没有哪个聪明人是不装糊涂的。”自以为聪明睿智的人，就会变得昏昧不明，太可悲了！所以人们最可贵的地方就在于会保护自己辨别是非的能力，保全自己的聪明才智。

三十一

【原文】

智术仁术不可无，权谋术数不可有。盖智术仁术，善用之以归于正者也；权谋术数，曲用之以归于谲者也。正谲之辨远矣，动关人品，慎诸！

【译文】

正大光明的智慧和施行仁政的策略不可以没有，欺压诈取和阴谋算计的办法不可以有。大概善于利用智慧和策略，就能归于正道；如果权谋机巧运用不当，就会有奸邪狡诈之结局。光明正大和奸邪狡诈的差别可就太大了，关系到人的本质如何，千万要谨慎行事。

三十二

【原文】

才不宜露，势不宜恃，享不宜过，能含蓄退逊，留有余不尽，自有无限受用。

阿莹从人可羞，刚愎自用可恶。不执不阿，是为中道。寻常不见得，能立于波流风靡之中，是为雅操。

【译文】

才华不宜故意显露，权势不宜过分依赖，享受不宜过分，谦虚谨慎，为人处世要留有余地，自然会有说不完的好处。

阿谀奉承，依附他人，是值得羞耻的事情；固执己见，刚愎自用，是令人讨厌的事情。不固执、不阿谀，才合乎中正之道。平时不引人注目，在各种潮流和风气汹涌而来时，能够逸世独立，不随波逐流，才称得上正直雅致的操行。

三十三

【原文】

“淡泊”二字最好。淡，恬淡也；泊，安泊也。恬淡安泊，无他妄念，此心多少快活？反是以求浓艳，趋炎势，蝇营狗苟，心劳而日拙矣，孰与淡泊之能日休也？

【译文】

“淡泊”两个字寓意很好。所谓“淡”，指的是性情恬静淡雅，不羡慕荣华富贵；所谓“泊”，指的是心境安适单纯，不产生各种杂念。恬淡安闲，没有非分之想，心情多么快乐啊？相反，假如一味追求香浓美艳，趋炎附势，蝇营狗苟，则会因为心力劳瘁而一天天变得笨拙，哪里比得上淡泊宁静的人能够一天天变得德行美好呢？

三十四

【原文】

人要方得圆得，而方圆中却又有时宜。在《易》论圆神方知，益以“易贡”

二字，最妙，变易以贡，是为方圆之时。棱角峭厉非方也，和光同尘非圆也，而固执不通非易也，要认得明。

【译文】

为人处世既要能方正又要能圆通，而方正和圆通，又要把握好时机。《易经·系辞传》论述灵活变通、坚持原则时，加上"易贡"二字，最为准确，根据不同的情况变化以昭告吉凶，这就意味着圆通和端方要因时制宜。一味偏激苟且并不是端方，一味随波逐流并不是圆通，一味固执己见并不是灵活多变，要明白这其中的道理。

三十五

【原文】

圣贤教人一生谨慎，在"非礼勿视"四句；教人一生保养，在"戒之在色"三句；教人一生安闲，主要体现在"君子素其位而行"一章；教人一生受用，在"居天下之广居"一节。

【译文】

圣人教导人们一生谨慎，主要体现在"非礼勿视"等四句话上；教导人一生保健养生，主要体现在"戒之在色"等三句话上；教人一生安闲，在"君子素其位而行"一章；教人一生尽情享受，主要体现在"居天下之 广居"这段话。

三十六

【原文】

盘根错节，可以验我之才；波流风靡，可以验我之操；艰难险阻，可以验我之思；震撼冲折，可以验我之力；含垢忍辱，可以验我之量。

【译文】

遇到错综复杂、繁难无绪的事情，可以考验我的才能；遇到众人都趋之若鹜、风行一时的事情，可以考验我的操守；遇到艰难险阻，可以考验我的能力；遇到打击和挫折，可以考验我的毅力；遇到毁谤和侮辱，可以考验我的度量。

三十七

【原文】

学者，心之白日也，不知好学，即好仁、好知、好信、好直、好勇、好刚，亦皆有蔽也，况于他好乎？做到老，学到老，此心自光明正大，过人远矣。

【译文】

学习好比是人心中的太阳，可以使人心里亮堂。如果不勤奋学习，那么即使喜好仁德、喜好智慧、喜好诚信、喜好正直、喜好勇敢、喜好刚强，也都存在缺憾，更何况有其他爱好呢？做到老，学到老，心中自然会光明正大，远远超过别人。

三十八

【原文】

事到面前，须先论个是非，随论个利害，知是非则不屑妄为，知利害则不敢妄为，行无不得矣！窃怪不审此而自陷于危亡者。

【译文】

事情来临，一定要先判断其是正确还是错误，然后再权衡其中的利害关系，知道是非曲直则不屑于胡作非为，知道其中的利害关系则不敢胡作非为。这样的话行事就没有不成功的。我私下为那些不明白这一点而导致败亡的人感到悲哀。

三十九

【原文】

决不可存苟且心，决不可做偷薄事，决不可学轻狂态，决不可做惫懒人。当至忙促时，要越加检点；当至急迫时，要越加饬守；当至快意时，要越加谨慎。

【译文】

为人处世绝不能抱着侥幸心理，绝不能做投机取巧的事情，绝不能效仿轻浮狂妄的态度，绝不能做一个懒惰颓废的人。在最忙碌的时候，特别要注意检点自己的言行；在事情最紧急迫切的时候，特别要注意一丝不苟，从容不迫；在春风得意的时候，特别要注意谨慎行事，以免乐极生悲。

◎陈继儒《安得长者言》（节选）

陈继儒像

陈继儒(1558～1639)，字仲醇，号眉公、麋公，华亭(今上海松江)人。平生多才艺，书法学苏轼、米芾，追求笔外之致、书外之味。绘画空远清逸，名重当时，尤其用水墨画梅，乃是首创。其传世书法作品《行书半研斋诗》《行书李白诗》，绘画作品《梅花》《梅竹双清图》等，现藏于故宫博物院。当时，陈继儒、沈周、文徵明、董其昌合称“四大家”。陈继儒善鼓琴，通词曲，能诗文，擅写清言小品，一生著述等身，生前被刊刻的作品达数百卷，现有《陈眉公全集》《妮古录》《太平清话》《安得长者言》《狂夫之言》等作品传世。此外，崇祯二年(1629)，他受松江知府方岳贡之聘，还主编有《崇祯松江府志》行世。陈继儒虽然隐逸，但关心民众疾苦，尤其在赈灾事宜上，积极奔走，出谋划策，做出了贡献。他的《晚香堂》小品卷中收录的《上王相公救荒书》《上徐中丞救荒书》等都是为民请命的经世之文，字里行间皆可见其一片真切的恤民之心。

行善积德

【原文】

晦翁云："天地一无所为，只以生万物为事。"人念念在利济，便是天地了也。故曰："宰相日日有可行的善事，乞丐亦日日有可行的善事，只是当面蹉过耳！"

【译文】

朱熹说："自然界别无他事，只以繁衍万物作为自己的职责。"做人只要经常想着去做有益于他人和世界的事，也就和天地同道了。所以说："宰相每天都有可做的好事，乞丐也天天有可做的好事，只是人们往往当面错过罢了！"

【原文】

人生一日，或闻一善言，见一善行，行一善事，此日方不虚生。

【译文】

人活在世上一天，如果能够听到一句善言，或者见到别人做一件善事，或者自己做一件善事，那么这一天就算没有白白度过。

【原文】

吾不知所谓善，但使人感者即善也；吾不知所谓恶，但使人恨者即恶也。

【译文】

我不懂什么叫善，只知道令人感动的事就是善；我不懂什么叫恶，只知道令人痛恨的事就是恶。

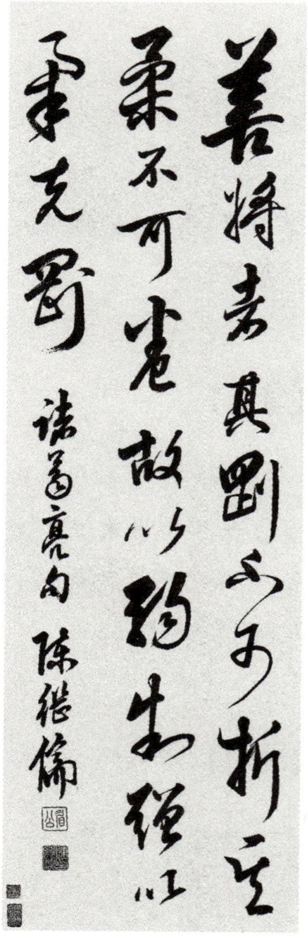

慎独去欲

【原文】

静坐以观念头起处，如主人坐堂中看有甚的人来，自然酬答不差。

【译文】

静默长坐来考察内心思想的变化，就好像主人稳坐堂上，看有什么样的客人来访，明了来者身份，自然就能恰如其分地应酬。

陈继儒书法《诸葛亮句》

【原文】

静坐然后知平日之气浮，守默然后知平日之言躁，省事然后知平日之费闲，闭户然后知平日之交滥，寡欲然后知平日之病多，近情然后知平日之念刻。

【译文】

潜心静坐以后才知道平日里心浮气躁，缄口不言以后才知道平日里言多语躁，简省俗事以后才知道平日里枉费闲心，闭门谢客之后才知道平日里交友太滥，清心寡欲之后才知道平日里多欲伤身，通达人情之后才知道平日里观念执拗。

【原文】

人之高堂华服，自以为有益于我。然堂愈高则去头愈远，服愈华则去身愈外。然则为人乎？为己乎？

陈继儒行书《游林屋洞诗》

【译文】

人们拥有高大的厅堂和华贵的衣服，自以为对自己有益。然而厅堂越高，离人的头越远。衣服越是华贵，离自身越远。这究竟是为他人还是为自己？

济世为民

【原文】

士大夫当有忧国之心，不当有忧国之语。

【译文】

士大夫应当怀有为国家前途担忧的高尚情怀，而不应只说为国担忧的话，却没有实际行动。

【原文】

任事者，当置身利害之外；建言者，当设身利害之中。

【译文】

处理事情的人，不应该考虑个人的利害祸福；提出建议的人，应该设身处地为当事者考虑利害祸福。

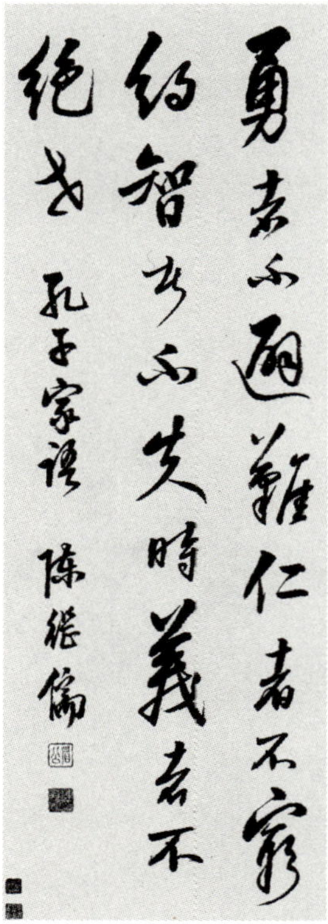

陈继儒书法《孔子家语》

【原文】

救荒不患无奇策，只患无真心，真心即奇策也。

【译文】

救济灾荒不怕没有良策，只怕没有诚心，诚心就是良策。

【原文】

士大夫不贪官，不受钱，一无所利济以及人，毕竟非天生圣贤之意。盖洁己好修，德也；济人利物，功也。有德而无功，可乎？

【译文】

士大夫不贪恋做官，不贪取金钱，这是好品德，但如果一点儿都不帮助别人，也不是圣贤所希望的。洁身自好，修身养性，这是德；帮助别人，有益于社会，这是功。只积德却不建功，能行吗？

读书养性

【原文】

读书不独变人气质，且能养人精神，盖理义收摄故也。

【译文】

读书不仅能改变人的气质，而且能涵养人的情操，大概是真理道义能收聚人的精神的缘故吧。

【原文】

闭门即是深山,读书随处净土。

【译文】

闭门谢客就像隐居深山,专心读书随处可入清净世界。

【原文】

夫不言堂奥而言界墙,不言腹心而言体面,皆是向外事也。

【译文】

不谈论学问而只讲究门派,不谈论思想而只讲求面子,这都是只重外表不重实质的事。

结交贤友

【原文】

偶与诸友登塔绝顶,谓云:“大抵做向上人,决要士君子鼓舞。只如此塔甚高,非与诸君乘兴览眺,必无独登之理。既上四五级,若有倦意,又须赖诸君怂恿:‘此去绝顶不远。’既到绝顶,眼界大,地位高,又须赖诸君提撕警惺,跬步少差,易至倾跌。”

【译文】

我与几位朋友登上高塔绝顶,感叹道:“大凡做一个向上攀登的人,一定需

要君子的激励鼓舞。就像这宝塔高耸入云，如果不是与各位朋友一起乘兴远眺，我绝不可能一个人独自攀登到塔顶。爬到四五级台阶，我就感到疲倦，幸有朋友们在一旁鼓励说‘离塔顶不远了’，增强了我的信心。爬到塔顶，眼界开阔，地形险峻，又亏得朋友们扶持提醒，不然稍一失足，就容易倾覆跌倒。”

【原文】

能受善言，如市人求利，寸积铢累，自成富翁。

【译文】

能听得进忠告的人，就像商人做生意一样，一点一滴地积累，时间长了自然成为富翁。

【原文】

以举世皆可信者终君子也，以举世皆可疑者终小人也。

【译文】

让天下人都信任的人，终究是君子；让天下人都怀疑的人，终究是小人！

◎三袁家规

“三袁家规”是指明代晚期出生于湖北公安的袁宗道、袁宏道、袁中道三兄弟的《袁氏家诫十条》和《袁氏家教十则》。《袁氏家诫十条》和《袁氏家教十则》的核心理念是“立德”和“做人”，分别从道德自律和立身行事两方面对族人进行警诫和教育，为子孙立下了严明的行为戒尺，为后人留下了宝贵的精神财富。

袁宗道（1560～1600），字伯修，号石浦，万历十四年（1586）进士，历任翰林院编修、春坊右庶子等职，著有《白苏斋类集》。

袁宏道（1568～1610），字中郎，号石公，万历二十年（1592）进士，历任吴县知县、顺天府教授、吏部验封司主事、稽勋郎中等职，著有《袁中郎全集》。

袁中道（1570～1626），字小修，万历四十四年（1616）进士，历任徽州府教授、国子监博士、南京吏部郎中等职，著有《珂雪斋集》。

三兄弟是明朝万历年间公安派（亦称“性灵派”）代表人物，史称“公安三袁”。三袁倡导“独抒性灵，不拘格套”的主张，力挽复古颓靡之习气，开一代文学之新风，为嗣后三四百年间绵延不断的文学革新思潮揭开了宏大序幕。

袁宏道像

袁宗道像

袁中道像

教孝慈

【原文】

凡为父母，未有不慈爱其子者，但不可姑息失教。

而立教之方必自孩提天性未满之日，多方引诱，极力教戒，俾之用心理会，身体力行，在家为孝子，出门为忠臣。古语云："严父出孝子，慈母多逆儿。"

（《袁氏家教十则·教孝慈》）

【译文】

凡是父母亲，没有不疼爱自己的孩子的，但是不能过度纵容孩子而不加教育。

教育孩子的方法，必须是在孩子天性尚未成熟的时候，采用多种方法诱导，尽力教育警诫，使他用心理解、领悟，亲身体验，在家中做一个孝顺的人，在社会上做一个忠诚的人。古话说："严格的父母能教导出优秀的子女，慈爱的父母多会娇惯出叛逆的孩子。"

笃友恭

【原文】

自古易得者外物，难得者兄弟，尤难得者，兄弟和而父母顺。

（《袁氏家教十则·笃友恭》）

【译文】

自古以来，容易得到的都是外在的事物，难得的是兄弟，尤其难以得到的，是兄弟和睦与父母顺心。

【原文】

帝尧俊德，首睦九族。人但知有一身之子若孙，不知推而至于兄弟之子若孙，更推而至于从兄弟再从兄弟之子若孙。

（《袁氏家教十则·戒薄宗族》）

【译文】

帝尧有美好的德行，首先让九族的人和睦。现在的人只知道自己的孩子是自己的后代，而不知道推导到兄弟的孩子也是自己的后代，更不会推导到同一曾祖之下同辈兄弟的孩子也是自己的后代。

【原文】

比间族党，相友相助，古制也。

（《袁氏家教十则·戒忤邻里》）

【译文】

族人、乡党之间，互相友爱，互相帮助，这是从古代传下来的礼仪制度。

急国课

【原文】

自古上给下以田亩，下报上以总秸。米粟践土，食毛奉公，为先风俗醇厚之世。

急国课即士庶忠上，要务勉之。

（《袁氏家教十则 · 急国课》）

【译文】

自古以来都是国家分给人民土地，人民用劳动所得来回报国家。粮食作物都是从土地里生长出来的，吃的用的首先要供养国家，这就是早先风俗淳朴厚道的时代。

老百姓尽快缴纳国税，就是对国家忠诚，这一点必须很好地做到。

正心术

【原文】

人生祸福成败，莫不基于心术。心术一坏，即富贵亦消乏也；心术一端，即贫贱亦昌达也。

（《袁氏家教十则 · 正心术》）

【译文】

人生的灾祸与幸福、成功与失败，无不是由心术传导出来的。心术一旦坏了，即使富贵了也会消减困乏；心术一旦端正了，即使贫穷卑贱将来也会昌盛发达。

【原文】

凡我公族各宜辨别公私邪正，养品行于素，修言寡口，过行鲜怨，恶将穷不失义、达不离道？

（《袁氏家教十则・立人品》）

【译文】

凡是我们家族中人，都应该辨别公与私、邪恶与正直，在平时就要注重品行修养，谨慎地说话，犯了错误，少发泄自己的怨愤，怎么做才能在贫穷时不失掉道义，在富贵时也不背离正道呢？

【原文】

学疏见浅，不择贤愚，交结匪类，不治生产，学成浪荡，酒肉欢歌，不分昼夜，嫖赌淫邪，千金何难一挥；指责天高地厚，竟无容身之地，势不至行险，侥幸为盗为非，以终必乞丐，无门辗转于沟壑。

（《袁氏家教十则・戒学浪荡》）

【译文】

学问缺乏，见识短浅，不懂得选择贤良与愚蠢，

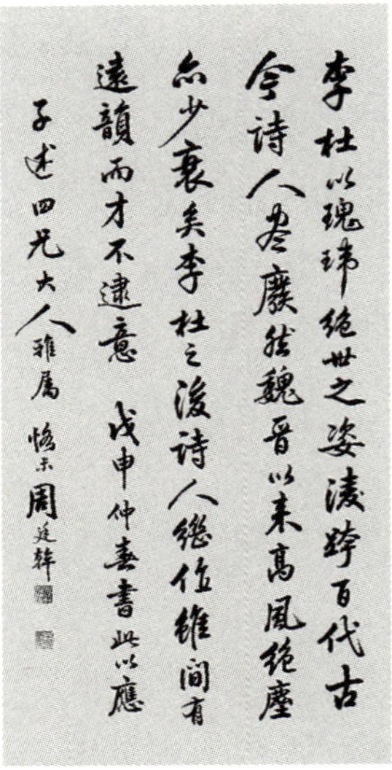

周廷干所书袁宏道句

周廷干（1852～1936），字恪叔，广东广州府顺德县（今广东佛山顺德区）人，光绪二十九年（1903）进士，授翰林院庶吉士。光绪三十三年（1907），任翰林院检讨。后任清史馆纂修官。

与匪徒交结往来，不管理生产，学会了浪荡，每天沉迷于酒肉筵席，恣情欢乐，不分白天黑夜，嫖赌逍遥，恶行累累，即使有千两黄金，挥霍完又有什么难的呢；到后来，钱财散尽，指责天高地迥，竟没有自己容身的地方，虽然还不至于有生命的危险，但怀着侥幸心理偷盗、做坏事，最后难免沦为乞丐，无家可归，只能在泥水沟里苟延残喘。

尚勤俭

【原文】

大凡居家必也，房屋不必过华，衣冠不必过美，饮食不必过丰，亲朋往来不必过费，生子满旬不必延宾，冠婚丧祭不可越礼。六者能谨，庶几养其源而节其流，家道昌而乡俗美。

（《袁氏家教十则·尚勤俭》）

【译文】

一般居家生活所必需的，房屋不需要太过富丽，衣服不需要太过华美，饮食不需要太过丰盛，亲戚朋友往来不需要太过破费，生了孩子满月之时不需要宴请太多客人，成人、结婚或死亡祭奠都不能超越一定的礼仪规范。如果在这六个方面能谨慎行事，差不多就能增加收入而节省开支，使家庭昌盛、乡俗和美。

设义学

【原文】

今拟祠堂左右设立义馆，族中有学德俱优者，择之为师，凡有力者则量出供应，束脩以资诵读，无力者则量为资助，令其专心肄业。教者必尽其职，学者务领其益。学者勿忘其本，教者勿市其德，斯一本之谊笃，而祖先之业可继矣。

（《袁氏家教十则·设义学》）

【译文】

现在准备在祠堂附近设立学校，将公族中那些学识、品德都很优秀的人，挑选出来做老师。凡是有能力的人，就出资供应，缴纳学费以资助他读书学习；没有能力的人，根据情况，让他专心读书。教书的人必须充分尽到自己的职责，学习的人务必领会书中的道理。学习的人不忘记自己的目的，教书的人不辱没自己的德行，这样一本书中的情谊笃实得到体现，而祖先的家业也可继承了。

【原文】

幼则训以小学，领其法行，践其法言，口诵心维，勿致旷时，长则入于大学，宗其纲领，疏其条目，致知力行，无愧圣贤。

（《袁氏家教十则·专执业》）

【译文】

从小就用语言文字方面的知识来训导他们，让他们领会语言的法则，学习运用合乎规范的语言，一边念诵，一边思考，不让他们长时间疏离，长大后就进入高一等的学府学习，全面掌握知识的纲领，疏导出知识的条目，努力获取知识并践行这些知识，不愧对圣贤。

◎ 高攀龙《高子遗书·家训》（节选）

高攀龙（1562～1626），初字云从，更字存之，别号景逸，世称景逸先生，南直隶无锡（今属江苏）人。明代文学家、政治家，“东林八君子”之一。万历十七年（1589）进士，授行人。因疏论辅臣王锡爵，谪官广东揭阳县典史。后卸职归故里，与顾宪成修复东林书院，讲学其中，世称“高顾”，为东林学派的代表人物。天启元年（1621），入朝为光禄寺少卿，后因弹劾宦官魏忠贤，削籍为民。天启六年（1626），锦衣卫追捕东林党人，高攀龙从容赴水而死。崇祯元年（1628）得以昭雪。著有《高子遗书》12卷等。

高攀龙像

【原文】

吾人立身天地间，只思量作得一个人，是第一义，余事都没要紧。做人的道理，不必多言，只看《小学》便是。依此作去，岂有差失？从古聪明睿智，圣贤豪杰，只于此见得透，下手早，所以其人千古万古，不可磨灭。闻此言不信，便是凡愚，所宜猛省。

作好人，眼前觉得不便宜；总算来是大便宜。作不好人，眼前觉得便宜，总算来是不大便宜。千古以来，成败昭然，如何迷人尚不觉悟，真是可哀！吾为子孙发此真切诚恳之语，不可草草看过。

言语最要谨慎，交游最要审择。多说一句，不如少说一句；多识一人，不如少识一人。若是贤友，愈多愈好。只恐人才难得，知人实难耳，语云："要作好人，须寻好友；引酵若酸，哪得甜酒？"又云："人生丧家亡身，言语占了八分。"皆格言也。

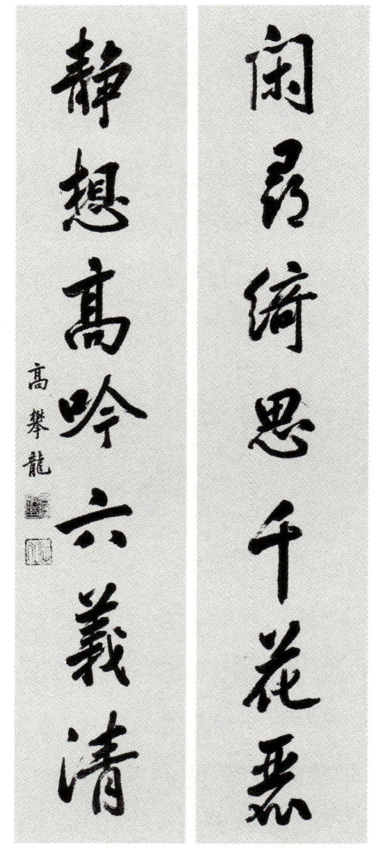

高攀龙书法

【译文】

我们活在人世间，只想着怎样做一个人，这是第一重要的事，其他事情都处于次要地位。做人的道理，不必多说，只要看看《小学》这本书就行了。照着书中所说的去做，难道会有过错吗？自古以来那些聪明、通达、明智的人，还有那些圣贤豪杰，对此看得最透彻，做得也早，所以他们名垂千古，永不磨灭。如果听到这些话却还不信，那就是平庸、蠢笨的人，应该幡然醒悟。

做一个好人，从暂时利益来看得不到什么好处，但从长远来看，却是占了大便宜。做一个不好的人，暂时可以得到一些利益，但从长远来看，必然要吃大亏。自古以来，成功、失败都非常明显，如何有人还执迷不悟，那真是可悲！我为子孙说这些真切诚恳的话，你们切莫草率对待。

说话一定要谨慎，与人交往最重要的是慎重选择。多说一句话，不如少

说一句话；多认识一个人，不如少认识一个人。当然，如果是有才能、德行好的朋友，那就愈多愈好。只怕人才难得，要了解一个人相当困难。所以俗话说："要做好人，必须交好朋友；酵母如果酸了，就酿不出好酒来。"又说："一个人若丧家亡身，这祸患八成是由言语引起的。"这些都是至理名言啊！

◎祁承㸁《读书训》

祁承㸁(1563～1628)，字尔光，号夷度，又称"旷翁""密士老人"，山阴(今浙江绍兴)人。明代藏书家，万历三十二年(1604)进士。授宁阳知县，迁兵部郎中，官至江西布政使司右参政。出身于官宦书香门第，少时喜读书，养成嗜书的癖好。婚后，把妻子的陪嫁品拿去调换书籍。不幸遭火灾，半年所购，片楮不存。这丝毫没有动摇其爱书之情和收藏图书的决心，每闻有不曾读过的书，总是千方百计地找来阅读，并抄成副本保存。曾抄录了古今经、史、子、集各类图书中与科举考试有关的资料，汇编成一部书，共1000卷。做官后，每到一地都访求图书。20年时间里，聚书达10余万卷。在绍兴梅里建有旷园，内有藏书的澹生堂、游息的旷亭、读书的东书堂。澹生堂藏书颇富，在江东首屈一指。订有《澹生堂藏书约》，编有《澹生堂藏书目》14卷，收书9000多种，10余万卷，在目录学史上很有影响。本文选自《澹生堂集》。

【原文】

范文正公少时，多延贤士胡瑗、孙复、石介、李觏之徒与之游，昼夜肄业帐中，夜分不寝。后公贵，夫人李氏收其帐，顶如墨色，时以示诸子曰："此尔父少时勤学，灯烟迹也。"

【译文】

范仲淹年轻的时候，经常延请才子胡瑗、孙复、石介、李觏等人一起游学，白天、黑夜都在帷帐中学习，到很晚也不休息。范仲淹成名后，夫人李氏收拾他用过的帷帐，发现帐顶都黑了，就常常以此告诫孩子们说："你们的父亲年轻时学习刻苦勤奋，这帐顶都被灯烟熏黑了。"

【原文】

朱穆年五岁便有孝称，父母有病，辄不饮食，差乃复常。及壮耽学，锐意讲诵。或时思至，不自知亡失衣冠，颠坠坑岸。其父常以为专愚，几不知马之几足。穆愈更精笃。

【译文】

朱穆5岁时就以孝闻名，父母生病，他就不吃不喝，直到他们病愈为止。长大后刻苦学习，一心读书。有时沉溺于思考，自己的衣帽丢了也不知道，甚至跌落到坑边。他父亲认为他很愚笨，几乎搞不清马有几条腿。朱穆在学业上更加专心致志了。

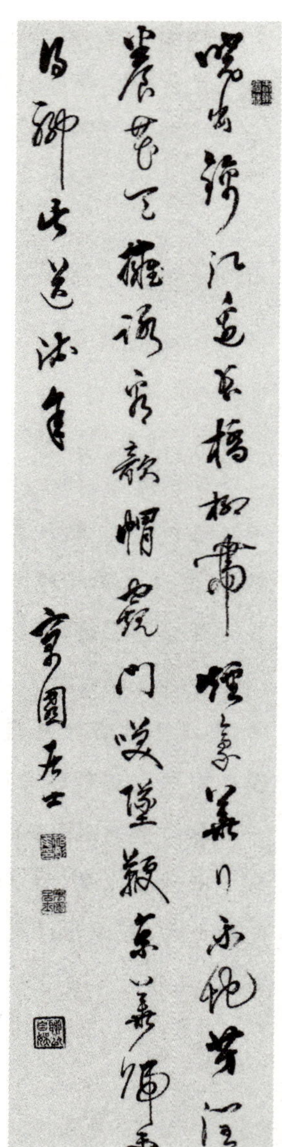
祁承㸁之子祁彪佳书法

【原文】

江总幼笃学，有词彩。家传《易》，有赐书数千

卷，总读未尝释手。

广汉朱仓，仅携钱八百文之蜀，从处士张宁受《春秋》。籴小豆十斛，肩之为粮，闭户精诵。宁矜怜之，敛得米二十石给仓，仓固不受。

【译文】

江总年幼时专心学业，文章写得好。家传《易》及朝廷赐书数千卷，江总攻读，手不释卷。

广汉朱仓，带了800文钱去成都，跟随处士张宁学习《春秋》。朱仓买了10斛小豆，作为口粮，便闭门专心读书。张宁很同情他，弄了20石米送给朱仓，朱仓坚决不要。

【原文】

贾逵好《春秋》《左传》，常自课月读一遍。

孟公武少从南阳李肃学，其母为作厚褥大被。或问其故，母曰："小儿无德致客，学者多贫，故为广被，庶可得与气类接也。"公武读书，昼夜不懈，肃奇，以为宰相之器。

【译文】

贾逵喜爱《春秋》《左传》，常常要求自己每月诵读一遍。

孟公武年少时跟随南阳李肃读书，他的母亲为他做了一床又厚又大的被褥。有人问其中的缘故，孟母说："小儿无德吸引他人，读书人大都贫困，所以做了床大被子，期望他可以与同学、老师共同使用，相互交流。"孟公武读书非常刻苦，昼夜不停。李肃感到惊奇，认为他有宰相之才。

【原文】

荀慈明幼而好学，年十二能通《春秋》《论语》。太尉杜乔见而称之：可为人师。爽遂耽思经书，庆吊不行，征命不应。颍川为之语曰："荀氏八龙，慈明为最。"

沈攸之晚好读书，常叹曰："早知穷达有命，恨不十年读书。"

【译文】

荀爽年幼好学，12岁就能通晓《春秋》《论语》。太尉杜乔见了后十分赏识他，说他"可为人师"。荀爽便更加专心于经书的钻研，不参加庆典贺喜、丧葬吊唁的活动，不应承征召和官府命令。名士陈曾说："荀氏八龙，慈明是最优秀的。"

沈攸之晚年喜爱读书，常常感叹说："早知道贫穷富贵皆有天命，何不多读十年书。"

【原文】

王充少孤，乡里称孝，师事扶风班彪，好博览而不守章句。家贫无书，常游洛阳市肆间，阅所卖书，一见辄能诵忆，遂博通众流百家之言。后归乡里，屏居教授。

【译文】

王充年少孤苦，在乡里有孝名，曾师从班彪，喜欢博览群书却不守章句训诂之法。王充因家贫买不起书籍，就常常跑到洛阳的各家书店里，阅读其中所卖的书籍，看了一遍就能记住，最终通晓各家各派的学说。后归乡里，教授生徒。

【原文】

沈麟士织帘诵书，口手不息，乡里咸号为“织帘先生”。

董遇性质讷而好学。兴平间，关中扰乱，与兄季中采梠负贩，而常挟持经书，投闲习读。其兄笑之，而遇不改。喜《老子》，作训注；又喜《左氏传》，更作朱墨别异。人有从学者，必先读百遍，言“读书百遍而自见也”。

【译文】

沈麟士一边织帘一边读书，口与手都忙个不停，家乡人都称他为“织帘先生”。

董遇生性质朴木讷，喜爱读书。汉末兴平年间，关中地区战乱，董遇与兄长季中采山芋贩卖，还常常带着经书，一有空闲就习读。季中嘲笑他，他也不改。董遇喜爱《老子》，并为之作训注；又喜爱《左传》，并用朱、墨二色将经、传加以区别。有人师从董遇，董遇认为书应当先读百遍，说：“书读百遍，其义自见。”

【原文】

扬子云工赋，王君大习兵，桓谭欲从二子学。子云曰：“能读千赋则善赋。”君大曰：“能观千剑则晓剑。”谚曰：“习服众神，巧者不过习者之门。”

刘峻自课读书，常燎麻炬，从夕达旦。时或昏睡，爇其鬓发，及觉复读。闻有异书，必往祈借。崔慰祖谓之“书淫”。

【译文】

扬子云擅长作赋，王君大精通兵术，桓谭想跟随他们两人学习。子云说：“能多读赋就能擅长作辞赋。”君大说：“能经常观摩剑术就可以通晓剑术。”谚语常说：“习服众神，巧者不过习者之门。”

刘峻读书刻苦，经常烧麻秆照明，从晚上读到早上。有时困倦睡着了，麻秆烧着了他的头发，他醒来继续阅读。听说他人有异书，他一定前往求借。崔慰祖称他为“书淫”。

【原文】

顾欢贫，乡中有学舍，无资受业。欢于舍壁后倚听，无遗忘者。夕则燃松而读，或燃糠自照。

梁元帝在会稽，年始十二，便知好学。时又患疥，手不得拳，膝不得屈，闭斋张葛帏避蝇独坐，贮山阴甜酒，时复进之，以自宽痛。率意自读史书，一日二十卷。既未师授，或不识一字，或不解一语，要自重之，不知厌倦。

【译文】

顾欢家世寒微，家乡有学校，但他无钱上学。于是，顾欢就在教室外墙边听课，听到的都能记住。晚上点燃松枝读书，或者燃烧稻糠照明。

梁元帝在会稽的时候，顾欢刚刚12岁，就知道勤奋好学。当时他正患疥疮，手和腿都不能弯曲，只好闭门独坐，挂上葛布帏帐以避蚊蝇，贮存山阴甜酒，不时地喝些用来缓解疼痛。他随意翻阅史书，每天读20卷。那时他还没有延师讲授，有时一个字不认识，有时一句话不能理解，自己都要不知厌倦地加以深究。

【原文】

刘松作碑铭以示卢思道，思道多所不解，乃感激读书，师邢子才。后为文示松，松复不能解。乃叹曰：“学之有益，岂徒然哉！”

魏甄琛举秀才入都，颇事弈棋，令苍头执烛，或睡顿，则加杖，奴不胜痛楚，乃曰：“郎君辞父母博官，若为读书，执烛所不敢辞。今弈何事也？如此

日夜不息，岂是向京之意。”琛惕然大惭，遂发愤研习经史，假书于许赤彪，闻见日富，仕至侍中。

【译文】

刘松把撰写的碑铭给卢思道看，卢思道有许多地方不能理解，于是感悟，发奋读书，师从邢子才。后来卢思道把自己写的文章给刘松看，刘松也不能理解。刘松感叹地说：“学习是有益的，决不会是白费的啊！”

魏甄琛被举荐为秀才，来到京城，一心迷恋下棋，让家奴拿着蜡烛在一旁照明。有时家奴打瞌睡，他便鞭打杖击。家奴难忍疼痛，说：“公子辞别父母求取官位，要是为了读书，我拿着蜡烛是不敢怠慢的。现今下棋是为了什么呢？如此日夜不停地下棋，难道是来京城的本意！”甄琛听后非常羞愧，于是发奋钻研经史，向许赤彪借书阅读，见闻日益丰富，后来官至侍中。

【原文】

陈莹中好读书，至老不倦。每观百家文及医卜等书，开卷有得，则片纸记录，黏于壁间。环坐既遍，即合为一编，几数十册。

左太冲欲作《三都赋》，乃诣著作郎，访岷邛之事。构思10稔，门庭藩溷，皆著笔札，遇得句即疏之。

【译文】

陈莹中爱好读书，到老都不知厌倦。每每读各家文章及医药、占卜等书，凡有所得，就记录在纸片上，黏在墙壁间。座位周围贴满了，就将纸片合在一起，编为一编，积累起来近数十册。

左思准备写作《三都赋》，于是造访著作郎张载，询问岷邛故事。他构思十年，门庭中、篱笆上、厕所边都放着纸笔，遇到得意的句子就立即写下来。

【原文】

王彪之练悉朝仪，家世相传，并著《江左旧事》，缄之青箱，世谓“王氏青箱学”。

叶廷珪为儿时，便知嗜书。自入仕四十余年，未尝一日释卷。士大夫家有异书无不借，借无不读，读无不终篇而后止。尝恨无赀，不能传写。间作数十大册，择其可用者录之，名《海录》。

【译文】

王彪之熟悉朝廷礼仪，父子世代相传，并且写了一本《江左旧事》，藏在青箱中，世人说这是“王氏世代相传的家学”。

叶廷珪在孩童时，就知道嗜爱书籍。在步入官途的40余年里，未尝一日不读书。士大夫家藏有异书，他总是借来阅读，借了没有不读的，读了没有不读到最后一篇才停的。他常常为自己没有钱来抄录这些异书而感到遗憾。他读书时摘录一些有用的内容，装订成数十大册，名《海录》。

【原文】

韦敬远少爱文史，留情著述，手自钞录数十万言。晚年虚静，惟以体道会真为务，旧所著述，咸削其稿。

李永和杜门却扫，绝迹下帷，弃产营书，手自删削，每叹曰：“丈夫拥书万卷，何假南面百城。”

【译文】

韦敬远年少时就爱好文史，用心著书撰述，并亲手钞录达数十万字。晚年时心存虚静，亲近道学，对早年的著作都加以删改。

李永和杜门谢客，不与外界交往，用家产来经营藏书，并亲自加以校勘删改，常常感叹说："丈夫拥书万卷，何须南面百城。"

◎ 徐榜"三箴"

徐榜（生卒年不详），号荐所，安徽泾县中村（今属安徽泾县云岭镇）人。明万历壬午年（1582）选贡殿试第一，神宗御批"天下文章，当以徐榜为式"。民间传说因皇帝的疏忽致使徐榜在廷试中屈居第四。徐榜曾任济南知府，后官至浙江右布政使。任职期间，徐榜在乡村设立了"教童蒙始学"的社学，建立了明湖书院，得神宗皇帝所赐。徐榜衣锦还乡之后，在家乡仿北京的午门建造了午朝门。据清嘉庆年间的《泾县志》以及《宁国府志》之《人物·儒林》篇记载，徐榜"清刚纯朴"，"厌华丽，寡言笑。礼法所在，虽亲故不假颜色"。离任时，两袖清风，囊箧萧然。徐榜任职时制定三箴来约束自己的言行。

官　箴

【原文】

古者于民饥溺，犹己饥溺，心诚求之，若保赤子。于戏！入室笑语，饮浓啮肥，出则敲朴，痛痒不知。人心不仁，一至于斯。淑问之泽，百世犹祀，酷吏之后，今其余几？谁甘小人而不为君子。

（《宦游日记·保民》）

【译文】

古时为官，对于百姓的疾苦，就像自己的疾苦，他们诚意爱护百姓，就像母亲抚育婴儿一样。唉，如今一些不仁的官员，自己贪图享乐，酒池肉林，却对百姓则实行严刑峻法，对于他们的疾苦更是漠不关心。这些人的不仁竟然到了这种地步！一个人仁爱百姓，千百年后仍受到敬仰。为官凶暴的人的后代而今能够继承古道遗风的又有几人？谁甘为小人之事而不行君子之道？

廉　箴

【原文】

惟士之廉，犹女之洁，一朝点污，终身玷缺。毋谓暗室，昭昭四知。汝不自爱，神明可欺。黄金五六驼，椒椒八百斛，生不足为荣，死且有余戮。彼美君子，一鹤一琴，望之凛然，清风古今。

（《宦游日记·训廉》）

【译文】

为官者的廉洁，如同女子的贞洁，如果有丝毫的玷污，就会成为终身的污点、缺憾。不要认为在暗处做的事别人不知道，其实天不可欺。你如果不自爱，连自己的良心都能欺骗。拥有五六驼黄金和800斛胡椒，这些东西有生之年不能使人荣耀，千百年以后仍会让人留下骂名。那些清廉的为官者，只有一鹤一琴，令人敬仰，清廉风范传颂古今。

勤　箴

【原文】

尔服之华，尔馔之丰，缕丝颗粒，孰非正供？居焉而旷厥官，食焉而怠其事，稍有人心，胡不自愧？昔者君子靡素其餐，炎汗浃背，日不辞难，警枕计

功，夜不遑安。谁为我师？一范一韩。

（《宦游日记·训勤》）

【译文】

华丽的服饰，丰盛的美味，所有的吃穿用度，难道不都是百姓供给的吗？住百姓供给的房屋却不勤勉做事，拿着朝廷的俸禄却工作懈怠，稍有良心，怎能不感到惭愧呢？古代的君子都能粗茶淡饭，辛勤劳作，每日迎难而上，自省自励，安然而卧。在这方面，谁能作为我们的老师呢？那就是北宋名臣范仲淹和韩琦。

◎孔尚贤《孔氏祖训箴规》（节选）

孔尚贤（生卒年不详），字象之，号希庵，别号龙宇，孔子第63世孙。嘉靖三十五年（1556）袭封衍圣公。袭爵之后，孔尚贤立志要"远不负祖训，上不负国恩，下不负所学"。万历十一年（1583），孔尚贤为了规范族人言行，在反思自身的基础上，颁布了具有纲领性质的族规《孔氏祖训箴规》。

孔尚贤像

尚诗礼

【原文】

祖训宗规，朝夕教训子孙，务要读书明理，显亲扬名，勿得入于流俗，甘为人下。

【译文】

早晚以祖宗传下来的规矩教导、训诫子孙，一定要让他们多读书明白事理，光耀祖宗，显名于世，不得入于街痞流俗，甘愿居于他人之下。

善治家

【原文】

谱牒之设，正所以联同支而亲一本。务宜父慈、子孝、兄友、弟恭，雍睦一堂，方不愧为圣裔。

【译文】

家谱的修订，起到了联系同一支脉、亲近同源所出的人的作用。务必提倡父慈、子孝、兄友、弟恭，和睦一家亲，才不愧为圣人的后代。

【原文】

春秋祭祀，各随土宜。必丰必洁，必诚必敬。此报本追源之道，子孙所当知者。

【译文】

春秋祭祀，各地根据自身的条件行事。祭品要丰富整洁，真心实意，有所敬畏。这是报恩思源、追怀祖先的方法，子孙应该知道。

【原文】

圣裔设立族长，给予衣顶，原以总理圣谱，约束族人，务要克己秉公，庶足以为族望。

【译文】

圣人后代设立族长，给予相应功名，是让他统一管理族谱，约束族人的行为。族长一定要克己秉公，不辜负族人的期望。

重伦理

【原文】

凡有职官员不可擅辱。如遇大事，申奏朝廷，小事仍请本家族长责究。

【译文】

（孔氏子孙）凡是有职务的官员不可独断专行。如果遇到大事，要向朝廷陈述申报，小事仍然请本家族长责问追究。

【原文】

婚姻嫁娶，理伦守重。子孙间有不幸再婚再嫁，必慎必戒。

【译文】

婚姻嫁娶，以讲究伦理为重。子孙间有不幸再婚再嫁的人，必须慎重，违背伦理的事情千万不可发生。

为良吏

【原文】

崇儒重道，好礼尚德，孔门素为佩服。为子孙者，勿嗜利忘义，出入衙门，有愧先德。

【译文】

崇儒重道，好礼尚德，向来是孔门传统。作为孔氏子孙，不能嗜利忘义，做官不要做出有损祖先德行的事情。

【原文】

子孙出仕者，凡遇民间词讼，所犯自有虚实，务从理断而哀矜勿喜，庶不愧为良吏。

【译文】

子孙出来做官的，凡是遇到民间诉讼，案件自有虚实，务必理性判断，常怀哀怜之心，切莫自鸣得意，但愿不愧为贤能的官吏。

急国课

【原文】

孔氏子孙徙寓各府州县，朝廷追念圣裔，优免差徭，其正供国课，只凭族长催征。皇恩深为浩大，宜各踊跃输将，照限完纳，勿误有司奏销之期。

【译文】

徙居于各府州县的孔氏子孙，朝廷追念你们是圣人后代，优抚免除徭役，应当缴纳的国家税收只通过族长征收。皇家恩宠实在盛大，孔氏子孙理应踊跃缴纳赋税，按期足额纳税，不要耽误了官府上报征收钱粮的期限。

◎ 张鼐《却金堂四箴》

张鼐（1572～1630），字世调，号侗初，松江华亭（今上海松江）人，明代著名小品文作家。万历三十二年（1604）进士。改庶吉士，授检讨，迁司业。天启时擢南京礼部右侍郎，为阉党所劾，削籍归。崇祯初平反，任南京吏部右侍郎。有《宝日堂初集》《吴淞甲乙倭变志》《馌堂考故》等。

张鼐像

【原文】

士大夫当为子孙造福，不当为子孙求福。谨家规，崇俭朴，教耕读，积阴德，此造福也。广田宅，结姻援，争什一，鬻功名，此求福也。造福者澹而长，求福者浓而短。

士大夫当为此生惜名，不当为此生市名。敦诗书，尚气节，慎取与，谨威仪，此惜名也。竞标榜，邀津贵，务矫激，习模棱，此市名也。惜名者静而休，市名者躁而拙。

士大夫当为一家用财，不当为一家伤财。济宗党，广束脩，救荒俭，助义举，此用财也。靡苑囿，教歌舞，奢燕会，聚宝玩，此伤财也。用财者损而盈，伤财者满而诎。

士大夫当为天下养身，不当为天下惜身。省嗜欲，减思虑，戒忿怒，节饮食，此养身也。规利害，避劳怨，营窟宅，守妻子，此惜身也。养身者静而大，惜身者膻而细。

【译文】

士大夫应当为子孙后代创造幸福，不应当为子孙后代祈求福祉。严整家规，崇尚俭朴，教导儿孙耕作读书，多做与人为善的事，这就是创造幸福。广纳田土屋宅，缔结裙带姻缘，斤斤计较，出钱买功名，这是祈求福祉。创造幸福就能使福运清淡而长远，祈求福祉则只能使儿孙风光一时。

士大夫应当为自己爱惜名誉，不应当为自己出卖名誉。诚心攻读经典诗书，崇尚高风亮节，不随便拿取和给予，注意自己的言行和仪表，这是爱惜名誉。争着夸耀自己，向权贵邀宠献功，故作矫异激切，处事模棱两可，这是出卖名誉。爱惜名誉的人稳重不乱，出卖名誉的人躁动不安。

士大夫应当为自己的家庭使用财富，不应当为自己的家庭败坏财富。接济亲戚，馈赠朋友，支援赈灾，襄助慈善事业，这是使用财富。大植花园果苑，教人唱歌跳舞，举办奢华宴会，聚敛玉器古玩，这是败坏财富。使用财

富，虽然亏损，却能不断充盈；败坏财富，虽然兴旺，却在走下坡路。

士大夫应当为天下保养身体，不应当为天下吝惜身体。减少嗜欲爱好，减少胡思乱想，戒绝仇恨怒气，节缩饮食，这是保养身体。逃避利害，畏忌劳苦，经营私宅家园，成天守着妻子，这是吝惜身体。保养身体的人，态度从容而心胸宽广；吝惜身体的人，举止世俗而心胸狭窄。

◎孙奇逢家训

孙奇逢（1584～1675），字启泰，号钟元，明末清初理学大家、教育家。17岁时中明万历二十八年（1600）乡试。天启年间，魏忠贤专权，政治腐败，他上书援救被捕的左光斗、魏大中、周顺昌等人，声名大著。多次辞官不就。晚年讲学于辉县夏峰村20余年，从者甚众，世称夏峰先生。顺治元年（1644）明朝灭亡后，清廷屡召不仕，人称孙征君。与李颙、黄宗羲齐名，合称“明末清初三大儒”。著有《读易大旨》《夏峰先生集》，并自订《孝友堂家训》《孝友堂家规》，以教诫子孙。

孙奇逢像

示尚儿及淳、溥两孙

【原文】

学不长进，病坐在不虚己。以舜禹之圣，而好察、乐善、拜善；孔子之圣，四友、六侍。颜子之贤，而问不能、问寡人。人之取善，岂有定方？善之所在，虽路人之言，臧获之智，皆当取之，取诸人乃所以与诸人也，故君子莫大乎与人为善。曲士俗学，只喜闻誉，恶闻过，遂自闭取善之门，而阻人乐生之路，德何由进？业何由修？所谓自暴自弃也。

尔等以文会友，便是进德修业之时，莫只作书生雕虫小技也。以文会友，以友辅仁，文与仁有本末，而非二事。与胜己者友，须先虚心。至听其言，与吾有未安处，宜平心思之；思之而未安，又须平心定气，与之相商，惟恐我见未克，未能尽其所长，则无不收师友之益矣，便是进德修业实际功夫。

（《孝友堂家训》）

【译文】

学问不长进，病根在于不虚心。舜、禹这样圣哲喜好查问，以善为乐，拜善为师；孔子这样的圣哲有颜回、子贡、子张、子路等“四友、六侍”。颜子这样的贤人仍向比自己能力差、知识少的人请教。人择取善处，难道有固定的地方？只要是好的，即使是路人的言语、卑下的人的智慧，都要吸取。取之于人目的在于与之于人，所以君子的所为没有比与人为善更大的。那些见识浅陋的庸俗之人，只爱听赞扬的话，不爱听批评的话，最终自己关闭了学好的门路，阻止了别人乐于指教的途径，品德怎么能进步？学业怎么能学好？这就是所谓的自暴自弃啊！

你们以文章学问结交朋友，便是进德修业的好时机，不要只限于书生辈雕琢辞章的小道。以文章学问结交朋友，以朋友之行来勉励自己培养品德，文章学问与品德有主次，但不是两件事。和胜于自己的人做朋友，先要虚

心。听他说话，和自己的想法不相合时，要平心想一想；想了仍然觉得不妥当时，就要平心静气地和他商量。唯恐自己的意见不恰当，未能尽量吸收别人的长处，那么就没有不能够受到师友教益的，这便是进德修业的实际功夫。

语子立雅

【原文】

言语忌说尽，聪明忌露尽，好事忌占尽。不独奇福难享，造物恶盈，即此三事不留余，人便侧目矣。

甚矣，人心无足时也！逐日营营，总是愿外，不知富不可以求得。越分妄求，余殃在后。贪人之有，有则为人所贪。如欲千百年富贵，此必不得之数也。昔有人自称为富贵之家，客曰："富贵如何便成家也？富贵如以我为家，不应走向他家矣。既走向他家，是以我为逆旅耳。"昔郭进建第成，坐诸匠于子弟右曰："此造屋者。"指子弟曰："此卖屋者。"识者谓为名言。

今人为卑官，则恨不享大位，及位高而颠踬倾危，回想卑官而受清宁之福，天上矣！布衣粝食，妻子相保，则恨不富贵，一旦祸患及身，骨肉离散，回想布衣粝食、妻子相保时，天上矣！人聪明强健，则恨欲不称心，一旦疾病淹缠，呻吟痛苦，回想聪明强健时，天上矣！古今来，无人不犯此病。若能先见一步，蚤退一步，必也明哲之士。

（《孝友堂家训》）

【译文】

说话忌讳说满，聪明忌讳外露，好事忌讳样样占尽。不仅意外的福分难以享受，造物者也不喜欢满盈，单就这三件事不留余地，人们便要怒视他了。

人心总没有满足的时候。人们每天来来往往，奔走钻营，总不能如愿，不知道富贵不可凭自己的意愿求得。超越自己的本分去贪求无厌,遗留的灾祸在后头。贪恋别人所有的,得到后也会被别人贪图。如果想保留千百年的富贵,这些越分妄求必不在内。以前有人自称是富贵之家,客人说:“富贵如何便以你家为家?富贵如以我家为家,就不应走向他家;既走向他家,就是把我家当作旅店了。”过去郭进建屋初成,让建屋的匠人坐在子弟的右边,说:“诸位都是造屋的人。”又指着子弟们说:“你们都是卖屋的人。”有见识的认为这是名言。

现在有的人做了职位低微的小官,就恨不得做大官,等到因官大而遇到挫折、危险,回想起过去做小官而享受清静安宁之福的日子,简直就像在天堂了。一个人穿着布衣、吃着粗米饭,妻子儿女互相保全,又恨不富贵,一旦富贵了而祸患缠身,骨肉离散,回想布衣粗食、妻子儿女团聚互保时,又是天堂了。一个人聪明强健,又恨欲望得不到满足,一旦疾病缠身,呻吟痛苦,回想过去聪明强健时,则是天上人间了。古往今来,没有一个人不患这种病的。如果能先看一步,早退一步,就必然是个明哲的人。

◎徐媛《训子书》

徐媛(生卒年不详),字小淑,长洲(今江苏苏州)人。约万历前后在世(1596 年前后)。好吟咏,与陆卿子唱和,交口称誉,流传海内,与陆卿子合称为“吴门二大家”。

这是徐媛写给儿子的一篇家训。第一是勉励儿子立志,不要自暴自弃。微弱的火光,也可以在光照万物的太阳之外给人温暖;挥扇的微风,也可以在吹拂大地的风之后解除人的闷热,“物小而益大”。这样的譬喻入情入理,很有说服力。第二谈学习和做事。一个人既要专心致志,又要开拓心胸,事

业的成败虽然不能完全决定于主观意志，但一定要尽力而为，才能问心无愧。这样的见解既能激发人的志气，又是实事求是的。

【原文】

儿年几弱冠，懦怯无为，于世情毫不谙练，深为尔忧之。男子昂藏六尺于二仪间，不奋发雄飞而挺两翼，日淹岁月，逸居无教，与鸟兽何异？将来奈何为人？慎勿令亲者怜而恶者快！兢兢业业，无怠夙夜，临事须外明于理而内决于心。钻燧之火，可以续朝阳；挥翮之风，可以继屏翳。物固有小而益大，人岂无全用哉？习业当凝神伫思，戢足纳心，鹜精于千仞之颠，游心于八极之表；浚发于巧心，摅藻如春华。应事以精，不畏不成形；造物以神，不患不为器。能尽我道而听天命，庶不愧于父母妻子矣！循此则终身不堕沦落，尚勉之励之，以我言为箴，勿愦愦于衷，勿朦朦于志。

（《络纬吟》）

【译文】

你现在差不多20岁了，然而胆小怯懦，无所作为，对于世事一点也不懂，我很为你忧虑。堂堂六尺男子汉，屹立于天地之间，不像善飞的鸟那样张起翅膀奋发雄飞，而让大好时光白白流逝，贪图安逸生活，不受教诲，这与鸟兽有什么两样呢？将来长大，又怎么做人呢？千万不要使亲人为你不成才而感到伤心，使厌恶你的人为你不成才而感到痛快。希望你兢兢业业，每天从早到晚都不懈怠，处理事情时要明白事物的道理，并从内心作出决断。用钻木取火的方法取来的火，是很微弱的，但可以在太阳落山后继续放出光明；挥动羽毛扇扇出的风，也是很小的，但在炎热的天气里也可以为人们解除闷热。某些东西虽然小，但用处却不小，人难道不应当发挥自己最大的潜能吗？学习要聚精会神，要足不出户，心无二用，精神好像在千仞的高山之颠，思想好像驰骋在八极之外。要开发自己的思路，使它变得灵巧；写文章要辞藻富丽，犹如春天的花一样。处理事情，应精神专一，不要忧虑它是不是会成个样子。做事要全神贯注，不要怕达不到自己理想的标准。只要尽了自己的主观力量，听从天命，就不愧于父母妻子了。如果你能遵照上面所讲的去做，终身就不会堕落，希望你勉励自己，把我的话作为自己的箴言，切不要心中糊涂不清，志向朦胧不明。

◎瞿式耜诫子坚持民族气节

瞿式耜像

瞿式耜（1590～1650），字起田，号稼轩、耘野，又号伯略，江苏常熟（今属江苏）人，明末诗人、民族英雄。早年拜钱谦益为师，1616年中进士，后授江西永丰知县，颇有政绩。1623年丁父忧返里，与西洋教士艾儒略往还，后受洗入教，取名多默，曾为艾氏所著《性学觕述》作序。1628年，擢户科给事中，屡疏劾斥掌权佞臣，皇帝多采其言。后遭温体仁、周延儒等排挤陷害，与其师钱谦益同贬削，继而罢归常熟。在乡颇治园林，以诗酒自遣，集大儒隽语为《媿林漫录》10卷。

【原文】

自正月十一日周谊、童长班来，得汝昨年九月二十二日书，知家乡去年七月已遭蹂躏，家中寸筋不留，止剩空屋数间。汝母闻之，益添忧闷。吾虽百方解劝，而终是难开，缘其子女之念关切，知汝与若妹如此受苦，不容不肠断耳。吾自念若非西抚出门，遭此劫中，自然性命不保。今天公委曲方便，留此一线余生，虽为靖逆受磨，而名节犹彰，残躯犹在。以视家乡被难者，相去何如，以此转自排拨。虽家中所有罄完，总以空华身外譬之，只汝等暨一门眷属无恙，便是大福矣。

可恨者，吾家以四代甲科，鼎鼎名家，世传忠孝，汝当此变故之来，不为避地之策，而甘心与诸人为亏体辱亲之事。汝固自谓行权也，他事可权，此事而可权乎？邑中在庠诸友，轰轰烈烈，成一千古之名，彼岂真恶生而乐死乎？诚以名节所关，政有甚于生者。死固吾不责汝，第家已破矣，复何所恋？不但觅隐僻处所潜身，而反以快仇人之志，谓清浊不分，岂能于八斗槽中议论人乎？痛杀！恨杀！

（《瞿式耜集》）

【译文】

自从正月十一日周谊、童长搬来后，收到你在去年九月二十二日写的家书，知道家乡去年七月已经遭受践踏，家里寸金不留，只剩下数间空屋。你娘闻听，更加忧心郁闷。我虽千方百计地规劝，但总是难以开解她，原因是她极其关切儿女，深知你与妹妹这样受苦，不容不痛断肝肠啊！我想自己若不是出任广西巡抚离开了家，遭此劫难，自然性命难保。老天暗中相助，给予方便，侥幸留着我这条生命，虽为平定叛逆者受到磨难，但名声、气节还显著，残躯尚存。与家乡遭受劫难的人相比怎样？我们便以此转忧为喜。虽然所有家产都没了，就将它当作身外之物吧！只要你们及家眷平安没事，就是大福了。

最可恨的是，我们家四代甲科，鼎鼎有名，世代忠孝，你在此变故来临的时刻，不考虑避免灾祸的来临，却情愿与别人干出这种损己辱亲的事。你还说这是权宜之计，其他事情可以权宜，这种事情也可以权宜吗？县城中学校的诸位朋友，反清斗争轰轰烈烈，希望成就千古留名的事业，他们果真不愿意活着而甘愿去死吗？这实在有损于名节，一个人的气节比生命更为重要。

死，我本来不会责怪你，家宅已废了，又有什么可留恋的？你不趁早找个隐僻的地方藏身，反而让仇人得志，这是黑白不分，怎么还有资格在同僚之中议论他人呢？可叹啊！可恨啊！

◎李应升《诫子书》

李应升像

李应升（1593～1626），字仲达，号次见。万历四十四年（1616）登乡榜，次年中进士。授江西南康府司理，以清廉著称。天启二年（1622）征授西台御史。四年（1624），密修阉党魏忠贤十六罪状，代东林党首领左都御史高攀龙作《弦崔呈秀疏》，以声援杨琏等东林党人，遭阉党痛恨。天启五年（1625）三月，被削职归里。天启六年（1626）三月被捕，六月初四被害于京城狱中。崇祯初年（1628），平反昭雪。

李应升还是个藏书家，曾藏书五万于落落斋。在明天启年间主持白鹿洞书院，重修了《白鹿洞书院志》。

【原文】

吾直言贾祸，自分一死，以报朝廷，不复与汝相见，故书数言以告汝。汝长成之日，佩为韦弦，即吾不死之年也。

汝生长官舍，祖父母拱璧视汝，内外亲戚，以贵公子待汝。衣鲜食甘，嗔喜任意。娇养既惯，不肯服布旧之衣，不肯食粗粝之食。若长而弗改，必至

穷饿。此宜俭以惜福，一也。

汝少所习见，游宦赫奕，未见吾童生秀才时，低眉下人，及祖父母艰难支持之日也。又未见吾囚服被逮，及狱中幽囚痛楚之状也。汝不尝胆以思，岂复有人心者哉！人不可上，势不可凌。此宜谦以全身，二也。

祖父母爱汝，汝狎而忘敬，汝母训汝，汝傲而弗亲。今吾不测，汝代吾为子，可不仰体祖父母之心乎？至于汝母，更倚何人。汝若不孝，神明殛之矣。此宜孝以事亲，三也。

吾居官爱名节，未尝贪取肥家。今家中所存基业，皆祖父母勤苦积累，且此番销费大半。吾向有誓愿，兄弟三分，必不多取一亩一粒。汝视伯如父，视寡婶如母，即有祖父母之命，毫不可多取，以负我志。此宜公以承家，四也。

汝既鲜兄弟，止一庶妹，当待以同胞。倘嫁于中等贫家，须与妆田百亩；至庶妹之母，奉事吾有年，当足其衣食，拨与赡田，收租以给之。内外出入，谨其防闲。此恩义所关，五也。

汝资性不钝，吾失于教训，读书已迟。汝念吾辛苦，励志勤学，倘有上进之日，即先归养。若上进无望，须做一读书秀才，将吾所存诸稿简籍，好好诠次。此文章一脉，六也。

吾苦生不得尽养，他日伺祖父母千百岁后，葬我于墓侧，不得远离。

【译文】

我因为正直的言论招致灾祸，自己料想唯有一死来报效朝廷，不能再和你相见，所以写几句话来告诫你。你长大成人的时候，能用这些话警诫自己，也就是我虽死犹生的时候了。

你生长在官府，祖父、祖母像看待奇珍异宝一样看待你，家族内外的亲戚都用对待尊贵公子的方式对待你。你穿着光鲜的衣服，吃着甘美的食物，喜怒任性，已经养成了娇生惯养的习惯，不肯穿布衣旧衣，不肯吃粗茶淡饭。如果长大成人后你还不能改正这些毛病，一定会陷入贫穷饥饿的境地。这样就应该用节俭来珍惜眼前的幸福，这是第一点。

你从小见惯我四处为官、显赫得意的样子，没见过我做童生和秀才时低眉顺眼、谦恭待人的样子，以及祖父、祖母在艰难中支撑家庭的情景；更没见过我身穿囚服被捕入狱，以及在监狱中被囚禁时万分痛苦的情形。你不尝着苦胆去好好想想这一切，又哪里算得上是有心的人呢？做人不能居高临下，不能仗势欺凌他人。这样就应该用谦恭来保全自身，这是第二点。

祖父、祖母疼爱你，你却因为亲近而忘了尊重；你的母亲教育你，你却傲慢而不亲近她。现在我遭遇难以预料的灾祸，你替代我做儿子，能不恭敬地体会祖父、祖母的爱护之心吗？至于你的母亲，她还能依靠什么人呢？你如果不孝顺，上天都要惩罚你了。这样就应该用孝心来侍奉长辈，这是第三点。

我做官珍惜自己的名声和节操，不曾贪婪攫取，使自家富裕。现在家中留下的财产，都是祖父、祖母辛苦积累的，况且经历这次大难，已经花费了大半。我曾有誓愿，兄弟三人，财产均分成三份，自己一定不多拿一亩田、一粒谷。你要像对父亲一样对待伯父，像对母亲一样对待寡居的婶婶，即使有祖父、祖母的命令，也丝毫不能多占多要，以至于违背我的心愿。这样就应该以公平之心来继承家业，这是第四点。

你既然没有兄弟，只有一个庶出的妹妹，就应该拿同胞妹妹看待她。倘若她嫁到中等或贫穷人家，必须给她陪嫁 100 亩土地；至于庶妹的母亲，已经侍奉我多年，应当让她丰衣足食，分给她养老的田地，让她收取田租来维持生活。家里家外进进出出，要严守规矩。这关系到恩德道义，这是第五点。

你天资不愚钝，我疏忽了对你的教育，你读书时已经很晚。你要念着我辛勤劳苦，激发志气，勤奋学习。假如有考取科举的一天，要立即回家奉养老人。如果科举没有希望，也要做一个读书秀才，好好整理我留下的文稿、书籍。这也是传承文化道德的命脉，这是第六点。

我深以为苦的是人生在世不能为父母养老送终。将来等到祖父、祖母百年之后，一定把我葬在他们坟墓的旁边，不能远离他们。

◎吴麟徵《家诫要言》

（节选）

吴麟徵（1593～1644），字圣生，一字来皇，号磊斋，浙江嘉兴人。明天启二年（1622）进士，授建昌推官，丁父忧辞归，后补兴化府。崇祯五年（1632），擢吏部给事中，累官太常少卿。为人刚直，以敢于直谏著名，曾弹劾吏部尚书田唯嘉贪赃枉法。崇祯十七年（1644）初，李自成率领农民起义军围攻北京，时其负责守西直门，以土石坚塞城门，并招募死士抗击起义军。次日，李自成攻破北京，吴麟徵自尽。后赠兵部右侍郎，谥忠节。著有《家诫要言》等。

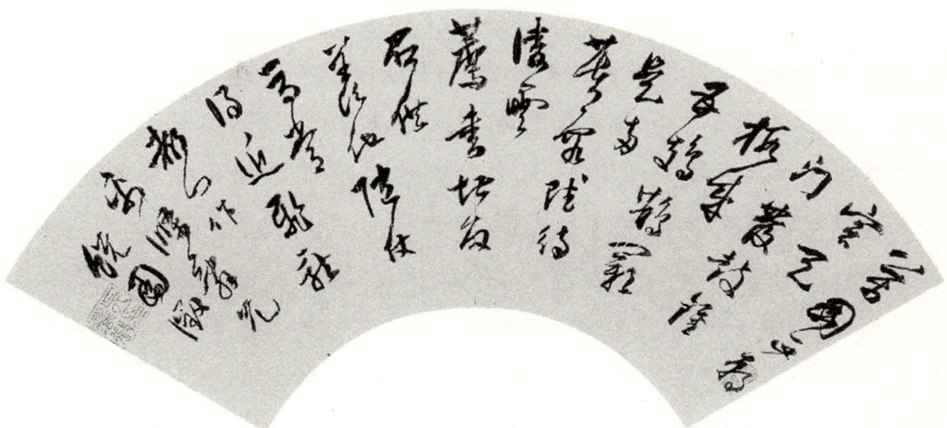

吴麟徵书法

【原文】

进学莫如谦，立事莫如豫，持己莫若恒，大用莫若畜。毋为财货迷，毋为妻子蛊，毋令长者疑，毋使父母怒。争目前之事，则忘远大之图；深儿女之怀，便短英雄之气。多读书则气清，气清则神正，神正则吉祥出焉，自天佑之。读书少则身暇，身暇则邪间，邪间则过恶作焉，忧患及之。

通三才之谓儒，常愧顶天立地。备百行而为士，何容恕己责人。知有己不知有人，闻人过不闻己过，此祸本也。故自私之念萌则铲之，谗谀之徒至则却之。

邓禹十三杖策干光武，孙策十四为英雄，所忌行步殆不能前。汝辈碌碌事章句，尚不及乡里小儿。人之度量相越，岂止什伯而已乎！

师友当以老成庄重、实心用功为良，若浮薄好动之徒，无益有损，断断不宜交也。

方今多事，举业之外，更当进所学。碌碌度日，少年易过，岂不可惜。

【译文】

学习应谦虚，做事事先要有所准备，对自己要长期严格要求，要想有大用则要靠不断积累。不要被财货迷惑，不要被妻子儿女惑乱，不要让长辈怀疑，不要让父母怨怒。争取目前的事，就忘了远大的目标；加深了儿女情怀，就使英雄气短。多读书就气清，气清就精神正，精神正就会出现吉祥的事，自有老天保佑。读书少，精神就空虚，身体空虚，邪气就进来了，邪气进来就会作恶，忧患也就来了。

贯通天、地、人的人叫作儒，常常愧疚于在天地间立身做人；具备各种善行就能做士，怎么能宽恕自己、责备别人。只知道有自己而不知道有别人，只听到别人的过错却听不到自己的过错，这是致祸的根本。因此，自私的念头一旦萌生就要铲除它，谗谀的人一出现就赶走他。

邓禹 13 岁就杖策给光武帝当谋士，孙策 14 岁就成为英雄，所忌的是行步懈怠、不能前进。你们这一辈在学习儒家的经典章句方面平庸无所作为，还达不到乡里小儿的水平。人的度量相差很多，岂止是十倍百倍！

拜老师、交朋友应当以老成庄重、实心用功的人为好，如果结交那些浮薄好动的人，不但无益，反而有害，绝对不适宜结交。

当今多事，你们除参加科举考试之外，还应当使学业进步。碌碌无为地度日，少年时光容易过去，难道不可惜吗？

◎朱之瑜《与诸孙男书》

朱之瑜（1600～1682），字楚屿，又作鲁屿，号舜水，浙江余姚人，明清之际的学者和教育家，明末贡生。因在明末和南明曾二次奉诏特征而未就，人称“征君”。清兵入关后，流亡在外参加抗清复明活动。南明亡后，东渡定居日本，在长崎、江户（今东京）授徒讲学，传播儒家思想，很受日本朝野人士推重。著有《朱舜水集》。其学特点是提倡“实理实学，学以致用”，认为“学问之道，贵在实行，圣贤之学，俱在践履”，他的思想在日本有一定的影响。朱之瑜、黄宗羲、王夫之、顾炎武、颜元一起被称为明末清初五大学者，与严子陵、王阳明、黄梨洲并称为“余姚四先贤”。

朱之瑜像

【原文】

我离家三十三年，汝辈之生也尚不得知，况能育养成长？汝父教授糊口，前箬里堰杨姓者来云：我孙甚多。食之繁，则家道益致艰难矣。然汝曾祖清风两袖，所遗者四海空囊。我自幼食贫，齑盐疏布。年二十岁，遭逢七载饥荒，养赡一家数十口，无有不得其所者。汝伯祖官至开府，今日罢职，不及一两月，家无余财。宗戚过我门者，必指示人曰："此清官家。"以为嗤笑，非赞美之也。岂但我今日独薄于汝辈？勿怨可也。

我今年七十八岁，衰惫不可胜言，思欲得一子孙朝夕侍奉。汝父虽无恙，年将六十，不可远行，且又一家资以为生者。汝兄弟中，择一性行和顺、举止端谨者来。有才者不可来，留以力养父母，主持家门。年十五六岁以上即可。

汝辈既贫窘，能闭户读书为上，农、圃、渔、樵，孝养二亲，亦上也。百工技艺，自食其力者次之；万不得已，佣工度日，又次之；惟有虏官不可为耳！古人版筑、鱼盐，不亏志节，况彼在安平无事之时耶！发黄齿豁，手足胼胝，来亦无妨。汉王章为京兆尹，见其子面貌蠢恶、毛发焦枯，对僚属便黯然销声。我则不然也。为贫而仕，抱关击柝，亦不足羞。惟有治民管兵之官，必不可为！既为虏官者，必不可来。既为虏官，虽眉宇英发、气度娴雅，我亦不以为孙。

凡事但禀命十七叔公同汝外祖而行，亦须各讨一亲笔书以为验，勿谓我无书遂不答也。

（《朱舜水集》）

【译文】

我离家已经33年了，你们的出生尚且不知道，更何况养育成长的情况呢？你们的父亲就靠教书养活一家人啊！前不久箬里堰一个姓杨的人到这里告诉我，我的孙子很多。人口多，家境就愈来愈艰难和窘迫了。然而，你们的曾祖父为官廉洁，两袖清风，什么也没遗留下来。我从幼年时就缺吃少穿，甚至只有碎盐粗布之类。从出生到20岁，我遭逢了七次饥荒，而供养一家几十口人，竟也各得其所。你们的伯祖父官至开府，如今罢职还不到一两个月，家中就没有剩余的财产了。每当本家、亲戚路过我家门前，他们必定指着我家告诉别人说："这里就是清官的家了。"这当然是讥笑，并非赞美。由此可见，哪里只有我现在薄待你们呢？你们不要抱怨我就好了。

我今年已经78岁，年老力衰自不必说了，想要带一个子孙到身边，日夜侍奉我。你们的父亲虽然没有病，但也是接近60岁的人了，不能远道而来，况且他又是家中赖以维持生计的人。那么，就在你们兄弟中间，选择一个性情和顺、举止端庄谨慎的来吧。有才能的不要来，应留在家里供养父母、主持家门。年龄在十五六岁或者大一点的就可以了。

你们虽然贫寒困窘，但能闭门读书是最好的，能从事种田、种菜、捕鱼、砍柴等各种生产劳动来孝敬、赡养父母的也还算不错。学了一些手艺，自己养活自己的就要差一点了；万不得已，去给人家做工过日子的就更差一些了；而唯一不能做的是做所谓清朝的官吏！古人从事土木营造、经商贩卖之类，都不肯损毁自己坚贞的节操，何况他们在太平无事的时代呢！你们之中，即使是来一个头发枯黄、牙齿缺落、手脚粗糙的也不要紧。汉代的王章官做到京兆尹时，一看到他的儿子容貌丑笨、毛发焦黄，在同僚下属面前便黯然神伤，默不吱声了。我绝对不是这样的人。因为贫寒而被迫做个地位十分卑贱的小吏，乃至是打更守夜人，也不应该羞愧。只有统治百姓、掌管军队的官，一定不能做！已经做上清朝官员的，一定不能到这里来。如果做了清朝官员，哪怕是雄姿英发、风度优雅，我也不把他当作我的孙子。

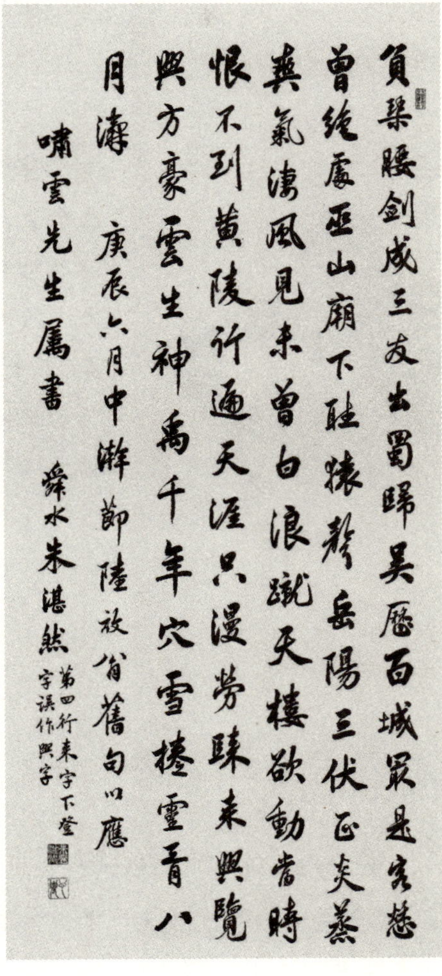

朱之瑜书法

家中一切要紧的事情都要禀报十七叔公和你们的外祖父，作出决定后再去办，也一定要请他们各自附上一封亲笔信来作为验证，不要怪我没收到他们的信就不作出答复。

◎傅山家训

傅山像

傅山（1606～1684），初名鼎臣，原字青竹，后改青主，山西阳曲（今山西太原）人。他是明清之际思想家、书法家、医学家，是中国古代思想文化史上的一座奇峰，梁启超称傅山同、顾炎武、黄宗羲、王夫之、李颙、颜元为“清初六大师”，同时代人评价他“学究天人，道兼仙释”，“博极群书，时称学海”。

训子侄

【原文】

眉、仁素日读书，吾每嫌其驽钝，无超越兼人之敏。间观人有子弟读书者，复驽钝于尔眉、仁，吾乃复少恕尔。

两儿以中上之资，尚可与言读书者。此时正是精神健旺之会，当不得专心致志三四年。

记吾当二十上下时，读《文选》京、都诸赋，先辨字，再点读三四，上口则略能成诵矣。戊辰会试卷出，先兄子由先生为我点定五十三篇。吾与西席马生较记性，日能多少。马生亦自负高资，穷日之力，四五篇耳。吾栉沐毕诵起，至早饭成唤食，则五十三篇上口不爽一字。马生惊异，叹服如神。自后凡书，无论古今，皆不经吾一目。

然如此能记，时亦不过六七年耳。出三十则减五六，四十则减去八九，随看随忘，如隔世事矣。自恨以彼资性，不曾闭门十年读经史，致令著述之志不能畅快。值今变乱，购书无复力量，间遇之，涉猎之耳。兼以忧抑仓皇，蒿目世变，强颜俯首，为蠹鱼终此天年。……

尔辈努力自爱其资，读书尚友，以待笔性老成，见识坚定之时，成吾著述之志不难也。

（《霜红龛集》卷二五）

【译文】

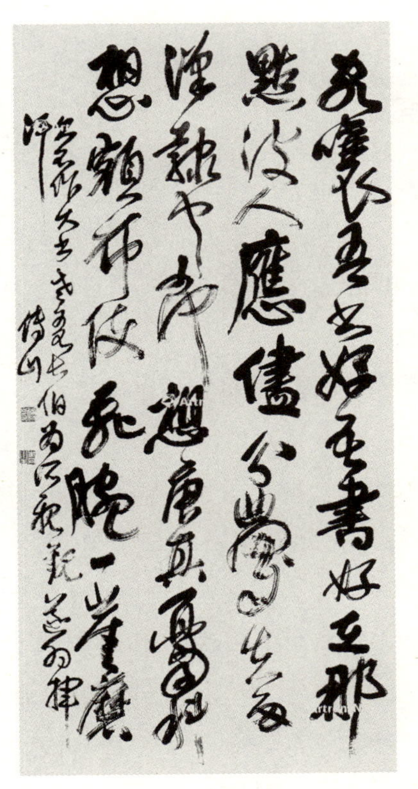
傅山书法（一）

傅眉、傅仁平日读书，我常常嫌你们愚笨，没有超过常人的智慧。但是偶然看到别人家有子弟读书的，比你们两个还愚笨，我就稍稍地宽恕你们了。

你们两个资质属中上，还可以跟你们谈读书。现在正是你们精神健旺的时候，一定要专心致志读三四年书。

记得我在 20 岁左右的时候，读《文选》里的《二京赋》《三都赋》等，先辨认字形，再点断句子三四次，上口就能粗略记诵。戊辰年会试的卷子公布了，我的兄长子由先生为我从中选出 53 篇。我与家里的塾师马生比赛记性，比一天能背过多少篇。马生以自己的天资高而自负，可是用尽一整天的气力，只背过四五篇而已。我早上梳洗完毕就开始背诵，到早饭做好叫去吃饭的时候，53篇已能朗朗上口，不错一个字。马生很惊异，感叹、佩服我如神人。从那以后所有的书，不论古今，我都能很快就读完了。

可是记忆力如此好的时间，也不过只有六七年罢了。过了30岁就差了十分之五六，出了40岁就差了十分之八九，读书随看随忘，就像是隔了一个时代的事情了。我悔恨自己以那时的天资灵性，没有闭门10年专心读经史书籍，致使现在我著书立说的志向不能顺利实现。如今又逢世道变乱，买书又没有财力，偶然遇到想看的书，也只能泛泛翻阅一下罢了。加上心情忧伤散乱，举目所见都是社会的巨变，处世有时强颜对人，有时低头俯首，只能像书中的蠹鱼一样过完我的余生。

你们要努力珍惜自己的天资，读书交友，等到文笔成熟老到、见识坚定的时候，就不难完成我未完成的著述之志了。

十六字格言

【原文】

静：不可轻举妄动。此全为读书地，街门不辄出。

淡：消除世外利欲。

远：去人远、无匪人之比。此有二义。又要往远里看，对“近”字求之。

藏：一切小慧不可卖弄。

忍：眷属小嫌，外来侮御，读《孟子》“三自反”章自解。

乐：此字难讲。如般乐饮酒，非类群嬉，岂可为乐？此字只在闭门读书里面，读《论语》首章自见。

默：此字只要谨言。古人戒此，多有成言矣。至于讦直恶口，排毁阴隐，不止自己不许犯之，即闻人言，掩耳急走。

谦：一切有而不居，与骄傲反。吾说《易・谦》卦有之。

重：即“君子不重则不威”之“重”。气岸崚嶒，不恶而严。

审：大而出处，小而应接，虑可知难。至于日间言行，静夜自审，又是一

义。前是求不失其可，后是又改革其非。

勤：读书勿怠，凡一义一字不知者，问人检籍。不可一“且”字放在胸中。

俭：一切饭食衣服，不饥不寒，足矣。若有志，即饥寒在身，亦不得萌干求之意。

宽：为肚皮宽展，为容受地窄，则自隘自蹙，损性致病。

安：只是对“勉”字看。“勉”岂不是好字，但不可强不能为能、不知为知。此病中者最多。

蜕：《荀子》“如蜕之脱”。君子学问，不时变化，如蝉蜕壳。若得少自锢，岂能长进！

归：谓有所归宿，不至无所着落，即博后之约。

偶列此十六字，教莲苏、莲宝，犄令触目，略有所警。载籍此话，说不胜记。尔辈渐渐读书寻义，自当遇之。魏收《枕中篇》最周匝，不可以人废言。于《元魏书》即《魏书》中有之。

（《霜红龛集》卷二五）

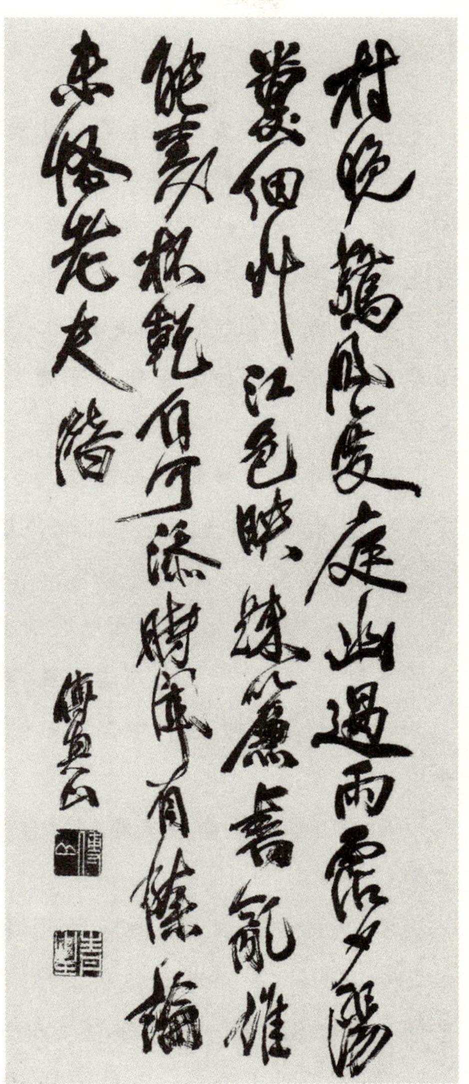
傅山书法（二）

【译文】

静：不可轻举妄动。这里全是读书的地方，街门不能常出。

淡：消除世外利益、欲望。

远：离人远远的，没有狐朋狗友。“远”字有两个意义，另一个意义是要往远处看，是相对于浅近而言的。

藏：一切小聪明，不可卖弄。

忍：对于跟家眷发生的小矛盾、外来的侮辱，读《孟子》“三自反”一章自然就明白了。

乐：这个字难讲解。如酗酒作乐，坏人在一起嬉戏，怎可说是乐？这个字只能在闭门读书里面寻求，读《论语》第一段话就见到了。

默：这个字只要求说话谨慎。古人非常看重这一点，对此有很多现成的话。至于把揭发别人的隐私当作直爽，用恶言恶语排斥、诋毁别人，不仅自己不许触犯，即使听见别人这么说，自己也要掩着耳朵赶紧走开。

谦：一切已有的成绩，当作没有一样，与骄傲相反。我的这种说法，《易·谦》卦中就有。

重：即“君子不重则不威”的“重”，气魄雄伟，严肃庄重，不凶恶，但是有威严。

审：大的方面如做官和隐居，小的方面如接待客人、交往应酬，要考虑可以还是不可以，要知道有什么困难。至于白天的言行、夜间自我省查，又是另外一个含义。前一条是争取不出错，后面一条是改正自己的过错。

勤：读书不可懈怠。凡是一字一义不知道的，要问别人和翻书查典。不可把一个“苟且”放在胸中。

俭：一切饭食衣服，不饥不寒就足够了。如果有志气，即使饥寒加身，也不得萌动请别人帮助、施舍的念头。

宽：要肚量广大，不要心眼狭小，否则就是自己限制了自己，会损伤生命，导致疾病。

安：这个字只与“勉强”对照着看才有意义。“勉强”也是一个好词，但不可事事勉强，把不能干的说成能干，把不知的当作知道。犯这种病的人最多。

蜕：《荀子》里写道："如蜕之脱。"君子做学问，不断变化，如蝉蜕壳。如果有一点故步自封，怎么能长进？

归：是说做学问要有个归宿，不至于没有着落，也就是博学之后归于简约。

偶尔列出这十六个字，教诲莲苏、莲宝，粗略地让你们看看，稍微有所警惕。书籍中类似的话，多得记不过来。你们在读书中渐渐寻求义理，自然会遇到。魏收的《枕中篇》，说得最周详，不可因为他的人品就废弃他的话。此在《元魏书》即《魏书》中有。

◎彭士望《示儿婿》（节选）

彭士望像

彭士望(1610～1683)，本姓危，字躬庵，又字达生，洪州新建(今江西南昌)人。自幼聪慧，10岁作《除夕诗》，为人欣赏。16岁补县学生，与同乡欧阳斌元研究经世之学。南明隆武元年(1645)，爱国将领史可法受到把持朝政的马士英、阮大铖的排挤打击，督师扬州。他和欧阳斌元应召前往，建议用高杰、左良玉军夹攻南京，以清君侧。史可法未采纳，彭士望辞归。他致力于古文辞，尤精于《春秋》《左传》诸史。晚年讲求实用之学，反对空谈。著作有《手评通鉴》《春秋五传》《耻躬堂文集》等。

【原文】

今之少年，私相讲习，成一学术。或稚而儿嬉，或老而世法；或好名而争忌，或角慧而夸奇；或狎亵而成顽比，或怨谤而致寇仇：凡此数端，俱足以消磨岁月，剥削元气。所营在分寸之间，其失有千里之谬。长而能悔，去日已多，骋辔求归，为途已远，坐是灭没十八九也。

何如出门之初，即持履错之敬？人必求其胜己，言不畏乎逆心，恒自反其才之所不及，而无讳其力之所不能。以谦为基，以厚为城；宽为之居，坦为之行；无以爱憎败其德，无以智诈汩其灵；惟勉勉以求益，非汲汲于知名。夫是为之造小子而成大人。

（《耻躬堂文集》）

【译文】

现在有些少年，不从师治学，私下相互讲习，自成一种“学术”观点。要么幼稚如同儿戏，要么陈旧而剽袭成法；要么为争名而相互角斗嫉妒，要么为显示小聪明而自吹奇特；要么相互亲近而成朋比，要么相互埋怨诽谤而成仇敌。所有这些，都足以消磨时光，损耗精力。所谓“差之毫厘，谬之千里”。这样久而久之，才觉得后悔想回头，但是失去的时间已经很多了，在错误的路上已经走得太远了，一生的时间和精力已经耗费十之八九了。

当初怎么就不能抱着谦恭的态度广交师友呢？交友必求胜过自己的人，与人交流不怕听忠言逆耳的话。要经常反思自己才力不足，但又不隐晦自己的短处。用谦虚作为治学的根本，以忠厚作为待人的基点；居心常存宽恕，行事务求坦诚；不凭个人的爱憎而损坏自己的德行，不玩弄机诈而扰乱自己的灵性；只求自己积德修业，不求个人急切成名。只有这样，才能把青少年打造成有作为的成年人。

◎张履祥《训子语》（节选）

张履祥像

张履祥（1611～1674），字考夫，号念芝，号杨园。浙江桐乡人，世居清风乡炉镇杨园村（今属浙江省桐乡市龙翔街道杨园村），故学者称其为杨园先生。明末清初著名理学家，清初朱子学的倡导者。人们对张履祥的尊崇，在他死后的200多年之中不断升温，最终使他由一介布衣而成为孔门圣贤。乾隆十六年（1751），浙江学使雷鋐为其立碑，称他为“理学真儒”；嘉庆十六年（1811），立张履祥主祀于青镇分水书院；道光五年（1825），入祀乡贤祠；同治三年（1864），浙江巡抚左宗棠亲自题碑“大儒杨园张子之墓”；同治十年，张履祥终于获得了从祀孔庙的儒者的最高荣耀。张履祥“由凡入圣”，一方面是因为晚清理学发展与地方文化的需要，另一方面也是因为他学术上的成就，他的学术实现了“继往圣而开来学”，确实也是清初理学史上最为重要的传道人物之一。他的著作除了《补农书》之外，还有《读易笔记》《愿学记》《近古录》《训子语》《训门人语》，汇集成《杨园先生全集》，其中《初学备忘》是一部蒙学读物。

【原文】

一

人情乖异，不在乎大，多因积小而成。如干糇之愆，言语之伤，最足酿隙。若更以小人间之，彼此谗拘，遂至不解，故谨言语，接燕好，古人于此盖有深意也。

二

子弟朴钝者不足忧，惟聪慧者可忧耳。自古败亡之人，愚钝者十二三，才智者十七八。盖钝者多是安分小心，敬畏不敢妄作，所以鲜败；若小有才智，举动剽轻，百事无恒，放心肆己而克有终者罕矣。

三

子孙以忠信谨慎为先，切戒狷薄，不可顾目前之利而忘他日之害，不可用一时之势而贻数世之忧。

四

高忠宪公有言："子弟能知稼穑之艰难，诗书之滋味，名节之提防，则可谓贤子弟矣。"归安沈司空诫子孙曰："故家之子，切戒者三：曰臭，曰滑，曰硬。时俗憎恶，呼为"粪浸石卵"。子孙类比，宁不痛心？予谓忠宪举贤者以为劝，司空指不肖以为戒，语虽不同，其指一也。欲免司空所戒，当佩服忠宪公之言。知诗书滋味，乃免于臭；知稼穑艰难，乃免于硬；知名节提防，乃免于滑。

五

子弟童稚之年，父母师长严者，异日多贤，宽者多至不肖。其严者岂必事事皆当，宽者岂必事事皆非，然贤不肖之分，恒于此。严则督责，笞挞之下，有以柔服其血气，收束其身心。诸凡举动，知所顾忌而不敢肆。宽则姑息，放纵恣情，百端过恶，皆从此生也。观此，则家长执家法以御群众，严君之职，不可一日虚矣。

（《杨园先生全集》）

【译文】

一

人情破裂，往往不是因为大事造成的，多是由小事导致的。比如，为了饮食上的一些小事，恶言伤人，最能造成感情上的裂痕。如果再有小人从中挑拨离间，唆使双方说对方的坏话，并罗织罪名陷害，所结下的怨仇根本就无法解开，所以说话要谨慎，待人要和气，古人对此是有深刻体会的。

二

子弟中敦厚笨拙者并不足忧，真正令人担心的是聪明人。自古以来失败灭亡之人，愚笨者只占十分之二三，而聪明者占十分之七八。因为前者安分守己，小心谨慎，一直存有戒心，不敢放纵妄作，所以很少有失败者。如果小有才智，举动强悍敏捷，做事没有恒心，无所顾忌而能够有好结局的人往往很少。

三

子孙应以忠诚、守信、谨慎为首要，一定要克服气量狭小、性情急躁、不厚道的行为，不能只顾贪图眼前利益而忘掉将来的危害，不要因为一时得志而仗势欺人，以致留下几世的忧患和祸害。

四

高攀龙说过这样的话："子弟能够知道耕稼的艰难，品悟《诗》《书》的滋味，防范名誉与节操下滑，那么就可以叫作德行好的子弟了。"归安县的沈司空告诫他的子孙说："世家大族的子弟，要切实防备三个方面：臭、滑、硬。"习俗风气十分憎恶这三个方面，称之为"茅厕里的鹅卵石"。如果子孙变得像这种鹅卵石又臭又硬，难道不令人痛心吗？我以为，高攀龙举德行好的子弟作为勉励，沈司空指出不贤的人作为警诫，话虽然不一样，但指的是一回事。要避免沈司空所告诫的"臭""滑""硬"，就应当时刻不忘高攀龙的话。知道

《诗》《书》的滋味，就可以避免“臭”；懂得耕稼的艰难，就可以避免“硬”；知道防范名誉、节操下滑，就可以避免“滑”。

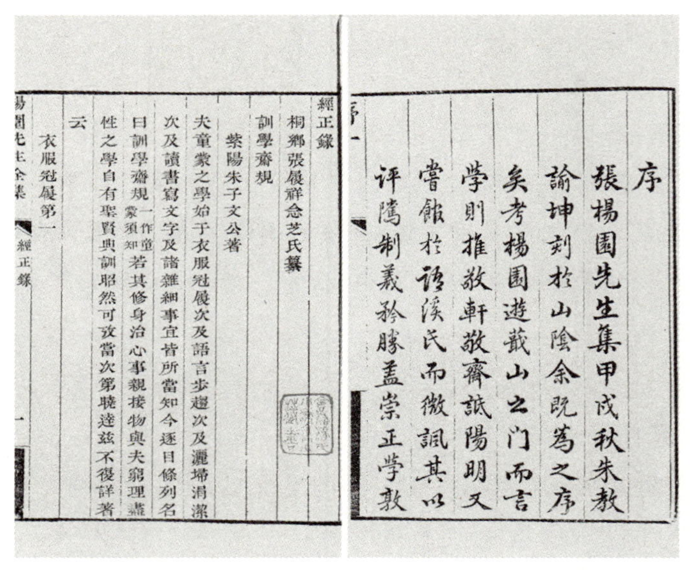

序
張楊園先生集甲戌秋朱教
諭坤刻於山陰余既爲之序
矣考楊園遊蕺山之门而言
學則推敬軒敬齋詆陽明又
嘗館於語溪氏而微諷其以
评騭制義矜勝蓋崇正學敦
序一

經正錄
桐鄉張履祥念芝氏纂
訓學齋規
紫陽朱子文公著
夫童蒙之學始于衣服冠履次及語言步趨次及灑埽涓潔
次及讀書寫文字及諸雜細事宜皆所當知今逐目條列名
曰訓學齋規（一作童蒙須知）若其修身治心事親接物與夫窮理盡
性之學自有聖賢典訓昭然可攷當次第曉達兹不復詳著
云
衣服冠履第一
楊園先生全集　經正錄　一

张履祥《杨园先生全集》书影

五

子弟年幼的时候，若父母、老师严格要求，以后他们的德行就好得多；要求不严格的，多数德行都不好。当然，严格的人并不一定事事都做得妥当，不严格的并不一定事事都做得不对。但是有德行和无德行的区分就在这里。严格则督察责罚，恩威并用，使他的身心受约束，一举一动都有所顾忌而不敢放肆。不严格则姑息放纵，为所欲为、作恶多端都从这里产生。由此看来，家长用治家之法来管理子弟，做父母的职责不可一日不履行。

◎顾炎武箴言

顾炎武像

顾炎武（1613～1682），本名绛，乳名藩汉，别名继坤、圭年，字忠清、宁人，亦自署蒋山佣；南都败后，因为仰慕文天祥学生王炎午的为人，改名炎武。因故居旁有亭林湖，学者尊为亭林先生。苏州府昆山县（今江苏昆山）人。明末清初杰出的思想家、经学家、史地学家和音韵学家，与黄宗羲、王夫之并称为明末清初“三大儒”。他一生辗转漂泊，行万里路，读万卷书，创立了一种新的治学方法，成为清初继往开来的一代宗师，被誉为清学“开山始祖”。顾炎武学问渊博，对国家典制、郡邑掌故、天文仪象、河漕、兵农及经史百家、音韵训诂之学都有研究。晚年治经重考证，开清代朴学风气。其学以博学于文、行己有耻为主，合学与行、治学与经世为一体。诗多伤时感事之作，其主要作品有《日知录》《天下郡国利病书》《肇域志》《音学五书》《韵补正》《古音表》《诗本音》《唐韵正》《音论》《金石文字记》《亭林诗集》《亭林文集》等。

顾炎武强调做学问必须先立人格，“礼义廉耻，是谓四维”，提倡“天下兴亡，匹夫有责”。如《日知录》卷十三《正始》：“保天下者，匹夫之贱，与有责焉耳矣。”

与人书（一）

【原文】

人之为学，不日进则日退。独学无友，则孤陋而难成；久处一方，则习染而不自觉。不幸而在穷僻之域，无车马之资，犹当博学审问，“古人与稽”，以求其是非之所在，庶几可得十之五六。若既不出户，又不读书，则是面墙之士，虽子羔、原宪之贤，终无济于天下。子曰：“十室之邑，必有忠信如丘者焉，不如丘之好学也。”夫以孔子之圣，犹须好学，今人可不勉乎？

（《亭林文集》卷四）

【译文】

一个人读书做学问，如果不日日进取，就必定会一天天退步。独自求学，没有朋友，见解就会狭隘，难有作为。长时间住在一个地方，就会习惯那里的习俗而不知觉醒。不幸处于穷困和偏僻的地方，没有坐马车的费用，仍要广泛猎取学问并详细考究，（这样）可以与古人会合（一样），以知道学问的正确与否，差不多得到（学问）的十分之五六。如果既不出门，又不去读书，则像一个面墙的人一样（对学问一无所见），即使有子羔、原宪那样的贤能之才，最终对国家是没有帮助的。孔子说：“即使只有十户人家的小村子，也一定有像我这样讲忠信的人，只是不如我那样好学罢了。”孔子这样的圣人，仍需努力地学习，难道今人能不勉励自己吗？

廉耻

【原文】

《五代史·冯道传》论曰："礼义廉耻，国之四维，四维不张，国乃灭亡。"善乎，管生之能言也！礼义，治人之大法；廉耻，立人之大节；盖不廉则无所不取，不耻则无所不为。人而如此，则祸败乱亡，亦无所不至；况为大臣，而无所不取，无所不为，则天下其有不乱，国家其有不亡者乎？然而四者之中，耻尤为要。故夫子之论士，曰："行己有耻。"孟子曰："人不可以无耻。无耻之耻，无耻矣。"又曰："耻之于人大矣，为机变之巧者，无所用耻焉。"所以然者，人之不廉，而至于悖礼犯义，其原皆生于无耻也。故士大夫之无耻，是谓国耻。

吾观三代以下，世衰道微，弃礼义，捐廉耻，非一朝一夕之故。然而松柏后凋于岁寒，鸡鸣不已于风雨，彼昏之日，固未尝无独醒之人也！顷读《颜氏家训》有云："齐朝一士夫尝谓吾曰：'我有一儿，年已十七，颇晓书疏，教其鲜卑语及弹琵琶，稍欲通解，以此伏事公卿，无不宠爱。'吾时俯而不答。异哉，此人之教子也！若由此业自致卿相，亦不愿汝曹为之。"嗟乎！子推不得已而仕于乱世，犹为此言，尚有《小宛》诗人之意，彼阉然媚于世者，能无愧哉！

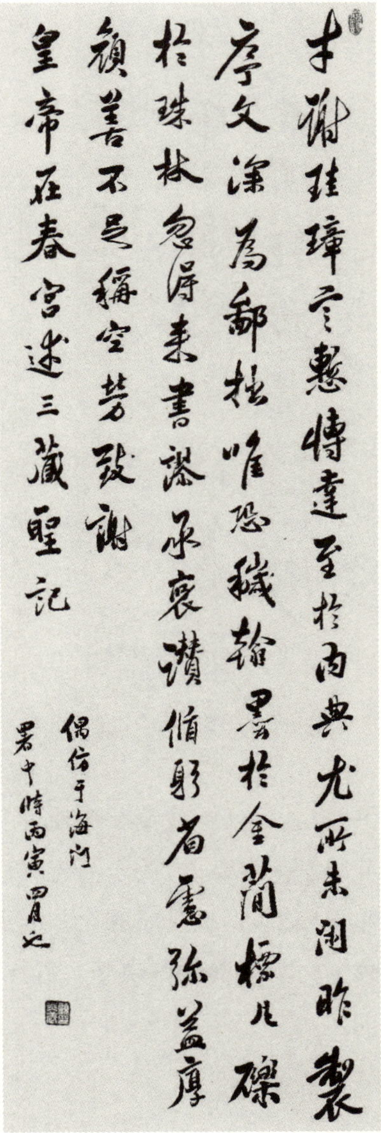

顾炎武书法（一）

罗仲素曰："教化者朝廷之先务，廉耻者士人之美节，风俗者天下之大事。"朝廷有教化，则士人有廉耻；士人有廉耻，则天下有风俗。

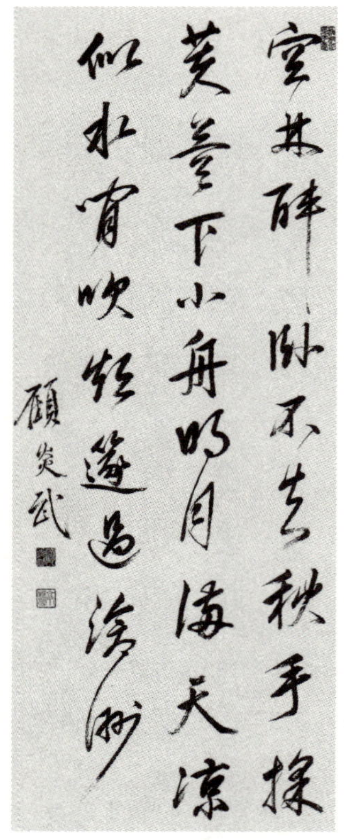
顾炎武书法（二）

古人治军之道，未有不本于廉耻者。吴子曰："凡制国治军，必教之以礼，励之以义，使有耻也。夫人有耻，在大足以战，在小足以守矣。"

尉缭子言："国必有慈孝廉耻之俗，则可以死易生。"而太公对武王："将有三胜，一曰礼将，二曰力将，三曰止欲将。故礼者，所以班朝治军而兔置之武夫，皆本于文王后妃之化；岂有淫刍荛，窃牛马，而为暴于百姓者哉！"《后汉书》："张奂为安定属国都尉，"羌豪帅感奂恩德，上马二十匹，先零酋长又遗金鐻八枚，奂并受之，而召主簿于诸羌前，以酒酹地曰：'使马如羊，不以入厩；使金如粟，不以入怀。'悉以金马还之。羌性贪而贵吏清，前有八都尉，率好财货，为所患苦，及奂正身洁己，威化大行。"呜呼！自古以来，边事之败，有不始于贪求者哉？吾于辽东之事有感。

杜子美诗："安得廉颇将，三军同晏眠！"一本作"廉耻将"。诗人之意，未必及此，然吾观《唐书》言："王佖为武灵节度使，先是吐蕃欲成乌兰桥，每于河壖先贮材木，皆为节帅遣人潜载之，委于河流，终莫能成。蕃人知佖贪而无谋，先厚遗之，然后并役成桥，仍筑月城守之。自是朔方御寇不暇，至今为患。"由佖之黩货也。故贪夫为帅而边城晚开。得此意者，郢书燕说，或可以治国乎！

（《日知录》卷一三《廉耻》）

【译文】

《五代史·冯道传》论道：“礼义廉耻，国之四维，四维不张，国乃灭亡。”妙啊，管子善于立论！礼义是治理人民的大法，廉耻是为人立身的大节。大凡不廉洁便什么都可以拿，不知耻便什么都可以做。人假如到了这种地步，那么灾祸、失败、逆乱、死亡也就随之而来了；何况身为大臣而什么都拿、什么都做，那么天下哪有不乱的？国家哪有不亡的呢？然而在这四者之间，知耻尤其重要。因此，孔子论及怎么才可以称为士时说道：“一个人立身处世必须以羞耻之心约束自己。”孟子说：“人不可以不知耻，对可耻的事不感到羞耻，便是无耻了。”又说：“知耻对于人的作用大极了，那些搞阴谋诡计、耍花样的人，是根本谈不上知耻的。”之所以这样，因为一个人不廉洁，乃至于违犯礼义，推究其原因都产生在无耻上。因此，士大夫无耻，可谓国耻。

我考察三代以下，社会和道德日益衰微，礼义、廉耻被抛弃，不是一朝一夕的事了。但是凛冽的冬寒中有不凋谢的松柏，风雨如晦中有警世的鸡鸣，那些昏暗的日子中本来就有独具卓识的清醒者啊！最近读到《颜氏家训》上面的一段话：“齐朝一个士大夫曾对我说：‘我有一个儿子，年已 17 岁，颇能写点文章书牍什么的，教他讲鲜卑话，也让他学弹琵琶，使之稍为通晓一点，用这些技能侍候公卿大人，到处受到宠爱。’我当时低头不答。怪哉，此人竟是这样教育儿子的！倘若通过这些本领能使自己做到卿相的地位，我也不愿你们这样做。”哎！颜之推不得已而出仕于乱世，尚且能说这样的话，还有《小宛》诗人的精神，那些卑劣地献媚于世俗的人，能不感到惭愧？

罗仲素说：教化是朝廷首要的工作，廉耻是士人优良的节操，风俗是天下的大事。朝廷有教化，士人便有廉耻；士人有廉耻，天下才有良风美俗。

古人治军的原则，没有不以廉耻为本的。吴子说：“凡是统治国家和管理军队，必须教导军民，勉励他们守义，这是为了使之有耻。当人知耻后，从大处讲就能攻战，从小处讲就能退守了。”尉缭子说：“一个国家必须有慈孝廉耻的风尚，那就可以用牺牲去换得生存。”周太公回答武王时说：“有三种将士能打胜仗，一是知礼的将士，二是有勇力的将士，三是能克制贪欲的将士。因为有礼，所以列朝治军者和粗野的武夫，都能遵循文王后妃的教化行事；难道还有欺凌平民、抢劫牛马，对百姓实行残暴手段的人吗？”《后汉书》上记载：“张奂任安定属国都尉，羌族的首领感激他的恩德，送给她上等马 20 匹，先零族的酋长又赠送他金环 8 枚，张奂一起收了下来，随即在羌族众人的面前召见主簿，把酒洒在地说：‘即使送我的马多得像羊群那样，我也不让它们进马厩；即使送我的金子多得如粟米，我也不会放进我的口袋。’他把金子和马全部退还了。羌人本性重视财物却尊重清廉的官吏，以前的 8 个都尉大都贪财爱物，为羌人所怨恨，直到张奂就任，为官正直廉洁，朝廷的威望、教化才得到了发扬。”唉！自古以来，边疆局势败坏，岂有不从贪求财货开始的！我对辽东的事件很有感触。

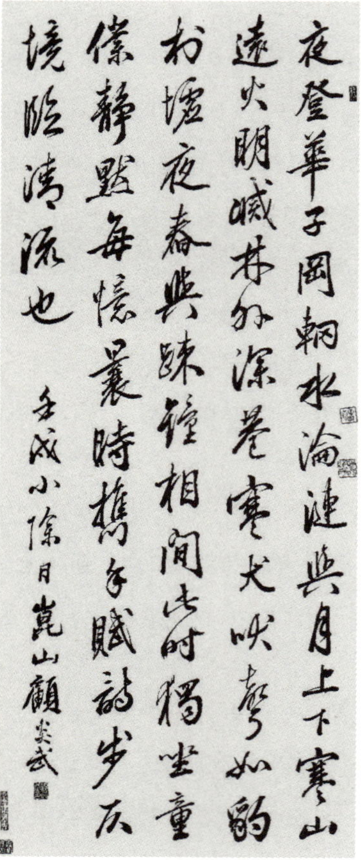

顾炎武书法（三）

杜子美诗道：“安得廉颇将，三军同晏眠！”有一种刻本作“廉耻将”。诗人本来的意思，未必涉及这个方面，但我读《唐书》，讲到“王佖做武灵节度使时，先前吐蕃人想造乌兰桥，每次在河岸事先堆积木材，都被节度使派人暗暗地运走，投入河流，桥始终没有造成。吐蕃人了解到王佖贪婪却没有谋略，先重重地贿赂了他，然后加紧赶工造成了桥，并且筑了小城防守。从此以后北方防御侵掠的战事就没完没了，至今还成为边患”，这些都是由王佖的贪财引起的。所以贪财的人做将帅，无异于使边关到夜间也开着门而无人防守。懂得这个道理，即使是郢书燕说，或许也可以治国！

◎于成龙《亲民官自省六戒》

于成龙像

于成龙(1617～1684)，字北溪，号于山，清初永宁(今山西离石)人。明崇祯副榜贡生，顺治时为罗城知县，招流亡，兴学校，奖勤罚惰，政绩卓异。后历任合州知州、武昌知府、贵州知州、福建按察使、直隶巡抚，官至两江总督。清康熙初年，于成龙被两广总督金光祖举荐为全省唯一"卓异"，升任合州知州。其子从山西老家来看他，他仅有一只还舍不得吃的咸鸭子，乃割下一半作为让儿子带回老家的礼品，因此人称"半鸭知县"。离开罗城时，堂堂一位县令，竟然连赴任的路资也没有。当地百姓听到于成龙离去的消息，一片哭号，依依不舍，相送数十里。于成龙为官清正廉洁，经常以野菜、萝卜为食，民众称之为"于青菜"。几次官职升迁，却穷困到没有路费去升迁的地方。他对豪强恶霸、不义之徒、贪官污吏，用刑绝不姑息，所治之处，民无恶劣之气，官无贪墨之风，被清圣祖康熙帝誉为"古今第一廉吏"。于成龙有感于当时吏治日坏，采择成言，兼参时弊，撰著《亲民官自省六戒》以诫励僚属，期于州县亲民官，本爱民之实心，行惠民之实政。其中阐扬的"勤抚恤""慎刑法""绝贿赂""杜私派""严征收""崇节俭"六事，极为简要切实。

【原文】

朝廷设官分职，皆为治民，而与民最亲，莫如州县。近来积弊成习，亲民者反以累民。甚有不知廉耻为何物，而"天理人心"四字，置之高阁不问矣。

噫，吏治日坏，如倒狂澜，何时止乎？用是偶采成言，兼参时弊，陈列六则。朝夕省观，自为猛惕。倘反是道也，王法不及，必有天殃及之矣。谨列如左：

一曰勤抚恤。州县之官，称为“父母”，而百姓呼为“子民”。顾名思义，古人所以有保赤之道也。夫保赤者，必时其饮食，体其寒暖，事事发乎至诚。保民者，亦当规其饥寒，勤其劝化，事事出于无伪。盖无伪，则有实心。纵力有不及，与事有掣肘，然此心自在，即于万分中体认一分，亦百姓受福处也。昔阳城云：“‘抚’字心劳。”知“抚”字必从心出，由心而发，随事加恤，便有裨益。若徒外面摭拾一二便民好事，以为得意，亦市名也。其去残忍者几希耳。是不可不诫。

一曰慎刑法。草木禽鱼，皆有生命，不可恣意杀伐。况人为万物灵，其肌肤手足，悉胞与也。人不幸而涉词讼，又不幸而于词讼中受刑罚。虽十分不可宽，必须求一分稍可宽处。此吕叔简《刑戒》内，所以有“不轻打不就打”之说也。至于囹圄福地，昔言已及。当思入此者，皆无知小民。或有冤枉，极可哀痛，自然稍加体念。若徒任意禁狱，与任意加刑。甚有徇情面，恣苞苴，以下民之皮肤，供长吏行私之具者，或身或子孙，定遭奇祸。是不可不戒。

一曰绝贿赂。为贫而仕，虽乘田委吏，止为禄养。未尝于禄养之外，有别径也。若舍此而外，多求便利，即为暮夜。杨伯起之四知，言之已可凛矣。昔人云：“士大夫若爱一文，不值一文。”又云：“从来有名士，不用无名钱。”试思长吏于民，论到钱处，亦何项为有名乎？夫受人钱而不与干事，则鬼神呵责，必为犬马报人。受人财而替人枉法，则法律森严，定为妻孥连累。清夜自省，不禁汗流。是不可不戒。

一曰杜私派。小民应办正额，尚且难应，未知私派从何起也。不过频年来，军需紧急，如解马、赔马，与兵马行粮草豆，冲途供应，动以千百，无计可支。故有派之民间，俟日后销价给发者。如近年来行粮价值，檄行刊附由单之末，以防发给短少之弊。是部院大臣，亦疑州县，为先取民而后发价矣。不知无取后发，虽至公无私，小民之揭借，其利已经数倍。况长吏派一钱，则胥里派数钱。长吏派一斗，则胥吏派数斗。有极不堪命者乎？何如稍那正供，现价现实。而即力请上台，迅速开销。并由单价值，亦多此一番周折。昔人云：“于不得已中，求一分担当，即人民利益处也。”至于任意苛敛，种种诛求，乘机自利，不啻为盗取人，定然自有后祸。是不可不戒。

一曰严征收。小民正供，自有额赋。此外分厘，非可苛也。近来征收立法，着令自封，禁绝火耗。上之所以严州县者，可谓周且密。夫为州县而受上之禁饬，即使无弊，自好者尚觉汗颜。至为州县而并禁饬之不灵，倘有自欺，则有心者将视为何等乎？古人云：“钱粮一节，若肯请减，其善无量。”今钱粮不能减，而去其钱粮中加增之弊，亦与减钱粮仿佛。况鸠形鹄面，衣食啼号。此等困苦小民，犹欲阴收其膏血。纵令安然无事，满载还家，后日亦必生流荡子孙以覆败之。是不可不戒。

一曰崇节俭。天生财物，固供人用。然必存不得已而用之之心，方能用度相继。倘奢侈任意，饮食若流，无论暴殄固犯谴呵，即费用必思取给，是亦坏心术之萌蘖也。夫长吏近民，虽自己足食，尤当思民之无食者。自己披衣，亦当思民之无衣者。推此一心，纵令衣食淡薄，尚且不能消受，而犹欲起侈丽之想乎？郑侠语人云：“无功于国，无德于民，若华衣美食，与盗何异？”夫衣食甚细，而至以盗相推。此充类至尽，唯恐长吏稍奢也。是不可戒。

于成龙书法（一）

【译文】

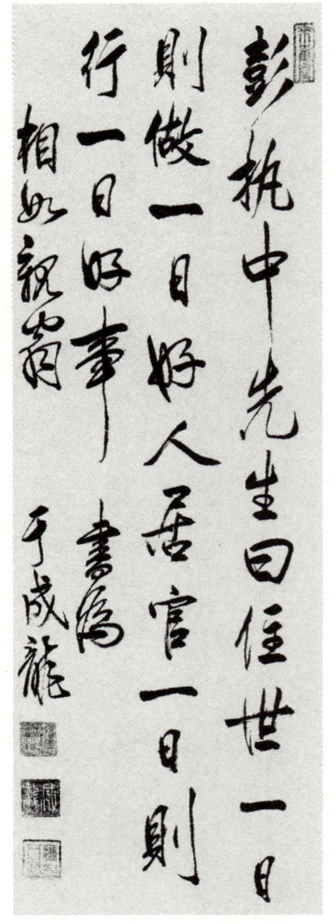

于成龙书法（二）

朝廷设立官位、区分职衔，目的都是为了治理人民，而与人民最接近的就数州县官员了。近来各种弊端相沿，成为恶习，最接近人民的人反而使人民劳累不堪，甚至有的不知道廉耻是什么东西。唉，官僚习气每况愈下，如狂涛巨浪扑来，什么时候才能停止呢？有感于此，我偶尔采纳过去的一些老话，同时根据目下的弊端，列为六则，早晚观读反省，提醒自己要高度警惕。如果违反这些规则，即使法律追究不了，也必然会有天灾祸殃。谨将此六条分列如下：

第一，勤抚恤。一州一县之官，人们称为“父母”，而老百姓则称作“子民”。根据名称考索意义，古人为此确定了保护儿童的方法。保护儿童，必须按时安排孩子的饮食，体恤孩子的冷暖，每一件事都要出自真诚的情感。保民，也应当这样，不让其有饥寒之苦，经常劝导教育，每一件事都要出自真心，没有虚假。只有不虚假，才会有真心实意。即使能力有限，或者有别的事干扰，但心在那里，确实想为人民办事。能够在万分之中体认一分，也就是老百姓的福分了。从前阳城说过：“养育费心思。”因此知道养育之情产生于内心。由内心中升发情感，对每一件事都加以关心，就一定能对老百姓有好处。如果只是做表面功夫，做一两件便民好事，以此自诩得意，不过只是沽名钓誉罢了。这同残忍又有什么分别呢？因此不能不引起警诫。

第二，慎刑法。草木禽鱼，都有生命，不能随意乱杀乱伐，更何况人是万物之灵，肌肤手足都是父母所赐予，与你我一样。人不幸卷入官司之中，又

不幸因为吃官司而受刑罚处治，即使不能予以十分宽容，但也必须寻求一分稍微能宽容的地方。这就是吕叔简《刑戒》中所说的："不轻易动刑，不立即动刑。"至于监狱囚牢，从前已谈论过。应当想到进来坐牢的，都是无知愚昧的平民百姓。如果有受冤枉的，值得为之悲痛伤心，自然要稍微给予优待照顾。如果任意关禁加刑，甚至枉法殉情，收受贿赂，以老百姓的皮肉供狱长吏作为发泄私仇的工具，那么不是自己就是自己的子孙一定会遭受大祸。因此，不可不引起警诫。

第三，绝贿赂。一个人由于生活贫困而当官，虽然分给他田土，委任其官职，他也只是为了俸禄和给养。在给予薪金满足生活必需之外，并没有别的途径。如果除此之外，还多方追求利益，不分昼夜地追逐，是可耻的。杨伯起的"四知"说，足以给人以醒悟和警惕。从前有人说："士大夫如果贪图一文钱，人格便不值一文钱。"又说："从来有名的贤士，不使用来路不正的钱财。"试想一想做吏官的从老百姓那里拿取钱财，又有哪一项是来路正当的呢？拿了别人的钱而不给别人干事，连鬼神也要责骂，死了来世也要变成犬马报答别人。接受别人钱财而替别人干违法的事，法律是严酷无情的，必然要牵连自己的妻室儿女。夜深人静时自我反省，不禁冷汗直流。因此，不可不引起警诫。

第四，杜私派。老百姓交纳上面分派的任务定额，已经感到难以应对，私自派分的粮食如何去完成呢？不过近些年来，军需紧急，如送马、赔马，供给军队物资部门粮草、大豆，以及满足要塞和沿途的供应，动不动就成百上千，地方财政一下子拿不出来，因此才有向民间征派的任务，待今后再作价发还百姓。如近来就把粮食的行情价格附刊在凭据后面，以防日后照价赔偿时有短少的弊端。这说明上级部院大臣也已经怀疑地方州县长官可能会先从老百姓那里拿走物资，然后作价赔偿，从中作弊。但是他们不知道，用先取后作价的方式，即使办事人大公无私，平民百姓四处求借，地方长官已获利数倍。何况州县官员派一钱任务，则村镇街道就派数钱任务；州县官员派征一斗粮，村镇街道就派征几斗粮。自然有些穷人是经不起折腾的。倒不如稍稍挪移一下正式分派的任务配额，明确当前的粮食行情价格，然后请上司迅速运走分送。而且用开凭据发票的办法，也多了一层手续。昔人说："在不得已的情况下，争取一份责任，即是为人民利益着想。"如果任意委派苛捐杂税，收敛财富，乘机为自己谋利，就等于做强盗抢别人的东西，必定会给自己带来祸害。因此，不能不引起警诫。

第五，严征收。老百姓规定上交的税赋，有数量的限制，一定要按实际数字征收，不能增加分厘。近来对征收实行了立法，上级命令自封，严禁多征多收。上级这样严格约束州县，是有周密考虑的。州官、县官收到上级禁止和整饰的命令，即使没有干坏事，自好自尊的人也会觉得羞耻而警惕自己。至于有的州官、县官，连上级禁止和整饰的命令也对他无效，如果他有欺瞒行为，有心的正派人士会怎样看他呢？古人说："对于钱粮纳贡这件事，如果愿意向上级要求减免一点，其好处无穷。"今日不能削减钱粮，但若去除在应纳钱粮项中又额外派供的弊病，也与请求减免钱粮是相近的。何况如今不少老百姓瘦骨嶙峋，缺衣少食。对于这样困苦不堪的老百姓，还要暗自剥削，吸其膏血，做这种事的官吏即使现在相安无事，满载而归，退隐家乡，日后家中也会生出浪荡败家子，使家庭破败。因此，不可不引起警诫。

第六，崇节俭。大自然生产财物，的确是供给人类使用的。但人们应该有必须用才使用的心思，才能使用起来得心应手，不会短缺。如果恣意奢侈浪费，乱吃乱喝，到钱粮不够花销时，暴饮暴食、浪费财物固然应当受到谴责，即使正当的费用也必须考虑好如何使用得当，此时坏心思也就萌生了。当官的与老百姓很接近，即使自己丰衣足食，也要想到那些无衣穿、无饭吃的穷困百姓。如果真能这样想，即使自己衣食单薄，也难以安然享受，怎么会兴起奢侈华丽的心思呢？郑侠对人说："对国家毫无功劳，对百姓没有恩德，如果还衣着华丽、食用佳肴，这与强盗有什么区别呢？"衣食不过是小事情，而最后以强盗相比。这样把问题说到极端，是担心州县父母官稍有奢侈的举动。因此，不可不引起警诫。

◎王夫之家训

王夫之像

王夫之(1619～1692)，字而农，号姜斋，又号夕堂，晚年隐居于石船山，著书立传，自署船山病叟、南岳遗民，学者遂称之为船山先生。湖广衡州府衡阳县(今湖南衡阳)人。与顾炎武、黄宗羲并称为明清之际三大思想家。在政治思想方面，提出“循天下之公”，“不以一人疑天下，不以天下私一人”。主张选贤使能，“以天下之禄位，公天下之贤者”。在哲学思想上，避朱程“理在气先”“道在器先”和陆王“心学良知”之说，提出“天下唯器”“理不先而气不后”的理论，而归于躬行实践，强调知行统一。其诗文亦自成一家，于言意、情景、内外等深入研讨，颇富新意。所有这些对近代思想均有重大影响。著有《周易外传》《黄书》《尚书引义》《永历实录》《春秋世论》《噩梦》《读通鉴论》《宋论》等书。

丙寅岁寄弟侄（节选）

【原文】

天下甚大，天下人甚多。富似我者，贫似我者，强似我者，弱似我者，千千万万。尚然弱者不可妒忌强者，强者不可欺凌弱者，何况自己骨肉。有贫弱者，当生怜念，扶助安生；有富强者，当生欢喜心，吾家幸有此人撑持门户。

譬如一人左眼生翳，右眼光明，右眼岂欺左眼，以皮屑投其中乎？又如一人右手便利，左手风痹，左手岂妒忌右手，愿其同瘫痪乎？

（《姜斋文集补遗》）

【译文】

天地极大，天下人极多。比我富裕的，比我贫穷的，比我弱的，比我强的，千千万万。犹如弱者不能嫉妒强者，强者不能欺凌弱者，何况是自己的骨肉至亲。有贫穷衰弱的，应当生起怜悯的念头，帮助他们安身立命；有富足强大的，应当生起欢喜之心，庆幸我家有这样的人支撑门户。比如一个人左眼患病，右眼是好的，右眼难道会欺辱左眼，把脏东西扔到它里面吗？又比如一个人右手活动自如，左手患了痹病，左手难道会妒忌右手，希望它和自己一样都瘫痪了吗？

示子侄（节选）

【原文】

立志之始，在脱习气。习气熏人，不醪而醉。其始无端，其终无谓。袖中挥拳，针尖竞利，狂在须臾，九牛莫制。岂有丈夫，忍以身试？彼可怜悯，我实惭愧。前有千古，后有百世。广延九州，旁及四裔。何所羁络？何所拘执？焉有骐驹，随行逐队？无尽之财，岂吾之积？日前之人，皆吾之治。特不屑耳，岂为吾累？潇洒安康，天君无系。亭亭鼎鼎，风光月霁。以之读书，得古人意。以之立身，踞豪杰地。以之事亲，所养惟志。以之交友，所合惟义。

（《船山遗书·姜斋文集》）

【译文】

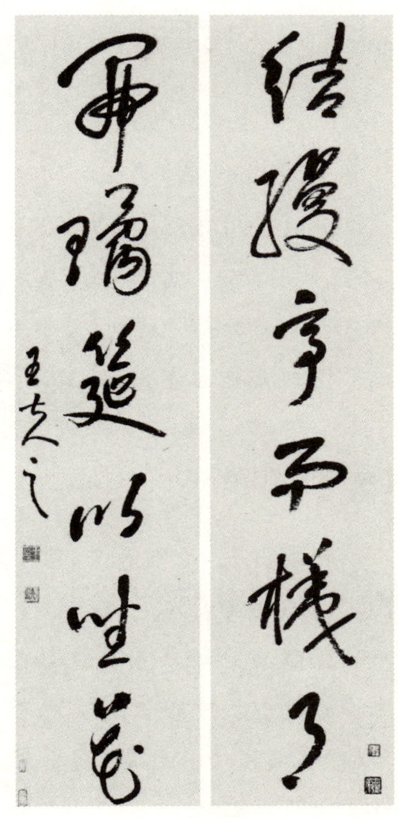
王夫之书法

人在开始立志之时，首先要脱去庸俗的习气。这种庸俗的习气会熏染人，就像闻到浓烈的酒香，不喝就醉了。这种习气不知不觉地就会沾染上来，也不知什么时候才能终结。沾上了这种习气，人们就会迫不及待地跟人争斗，为了针尖大小的利益而挥拳斗殴，甚至会在片刻之间无名火起乱发脾气，九头牛也拉不住他。难道堂堂男子汉大丈夫，愿意自身成为如此鲁莽的俗物吗？想起他们的行为真是可怜，而我们也实在十分惭愧。从时间上看，前有千古，后有百代；从空间上看，中国有九州，九州边还有四方极远之地。一个人怎么能被一时一地所束缚？有什么力量能限制人的发展？怎么会有骏马良驹在大众之中随波逐流呢？世上有无穷无尽的财宝，它们并不是因为我的追求而聚积的。看看眼前这些追名逐利之徒，都是我们的镜子。对于他们的所作所为，我们只能不屑一顾，又怎能受他们的影响呢？做人应该潇潇洒洒，无牵无挂，堂堂正正，如光风霁月一般。用这种心态来读书，就能领会古人的意思。以这种心态来立身，就能成为英雄豪杰。以这种心态来服侍亲人，就能尽心尽意。以这种心态来交朋友，朋友之间就会由于正义而走在一起。

◎孙枝蔚《示儿燕》

孙枝蔚（1620～1687），字豹人，明末三原（今属陕西）人。明亡后只身定居江都读书，清康熙年间举博学鸿词，授中书舍人，不久辞归。清初重要的诗人，有《溉堂集》。

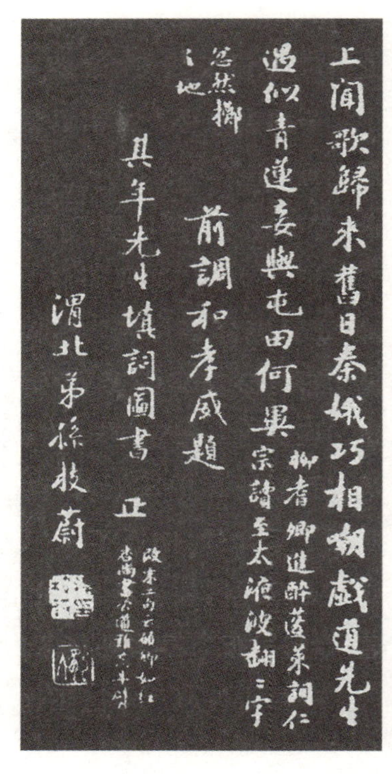

孙枝蔚书法

【原文】

初读古书，切莫惜书；惜书之甚，必至高阁。便须动圈点为是，看坏一本，不妨更买一本。盖惜书是有力之家藏书者所为，吾贫人未遑效此也。譬如茶杯饭碗，明知是旧窑，当珍惜；然贫家止有此器，将忍渴忍饥，作珍藏计乎？儿当知之。

（《溉堂集》）

【译文】

开始读古书时，千万不要太爱惜书本，过分地爱惜，一定把它束之高阁而不去读它。读书时必须动手圈圈点点，如果看坏了一本书，不妨再去买一本来。大概爱惜书本是有能力藏书的人家所做的事，我们穷人没有余力去效仿这种做法。就像茶杯、饭碗，明明知道是珍贵的古瓷器，本应当珍惜，但是因为家里穷，只有这件器皿，难道忍着口渴和饥饿而不用它，把它珍藏起来吗？儿女应当知道这个道理。

◎ 毛先舒《与子侄》

毛先舒(1620～1688)，原名骙，字驰黄，后改名先舒，字稚黄，仁和(今浙江杭州)人，明末清初文学家，“西泠十子”之一。与毛奇龄、毛际可齐名，时称“浙中三毛，文中三豪”。

【原文】

年富力强，却涣散精神，肆应于外。多事无益妨有益，将岁月虚过，才情浪掷。及至晓得收拾精神，近里着己时，而年力向衰，途长日暮，已不堪发愤有为矣。回而思之，真可痛哭！汝等虽在少年，日月易逝，斯言常当猛省。

(《采心集》)

【译文】

(我)年富力强的时候，却精神涣散，随意在外应酬。做了很多于身心无益的事情，将年华虚度、才情浪费。等到知道了要集中精力，想自己做一番事业，将精力收聚回来时，年纪和精力却又不济，就像路途长远而太阳西下，已经不能发奋图强、有所作为了。回想一下，真应该痛哭一场！你们虽然还正当少年，但应当知道岁月易逝，应该经常反思我的这些话。

◎魏禧《与季弟书》（节选）

魏禧像

魏禧(1624～1680)，字冰叔，一字凝叔，号裕斋，亦号勺庭先生。江西宁都(今江西宁都)人。明末清初著名的散文家。与侯朝宗、汪琬合称明末清初散文三大家。与兄魏祥、弟魏礼并美，世称“三魏”。三魏与彭士望、林时益、李腾蛟、邱维屏、彭任、曾灿等合称“易堂九子”。魏禧论文主张经世致用、积理、练识，长于策论等以广大胸怀而谋天下之事的文体，同时对其他文体的创作也都有心得，并且写出了煌煌百万字的作品。他的文章多颂扬民族、气节、人事，表现出浓烈的民族意识。他还善于评论古人的业绩，对古人的是非曲直、成败得失都有一定的见解，著有《魏叔子文集》22 卷、《诗集》8 卷、《日录》3 卷、《左传经世》10 卷、《兵谋》1 卷、《兵法》1 卷、《兵迹》12 卷。

【原文】

辛卯月日，客雩二旬。每念吾弟介然不苟，颇以远大相期，圣人所称“刚毅木讷”，庶几近之。但“刚”为美德，吾弟却于此成一“疏”字，生一“褊”字，又渐流一“傲”字。

往时我之督弟甚严，近五六年，见弟立志操行，颇成片段。每欲长养吾弟一段勃然挺然之气，不忍过为折抑，又我每有优柔姑息之病，吾弟常能直言正色，匡我不逮，隐吾畏友，凡细故偶失，多为姑容，使弟不生疑忌，矢直无

讳。坐此两者，故今之督弟甚宽。然我此等即是姑息，欲归为弟畅言。弟且行矣。

弟与人执事，亦颇竭忠，每乏周详之虑；临事时患难险阻都所不避，而不能为先事之计，以为大节无损。诸细行杂务，不留心无大害，然因此失事误人，因以失己者多有之。此则所谓“疏”也。疾恶如仇，辄形辞色；亲友有过，谏而不听，遂薄其人。人轻己者，拂然去之。行有纤毫不遂其志，则抑郁愤闷，不能终朝。此诚褊衷，不可不化。其人庸流也，则以庸流轻之；其人下流也，则以下流绝之。岸然之气，不肯稍为人屈。遂因而不屑一世，凌铄侪辈，长此不悛，矜己傲物，驯致大弊。夫疏则败事，褊则邻于刻薄，傲则绝物而终为物绝，三者皆刚德之害，然皆自刚出之。倘能增美去害，则于古今人中要当自造一诣矣。

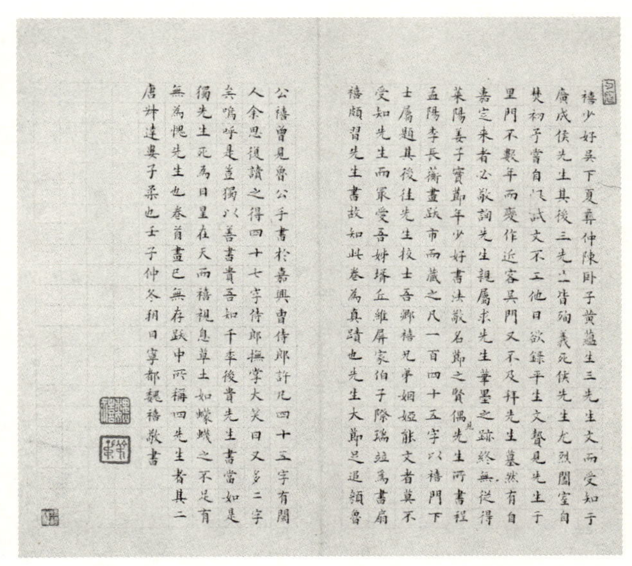

魏禧书法

子夏问孝。子曰：“色难。”先儒以为“有深爱者必有和气，有和气者必有愉色，有愉色者必有婉容”。吾弟之事父兄，动多恭谨，然婉容愉色抑何少也！岂其无深爱耶？盖无学问以化其刚，岸然之气，欲下之而不能下也，弟行勉之矣！

（《魏叔子文集》）

【译文】

辛卯年，我客居粤地已有20来天了，常常想到弟弟你为人耿直、做事谨慎，很期望你有远大的前程，圣人所说的“坚强、果敢、质朴、谨慎”，你也许都做到了；只是“刚”本是一种美好的品德，弟弟你却在这方面变成了一个“疏”字，再变为一个“褊”字，后又慢慢变成了一个“傲”字了。

过去我对你管教很严，最近五六年，我看到你所确立的志趣及操守很有建树和气象，能看出你已是一个完整独立的人了。我常想慢慢培养出你的一腔正气与傲然自立的精神，所以总不忍心过于压制你，再加上我自身常有优柔寡断、迁就纵容的缺点，你总是慷慨直言，神色端正，纠正我的不足，不知不觉之间你就成了我敬重的朋友，大凡小的意外、偶尔的过失，我都会宽容你，让你不会因此而有所犹豫、顾忌，能正直做人而又无所顾虑。因为这两点，所以我现在管教你也还是很宽松的。但我这样做就是一种纵容，很想回去跟你畅叙一番。

你和别人一同做事，也是尽心尽职的，但常常缺乏周全的考虑；遇事时你从不回避艰难险阻，却不能事先考虑清楚，总认为这样做不会损害大的原则。不关注日常事务中的细节之处，似乎并不会有太大的危害，但因此而做错了事贻误他人，从而又害了自己的事是常常有的。这就是我所说的“疏”。你恨世间恶事，视如仇敌，总是表现在言辞和脸色上；亲朋好友有了过错，你劝了他们还是不听，于是你就轻看那个人；别人不看重你，你总是很生气地远离他；别人的行为中有一点不如你所愿，你就整天心怀愤恨，郁郁寡欢。这真的是心胸狭窄，你不能不改变。有些人属平庸之辈，你就把他当作平庸之人而轻视人家；有的人地位微贱，你就把他当地位低的人而拒绝往来；你的傲气，总是不肯因为别人而稍稍压制一下。因此，你总是不可一世，欺凌、排斥他人。如果长期这样下去而不戒止，自视甚高而傲视他人，就会逐渐带来大的过错。为人粗疏就要坏事，心胸狭小就会近于刻薄，高傲就会隔绝他人而最终被他人隔绝，这三点都是刚直之德的害处，而皆出于刚直。如果能扬其长避其短，就能在古今之人中独自达到一个新的境界。

子夏向孔子请教孝的问题。孔子说："儿子侍奉父母时容色愉悦是件难事。"先贤们认为"内心有真情的人态度一定会平顺温和，平顺温和的人就一定会有愉悦的气色，有愉悦的气色就一定会有和顺之貌"。我的弟弟对待父兄总是很恭顺谨慎，但是和顺之貌怎么反而这么少见呢？难道你没有快乐，缺少关爱吗？大概是缺少一种学问来柔化你那刚直和高傲的品性，使得你想要谦为人下而又不能，弟弟你多加自勉吧！

◎朱柏庐《朱子治家格言》

朱柏庐像

朱柏庐（1627～1698），原名用纯，字致一，自号柏庐，明末清初江苏昆山县（今江苏昆山）人。著名理学家、教育家。自幼致力于读书，曾考取秀才，志于仕途。清兵入关，明亡，遂不再求取功名，居乡教授学生。康熙曾多次征召，然均拒绝。曾用精楷手写数十本教材并用于教学。潜心研究程朱理学，主张知行并进、躬行实践。康熙年间坚辞博学鸿词之荐，后又坚拒地方官举荐的乡饮大宾。与徐枋、杨无咎号称"吴中三高士"。康熙三十七年（1698）染疾，临终前嘱弟子："学问在性命，事业在忠孝。"著有《删补易经蒙引》《四书讲义》《劝言》《耻耕堂诗文集》《愧讷集》和《毋欺录》等。

《治家格言》（又称《朱子家训》《朱子治家格言》《朱柏庐治家格言》），全文 624 字，文字通俗易懂，内容简明赅备，对仗工整，朗朗上口。问世以来，不胫而走，成为有清一代家喻户晓、脍炙人口的教子治家的经典家训。

【原文】

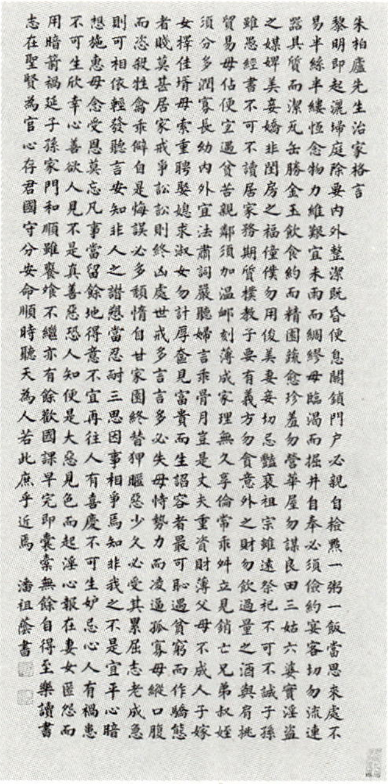

潘祖荫书《朱柏庐治家格言》

潘祖荫（1830～1890），字伯寅，又字东镛、凤笙，江苏吴县（今江苏苏州）人，清咸丰二年（1852）壬子恩科探花，授翰林院编修，历任礼部右侍郎、工部尚书、刑部尚书、兵部尚书、军机大臣。

黎明即起，洒扫庭除，要内外整洁；既昏便息，关锁门户，必亲自检点。一粥一饭，当思来处不易；半丝半缕，恒念物力维艰。宜未雨而绸缪，毋临渴而掘井。自奉必须俭约，宴客切勿流连。器具质而洁，瓦缶胜金玉；饮食约而精，园蔬愈珍馐。勿营华屋，勿谋良田。三姑六婆，实淫盗之媒。婢美妾娇，非闺房之福。童仆勿用俊美，妻妾切忌艳妆。宗祖虽远，祭祀不可不诚；子孙虽愚，经书不可不读。居身务期质朴，教子要有义方。莫贪意外之财，莫饮过量之酒。与肩挑贸易，毋占便宜；见穷苦亲邻，须加温恤。刻薄成家，理无久享；伦常乖舛，立见消亡。兄弟叔侄，须分多润寡；长幼内外，宜法肃辞严。听妇言，乖骨肉，岂是丈夫；重资财，薄父母，不成人子。嫁女择佳婿，毋索重聘；娶媳求淑女，勿计厚奁。见富贵而生谄容者，最可耻；遇贫穷而作骄态者，贱莫甚。居家戒争讼，讼则终凶；处世戒多言，言多必失。勿恃势力而凌逼孤寡，毋贪口腹而恣杀牲禽。乖僻自是，悔误必多；颓惰自甘，家道难成。狎昵恶少，久必受其累；屈志老成，急则可相依。轻听发言，安知非人之谮诉，当忍耐三思；因事相争，焉知非我之不是，须平心暗想。施惠无念，受恩莫忘。凡事当留余地，得意不宜再往。人有喜庆，不可生妒忌心；人有祸患，不可生喜幸心。善欲人见，不是真善；恶恐人知，便是大恶。见色而起淫心，报在妻女；匿怨而用暗箭，祸延子孙。家门和顺，虽饔飧不继，亦有余欢；国课早完，即囊橐无余，自

得至乐。读书志在圣贤，非徒科第；为官心存君国，岂计身家？守分安命，顺时听天。为人若此，庶乎近焉。

（《东听雨堂刊书·儒先训要十四种》）

【译文】

每天黎明时分就要起床，先用水洒湿庭堂内外的地面，然后扫除，使庭堂内外整洁；到了黄昏便要休息，亲自查看一下要关锁的门户。对于一顿粥或一顿饭，我们应当想着来之不易；对于衣服的半根丝或半条线，我们也要常念着这些物资的产生是很艰难的。凡事要先做好准备，就像没下雨的时候要先把房子修补完善，不要到了口渴的时候才来掘井。自己生活上必须节约，聚会在一起吃饭时切勿流连忘返。餐具质朴而干净，虽是用泥土做的瓦器，也比金玉制的好；食品节约而精美，虽是园里种的蔬菜，也胜过山珍海味。不要营造华丽的房屋，不要购买良好的田园。社会上从事不正当职业的女人，都是淫秽和盗窃的媒介；美丽的婢女和娇艳的姬妾，不是家庭的幸福征兆。家僮、奴仆，不可雇用英俊美貌的，妻、妾切不可有艳丽的妆饰。祖宗虽然离我们时间久远，祭祀却仍要虔诚；子孙即使愚笨，教育他们也是不容怠慢的。生活要节俭，以做人的正道来教育子孙。不要贪恋不属于你的财物，不要喝过量的酒。和做小生意的挑贩们交易，不要占他们的便宜；看到穷苦的亲戚或邻居，要关心他们，并且要给他们金钱或其他的援助。靠对人刻薄而发家的，绝没有长久享受的道理；行事违背伦常的人，很快就会灭亡。兄弟叔侄之间要互相帮助，承担的责任要大，获取的回报要少；一个家庭要有严正的规矩，长辈对晚辈言辞应庄重。听信妇人挑拨，而伤了骨肉之情，哪里配做一个大丈夫呢？看重钱财，而薄待父母，不是为人子女的道理。嫁女儿，要为她选择贤良的夫婿，不要索取贵重的聘礼；娶媳妇，须求贤淑的女子，不要贪图丰厚的嫁妆。看到富贵的人，便做出巴结讨好的样子，是最可耻的；遇着贫穷的人，便摆出骄傲的态度，没有比这更鄙贱的。居家过日子，禁止争斗诉讼，一旦争斗诉讼，无论胜败，结果都不吉祥；处世不可多说话，话说多了，一定会有过失。不可用势力来欺凌

黎明即起灑掃庭除要內外整潔既昏便息關鎖門戶必親自檢點一粥一飯當思來處不易半絲半縷恒念物力維艱宜未雨而綢繆勿臨渴而掘井自奉必須儉約宴客切勿流連器具質而潔瓦缶勝金玉飲食約而精園蔬愈珍饈勿營華屋勿謀良田三姑六婆實淫盜之媒婢美妾嬌非閨房之福奴僕勿用俊美妻妾切忌豔妝祖宗雖遠祭祀不

可不誠子孫雖愚經書不可不讀居身務期質樸教子要有義方勿貪意外之財無飲過量之酒與肩挑貿易勿佔便宜見貧苦親鄰須多溫卹刻薄成家禮無久享倫常乖舛立見消亡兄弟叔姪須分多潤寡長幼內外宜法肅辭嚴聽婦言乖骨肉豈是丈夫重資財薄父母不成人子嫁女擇佳婿勿索重聘娶媳求淑女勿計厚奩見富貴而生諂容者

最可恥遇貧窮而作驕態者賤莫甚居家戒爭訟訟則終凶處世戒多言言多必失毋恃勢力而凌逼孤寡毋貪口腹而恣殺生禽乖僻自是悔悞必多頹惰自甘家道難成狎暱惡少久必受其累屈志老成急則可相依輕聽發言安知非人之譖愬當忍耐三思因事相爭安知非我之不是須平心暗想施惠勿念受恩莫忘凡事當留餘地得意不宜再

往人有喜慶不可生妒忌心人有禍患不可生喜幸心善欲人見不是真善惡恐人知便是大惡見色而起淫心報在妻女匿怨而用暗箭禍延子孫家門和順雖饔飧不繼亦有餘歡國課早完即囊橐無餘自得至樂讀書志在聖賢為官心存君國守分安命順時聽天為人若此庶乎近焉

朱柏廬先生治家格言

王壽彭

王寿彭书《朱柏庐治家格言》

孤儿寡妇，不要贪口腹之欲而任意地宰杀牛、羊、鸡、鸭等动物。性格古怪、自以为是的人，必会因常常做错事而懊悔；颓废懒惰，沉溺不悟，是难以成家立业的。亲近不良的少年，日子久了，必然会受牵累；恭敬自谦，虚心地与那些阅历多而善于处事的人交往，遇到急难的时候，就可以受到他们的指导或帮助。他人说长道短，不可轻信，要再三思考。因为你怎么知道他不是来说人坏话的呢？因事相争，要冷静反省自己，因为你怎么知道不是自己的过错？对人施了恩惠，不要记在心里；受了他人的恩惠，一定要常记在心。无论做什么事，当留有余地；得意以后，就要知足，不应该再进一步。他人有了喜庆的事情，不可有妒忌之心；他人有了祸患，不可有幸灾乐祸之心。做了好事，而想让他人看见，就不是真正的善人。做了坏事，而怕他人知道，就是真的恶人。看到美貌的女性而起邪心的，将来会报应在自己的妻子儿女身上；怀怨在心而暗中伤害人的，将会替自己的子孙留下祸根。家里和气平安，虽缺衣少食，也觉得快乐；尽快缴完赋税，即使口袋所剩无余，也自得其乐。读圣贤书，目的在于学习圣贤的行为，不只为了科举及第；做一个官吏，要有忠君爱国的思想，怎么可以考虑自己和家人的享受？我们守住本分，努力工作、生活，上天自有安排。如果能够这样做人，那就差不多和圣贤做人的道理相合了。

◎陆陇其《示子弟帖》

陆陇其（1630～1692），原名龙其，因避讳改名陇其，谱名世穮，字稼书，浙江平湖人，学者称其为当湖先生，清代理学家。康熙九年（1670）进士，历官江南嘉定、直隶灵寿知县、四川道监察御史等，时称“循吏”。其离任时，只有图书几卷及妻子的织机一部。学术专宗朱熹，排斥陆王，被清廷誉为“本朝理学儒臣第一”，与陆世仪并称“二陆”。康熙三十一年（1692）去世。乾隆元年（1736），追谥为“清献”，加赠内阁学士兼礼部侍郎衔，从祀孔庙。著有《困勉录》《读书志疑》《三鱼堂文集》等。

陆陇其像

【原文】

我虽在京，深以汝读书为念。非欲汝读书取富贵，实欲汝读书明白圣贤道理，免为流俗之人。读书做人，不是两件事。将所读之书，句句体贴到自己身上来，便是做人的法。如此，方叫得能读书人。……读书必以精熟为贵。我前见你读《诗经》《礼记》，皆不能成诵。圣贤经传，与滥时文不同，岂可如此草草读过？此皆欲速而不精之故。欲速是读书第一大病。工夫只在绵密不间断，不在速也。能不间断，则一日所读虽不多，日积月累，自然充足。若刻刻欲速，则刻刻做潦草工夫，此终身不能成功之道也。方做举业，虽不能不看时文，然时文只当将数十篇，看其规矩格式，不必将十分全力，尽用于此。若读经、读古文，此是根本工夫。根本有得，则时文亦自然长进。千言万语，总之读书，要将圣贤有用之书为本，而勿但知有时文。要循序渐进，而勿欲速。要体贴到自身上，而勿徒视为取功名之具。能念吾言，虽隔三千里，犹对面也。慎毋忽之。

汝读书，要用心，又不可性急。“熟读精思，循序渐进”，此八个字，朱子教人读书法也，当谨守之。又要思读书要何用。古人教人读书，是欲其将圣贤言语，身体力行，非欲其空读也。凡日间一言一动，须自省察，曰：“此合于圣贤之言乎，不合于圣贤之言乎？”苟有不合，须痛自改易。如此，方是真读书人。至若《左传》一书，其中有好不好两样人在内。读时，务要分别。见一好人，须起爱慕的念，我必欲学他。见一不好的人，须起疾恶的念，我断不可学他。如此，方是真读《左传》的人。这便是学圣贤工夫。

汝到家，不知作何光景。须将圣贤道理，时时放在胸中。……日间须用一二个时辰工夫，在四书上。……先将一节书，反复细看，看得十分明白毫无疑了，方及次节，如此循序渐进，积久自然触处贯通。此根本工夫，不可不及早做去。次用一二个时辰，将读过书，挨次温习。不可专读生书，忘却看书温书两事也。目前既未有师友，须自家将工夫限定，方不至优忽过日。努力努力。

科场一时未能得手，此不足病。因此能奋发自励，焉知将来不冠多士。

但患学不足，不患无际遇也，目下用功，不比场前要多作文，须以看书为急。每日应将“四书”一二章，潜心玩味，不可一字放过。先将白文自理会一番，次看本注，次看大全，次看蒙引，次看存疑，次看浅说。如此做工夫，一部“四书”既明，读他书，便势如破竹。时文不必多读，而自会做。至于诸经，皆学者所当用力。今人只专守一经，而于他经，则视为没要紧，此学问所以日陋。今贤昆仲当立一志，必欲尽通诸经。

自本经而外，未读者宜渐读，已读者当温习讲究。诸经尽通，方成得一个学者。然此犹只是致知之事。圣贤之学，不贵能知而贵能行。须将《小学》一书，逐句在自己身上省察，日间动静，能与此合否。少有不合，便须愧耻，不可以俗人自待。在长安中，尤不宜轻易出门。恐外边习气不好，不知不觉，被其引诱也。胸中能浸灌于圣贤之道，则引诱不动矣。

（清·陆宏谋《五种遗规·养正遗规补编》）

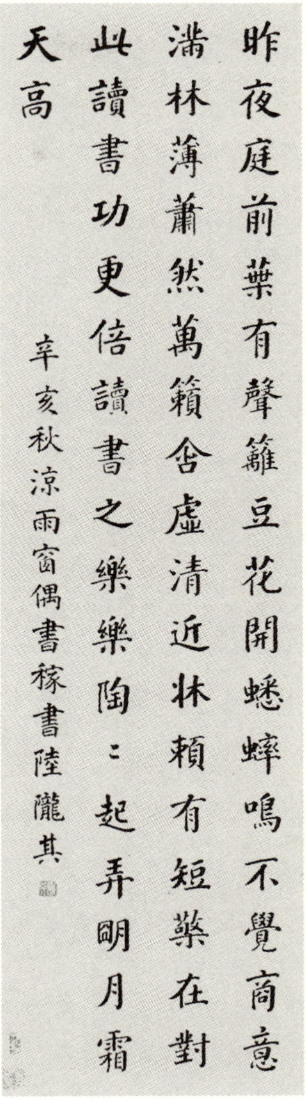

陆陇其书法（一）

【译文】

我虽然在京城，也深深挂念你读书的事。不是要你读书以求取富贵，实在是想要你读书以明白圣贤的道理，免得沦为流俗的人。读书和做人，不是两回事。将所读的书，句句联系、落实到自身上来，就是做人的方法。像这样，才能称得上是读书人。……读书必须以精读、熟读为贵。我以前看见你读《诗经》《礼记》，都不能够熟读成诵。圣贤们所做的经传书籍，与数量众多的时文不同，怎么可以如此草草阅读呢？这都是想速成而导致不

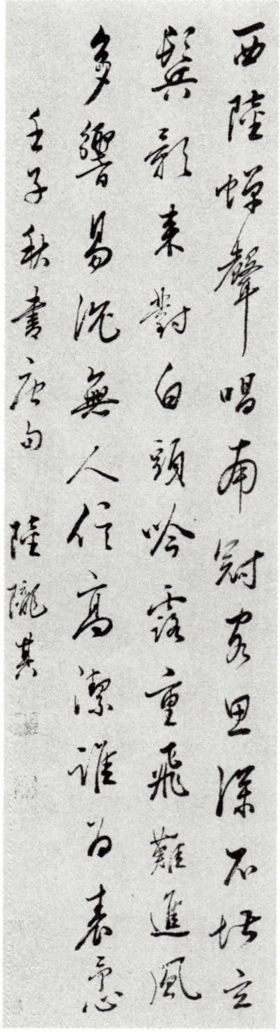

陆陇其书法（二）

够精深的原因。想速成是读书的第一大弊病。读书的工夫在于绵密不间断，不在于速度。能够不间断地读，那么一天所读的书即使不多，日积月累，也自然收获丰足。如果时时都追求速度，那就时时马马虎虎做事，这样做终生也不能成功。你刚刚做举人，虽然不能不看时文，但看时文只应当选取几十篇，观看它的规律、要求及格式，没必要把全部精力都用于读这类文章上。读经、读古文，这是做学问最根本的工夫。在根本上有收获，那么时文自然也就有长进。千言万语归结起来，读书要把圣贤们有用的书籍作为根本，而不是只知道有时文。读书要循序渐进，而不要急于求成。要将书中学识联系到自己身上，而不是仅仅把它看作求取功名的工具。如果你能够记住我的话，即使我们相隔几千里，也好像面对面一样。千万不要忽视我的话。

你读书，一定要用心，不可以性情急躁。“熟读精思，循序渐进”这八个字，是朱熹教人读书的方法，你应当牢牢记住。要思考读书是用来干什么的。古代人教人读书，是要人们将圣贤的言语理论亲自实践，而不是要人们空读书而已。凡是平日里的一言一行，都要进行自我反思，问：“自己的言行是合乎圣贤之言，还是不合乎圣贤之言？”如果有不能吻合的地方，自己就需要痛下决心加以改正。这样才是真正的读书人。至于《左传》这本书，其中有好与不好两种人在内。读它的时候，务必加以分别。见到书中的好人，要有仰慕的念头，自己一定要学习他。见到书中不好的人，要有痛恨、厌恶的念头，警戒自己千万不能学他，这样才是真正读《左传》的人。这就是学习圣贤的工夫。

你到家之后，不知现在是一种什么情景。一定要将圣贤们的道理时刻

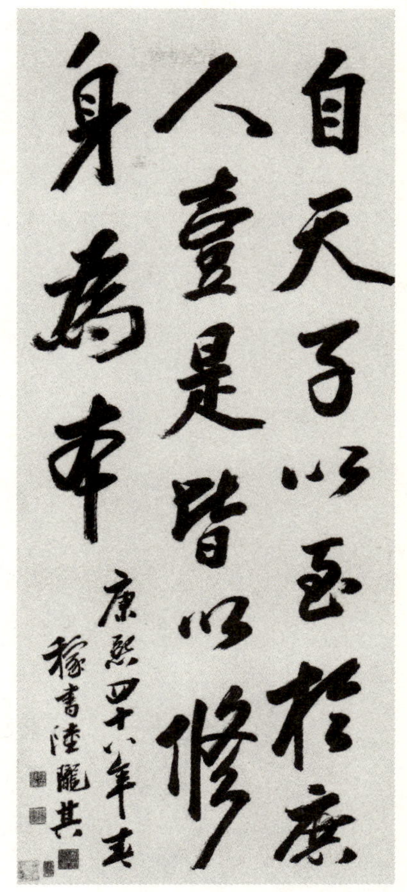

陆陇其书法（三）

放在自己心中。……应该每天拿一两个时辰的时间放在读“四书”上。……先将一节书反复地细读，读得十分明白毫无疑问了，再读下面的章节，这样循序渐进，积累时间长了自然融会贯通。这是最根本的工夫，不能不尽早去做。每天还要用一两个时辰，把读过的书依次温习。不要专门读没读过的书，而忘记了读书和温习书籍是两回事。你现在既然还没有师友，就需要自己将要下的工夫规划好，才不至于浪费时间。

科举考试一时没有成功，这不是什么值得忧虑的事。能借此奋发图强自我勉励，怎么知道将来不会超过众人。只担心学习不足，不担心没有机遇，眼下要下工夫的，和考前要多作文章不同，应该把读书作为最重要的事情。每天应将“四书”的一两个章节潜心研究，不可轻易放过一个字。自己先将原文理解一遍，再读注释文字，再读全面介绍的文字，再读引用的文字，再读有疑问的地方，再读人们的评论。如此下工夫，一部“四书”读通之后，再读其他的书，便势如破竹。时文不必多读，也自然就会作了。至于其他的经典书籍，都是学习者应当尽力研读的。现在的人们往往只专注于一本经典书籍，而对于其他的经典，则看作是没什么要紧的，这就是人们的学问一天天浅陋的原因。现在你应当立下一个志向，一定要通晓几种经典。

在经典书籍之外，没有读过的书要多读，已经读过的书要温习、探究。各种经典书籍都通晓之后，才能成为一个学者。然而这还只是增加学识的事情。圣贤们的学说,不以能够知道为贵而是以能够实行为贵。应该将《小学》这一本书的内容,逐句在自己身上反思观察,看每日的一动一静,能否和这些内容相吻合。稍微有不吻合的地方,便应该感到羞愧可耻,不能以俗人的标准来看待自己。在长安城中,尤其不宜轻易出门。只怕外边的风气不好,不知不觉,就会被不好的风气引诱。如果心中充满了圣贤之道,那么外界的不良风气就引诱不了了。

◎张英《聪训斋语》(节选)

张英像

张英(1637～1708),字敦复,号乐圃,又号倦圃翁,安徽桐城人。康熙六年(1667)进士,选庶吉士,累官至文华殿大学士兼礼部尚书。先后充任纂修《国史》《一统志》《渊鉴类函》《政治典训》《平定朔漠方略》总裁官。康熙年间,张英的老家人与邻居吴家在宅基的问题上发生了争执,因两家宅地都是祖上基业,时间又久远,对于宅界谁也不肯相让。双方将官司打到县衙,又因双方都是官位显赫的名门望族,县官也不敢轻易决断。于是张家人千里传书到京城求救。张英收书后批诗一首云:"一纸书来只为墙,让他三尺又何妨。长城万里今犹在,不见当年秦始皇。"张家人豁然开朗,退让了三尺。吴家见状深受感动,也让出三尺,形成了一个六尺宽的巷子。

【原文】

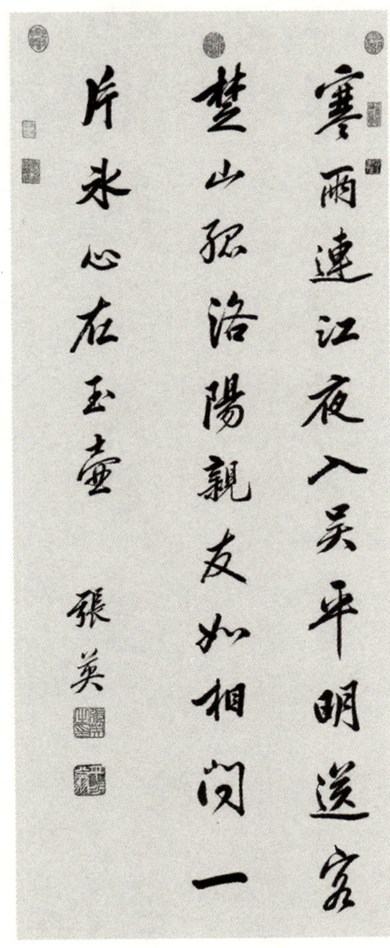

张英书法（一）

人生必厚重沉静，而后为载福之器。王谢子弟席丰履厚，田庐仆役无一不具，且为人所敬礼，无有轻忽之者。视寒畯之士，终年授读，远离家室，唇燥吻枯，仅博束脩数金，仰事俯育咸取诸此。应试则徒步而往，风雨泥淖，一步三叹；……凡此情形，皆汝辈所习见。仕宦子弟则乘舆驱肥，即僮仆亦无徒行者，岂非福耶？古人云：“予之齿者去其角，与之翼者两其足。”天地造物，必无两全。汝辈既享席丰履厚之福，又思事事周全，揆诸天道，岂不诚难？惟有敦厚谦谨，慎言守礼，不可与寒士同一感慨欷歔，放言高论，怨天尤人，庶不为造物鬼神所呵责也。……

古称仕宦之家，如再实之木，其根必伤，旨哉斯言，可为深鉴。世家子弟，其修行立名之难，较寒士百倍。何以故？人之当面待之者，万不能如寒士之古道。小有失检，谁肯面斥其非？微有骄盈，谁肯深规其过？幼而骄惯，为亲戚之所优容；长而习成，为朋友之所谅恕。至于利交而谄，相诱以为非，势交而谀，相倚而作慝者，又无论矣。人之背后称之者，万不能如寒士之直道。或偶誉其才品，而虑人笑其逢迎；或心赏其文章，而疑人鄙其势利。……故富贵子弟，人之当面待之也恒恕，而背后责之也恒深，如此则何由知其过失，而显其名誉乎？

故世家子弟，其谨饬如寒士，其俭素如寒士，其谦冲小心如寒士，其读书勤苦如寒士，其乐闻规劝如寒士，如此则自视亦已足矣。而不知人之称之者，尚不能如寒士，必也谨饬倍于寒士，俭素倍于寒士，谦冲小心倍于寒士，读书勤苦倍于寒士，乐闻规劝倍于寒士；然后人之视之也，仅得与寒士等。今人稍稍能谨饬俭素，谦下勤苦，人不见称，则曰："世道不古，世家子弟难做。"此未深明于人情物理之故者也。

我愿汝曹常以席丰履盛为可危可虑、难处难全之地。人有非之责之者，遇之不以礼者，则平心和气，思所处之时势，彼之施于我者，应该如此，原非过当。即我所行十分全是，无一毫非理，彼尚在可恕。况我岂能全是乎？

（《聪训斋话》卷一）

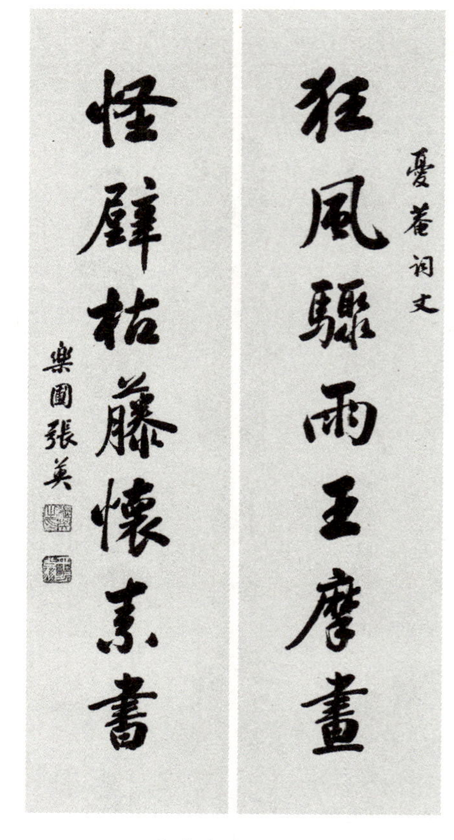

张英书法（二）

【译文】

做人要品性敦厚、做事稳重，然后才能够成为承受福德的人。王导、谢安的子弟们凭借祖先留下的丰厚遗产享受荣华的生活，田地、房产、佣人没有不拥有的，并且受人敬仰礼遇，没有人轻视他们。看那些住在乡野的清寒读书人，他们给别人教书，终年在外奔波，累得口干舌燥，也仅仅挣取微薄的酬金，还要依靠这些酬金赡养父母、抚育孩子；如果出门应试，他们只能徒步前往，遇到风雨天气，道路泥泞不堪，一步三叹……这些人艰苦的生活情境都是你们常见的呀！富贵人家的子弟出门就坐车骑马，即便是仆人也没有步行的，这难道不是一种福分吗？古人说："天生利齿的动物，头上就不长角；拥有双翅的动物，就只长两只脚。"天地造物不可能两全其美。你们既享受到了祖先的福德，又想什么事都能全面得到满足，拿天理来衡量，恐怕也太难了吧？你们只有敦厚谦恭，谨慎发言，遵守礼节，不要像那些清贫之士一样感叹，随意高谈阔论，怨天尤人，只有这样严格要求自己，恐怕才不会被造物的鬼神们呵斥责备啊！……

古人说过，世代做官的人家就好像一年内两次结果实的树木，树根一定会受到损伤。这句话非常重要，可要当作警示语。世家子弟想树立好名声，难度是清贫之士的一百倍。为什么呢？因为当面对待你的人绝不可能像对待清贫之士那样坦白正直。你有缺点，谁愿意当面给你指出来？你骄傲自满，谁愿意直接批评你？小时娇生惯养，有缺点，家人宽容你；长大后有了坏习惯，朋友原谅你。至于那些因利益和你交往，谄媚诱惑你做坏事的人，或者那些巴结你，引诱你狼狈为奸的人，又另当别论了。即使有背后称赞你的，也远不如称赞清贫之士那样直接。有人想赞美你的才能、品德，又怕别人嘲笑他是奉承你；想赞美你的文章，又担心别人说他势利而看不起他。……因此，富贵人家的子弟，人们当面对待你常常很宽容，但在背后要求你往往很苛刻。在这种情况下，你靠什么发现自己的不足而彰显自己的好名声呢？

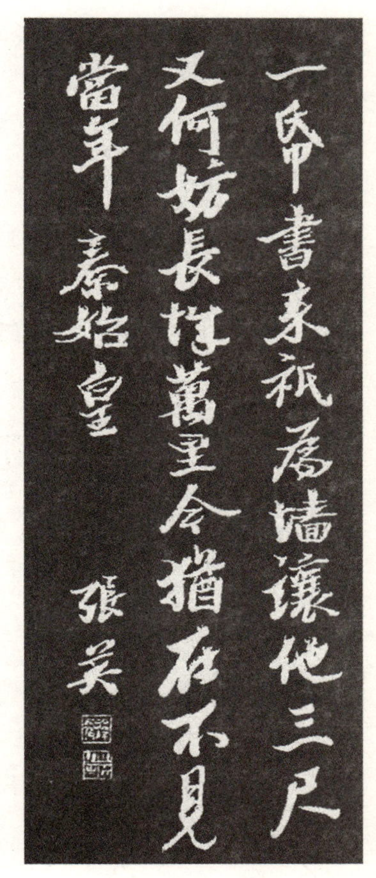

张英书法（三）

所以世家子弟，有的也像清贫之士一样谨慎检点、朴素节俭、勤奋读书、虚心接受批评，并且自己认为这样严格要求自己已经够好了，却不知大家还是不能像对清贫之士那样公开地赞美你。你们一定要加倍谨慎、节俭、勤奋、虚心，这样做了以后，别人才能像对待清贫之士那样对待你。如今你们稍微谨慎简朴、虚心勤奋些，没有受到别人的称赞，就感叹：“世风不如从前，富贵人家的子弟难做。”这就是你们没有真正明白人情事理的缘故啊。

我希望你们把凭借祖先的遗德享受的荣华富贵作为时常担心失去、难以长久保全的境遇。有苛求责备的人，你也要心平气和地对待他，想想平时享受到的优厚待遇，他们这样对待我们原本也不过分。即使我们做的事情周到完美、符合道理，对他们的苛求责备也要宽恕。何况我们还没有做到十全十美呢？

◎梅文鼎《送仲弟文鼐入城读书序》

梅文鼎（1633～1721），字定九，别号勿庵，宣州（今安徽宣城）人。清初著名的天文学家、数学家，为清代“历算第一名家”和“开山之祖”。他毕生不为科举，无意仕途，讲求经世致用之学，精研天文历数，制作测算仪器，为此废寝忘食40年。康熙皇帝召见他后说：“历象算法，我最留心。这方面的学问，今天懂得的人不多，像梅文鼎这样精于此学的人，其实是很少见了。”一时在士林中传为佳话。他治学不问中西古今，认为“法有可采，何论东西；理有所明，何分新旧”，一概以科学为准绳。他一生著作80余种，其中天文学62种、数学26种，在清代被誉为“国朝数学第一”。

【原文】

境苦乐无常，人心为之也。适千里者百里跬步，适万里者千里门庭，闭户光生，瞻户外屦，惊跋涉矣。夏日中天，行者望扶苏一木，趋而憩之，如清凉国。重檐广厦，铺簟当风，侍者交扇，喘若吴牛。夫一木不凉于广厦，户外不远于千里，心之所存，境从而变，天下事大抵然也。夫贵者方以冕组为桎

梏，或注意林下；富者方以多财为祸患，而朵颐灵龟。苟其地易，彼此交羡，若乐庸有定乎？童稚妇女之謦咳，门以外之剥啄，偶接于耳而乱人心者，意相关也。号叫怒詈，鞭笞击斗之纷拿，杂然吾目而无所于动者，于意无涉也。故心有所忧，静乃成喧，及其既安，闹转成寂。存系者在远犹亲，专营者视物无睹。君子素位而行，无人不自得。若必待日用所需，种种具足，远离尘俗，遗世独立，乃始毕力为吾所欲为，自少逮老，安所得此闲旷之时与地而用之耶？吾观古人之著作，多出穷愁无聊之极，至有受书囹圄、执卷马上者，彼其人宁独异乎？昔伯牙学琴既成，其师引而之穷岛无人之境，天风海涛，呼吸震荡，伯牙顿叹其师之移我情也。吾弟此行，若能凝乃神，笃乃虑，寝食梦寐，惟书是求，则断简残编，无往非治境治心之要。发为文章，必光明雄骏。向来心境，日以变化。此郡城一席地，命曰“天风海涛”，可矣！

（《绩学堂文钞》）

【译文】

苦与乐没有一定的规律，因为每个人的心情随着不同的境遇而变化。走千里的人，走完百里只当刚走半步；走万里的人，走完千里只当刚出门庭；关起门来满屋生辉，看见门外的鞋子，也会害怕长途奔波。夏天烈日当空，走路的人看到一棵枝叶繁茂的树，便会赶紧走过去休息，好像到了清凉国。重叠宽敞的高楼大厦，当风铺着竹席，侍奉的人交相摇扇子，好像吴地的牛一样喘不过气来。一棵树不比高楼大厦风凉，门外面不比千山万水遥远，可是有怎样的环境就有怎样的心情，天下的事情大抵如此吧！显贵的人以戴官帽为受束缚，想隐退山中；富豪的人以财多为祸患，问灵龟吉凶。如果改变地位，彼此互相羡慕，那么苦乐还需要有确定的标准吗？妇女儿童的言笑咳嗽，外面的敲门声，偶尔听到也会扰乱心中的宁静，这是因为和自己的心境有关；面对着号叫怒骂及鞭笞击斗的纷扰，却无动于衷，这是因为和自己的心境无关。所以心一旦被扰乱，宁静也会变成喧闹，一经安定下来，喧闹也会变成寂静。存心牵挂的即远而近，专心一致的视而不见。君子依照平日的样子去做，就没有人不自得。如果一定要等待日用所需要的样样具备，远离尘世，超然独立于人世之外，然后才开始全力去做自己想做的事，那么从小找到老，去哪里去找到这种空闲的时间和地方？我看古人的著作，多写自己穷愁、无聊之极的东西，甚至有在监牢里受教、在马背上读书的，这些人难道有什么特别不同的吗？昔日伯牙学成琴艺，老师把他带到一个没有人烟的岛上，狂风海涛大作，连呼吸都受到震荡，伯牙顿时感叹老师在转变自己的情操。弟弟你此次入郡城求学，如果能聚精会神，集中思想去求索，无论吃饭还是睡觉，想到的都是读书，那么即使是残缺不全的书籍，也都是提高自己情怀的要素。随感而发的文章，必然光明熊劲。人的心境向来是随着时间而变化。如果你能把握上述要点，那么这郡城的一席之地就可称为“天风海涛”了！

◎万斯同《与从子贞一书》

万斯同像

万斯同（1638～1702），字季野，号石园，门生私谥贞文先生，浙江鄞县（今宁波鄞州）人，清初著名史学家。师事黄宗羲。康熙间荐博学鸿词科，不就。精史学，以布衣参与编修《明史》，前后19年，不署衔，不受俸。《明史稿》500卷，皆其手定。著有《历代史表》《纪元汇考》《儒林宗派》《群书辩疑》《石园诗文集》等。

【原文】

夫吾之所谓经世者，非因时补救，如今所谓经济云尔也。将尽取古今经国之大猷，而一一详究其始末，斟酌其确当，定为一代之规模，使今日坐而言者，他日可以行耳。若谓儒者自有切身之学，而经济非所务，彼将以治国平天下之业，非圣贤学问中事哉！是何自待之薄，而视圣学之小也。……吾窃怪今之学者，其下者既溺志于诗文，而不知经济为何事；其稍知振拔者，则以古文为极轨，而未尝以天下为念；其为圣贤之学者，又往往疏于经世，见以为粗迹而不欲为。于是学术与经济，遂判然分为两途，而天下始无真儒矣，而天下始无善治矣。呜呼！岂知救时济世，固孔、孟之家法，而己饥己溺若纳沟中，固圣贤学问之本领也哉。

吾非敢自谓能此者，特以吾子之才志可与语此，故不惮冒天下之讥而为是言。愿暂辍古文之学，而专意从事于此。使古今之典章法制灿然于胸中，而经纬条贯，实可建万世之长策。他日用则为帝王师，不用则著书名山，为后世法，始为儒者之实学，而吾亦俯仰于天地之间而无愧矣。苟徒竭一生之精力于古文，以蕲不朽于后世，纵使文实可传，亦无益于天地生民之数，又何论其未必可传者耶？况由此力学不为无用之空言，他日发为文章，必更有卓然不群者，又未始非学古文者之事也。吾子其尚从吾言，而无溺于旧学，幸甚！幸甚！

（《石园文集》卷七）

【译文】

我所说的经世，不是补救不同时期的弊政，而是如今所说的治理国家罢了。我将尽力搜集古今治国的雄才伟略，并逐一加以详细研究，弄清它的始末缘由，斟酌它的确切含义，这样一定能成为一代的楷模，使今天坐下来学习研究的人，日后可以实践和效法。如果说读书人只从事与自己密切相关的学问，而学习治国安民之术不是自己的事，那岂不是不将治理国家、平定天下当作圣贤学问中的大事了吗？这是多么慢待自己而小看圣贤之学啊？……我曾经暗地里责备如今的读书人，他们既已矢志酷爱诗文，又不知经国济世是怎么一回事；其中稍有知道振作进取的，就以古文为准则，而不曾以天下安然为念；他们是圣贤的门徒，却又往往疏忽治国的大业，又不愿去做他们认为是粗俗的事。于是学术与治国，就截然分为两路，天下再也没有真正的儒学了，也就没有善于治国的人才了。他们哪里知道救时济世本来就是孔、孟所倡导的学术理论和治学方法，而自己忍饥挨饿，沉迷不悟，好像把自己纳入沟壑之中，这本来也是圣贤学问的本领啊！

我不敢说自己是能这样做的人，只是就你的才华、志向同你谈这番道理，因此我不怕天下人讥笑而发表上述言论。希望你暂停古文的学习，而一心一意学习治国之策。将古今的典章存于心，贯通南北，实际上堪称万世之策。他日被启用就能做帝王的老师，不被启用就隐居名山著书立说，为后世师法，这才是真正的儒家学说，而我在天地之间也就无愧了。如果白白地竭尽毕生精力于古文，以香草之名不朽于后世，即使文章确实可以传世，也无益于天地生民的命运，又何况你的文章未必可以传世呢？况且由此努力做学问，不发无用的空谈，他日发为文章，必定更有卓然不群之风，这又不是那些曾经不学古文的人做得出来的。我的孩子，你如果听从我的劝导，而没有沉溺于旧学，万幸，万幸！

◎许汝霖《德星堂家订》（节选）

许汝霖像

许汝霖（1638～1720），原名汝龙，字时庵，号且然，浙江海宁硖石（今浙江海宁）人。康熙二十一年（1682）进士，入庶吉士。历任礼部侍郎、吏部侍郎，晋升礼部尚书兼理吏部，后告归，筑也园于硖石镇东南河。康熙曾亲书“清慎勤”三个大字，亲赐其御制匾额，并传谕：“卿居官三十年，并无小过，此去可称完人矣！”以嘉奖他的清廉公正、谨慎勤政，一时间朝野轰动，上下盛誉。所著之《德星堂家订》成为中华优秀家训之典范。

康熙五十年（1711）五月，许汝霖自礼部尚书任上致仕，在由京师返回故土的途中拟定了《德星堂家订》。《德星堂家订》分为序篇、宴会篇、衣服篇、嫁娶篇、凶丧篇、安葬篇、祭祀篇七个部分，全篇共 2617 字。从宴会、着装、嫁娶、凶丧、安葬、祭祀等日常生活方面，为后代子孙及族人立下严格的家规。本书选入了其中的序篇、宴会篇、衣服篇、嫁娶篇。

《德星堂家订》的精神内核主要体现为三方面：一是俭为贵。例如宴会时“燕窝、鱼翅之类，概从禁绝”，穿衣尽可“旧衣楚楚”，嫁娶应“一切从简”“总宜简约”。二是孝为本。追先念切，心怀敬畏，破除陋习。三是重清廉。“传前人之清白，不坠家声”，要求后人保持清正廉洁的品行，传承清白家风。

序　篇

【原文】

窃闻学贵治生，谊先敦本，维风厉行，宁俭毋奢。方今物力惟艰，人情不古，竞纷华于日用，动辄逾闲，勉追报于所生，事多违礼，习而不返，长此安穷？不揣迂疏，谬抒臆见，黜浮崇雅，敢云率俗于淳庞，慎始虑终，聊欲饬躬于轨物。爰陈数则，用质同心。

【译文】

我听说学问贵在能谋生计，培养好的道德行为要先抓住根本，维护良好的社会风气要雷厉风行，宁可节俭，不要奢侈。当今物力艰难，人情不如从前，人们在生活日用方面竞相奢华，动不动就好逸恶劳，追求生活上的享受，许多事情违背了礼义，坏的习惯形成了就很难改正，长期这样，什么时候能结束呢？我不避自己的迂腐和粗疏，提出不成熟的主张，废除浮华，崇尚高雅，敢于在众贤面前说出平庸的观点，经反复慎重考虑，姑且想在道德规范和礼节方面整治自身。于是陈述这些，与志同道合者一起探讨。

宴会篇

【原文】

酒以合欢，岂容乱德！燕以洽礼，宁事浮文？乃风俗日漓，而奢侈倍甚。簋则大缶旧瓷，务矜富丽；菜则山珍海错，更极新奇。一席之设，产费中人；竟日之需，瓶罄半载。不惟暴殄，兼至伤残。

尝与诸同事公订：如宴当事，贺新婚，偶然之举，品仍十二。除此以外，俱遵五簋，继以八碟。鱼、肉、鸡、鸭，随地而产者，方列于筵。燕窝、鱼翅之类，概从禁绝。桃、李、菱、藕，随时而具者，方陈于席。……如此省约，何等便安！

【译文】

欢庆时才喝酒，怎能容忍用酒扰乱德行！宴席是用来相互商讨道德规范的，难道是供人夸夸其谈的地方吗？然而风俗日益败落，奢侈更加严重。酒具是大瓦器和古瓷器，追求豪华富丽；菜是山珍海味，更加新奇。置办一桌酒席，耗费中产之家一年的收入；为满足一天的需要，酒壶空了大半年。这不只是浪费了食物，甚至于伤害了自己的身体。

我曾与各位同事一起订立规矩：比如宴请重要人物，比如祝贺新婚，偶然举行，菜只上十二种。除此以外，都只吃五簋，随后上菜八碟。鱼、肉、鸡、鸭一类，属于本地产的，才摆到宴席上来。燕窝、鱼翅一类珍贵食物，一律不能上。桃、李、菱、藕一类，如有现成的才放到席上。……这样节省俭约，是多么方便自在！

衣服篇

【原文】

流风易溺，积习难回。居官者，章身不惜夫重价；服贾者，耀富亦羡乎轻裘。朱邸高朋，冠裳济济；青油幕客，裘马翩翩。习以相沿，归而不改。每见贵豪游子，返温和之地，虽暖如寒。致令富厚少年，睹灿丽之陈，趋新忘故。金貂玉鼠，南服偏多；白狸青猞，炎乡不少。偶焉寓目，辄为惊心。……

吾辈既已读书，自当毅然变俗。旧衣楚楚，素履可钦。补被萧萧，高风足式。传前人之清白，不坠家声；贻后嗣以廉隅，永遵世德。抚躬自较，所得孰多？

【译文】

流行的风气容易变得严重，长期积累的习俗难以改变。当官的人，穿衣服不惜花费很多钱；商人穿衣服，炫耀财富，同时又羡慕轻便的毛皮衣服。富贵人家的朋友，衣着光鲜，济济一堂；油头粉面的幕客，穿着毛皮衣服骑在马上风度翩翩。习俗相承，最终也改不了了。常常看到富贵豪门远游而归的子弟，回到了温暖的家乡，虽然天气暖和，但他仍然穿着冬天的衣服。致使一些有钱的少年，见到自身的漂亮衣服已经旧了，便喜新厌旧，追赶时髦。金貂玉鼠的衣服，在南方也偏多；白狸青狳的服装，在炎热的地方也不少。偶尔展现在眼前，总是让人触目惊心。……

我们这些人已经成为读书人，自然应当改变风俗。有的人虽然穿着旧衣鞋，但美观大方的精神面貌值得人们钦佩。有的人虽然用包袱裹着的衣被发白了，但高风亮节足以为人楷模。秉承前人的清白之声，不损害家族的声望；留给后代人以端方不苟的行为和品性，永远遵守世代流传的公德。这两个方面比较一下，看看得到的东西哪一个更多呢？

嫁娶篇

【原文】

伦莫重于婚姻，礼尤严于嫁娶。古人择配，惟卜家声；今则不问门楣，专求贵显。……女家未嫁之先，徒争贿币；男家既娶之后，又责妆奁。彼此相尤，真可浩叹！

亦思古垂六礼，文公家训，合而为三，可知事贵适宜，何烦缛节？但求冗问名，原无浮费。……如职居四民，产仅百亩，聘金不过12，绸缎亦止数端，上之60、80，量增亦可。下则10金、8金，递减无妨。度力随分，彼此俱安。而亲迎之顷，舟车鼓乐，仪从执事，一切从简，总勿徇时。……

若夫女家嫁赠，贫富虽殊，而荆布可风，总宜俭约。纵有厚资，不妨助以田产，资以生息，使为久远之谋。切勿多随臧获，厚饰金珠，徒炫耀于目前，致萧条于日后。至于宗亲世胄，丰俭自有遵裁，赠遗岂敢定限？但求有典有则，可法可传。则所裨于风俗固厚，所贻于儿女亦多矣。不揣葑菲，敢献刍荛。

【译文】

婚姻在伦理中是最重要的，礼仪在嫁娶方面更为严格。古人选择配偶，只看家庭的名声；现在则不问这些，专门追求富贵显荣。……女方在未嫁女之前，只知道索要钱财；男方娶了媳妇之后，又责怪嫁妆太少。双方相互指责怨恨，真令人叹息啊！

我又想到古代流传下来的婚俗六礼，文公家训，合为三礼，可以知道事情贵在适宜，为何要讲究繁文缛节呢？男方只要求使者送信给女方，问其姓名，原本没有不必要的开支。……如果男方的职位在士、农、工、商四民之内，田产仅有百亩，聘金可以不超过 12 两银子，绸缎也只要几匹，银子最多达到 60 两、80 两，数量增加一点也是可以的；最少则 10 两、8 两，减少一点也没有妨碍。这样量力而行，彼此都会相安无事。迎亲的时候，舟车鼓乐、随从和仪仗，一切从简，总的来说不要讲排场。……

如果女方的家庭赠送嫁妆，贫富虽然不同，就是粗布便服也值得赞扬，总应该勤俭节约。即使有丰厚的财产，也不妨以田产相助，资助生活，使这些成为新婚夫妇长久的生活来源。千万不要随从很多的奴婢，身上饰戴丰厚的金钗珠宝，只炫耀于眼前，导致日后萧条。至于宗亲贵族子孙，嫁赠或丰或俭，自然由当事人决定，赠送多少怎么敢确定限额呢？只求有典章、法则，可以效法、流传。这样有益于风俗的东西多了，所留给儿女的也就多了。我不揣浅陋，冒昧地献出自己的浅见。

◎陈廷敬家训

陈廷敬像

陈廷敬（1639～1712），字子端，号说岩，晚号午亭，清代泽州府阳城（今山西晋城阳城）人。顺治十五年（1658）进士，后改为庶吉士。初名敬，因同科考取有同名者，故朝廷给他加上“廷”字，改为廷敬。历任经筵讲官（康熙帝的老师）、工部尚书、户部尚书、文渊阁大学士、刑部尚书、吏部尚书、《康熙字典》总修官等职。他为政清廉，《清史稿》给他以“清勤”的评价。在官居吏部尚书时，陈廷敬曾严饬家人，有行为不端者，有送礼贿赂谋私者，不得放入门来。他到礼部上任，曾立下规矩：“自廷敬始，在部绝请托，禁馈遗。”

动　箴

【原文】

天下之动，凶悔吝何多也。主吉而动，凶悔吝如我何！动以吉，其后有他。我其如凶悔吝何！吉不易为，静以胜之，天下不能有静而无动也。动之其奚宜？《易》称：“几者，动之微”，“知几其神”。惟君子吾与归。

（《阳城历史名人文存·午亭文编》）

【译文】

天下的行动，凶险、灾祸多么多。本着吉利而行动，凶险、灾祸能对我们怎样？根据吉利而行动，而后才有其他。我对凶险、灾祸又能怎样？吉利不容易做到，静静地等待取胜，天下不能只有静而没有动。行动怎样才合适？《易经》说："事物的细微迹象，是行动的萌芽。""了解事物的细微迹象，就像神一样。"我走君子之路。

荀少弟仕于粤，闻其被讦，怛悸连日夜，感怀而作

【原文】

岂因宝玉厌饥寒，愁病如予那自宽？憔悴不堪清镜照，龙钟留与万人看。囊如脱叶风前尽，枕伴栖乌夜未安。凭寄吾宗诸子姓，清贫耐得始求官。

（《阳城历史名人文存·午亭山人第二集》）

陈廷敬书法

【译文】

八弟荀少在广东担任粮驿巡道，知道他被人揭发、攻击，我一连数日感到畏惧、惊恐，有感而作此诗。

怎么能见到宝玉就厌恶饥寒的生活，这使我忧愁多病的身体如何能够放心自宽？面容憔悴不堪，不忍照镜子，但我衰老年迈的样子却敢于留给千万人看！我的钱袋空如落叶可随风飘去，如今枕边栖宿的乌鸦却整夜鸣叫不安。因此，寄语宗族的子孙后辈，只有能够耐得清贫的生活，才有资格去求官。

◎蒲松龄《与诸侄书》

蒲松龄像

蒲松龄(1640～1715)，字留仙，一字剑臣，号柳泉居士，世称聊斋先生，山东淄川(今山东淄博淄川)人，蒙古族。清代著名文学家、短篇小说家。出身书香门第，自幼聪慧，学识渊博，19岁即考得全县第一名，中秀才。然而以后参加科举考试，却屡考不中。尽管其学识名闻乡里，而追求功名却始终没能如愿。直到71岁，才按例补为贡生。蒲松龄一生屡试不第，贫困潦倒，后人用八个字便概括了他的一生：读书、教书、著书、科考。著有文言文短篇小说集《聊斋志异》。郭沫若先生为蒲氏故居题联，赞蒲氏著作“写鬼写妖高人一等，刺贪刺虐入骨三分”，老舍也评价蒲氏“鬼狐有性格，笑骂成文章”。

【原文】

古大将之才，类出天授。然其临敌制胜也，要皆先识兵势虚实，而以避实击虚为百战百胜之法。文士家作文，亦何独不然。盖意乘间则巧，笔翻空则奇，局逆振则险，词旁搜曲引则畅。虽古今名作如林，亦断无攻坚摭实硬铺直写，而其文得佳者。故一题到手，必静相其神理所起止，由实字勘到虚字，更由有字句处，勘到无字句处。既入其中，复周索之上下四旁焉，而题无余蕴矣。及其取于心而注于手也，务于他人所数十百言未尽者，予以数言了之，及其幅穷墨止，反觉有数十百言在其笔下。又于他人数言可了者，予更以数十百言，排荡摇曳而出之。及其幅穷墨止，反觉纸上不多一字。如是又

何等虑文之不理明辞达，神完气足也哉！此则所谓避实击虚之法也。大将军得之以用兵，文人得之以作文。纵横天下，有余力矣。

（《聊斋佚文辑注》）

【译文】

古代大将军的指挥才能，大都是苍天赋予的（实则天才），而他们在打仗时的克敌制胜之道，都是先了解敌兵部署的虚实，以避开重兵把守的地方而攻其虚弱部位，此乃百战百胜之法。文人作文，又何尝不是如此？文章立意，能出人意外则巧；写作风格，能一反平铺则奇；文章结构，能打破常规则险；用词造句，能旁搜曲引则畅。虽然古今名作很多，也断然没有写不出硬写、就事论事、平铺直叙而写出好文章来的？因此，一旦有了作文题目，务必静心思考题目神妙的道理和范围，从实字查到虚字，从有字句查到无字句。深入其中，再查周边各处，直到再没有其他意思遗漏。待到胸有成竹，贯注在手，动笔写作时，务必以几个字写完别人用数十百字还写不完的内容。待到完篇停笔时，反而让人觉得有数十百字在他的笔下，呼之欲出。至于别人几个字能写完的内容，我则写出数十百字，排山倒海，摇曳多姿！待到完篇停笔时，又觉得纸上不多一字。这样还担忧什么文章不能顺理达意、神完气足？这就是“避实击虚”之法。大将军得此用于作战，文人得此用于作文。纵横天下，足够了！

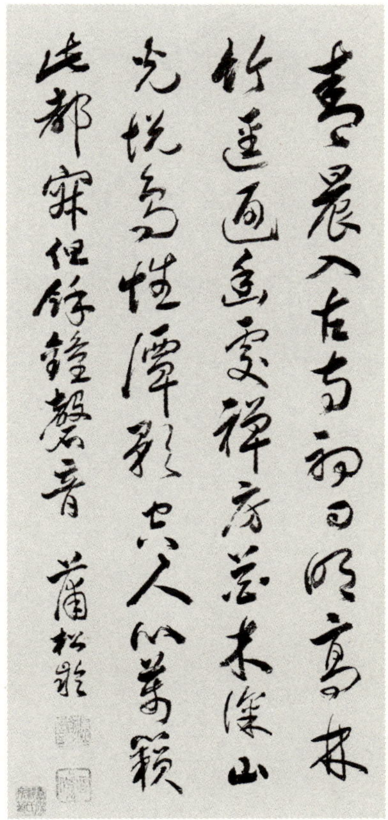

蒲松龄书法

◎李光地家训

李光地像

李光地（1642～1718），字晋卿，号厚庵，别号榕村，福建泉州人，清朝著名清官、理学名臣。康熙九年（1670）进士，历任翰林院编修、吏部尚书、文渊阁大学士等职。曾协助平定三藩之乱、统一台湾。一生清正有为，康熙评价他“谨慎清勤，始终一节，学问渊博”。著有《历像要义》《四书解》《性理精义》《朱子全书》等书。

勤读多记

【原文】

“口不绝吟于六艺之文，手不停披于百家之篇；纪事者必提其要，纂言者必钩其玄。贪多务得，细大不捐，焚膏油以继晷，恒兀兀以穷年。”此文公自言读书事也，其要诀却在“纪事”“纂言”两句。

（《榕村全集·摘韩子读书诀课子弟》）

【译文】

“嘴上不断地吟诵《诗》《书》《礼》《易》《乐》《春秋》中的篇章，手中不断地翻阅诸子百家的著作。对史书类典籍必定总结掌握其纲要，对论说类典籍必定探寻其深奥隐微之意。广泛学习，务求有所收获，不管是大部头著作，还是小册子，都决不放过。夜以继日，燃烛苦读。常常勤劳不懈、年复一年地读书学习。”在这里，韩文公（韩愈）说的是自己如何读书、学习的情形，而其中的要点和诀窍却在“纪事”“纂言”这两句里面。

【原文】

凡书，目过口过，总不如手过。盖手动则心必随之。虽览诵二十遍，不如钞撮一次之功多也。况必要提其要，则阅事不容不详；必钩其玄，则思理不容不精。若此中更能考究同异，剖断是非，而自纪所疑，附以辩论，则浚心愈深，着心愈牢矣。

（《榕村全集·摘韩子读书诀课子弟》）

【译文】

大凡读书，看过或诵读过，都不如读书时动手记录更有效果。这是因为，动手的时候势必动脑筋。即使看过或诵读过20遍，还不如抄录一次的作用大。况且，你要总结掌握其纲要，那你的阅读就不能不详尽广泛；你要探索书中的精微义理，那你的思考就不能不深入。倘若你在此过程中还能考察、探究其中的相同或差异之处，分析有关问题的对错，同时把自己有疑惑的地方记下来，顺便加以辨析、论证，那么，你越深入思考、钻研，你记得就越牢固。

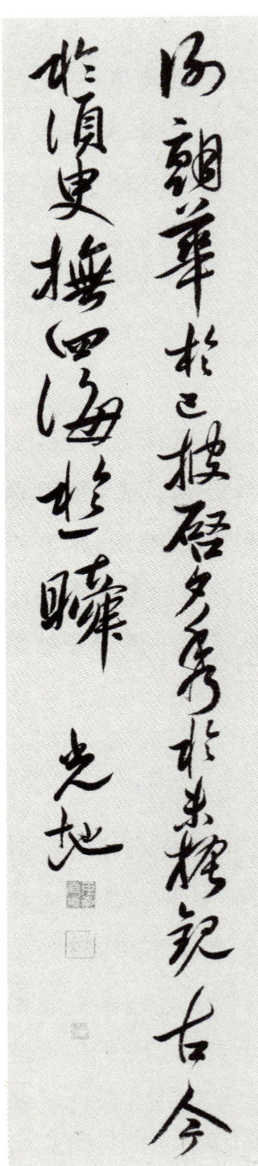
李光地书法（一）

感念祖德

【原文】

昔吾祖念次府君，起家艰难。遂辍学营生以养亲，溪谷林麓之间，颠沛万状。至壮岁渐赢。然自五十以前，率百里徒步不肩舆。尝曰：非力不能乘，念亲苦也。伤以贫失学，课子孙为学敦甚。期望之殷，每形忧叹。

（《诫家后文》）

【译文】

以前我们的先祖念次公（李光地的祖父李先春）白手起家，非常艰辛。后来他停止了学业，做生意来奉养父母，在溪谷山林间流离失所，生活艰难。到了壮年，家业逐渐丰盈。然而他50岁以前，常常百里路程都是自己走，从不坐轿。他曾说："不是没有能力乘轿，而是感念亲人的辛苦。"他惋惜自己因贫穷丧失读书的机会，就严格督促子孙读书。他殷切期望后代成才，常常忧虑叹息。

【原文】

尊师笃旧，乐善分灾，此吾祖所以崛起中微，而翼我后裔者也。

（《诫家后文》）

【译文】

尊敬师长，厚待故友，乐做善事，分担别人的困苦，这是我们的祖宗从家道衰微中崛起并福泽子孙后代的原因啊。

谦恭守业

【原文】

尔等生晚，皆在此三十年前后耳。身不预忧艰之事，耳目不接官吏诃诟之声，贵强桀大、倨侮侵凌之状，渐习矣惰。夫先世既以孝友勤劳而兴，则将来亦必以乖睽放纵而败。吾生七十年间，所阅乡邦旧家、朝著显籍者多矣！荣华枯陨，曾不须臾。

（《诫家后文》）

【译文】

你们出生比较晚，都是在这30年前后，没有亲身经历过艰难困苦，没有听过官吏呵斥、诟骂的声音，没有见过豪强贵族傲慢欺凌人的样子，渐渐地就容易养成懒惰的坏习惯。先辈因孝顺友爱、辛勤劳作得以振兴家族，将来子孙如果悖逆纷争、放纵懒惰，家族必然衰败。我活了70多岁，看过的名门世族和官宦之家很多。他们兴衰存亡，只不过是瞬间的事。

【原文】

譬诸花木，不冲寒犯，则其根可护；譬诸炉炎，不当风扬之，则火可缩。收敛约束，和顺谦卑，此所以护其根而缩其焰。况乎唯桑与梓，古人必恭，巷路乡邻，孰非亲串？侮老犯上，谓之鸱鸮；贪利夺食，谓之虎狼。

（《诫家后文》）

【译文】

比如花草树木，没有正冲严寒，它的根就能得以保护；比如炉火，不正对着风向，火焰就能收缩而不被吹灭。低调一些，约束自己，温顺谦卑，这是它们能够保护根部、收缩火焰不被吹灭的原因。何况家乡邻里，古人都是恭敬有加；街头巷尾的邻居，谁不是关系亲密的人呢？一个人欺负老人、长辈，可以说是像猫头鹰那样的邪恶之人；一个人贪财夺利，跟狼虎一样凶恶的猛兽有什么分别？

李光地书法（二）

警戒妄为

【原文】

吾等老成尚在，决不尔容，况乎不类子弟，每借吾形似以犯法理，尔不为吾顾名节，吾岂为尔爱性命？国宪有严，亦必不尔宽也。

（《诫家后文》）

【译文】

我们这些成熟稳重的老人还在，就决不能姑息、纵容子孙。何况那些不肖子弟，常常打着我的名号来为非作歹、触犯法律。你不为我顾惜名声、节操，我难道还为你爱惜性命？国家有严格的法律，也一定不能宽恕你。

淳化乡风

【原文】

赌博废业启争，乃盗贼之源，乡里此风尤盛。以后须严察严拿，送官按律究治。

（《榕村别集》卷五《同里公约》）

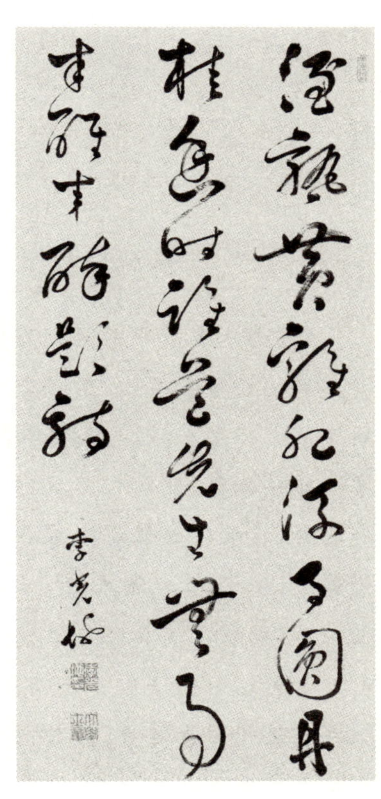

李光地书法（三）

【译文】

赌博会荒废事业、引起争端，是盗贼兴起的源头，现在乡里面这种风气日盛。以后必须严格查办，将他们送到官府，按照国家法律惩治。

【原文】

约正须置功过簿一册，写前后所立规条于前，而每年分作四季，记乡里犯规经送官及约中惩责者，于后务开明籍贯姓名，并同何事故，以备日后稽考。或能改行，或无悛心，俱无遁情也。

（《榕村别集》卷五《丁酉还朝临行公约》）

【译文】

乡长应该要有一本功过簿，把前面订立的乡规民约写在册子前面，按照一年四季来记录乡里面那些触犯法规而被送进官府究治和违反乡约受到惩罚的人，在册子后面注明他们的籍贯、姓名和所犯何事，供日后观察、考核。这样，那些能改正自己行为的人，或没有悔过之意的人，都能在册子里一一呈现，无法隐藏。

◎刘德新家训

刘德新（生卒年不详），字裕公，辽宁开原县人。生于官宦之家，其父功勋卓著。科举不第，以父功为荫生。从清康熙八年（1669）开始任浚县知县，到康熙十一年（1672）调至淇县任知县，后于康熙十四年（1675）底又调回浚县继续任知县，前后任浚县知县达八年。康熙十八年（1679）升任浙江金华府同知，后又任江西吉安府知府、浙江温州府知府及陕西直隶兴安府知府。清嘉庆《浚县志·循政记》记载，刘德新“性清静，好黄老术，政暇辄披道士服”。刘德新在浚县任知县时，造县署，修县志，广施惠政，为民所爱戴。今天浚县大伾山的清代建筑群多为刘德新所建，现已辟为旅游风景名胜区，山上另有历代摩崖题字，多处可见“刘德新题”字样。刘德新为浚县文化的传承与发扬做出了不可磨灭的贡献。至今，河南浚县有很多关于刘知县的民间传说。

戒妄念

【原文】

海岛有信天翁者，拙而不能攫鱼以食，但食诸他鸟啖啄之余。夫他鸟啖

啄者，日所余几何，而乃待以为命，吾为信天翁惧矣。然卒不闻海上有饿死之信天翁，何也？君子曰："观此可以悟境法焉。"贵贱、贫富、死生，有司其权者曰天，天不可以人为也。有定其分者曰命，命不可以力兢也。吾顺吾天，吾安吾命，知止知足之间，自有不殆不辱之理。以与天较，与命衡，而卒无知此天与命何哉。夫实地莫负于现在，悬思莫牵于将来。现在者，可据之地也；未来者，难知之乡也。诸快乐之观，从实地出也。诸苦恼之况，从悬思成也。衣不过被体已耳，虽目前之鹑衣缊袍，亦自若也，奚必为他年谋千金之裘。食不过充腹已耳，虽目前之箪食瓢饮，亦自乐也，奚必为他计万钱之奉。居不过容膝已耳，虽目前之蓬户瓮牖，亦自安也，奚必为他年筹千万间厦。

古人有言曰："非无足财也，心不足也；非无安居也，心不安也。"夫有可足财而心不足，有可安之居而心不安，舍可据之地而向难知之乡，弃快乐之乡而耽苦恼之况，知者固当如是耶？盖吾人之道德品谊，当向胜于我者思之，则希圣齐贤，而奋励之心自起。吾人之居处服食，当向不如我者思之，则随缘安分，而觊视之念自消。苟非然者，不以不如人之道德品谊为耻，而以胜于我之居处服食为羡。身在今日，心在他年，欲根不断，愁火常煎。势将多病易老，无益有损。吾窃叹衡命之人，终不如信天之鸟也。

（《余庆堂十二戒》）

【译文】

海岛有种鸟叫信天翁，笨拙而不会捉鱼吃，只得吃其他鸟吃剩下的东西。其他鸟吃剩的东西能有多少呢？而信天翁就是以吃这些东西维持生命的，我真替信天翁担心。但从未听说海上有饿死的信天翁，这是什么原因呢？君子说："由此可以悟出适应环境的道理。"贵贱、贫富以及生死，都是老天安排的，人对此无能为力。命中早已注定一切，是不可改变的。我们只有顺天安命，知止知足，才不会有危险。与天命抗争，却最终不知道天命是什么。要着眼于现实，不要总想将来如何。现在是实实在在的，而未来难以知晓。各种快乐的想法都出自现实，而苦恼的情境多形成于幻想。衣服不过为蔽身罢了，虽然眼下穿着简朴，但生活也很安然，何必为将来谋求千金之裘呢？食物不过用来饱腹罢了，虽然眼下粗茶淡饭，但也自有乐趣，何必奢望万钱的俸禄呢？居住不过是为容身罢了，虽然眼下住的是茅草房，但也自能安身，何必为将来筹建高楼大厦呢？

古人说："不是财产不足，而是心里不满足；不是没有安居之所，而是心神不安宁。"有了足够的财产但心里不满足，有了安寝的居室却心神不安宁，舍弃现实生活而幻想将来虚无缥缈的东西，舍弃快乐而沉溺于苦恼之中，聪明人本来应当这样吗？人在道德品行上应向比自己强的人学习，这样才能激起赶超圣贤、奋发向上的心志。在衣、食、住方面，应想想那些不如自己的人，这样自然会安分守己，消除那些不切实的念头。假如不这样，就不会因为自己的道德品行不如人而感到耻辱，总是将在衣、食、住方面比自己强的人作为羡慕与追求的目标。身在今天，心却在将来，欲望太盛，易被忧愁煎熬。这样的人必然多病而容易衰老，对自己有百害而没有一点益处。我感叹那些与命相争的人，终究不如信天翁聪明。

戒挟势

【原文】

有喻以势之可恃者，曰："爇火风上，以烧风下之草，莫之能返也；投石山巅，以击山底之人，莫之能拒也。"予即以势之不可恃者喻曰："仆于平壤者，不必尽折足也；若蹶高山之脊，则靡矣。蹶于行潦者，不必尽濡首也；若坠大河之泓，则未矣。"呜呼！世之名家贵胄、高爵巨官，其席祖父阀阅之势，以及据一己赫奕之势者，皆蹑履高山之脊，而荡舟大河之泓也。吾谓其当兢兢然，厪登高临深之惧，而以宠荣为惊，以盛满为戒。为求无至一山之蹶，河之坠，而罹彼靡骨没身之祸，亦云幸矣。况乃乘顺风岁山之便，而遂欲甘心于一日，矜己凌人，肆毛鸷之威，极睚眦之怒，以为此爇火投石之行耶？吾恐器

满则覆，基累则倾。其以之爇火者终以自焚也，以之投人者终以自击也。请以古人论，李勣曰："吾见房杜，仅能立门户，遭不肖子孙，颠覆殆尽。"然则祖父阀阅之势，其可恃耶？主父偃为武帝宠，公卿畏其口，赂遗至千金。或谓其太横，偃不悛，后竟以事旅。然则一己赫奕之势，其可恃耶？夫祖父之势不可恃，一己之势不可恃。而世之人，乃更有公卿，通宾客，依城托社，援他人之势，从恐吓凌铄其乡里之人。如所谓狐假虎威者，抑又何为哉。

（《余庆堂十二戒》）

【译文】

从前人们比喻仰仗权势的人有这样一句话："在上风处点火，下风头的草没有燃不尽的；在山上扔石头打山下的人，山下的人就难以抗拒。"然而我却想打一个人不可倚仗权势的比喻："在平地跌了跤，恐怕不能摔断腿；但如果从高山上摔下来，就必定粉身碎骨。如果在雨中跌倒，恐怕水不能没过头；但如果掉入大河中，就会被完全淹没了。"高官显贵们靠他们祖先的功勋或依仗自己的权势，就像在高山上或在大河中一样，我说他们应感到自己处在危险之中，以受宠荣耀为警诫，或者可以免祸。否则点火必将烧到自己，投石最终打到自己。请允许我以古人作论，唐代李勣说："我看房、杜二人，只能创立家业，遇上不肖子孙，几乎能荡尽家业。"这样看来，祖上的权势是可依仗的吗？主父偃这个人，受汉武帝恩宠，大臣们怕他说坏话，以巨金贿赂他。人们都不满他的专横，但他就是不肯悔改，结果终于被充了军。因此，显赫的权势也是不可仰仗的。既然祖上的权势、自己的权势都不可依仗，那么世俗之人拉拢公卿，通融宾客，狐假虎威来恐吓、威逼乡里人，这种行为不是更愚蠢吗？

◎康熙《庭训格言》

（节选）

康熙像

康熙（1654～1722），姓爱新觉罗，名玄烨。清朝第四位皇帝，清定都北京后第二位皇帝，后世称为康熙帝，蒙古族人称为“恩赫阿木古朗汗”或“阿木古朗汗”（蒙语“平和宁静”之意，为汉语“康熙”的意译）。康熙帝 8 岁登基，14 岁亲政，在位六十一载，是中国历史上在位时间最长的皇帝。少年时康熙帝就挫败了权臣鳌拜，成年后先后取得了对三藩、明郑、准噶尔战争的胜利，驱逐沙俄侵略军，以条约确保清朝在黑龙江流域的领土控制权，举行多伦会盟，怀柔蒙古各部。康熙帝促进了中国多民族国家的统一，奠定了清朝兴盛的根基，开创了“康乾盛世”的局面，被后世学者尊为“千古一帝”。以下皆节录自《钦定四库全书·圣祖仁皇帝庭训格言》。

清代康熙皇帝是历史上一代明君，励精图治，为著名的“康乾盛世”奠定了基础。他非常重视家教，平时在宫中经常给子女施以教诲。《圣祖仁皇帝庭训格言》（简称《庭训格言》）乃雍正即位后对其父的家训加以追述并汇编而成，共 246 条，生动而详尽地表达了康熙为人处世、齐家治国的人生经验与体会，给后人留下了很多有益的教诲和启迪。

《庭训格言》内容丰富，包括理想、道德、读书、治国和生活等方面，对诸子先贤言论的引用贯穿始终，以仁爱思想为立世之本。康熙教诲子女们：在品德上，要严于律己，以诚待人接物，仁爱之心应无处不在。在理想上，强调

立志于道的重要性，“盖志为进德之基，昔圣昔贤莫不发轫乎此。志之所趋，无远弗届；志之所向，无坚不入”。在治国上，要求以身作则，凡有益于人民的事，“我知之确，即当行之”。在读书治学上，要求读书以明理，并要躬身力行。在生活上，崇尚以俭朴为荣。等等。

以下皆节录自《钦定四库全书·圣祖仁皇帝庭训格言》。

得人心者得天下

【原文】

尔等见朕时常所使新满洲数百，勿易视之也。昔者太祖、太宗之时，得东省一二人，即如珍宝爱惜眷养。朕自登极以来，新满洲等各带其佐领或合族来归顺者。太皇太后闻之，向朕曰：“此虽尔祖上所遗之福，亦由尔怀柔远人，教化普遍，方能令此辈倾心归顺也。岂可易视之？”圣祖母因喜极，降是旨也。

【译文】

你们见我经常派往新满洲的使者有数百人之多，可不要看轻这件事呀。过去太祖、太宗在位时，能得到东三省来的一两个人，往往视为珍宝，十分爱惜、关注，给予照顾。自从我即位以来，新满洲地方的首领们纷纷带领他们的部下或者全族人前来归顺我们清朝。太皇太后听说后，对我说：“这虽然是你的祖辈留下来的福分，也因为你安抚边远之人，让政教风化遍及全国，才能使得这些人真心前来归顺。怎么可以看轻这件事呢？”圣祖母因此十分高兴，特下达这一圣旨。

以德服人是根本

【原文】

王师之平蜀也，大破逆贼王平藩于保宁，获苗人三千，皆释而归之。及进兵滇中，吴世璠穷蹙，遣苗人济师以拒我，苗不肯行，曰："天朝活我，恩德至厚，我安忍以兵刃相加遗耶？"夫苗之犷猂，不可以礼义驯束，宜若天性然者。一旦感恩怀德，不忍轻倍主上。有内地士民所未易能者，而苗顾能之，是可取之。子舆氏不云乎："以力服人者，非心服也，力不赡也。以德服人者，中心悦而诚服也。"宁谓苗异乎人而不可以德服也耶？

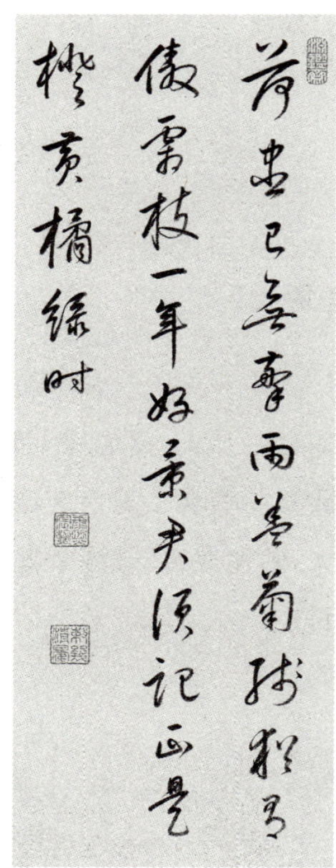

康熙书法（一）

【译文】

朝廷大军在平定巴蜀时，曾在保宁大败叛将王平藩，俘获3000多苗族人，但把他们全部释放，让他们各自回家。等到我军进军云南中部时，吴世璠已经山穷水尽，只好派人要苗族人支援他的部队，以抵抗我们天朝大军。苗族人不肯按他的要求去做，他们表示："大清王朝曾让我们活命，恩德深厚，我们怎么忍心以武力相对来作为回报呢？"苗族人粗犷彪悍，简直不可以用礼义使他们驯服、受约束，这就好像他们天性如此似的。但是，他们一旦产生感恩的感情，就不忍心轻易地背叛主上。他们在这方面的表现，是内地读书人、平民百姓很难做到的，而苗民反而做得很好，这是很可取的。孟子不是说过这样的话："用武力征服他人者，别人并不是心服，而是怪自己的力量不够。只有用德

去征服他人，才能使人家心悦诚服。”难道说苗族人就和一般人不同，不可以用德去征服他们吗？

君子以自强不息

【原文】

世人皆好逸而恶劳，朕心则谓人恒劳而知逸。若安于逸则不惟不知逸，而遇劳即不能堪矣。故《易》云：“天行健，君子以自强不息。”由是观之，圣人以劳为福，以逸为祸也。

【译文】

世间之人都喜欢安逸而不爱劳动，而我则认为，一个人只有经常劳动才能领会到真正的安逸。如果他安于逸乐而不求上进，那么他不仅不懂得什么是真正的逸乐，而且一碰上劳苦之事，他就会不堪忍受。所以《易经》上说：“自然的运动刚强劲健，有识之人要顺应其规律并努力精进，一刻也不要放松。”从这点来看，圣人以劳苦为有福，以贪图安逸为致祸的原因。

康熙书法（二）

立志并勤学者可为圣贤

【原文】

子曰："志于道。"夫志者，心之用也。性无不善，故心无不正。而其用则有正不正之分，此不可不察也。夫子以天纵之圣，犹必十五而志于学。盖志为进德之基，昔圣昔贤莫不发轫乎此。志之所趋，无远弗届；志之所向，无坚不入。志于道，则义理为之主，而物欲不能移，由是而据于德，而依于仁，而游于艺，自不失其先后之序、轻重之伦，本末兼该，内外交养，涵泳从容，不自知其入于圣贤之域矣。

【译文】

孔子说："当有志于道。""志"这个东西，是"心"的功用。人性没有不善的，所以人心也没有不正的。但"心"的功用则有正、邪之分，我们对此不能不分辨清楚。孔夫子凭着上天赋予的圣明，在15岁时就有志于学。所以说，"志"是一个人道德修养发展的基础，古代的圣人、贤者没有不从立志开始的。志向一旦立定，目标不论多远都能达到，任何困难都能克服。一个人如果有志于道，那么他将以义理作为主体，而任何物质欲望都不能改变他的志向。从这点出发，一个人的志向以道德为根据，以仁为依靠，又有着良好的学术修养，那就不会失却其中先后、轻重的次序，本末都能照顾到，内外都受到应有的陶冶，从容不迫地深入领会一切。达到了这种境界，自己已进入圣贤的行列却还没有察觉呢。

读书须与事理相结合

【原文】

道理之载于典籍者，一定而有限，而天下事千变万化，其端无穷。故世之苦读书者，往往遇事有执泥处，而经历世故多者，又每逐事圆融而无定见。此皆一偏之见。朕则谓当读书时，须要体认世务；而应事时，又当据书理而审其事。宜如此，方免二者之弊。

【译文】

记载于经典书籍中的道理，都是确有所指和有限的，然而天底下的事情千变万化，其起始无穷无尽。因此，世界上刻苦读书的人，遇到事情时往往固执不知变通；而那些经历多、富于世故的人，又往往是遇到事情时随机应变而无确定的见解。这两种人的认识都带有片面性。我的看法是，一个人在读书时，必须体察、认识时务；当其办事时，又应当依据书本上的道理并审察所办之事。只有这样做，才能避免上述两种人身上存在的弊端。

对人不可求全责备

【原文】

孔子云："先行其言，而后从之。"如宋周、程、张、朱诸儒，皆能勉行道学之实，其议论皆发明先圣先贤之奥旨。又若司马光，乃宋朝名相，观其编辑《资治通鉴》，论断古今，尽得其当，可谓言行相符，然未尝博道学之名也。今人讲道学者，徒尚语言文字，而尤好非议人，非惟言行不符，而言之有实者，盖亦寡矣。朕不尚空言，惟务实行，尤不肯非议人。盖以人各有短长，弃其所短而取其所长，始能尽人之材。若必求全责备，稍有欠缺即行指摘，非忠恕之道也。

【译文】

孔子说："先按要说的道理行事，然后再讲道理。"诸如宋代的周敦颐、程颢、程颐、张载、朱熹这些大儒家，他们都能勉力将所主张的道学付诸实践，而他们所议论的又都是关于如何阐明、发挥先圣先贤们思想的要旨。又如司马光，他是宋朝著名的宰相，看他所编纂的《资治通鉴》，论述、评定古今历史，道理阐述得合理恰当，可称得上言行一致。然而他自己并不去争道学之名。现在的人讲述道学，只崇尚语言文字，而且尤其爱好责难、讥议他人，不仅言行不一，而且就连说实话、做实事的人也不多见了。我不崇尚说空话，只注重实际，更不喜欢非议、责难他人。因为每个人都有自己的长处和短处，只有抛弃自己的短处，吸取他人的长处，才能充分发挥一个人的才能。假如一定要求别人尽善尽美，一旦他人稍有欠缺之处，就指责不已，这不是尽心体谅他人之道。

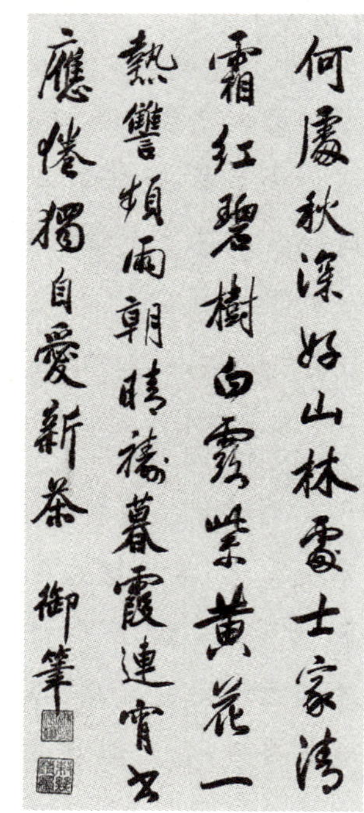

康熙书法（三）

读书以明理为要

【原文】

读书以明理为要。理既明则中心有主，而是非邪正自判矣。遇有疑难事，但据理直行，得失俱无可愧。《书》云："学于古训乃有获。"凡圣贤经书，一言一事，俱有至理，读书时便宜留心体会，此可以为我法，此可以为我戒。久久贯通，则事至物来，随感即应，而不特思索矣。

【译文】

读书的主要目的是为了明白道理。一个人懂得道理，他的内心就有了主见，那么是非邪正也就能分清了。遇上疑难的事情，只要凭据道理，勇往直前，不管事情办得好还是不好，都无愧于人。《尚书》上说："学习了古人的教诲，就有收获。"大凡古代圣贤的经典著作，所说的每句话、每件事都有很深的道理，读书时就应该留心体会其中的意思，这段话我可以效法，那件事我可引以为戒。这样，时间长了，书本上所讲的道理全都理解了，那么无论遇上什么人、什么事，脑子里便会想出相应的办法来，甚至用不着你特意去思考了。

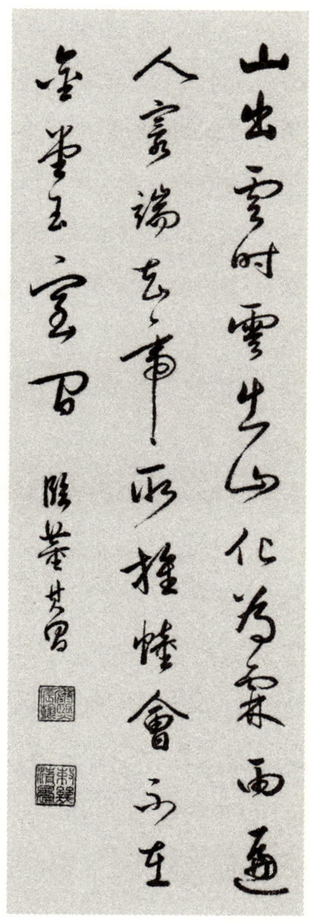
康熙书法（四）

实践出真知

【原文】

凡事只空谈，若不眼见，终属无用。《诗》云："伯氏吹埙，仲氏吹篪。"然而实见埙篪者有几人？一岁除日乾清宫正陈设乐器，朕召南书房汉大臣、翰林等降旨云："尔等凡作诗赋，多以埙篪比兄弟，问尔埙篪之形如何，皆云不知。因命内监将乐器中埙篪取与伊等观看。"伊等看毕，欣然称奇，以为臣等惟于书中见之，即随口空谈，谁人实见埙篪？今日方得明白也。凡事皆如此，必亲见亲历，始得确实。若闻之他人或书中偶见，即据以为言，必贻笑于有识之人矣。

【译文】

凡事只会空谈，如果没有亲眼看见，那他所说的这一切最终是毫无用处的。《诗经》上说："哥哥吹埙，弟弟吹篪。"然而真正见过埙、篪的又有几人呢？有一年除夕，乾清宫内刚好陈设着各种乐器，我便把南书房的汉族大臣、翰林等召来，对他们说："你们大凡写诗作赋时，常常以埙、篪比喻兄弟。但问你们埙、篪到底是什么形状的，你们都回答说不知道。所以我便命太监把乐器中的埙、篪取出给你们观看。"他们看了后，高兴地连声称奇。认为自己只在书本中见到埙、篪之名，就随口空谈起来，又有谁亲眼见过埙、篪呢？到今天才弄明白了。任何事情都要这样，一定要亲身经历，才能获得确实的了解。如果只从别人那里听说，或在书本上偶尔见到，便以此为据，人云亦云，一定会被有识之人笑话的。

学礼以立身处世

【原文】

礼之系于人也，大矣！诚为范身之具，而兴行起化之原也。礼仪三百，威仪三千，大而冠、昏、丧、祭、朝、聘、射、飨之规，小而揖让、进退、饮食、起居之节。君臣上下赖之以序，夫妇内外赖之以辨，父子、兄弟、婚媾、姻娅赖之以顺而成。故曰："动容中礼而天德备矣，治定制礼而王道成矣。"《礼经》，传之者十三家，而戴德、戴圣为尤著，圣所传四十九篇，即今之《礼记》是也。其余四十七篇，虽杂出于汉儒之说，亦皆传述圣门格言，有切于身心之要旨。尔等所习本经既熟，正当礼《学》。孔子曰："不学礼，无以立。"其宜勉之。

【译文】

礼与人的关系非常大。它的确是能使一个人的行为变得规范、合乎法度的重要手段，也是人类社会运动不息的原动力。三百条礼仪，三千条威仪，大而言之，它们是冠礼、婚礼、丧礼、祭礼、朝仪、聘礼、射礼、飨射之礼所依据的规矩；小而言之，它们包括宾客相见时的揖让之礼、侍奉长上的进退之礼以及吃饭、起居中的种种礼节。君臣之间、上下之间，因为它们而有序；夫妇之间、内亲外戚之间，因为它们而有所区分；父子、兄弟、婚媾、姻亲关系，靠它可以顺理成章。所以说："举止、仪容合乎礼，天的德性就具备了；政治安定用礼来节制，王道就形成了。"《礼经》传下来的有十三家之多，但只有大戴、小戴所传最好，其删本载有孔子所传《礼记》49 篇，也就是我们今天所看到的《礼记》。另外的 47 篇，虽然分别出于汉代儒家学者之手，但也都是传承阐述儒家圣贤的格言，同样也有切合我们身心所需的重要内容。你们所学习的基本经典，既已熟悉，正好学习《礼记》。孔子说："不学礼，便无法立身。"你们应当为努力学礼而互相勉励呀！

礼之用，和为贵

【原文】

有子曰："礼之用，和为贵。先王之道，斯为美。小大由之，有所不行。知和而和，不以礼节之，亦不可行也。"盖礼以严分，而和以通情分。严则尊卑贵贱不逾，情通则是非利害易达。齐家治国平天下，何一不由于斯？

【译文】

有子说过："推行'礼'时，'和'是很重要的。先王的治国之道，就以'礼''和'兼用为妙。如果每事不论大小都用'礼'而不用'和'，那有些事就会行不通。懂得‘和’而进行调和，却不用‘礼’加以节制，有些事也会很难推行。”这是因为，“礼”主要用严来辨别，而“和”则是用交流感情来区分。如果严，那么尊卑、贵贱之间就不会逾越；如果和，那么非利害关系的道理也容易理解。整治家庭、治理国家、平定天下，又有哪一样不是通过“礼”“和”兼用才达到目的的？

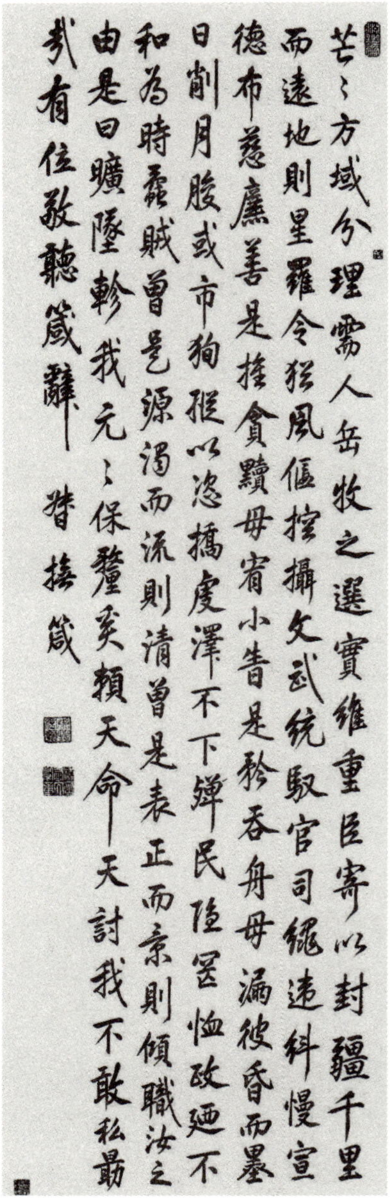

广开言路以明辨是非

【原文】

人君以天下之耳目为耳目，以天下之心思为心思，何虑闻见之不广？舜惟好问好察，故能“明四目，达四聪”，所以称大智也。

【译文】

国君以天下人的耳目为自己的耳目，以天下人的心思为自己的心思，怎么会忧虑自己的所见所闻不广？舜正是由于他喜欢探询、调查，所以才能够“广开四方之视听，洞察天下的情况”，这也是他被后人称之为大智者的原因。

康熙书法（五）

用人应做到赏罚分明

【原文】

国家赏罚治理之柄，自上操之。是故转移人心，维持风化，善者知劝，恶者知惩。所以代天宣教，时亮天功也。故爵曰“天职”，刑曰“天罚”。明乎赏罚之事，皆奉天而行，非操柄者所得私也。《韩非子》曰：“赏有功，罚有罪，而不失其当，乃能生功止过也。”《书》曰：“天命有德，五服五章哉！天讨有罪，五刑五用哉！政事懋哉！懋哉！”盖言爵赏刑罚，乃人君之政事，当公慎而不可忽者也！

【译文】

国家实行赏罚乃至治理国家的权力，是由上面操纵的。因此，转变人心，维持社会风气，善良的人知道接受劝勉，为恶之人也会知道将受到惩罚。这就是代替上天宣扬教化，辅助上天建立大功。所以人的爵位称“上天赐给他的天职”，而刑法则被称作“上天给予他的刑罚”。可见，赏罚之类的事情，都是奉天意而行，绝不是掌权者凭个人私意而能为所欲为的。《韩非子》说过：“奖赏有功者，处罚有罪者，倘能准确而无误，那就会产生促成人们立功、防止他们做错事的效果。”《尚书》上说：“上天为了命令有德的人各称其职，令其服有五等服制、五种纹章；上天为了惩罚有罪的人，就设立了五种刑罚！处理政事要勤勉啊！要勤勉啊！”这些都是在说，奖赏、刑罚这类事情，都是为人君者的政治事务，应当公正、慎重，万万不可掉以轻心！

应视农桑为第一要务

【原文】

朕自幼喜观稼穑，所得各方五谷菜蔬之种必种之，以观其收获。诚欲广布于民生，或有裨益也。朕丰泽园所种之稻，偶得一穗，较他穗先熟，因种之，遂比别稻早收，若南方和暖之地，可望一年两获。即如外国之卉、各省之花，凡所得种，种之即生，而且花开极盛。观此，则花木之各遂其性也可知矣。今塞外之野茧大似山东之山茧，朕因织为茧，制衣衣之。此皆农桑之要务。至于花木，皆天地生意所发，故朕心深惬焉。

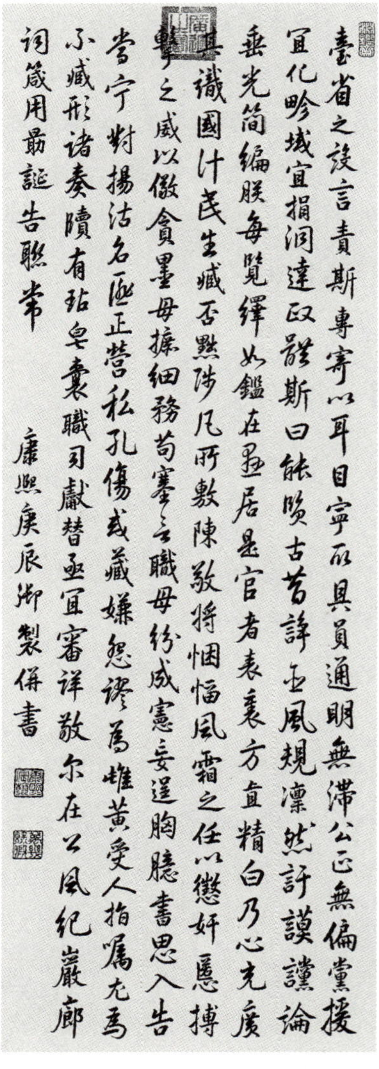

康熙书法（六）

【译文】

我从小就喜欢看耕种收获，所得到的各个地方的五谷菜蔬的种子必定种下去，以观看它们的收获。我这样做，实在是想广泛宣传以推广给民众，或许有些裨益。我在丰泽园所种的稻子，偶然得到一穗比其他穗先熟，于是把它种下，竟然比别的稻早收，像南方暖和的地方，可望一年收两季。即使像外国和各省的花草，凡是所得的种子，种下就会生长，而且花开得很茂盛。看到这些，花草树木各随自己性情生长的情况也就可以知道了。现在塞外的野茧像山东的山茧那么大，于是我织成茧绸，制成衣服来穿。这些都是农业的重要事情。至于花木，都是天地自然生长发育的，所以我从内心里深感惬意。

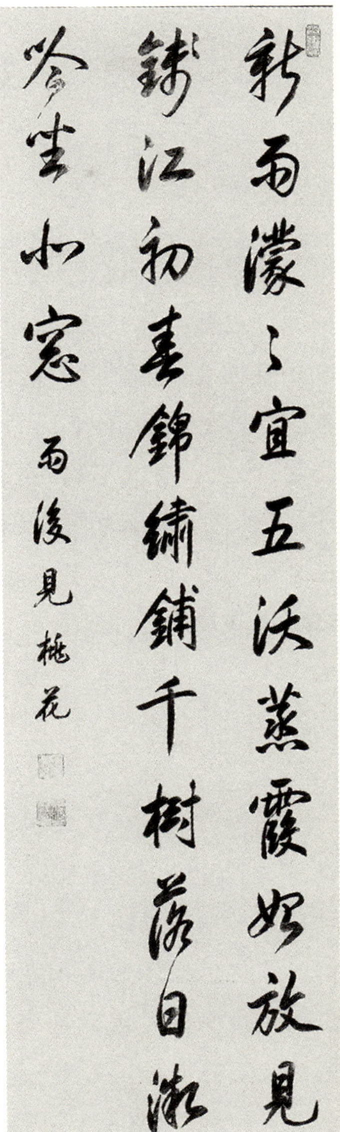

康熙书法（七）

对儿女不要娇生惯养

【原文】

父母之于儿女，谁不怜爱？然亦不可过于娇养。若小儿过于娇养，不但饮食之失节，抑且不耐寒暑之相侵，即长大成人非愚则痴。尝见王公大臣子弟中每有痴呆软弱者，皆其父母过于娇养之所致也。

【译文】

父母对于儿女，谁不怜爱？然而也不可以过于娇生惯养。如果小孩子过于娇生惯养，不但饮食失去节制，而且经受不住寒暑的袭击，即使长大成人，不是愚蠢就是痴呆。我曾看到王公大臣的子弟中常有痴呆软弱的，都是他们的父母过于娇生惯养造成的。

读书能知古今事理

【原文】

圣贤之书所载皆天地古今万事万物之理，能因书以知理，则理有实用。由一理之微，可以包六合之大；由一日之近，可以尽千古之远。世之读书者生乎百世之后，而欲知百世之前，处乎一室之间，而欲悉天下之理，非书曷以致之！书之在天下，五经而下，若传若史，诸子百家，上而天，下而地，中而人与物，固无一事之不具，亦无一理之不该。学者诚即事而求之，则可以通三才，而兼备乎万事万物之理矣。虽然书不贵多而贵精，学必由博而致约，果能精而约之，以贯其多与博，合其大而极于无余，会其全而备于有用。圣贤之道岂外是哉？

【译文】

圣贤的书所记载的都是天地之间自古至今万事万物的道理，能够凭借这些书而懂得一些道理，这些道理有实用价值。由一个道理的微小之处，可以包容天地四方的广大；用一天短暂的时间，可以完全了解遥远的1000年前的事情。世界上读书的人出生在百世之后，想要知道百世之前的历史，人们居住在一间闭塞的房子里，想要了解天下的道理，没有书怎么能够做到呢？天下的书籍，《五经》之下，如传记、史书以及诸子百家，上至天，下到地，中有人和物，本来没有一件事不具备，也没有一个道理不包括。读书人如能就当前每件事而探求其中的规律，那么就可以通晓天、地、人三才，并兼而掌握万事万物的道理了。虽然书籍不在于多而在于精，学习也必然由广博而达到简要，如果真能做到精而简要，用来融会贯通它们的多与广博，便能综合其大而达到穷尽无遗，汇合其全以备不时之需。圣贤的道理怎么能超出这些呢？

君子有三戒

【原文】

孔子云:“君子有三戒:少之时血气未定,戒之在色;及其壮也,血气方刚,戒之在斗;及其老也,血气既衰,戒之在得。”朕今年高,戒色、戒斗之时已过,惟或贪得,是所当戒。朕为人君,何所用而不得,何所取而不能,尚有贪得之理乎?万一有此等处,亦当以圣人之言为戒。尔等有血气方刚者,亦有血气未定者,当以圣人所戒之语各存诸心而深以为戒也。

【译文】

孔子说:“君子有三戒:年轻时血气未定,所戒的是色;等到成为壮年,血气方刚,所戒的是斗;等到年老以后,血气已衰,所戒的是得。”我现在年纪大了,戒色、戒斗的时候已经过去,只是有时还贪得,这是应当戒的。我作为国君,有什么用的得不到,有什么取的不能取,还有贪得的道理吗?万一有贪得的地方,也应当以圣人的话为戒。你们中间有血气方刚的,也有血气未定的,应当把圣人的训诫记在心里,深深引以为戒。

为政须有益于民

【原文】

孔子云:“民可使由之,不可使知之。”诚为政之至要。朕居位六十余年,何政未行?看来凡有益于人之事,我知之确,即当行之。在彼小人,惟知目

前侥幸，而不念日后久远之计也。凡圣人一言一语，皆至道存焉。

【译文】

孔子说："对于老百姓，只可以使他们照着样子去做，不可以使他们知道为什么要那样做。"这的确是治理政事最重要的道理。我在位60多年，哪样政事没有施行过。看来凡是有益于人民的事情，我一旦知道了确切的做法，就立即去施行。那些见识浅薄的人，只知道图眼前侥幸的事，而不考虑日后久远之计。大凡圣人的一言一语，其中都包含着极正确的道理。

治人者要以身作则

【原文】

凡人有训人治人之职者，必身先之可也。《大学》有云："君子有诸己而后求诸人，无诸己而后非诸人。"特为身先而言也。

【译文】

凡是有训导人、治理人的职责的人，一定先以身作则才可以把事情办好。《大学》有句话说："君子自身有仁让之德，然后才去要求别人；自身没有贪戾之心，然后才去责备别人。"这话是特意为先以身作则而说的。

看古人书须念作者苦心

【原文】

劝诫之词，古今名论、亹亹书记中，无处不有。其殷勤痛切，反复叮咛，要之，欲人听信遵行而已。夫千百年以下之人，与千百年以上之人，何所关切而谆谆训诫若此？盖欲一句名言提醒千百年以下之人，使知前车之覆，而为后车之戒也。后学读圣贤书，看古人如此血诚教人念头，岂可草草略过？是故朕常教人看古人书，须念作者苦心，甚勿负前人接引后学之至意也。

【译文】

劝诫人的话，在古今名论、娓娓动听的书信简札之中无处不有。这些话情意深厚，沉痛恳切，反复叮咛。总之，都是希望人们听信并遵行罢了。千百年以后的人，与千百年以前的人，有什么关系而至于这样谆谆训诫呢？用一句名言提醒千百年以后的人，使他们接受前代的教训。后来者读古代圣贤的书，遇到古人如此推诚相待，怎能草草略过呢？因此，我常常告诉人看古人书，应当感念作者的一番良苦用心，千万不要辜负前人提携后来者的真情实意。

◎康熙《御制文》

【原文】

朕自幼龄学步能言时，即奉圣祖母慈训，凡饮食、动履，言语，皆有矩度，虽平居独处，亦教以罔敢越轶。少不然，即加督过，赖是以克有成。八龄缵承大统，圣祖母作书训诫冲子曰："自古称为君难。苍生至众，天子以一身君临其上，生养抚育，无不引领而望。必深思得众则得国之道，使四海之内咸登康阜，绵历数于无疆，惟休。汝尚其宽裕慈仁，温良恭敬，慎乃威仪。谨尔出话，夙夜恪勤。以祗承乃祖考遗绪，俾予亦无咎于厥心。"朕仰戴斯言，大惧弗克遵兹丕训，惟曰："庶其自强不息，以日新厥德。益思学问者，百事根本，不能学问，则渐即于非几。"以故自少读书，深见夫为学之要，在乎穷理致知。天德王道，本末该贯。存心养性，非此无以立体。齐治均平，非此无以达用。于是孜孜焉日有程课，乐此忘疲。虽帝王之学，不专纂组章句，顾由博而约。往哲遗训，惟能网罗记载，搜讨艺文，斯足增长见闻，益神智。朕机务之暇，讲诸经，参稽《易》学，于《太极》《西铭》之义，《河图》《洛书》之旨，往往潜心玩味。以次历观史乘，考镜得失，旁及古文诗赋、诸子百家。《说命》言："念终始典于学。"《周颂》言："学有缉熙于光明。"朕所以朝斯夕斯，至今弗辍者也。

书亦六艺之一。朕每念心正笔正，作字自来未敢轻易，喜临摹古法书，考其源委。又《礼记射义》称："事之尽礼乐而可数为以立德行者，莫若射，故圣王务焉。"《易·大传》言："弧矢之利以威天下。"朕自少习射，亦如读书作字之日有课程。久之心手相得，辄命中。用率虎贲羽林以时试肄。念祖宗以来，以武功定暴乱，文德致太平，岂宜一日不事讲习？朕凡此既以自勉，还用督率汝曹。

《周书》曰："不学墙面，莅事惟烦。"孔子曰："少成若天性，习惯如自然。"盖蒙以养正，盛年力学，如朝日舒光。元良国之根本，支庶国之藩附。朕深惟列后付托之重，谕教宜早，弗敢辞劳。未明而身兴，亲督课。东宫及诸子以次上殿，背诵经书，至于日昃。还令习字、习射、复讲，犹至宵分。自首春以及岁晚，无有旷日。每思进修之益，必提撕警诫，斯领受亲切。汝曹生长深宫，未离阿保，熏陶涵养，正在此时。尚其爱日惜阴，黾勉勿怠,故复谆谆,欲令汝曹皆知吾心也。木受绳则直,金就砺则利。穷理格物,多识前言往行,是惟作圣之功。汝曹今日为子弟,他日为人父兄,取资匪远,当思吾言。

(《圣祖仁皇帝御制文》)

【译文】

我从刚学走路、刚会说话时起,就恭敬地接受庄严而仁慈的祖母的教诲,凡是饮食、走路、言语都有规矩法度。虽然平日独居一处,也不敢越礼犯规。稍有不是,就加以督责,就是依靠这个严格要求,我才能有所成就。我8岁继承皇位,祖母著文训诫年幼的我说:“自古都说做皇帝难。百姓众多,君主以一人之身统治天下,人们的生养抚育,没有不仰望君主的恩泽的。君主必须深入思考得民心就能得天下的方法,使天下百姓都过上富裕安乐的生活,政权能够绵延不断。你要推崇宽容、仁慈、温良、恭敬,举止庄严,说话谨慎,日夜勤勉,以继承祖宗未完成的功业,这样才能使我无愧于心。”我听了这些话,害怕不能遵守她的训诫,只是说:“我只有自强不息,使功德日新月异。探求学问是百事的根本,不能勤学好问,就会逐渐脱离正道。”所以我从小读书,深感做学问的关键,就在于穷理尽性、格物致知。自然之理、治国之道,其本末始终都是贯穿一体的;而人的存心立意、修养心性,离开这个根本就无法立足;而齐家治国、均平水土,离开这个根本就无法成其功用。所以我能够孜孜不倦,每日研习功课,乐此不疲。虽是帝王所学,不必专门组织寻章摘句,但由博览到专精,这是先哲的遗训,只有能网罗古籍上的记载,搜集整理文学名篇,才能增长见闻,充实增加自己的精神智慧。我在处理国事之余,讲习儒家经典、研究《周易》学问,对《太极》《西铭》的意蕴,《河图》《洛书》的微旨,时常聚精会神地品味。依次翻阅历朝史书,考究得失,旁及古文诗赋、诸子百家。《尚书·说命》说:“意气始终在于学习。”《诗经·周颂》说:

“勤奋学习就能渐积广大以至于光明。”这就是我之所以朝夕勤学至今坚持不懈地求索的原因吧！

书法也是六艺之一。我每次想到心正才能笔正之说，写字从来不敢轻易下笔，喜欢临摹前人书帖，考究其本末。又《礼记·射义》上说：“诸事之中，能够穷尽礼乐而又可计数，以兴立人之德行者，没有能比得上射箭的，所以古圣王很重视射箭。”《周易·大传》上说：“弓箭的效能在于威震天下。”我自小练习射箭，也如读书写字一样作为每日的功课，练习久了，逐步达到心手合一，就屡屡命中，因此经常率领官廷侍卫定期比武。每当想到祖宗向来都是用武功戡定暴乱，以文德引来太平，怎么可以一天不演练呢？我平常既以此自勉，也以此督促你们。

《周书》说：“人若不学习，就如面壁而立，处理政事一定烦琐无方。”孔子说：“少年时期养成的天性，习惯就会成为自然。”蒙童时代修养正气，壮年时代奋力勤学，就像早晨的太阳放出的舒适的阳光。太子是国家根本，其余皇子宗室是国家屏障。我深感列祖列宗托付之重，对后代的教育应当及早进行，不敢推托辛劳。天不亮就起身，亲自督教皇太子和诸皇子依次上殿，背诵经书，直到太阳西斜。还命他们习字、习射、复述经书，直到深夜。从年头到年尾，没耽搁一天。每当想到进修的益处，一定提醒告诫他们，让他们亲身体会、真心接受。你们生长在深宫大院，未离保育，正是熏陶品学、涵养性情的重要时刻。要爱惜时光，努力不怠，所以我再谆谆告诫，要让你们都知道我的心意。木材经过墨斗画线加工后就取直了，金属刀剑在磨刀石上磨过之后就锋利了。穷理尽性，格物致知，多懂得前贤的嘉言懿行，这是想当圣贤必备的功夫。你们今天做人子弟，将来为人父兄，可以取资的东西就在身边，你们都要深刻思考我的话语。

◎张廷玉《澄怀园语》（节选）

张廷玉(1672～1755)，字衡臣，号砚斋，张英次子。康熙三十九年(1700)进士，历任文渊阁、文华殿、保和殿大学士及户部、吏部尚书。入仕为官长达五十载，“历得三朝，遭逢极盛”，卒后谥文和。曾先后纂《康熙字典》《雍正实录》，并充《明史》《国史馆》《清会典》总纂官。著有《传经堂集》《澄怀园语》等。

张廷玉像

【原文】

凡人看得天下事太容易，由于未曾经历也。待人好为责备之论，由于身在局外也。“恕”之一字，圣贤从天性中来；中人以上者，则阅历而后得之。

【译文】

凡是把一切事情看得过于简单的人，是因为他阅历太浅，好多事未曾经历。对别人喜欢求全责备的人，是因为自己身在局外。“恕”这个字是有德行的人自然表现出来的；中等资质以上的人，经历之后才能认识到。

【原文】

一言一动常思有益于人，惟恐有损于人。

【译文】

每说一句话、每做一件事都要想着有益于他人，就怕对别人有损害。

【原文】

与其于放言高论中求乐境，何如于谨言慎行中求乐境耶。

【译文】

与其在高谈阔论中寻求快乐，不如在谨言慎行中寻求快乐。

【原文】

为官第一要“廉”。养廉之道，莫如能忍。……人能拼命强忍不受非分之财，则于为官之道，思过半矣！

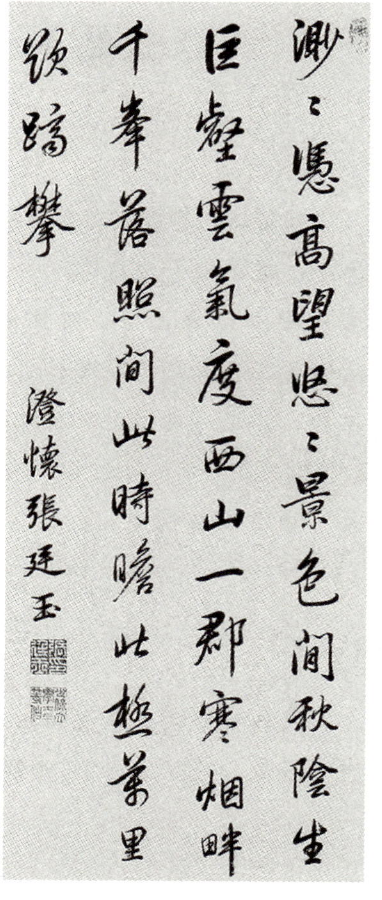

张廷玉书法

【译文】

为官，首要的就是廉洁。保持廉洁的品行，最要紧的是能忍。……人如果能忍住不接受非分的财物，那么他对于为官之道就已经领悟一大半了！

◎李文炤《勤俭训》

李文炤（1672～1735），字元朗，号恒斋，清善化县（今属湖南长沙）人。康熙五十二年（1713）中举。荐选谷城教谕，未赴。主岳麓书院讲席数年，并任山长。精究宋明理学，常与邵阳车无咎、王元复、宁乡张鸣珂等切磋，博学强记，于六经传注、程朱语录、舆图象纬、内经、参同契诸书，无不贯通。析疑辨难，多有创见。著有《周易本义拾遗》6卷、《春秋集传》10卷、《周礼集传》6卷、《近思录集解》14卷、《正蒙集解》9卷，在《四库全书》中均有存目。还著有《楚辞集注拾遗》《大学讲义》《中庸讲义》《恒斋文集》等书。

勤　训

【原文】

治生之道，莫尚乎勤，故邵子云："一日之计在于晨，一岁之计在于春，一生之计在于勤。"言虽近而旨则远矣。

无如人之常情，恶劳而好逸，甘食褕衣，玩日愒岁。以之为农，则不能深耕而易耨；以之为工，则不能计日而效功；以之为商，则不能乘时而趋利；以之为士，则不能笃志而力行；徒然食息于天地之间，是一蠹耳！

夫天地之化，日新则不敝。故户枢不蠹，流水不腐，诚不欲其常安也。人之心与力，何独不然？劳则思，逸则淫，物之情也。大禹之圣，且惜寸阴；陶侃之贤，且惜分阴；又况贤圣不若彼者乎？

华世奎书法

华世奎（1863～1941），字启臣，号璧臣，祖籍江苏无锡，后迁避于天津，是著名的书法家。其书法走笔取颜字之骨，气魄雄伟，骨力开张，功力甚厚。代表作“天津劝业场”五字巨匾，字大一米，苍劲雄伟。书法作品小至蝇头小楷，大至径尺以上榜书，结构皆凝重舒放，晚年更加苍劲挺拔。居“近代天津四大书法家”之首。

【译文】

谋生的方法，莫过于勤快，因此邵雍说：“一天的筹划，重点在于早晨；一年工作的筹划，重点在于春天；一生事业的规划，重点在于勤劳。”这些话虽然说得很浅显，但意义却很深远！

无奈一般人的习性，厌恶劳苦而喜好安乐，只顾眼前吃得好、穿得好，浪费掉时间，荒废了岁月。让他去当农夫，却不能把土耕深，把草除尽；让他去做工匠，却不能计算日期来追求工作的成效；让他去做商人，却不能把握时机而追求利润；让他去当读书人，却不能坚定志向，努力实践。白白生活在人间，好像一只蛀虫罢了！

天地化育万物，天天更新，就不会败坏。因此，经常转动的门轴不会蛀蚀，流动的水不会腐臭，实在是上天不想让万物常常处于安逸啊！人的心思和力量，不是也一样吗？劳苦了就会用心思考，安逸了就会迷惑昏乱，这是人之常情。像大禹那样的圣人，尚且爱惜每一寸光阴；像陶侃那样贤明的人，尚且爱惜每一分光阴；更何况在才能、品德方面都比不上他们的人呢？

俭训

【原文】

俭，美德也，而流俗顾薄之。

贫者见富者而羡之，富者见尤富者而羡之。一饭花费十金，一衣花费百金，一室花费千金，奈何不至贫且匮也？每见闾阎中，其父兄古朴质实，足以自给，而其子弟羞向者之为鄙陋，尽举其规模而变之，于是累世之藏，尽废于一人之手。况乎用之奢者，取之不得不贪，算及锱铢，欲深溪壑；其究也，谄求诈骗，寡廉鲜耻，无所不至；则何若量入为出，享恒足之利乎？

且吾所谓俭者，岂必一切捐之？养生送死之具，吉凶庆吊之需，人道之所不能废，称情以施焉，庶乎其不至于固耳。

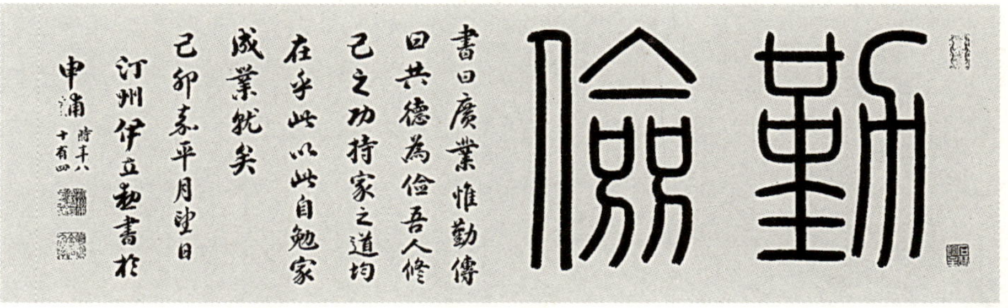

伊立勋篆书

【译文】

节俭是一种美好的德行，而一般世俗的人却忽视它。

穷人见到富人便羡慕他，富人见到更富有的人也羡慕他。吃一餐饭要花费十金，做一件衣服要花费百金，造一栋房子要花费千金，这样怎能不贫穷而感到财用不足呢？每次见到乡里之中某些子弟的父兄素朴忠厚，能自给自足，而那些子弟却以为祖先父兄行径吝啬、见识短浅，并以此为耻辱，全然抛弃了父兄的行为典范，改变自己的行为，于是累积了好几代的财产，全被他一人浪费光了。况且，用钱奢侈的人，求取财物便非常贪心，常常和别人为了小小的利益而斤斤计较，欲望深得好似山谷，从来没有满足的时候。到最后，谄媚、欺诈，毫无廉耻的事情，没有一件做不出来的。哪里比得上衡量收入再计算支出，享受永远自给自足的利益呢？

而且我所说的“节俭”，难道一定要把一切的礼节都抛弃吗？生活和死后的器用、吉凶庆吊的费用，是人生中不能免除的，都应该要斟酌情理去使用财物，这样才不至于固执吝啬。

◎雍正《圣谕广训》（节选）

雍正像

雍正（1678～1735），姓爱新觉罗，名胤禛。清朝第五位皇帝，定都北京后第三位皇帝，康熙帝第四子。1722～1735年在位，年号雍正。在位时期，平定了罗卜藏丹津叛乱，设置军机处以加强皇权，实行改土归流、火耗归公等一系列铁腕改革政策，对“康乾盛世”的连续起到关键性作用。

雍正对家教问题亦颇重视。他即位之初，地位并不巩固，为了从思想观念上使皇亲国戚和全国民众都服从他的统治，特将康熙在世时所制定的有关齐家治国的《上谕十六条》，加以演绎、注释、整理和归纳，并阐发其要义，“旁征远引，往复周详，意取显明，语多直朴”，共得万言，名曰《圣谕广训》，颁行全国。雍正不仅自己决心承继前朝风范，沿袭旧有体制，而且要求皇族子弟带头执行，在全国政府官员、士庶黎民中广为宣传，使国民“仰体圣祖正德厚生之至意”，“风俗醇厚，家室和平”。在清代，各府州县学官，按例于每月初一、十五，择地聚集士庶，宣讲《圣谕广训》。因此，《圣谕广训》不仅是典型的帝王家训、庭训，而且也是“面向全国”的名副其实的“广训”。

【原文】

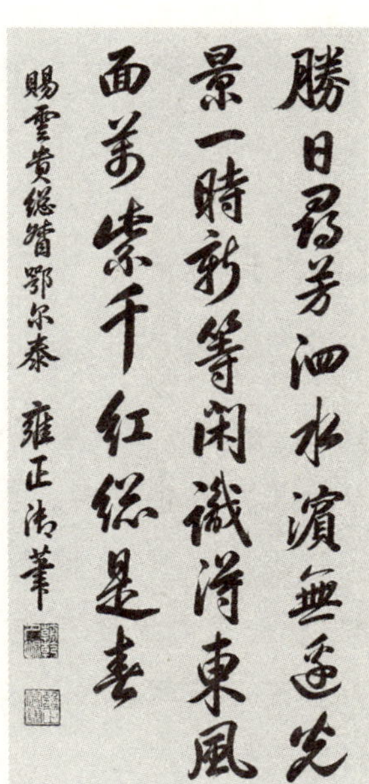

雍正书法（一）

生人不能一日而无用，即不可一日而无财。然必留有余之财而后可供不时之用，故节俭尚焉。夫财犹水也，节俭犹水之蓄也。水之流不蓄，则一泄无余而水立涸矣；财之流不节，则用之无度而财立匮矣。我圣祖仁皇帝躬行节俭之为天下先，休养生息，海内殷富，犹兢兢以惜财用示训。

盖自古民风皆贵乎勤俭，然勤而不俭，则十夫之力不足供一夫之用，积岁所藏不足供一日之需，其害为更甚也。夫兵丁钱粮有一定之数，乃不知撙节，衣好鲜丽，食求甘美，一月费数月之粮，甚至称贷以遂其欲。子母相权，日复一日，债深累重，饥寒不免。农民当丰收之年仓箱充实，本可积蓄，乃酬酢往来，率多浮费，遂至空虚。夫丰年尚至空虚，荒歉必至穷困，亦其势然也。似此之人，国家未尝减其一日之粮，天地未尝不与以自然之利，究至啼饥号寒、困苦无告者，皆不节俭所致。更或祖宗勤苦俭约，日积月累，以致充裕，子孙承其遗业，不知物力艰难，任意奢侈，诲耀里党，稍不如人，即以为耻，曾不转盼遗产立尽，无以自存。求如贫者之子孙，并不可得，于是寡廉鲜耻，靡所不至。弱者饿殍沟壑，强者作慝犯刑。不俭之害，一至于此。《易》曰：“不节若则嗟若。”盖言始不节俭，必至嗟悔也。尔兵民当凛遵圣训，绎思不忘。

为兵者知月粮有定，与其至不足而冀格外之赏，孰若留有余以待可继之粮？为民者知丰歉无常，与其但顾朝夕致贫窭之可忧，孰若留贮将来为水旱之有备？大抵俭为美德，宁以固陋贻讥，礼贵得中，勿以骄盈致败。

衣服不可过华，饮食不可无节，冠婚丧祭各安本分，房屋器具务取素朴，即岁时伏腊，斗酒娱宾，从俗从宜，归于约省，为天地惜物力，为朝廷惜恩膏，为祖宗惜往日之勤劳，为子孙惜后来之福泽。自此，富者不至于贫，贫者可至于富，安居乐业，含哺鼓腹，以副朕阜俗诚民之至意。

《孝经》有曰："谨身节用以养父母。"此庶人之孝也。尔兵民其身体而力行之。

（《圣谕广训·尚节俭以惜财用》）

【译文】

活着的人一天也不能缺少所需要的费用，即一天也不能缺少所花费的钱财。然而，必须留存有余之钱财，而后才可以供给不时所需之费用，所以节俭显得非常重要。钱财好比水，节俭好比水之积蓄储存。如果水在流淌之中不注意积蓄，就会一泄无余而使之立即干涸；如果钱财的花费不加以节制，就会用之无度而使钱财立即缺乏。我的父亲圣祖仁皇帝身体力行节俭，为全国人民作出了榜样，休养生息，国内富实，仍然紧缩开支以惜财用而示训国人。

自古以来的民风以勤劳、节俭最可宝贵，然而勤劳而不俭，则十人的劳作不足以供给一人的花销，积一年所存不足以供给一日的需求，其后果更为严重。军营士兵的钱粮有一定数目，竟不知道节省着用，穿衣讲究鲜艳华丽，饮食追求甜美可口，一月吃完数月的粮食，甚至向别人借债以满足自己的无穷欲望。本利递升，日复一日，债务深重，饥寒难免。农民本当在丰收年间粮食钱财充裕之际，注意积蓄以待灾荒，竟多方交际往来，大都浮费乱用，从而落到钱粮空虚的地步。丰收之年尚且到了钱粮空虚的地步，灾荒歉收之年必会穷困潦倒，发展到这种局面也是很自然的事情。像这类的人，国家未曾减少他一天的粮食，天地未曾不给予自然之利，结果弄到啼饥号寒、困苦无告，这都是不知节俭所造成的。更有因为祖宗勤苦俭约，日积月累，

以致家业充足富裕，而子孙继承其遗业，却不晓得财物来之不易，任意挥霍，在人面前显示自己的富有，满足自己的虚荣心，稍稍不如人家，就引以为耻，不用多久就把祖宗的遗产花光，以致无法养活自己。即使要求做一个贫苦人家的子孙，也不可能，于是寡廉鲜耻，毫无自尊心，什么事都干得出来。弱者因饥饿死于山沟，强者无视国法而犯罪。不善节俭的危害，到了这样严重的程度。《易经》说："不节俭必定后悔。"大概说的是一开始不节约，最终一定会后悔不已。你们兵民应当切实遵循我的父亲圣祖仁皇帝的训示，铭记在心而不能忘却。

当兵的人都知道每个月供应的粮食数目有规定，与其到了不足之时而希望格外赏赐，何不留有余存以待可继之粮？为民者都晓得丰歉难以预料，与其只注意早晚致使贫穷的忧虑，何不存贮以备将来水旱灾害之需？大体说来，勤俭节约为美德，宁可让别人讥笑我见识鄙陋，授人礼物也贵在适中，不要以骄盈而致家道败落。

雍正书法（二）

衣服不可过于华丽，饮食不能没有节度，红白喜事各按规矩，不可讲究排场，房屋器具陈设务必取其简朴。就是在一年春夏秋冬和夏天的伏日、冬天的腊日这些重要时节，设酒席招待宾客，也应当依照风俗习惯，适宜适度，一切归于节俭。为天地爱惜物力，为朝廷爱惜德惠膏脂，为祖宗爱惜往日的勤劳，为子孙爱惜将来的幸福恩惠。这样的话，富裕之人不至于转为贫穷，而贫穷之人却可以变得富裕，大家安居乐业，天真淳朴而没有诈伪，以符合我敦厚风俗、和谐民情的深切意愿。

《孝经》上说："谨慎言行、节约费用以供养父母双亲。"这是一般平民百姓对父母双亲孝顺的意思。你们兵民应当对此身体力行。

◎孙嘉淦居官"八约"

孙嘉淦像

孙嘉淦(1683～1753)，字锡公，又字懿斋，号静轩，清代太原府兴县(今山西兴县)人。他是雍乾两朝要员，历办学政、盐务、河工等要职，官至工、刑二部尚书，协办大学士。孙嘉淦一生正直清廉，敢于直言上谏，驱邪扶正。他无论居住乡间，还是任职朝中，都能至诚待人，始终保持忠言直谏的品质，成为当时受人敬慕的一位清官。前人评价说："嘉淦初为直臣，其后出将入相，功业赫奕，而学问文章亦高。山西清代名臣，实以嘉淦为第一人。"

【原文】

嘉淦居官为八约，曰："事君笃而不显，与人共而不骄，势避其所争，功藏于无名，事止于能去，言删其无用，以守独避人，以清费廉取。"用以自戒。既以直谏有声，乾隆初，疏匡主德，尤为时所慕。四年，京师市井传嘉淦疏稿论劾大学士鄂尔泰、张廷玉等，高宗谕步军统领、巡城御史严禁。十六年，或又传嘉淦疏稿斥言上失德有五不可解、十大过，云贵总督硕色以闻。命求所从来，遣使者督谳。转相连染，历六省，更三岁，乃坐江西卫千总卢鲁生伪为，

罪至死。高宗知无与嘉淦事，眷不替，嘉淦益自抑。尝著书述《春秋》义，自以为不足，毁之。

（《清史稿》卷三）

【译文】

孙嘉淦任官设定八条守则，这就是："对国君忠诚而不自我炫耀，与同僚平等相处而不自高自大，避让争权夺势之处，建功立业而不沽名钓誉，办事务求善始善终，言语没有冗词赘句，自守本分而不结党营私，支出清楚，收入廉洁。"用"八约"来警戒自己。他早就已经凭直言劝谏得到赞誉，乾隆初年，他上疏匡正皇帝治理天下的伦理道德，更是得到当代人的敬慕。乾隆四年（1739），京师市民中流传着孙嘉淦上奏弹劾大学士鄂尔泰、张廷玉等人的抄录稿件，高宗下令让步军统领、巡城御史严禁传播。乾隆十六年，有人又在传播孙嘉淦上奏斥责皇帝无道，说皇帝存在"五不可解、十大过"缺陷的抄录稿件，云贵总督硕色把这件事报告给了皇帝。皇帝下令追查事情的根由，派出使者监理审查。事情辗转牵连，涉及六省，用了3年时间，才判定是江西卫千总卢鲁生假托孙嘉淦名义伪造文稿，最后被判处死刑。高宗得知此事与孙嘉淦无关，遂加恩而不贬黜孙嘉淦，孙嘉淦更加自我警戒。他曾经著书阐述《春秋》的义理，自己感到立论有缺陷，就将自己的著作销毁了。

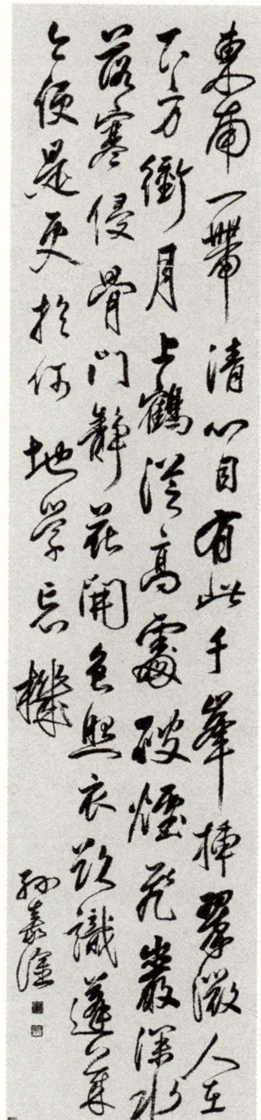

孙嘉淦书法

◎郑板桥家书

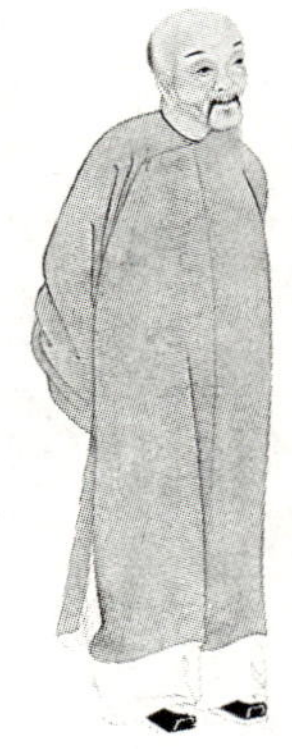
郑板桥像

郑板桥（1693～1765），原名燮，字克柔，号理庵，又号板桥，人称板桥先生。江苏兴化人。康熙年间举秀才，雍正十年（1732）举人，乾隆元年（1736）丙辰科二甲进士。故落款时常自称“康熙秀才、雍正举人、乾隆进士”。工诗、词，善书、画。其诗、书、画世称“三绝”。诗文力去陈言，不屑作熟语；多寄兴，题画诗尤其如此；语言通俗平易，但感慨极深，很有震撼力。如：“咬定青山不放松，立根原在破岩中。千磨万击还坚劲，任尔东西南北风。”（《竹石图》）“衙斋卧听萧萧竹，疑是民间疾苦声。些小吾曹州县吏，一枝一叶总关情。”（《潍县署中画竹，呈年伯包大中丞诗云》）其书法亦有别致，世人以“乱石铺街，浪里插篙”形容其书法的变化与立论的依据。书体隶、楷参半，自称“六分半书”。

焦山读书复墨弟

【原文】

来书促兄返里，并询及寺中独学无友，何竟流连而忘返。噫，兄固未尝忘情于家室，盖为有迫使然耳。忆自名列胶庠，交友日广，其间意气相投，道义相合，堪资以切磋琢磨者，几如凤毛麟角。而标榜声华，营私结党，几为一般俗士之通病。于其滥交招损，宁使孤陋寡闻。焦山读书，即为避友计，兼之家道寒素，愚兄既不能执御执射，又不能务农务商，则救贫之策，只有读书，但须简练揣摩方有成效。不观夫苏季子初次谒秦王不用，懊丧归里，发箧得太公《阴符》之书，日夜苦攻，功成复出，取得六国相印。于以知大丈夫之取功名，享富贵，只凭一己之学问与才干。若欲攀龙附凤，托赖朋辈之提拔者，乃属幸进小人。愚兄秀才耳，比较六国封相之苏秦，固然拟不与伦，而比较敝裘返里之苏秦，尚觉稍胜一筹。且焉学问之道，与其求助于今友，不如私淑于古人。凡经、史、子、集中，王侯将相治国平天下之要道，才人名士之文章经济，包罗万象，无体不备，只须破功夫悉心研究，则登贤书，入词苑，亦易事耳。愚兄计赴秋闱三次，前两届均未出房，因此赴焦山发愤读书。客岁恩科，竟获荐卷。旋因额满见遗，具见山寺读书，较有裨益。再化一二年面壁之功，以待下届入场鏖战。倘侥幸夺得锦标，乃祖宗之积德；仍不幸而名落孙山，乃愚兄之薄福。当舍弃文艺，专工绘事，亦可名利兼收也。焦山之行止，亦于那时告结束。哥哥字。

【译文】

你来信催我回家，并问我在寺庙内独自读书并无友人相伴，为何竟然流连忘返？哎呀，为兄并没有忘记家室，只是情势所迫。回忆当年考中秀才后，交朋结友的一天比一天多，但其中能有共同志向，又能在一起钻研学问的，真是太少了。况且自吹自擂、结党营私，又是一些庸俗文士的通病。因此，与其滥交朋友使自己志向、学识受到伤害，宁可独自一人哪怕是孤陋寡闻。我到镇江的焦山读书，就是要避开那些庸俗的朋友。况且，我们是贫寒人家，我这个做哥哥的，既不能执御执射，又不能务农经商，能够改变家族贫困面貌的办法唯有读书做官，但读书需要反复揣摩其中要义才会有成效。当年的苏秦初次游说秦王合纵，没有被采纳，垂头丧气地回到家中，从小箱子中拿出太公写的《阴符》，日夜苦读，揣摩成功后再次游说六国，最终兼任六国的宰相。由此可知，大丈夫要想取功名、享富贵，就要凭自己的学问和才干。如果想巴结权贵，依赖亲友提携，那是侥幸获得晋升的小人。我只是

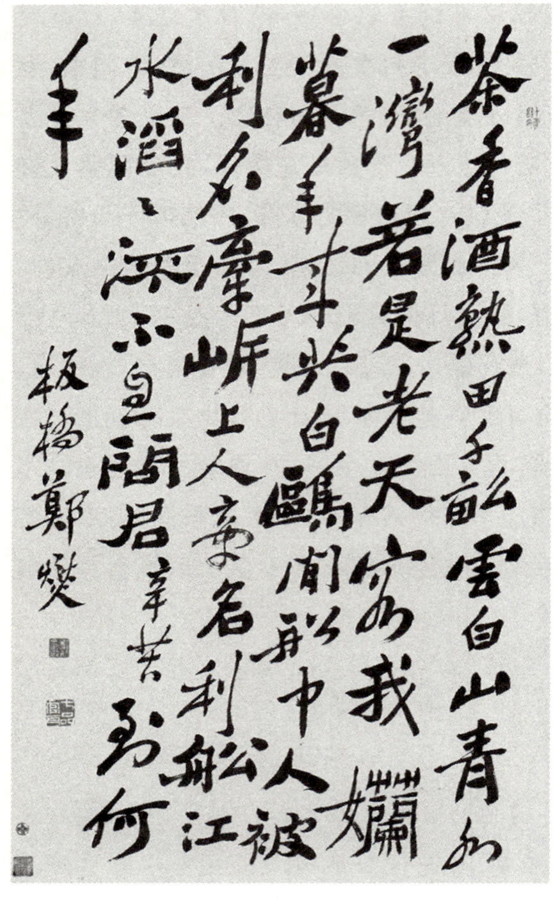

郑板桥书法（一）

个秀才，固然与佩六国相印的苏秦无法相比，但比起当年那个垂头丧气回到家乡、穿着破衣的苏秦，还是略胜一筹的。况且要想做学问，与其求助于那些狐朋狗友，还不如私自拜古代那些圣贤为师。古人的“经、史、子、集”中，大凡那些王侯将相治国平天下的道理，才人名士的文章经济学问，无所不有，无体不备，只需要自己专心去揣摩研究就可以了。要做到这些，登上贤人的名册，成为文章高手，是很容易的。我曾有三次打算赴科举，前两次均未考取，所以到焦山发奋读书。当年朝廷恩科，我已获得推荐，最后因名额已满而终未能成行。现在在寺庙内读书，对我很有帮助。再用一两年的时间专心努力，等到下一次科举考试再奋力争取，如果能考中进士，那就是祖宗积德的结果；如果考不上，那就是我这个做哥哥的福分太薄。那我就不再为学，专门去画画，也可以名利兼收。无论出现哪种情况，焦山读书也就到此结束。哥哥字。

范县署中寄舍弟墨第二书

【原文】

刹院寺祖坟，是东门一枝大家公共的。我因葬父母无地，遂葬其傍。得风水力，成进士，作宦数年无恙，是众人之富贵福泽，我一人夺之也，于心安乎不安乎！

可怜我东门人，取鱼捞虾，撑船结网；破屋中吃秕糠，啜麦粥，搴取荇叶蕴头蒋角煮之，旁贴荞麦锅饼，便是美食，幼儿女争吵。每一念及，真食泪欲落也。

汝持俸钱南归，可挨家比户，逐一散给。南门六家，竹横港十八家，下佃一家，派虽远，亦是一脉，皆当有所分惠。麒麟小叔祖亦安在？无父无母孤儿，村中人最能欺负，宜访求而慰问之。自曾祖父至我兄弟四代亲戚，有久而不相识面者，各赠二金，以相连续，此后便好来往。徐宗于、陆白义辈，是旧时同学，日夕相征逐者也。犹忆谈文古庙中，破廊败叶飕飕，至二三鼓不去；或又骑石狮子脊背上，论兵起舞，纵言天下事。今皆落落未遇，亦当分俸以敦夙好。

凡人于文章学问，辄自谓己长，科名唾手而得，不知俱是侥幸。设我至今不第，又何处叫屈来？岂得以此骄倨朋友？

敦宗族，睦亲姻，念故交！大数既得，其余邻里乡党，相周相恤，汝自为之，务在金尽而止。愚兄更不必琐琐矣。

【译文】

刹院寺的祖坟，是东门郑氏一族共有的坟茔。我当年因为父母无地安葬，就将他们葬在东门郑氏一族祖茔的旁边。得到这块祖茔风水的荫庇，进士及第，这么多年为官作宦也没有出什么意外，这都是托郑氏一门的福泽，如今都让我一人独占了，这让我于心不安！

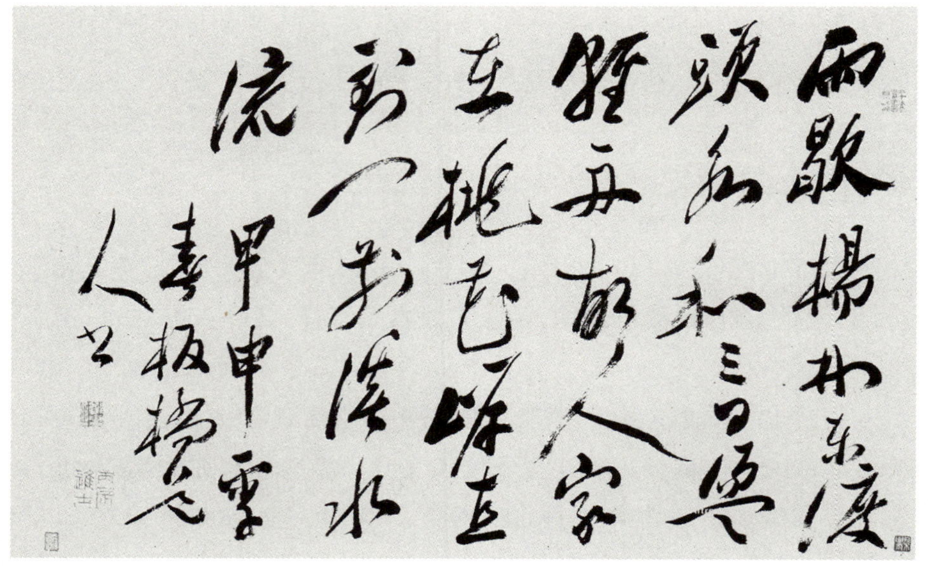
郑板桥书法（二）

可怜我东门郑氏族人靠捕鱼捞虾、撑船结网为生。住在破屋中吃秕糠、喝麦粥，采荇叶做菜，以山芋、菱角当饭。锅的四周能贴一点荞麦饼，就算是美食了，小孩子为吃上这点荞麦饼争来吵去。吃饭时每想到族人这种境况，我就会落泪。

你这次带着我的俸禄回扬州，可以挨家挨户，送一点钱给他们。南门六家，竹横港十八家，下佃一家，虽然是我们的远支，毕竟是郑氏一脉，都应当分到一些钱财。小叔祖麒麟公不知今在何处？那些无父无母的孤儿，最受村中人欺负，最好能找到他们并送上慰问金。从曾祖父至我，兄弟四代，对那些久不来往以致都不相识的亲戚，也送点钱给他们，以便今后好联系往来。徐宗于、陆自义这些人，是我旧时的同学，当年大伙儿在一起同去同来。还记得当年在破旧的廊檐下谈论文章，败叶在寒风中飕飕飘落，到深夜都没有离去；或者骑在石狮子脊背上，论兵起舞，高谈阔论天下大事。他们落魄至今，未能发迹得到赏识和重用，应当将我的俸禄分一点给他们，来巩固往日的友情。

大凡人们对于文章学问，都认为自己学得好，举人、进士唾手可得，岂不

知这都属于侥幸。假如我至今没有考中进士，我又向哪里去叫屈？我岂能以今日之侥幸对朋友倨傲？

一个人应该加深与宗族的关系，和睦亲戚，珍惜与旧友的交情。国家给的薪酬，我得了大头，剩下的拿去救助乡亲故友们吧。这些都由你去分配发放，一定要把带去的钱发完。我这个当哥哥的不必再啰啰唆唆地叮嘱你了。

【说明】

这封信写于郑板桥范县任上。乾隆元年（1736），郑板桥赴京参加礼部会试，中贡士，五月参加殿试，中二甲第88名进士，赐进士出身，时年43岁。郑板桥在北京滞留一年左右，想谋个一官半职，由于不善钻营，为人又不肯屈己求人，只得扫兴而归。直到清乾隆六年（1741），才有吏部通知其入京候补。到第二年春天，才被任命为山东范县令兼署小县朝城令，这时郑板桥年已50岁。可见这一官职对他来说，何等不易。

范县署中寄舍弟墨第四书

【原文】

十月二十六日得家书，知新置田获秋稼五百斛，甚喜。而今而后，堪为农夫以没世矣！要须制碓制磨，制筛罗簸箕，制大小扫帚，制升斗斛。家中妇女，率诸婢妾，皆令习舂揄蹂簸之事，便是一种靠田园长子孙气象。天寒冰冻时，穷亲戚朋友到门，先泡一大碗炒米送手中，佐以酱姜一小碟，最是暖老温贫之具。暇日咽碎米饼，煮糊涂粥，双手捧碗，缩颈而啜之，霜晨雪早，得此周身俱暖。嗟乎！嗟乎！吾其长为农夫以没世乎！

我想天地间第一等人，只有农夫，而士为四民之末。农夫上者种地百亩，其次七八十亩，其次五六十亩，皆苦其身，勤其力，耕种收获，以养天下之

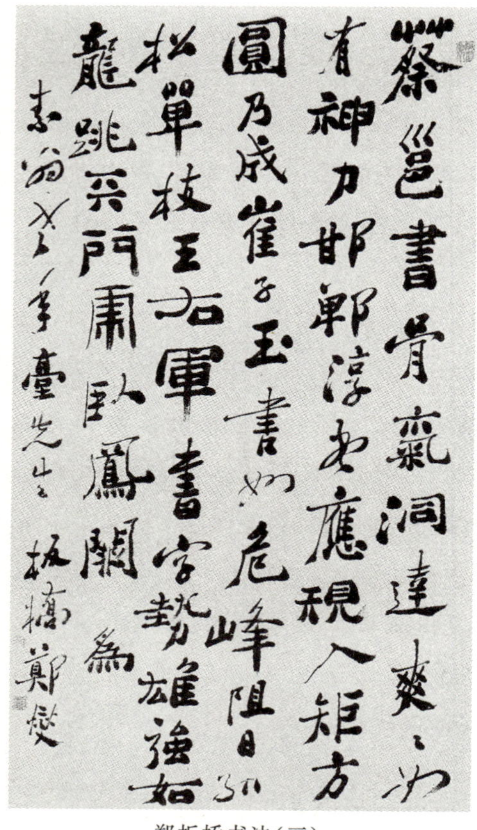

郑板桥书法（三）

人。使天下无农夫，举世皆饿死矣。我辈读书人，入则孝，出则弟，守先待后，得志泽加于民，不得志修身见于世，所以又高于农夫一等。今则不然，一捧书本，便想中举、中进士、作官，如何攫取金钱，造大房屋，置多产田。起手便走错了路头，后来越做越坏，总没有个好结果。其不能发达者，乡里作恶，小头锐面，更不可当。夫束修自好者，岂无其人？经济自期，抗怀千古者，亦所在多有。而好人为坏人所累，遂令我辈开不得口；一开口，人便笑曰："汝辈书生，总是会说，他日居官，便不如此说了。"所以忍气吞声，只得捱人笑骂。工人制器利用，贾人搬有运无，皆有便民之处。而士独于民大不便，无怪乎居四民之末也！且求居四民之末，而亦不可得也。

愚兄平生最重农夫，新招佃地人，必须待之以礼。彼称我为主人，我称彼为客户，主客原是对待之义，我何贵而彼何贱乎？要体貌他，要怜悯他；有所借贷，要周全他；不能偿还，要宽让他。尝笑唐人《七夕》诗，咏牛郎织女，皆作会别可怜之语，殊失命名本旨。织女，衣之源也；牵牛，食之本也，在天星为最贵。天顾重之，而人反不重乎？其务本勤民，呈象昭昭可鉴矣。吾邑妇人，不能织绸织布，然而主中馈，习针线，犹不失为勤谨。近日颇有听鼓儿词，以斗叶为戏者，风俗荡轶，亟宜戒之。

吾家业地虽有三百亩，总是典产，不可久恃。将来须买田二百亩，予兄弟二人，各得百亩足矣，亦古者一夫受田百亩之义也。若再求多，便是占人

产业，莫大罪过。天下无田无业者多矣，我独何人，贪求无厌，穷民将何所措足乎！或曰：“世上连阡越陌，数百顷有余者，子将奈何？”应之曰：“他自做他家事，我自做我家事，世道盛则一德遵王，风俗偷则不同为恶，亦板桥之家法也。”哥哥字。

【译文】

十月二十六日收到家信，知道新买的田地收获了500斛秋粮，很是高兴。从今往后，我们可以做个农夫过完一生了。应该去赶制舂米、碾米的碾碓和石磨，赶制筛箩、簸箕，制作大小扫帚以及量米的升、斗、斛。家中的妇女，要率领众使女，都让她们学习舂米、筛米等劳作，这就是一种靠田园抚养子孙的气象。天寒冰冻的时候，贫穷的亲戚朋友来家里，先泡一大碗炒米送到他们手中，再佐以一小碟酱姜，这是最使贫苦老人感到温暖的事。闲暇的时候吃碎米饼，煮糊涂粥，双手捧着碗，缩着脖子喝粥，霜雪的早晨，能吃到这些全身都暖和了。啊，我真想一辈子做农夫过完一生！

郑板桥书法（四）

我想天地之间第一等的人只有农夫，而士应为士、农、工、商四民的最末一等。上等的农夫种地上百亩，其次七八十亩，再次五六十亩，都是深受劳苦，勤奋出力，耕种收获，来养活天下的人。如果天下没有农夫，世上的人就都饿死了。我们读书人，出入讲孝悌，守正道传后人，得志做官就恩泽百姓，不得志就做好自身修养，为世人所知，所以又比农夫高了一等。可是现在却不是这样了，一拿起书本，就想中举人、中进士、做官，如何攫取金钱，造大房屋，多置田产。这样一开始就走错了路，后来越做越坏，到头也没有个好结果。那些不能发达做官的，在乡里作恶，无所不为，更不可辖制。那些约束自己、知道自爱的人难道没有吗？以经邦治国自许、高尚情怀可以比肩古人的也有很多。可是好人被坏人所连累，于是让我们没法开口；一开口，别人就讥笑说："你们这些书生总是会说，以后做了官就不这样说了。"所以忍气吞声，只有挨人家的笑骂。工人制造器皿，商人交流商品，都给百姓提供了便利。而读书人单单对百姓没什么便利，所以难怪它居于四民之末！况且想居于四民之末也很难。

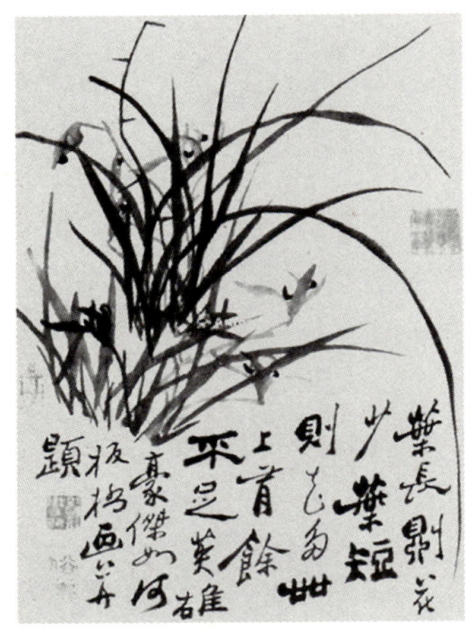
郑板桥《兰花图》

哥哥我平生最重视农夫，对新招的佃户，必须以礼相待。他们称我们为主人，我们称他们叫客户，主、客本来就是对称的，所以我们有什么高贵而他们有什么低贱呢？要尊重他们，要怜悯他们。他们有借贷的，要满足他；不能偿还的，要宽让他。我曾经笑话唐人写的《七夕》诗，他们咏牛郎、织女的诗，都是对牛郎、织女相会别离很是同情，这就丢失了牛郎和织女名字的本来意义。其实织女标志着衣裳的本源，牵牛代表着食物的本源。牵牛、织女两星在天上众星中最为贵重。上天尚且看重他们，难道人反而不重视他们吗？他们从事（衣食）根本，使人勤劳，这些从所呈现的星象中可以清清楚楚地看到。我家乡的妇女即使不能织绸织布，也可在家里主持饮食之事，做针线活，不失为勤谨。但最近有一些听鼓儿词、以斗纸牌为游戏的，现在社会风俗放荡随便，所以应该特别警惕。

我家耕种的土地虽然有 300 亩，但都是典产，不能长久依赖。将来要买田 200 亩，我们兄弟俩各得 100 亩就足够了，这也是古人所说的一个农夫有田 100 亩的意思。如果再求更多的土地，那就是占了别人的地，罪过就大了。天下没有田地、没有产业的人多了，我们是什么人，可以贪求无厌，让贫穷的人们怎么立足呢？如果有人问我：“世上有阡陌相连、占地数百顷还要多的人，你怎么看待呢？”我回答说：“他自去做他家的事情，我自去做我家的事情。如果世道兴盛，我们就一心遵从王法；如果风俗败坏，我们也不会随波逐流，这就是我郑板桥的家法。”哥哥字。

【说明】

这封家书是郑燮在乾隆六年（1741）任山东范县（今属河南）知县时所写。

潍县署中与舍弟墨第一书

【原文】

读书以过目成诵为能，最是不济事。眼中了了，心下匆匆，方寸无多，往来应接不暇，如看场中美色，一眼即过，与我何与也？千古过目成诵，孰有如孔子者乎？读《易》至韦编三绝，不知翻阅过几千百遍来，微言精义，愈探愈出，愈研愈入，愈往而不知其所穷。虽生知安行之圣，不废困勉下学之功也。东坡读书不用两遍，然其在翰林读《阿房宫赋》至四鼓，老吏

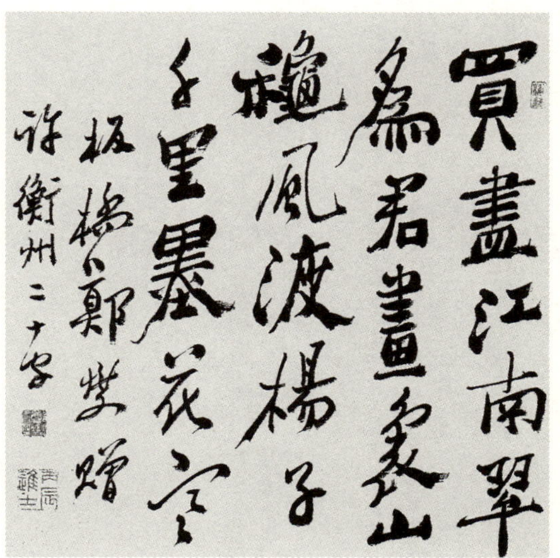

郑板桥书法（五）

苦之，坡洒然不倦。岂以一过即记，遂了其事乎！惟虞世南、张睢阳、张方平，平生书不再读，迄无佳文。且过辄成诵，又有无所不诵之陋。即如《史

记》百三十篇中，以《项羽本纪》为最，而《项羽本纪》中，又以钜鹿之战、鸿门之宴、垓下之会为最。反复诵观，可欣可泣，在此数段耳。若一部《史记》，篇篇都读，字字都记，岂非没分晓的钝汉！更有小说家言，各种传奇恶曲，及打油诗词，亦复寓目不忘，如破烂厨柜，臭油坏酱悉贮其中，其龌龊亦耐不得。

【译文】

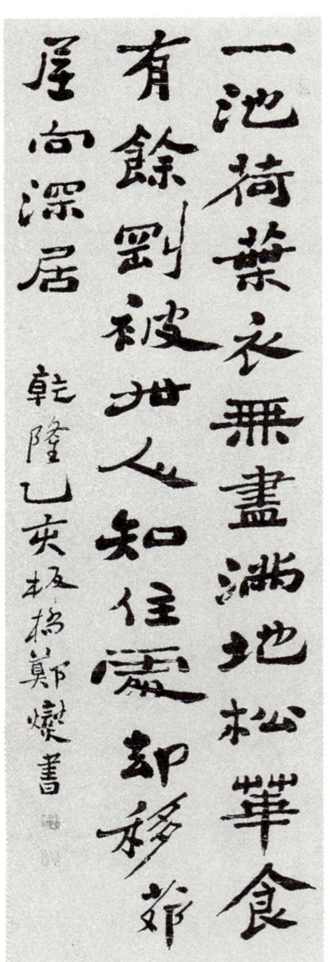

郑板桥书法（六）

读书把看了一遍便能背诵作为才能，其实这是最不中用的。眼里看得清楚，心里匆匆而过，留在心中的并不多，看来看去眼睛根本应付不过来，就像看歌舞场中的美女，看一眼就过去了，和我又有什么相关呢？自古以来过目成诵的人，有谁能比得上孔子呢？孔子研读《周易》，使穿连《周易》竹简的皮绳都断了好几次，不知道他翻阅过几千几百遍了，精微的语言、深刻的道理越探索越明白，越钻研越深入，越是深入进去就越是不知它的尽头。即使是像孔子那样生下来就懂得道理，能从容不迫地实行大道的圣人，也不会停止刻苦勤奋地学习人情事理。苏东坡平日读书不需要读第二遍，然而他在翰林院时读《阿房宫赋》一直读到四更天。掌管翰林院的老吏觉得他读得辛苦，可苏东坡却十分畅快，毫无倦意。怎么能因为看一遍就能记诵，便丢下书本，草草结束学习呢！只有虞世南、张睢阳、张方平，一生读书从不读第二遍，但他们始终也没有写出好文章。况且过目就能成诵，又有什么都记诵的弊端。就像

《史记》130篇中,要数《项羽本纪》写得最好,而《项羽本纪》中,又要数钜鹿之战、鸿门之宴、垓下之会等写得最好。反复诵读观赏,值得欣喜、值得悲泣的,只在这几个片断罢了。如果一部《史记》,篇篇都诵读,字字都记忆,岂不成了不懂道理的愚钝之人!还有小说家的作品,各种低俗的传奇、恶俗的戏曲以及打油诗词,也都过目不忘,这样的人就像一个破烂的厨房、柜子,发臭的油、腐坏的酱全都贮藏在里面,他的品位低俗也是让人难以忍受的!

潍县署中与舍弟墨第二书

【原文】

余五十二岁始得一子,岂有不爱之理!然爱之必以其道,虽嬉戏顽耍,务令忠厚悱恻,毋为刻急也。平生最不喜笼中养鸟,我图娱悦,彼在囚牢,何情何理,而必屈物之性以适吾性乎!至于发系蜻蜓,线缚螃蟹,为小儿顽具,不过一时片刻便摺拉而死。夫天地生物,化育劬劳,一蚁一虫,皆本阴阳五行之气絪缊而出。上帝亦心心爱念。而万物之性人为贵,吾辈竟不能体天之心以为心,万物将何所托命乎?蛇、蚖、蜈蚣、豺、狼、虎、豹,虫之最毒者也,然天既生之,我何得而杀之?若必欲尽杀,天地又何必生?亦惟驱之使远,避之使不相害而已。蜘蛛结网,于人何罪,或谓其夜间咒月,令人墙倾壁倒,遂击杀无遗。此等说话,出于何经何典,而遂以此残物之命,可乎哉?可乎哉?

我不在家,儿子便是你管束。要须长其忠厚之情,驱其残忍之性,不得以为犹子而姑纵惜也。家人儿女,总是天地间一般人,当一般爱惜,也不可使吾儿凌虐他。凡鱼飧果饼,宜均分散给,大家欢嬉跳跃。若吾儿坐食好物,令家人子远立而望,不得一沾唇齿;其父母见而怜之,无可如何,呼之使去,岂非割心剜肉乎!夫读书中举、中进士、作官,此是小事,第一要明理作个好人。可将此书读与郭嫂、饶嫂听,使二妇人知爱子之道在此不在彼也。

【译文】

郑板桥书法（七）

我52岁的时候才有了一个儿子，哪有不爱他的道理！但爱子必须有个原则，即使平时嬉戏玩耍，也一定要注意培养他忠诚厚道、富于同情心，不可使其成为刻薄急躁之人。我平生最不喜欢在笼子中养鸟。我贪图快乐，它在笼中，有什么情理，要扭曲它的本性来适应我的性情呢？至于用头发系住蜻蜓，用线捆住螃蟹，作为小孩的玩具，不到一会儿，它们就被拉扯死了。天生万物，父母养育子女很辛劳，一只蚂蚁，一个虫子，都是秉承阴阳五行之气繁衍出生。上天也心生爱恋。然而人是万物之中最珍贵的，我们这一代竟然不能体谅上天的用心，万物将怎么样把生命托付给我们呢？毒蛇、蜈蚣、狼、虎、豹是最毒的动物，但是上天既然已经让它们生出来，我为什么要杀死它们？如果一定要赶尽杀绝，那么天地又何必孕育它们呢？只要把它们赶得远远的，避开它们，让它们不要伤害我们就可以了。蜘蛛织网，对人有什么损害呢？有人说它在夜间诅咒月亮，让人的墙壁倒塌，于是将它们追杀尽。这些言论出自哪部经典之作，并将其作为依据残害生灵的性命，这样可以吗？可以吗？

我不在家，儿子便由你来管束。必须增长他忠厚的性情，驱除他残忍的性情，不要以为他是我的儿子就纵容他。仆人的子女，也是天地间一样的人，要一样爱惜，不能让我的儿子欺侮虐待他们。凡鱼肉、水果、点心等食物，应当平均分发，使大家都高兴。如果好的东西只让我儿子一个人吃，让仆

人的孩子远远站在一边观看，一点也尝不到；他们的父母看到后便会可怜他们，又没有办法，只好喊他们离开，此情此景，岂不令人心如刀绞？读书中举以至做官，这些都是小事，最要紧的是要让他们明白事理、做个好人。你可将这封信读给郭嫂、饶嫂听，使她们懂得疼爱孩子的道理在于做人而不在于做官。

书后又一纸

【原文】

所云不得笼中养鸟，而予又未尝不爱鸟，但养之有道耳。欲养鸟莫如多种树，使绕屋数百株，扶蔬茂密，为鸟国鸟家。将旦时，睡梦初醒，尚展转在被，听一片啁啾，如《云门》《咸池》之奏；及披衣而起，颒而漱口啜茗，见其扬翚振彩，倏往倏来，目不暇给，固非一笼一羽之乐而已。大率平生乐处，欲以天地为囿，江汉为池，各适其天，斯为大快。比之盆鱼笼鸟，其钜细仁忍何如也？

【译文】

不应该把鸟关在笼子里养，我不是不喜欢鸟，只是养鸟有养鸟的方法罢了。若想养鸟，不如多种些树木，让几百棵树围绕着房屋，枝叶茂盛，疏密有致，成为鸟的乐园。黎明时分，从睡梦中刚刚醒来，还在被褥里翻来覆去，就可以听到一片鸟叫声，就好像听到《云门》《咸池》等乐曲的演奏声；等到起身穿好衣服，洗脸漱口、品味清茶时，看到它们张开五彩缤纷的翅膀飞翔，忽然飞来，又骤然飞去，眼睛都忙不过来，其中的乐趣本来就不是一笼一鸟可以相比的。大概人生的乐趣，就是把天地当作园林，把江河当做水池，让它们各自顺应自己的天性，这才算是最大的快乐。与那些盆中鱼、笼中鸟相比，空间的大小、用心的仁慈或残忍，相差多么远啊？

【说明】

这里选录的是郑板桥在潍县知县任上，写给他堂弟郑墨的第二封信的一部分，主要是谈家长如何教育子女。他的教子思想主要有三个方面：第一，孩子自然应该嬉戏玩耍，但应该明白做人的道理，应该忠诚厚道、感情真挚，不能刻薄躁进。郑板桥以捕蜻蜓、捉螃蟹为例，指出这就是不爱惜生命的表现。第二，作为家长，要教育孩子平等待人。指出仆人的子女，也是天地间一样的人，要一样爱惜，不能让自己的儿子欺侮虐待他们。第三，让孩子明白事理，做个好人，这在孩子培养中是最重要的，而读书中举以及做官则都是小事。郑板桥不但要郑墨明白这一点，而且要他将此信读给两个嫂嫂听，使她们也懂得这个道理。

《书后又一纸》则以养鸟为例，认为不能把它囚在笼中，应该让它们在广阔的园林中自由飞翔，各自顺应自己的天性，这才算是最大的快乐。这对今天将学生囚困在书山题海的应试教育来说，也是一声棒喝！

潍县寄舍弟墨第三书

【原文】

富贵人家延师傅教子弟，至勤至切，而立学有成者，多出于附从贫贱之家，而己之子弟不与焉。不数年间，变富贵为贫贱：有寄人门下者，有饿莩乞丐者。或仅守厥家，不失温饱，而目不识丁。或百中之一亦有发达者，其为文章，必不能沉著痛快，刻骨镂心，为世所传诵。岂非富贵足以愚人，而贫贱足以立志而浚慧乎！我虽微官，吾儿便是富贵子弟，其成其败，吾已置之不论，但得附从佳子弟有成，亦吾所大愿也。

至于延师傅，待同学，不可不慎。吾儿六岁，年最小，其同学长者当称为某先生，次亦称为某兄，不得直呼其名。纸笔墨砚，吾家所有，宜不时散给诸

众同学。每见贫家之子，寡妇之儿，求十数钱，买川连纸钉仿字簿，而十日不得者，当察其故而无意中与之。至阴雨不能即归，辄留饭；薄暮，以旧鞋与穿而去。彼父母之爱子，虽无佳好衣服，必制新鞋袜来上学堂，一遭泥泞，复制为难矣。夫择师为难，敬师为要。择师不得不审，既择定矣，便当尊之敬之，何得复寻其短？吾人一涉宦途，既不能自课其子弟。其所延师，不过一方之秀，未必海内名流。或暗笔其非，或明指其误，为师者既不自安，而教法不能尽心；子弟复持藐忽心而不力于学，此最是受病处。不如就师之所长，且训吾子弟不逮。如必不可从，少待来年，更请他师；而年内之礼节尊崇，必不可废。

又有五言绝句四首，小儿顺口好读，令吾儿且读且唱，月下坐门槛上，唱与二太太、两母亲、叔叔、婶娘听，便好骗果子吃也。

二月卖新丝，五月粜新谷；医得眼前疮，剜却心头肉。耘苗日正午，汗滴禾下土。谁知盘中餐，粒粒皆辛苦。昨日入城市，归来泪满巾；遍身罗绮者，不是养蚕人。九九八十一，穷汉受罪毕；才得放脚眠，蚊虫虼蚤出。

郑板桥书法（八）

【译文】

富贵人家将请老师教孩子的事看得很重、很迫切，但是学有所成的，多是贫贱人家的孩子，那些富贵人家的孩子并不在其中。不用数年时间，就从富贵变为贫穷：有失去家业寄人门下的，有饿死的或沦为乞丐的。即使有的能守住家产、做到温饱，却大字也不识一个。或者100个人有一个能够有所成就，但他写出的文章，也一定不够深沉、痛快淋漓，让人读后能刻骨铭心，广为传颂。这难道不是富贵让人变得愚蠢，贫穷则让孩子能从小立志变得聪明智慧吗！我做的官虽不大，但我的孩子也算是富贵子弟，他今后成败如何，我已经置之不论，只愿他跟在一些优秀的孩子后面学有所成，这也是我最大的愿望。

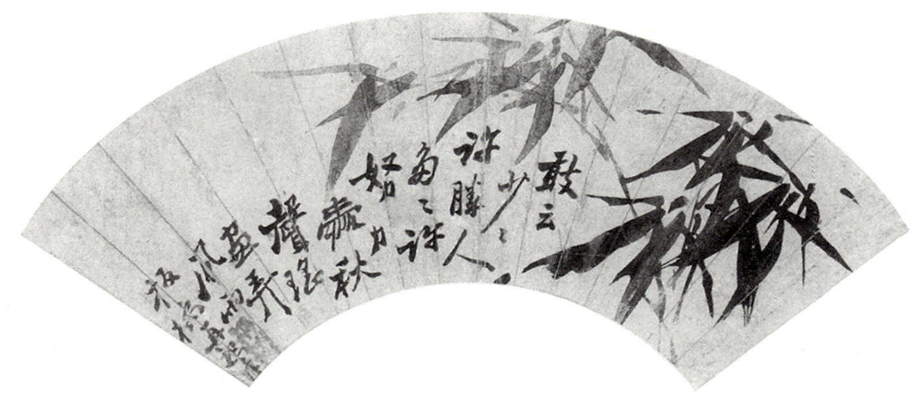

郑板桥《墨竹图》

至于如何延聘老师、对待同学，也不能不慎重。我的儿子现在刚刚6岁，年龄最小，对同学中年龄较大者要称某先生，稍小一点的也要称为某兄，不得直呼其名。笔墨纸砚一类文具，只要我家有，便应不时分发给别的同学。常常看到贫家或寡妇之子，用十数钱买纸钉成写字的本子，如果10天了也没有做，应当了解其中原因并在不经意间帮助他们。如果遇到雨天不能马上回家，就挽留他们吃饭；若天太晚，要把家中旧鞋拿出来让他们穿上回家。因为他们的父母疼爱孩子，虽然穿不起好衣服，但一定做了新鞋、新袜让他们穿上上学，遇到雨天，道路泥泞不堪，鞋袜弄脏了，再做新的就非常困难了。选择老师比较困难，尊敬老师非常重要。选择老师不能不审慎，一旦确定了，就应当尊敬他，哪能再挑他的缺点？像我们这些人，一进官场，就失去了教育孩子的机会。为孩子聘请的老师，不过是某一地方的优秀人才，未必是国内的知名人士。若有人暗中讥笑老师讲得不对，或者当众指责老师所

讲有错误，会使老师内心惶惶不安，自然不会尽心尽力地教育学生；孩子们如果再有蔑视老师的想法而不努力学习，这就是最令人头痛的事了。与其如此，不如以老师的长处来教育弥补孩子们的不足。如果老师水平太差，不能胜任，也要等到来年再另请高明；而在老师任期之内，一切礼节待遇，一定不可随意废弃。

又有古人写的四首五言绝句，小孩子读起来顺口好记，让我的孩子边读边唱，在月光中，坐在门槛上唱给二太太、两位妈妈和叔叔、婶婶听。读好了，说不定他们还会赏他一些果子吃。

早春二月蚕还未结茧，就提前支取了卖蚕丝的钱；五月稻谷还未抽穗，就提前预支了卖谷子的钱；这就像为补眼前的小疮痛，去挖自己的心头肉一样。锄禾时正当中午，热汗滴落在长着禾苗的土地上。有谁知道碗中的米饭，一粒一粒都来之不易！昨天到城里去，回来时泪流满襟。因为那些穿着蚕丝制成的绫罗绸缎的人，没有一个是我们这些养蚕的人！过了九九八十一天，寒冬结束，立春了，我们这些穷人无需再忍冻受寒；总算不用再缩成一团，伸开手脚睡一觉了，但蚊虫、跳蚤、虱子又来叮咬，让你不得安眠。

【说明】

此信写于郑板桥潍县任上，时间大约是乾隆十四年(1749)。雍正九年(1731)，郑板桥妻子徐夫人去世。乾隆二年(1737)，郑板桥在扬州得江西程羽宸资助，娶妾饶氏。乾隆九年(1744)，饶氏生子，取名郑麟。到写此信的乾隆十四年(1749)，孩子6岁，已在家塾中读书。

信中嘱咐家中主事的堂弟郑墨，如何去尊师重教，如何对待孩子的同学。郑麟为郑板51岁所得，可谓老年得子。当年徐夫人曾生育一子，可惜的是孩子早夭。郑麟入塾时郑板桥已57岁，但信中对孩子并无溺爱，要他知道稼穑艰难，要尊重老师、尊重学长，尤其是要同情关爱贫穷人家的孩子，接受富家子弟多无出息的历史教训。

潍县寄舍弟墨第四书

【原文】

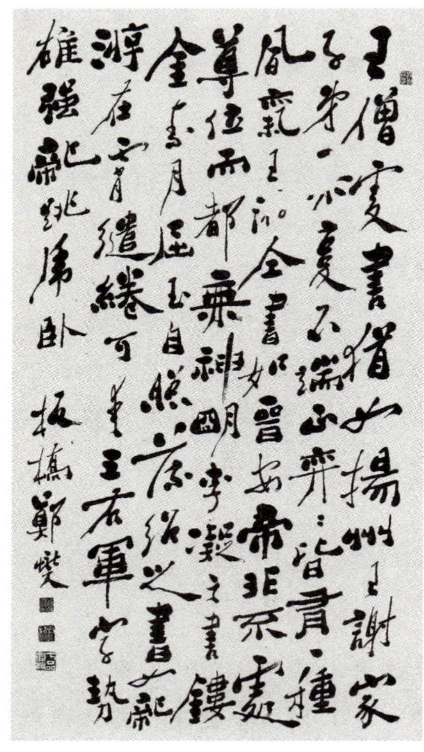

郑板桥书法（九）

凡人读书，原拿不定发达。然即不发达，要不可以不读书，立意便拿定也。科名不来，学问在我，原不是折本的买卖。

愚兄而今已发达矣，人亦共称愚兄为善读书矣，究竟自问胸中担得出几卷书来？不过挪移借贷，改窜添补，便尔钓名欺世。人有负于书耳，书亦何负于人哉！昔有人问沈近思侍郎，如何是救贫的良法，沈曰："读书。"其人以为迂阔，其实不迂阔也。东投西窜，费时失业，徒丧其品，而卒归于无济，何如优游书史中，不求获而得力在眉睫间乎！信此言，则富贵；不信，则贫贱。亦在人之有识与有决，并有忍耳。

【译文】

一个人读书求学时，并不知道将来能否飞黄腾达。但是，即使将来不能飞黄腾达，也不可以不读书。一旦拿定这个主意，做到即使不能考取功名，但也获得了学问，这原本不是个亏本的买卖。

哥哥我现在也算有所成就，世人都称赞我会读书，但扪心自问，胸中又有多少学问呢？不过是从圣贤书中东挪一点，西借一点，抄抄改改，修修补

补，以此沽名钓誉、欺骗世人罢了！如此看来，是人对不起书，书又怎么会对不起人呢？曾有人问侍郎沈近思，什么是改变贫穷的最好办法，沈侍郎回答说："读书。"这个人认为沈侍郎迂腐，其实沈侍郎并不迂腐。与其东奔西走求人求官，耗费时间耽误学业，又白白地丧失人品，最后归来时又一无所得，不如在书史之中优游岁月，不求有所得，但得到的好处就在眼前！相信沈侍郎这句话，就能富贵；不相信，就贫贱终身。其中的关键就在于一个人有没有这样的见识和决心，并能持之以恒而已。

【说明】

这段家信是郑板桥对堂弟郑墨说读书的好处，立论的角度则很别致：即使不中举，也不可以不读书。因为"科名不来，学问在我，原不是折本的买卖"。然后他以自己为例，认为自己其实并没有多少学问，只不过通过读书，将圣贤的学问，东挪一点，西借一点，抄抄改改，修修补补，而成就了今日的富贵。但是，能达到这一目标，仅有上述识见还不够，还必须要有决心，并能持之以恒，这一点尤为重要。

淮安舟中寄舍弟墨

【原文】

以人为可爱，而我亦可爱矣；以人为可恶，而我亦可恶矣。东坡一生觉得世上没有不好的人，最是他好处。愚兄平生谩骂无礼，然人有一才一技之长，一行一言之美，未尝不啧啧称道。橐中数千金，随手散尽，爱人故也。至于缺陷欹危之处，亦往往得人之力。好骂人，尤好骂秀才。细细想来，秀才受病，只是推廓不开，他若推廓得开，又不是秀才了。且专骂秀才，亦是冤屈。而今世上那个是推廓得开的？年老身孤，当慎口过。爱人是好处，骂人是不好处。东坡以此受病，况板桥乎！老弟亦当时时劝我。

【译文】

一个人如果认为别人可爱，自己也就变得可爱了；如果认为别人可恶，实际上自己就很可恶。苏东坡一生觉得世上都是好人，这是他为人最大的长处。我一生喜欢骂人，对人没有礼貌，但是对那些哪怕有一技之长、一言一行之美的人，无不啧啧称赞。我口袋中的钱财，随手散尽，也都是关爱别人的缘故。在遇到困难的时候，也往往得到别人的帮助。我喜欢骂人，尤其喜欢骂那些不成器的秀才。现在细细想来，秀才受到责备主要是思想因循守旧而放不开，如果他不因循守旧，就不会当一辈子读书人中最低等的秀才了。况且，专骂秀才，他们也很冤枉。当今世上又有谁在思想上能放得开呢？自己现在年纪不小了，孤身一人，嘴上应当积德。爱人是优点，骂人是缺点。东坡因为喜欢嘲笑人曾被人批评，更何况我郑板桥呢？老弟亦当时时告诫我。

【说明】

此封家信是郑板桥于乾隆六年(1741)在沿运河赴京路上写给堂弟郑墨的。同时写在淮安舟中的还有一首诗《逢客入都寄勖宗上人口号》："昔到京师必到山，山之西麓有禅关。为言九月吾来住，检点白云房半间。"托人带信给北京西山的勖宗和尚，约定九月到京，要住在西山寺内。

◎陈宏谋家训

陈宏谋(1696～1771)，字汝咨，临桂(今广西桂林)人。曾用名弘谋，因避乾隆帝弘历之名讳而改名宏谋。康乾时期清官廉吏的代表，又是清代的理学名臣。历官布政使、巡抚、总督，至东阁大学士兼工部尚书。在外任三十余载，任经12个行省，官历21职，所至皆有政绩，颇得乾隆帝信任。他曾革新云南铜政，兴少数民族地区教育；治理天津、河南、江西、南河等处水利，疏河筑堤，修圩建闸。他又先后两次请禁洞庭湖滨私筑堤坑，与水争地。其治学以薛瑄、高攀龙为宗，为政计远大。辑有《五种遗规》(即《养正遗规》《教女遗规》《训俗遗规》《从政遗规》和《在官法戒录》)。

诚朴为立身之本

【原文】

京中浮华，须立定主意，不为所染。盖天下惟诚朴为可久耳！吾家世守寒素，岂可忘本？读书见客，事事检点，即学问也。

(《培远堂全集·给四侄钟杰书》)

【译文】

京城里面浮靡奢华，你到这里以后必须拿定自己的主意，不要为这风气所浸染。大概天下唯有“诚朴”二字才立得长久！我们家世代都谨守着清贫质朴的家风，怎么可以忘掉这种根本？阅读书籍，会见客人，事事都要检点自己的言行，这就是学问。

谨防油滑不实

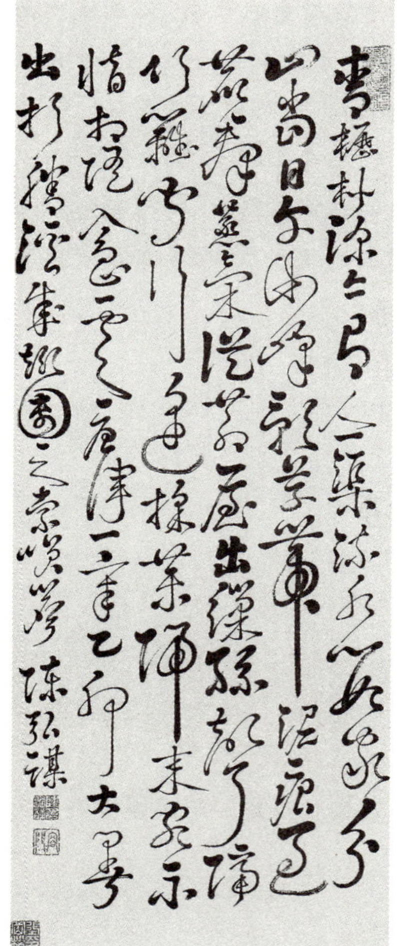

陈宏谋书法（一）

【原文】

来京途中，有一刻闲，便当看书。古人游处皆学，不过为收放心耳。骄傲奢侈，一点不能沾染。即会客说话，固须周旋，然不可套语太多，多则涉于油滑而不真矣。

（《培远堂全集·给四侄钟杰书》）

【译文】

你在来京的路上，有一点空闲时间，就应抓紧看书。古人不管是出外游览还是居家都坚持学习，不过是为了收束放纵散漫的心思而已。那些骄傲奢侈的恶习，你一点也不能沾染上。即使是会客说话，固然要与之交际应酬，但也不可太多套话，多了就会油腔滑调，给人以不真实的感觉。

◎王尔烈家训

王尔烈(1727～1801)，别名仲方，字君武，号瑶峰。清代辽阳县贾家堡子风水沟村(今属辽宁辽阳蓝家乡)人。以诗文书法、聪明辩才见称于世，是乾嘉时期的“关东才子”。他有才而廉明，博得“双肩明月”的美誉，嘉庆帝称他为“老实王”。

传忠厚

【原文】

耕田为本，读书为尚。居官莫狂，为民莫惘。本事吃粮，筋力求裳。豆腐家长，不可奸商。

【译文】

以耕作田地为根本，崇尚读书学习。居官不要张狂，为民不要气馁。要凭本事吃饭，靠体力穿衣。要保持先辈忠厚朴实的优良家风，切不可巧取豪夺，不要占他人便宜。

【说明】

王尔烈的祖辈以卖豆腐起家，一直本分经营。文中的“豆腐家长”是说，王尔烈希望后世子孙保持和弘扬先辈忠厚朴实的优良家风。

勤学问

【原文】

学道者譬如游山，必上绝顶。坐使天下高峰远岫，卷阿大泽，悉献其状，岂不伟与？静观万物之理，得吾心之悦也易；动处万物之分，得吾心之乐也难。是故智仁合一，然后君子之学成。学问之道，但默坐澄心，体认天理，则私欲还释矣！

王尔烈书法（一）

【译文】

求学就好像游览大山一样，必须登上山顶。让天下的高峰和岩洞以及曲岸和湖泊，都能呈现出它们的姿态，这能不伟岸奇秀吗？居高临下，宁静地观察万物的内在规律，我自然就很容易得到内心的喜悦；身临其境，我的行动又处于万事万物的具体情境中，要想得到内心真正的快乐又很难。因此，聪明才智和道德修养结合起来，君子的学业才会有所成就。求学的途径，在于静坐清心，沉下意念去体会和认识天地的自然规律，这样才能消除私心贪欲而归本还原了。

修德性

【原文】

内外相应，言行相称。

【译文】

做人要表里如一，言行一致。

【原文】

世事如棋，让一着不为亏我；心田似海，纳百川方见容人。

【译文】

人世间的事情就如同下棋，退一步也不一定就会吃亏；心胸宽阔似海，能容纳百川才是一个胸怀宽广的人。

尽忠孝

【原文】

尽孝于家，尽敬于师，尽忠于上，尽诚于事。

【译文】

对家里父母长辈要孝顺，对老师要恭敬，对君上要忠诚，做事要诚心诚意，尽力而为。

慎处世

【原文】

处慎居位，有恪无怠。

【译文】

身居高位也要保持谨慎，始终严格认真而不懈怠。

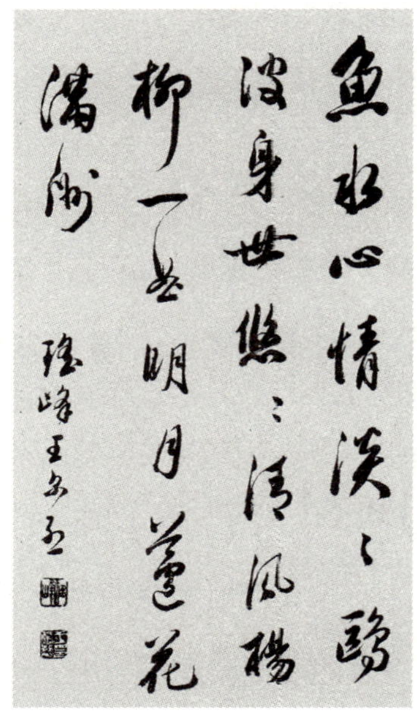

王尔烈书法（二）

【原文】

谨言慎行，宽厚忍让，抱诚守真，廉而不刿。

【译文】

谨于言，慎于行；宽容待人，懂得忍让；诚实正直，保持真心；廉正宽厚而不伤害人。

◎章学诚家书

章学诚像

章学诚(1738～1801)，原名文酕、文镳，字实斋，号少岩，会稽(今浙江绍兴)人，清代杰出的史学家和思想家，中国古典史学的终结者、方志学奠基人，有“浙东史学殿军”之誉。他因学问不合时好，屡试不第，迟至乾隆四十三年(1778)方中进士，时年41岁。一生颠沛流离，穷困潦倒，却“撰著于车尘马足之间”。曾先后主修《和州志》《永清县志》《亳州志》《湖北通志》等10多部志书，创立了一套完整的修志义例。并用毕生精力撰写了《文史通义》《校雠通义》《史籍考》等论著，总结、发展了中国古代史学理论，对后世产生了深远影响。其《文史通义》与唐代刘知几的《史通》齐名，并为中国古代史学理论的“双璧”。乾隆五十九年(1794)，漂泊异乡四十多年的章学诚返回故里。嘉庆五年(1800)，贫病交迫，双目失明。次年十一月卒。

【原文】

夫学贵专门，识须坚定，皆是卓然自立，不可稍有游移者也。至功力所施，须与精神意趣相为浃洽，所谓乐则能生，不乐则不生也。昨年过镇江访刘端临教谕，自言颇用力于制数，而未能有得，吾劝之以易意以求。夫用功不同，同期于道。学以致道，犹荷担以趋远程也，数休其力而屡易其肩，然后力有余而程可致也。攻习之余，必静思以求其天倪，数休其力之谓也。求于制数，更端而究于文辞，反覆而穷于义理，循环不已，终期有得，屡易其肩之谓也。夫一尺之棰，日取其半，则终身用之不穷。专意一节，无所变计，趣固易穷，而力亦易见绌也，但功力屡变无方，而学识须坚定不易，亦犹行远路者，施折惟其所便，而所至之方，则未出门而先定者矣。

（《文史通义外篇》）

【译文】

为学贵在专心，识见必须坚定专一，都要卓然自立，不能有一点游移不定。至于工夫力气用到什么地方，须与自己的精神兴趣相符合，也就是说高兴去做就做好，不高兴做就不必去做。去年，我到镇江拜访刘端临教谕，他说自己对术数很用功，却没有什么收获，我劝他更换一下思路以有所突破。用力的方面不同，目的却都是为了懂得法则道理。求学以获得学问，就像挑担子走远路，多次休息和交换肩膀，然后才会力量有余，顺利到达目的地。攻读学习之余，要坐下来仔细思考，以寻求事物细微之处，这就等于挑担子时坐下来休息一会儿。研求术数，不妨换一下去研究文辞，再反复去讲求经义，探究名理，这样循环不停，最终一定会有所收获，这就等于挑担子不断换肩。一尺长的木棍，每天截取它的一半，终身用不完。专心于一个方面，没有变化，兴趣固然容易枯竭，力量也容易显现出不足，但用功的方法可以不断变化，只是学识必须坚定，不要轻易更改，就像走远路的人，走法可由自己决定，但方向则是出门之前就先定下了的。

章学诚篆书

◎汪辉祖之母王氏、徐氏家训

清乾隆年间，浙江萧山人汪楷（汪辉祖的父亲）在河南杞县典史任上因病归籍，不久客死广东。他的继室王氏、妾徐氏均不足30岁，年轻守寡，家境困窘。其妾徐氏生有一子汪辉祖。王、徐二氏担负起侍奉婆母及教养幼儿的重任，含辛茹苦，终于将汪辉祖抚养成人，使他成为颇具政声的官吏、清代著名学者。

【原文】

辉祖既冠，补诸生，佐州县，治刑名。王氏诫之曰："汝父为吏典县狱，尝言'生人惨苦无过'。囹吾中偶扑一人，辄数日不怡，曰：'彼得无自恚，戕其生乎？'汝佐人，其无忘此意。"辉祖自外归，必问不入人死罪否？不破荡人家产否？对曰："无。"则欢然。终日或言法不免，王氏与徐氏相视泫然曰："吾闻刑名家多获阴谴，儿能无惧乎？"其岁廪所入，必句稽其数曰："儿无以贫故，受非份钱，不长吾子孙也。"王氏性方严，行止有节度，虽遭诟侮，未尝厉声色，尤不喜谈人过。辉祖或偶及之，必戒曰："汝能不尔便佳，此何与汝事，自模他徒。"晚益窘，复来依辉祖，王氏遇以恩礼终其身。徐氏居常布衣操作，方岁饥，日织布一匹易三斗粟，病疟不休。……辉祖请易之，曰："此汝父所予，不可易也。"及有疾，辉祖进人参，啜之而已。病亟，训辉祖曰："深刻者不祥，毋以刑名败先德，存好心，行好事，吾无憾矣。"

（《碑传集》卷一六〇）

【译文】

汪辉祖已经年满二十，进入州县学校学习，紧接着辅佐州县官，做了主持刑事判牍的刑名师爷。（他的母亲）王氏告诫他说：“你的父亲在当县尉主持县署监狱和缉捕事务期间，曾说‘活着的人惨苦，无法度日’。在监狱中偶尔鞭打一人，总是数天感到不愉快，说：‘他们该不会因此怨恨自我，伤害自己的性命吧？’你辅佐别人，应当不会忘记这个吧。”汪辉祖从外面回来，他的母亲王氏和徐氏必定要向他询问有没有将人定成死罪，有没有让人倾家荡产。辉祖说没有，她们就会感到高兴。最后谈论到实施法律是不可避免的，王氏与徐氏看一下彼此，流泪道：“我听说搞法律的人大多要受到死人的谴责，孩儿你能不畏惧吗？”每年粮食入仓，她们必定要考核文书簿籍上的数目，说：“孩儿你不要以生活贫困为由，接受不属于你分内的钱财，因为这样的钱财留给子孙没有什么好处。”王氏本性正直严肃，行为举止有节度，即使遭受耻辱，也不露声色，尤其不喜欢谈论别人的过错。汪辉祖有时偶尔涉及这些方面，她就一定告诫他说：“你能不这样做就好，这与你有什么相干？自然应当遵守这个做人的准则而效仿其他人。”王氏晚年因生活困难而依附于汪辉祖，受到他的特别尊重直至去世。徐氏平时仍身穿布衣劳作，遇到饥馑之年时，每天织布一匹以换来三斗粮食，即使患病也不肯休息。……汪辉祖请她变换一下生活方式，不要再纺纱织布了，但她说：“这是你父亲要我这样做的，我不可以改变。”等到积劳成疾的时候，汪辉祖进奉人参，啜饮而已。等到病好了，她告诫汪辉祖说：“严峻刻薄的人是不吉利的，不要因治法不当而败坏先人的良好品行，应当存好心，做好事，这样的话我就没有什么遗憾的了。”

◎汪辉祖《双节堂庸训》（节选）

汪辉祖像

汪辉祖(1730～1807)，字焕曾，号龙庄，晚号归庐，浙江绍兴府萧山县(今浙江杭州萧山区)瓜沥镇大义村人。他早年举业不顺，20余岁即入幕府。后于乾隆四十年(1775)得中进士，五十二年(1787)为宁远知县，五十六年(1791)为道州知州。致仕后，退养在萧山苏家潭，终年78岁。汪辉祖是清代政学两界的名幕良吏，善断疑案，名闻全国；后为州县官五年，勤政爱民，政绩斐然，是一位难得的清官廉吏；他又勤于治学，尤邃于史，是一位著述宏富的学者，著作有《元史本证》《史姓韵编》《学治臆说》《佐治药言》等。汪辉祖集名幕、循吏、学者等多种身份于一体，在当时以及后世都产生了广泛影响。

汪辉祖幼年丧父，家道中落，靠借贷聊以度日。生活的艰辛，使汪辉祖过早地涉足“人间事”，对社会生活中的酸甜苦辣、人与人之间的真伪虚实深有体会。晚年为教育子孙，他撰写了《双节堂庸训》。该家训共分为“述先”“律己”“治家”“应世”“蓄后”“述师述友”六卷，计219条。卷一《述先》，记载汪氏家世与祖父母、父母的生平事迹；卷二《律己》，专讲律己修身之道；卷三《治家》，主要讲家庭管理之道；卷四《应世》，主要是教育后代如何处世做人；卷五《蓄后》，专门阐述教子之道；卷六《述师述友》，记载师友事迹。

教子为先，济美不易

【原文】

世济其美，昔贤所荣，不特名公钜卿也。业儒、力田之家，世世清白，相承亦复不易。数传十百人中，有一不肖之子，即为门第之辱。固由积之不厚，亦因教之不先故。欲后嗣贤达，非教不可。

（《双节堂庸训·蓄后》）

【译文】

世世代代都能继承先人的业绩，这是从前的贤良之士所引以为荣的，并不仅仅只是有名望的公卿才这样。从事于儒学和农业生产的人家，世世代代都很清白，这样沿袭继承下来，也是不容易的。一连数代的几十甚至上百个人中，只要有一个不肖子，就会成为全家的耻辱。这固然是由于德行积蓄得不够，也是因为没有把教育后代放在首要地位的缘故。因此，想要后代贤良通达，非进行教育不可。

势力不可恃

【原文】

恃势逞力，必有过分之事，损福取祸，万万不可。……有太阳时，须算到阴云霖雨；有水时，须算到河流浅涸，自不敢恣所欲为。

（《双节堂庸训·应世》）

【译文】

依凭权势，炫耀强力，就一定会做出过分的事，减损福气，自取祸端，这是万万不可的。……有太阳的时候，就应该预计到阴天下雨；有水的时候，就应该预计到河流变浅甚至干涸，这样自然就不敢放纵自己，为所欲为了。

节制用度，宜令知物力艰难

【原文】

巨室子弟，挥霍任意，总因不知物力艰难之故。当有知识时，即宜教以福之应惜。一衣一食为之讲解来历，令知来处不易。庶物理、人情，渐渐明白。以之治家，则用度有准；以之临民，则调剂有方；以之经国，则知明而处当。

（《双节堂庸训·蕃后》）

【译文】

那些豪门大户的子弟，任意挥霍钱财，都是因为不知道物产得来十分艰难的缘故。当孩子有了智慧的时候，就应该教他们要珍惜幸福。为他们讲解一件衣、一粒米的来历，让他们知道来之不易。这样才能让他们对事物的常理、人之常情渐渐地认识明白。用这种方法来治家，用度就会有标准；用这种方法来管辖百姓，物资调度就会合理；用这种方法来治理国家，就会见解明智、处理得当。

谨财用出入

【原文】

不惟寒素之家用财以节，幸处丰泰，尤当准入量出。一日多费十钱，百日即多费千钱，“不节若则嗟若”。富家儿一败涂地，皆由不知节用而起。

（《双节堂庸训·治家》）

【译文】

不仅仅是家境贫寒的人家在使用钱财的时候要节约，即使是有幸家资丰厚的人家，也应当依照收入的多少来控制支出情况。如果一天多浪费十钱，一百天就多浪费了一千钱，“不能节制，就会嗟叹后悔”。那些富家儿一败涂地，都是因为不知道节约用度而引起的。

诗书传家，宜储书籍

【原文】

“遗金满籯，不如一经”，古人所以称书为良田也。……为父兄者，早为储蓄，俾知开卷有益之故。……或谓书非急需，急而求售，必亏原直。呜呼！是薄待子孙之说也。子孙至于售书，不才极矣。以购书之资置产，终归罄荡。若其才者，则读家藏书籍，大用大效，小用小效，又岂必以资产为凭藉哉！

（《双节堂庸训·治家》）

【译文】

“遗留给子孙黄金满筐，还不如留给他们一部经书”，这就是古人称书为良田的原因。……作为父兄，应该早早储蓄书籍，使子弟知道开卷有益的道理。……有人说：“书不是急需之物，在家里急等钱用的时候拿出去卖，一定会亏损，少于原来的价值。”唉！这是薄待子孙的说法啊！子孙如果到了要卖书的地步，那是无能到了极点了。用买书的钱去置办产业，终归会全部丧失掉。如果是那些有才能的后代，就会去读家藏的书籍，用得多效果就大，用得少效果就小，又哪里一定要用资产作为凭借呢！

读书以有用为贵

【原文】

所贵于读书者,期应世经务也。有等嗜古之士,于世务一无分晓。高谈往古,务为淹雅。不但任之以事,一无所济,至父母号寒,妻子啼饥,亦不一顾。不知通人云者,以通解情理,可以引经制事。季康子问从政,子曰:“赐也达,于从政乎何有?”达即通之谓也。不则迂阔而无当于经济,诵《诗三百》虽多,亦奚以为?

(《双节堂庸训·蕃后》)

【译文】

读书贵在能适应社会,干一番事业。有一些喜欢古代的人,对于时务一点也不知道。大谈古代,致力于渊博高雅。如果把事情交给他做,不仅不能做成一件事,而且导致父母因寒而哭,妻子儿女因饿而啼,也一点不顾及。他不知道以熟谙的经籍来理解人情事理,也不知道可以引用经典之籍来做事情。季康子公孙肥问孔子,其弟子中谁可以从政,孔子说:“子贡通达,在从政方面又有什么难的呢?”“达”就是说通达世务事理。不通达世务,只会高谈阔论而对国家的治理毫无益处,诵读《诗经》尽管很多,但又能做什么呢?

勿贪不义之利

【原文】

所贵乎有财者,以能为所当为,可得体面也。若义非当,取必越分。……此等近利之徒,不过炫裘马饰妻妾,当为之事必不能为。即为父母营养葬,为子孙求田宅,庸人羡之,达人鄙之。不体面又孰甚焉?何如安贫守分,人人敬礼者之为有体面乎？

（《双节堂庸训·治家》）

【译文】

拥有财物，以能够去做那些应该做的事情为贵，这样才可以获得体面。如果不符合道义，获取钱财就一定会超越本分。……像这样一些贪图利益的人，只不过是炫耀自己的衣裘车马，打扮自己的妻妾，应当做的事情他一定不会去做。即使是为父母亲养老送终，为子孙买田地、营宅第，也只有庸俗的人才会去羡慕他，而通达事理的人是看不起他的。那么他的不体面不是更加重了吗？哪里比得上那些安于贫困、坚守本分，而人人都敬爱、礼貌地去对待的那些人有体面呢？

临财须清白

【原文】

财利交关，最足见人真品。……显占一分便宜，阴被一分轻薄。故虽至亲、密友，簿记必须清白。

（《双节堂庸训·蕃后》）

【译文】

在与钱财利益相关的时候，最能看出一个人真正的品质。……在明处占一分便宜，就会在暗中被轻视一分。所以即使是最亲的亲戚、最亲密的朋友，钱财簿上的记录也必须清清白白。

重视诚信

【原文】

以身涉世，莫要于信。此事非可袭取，一事失信，便无事不使人疑。……吾无他长，惟不敢作诳语。……古云："言语虚花，到老终无结果。"如之何弗惧。

（《双节堂庸训·应世》）

【译文】

为人处世，没有比信义更重要的了。失信的事情是不可以沿袭取用的，如果在一件事情上失去了信用，就没有哪一件事情不让人怀疑。……我没有其他的长处，只是不敢说欺诳的话。……古语云："言语虚浮花哨，到老了最终不会有好的结果。"像这样的话，怎么能够不畏惧呢！

勿欺

【原文】

天下无肯受欺之人，亦无被欺而不知人。智者，当境即知；愚者，事后亦知。知有迟早，而终无不知。既已知之，必不甘再受之。至于人皆不肯受其欺，而欺亦无所复用；无所复用，其欺则一步不可行矣。故应世之方，以勿欺为要。

（《双节堂庸训·应世》）

【译文】

天下没有肯受欺骗的人，也没有被人欺骗了还不知道的人。那些明智的人，当时就知道了；而那些愚钝的人，事后也会知道。知道的时间有迟有早，但最终没有不知道的。既然已经知道自己受了骗，就一定不甘心再受骗。如果到了所有的人都不肯再受他欺骗的时候，他的欺骗也就没有地方再用了；没有地方再用，他的欺骗也就一次都行不通了。所以人处世的方式，要以不欺骗别人作为首要的事情。

◎纪晓岚家书

纪晓岚像

纪晓岚（1724～1805），名昀，字晓岚，一字春帆，晚号石云，道号观弈道人，直隶献县（今河北献县）人。清代政治家、文学家，乾隆年间官员。历官左都御史，兵部、礼部尚书，协办大学士加太子太保管国子监事致仕，曾任《四库全书》总纂修官。纪昀学宗汉儒，博览群书，工诗及骈文，尤长于考证训诂。任官五十余载，年轻时才华横溢、血气方刚，晚年时内心世界却日益封闭。其《阅微草堂笔记》正是这一心境的产物。嘉庆十年（1805）二月，纪昀病逝，因其“敏而好学可为文，授之以政无不达”（嘉庆帝御赐碑文），故卒后谥号文达，乡里世称文达公。他的诗文，经后人搜集编为《纪文达公遗集》。

训诸子书

【原文】

余家托赖祖宗积德，始能子孙累代居官。惟我禄秩最高。自问学业未进，天爵未修，竟得位居宗伯，只恐累代积福，至余发泄尽矣！所以居下位时，放浪形骸，不修边幅，官阶日益进，心忧日益深。古语不云乎：“跻愈高者陷愈深。”居恒用是兢兢，自奉日守节俭，非宴客不食海味，非祭祀不许杀生。余年过知命，位列尚书，禄寿亦云厚矣，不必再事戒杀修善，盖为子孙留些余地耳。

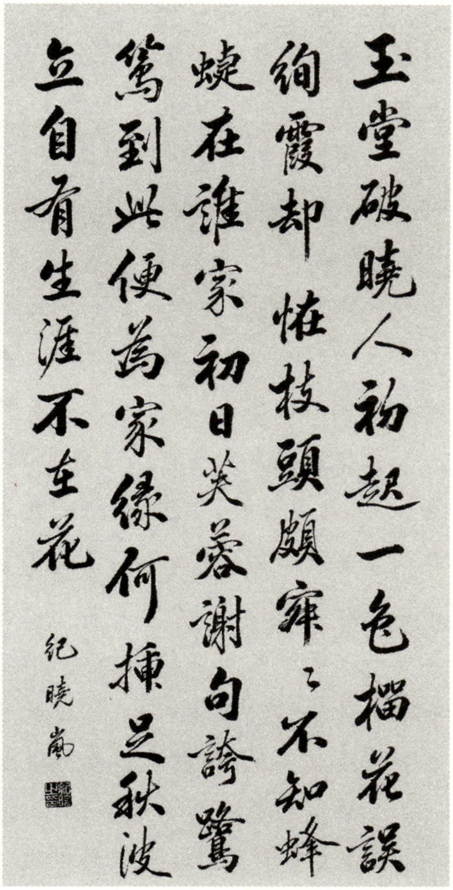

尝见世禄之家，其盛焉位高势重，生杀予夺，率意妄行，固一世之雄也。及其衰焉，其子若孙，始则狂赌滥嫖，终则卧草乞丐，乃父之尊荣安在哉？此非余故作危言以耸听。吾昔年所购之钱氏旧宅，今已改作吾宗祠者，近闻钱氏子已流为叫化，其父不是曾为显宦者乎？尔辈睹之，宜作前车之鉴。

纪晓岚书法（一）

勿恃傲谩，勿尚奢华。遇贫苦者宜赒恤之，并宜服劳。吾特购粮田百亩，雇工种植，欲使尔等随时学稼，将来得为安分农民，便是余之肖子，纪氏之鬼，永不馁矣！尔等勿谓春耕夏苗，胼手胝足，乃属贱丈夫之事，可知农居四民之首、士为四民之末？农夫披星戴月，竭全力以养天下之人。世无农夫，人皆饿死，乌可贱视之乎！戒之！戒之！

【译文】

我们家仰赖祖宗积德，子孙们才能世代为官，其中唯有我的官阶最高，俸禄最多。可是我知道自己并没有多大的学问，也没有高尚的道德境界，现在竟然能位居小宗伯礼部侍郎了，只怕是几代人所积下的福分到我这儿已用尽了啊！所以我做小官的时候，行动不受世俗礼节的束缚，衣着随便，不拘小节。随着官位一天天上升，我心中的担忧也一天天地加深。古人不是说“爬得越高，风险就越大”吗，所以我家常用度非常小心，每天都奉行节约俭朴的原则，不宴请客人就不吃海味，没有祭祀就不随便杀鸡宰鸭。我已经年过五十，官居尚书，俸禄很多，也算长寿了，按说可以不必再戒杀修善了，之所以仍然这样做，只是为子孙多积一些德罢了。

我曾经见到有些世代吃俸禄的人家，在官运亨通的时候，位高势重，掌握生死、赏罚大权，一意孤行，任意而为，确定是一个时期引人注目的人物。等到家道衰落的时候，他的子孙们，最初是狂赌滥嫖，最终却只能睡在乱草中以乞讨为生，此时他们父辈们的尊荣又在哪里呢？这并不是我故意在危言耸听。我以前所买的钱氏的旧宅院，现在已改成了纪氏家庙。近来听说钱家的儿子已沦落为叫花子，他的父亲曾经不也是很显贵的官宦吗？你们看到这个例子，应该把它们作为前车之鉴呀！

不要傲慢无礼，也不要追求奢华。遇到贫苦的人应当周济救助他们，而且你们应当参加劳动。我专门买了几百亩的田地，雇别人耕种，也是打算让你们随时能学习种田，将来能成为安分的农民，这就是我的好儿子了，我们家的祖先也可以永远得到祭祀，不至于受饿。你们不要认为春耕夏苗，手脚上长茧子，只是地位低下的人的事儿。你们可曾知道，农民为四民之首，读书人却为四民之末？农民们披星戴月，竭尽全力劳动，才养活了天下的人。如果世上没有农夫，人们都会饿死，怎么能看不起他们呢？一定要警戒啊，一定要警戒啊！

寄内子论教子书

【原文】

父母同负教育子女责任，今我寄旅京华，义方之教，责在尔躬。而妇女心性，偏爱者多，殊不知受之不以其道，反足以害之焉。其道维何？约言之有四戒四宜：一戒晏起，二戒懒惰，三戒奢华，四戒矫傲。既守四戒，又须规以四宜：一宜勤读，二宜敬师，三宜爱众，四宜慎食。以上八则，为教子之金科玉律，尔宜铭诸肺腑，时时以之教诲三子。虽仅十六字，浑括无穷，尔宜细细领会。后辈之成功立业，尽在其中焉。书不一一，容后续告。

【译文】

父母共同担负着教育子女的责任，现在我寄住在京城，教育子女为人厚道的责任就落在你一个人的身上了。而做母亲的本性，多对子女有所偏爱，她们如果不知道只偏爱却不讲原则，反而会祸害自己的子女。那教育子女的原则是什么呢？大略说来有“四戒”“四宜”。“四戒”：一戒晚起，二戒懒惰，三戒奢华，四戒骄傲。既要遵守“四戒”，又必须规定“四宜”：一宜勤苦读书，二宜尊敬老师，三宜爱护众人，四宜谨慎饮食。以上八条，是教子的不可变更的条例，你应该牢记在心，时时用它教育三个孩子。虽然上述原则只16个字，但它总括了无穷的意思，你要仔细领会。孩子们将来成功立业，都在这16个字之中。信中不能谈到所有的方面，其余的事容后继续告知。

【说明】

乾隆十九年(1754)春，纪昀在会试中考了第二十二名，殿试考中二甲第四名，授翰林院庶吉士，从此开始了在京都的官宦生活，此时纪昀31岁，长子纪汝佶11岁，纪汝传7岁。这封家信是纪昀在北京写给献县崔尔庄妻子马氏的，主要谈两个孩子的教育问题。

寄内子论儿女婚姻

【原文】

来书达千余言，家庭巨细，亲戚兴衰，事事叙述详明，阅之一目了然，仿佛身返家乡，使我三年余思乡之念，一旦为之消释，慰甚！慰甚！

三儿年稍长，在早婚之家，固当及时订婚。而古礼以三十为男子成婚之期，则相差尚有十四年，尽可暂作缓图。并且世族之家，专尚虚荣，余现在谪戍，稍有声望者，岂肯以爱女偶戍臣之子？还是徐待时机，托赖祖宗余德，余得邀赐环之命，遄返故乡，料理儿辈婚姻，未为晚也。惟三儿值此成年之初，尔宜郑重管束，不正当之小说，莫许其寓目；解人事之婢女，莫令其伺应；出门务遣老仆跟随。

二儿早经娶妻生子，阅历稍深，堪为雁行之导，宜嘱其加意防范，勿使其误交损友，引作狭邪游。盖外事非耳目所能及，父在外，应由长兄负责。即以此旨转训二儿，注意乃弟，苟有不规则举动，以言规劝，不从，则禀白堂上，尔可施以严责也。先严冥诞，不宜在家中做佛事，以防亲族闻知，相率送扎，又多一番酬应。戍臣之家，礼所不许。然而余漏言获谴，已觉愧对先灵，若因余谪戍，恝置冥诞于度外，益重我不肖之罪。只可择一幽僻禅院，届期诵一日普佛。至戚瞒不了，其余一概勿使闻知。至嘱，至嘱。

【译文】

你的来信有1000多字，家中大小事情，亲戚的兴旺和衰败，每件事都叙述得很详尽，看后什么都很清楚，好像自己又回到了家乡，使我3年多来对家乡的思念一下子都消融化解，太令人安慰了，太令人安慰了！

三儿长大了一些。如果在早婚人家，本该可以订婚了，但是古代的《礼记》上是以30岁作为男子结婚的年龄，三儿与此相差还有14年，完全可以等一等再说。况且今日的世族大家，都一味崇尚虚荣。我现在被贬谪在新疆戍边，稍微有点声望的人家，哪里会将自己的爱女许配给一位谪戍边塞的罪臣之子呢？还是慢慢等待时机，靠祖宗积德的庇护，我万一能得到恩赐返归的朝命，便很快返回故乡，届时再料理他的婚事，也不算晚。只是三儿现在是成年初期，你应该严加管束，那些不符合儒家道德规范的小说，不允许他看；那些已了解男女风情的婢女，不要让她们伺候三儿；他出门时一定要派一位稳健的老仆人跟着他。

纪晓岚书法（二）

二儿早已经娶妻生子，人生阅历稍微要深一些，可以作为三儿的引导，应该叮嘱他对三儿多加留意，不让三儿错误地结交一些坏朋友，教唆他去逛妓院。父亲远在外地，对三儿在外面做的各种事情，无法亲自耳闻目睹，二儿作为兄长就要负起责任。你立即将我的这一意思转告二儿，注意他的弟弟，如果发现他有不规矩的行为，就要规劝他；如果三儿不听，就要告诉母亲，你也要对三儿严加责罚。到了已故父亲的生日时，不要在家中做佛事祭奠，以防外面的亲戚知道，都来送礼，又多一番应酬。作为谪戍的罪臣之家，制度上是不允许为已故的父亲大做冥诞的。但是，我因为透漏消息获罪而被遣送新疆戍边，已觉得愧对先父，如果再因为我获罪谪戍边疆便将父亲的冥寿祭奠不放在心上，这就越发加重了我这不肖子孙的罪愆。只可以选择一个偏僻幽静的寺院，做一天佛事作为祭奠。最亲近的亲属是隐瞒不了的，其余一般亲戚，一概不要让他们知道。切记！切记！

寄大儿训诫择交

【原文】

尔初入仕途，择交宜慎，友直友谅友多闻益矣。误交真小人，其害犹浅；误交伪君子，其祸为烈矣。盖伪君子之心，百无一同：有拗捩者，有偏倚者，有黑如漆者，有曲如钩者，有如荆棘者，有如刀剑者，有如蜂虿者，有如狼虎者，有现冠盖形者，有现金银气者。业镜高悬，亦难照彻。缘其包藏不测，起灭无端，而回顾其形，则皆岸然道貌，非若真小人之一望可知也。并且此等外貌麟鸾，中藏鬼蜮之人，最喜与人结交，儿其慎之。

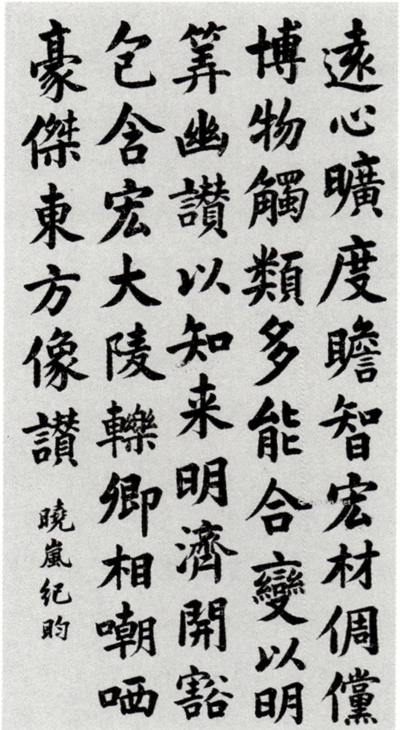

纪晓岚书法（三）

【译文】

你刚踏进仕途，选择与朋友交往应当谨慎，结交一些正直的朋友，结交一些

能互相谅解的朋友，结交一些知识丰富的朋友，会带来很多好处。如果误交了一些没有伪装的小人，其祸害还小一些；如果结交了伪装成君子的小人，那祸害就更大了。这些伪君子的内心世界，千变万化，有不同的表现：有的表现为固执不驯、违逆常情，有的表现为思想行为偏执，有像漆一样黑的，有像钩一样弯曲的，有像荆棘的，有像刀剑的，有像蜂虿的，有像狼虎的，有显现当官模样的，有显现有钱模样的。即使是高举可以照鉴众生善恶的“业镜”，也难照出这些伪君子的全部化身。因为这些伪君子的祸心隐藏得很深，它的出现和消遁又变化莫测，然而回顾所能看到的面貌，又都是道貌岸然，并不像那些一眼就可以看穿的真小人。而且这一类外表看起来像麒麟、凤凰一样美好，内心却像鬼蜮一样的伪君子，最喜与人结交，儿子你一定要谨慎。

【说明】

纪昀这封信是写给长子纪汝佶的。纪昀18岁与马氏结婚，20岁时得长子汝佶。纪汝佶十分聪明好学。乾隆三十年（1765），时年22岁的纪汝佶即高中乡试第一。这封信大概就写于纪汝佶乡试夺魁，即将走向仕途之际。信中训诫长子交友要谨慎，尤其对那些“外貌麟鸾，中藏鬼蜮”的伪君子，更要谨慎，因为这类人“最喜与人结交”，而“其祸为烈矣”，所以更要“慎之”。

◎姚鼐《谕侄孙》

姚鼐像

姚鼐（1731～1815），字姬传，一字梦谷，室名惜抱轩（在今安徽桐城中学内），世称惜抱先生、姚惜抱，安徽桐城人。清代著名散文家，与方苞、刘大櫆并称为“桐城三祖”。乾隆二十八年（1763）中进士，任礼部主事、《四库全书》纂修官等。年才四十，辞官南归，先后主讲于扬州梅花、江南紫阳、南京钟山等地书院四十余载。著有《惜抱轩全集》等，曾编选《古文辞类纂》。

【原文】

书至，具悉近祉。承以对联见寄，八分殊妙。吾见未能楷书学八分者终不佳，伯昂惟本善楷书，故进为八分，极有笔力也。所作诗则不佳，盖缘初入手即染邪气，不能洗脱。虽天分好处，偶亦发露，然亦希矣。必欲学此事，非取古大家正矩，潜心一番，不能有所成就。近体只用吾选本，其间各家门径不同，随其天资所近，先取一家之诗，熟读精思，必有所见。然后又及一家，知其所以异，又知其所以同。同者必归于雅正，不著纤豪俗气。起复转折，必有法度，不可苟且牵率，致不成章。至其神妙之境，又须于无意中忽然遇之，非可力探。然非功力之深，终身必不遇此境也。古体，伯昂尤有魔气，就其才所近，可先读阮亭所选古诗内昌黎诗读之，然后上溯子美，下及子瞻，庶不至如游骑之无归耳。

（《惜抱轩全集》）

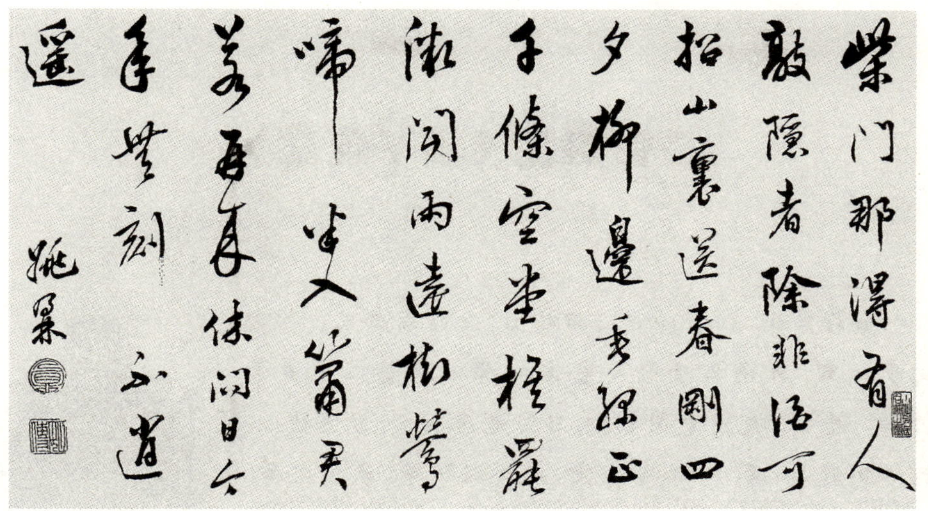

姚鼐书法

【译文】

信收到，详悉近福。承蒙寄来对联，隶书很好。我见那些没有楷书功底而去学隶书的，结果都不好。你本来有一手好楷书，转而再写隶书，所以极有笔力的。你作的诗不佳，大概是刚开始学诗时就沾染了不良习气，不能摆脱。虽然天资优厚的地方，在诗中偶然也会流露出来，然而不多。想学作诗，不将古代名家关于作诗的法度、规矩潜心琢磨研究一番，是不能有成就的。近体诗只用我的选本，其中各家的门径不同，可以依据自己的天分，先取一家的诗集熟读精思，一定会有所得的。然后再涉及别家，既要知道不同的原因，又要知道相同的原因。那相同的地方必是典雅纯正，不带丝毫的俗气，起复转折，很有法度，不可草率马虎，以致不成章。至于那些神奇精妙的意境，一定是在无意之中忽然碰上，不是仅花费力气就能探求到的。然而不是功力很深的话，一生都是难以遇到此种境界的。对于古体诗，你特别有魔气。就你的才气来说，可以先读王士祯所选的韩愈诗，然后上溯到读杜甫的诗，往下读苏轼的诗，就不至于像骑马游玩那样漫无目的了。

◎谢启昆《训子侄文》

谢启昆(1737～1802),字蕴山,江西南康人。少以文学知名,后致力于经史金石之学。乾隆二十五年(1760)进士。充国史馆纂修,日讲起居注官,历任镇江、扬州知府,山西、浙江布政使,广西巡抚等,政绩显著。谢启昆一生,不仅为官清廉、政绩卓著,而且治学有方,著作等身,著有《山谷外集·别集补》《史籍考》《广西金石录》《圣朝殉节诸臣录》等。

谢启昆像

【原文】

古人行事,计是非,不计利害。今人利害亦不计,国法则曰可以幸逃,地狱则曰何曾眼见。当世之名,后世之责,更所不计,大都图目前受用而已。呜呼!"受用"二字,若辈何曾解得。

今教以受用之法。世间不过士、农、工、商四等人。以士言之,若能专志一力,积学问,取高第,致显官,守道勤职,上而尊主泽民,下至一命之吏,于物必有所济,仰不愧君父,俯不怍妻子,岂不受用?即做一穷秀才,工诗文,善书法,或称为才子,或尊为宿儒,桃李及门,馆谷日丰,岂不受用?农春耕夏耘,妇子偕作,沾体涂足,挥汗如雨,非老不休,非疾不息,及获有秋,欢然一饱,田家之乐,逾于公卿,岂不受用?百工研精殚功,早起夜作,五官并用。其成也五行百产,一经运动,皆成至宝。上之驰名致富,次之自食其力,计日受值,无求于人,不困于天,岂不受用?商则贸迁有无,经舟车跋涉之劳,有水火盗贼之虑。物价之低昂,人情之险易,一一习知。行之既久,一诺而寄千金，不胫而走千里。大则三倍之息与万户等，次亦蝇头之利若源泉然，岂不受用？然此皆从刻苦中来也。然则士之攻书，农之力田，工之作巧，商之营运，正其受用时也。

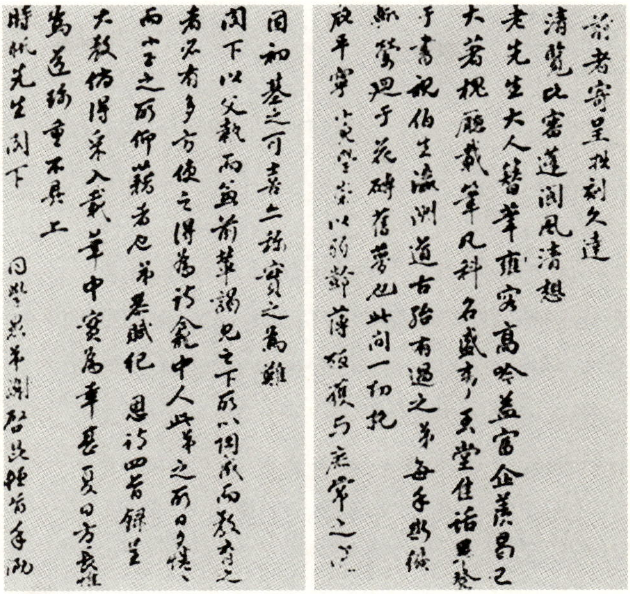

今也不然，士不士，农不农，工不工，商不商。或席祖父遗业坐食租入，不数传中落，束手待毙，怨尤交作，忮求并用，不能刻苦于己，惟知刻薄于人。或稍知艰难，则悭吝贪鄙，始而行道涓滴不与，继而兄弟杯勺不分。譬如渴资水饮，不知远挹江河，旁汲井泉，添注瓶罍；惟兢兢守一盂，朝夕注视，是何异欲流之长而塞其源，未有不见其立涸者。间有能自积资营运，又专用朘削，骨肉相残，譬如种树戕其根本，虽日剪拂枝叶，厚培土壤，而枯萎速至。乃若人者，方且自鸣得计，以财利可逸获，吾用吾俭，一以当十，钱必丰；视孝友为迂谈，吾用吾吝，入而不出，利必聚。一旦运移事异，精疲力尽，昔之所谓卧枕无忧者，今则一筹莫展。斯时即低声下气，求助于人，而人必将以汝之所以待人，转而待汝矣。鄙夫野死，谁其惜之。若辈并图受用，竟至大不受用，国法所不及而严于国法，地狱所不加而惨于地狱，孰利孰害，何去何从，亦可翻然悟矣。

谢启昆致时帆书札

汝等索居寡见闻，又鲜良师友。习俗移人，贤者不免，如行烂泥中，行一步拔一步，须立定脚跟，稍懈则倾陷不得出矣。俗之熏人，又如室中烧恶草，衣带皆臭，行人过之，皆掩鼻，而其人自己不知，岂不可叹。孟子曰："生于忧患，死于安乐。"韩子曰："食焉而怠其事者，必有天殃。"余每读古人书，与作人行事相感触，不觉面赤汗下。今将有远行，书此以告诸子，且用自警省焉。

（《树经堂文集》）

【译文】

古人做事情，只考虑是非，不考虑利害。现在的人连利害也不考虑，对于国法则说“可以侥幸逃脱”，对于地狱则说“何曾亲眼见过”。当世的名声，后世的责任，更不考虑，大多只图眼前享受罢了。唉！“受用”这两个字，你们这些人何曾理解！

现在我将享受的办法教给你们。世上的人分为读书人、农夫、工匠、商人四等人。对读书人来说，如果能专心在一个方面用功，积累学问，中得高等科第，获得显赫的官位，遵守伦理道德，恪尽职守，或做尊奉君主、恩惠百姓之官，或做最低级的小吏，对大众都必定会有所帮助，上不会愧对君主、祖先，下不会愧对妻室儿女，这难道不是一种享受吗？即使是做一个穷秀才，工于诗文，擅长书法，有人称为才子，有人称作宿儒，桃李满门，收益也逐日增多，这难道不是一种享受吗？农夫春耕夏耘，妇人、儿女一起劳作，泥水沾在身上，浑身挥汗如雨，不到年老时不停止，不是生病时不休息，等到秋天收获时，全家欢乐地饱吃一顿，他们的欢乐甚至超过了富贵的人家，这难道不是一种享受吗？各类工匠精心研制各种器物，清早即起，深夜还在劳作，全身心都扑在上面。他们做成的东西各行各业都需要，一经运用到实践中，这些东西都变成了最好的宝贝。优秀的工匠声名远扬、发家致富，差一点的也能自食其力，按日收取一定的报酬，不需要求助于人，也不会被大自然所困，这难道不是一种享受吗？商人则按各地商品的供求进行贸易，要经受舟车劳顿、远程跋涉的艰辛，还有遭受水、火、盗贼的忧虑。对物价的高低、人情的善恶，都一一知晓。经商久了，一声承诺即有千金寄来，好的名声能传到千里之外。大商人有三倍的利润，与食租万户者收入相等，一般的商人也有蝇头之利，像泉水一样源源不断，这难道不是一种享受吗？但是这些都是下苦工夫得来的。既然这样，那么读书人钻研书本，农夫在田里卖力，工匠制

作精巧的东西，商人做生意，正是他们享受的时候。

现在则不同，读书人不像读书人，农夫不像农夫，工匠不像工匠，商人不像商人。有的凭借祖辈父辈的遗产坐吃租金收入，传不了几代即中途没落，只能束手待毙，只知道去埋怨、指责、嫉恨、乞求，自己不能下苦工夫去钻研，只知道刻薄待人。有的稍微知道一点创业的艰难，就悭吝贪鄙，起初对路上的陌生人连一点一滴都不肯给予，接着便对兄弟连一杯一勺都不愿让他们分享。就像口渴时很想喝水，却不知道去远处的江河里舀水，也不知道从旁边的井里汲水，把瓶、壶加满，而只是小心谨慎地守着一盂水，早晚注视着，这与想要有长流之水但又堵塞其源头有什么不同呢？在这种情况下，水没有不很快就干涸的。间或有能够自己积累资金做生意的，却又专事盘剥，骨肉相残，就像种树却又伤害了树的根一样，虽然每天剪枝整叶，厚厚地培土，但树很快就会枯萎。像这一类人，正在自以为得计，以为财利可以像野草一样迅速生长，只要节俭使用，一文钱当十文钱用，钱一定会多起来；认为孝顺、友爱是迂腐之谈，只要吝啬使用，只收入不支出，利润一定会聚拢来。一旦运气转移，事情发生了变化，精疲力尽，过去那些所谓高枕无忧的人，现在也一筹莫展。这个时候即使是低声下气，求助于人，人们必定会用你过去待人的办法来对待你了。鄙陋庸俗的人死在野外，又有谁会怜惜他呢？这类人都只贪图享受，最后竟到了大不受用的地步，国法不能追究他们，但他们受到的处罚比国法更严厉，地狱不能施加在他们身上，但他们比入地狱更悲惨，哪个有利，哪个有害，何去何从，也可以很快彻底地醒悟了。

你们独居在一个地方，听到的、看到的都很少，又很少有良师益友。习俗能改变人，即使是贤能的人也是不能避免的，就像在烂泥中走路一样，走一步拔一步，必须站稳脚跟，稍有松懈就会陷在里面不能出来。习俗熏人，又像是在屋子里烧烂草，衣带都臭了，行人从面前走过，都掩着鼻子，但他本人却还不知道，这难道不值得叹息吗？孟子说："生于忧患，死于安乐。"韩愈说："靠所从事的事业生活，却以消极的态度对待它的人，一定会有天灾。"我每次读古人的书时，与做人、做事联系在一起，都很感慨，不禁面红耳赤、直冒冷汗。现在我就要出远门了，写下这些告诫各位子侄，并且用来警醒自己。

◎汉阴《沈氏家训》（节选）

侍亲篇

【原文】

事亲不可不孝也。古之圣贤谆谆，教孝良以百行之原，莫大于孝，虽圣帝、明王亦必以孝治天下，而士庶敢不定省问视，以各致敬尽诚乎？且衣衾棺椁之必齐，瘗埋荐祭之必诚，古之道也。族中子姓，但于力之所能为，分之所当为者，即勉力以为之，庶几乎，稍尽子职矣。《诗》云："欲报之德，昊天罔极。"又云："永言孝思，孝思维则。"其朝夕诵之。

【译文】

侍奉父母不可不孝。古代的圣贤深情耐心地教育、引导我们孝顺，人所有行为的根本没有比孝顺更大的，即使是神圣的皇帝、英明的君王，也一定会用孝来治理天下。而士子百姓怎敢不以"昏定晨省"的准则去问候父母，同他们表达敬意、倾尽孝心呢？而且丧葬所需的衣衾棺椁之类的物品一定要齐备，埋葬、祭祀祖先以及敬献祭品时一定要虔诚，这是古代传下来的规则。我们家族的子孙后代们，只要是能够做到的，或者按照本分所应当做的，就应该努力去做，这样才可以稍微尽一点做子孙的职分。《诗经》说："想要回报父母的养育之恩，但父母的养育之恩就像苍天一样广阔无边，怎么报答得了呢？"《诗经》还说："永远要保持对父母的孝敬，孝道就会成为天下的法则。"这些话每天都应该诵读。

友悌篇

【原文】

天显不可不念也。同胞兄弟犹如手足，乃有小而参商，长而阋墙，甚而终身仇敌。友于之爱不讲，父母之忧莫释，而祖宗之目何自瞑乎？故敬宗者必孝父母，孝父母者必爱兄弟。苟听枕畔之言，骨肉之间必有不堪问者，为兄者与弟言友，为弟者与兄言恭，庶亲心顺，而兄弟翕然太和，元气岂不在门内乎？

【译文】

兄弟之情不能不念记。同一父母所生的兄弟就如同手足，不可割舍，却有的兄弟小的时候就像天空的参星和商星一样彼此对立、感情淡漠，长大以后又互相争斗，甚至一辈子就像仇人一样。不讲求兄弟之爱，父母的忧愁没办法开解，那么祖宗如何能瞑目呢？所以尊敬祖宗的人一定会孝顺父母，孝顺父母的人一定会爱护他的兄弟。如果错误地听信枕边之言，骨肉兄弟之间一定会出现别人都没法问的事情。当哥哥的对弟弟要讲求友爱，当弟弟的对哥哥要讲求恭敬，这样才会使亲人感觉心情顺畅，兄弟和睦相处、生发太和之气，家门之内也不伤元气。

修身篇

【原文】

身者不可不修也。身者父母所属望，而子孙所观型者也。故必敬以持己，恕以接物。视听言动决去非礼，喜怒哀乐务求中节，庶身可修，而家可齐矣。《书》云："慎厥身修，思永。"子姓当各置一通于座右。

【译文】

己身不可不修德。己身是父母的期望，也是子孙后代们所观察效仿的榜样。因此自己一定要按照古礼的标准，凡事坚持恭敬谨慎；对待外物，一定要宽恕和悦。视听言行一定要坚决去掉那些不符合礼法的部分，喜怒哀乐等情感一定要有所节制，使它们符合礼仪法度，这样才可以使自身修养得到提高，使家庭齐一和睦。《尚书》说："要谨慎地修养自身品德，对问题要考虑久远。"沈家的后辈们应当每一个人都写一遍，贴在座位右边警示自己。

勤俭篇

【原文】

持家不可不勤俭也。不勤则业荒，不俭则财耗，必也。男耕女织，食时用礼，庶财源开、财流节，仓箱之实基于此矣。谚云："黄金无种，偏生勤俭人家。"诚能取是言思之，家道兴隆，于此卜矣！

【译文】

维持家计不能不勤劳节俭。不勤劳就会荒废家业，不节俭就会耗尽家财，这都是确定无疑的。男人耕种，女人纺织，顺从节令置办食物，按照礼法使用财物，这样才能使财源广进、财流省减，仓库里的粮食和箱子里的衣物充盈都基于此啊。谚语说："黄金本身没有种子，但是它却偏偏生长在勤劳节俭的人家中。"如果能够把这话拿来对照思考，那么家庭的兴旺发达就可以预测了！

尊长篇

【原文】

尊卑不可不辨也。家门之间，亲而五服，疏而九族，皆祖宗一脉也。凡遇尊长，坐必起立，步必徐行，庶彝伦之有序。苟倚富而欺贫，恃贵而傲贱，仗才学而忽椎鲁，逞强大而凌弱小，均为祖宗之罪人也。慎之！慎之！

【译文】

尊卑不可不分辨。家门之内亲缘关系近的，比如五代以内的，或者关系疏远一些的，如九族以内的，都是同一个祖先的后代，都有共同的血脉。凡是遇到尊长，坐着的一定要站起来，行走的脚步一定要慢下来，这才符合伦理，才会使家族和睦有序。如果倚仗家庭富有而欺负穷人，依恃自己有权势而在地位低的人面前摆架子，仰仗自己有学问而怠慢那些鲁钝的人，凭借自己强大而欺凌那些弱小的人，全都是愧对祖宗的罪人。一定要谨慎啊，一定要谨慎啊！

择师篇

【原文】

择师不可不慎也。师者，子弟之仪型，今何师乎？年未及冠，目仅识丁，读书明理之说邈矣，未闻躬行，实践之学全然不讲，得皋比而坐之谆谆，以沽名钓誉为事，并句读之不知，复“鱼鲁”之传讹，即日用言动之间，悉不知其仪则之具。则择师不慎，贻害匪小。语云：“盘圆则水圆，盂方则水方。”斯言虽浅，可以喻大。

【译文】

选择老师不能不慎重。老师是学生们学习的榜样，现在有些老师是什么样子呢？年龄不到20岁，只认识一些简单的字，不懂得读书是为了明白事理，从来都没有听到过他们身体力行，也从不注重实践之学，被延请为老师后，坐在讲席上絮絮不休，以沽名钓誉为能事，连句读都不懂，经常把“鱼”写成“鲁”，以讹传讹，在日常的言语行动中，全然不知道礼仪规则的具体要求。可见选择老师不慎重，贻害不小。有句话说：“盘子是圆形的，盛在盘子里的水就会随之变成圆形；盂钵是方形的，盛在盂钵里的水就会随之变成方形。”这句话虽然浅显，但是可以比喻大道理。

教子篇

【原文】

教子不可不严也。子弟之正邪，每视父母之严忽，严则比匪可入端方，忽则端方必流于比匪。自古迄今，大抵然也，必也。毋姑息，毋纵容……毋喜称道。虽父子之间不责善而义，方可不训哉！

【译文】

教育子弟不可不严格。子弟的品性是正是邪，大多要看父母管教得严与不严。教育严格了，本性喜结党为非的人，最终都会庄重正直；如果忽视不管，那么庄重正直的人都会去结党为非。从古到今，大多都是这样，甚至一定就是这样。在学业上不要姑息，在品行上不要纵容孩子……不要听信奉承夸奖。虽然父亲和孩子间不能以善来互相责求，但是行事应该遵守规范和道理，怎么可以不去训导督责呢？

交友篇

【原文】

交友不可不审也。择善而从之，其不善者而改之。否则，必至失身匪类，将犯朝廷之法纪，危累父母兄弟者有之，可不慎于择交者哉？

【译文】

结交朋友不可不审慎。与人结交，应当选择他们的优点去学习，对他们的缺点要注意改正。如果不这样，必将使自己丧失节操而依附于邪恶之人，还有可能触犯朝廷的法律纲纪，甚至会危害、连累自己的父母兄弟。因此，怎么能不谨慎地选择结交的人呢？

志节篇

【原文】

志节贵乎坚贞也。人无论读书与否，皆以志节定人品，苟守之不定，势将纵其情欲，任意所为，机械变诈，利己损人，不堪述矣。即富贵胜人，学问足羡，奚足重耶！善相士者，原在人之志节上定评，不徒狥俗也。士先器识而后文艺，学者当三复斯言。

【译文】

志向和节操，可贵的是坚定地执守正道。人无论读书与否，都以志向和节操来确定人品格的高低。如果执守不坚定，势必会放纵自己的情欲，任意而为，性行巧诈，为了自己的利益而损害他人，这些都不堪述说了。即使比别人富贵，学问值得别人羡慕，如果没有志节，又有什么值得敬重的呢！善于识才者，原本都是从志向和节操上来确定评判的，而不是曲从世俗观念。读书人应该先追求器量、见识，然后讲求文艺，做学问的人应该反复思考这句话。

志行篇

【原文】

志行不可刻薄也。祭先必致其丰洁，置业毋容以勒掯，人过不可以显扬，用财须审乎义理。厚有厚报，若一味刻薄，必至损人……可不畏哉？

【译文】

志向和行为不可过分苛求。祭祀祖先的祭品一定要丰盛洁净，购置产业不能以勒索、强迫的手段获取，人的过错不可以放大张扬，使用财物应该审察是不是合于义理。敦厚的人必有福报，如果一味地尖酸刻薄，一定会损害他人……这些怎么能不畏忌呢？

睦邻篇

【原文】

邻里不可不和也。出入相友，守望相助，疾病相扶持，古有明训。凡兹

同里，毋以小隙而构大怨，毋以微忿而结世仇。为父兄者，则训诫其子弟；为子弟者，则劝谏其父兄。庶几，里有仁风，而乡邻多惠爱矣。

【译文】

邻里之间不可不和谐相处。无论出门在外还是在家乡，都应互相友爱，共同御敌防灾，有大病时互相帮扶，这在古代是有明确训诫的。凡是同乡邻里，不要把小的隔阂构筑成大的仇怨，不要因为一些微小的忿恨而结下世怨大仇。为人父兄的，应该训导告诫自己的子女兄弟；做子女兄弟的，应该劝谏自己的父兄。如果能这样，乡里就会形成仁义之风，乡邻之间就会彼此互助互爱。

济难篇

【原文】

穷难不可不周也。宗族日繁，不无穷而倚赖、急而望救者。……其无能者周济之，有能者提携之，使振其业，庶族属不致怨恫，而祖宗亦含笑九泉矣。

【译文】

对待穷苦和遭难的人，不可不周济。宗族越来越大，人口越来越多，不会没有一些穷苦而希望别人帮助、处于急难之中而希望别人救助的人。……对那些没有能力的应该救济帮助他们，对那些有能力的应该帮扶提携他们，使其振兴家业，这样就可以使我们沈氏宗族的人不至于产生怨恨之情，而祖先也可以含笑九泉了。

出仕篇

【原文】

出仕不可不清也。致君泽民，吾儒分内事耳。苟以援上之不工、剥下之不巧为虑，凡足以肥囊橐而贻子孙者，尽力而为之。即眼前幸漏法网，子孙有不受其报者。然则出而治国，不思循分尽职，以光前裕后，而贪黩之鄙，夫岂非衣冠之盗贼也哉？

【译文】

做官不可不清廉。为国效力，为民造福，这本来就是读书人应尽的本分。如果总是担心不能巧妙地攀附上级长官、盘剥下级官吏和百姓，只要是中饱私囊并能将之遗留给子孙的，都竭尽全力去做。如果这样的话，即使眼前侥幸逃脱了法网，日后子孙也必然会遭到报应。当了官员，就要勇于担当，不想尽职尽责、有所作为，以光耀祖先、恩惠后人，却去做贪污腐败这种低劣的事情，难道不是衣冠楚楚的盗贼吗？

戒奢篇

【原文】

奢华游惰当惩也。无常业，必至为非。凡人纵耳目之欲者，每不顾己之身家性命以赴之，将见富贵必失其富贵，贫贱益流为贫贱。故《书》有《无逸》之篇，《礼》载谨省之典，可不念哉！

【译文】

奢侈浮华、游荡懒惰是应当惩戒的。如果没有固定产业，必定会去做不该做的事情。凡是放纵自己耳目之欲，任性而为，每每不顾及自己的身家性命去满足一时之欲，就会使富贵的人失去已有的富贵，贫贱的人变得更加贫贱。因此，《尚书》中有《无逸》这篇文章，《礼记》上也载有“慎”“省”的文句，怎么能不反复思忖呢？

戒赌篇

【原文】

赌博不可不戒也。夫贪而赌，赌而负，负而贱，势所必至也。无论朝廷之功令可畏，即祖宗父兄之蝇积亦可惜。苟沉溺不返，沙里淘金，将见岁暖而妻号寒，年丰而子啼饥，必果忍乎？能不惧哉？

【译文】

赌博不可不戒止。人若贪婪就嗜赌，嗜赌必输，输而变贱，这是必然的结果。不要说朝廷的法令值得畏忌，就是祖宗、父兄们那点微薄的积蓄也是应该珍惜的。如果沉溺赌博而不能自拔，就好像沙里淘金，一定会看到这样的场景：天气暖和时，妻子儿女却在哭号寒冷；年景丰收时，妻子儿女还在因饥饿而啼哭。难道真的忍心看到这种场面吗？能不有所畏惧吗？

【说明】

汉阴《沈氏家训》是清乾隆五十四年(1789)，由八世祖沈祖烈主持倡导，经遍阅祖宗碑文、搜集族史资料、聚族而谋、合族众议而定立的。汉阴《沈氏家训》共计 20 条 1933 字。家训从孝悌、亲情、修身、齐家、睦邻、济贫、教子、嫁娶、志节、德行、为官、奢望等方面做出了规范和要求，是家族育人、治家、励志成才的座右铭。汉阴《沈氏家训》，是在长期的社会实践、生产生活、育人治家、做人做事中不断总结、提炼而成的，是汉阴沈氏家族兴业起家、发展壮大的根基。在沈氏族人筚路蓝缕、艰苦奋斗的征程中，《沈氏家训》发挥了传承先祖精神、凝聚本族人心、促进家族和谐的作用，成为沈氏族人共同遵循的理念。《沈氏家训》熏陶和养育出了一代代品德高尚、为国为民、清正廉洁、坚持操守、宽厚谦恭的沈氏贤达。

◎蒋士铨《忠雅堂全集·再示知让》

（节选）

蒋士铨像

蒋士铨（1725～1785），字心馀、苕生，号藏园，又号清容居士，晚号定甫。清代戏曲家，文学家。江西铅山（今属江西）人，祖籍湖州长兴（今浙江长兴）。乾隆二十二年（1757）进士，官翰林院编修。乾隆二十九年（1764）辞官后主持蕺山、崇文、安定三书院讲席。精通戏曲，工诗古文，与袁枚、赵翼合称“江右三大家”。所著《忠雅堂诗集》存诗 3569 首，存于稿本的未刊诗达数千首，其戏曲创作存《红雪楼九种曲》等 49 种。

【原文】

莫贫于无学，莫孤于无友，莫苦于无识，莫贱于无守。无学如病瘵，枯竭

岂能久？无友如堕井，陷溺孰援手？无识如盲人，举趾辄有咎。无守如市倡，舆皂皆可诱。学以腴其身，友以益其寿。识以坦其心，守以慎其耦。时命不可知，四者我宜有。

【译文】

贫乏莫过于没有学问，孤独莫过于没有朋友，痛苦莫过于没有见识，卑贱莫过于没有操守。无学问就像患了肺结核，枯瘦干竭，岂能活得长久？没有朋友就像掉在井里，陷落于深渊，沉溺于池水，谁来救援？没有见识犹如盲人，行动总有错误；没有操守犹如娼妓，像轿夫、皂隶这样的贱役者都会去引诱。学问可以丰富自己的头脑，朋友可使自己长寿，见识多可使自己胸怀坦荡开阔，有操守可使自己慎重地结交朋友。人的机遇命运难以预见，这四者自己都应该具有。

◎洪亮吉之母蒋氏家训

洪亮吉之母蒋氏，清初江苏阳湖（今江苏武进）人。蒋氏出生于书香世家，5岁就能背诵《毛诗》《尔雅》等古代文学经典，稍长，能熟读汉魏六朝乐府、古词，是一位知书达理的大家闺秀。蒋氏的丈夫病逝时留下5个儿女，生活之艰难是可想而知的。但她对其子要求严格，不仅教其读书识字，而且激励其正直做人，即使在儿子长大成人、才识扬名于世的时候，仍然对其不良行为予以批评指正。她集“慈母之心，严父之威”于一身，这在封建社会是不多见的。

洪亮吉像

【原文】

楚珩病而归，母闻信，仓卒挈二子舟迎及三十里。遇诸洛社，识仆哭号而投诸水，从妪持之免，数求死不得，为不食者旬日，时礼吉生才六年耳。自是益困。母则无早夜寒暑，凡针织组可力以自食者，率三女靡不更习而勤。……礼吉初从母受书……凡《尔雅》及诸经难字皆令手习计字，分日以课，未尝出就外傅也。至是始读书蒋氏塾中，已而蒋以塾满辞出，母复归，礼吉乃从里中师，里中师不辨音训，夜分母为是正其误者，日不下数十字。母织子诵，至漏下四五十刻。……岁饥，母与诸女糠核而独饭礼吉，礼吉不食，泣，母亦泣，必令礼吉食，或相视哽咽，泪流滴槃案间，则皆罢食起，盖往往然也。母故绝爱怜礼吉，顾训督不少假，时时为陈说祖若父抗节厉志事，以勖其成。虽一衣尺寸，必如先制。礼吉长，出游来归，检衣有非制者，怒曰："此而从俗迁变，异日何以自立！"赏却贾人金五百而寓书礼吉云："汝归于岁入，外浮一钱，非吾子矣。"时礼吉客某官所，贾人其所部也。是时，礼吉以文章经术名诸贤豪间，所至咸宾礼之，母则力食如故常，而节其馆谷所入……厚抚从子。

（《碑传集》卷一四九）

【译文】

洪亮吉的父亲洪楚珩在外生病要回故乡，他的母亲蒋氏听到这个消息，就仓促地带领两个儿子坐船前往30里以外的地方迎接。在洛社这个地方相遇，听到仆人们哀声哭号，蒋氏知道丈夫已经去世，于是便投水自杀，幸亏随从的老妇人拉住才免于一死。她紧接着又数次求死不成，悲伤至极，好多天水米未进。洪亮吉这时才6岁。从此，洪家家境日益困窘。蒋氏不分白天黑夜、寒冬酷夏，凡是有关针线缝纫、纺纱织布等凭力量能自谋生计的事情她都干，率领三个女儿无时无刻不勤俭从事。……洪亮吉最初跟随母亲读书习字……凡是古代重要书籍，如《尔雅》及各种经书中的难字都要求手抄认记，定期检查督促，未曾请外边教书先生来施教。学到这个程度后才开始送洪亮吉去娘家蒋氏私塾中读书，不久，蒋氏私塾先生以私塾学生已满为由加以拒绝，于是蒋氏又带着儿子回到家乡，送他

跟着乡里的教书先生读书，但乡里这位教书先生不懂得音韵、训诂之学，于是母亲就在晚上纠正他不准确的地方，每天不少于几十个字。每天晚上，母亲纺织，儿子诵读，到深夜才睡觉。……遇到饥荒的时候，蒋氏与其他几个孩子吃着粗劣的饭食，唯独让洪亮吉吃白米饭。儿子不吃，哭泣不停，母亲也跟着哭泣不停，一定要儿子吃下去，有时两人相对哽咽，泪水渗透在桌上碗里，最后大家都不吃饭而离开，这是经常发生的事情。蒋氏因此特别疼爱洪亮吉，但是对他加以严格训导督促，一刻也不放松。她时常对洪亮吉诉说他的祖父和父亲坚守节操、刻苦励志的往事，以此来勉励他成长。即使是穿衣之类的小事，蒋氏也要求儿子必须符合先人的规矩。洪亮吉长大以后，出外游学回到家里，母亲蒋氏检查他穿的衣服，如果不符合规矩，她就大发脾气教训儿子："你这个时候就迎合时俗而迁移变化，以后怎么能够自立！"于是，蒋氏以500两银子赏退做生意的人并写信告诫洪亮吉："你只能拿当年的收入回家，如额外多收一分钱，就不是我的儿子。"这时，洪亮吉寄住在一个做官的人的衙门里，那个做生意的人正是这个当官的部下。此时，洪亮吉已经以文章和经国济民的才识扬名于众多贤豪间，每到一地，都受到热情接待。蒋氏却仍然像平常一样自食其力，同时又省吃俭用，不乱花儿子在外的收入……深情抚养侄儿。

◎洪亮吉《诫子书》

【原文】

余以年迫迟暮，不复能佣力于外，又念汝曹渐已成长；回忆毕生之事，冀弛日暮之肩。郭外有薄田二顷，城东老屋三十间，使四子一嗣孙分守之。以为寡也？则廉吏之子，尚有负薪；以为多也？则翁归之家，或余赐镒。汝曹能勤苦自持，当衣食粗足耳。

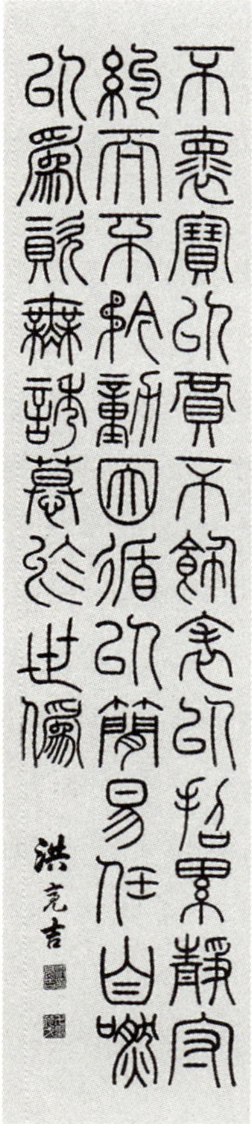

洪亮吉书法（一）

又余本中材，不敢以大贤上哲祈汝。惟早承先训，门有素风。易衣而出，并日而食，叠遭家难，粗识世情。“忍饿读书”，先大夫之遗语也；“禄不歆非义，福不歆非分，处则孝于家，出则忠于国”，太宜人晨夕之面命也。慎之哉！惟俭可以立身，惟恕可以持己。俭则无求于人，恕则无忤于物，况以卑门而处侈俗，凉德而承世业乎？无昵宴朋，无染薄俗，无是古而非今，无陟前而忘后，无爱尺璧而不爱修名，无畏疾雷而不畏清议，穷达本之于命，丰啬任其所遭，如是而已。

饴孙年过三十，处事尚不克平心，是汝之短也。惟编校故书，尚知条理，他日或当传吾记诵之学耳。余幼嗜六书，长而不倦。今符孙弱冠已过，涉笔便讹，又更历十师，难成一技；学之不修，亦已焉哉！其余幼子弱孙，则尚争梨栗，无辨菽麦。顾念艺菊之子，纵非同生，树兰之门，亦均共气。他日兄率其弟，父课其子，庶几寒宗，无坠先绪。

夫功名之士，以身殉时；勤学之儒，以身殉古；各有所好，强之不能，在立志何如耳。形质不能与天地争久，姓名则克与嵩华竞高。植足急流，学金石之止；鉴影巨壑，师江海之宽。勤则王霸之子，蓬头而不惭；惰则任昉之裔，衣葛而莫恤。汝曹慎之哉！夫陶令达者也，不忘于戒子；魏收凉德也，亦眷眷于遗言。吾上不敢望渊明，下不致同伯起，是在汝曹成吾之志耳。

又况承恩返里，已属更生。忧患备尝，庶谋行乐。每当朝晖入座，夕月洒窗，春树欲花，秋林未萚，何尝不携阮孚之屐，泛渔父之舟？东眺国门，西寻村墅，南湖乐其浩渺，北阜陟其高寒；挈伴以出，行歌以归。但使入曾元之室，酒肉尚陈；过言子之庐，诵声不辍；愿斯足矣！乐何如之？今虽闻鸡而起，尚拟著书；秉烛以游，仍书细字。然春草已绿，鬓丝不玄。素心之友，荫鬼磷而见招；同气之亲，出柏根而相望。鬼者归也，归其真宅，庶有时矣。

自念生虽无似，然不见屏于里间，不见讥于长者。踪迹遍于九州，姓氏字镌于五岳。官不达而齿胄以之为师，禄不加而问字丰其所贽。诗文至五千首，撰述至三十种。门生义故，百人著录，弟子三百。穷老尽气，韬精敛魂，终此天年，从亲地下。以此贻汝，不亦多乎？

（《洪北江诗文集》）

【译文】

由于我年事已高，不能继续在外卖力谋生，又想到你们已逐渐长大，回想起我一生的往事，希望能减轻我年迈的肩膀上的担子。城外有2顷贫瘠的田地，城东有30间旧房，分别给四个儿子和一个孙子。你们还嫌少吗？那么像孙叔敖那样的清官的儿子，还有背柴度日的时候；你们认为多吗？那么像疏广那样的家庭，还留下了一些赏赐的金银。如果你们能辛勤劳苦地持家，可以保证衣食就足够了。

洪亮吉书法（二）

再说我本是有中等学识的人，不敢拿圣贤名君来期盼你们。只是我早年就接受了先人的告诫，家门有节俭之风。换衣出门，两天吃一天的饭，屡次遭家难，大略领会了世情。“忍饿读书”，这是我过世的父亲所留下的话；“享用俸禄不用不义之财，享福不享非分之福，居家就在家尽孝，为官就为国尽忠”，这是我的母亲早晚都挂在嘴边的话。要引以为戒啊！只有俭朴可以立身于世，只有宽恕可以保护自己。俭朴就可以对

洪亮吉书法（三）

人无所求，宽恕就可以对外物不抵触，况且身在寒门却处于奢侈世俗之中，怎么能继承祖先的事业呢？不要与酒肉朋友很亲密，不要染上浮薄的世俗之气，不要推崇古代而批判现代，不要走过前面的路而忘掉后面的路，不要惜怜玉璧而不爱惜美名，不要惧怕声威之势而不惧怕众人的公正论判。得志与不得志由命决定，财物的多少任凭遭际而定，如此而已。

饴孙年过三十，处世还不能够心平气和，这是你的短处。只是编校古书，还知道一些道理，日后也许能够传承我记诵的学问。我幼年就爱好六书之学，长大了仍不厌倦。现在符孙已过二十，一下笔就出错，即便再换 10 个老师，也难以有一技之长；学问不能修成，那就算了吧！其余幼子弱孙，则还在争抢梨果的阶段，不能分辨粟麦。我只是考虑艺菊之子，虽然不是一母所生，但是培养人才子弟的家庭也都会有一些相同的气息。日后兄长带领弟弟，父亲督促儿子，也许寒门弱族，也不会丢失先人留下的事业。

追求光宗耀祖的士人，献身于时世；勤奋读书的士人，献身于古籍；他们各有所好，不能勉强，关键在于如何立志罢了。虽然身形体质不能与天地争长久，但姓名字号则能与嵩山、华山比高低。立足于急流中，要学金石那样落地稳健；在水边照看身影，要师法江海的宽广。勤奋如王霸的儿子一样，即使穷困到蓬头垢面的地步，也不觉惭愧；懒惰如任昉的后人一样，即使穿着俭衣粗布也不要怜悯。你们要引以为戒啊！那彭泽令陶渊明是高人啊，也不忘记诫子；魏收的品德虽然不好，在写遗言时也一心一意，依依不舍。我上不敢自比渊明，下不至于等同伯起（即魏收），这都是在要求你们成就我的志向罢了。

更何况我承蒙皇恩而返回故乡，已经是再生一次了。饱经忧患，或许可以考虑一下行乐了。每当朝阳照进家门，晚月洒在窗台上，春树将开花，秋林尚未落叶时，我何尝不想携带阮孚常用的木头鞋子，荡起渔父的渔船，东望国都之门，西寻村落别墅，观南湖乐其浩渺清澈，陟北山赞其高耸凉寒；携伴出游，行歌而归。只要让我像曾元的家中一样，摆放着酒肉待父；像孔子的弟子言偃的房庐一样，诵书声不停；这样我就心满意足了！那是多么快乐啊！现在我虽然听到鸡鸣就起床，但还打算著书立说；秉烛而游于书海，仍在书写小字。但是又是一年春草绿，我两鬓的发丝已经不黑。情谊深厚的旧友，已是受托于鬼火而招我；与我同一血脉的亲人，其墓地已长出柏树之根而望着我。鬼的意思就是归去，回到真正的归宿，或许已没有多少时日了。

我自想一生虽然不肖，但是不为故乡亲友所排斥，不为故里长者所讥笑。我的足迹遍布于五湖四海，姓氏名字镌刻于五岳之山。官运虽不腾达但公卿子弟拜我为师，俸禄虽不高但传授学问得来的礼物还算丰富。我的诗文将近5000首，著述有将近30种。徒弟和老朋友，百人曾加以著录，弟子有300人。穷困至老而出尽最后一口气，隐匿精神而收敛魂魄，终此天年，跟随亲人于地下。把这些留给你们，难道你们还以为很少吗？

◎王念孙、王引之父子《高邮王氏家规家训》

王念孙像

王念孙父亲王安国（1694～1757），字书臣，雍正二年（1724）以殿试一甲二名榜眼及第，历任翰林院编修、侍讲，广东学政，都察院左都御史，广东巡抚，直至兵部、礼部、吏部尚书等职。王念孙幼年丧母，王安国将他带在身边，不仅亲自指导他阅读《尚书》《尔雅》等书，而且告诫他在“立言”的同时更要注重“立身”。

王念孙（1744～1832），字怀祖，自号石臞，江苏高邮人。自幼聪慧，幼年即读完十三经，旁涉史鉴。乾隆四十年（1775）中进士，历任翰林院庶吉士、工部郎中、陕西道御史、吏科给事中、直隶永定河道等职。王念孙是清代著名的训诂学家，训诂著述有《广雅疏证》《读书杂志》等。他还专心研究治河方略，撰写《导河议》上、下两篇。

王引之（1766～1834），王念孙之子，字伯申，号曼卿。嘉庆四年（1799）进士，授翰林院编修，曾任经筵讲官、工部尚书、吏部尚书、礼部尚书等职。作为训诂学家，王引之与其父王念孙齐名，人称“高邮二王”。其著述有《经义述闻》《经传释词》，与父亲王念孙的《广雅疏证》《读书杂志》一道被称为“高邮王氏四种”。

王引之像

慎为官

【原文】

生平淡泊，寡交通显。馈遗一无所受，燕会一无所与，请托不行，苞苴悉绝。

（王念孙《春圃府君行状》）

【译文】

心志要淡泊随性，少结交那些权势通达的人。不要接受别人的馈赠，不要随意参加别人的宴请，更不要接受别人的贿赂，替别人办一些不能办的事。

【原文】

汝当以廉洁自持，公平定案，毋稍瞻徇，以仰副委任之重。

（《高邮王氏遗书》）

【译文】

你一定要坚守廉洁，公平定案，不要循顾私情，不要辜负国家对你的信任。

【原文】

性严正，不受请托。书吏偶有弊混，必烛察之、杜绝之，弊窦以清。而于部中美差如琉璃窑、宝源局之类，则绝不干求，长官保送则力辞。

（王引之《石臞府君行状》）

【译文】

（王念孙）办事严格而公正，不接受任何人的请托。下属的办事人员如果有作弊蒙混的情况，他一定明察告诫，并杜绝类似的事情再次发生，清除弊端。而对于工部中一些有好处的差事，如琉璃窑、宝源局之类的职位，他不仅不主动去求，就是上司让他去，他也极力推辞。

谨为事

【原文】

汝以重臣出抚，当为国家计久远，制节谨度，以身先之，简廉能黜不肖。

（《高邮王氏遗书》）

【译文】

这一次你以重臣的身份兼任广东巡抚的职位，应当为国家的长治久安考虑，你应当节俭克制、谨守国家各项法律制度，率先做出榜样，要重用提拔廉洁而有才干的人，远离罢免那些品行不好之人。

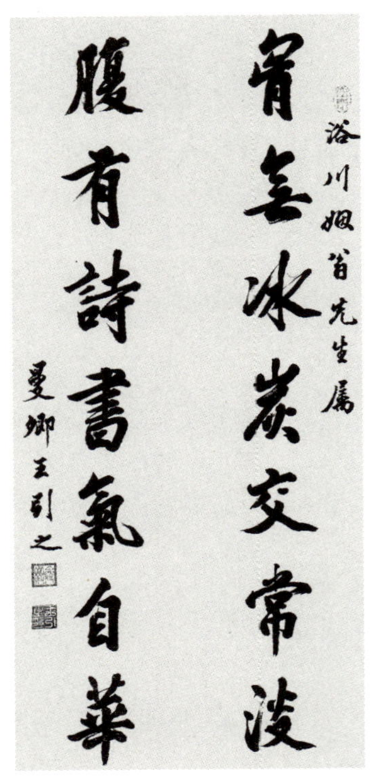

王引之书法（一）

【原文】

铨衡具有成宪，精密无可出入，而蠹吏举疑似者，因缘上下其手，或瞰人所不知，辄以牟利

躁競者，为所愚弄。公厘剔众弊，杜绝请谒，虽亲爱不敢干以私。

（《松泉文集》卷三）

【译文】

选拔官吏原本有一定的规章制度，设计得非常精密。但是害民的官员推举那些是非不明的人，凭借他们玩弄手法，暗中操作。有些则利用人们不知道的信息，急于进取，谋取利益，愚弄他人。王安国革除这些弊病，杜绝请吃和拜谒等不正之风，办事公正，即使是关系最亲近的人也不敢以私事请托。

【原文】

每遇秋审，必详阅招册至再三。

（《王怀祖行状》）

【译文】

每次遇到秋审，他（王念孙）一定会反复详细地阅读和审查那些刑犯的案卷。

勤修身

【原文】

勖之以忠信，示之以勿欺。

（《王文肃公遗文·补遗》）

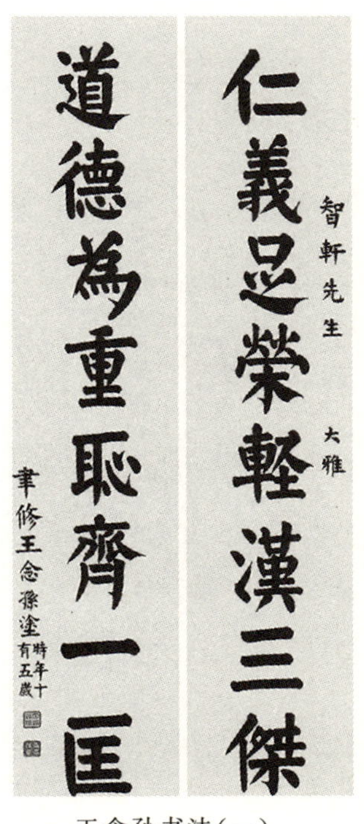

王念孙书法（一）

【译文】

（王安国）勉励他（王念孙）为人要忠信，告诉他要敢于讲真话。

【原文】

学问、人品、政事三者同条共贯。

（臧庸《与王怀祖观察书》）

【译文】

做学问，立人品，勤政事，这三者之间事理相通，脉络连贯。

【原文】

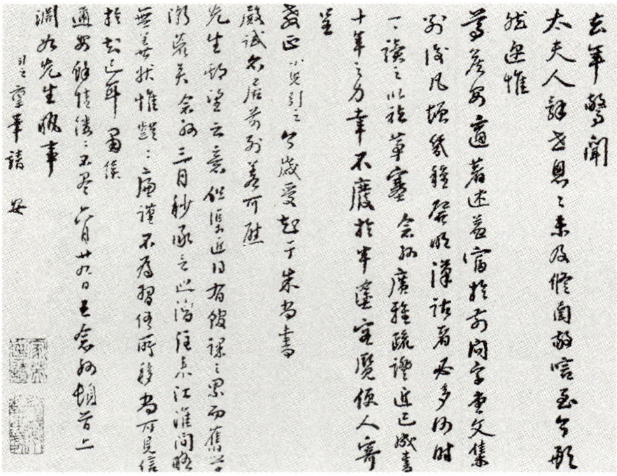

我死，惟先人故书及此箪瓢况味，风月真趣，以贻后人。毋或失坠，或杂以流俗气习，非我子孙也！

（《高邮王氏遗书》）

王念孙书法（二）

【译文】

我去世之后，只有祖上传下来的遗著、安贫乐道的生活方式以及崇尚自然的真趣留给后人。希望你们不要失去这样的传统，也不要混杂那些社会流俗习气，否则就不是我的子孙！

严治学

【原文】

说经者期于得经意而已。前人传注，不皆合于经，则择其合经者从之。

（阮元《王石臞先生墓志铭》）

【译文】

大凡阐述古代经典的不过是希望能符合经典的本意罢了。前人对经典作注，不全都合乎经典的本意，如果这样，就选择合乎经典本意的解释听从它。

【原文】

遇经义不同者，不强为之说；义之不可通者，不强加解释，阙疑存旧，不事附会；早年学说之粗疏者，晚年必立改精当。

（阮元《王石臞先生墓志铭》）

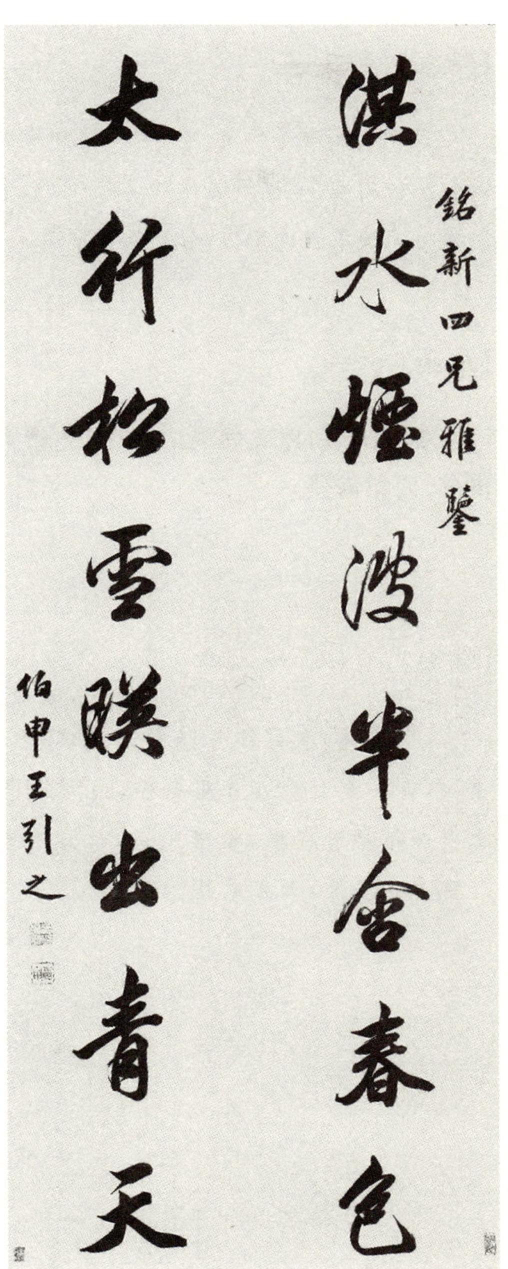

王引之书法（二）

【译文】

凡遇到经典著作的释义有不同的地方，一般不勉强确立哪一种学说；遇到有解释不通的地方，也不强行加以解释，暂时存疑，绝不牵强附会；而对于自己早年著作有粗疏不当的地方，后来只要发现，一定要立即把它改正过来。

【原文】

晏居退食，矻矻如老诸生，搦秃管点窜丹黄，循行书簏，参伍钩索，不杂世事，门馆阒然。

（汪由敦《王安国墓志铭》）

【译文】

（王安国）在写作时经常废寝忘食，那种认真勤奋的样子就像一个老秀才，拿着一支红笔在那里点校，遇到写错的地方又用黄笔涂了重写。有时还拿出书箱翻查资料，参考验证，钩沉史迹。他从来不参与外面的杂事，所以门庭萧索安静，无人来扰。

◎刘沅《豫诚堂家训》

刘沅像

刘沅（1767～1855），字止唐，一字纳如，号清阳居士，四川双流（今属四川成都）人，历乾隆、嘉庆、道光、咸丰四朝，为清代道咸间名儒，是历史上少有的被人奉为教主的学问大家，其著作《槐轩全书》，以儒学元典精神为根本，融道入儒，会通禅佛，体大精深，鸿篇巨制；又创立槐轩学派，名震一时。他在医学上也颇有成就，是名医郑钦安的老师，被后世尊为“火神之祖”。

《豫诚堂家训》是刘沅为家人写的一篇家训。一篇短短数百字的家训将圣学的概要、做人的道理、持家的原则阐述得淋漓尽致，可谓义理深透、文采斐然，是传统家训中罕见的佳作，与清初开始广为流传的《朱柏庐先生治家格言》并称姊妹篇。

【原文】

天理良心，人之所以为人；宽仁厚德，覆载所以长久。昧良悖理，不得为人；褊心小量，安能合天？得天理以为人，天地故为父母。有父母才有我身，父母故同天地。欺堂上父母易，欺头上父母难。一念欺天，即为不孝；一念欺亲，得罪于天。修道以谕亲，尊父母如天地也；尽性而参赞，事天地如父母也。孝在修德，德在修心。移孝可以作忠，只为不欺不肆；静存始能动察，必须无怠无荒。犯了邪淫，便是禽兽；喜欢势利，定成鄙夫。保养作善，即守身诚身之义；知非改过，为希贤希圣之门。人生如梦，修善修福方长；大道难逢，父教师教为本。自心抱愧，说甚夫纲父纲？作事不真，怎样为臣为子？治天下无多术，养教周全；学圣贤有何难，恕道便好。勤职业，修心术，何患饥寒？贪财色，乱人伦，必戕身命。弟兄以仁让为主，正家以夫妇为先。饱暖平安，是为清福；温良恭俭，到处香风。读书要读好书，凡事必宗孔孟；作人要作好人，时刻敬畏神天。善为儿孙积财，莫如积德；多行巧诈害己，安能害人？先代格言甚多，在乎身体；圣人事业何在？必先正心。私欲去而聪明始开，致知故先格物；念头好而是非分明，实践乃为诚意。养心养气，小效亦可延年；成己成人，功夫全在《大学》。道须深造，功在返求。在上不正其趋，人才从何而出？伦常本于心性，故曰一以贯之。学业骛于浮华，所以万事堕矣！戒之勉之，庶乎不替祖训。

【译文】

只因有天理良心，人才配称作人；有了宽厚的仁德，天地才会长久。昧着良心，违背天理，便不配做人；心地褊小，气量狭窄，怎么能符合自然、社会的要求呢？人得自然的正气而生，所以天地就是父母。有父母才有自己的身体，所以父母就像天地一样。欺骗家里的父母容易，欺骗头上的父母就困难了。有一点欺骗上天的想法，就是不孝顺；有一点欺骗父母的想法，就会得罪上天。尽心钻研自然规律，并用它教育人民，这就是像对待天地一样尊奉父母；培养优良的道德品质，这就是像对待父母一样侍奉天地。要做到孝，必须先培养优良的道德品质；而要具备这种品德，首先就要培养好的思想。把孝敬父母之心，推广到忠于君主上，在于不欺骗、不放纵；静养自己的内心世界，才能做到随时检查自己的言行举止，才会不懈怠、不荒疏。去做邪淫的事，就是禽兽；喜好追求权力和金钱，定会成为卑鄙小人。存无私之心，做利人之事，这就是圣人教育我们“守身”“诚身”的内容；随时检查自己的缺点并及时改正，这就是走向成圣成贤的开始。人生如同梦幻，修德行善才能福泽绵长；真正的做人的道理是不容易学到的，应该从接受父母和师长的教育做起。自己有愧于立身处世，还说什么夫纲父纲？做事情如不诚实、

不认真，又怎么做人臣人子？治理国家不需要用更多方法，只要做到养教齐备就行了；学习圣贤有什么困难呢？只要做到宽恕就好了。勤奋地做好本职工作，认真地修养优良品德、心术，还担心什么饥与寒呢？若是贪图金钱、美色，败坏人伦，那就必定伤害自己的身体甚至生命。弟兄之间应该以互相友爱、互相谦让为主，端正家风应该从夫妇做起。饱暖平安是人的福分，温良恭俭可使家庭祥和。读书要读好书，凡事都要按照孔孟的教导去做；做人要做好人，时时刻刻都要敬天畏神。与其为子孙积累钱财，还不如为他们积累德行；常常去做那些奸猾、欺诈的事，其结果只能是害了自己，怎么能害到别人呢？前代的格言很多，关键在于体验；圣人怎样才能做出光辉的业绩？首是有一颗正直无私的心。去掉自私自利的思想，才能有真正的聪明。也就是说，要求得真正的知识，必须先探究事理；思想好了，就能明辨是非；而实践圣人的教诲，就是使自己思想纯洁的方法。修养自己的思想、正气，小而言之也能取得延年益寿的效果；使自己成为好人，同时也帮助别人成为好人，就必须按照《大学》这部书上说的去做。道德品质必须不断培养、提高，要有成效，在于不断严格要求自己。作父兄的若不能走正道为子孙做模范，那人才从哪里培养出来呢？要把伦常处理好，根本问题在于有一个优良的道德品质和思想。孔子说的“一以贯之”，指的就是这个。如果学习和工作都任意随便、华而不实，那么什么事都做不好。要警惕前面所说的坏思想行为，勉力去做前面所说的好人、好事。总之，希望不要违背祖先的教诲！

◎林则徐家书家训

林则徐像

林则徐（1785～1850），字元抚，又字少穆、石麟，晚号俟村老人、俟村退叟、七十二峰退叟、瓶泉居士、栎社散人等，福建省侯官（今福建福州）人，是清朝时期的政治家、思想家和诗人，官至一品，曾任湖广总督、陕甘总督和云贵总督，两次受命钦差大臣。1839 年，林则徐于广东禁烟时，派人明察暗访，强迫外国鸦片商人交出鸦片，并将没收鸦片于 1839 年 6 月 3 日在虎门销毁，因此有“民族英雄”之誉。虎门销烟使中英关系陷入极度紧张状态，成为第一次鸦片战争英国入侵中国的借口。尽管林则徐一生力抗西方入侵，但对于西方的文化、科技和贸易则持开放态度，主张学其优而用之。根据文献记载，他至少略通英、葡两种外语，且致力于翻译西方报刊和书籍。晚清思想家魏源将林则徐及幕僚翻译的文书合编为《海国图志》，此书对晚清的洋务运动乃至日本的明治维新都具有启发作用。

致儿子林汝舟第一书

【原文】

大儿知悉：父自正月十一日动身赴广东，沿途经五十余日，今始安抵羊城。风涛险恶，不可言喻，惟静心平气，或默背五经，或返躬思过，故虽颠簸

不堪，而精神尚好，因思世途险，不亚风涛，入世者苟非先胸有成竹，立定脚跟，必不免为所席卷以去。“近朱者赤，近墨者黑”，此择友之道应尔也。若于世事，则应息息谨慎，步步为营。若才不逮而思徼幸，或力不及而谋痨等，又或胸无主宰，盲人瞎马，则祸患之来，不旋踵矣。此为父五十年阅历有得之谈，用以切嘱吾儿者也。汝母汝弟，身体闻均安好。汝二弟且极用功好学，父闻之，心为一快。客居在外，饥饱寒暖，须时加调护；友朋应酬，虽不可少，而亦要有限制。批阅公牍，更宜仔细，切不可假手他人。对于长官，尤应恭顺小心；即同僚之间，亦应虚心和气。为父做官三十年，未尝以疾言遽色加人，儿随父久，当亦目睹之也。闲是闲非，不特少管，更应少听，一有差池，不但殃及汝身，即为父亦有不测也。慎之慎之！

林则徐行书《处事箴言》四屏

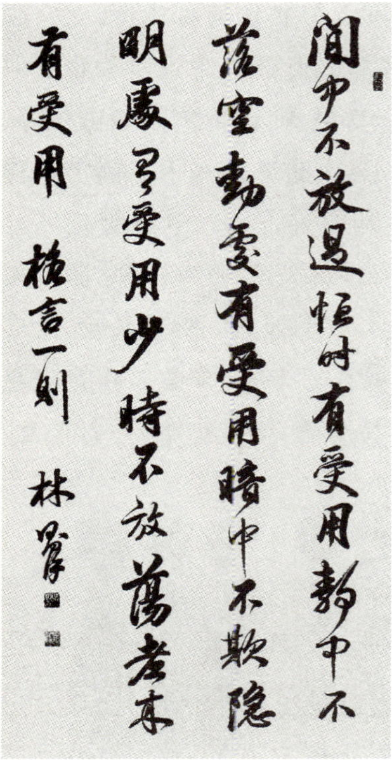

【译文】

大儿知悉：我在正月十一日动身到广东，沿途经过50余天，今天才到达羊城。一路上风涛险恶，无法用言语来形容，只有平心静气，有时背诵圣人的经典，有时反省自己一生的过失，所以途中虽然颠簸不堪，但精神倒还好。因而想到人生的道路十分险峻，不亚于江海上的风波，所以入世者如果不能胸有成竹，立定脚跟，一定不免被这些风波席卷而去。所谓“近朱者赤，近墨者黑”，这是选择朋友时一定要注意的道理。对于世上的事情，则应当时刻小心谨慎，步步为营。假若才华不够而只想靠侥幸，或者是力量不足却想达到目的，又或者自己心中毫无主见，如盲人骑瞎马，那么灾祸不久就会接踵而来。这些都是我五十年来亲身经历的心得，用来嘱咐你的。你的母亲和弟弟，听说身体都很好，你的二弟极其用功好学，我听到之后，心中为之一快。你客居在外，饥饱和冷暖之事要好好注意。朋友之间的应酬，虽然是不可少之事，但也要有个限制。批阅公文，更要十分仔细，千万不要让别人代劳。对于上级长官，则尤其应当恭顺小心；就是同事之间，也要虚心和气。我做官三十年来，从来没有对人疾声厉色，你曾跟随我很久，应该亲眼目睹过这些事的。对于别人的闲是闲非，不但要少管，连听也不必听，因为一旦发生什么差错，不但祸事要殃及你的身上，就是我也会受到意想不到的牵连。希望你要特别谨慎！

林则徐行书《格言一则》

林则徐"十无益"家训

【原文】

一、存心不善，风水无益；二、不孝父母，奉神无益；三、兄弟不和，交友无益；四、行止不端，读书无益；五、作事乖张，聪明无益；六、心高气傲，博学无益；七、时运不济，妄求无益；八、妄取人财，布施无益；九、不惜元气，医药无益；十、淫恶肆欲，阴骘无益。

【译文】

一、假如你存心不善，纵使你们家风水再好，也没有什么用。

二、假如不孝顺父母，纵使每天用三炷香供奉神灵也没有用，神明也不会保佑他。

三、假如兄弟之间都不能和睦相处，又怎能懂得去协助别人、关怀别人，进而获得真正的朋友？

林则徐书法拓片

四、如果人的内心建树不端正，就算饱读诗书，也是用于支持自己的私欲和贪念，多读何益？

五、我们做事情如果偏执，不遵循道义、章法，只是凭着自己的小聪明，吃亏的往往还是自己。

六、一个人如果以为自己学问大便瞧不起人，就会心生傲慢，博学反而无益，博大谦卑才是真正的学者。

七、当运势不到的时候，你硬是去做、去求，既会累了自己，也会累了别人。

八、我们假如用不法的手段去获得财富，纵使日后再拿出钱去帮助别人、救助别人，也无法弥补自己道义上的缺失了。

九、一个人生活要有节度，不能常常熬夜，不可以暴饮暴食，无视这一切，恣意妄为，身体耗损得很严重，那时候买再贵的药也为时已晚了。

十、一个人假如放纵自己的欲望，为所欲为，纵使祖先再厚的阴德也没有用，迟早会大祸临头。

【说明】

林则徐每天早晚课诵，身居要职时也精进修持。1839 年 9 月，他在巡视澳门后，针对世风日下的时弊，以 54 岁的人生阅历，综合民间流传的格言，在广东前山写下“十无益”格言，现立碑于珠江边海印桥脚。“十无益”格言是林则徐的修身准则，也成为林公后人代代传承的家训。

训次儿聪彝

【原文】

字谕聪彝儿：尔兄在京供职，余又远戍塞外，惟尔奉母与弟妹居家，责任綦重，所当谨守者五：一须勤读敬师，二须孝顺奉母，三须友于爱弟，四须和睦亲戚，五须爱惜光阴。尔今年已十九矣，余年十三补弟子员，二十举于乡；尔兄 16 岁入泮，二十二岁登贤书。尔今犹是青衿一领。本则三子中，惟尔资质最钝，余固不望尔成名，但望尔成一拘谨笃实子弟。尔若堪弃文学稼，

是余所最欣喜者。

盖农居四民之首，为世间第一等高贵之人，所以余在江苏时，即嘱尔母购置北郭隙地，建筑别墅，并收买四围粮田四十亩，自行雇工耕种，即为尔与拱儿预为学稼之谋。尔今已为秀才矣，就此抛撇诗文，常居别墅，随工人以学习耕作，黎明即起，终日勤动而不知倦，便是田园之好子弟。

至于拱儿年仅十三，犹是白丁，尚非学稼之年，宜督其勤恳用功。姚师乃侯官名师，及门弟子，领乡荐，捷礼闱者，不胜偻指计。其所改拱儿之窗课，能将不通语句，改易数字，便成警句。如此圣手，莫说侯官士林中都推重为名师，只恐遍中国亦罕有第二人也。拱儿既得此名师，若不发愤攻苦，太不长进矣。前日寄来窗课五篇，文理尚通，唯笔下太嫌枯涩，此乃欠缺看书工夫之故。尔宜督其爱惜光阴，除诵读作文外，余暇须披阅史籍。惟每看一种，须自首至末，详细阅完，然后再易他种。最忌东拉西扯，阅过即忘，无补实用。并须预备看书日记册，遇有心得，随手摘录。苟有费解或疑问，亦须摘出，请姚师讲解，则获益良多矣。

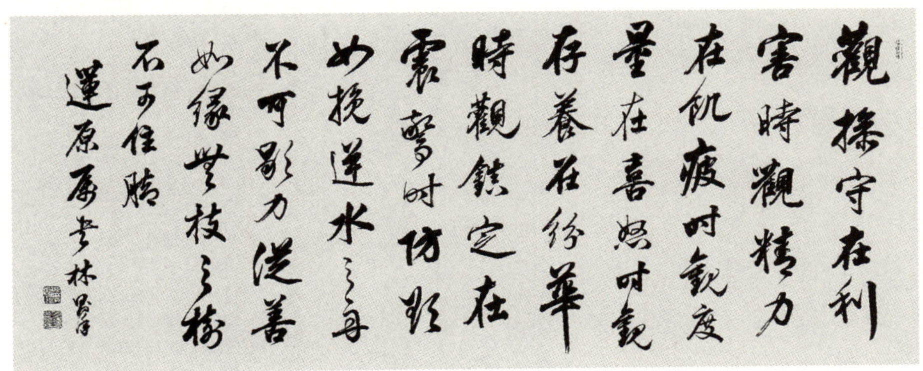

林则徐书法《莲原属书》

【译文】

晓谕聪彝儿：你的哥哥在京城任职，我又远远地谪戍在边疆伊犁，只有你在家侍奉母亲、照应弟妹，责任重大，所以要恪守以下五条：一是要勤奋读书，尊敬老师；二是对母亲要孝顺，小心侍奉；三是要关心爱护弟弟、妹妹；四是要与亲戚和睦相处；五是要珍惜时光。你今年已经 19 岁了。我当年 13 岁就中秀才，20 岁就成为举人。你的哥哥汝舟也是 16 岁中秀才，22 岁中举，但是你至今还是个秀才。我的三个孩子中，本来你的资质比较鲁钝一些，所以我一直不指望你读书成名，只是希望你成为一个忠厚至诚的子弟。你若能放弃举子业而专心务农，那便是我最高兴的事。

农民本来就在“士农工商”中居于首位，是人世间第一等高贵之人，所以当年我在江苏任按察使时，就嘱咐你的母亲购置苏州北郊的空地，用来建筑别墅，并收购四周 40 亩农田，雇人去耕种，就是为你和你的弟弟拱枢务农预先准备的。你今日已是秀才。若能就此抛弃诗文，住到苏州北郊的房舍中，跟随我家雇佣的农工学习耕作，清晨就起床，劳作终日而不知疲倦，这就是农家好子弟。

至于拱枢，他今年才 13 岁，还是个没有任何功名的读书人，尚未到学习稼穑的年纪，你应该督促其勤奋诚恳、用功读书。姚老师是侯官县一带著名的老师，他门下的弟子成为秀才、举人乃至中进士的，数不胜数。他所批改的拱枢习作的诗文，将不通之处稍微改几个字就成为警句。像这样的高手，不要说在侯官县是知识界人人推重的名师，就是在全中国也找不到第二个人。拱枢能得到这样的名师指点，若不再发奋读书，真是太不长进了。前些日子寄给我的几篇习作，文理尚通顺，只是下笔缺少文采，这是由于看书太少的缘故。你要督促他爱惜时光，除了朗读背诵儒家经典和学习写诗文外，剩下的时间还要多读一些历史典籍。只是每次阅读一部史书，都必须从头到尾仔细认真阅读

南陽柴先生訓子格言
費盡了懃懃教子心激不起好學勤脩志恨不得頭頂你步雲梯恨不得手扶你拳桂枝你怎不尋思試看那讀書的千人景仰不讀書的一世無知讀書的如金如玉不讀書的如土如泥讀書的光宗耀祖不讀書的顛連子妻縱學不得程夫子道學犇鳴也要學宋狀元聯科及第再不能夠也要學蘇學士文章並美天下聽知倘再不然轉眼四十五十那時節即使你進個學補個廩也是日落西山還有甚麼長濟又不須你鑿壁囊螢現放着明窗靜几只見你白日裡浪淘淘閒遊戲到晚来昏沉沉睡迷迷待輕你全然不理待重你猶恐傷了父子恩和義勤學也由你懶學也由你只怕你他日面墻悔之晚矣那時節只令我忍氣吞聲恨到底
少穆林則徐

林则徐书法《南阳柴先生训子格言》

完，然后再看别的史书。最忌讳的是这本看看又那本看看，走马观花，看过就忘记了，对实际运用一点帮助也没有。阅读时还需要准备读书笔记，一旦有学习心得，随手记下来。假如遇到不懂的地方或疑难之处，也必须摘录出来，以便向姚老师请教，这样就能获得很多好处。

【说明】

这封信是写给他的第二个儿子林聪彝的。此时林则徐已因鸦片战争战败，代人受过，被充军到边疆伊犁。但在这封家信中，不见片言只语诉说谪戍边塞之苦和牢骚不平，反而是心平气和语重心长地教育两个儿子如何发挥自身价值，如何尊师重教、努力学习。

致郑夫人函（报告抵任）

【原文】

前于启程时发寄一函，想已收到。一路沿海道至省，甚为平安，唯晕船稍苦耳。犹幸身体素强，饮食小心，一抵津江，即豁然如无事，堪以告慰。因眷念夫人甚切，故船一抵埠，百事未办，先发函回家，使夫人可以放心。

做官不易，做大官更不易。人以吾奉命使粤，方纷纷庆贺。然实则地位益高，生命益危。古人一命而伛，再命而偻，三命而俯，诚非故作诊持，实出于不自觉耳。务嘱次儿须千万谨慎，切勿恃有乃父之势，与官府妄自来往，更不可干预地方事务。大儿在京尚谨慎小心，吾可放怀。次儿在家，实赖夫人教诲，大比将近，更须切嘱用功。明年春日如得荷天之庥，邀帝之眷，仍在此邦，当遣材官迎夫人来粤。侯敏兄闻已出门，家中又失一相助之人。如有缓急，或与大伯父一商。驹侄闻至聪慧，且极谨慎，有事亦可嘱彼相助也。

【译文】

之前在动身时曾给你寄过一封信，想必已经收到。我一路上沿海路到达广东，十分平安，只是晕船令我稍稍吃了点苦。幸亏身体本来强壮，饮食也很小心，一旦到了广东的津江关，就像没事人一样，这足以告慰了。我因为很想念你，所以船一到码头，许多事都没有办，就先给你写这封信，好让你放心。

做官不容易，做大官更不容易。人们因为我是奉皇命出使广东，纷纷前来祝贺。其实地位越高，人生就越危险。古人首次接受任命时鞠躬而受，第二次任命时弯腰而受，第三次任命时俯首接受，并非是故作姿态，实在是内心戒惧的一种不自觉行为。你一定要嘱咐二儿林聪彝千万要小心谨慎，千万不要仗着他父亲有权势，与官府随便来往，更不可干预地方行政事务。大儿子在京城还算谨慎小心，我可以放下心来。二儿在家，要靠你去教诲。乡试快要临近了，更要嘱咐他努力用功。等到明年春天，承蒙上天庇护和皇上的眷顾，如果我还在广东任职的话，我将会派衙门中的差官去接你来广东。听说家兄侯敏已离开我家，这样你又少了一个可以帮助你的人。如遇到急事，可以找大伯父商量。我的侄儿林驹听说很聪明，又非常谨慎，如有事也可以让他来帮助你。

【说明】

这封家信是林则徐担任钦差赴广东查禁鸦片时，刚到津江码头写给妻子郑淑卿的家信。

◎魏源《读书吟示儿者》

（节选）

魏源像

魏源（1794～1857），名远达，字默深，又字墨生、汉士，号良图，湖南邵阳隆回金潭人，清代启蒙思想家、政治家、文学家。道光二年（1822）举人，道光二十五年（1845）始中进士。他官高邮知州，晚年弃官归隐，潜心佛学，法名承贯，是近代中国首批优秀“睁眼看世界”的知识分子代表。魏源认为论学应以“经世致用”为宗旨，提出“变古愈尽，便民愈甚”的变法主张，倡导学习西方先进科学技术，并提出了“师夷长技以制夷”的主张，开启了了解世界、向西方学习的新潮流，这是中国思想从传统转向近代的重要标志。

【原文】

君不见，猩猩嗜酒知害身，且骂且尝不能忍。飞蛾爱灯非恶灯，奋翼扑明甘自陨。不为形役为名役，臧谷亡羊复何益！月攘一鸡待来年，年复一年头雪白。得掷且掷即今日，人生百岁驹过隙。试问巫峡连营七百里，何如蔡州雪夜三千卒。

【译文】

你难道看不见，猩猩明知喝酒有害身体却嗜酒如命，一边骂着喝酒的害处，一边忍不住品尝酒。飞蛾喜爱灯火而不厌恶灯火，鼓起羽翼，宁愿牺牲生命也要扑向光明。不是为了形体所累而是为了名誉所累，不能做的事情却偏偏要做，这有什么好处呢？若是以后每月仅偷一只鸡，等到来年再改正这个坏习惯，这样年复一年头发都白了。该摒弃的应该在今日就摒弃，人生百年好像白驹过隙一样一眨眼就过去了。试问刘备在巫峡采用连营700里扎寨的办法，哪里比得上李朔雪夜带领3000名精兵突袭蔡州的办法高明呢？

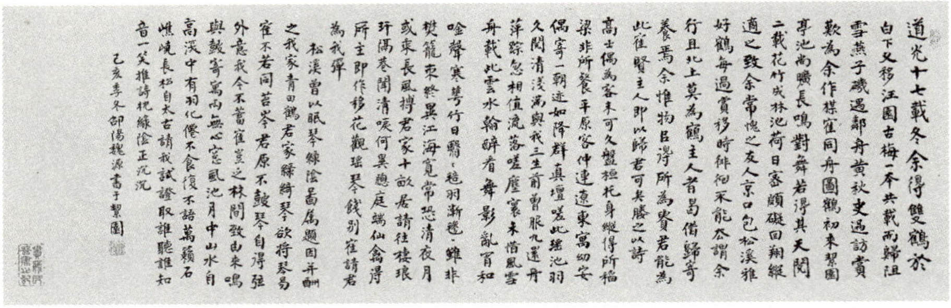

魏源书法手卷

【原文】

君不见，花时少，实时多，花实时少，叶时多，由来草木重干柯。秋花不及春花艳，春花不及秋花健。何况再实之木花不繁，唐开之花春必倦。人言松柏黛参天，谁知铁根霜干蟠九泉。

【译文】

你难道看不见，开花的时间少，结果的时间多，开花、结果的时间少，而长叶的时间多，自古以来草木最重要的是树枝。秋天的花不如春天的花鲜艳，春天的花不如秋天的花健壮。何况结果的树木开花就不那样繁茂了，大路上开放的花最让人感到春天的疲倦。人们都说松柏青青高耸入云，谁知道它傲霜斗寒的树枝原来有铁一样的树根深深地盘绕于地下。

【说明】

第一首诗以猩猩、飞蛾等比喻告诫孩子，人的成败往往是因为很小的事情。一个人应该知错就改，不能因循守旧、浪费时间、浪费生命。第二首诗以花木的荣枯盛衰比喻一个人要想取得成功，必须长期艰苦地磨炼自己，积累学识和经验，打下扎实的基础。

◎倭仁家训

倭仁（1804～1871），乌齐格里氏，字艮峰，蒙古正红旗人，晚清大臣，理学家。道光九年（1829）进士，选庶吉士，授编修，历中允、侍讲、侍读，同治帝之师。任副都统、工部尚书、文渊阁大学士。道光十年（1830），晋文华殿大学士，以疾再乞休。寻卒，赠太保，谥文端，入祀贤良祠。所著辑为《倭文端公遗书》。

倭仁像

多读书以净化品行

【原文】

到京后宜谢绝酬应，收敛身心，熟读旧文，时时涵泳，按期作课，勿令生疏。断不可闲游听戏，大众聚谈，荒废正业。体亲心期望之殷，三年一场，甚非容易，努力为之，勿自误也。

予尝独居深念，时切隐忧。吾家世敦朴素，自入仕途，渐习奢侈，衣服器用踵事增华。纵口腹之欲，典当有所弗惜；饰耳目之观，贳取暂图快意。只知体面，罔顾艰难。抑思盛衰循环，富贵岂能常有？一旦事殊势异，家人习奢日久，必不能顿俭，必至失所。失祖宗节俭之风，致子孙饥寒之渐，可虑者一。先世孝友传家，敦崇仁让，同居共食，人无闲言。近年以来，猜嫌渐起，或以外人谗间，或以意见纷歧，一言之细遂至忿争，一物之微动分尔我，乖睽离异，言之痛心。致祖父含怒于九泉，子孙效尤于数世，可虑者二。汝大伯父暨我暨汝父，赖先人德荫幸列科名，一脉书香，常虞失坠。汝辈兄弟中，咸不知义命，妄意捐升田以荫得官裕。姿质驽钝，所望读书应举者，惟汝辈数人耳。曜报捐知县，想已无志《诗》《书》，不知"资郎"二字，有志者皆耻言之。趁此少壮精神、宽闲岁月，勤学好问，广览博闻，求为国家有用之才，将来登科第，建事功，尽孝全忠，何等荣贵，而乃以铜臭功名自甘菲薄耶？无志甚矣！此端一开，少年中无定见，皆思就此一途，诵读之心意不专，清白之家声日替，可虑者三。以上三事，皆家门兴败关头，吾故痛切言之。

汝辈身列胶庠，非毫无知识者，须念物力之艰，力求俭约，勿习浮华，勿学放纵，将平日爱华靡、喜疏散种种积习全行改变，作一个醇谨朴实子弟，较之鲜衣肥马为有识所窃笑者，不相去万万耶？汝辈天性醇厚，尚知孝道，近闻手足间亦渐有乖离之意，此最不可。须知骨肉至重，凡百皆轻，勿贪货财，勿私妻子，勿以亲心偏向而退有怨言，勿以言语参差而辄生嫌隙。兄宽弟忍，式好无犹；和气薰蒸，祯祥自至。而其所以能刻苦，能知友爱，则总在勤奋读书耳。平日静坐收心，除温习举业外，取古人嘉言善行手录心维，思古人何以能此，我何以不如古人，因愧生愤，必求如古人而后已，则精神内敛而一切骛外驰求之念自息，道心日生，而孝弟忠信、仁厚礼让自感触而即发矣。不然，淡泊之味终不敌物欲之浓，质地之美日夺于习俗之敝，虽欲祛奢崇俭，革薄从忠，乌可得哉！

予德衰薄，不能正身齐家，时用内愧，然念汝爱汝，故以我所欲改者诫

汝，所欲能者勉汝。知而不言，是我负汝辈；言之不听，是汝辈负我，并自负也。思之，思之，勿作一场闲话看过。

（《倭文瑞公遗书》）

【译文】

你们两个人到达京城以后，应当谢绝一切不必要的人事往来，下决心收敛自己的言行举止，仔细阅读学过的书文，时刻加以深入体会，按照要求认真学完当日应当学习的课程，以免生疏忘记。绝对不要到处闲游、看戏，也不要聚众高谈那些无关紧要的事情而荒废学业。你们要细心体会父母殷切期望你们早日科举成名的一片苦心，三年才有一次应试的机会，实在不容易，你们应当尽自己的努力而为之，千万不要自己误了自己的前程。

我曾在独自静居之时，深深思考着一个至关重要的问题，它时刻使我感到忧虑不安。这就是，我们这样的人家先世各代都遵循朴素节俭的风尚，自从步入仕途之后，子弟们渐渐染上奢侈浪费的恶习，穿着打扮、日用之物越来越讲究华丽鲜艳。放纵自己吃喝的无穷欲望，甚至为此去典当财物也不觉得可惜；满足耳目之视听，为此赊欠别人而暂图一己之快意。只知道讲虚荣体面，不考虑什么艰难困苦。我忧郁地思索着以往的历史，兴盛与衰败彼此反复循环转换，富贵怎么能够长久存在？一旦事情和形势都出现了变化，家中子弟沾染奢侈的风气时间一长，必定不能立刻做到俭朴，甚至会因此失去生存的处所。丢弃祖宗勤俭节约的家风，致使子孙后代逐渐陷入贫困饥寒的境地，这是我深为忧虑的第一个问题。我们这样的人家世世代代以善事父母、亲爱兄弟为传家的根本，非常重视仁义礼让之学，一起居住吃饭，和睦生活在一个大家庭里，没有什么让别人讲闲话的。然而，近年以来，你们这些人中相互间猜忌怀疑的事情渐渐发生，或者由于外人用坏话离间关系，或者由于彼此意见不同，往往因一句无关大局的话语而闹到争论不休，因一些没有什么了不起的财物而分你我，以致发展到互相抵触、矛盾迭起，说起来实在让人痛心。这种情形使得已经去世的祖父在九泉之下也会不高兴，这种错误如被子孙仿效于数代，后果将不堪设想，这是我深为忧虑的第二个问题。你们的大伯父和我，还有你们的父亲，依靠先人好的品行所得来的特权而有幸进入科举成名的行列，延续读书做官的家风，却常常忧虑丢弃了这种良好家风。你们这些兄弟中，都不知道这个要旨之所在，妄自作主捐献粮食、田地和钱财以获官阶，继而凭借这种特权去取得做官的好处。我们这个大家庭里的人大多从里到外本来就是愚钝无能，寄希望于读书应科举考试而成名者，只有你们几个人而已。曜侄用钱捐得知县一职，可想而知你已经无志钻研中国古代典籍《诗经》《尚书》，而不晓得那些真正有志向的人都耻于提到“资郎”二字。你应趁着年轻力壮、精力充沛、宽松悠闲的时间勤学好问，广览博闻，设法成为国家的有用之才，将来科举成名，建立丰功伟业，对父母尽孝，对君王尽忠，那又是何等地受人敬重和尊贵，而你却为何为了金钱和功名甘心把自己看得不重要呢？你胸无大志真是到了很严重的程度！这种风气一开，咱们家那些少年中志向不定者，都会考虑只有捐资求官这一条路可走，读书学习的志向不会专一，朴实清白的家族的声誉就会日益衰败，这是我深为忧虑的第三个问题。以上三个问题，都是我们这个大家族兴盛或衰败的关键所在，我为此对你们特别痛切地指出来。

倭仁书法（一）

你们都已进入学校读书，并不是没有知识的人，必须时刻想着财物的得来异常艰难，应力求勤俭节约，不要沾染上轻薄浮华的习气，不要学得放荡不羁，应将平日爱好华丽奢侈、喜欢松疏散漫等种种不良行为彻底改掉，做一个忠厚谨慎、俭朴实在的子弟。如果能做到这样，较之那些鲜衣肥马、讲究排场而引得有识之人背地嗤笑者，不是相去很远很远了吗？你们的天性本来淳朴厚道，还是知道孝道的，然而近来听说兄弟之间也渐渐出现了相互

抵触离异的情况，这是最要不得的。须知兄弟之间的关系非常重要，除此以外的事情样样都是次要的，不要贪图钱财，不要偏爱自己的妻子儿女，不要因为父母偏向哪一个人而在背地产生怨恨之心，不要因彼此言语稍稍不合就相互猜疑而产生仇怨。兄长对弟弟要宽容，弟弟对兄长要存以忍让之心，兄弟之间和睦亲近，不怨恨成仇，和煦之风像轻烟一样向上吹拂，吉祥的景象自然就会到来。而一个人之所以能做到刻苦自励，能知道友善亲爱，关键的问题是由于他能勤奋读书，明白做人的道理。平时静坐收心，除温习科考课程之外，将古圣贤的嘉言善行亲手摘录、细心体会，考虑一下古人为什么能够做到如此，我自己为何不如古人。思索之后，因为愧悟之心转而产生发愤向上的志趣，必定能尽力按照古人那样去要求自己，那么精神集中，志念专一，一切好高骛远的非分之想就会自行排除，正道之心日渐产生，而孝顺父母、友爱兄长、忠于君王、取信于友朋和仁爱、厚道、礼仪、谦让等好的品性就会自然得到启迪而萌发。否则，淡泊寡欲之情趣最终不能战胜对物质享受的刻意追求，天然良好的本性日益被坏习惯所浸染损害，尽管有去除奢侈、崇尚俭朴，革除轻浮、取法忠诚的良好愿望，但为时已经晚了！

我的品行衰薄，不能严格要求自己、约束家人，时时为此感到内心有愧，然而想念你们、关爱你们，所以我用自己认为要改正的地方来告诫你们，用自己认为做得不错的地方来勉励你们。明明知道是错误的东西，如果我不向你们倾心指出，那么我这个做长辈的就对不住你们；而我已经指出了的问题，如果你们不认真记住，听不进耳去，那么就是你们做子侄的辜负了我一片良苦用心，并且是你们自己害了自己。你们要多思多想，不要把它看作是一些无关紧要的闲话啊。

必须发愤学做好官

【原文】

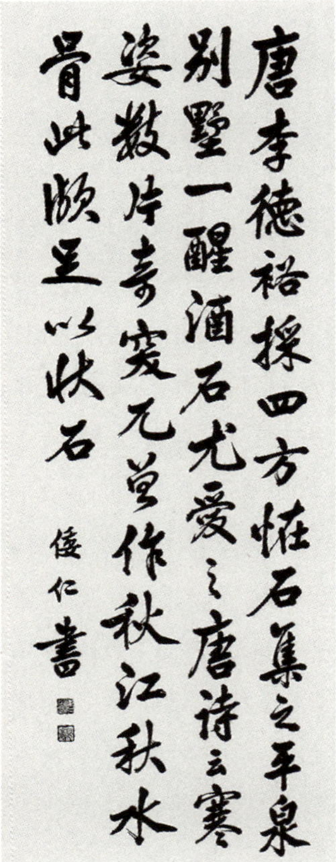

州县亲民，称职匪易，能造福，亦能造孽。第一要将利心打破，莫作润身肥家之计。我家仰荷君恩，得有今日，必须发愤学做好官，力图报称。

平日将吏治诸书多读广览，悉心讲求，以为将来展布。尤须近正直，远邪佞，崇节俭，戒浮华，习勤劳，儆偷惰。昔人云："为官是苦人，做官是苦事。"以官为乐，必不能做好官也。汝到省后，必有一般势利小人趋承亲近，少年喜其柔佞，鲜不入其彀中，一与交结，受害无穷。书中所谓近正远邪，尤紧要语也。汝其慎之。

（《倭文瑞公遗书》）

倭仁书法（二）

【译文】

州县之官最接近平民百姓，但做一个称职的官却不容易，既能造福人民，也能危害人民。你做官首先要将利己之心废除掉，不要有中饱私囊的打算。我们这样的官宦之家依承君王的恩惠，才有今天这个样子，你应该下定决心学做一个好官，尽力报效朝廷。

你平时将广泛阅读有关吏治方面的书籍，悉心体会探求，以作为将来亲自处理事务的资本。特别需要做到多接近正直之人，远离奸邪谄媚之辈，崇尚节约俭朴，力戒轻浮不讲实际，养成勤劳的习惯，警惕沾染偷闲懒惰的习气。从前有人说："当官的人是很辛苦的人，做官也是件苦差事。"如果一个人认为做官是为了享乐，那么必定不能做一个好官。你到任以后，一定有一些势利小人前来奉承亲近。年轻人一般喜欢表面和气、巧言谄媚的人，很少有不中圈套的，一旦与这样的人交结往来，受害将无穷无尽。古书中所谓接近正人君子，疏远奸邪小人，是非常重要的话。你应当慎重记住。

示咸儿

【原文】

权篆皖南，自是上游，青目、宁国等处屡遭兵燹，御寇安民均关紧要，当竭力为之，勿负委任。盘根错节乃见利器，畏刀避箭岂是丈夫？坡翁帖云："吾侪道理贯心肝，忠义填骨髓。直当谈笑于死生之际，事有可尊主庇民者，忘躯命为之，一切祸福利害付诸造物。"与汝所云"趋避之见不可存，矢努力以图报称"等语意正相似，愿与儿共勖焉。

（《倭文瑞公遗书》）

【译文】

你所管辖的安徽南部，自然是淮河上游之区，青目、宁国等地多次遭受战火洗劫，防范盗匪、安抚民众之事都特别重要，你应该竭尽全力地去做，不要辜负朝廷委付给你的重任。事务繁难复杂、不易处理才可以看得出一个人的杰出才能，缩手缩脚、害怕艰难怎么能算得上男子汉？苏东坡帖上说："我们有着正当的事理贯注于精神深处，赤诚无私、大义凛然的气概充斥全身上下。完全应当谈笑风生于生死危难之际，处理一件事如果可以做到敬重上司、保护民众的话，那么就应该舍生忘死地尽力去做，一切祸福吉凶、利害得失都可以置之度外。"这与你在来信中所说"遇事迅速避

开的念头不应该有，发誓尽心尽力以图报效朝廷”等话的意思差不多，我愿以此与你共勉。

须淡漠功名利禄

【原文】

食君之禄，此身已非己有。特恐利害当前，私情回惑，遂至贪生怕死，负国辱亲。即如某制军，平日尚称佼佼，乃末路狼狈至此，即幸邀宽典，然者何以立于人世耶？我辈处此，须看得破，守得定，庶不自误一生耳。儿其勉之！

（《倭文瑞公遗书》）

【译文】

靠朝廷给予的俸禄而生活的人，他的身子已经不属于他自己的了。这样的人特别需要注意的是在利害得失面前，有可能被自私之情欲所诱惑，以至于贪生怕死，既辜负国家又给父母丢尽了脸。例如，有一个总督大员，平时还可算作同僚中的佼佼者，晚年竟到了狼狈不堪的境地，即使侥幸求得朝廷宽刑，然而又再凭什么自立于人世间呢？我们这些当官的人生活在世上，必须把功名利禄看得透彻，将那些良好品行牢牢守住，大概才不至于耽误了自己的一生。你应当以此时常勉励自己啊！

◎熊弘备《宝善堂居官格言》

（节选）

熊弘备（生卒年月不详），字勉庵，清江南淮安人，著有《宝善堂不费钱功德例》。此编据周炳麟所辑《公门惩劝录》卷上编录，仅21则，较陈弘谋《从政遗规》所辑录的同一著作的数量要少些。其中因系选录，故颇为精要。有人称其所说的“催科不挠，催科中抚字；刑罚不差，刑罚中教化，洞见致治之大原，可以药俗吏之痼弊，而其他言行言政均不外此意”。

【原文】

风俗，天下之大事。廉耻，士人之美节。为政者，当以扶纲常、正名分、重道义为第一。官虽至尊，不可以人之生命，佐己之喜怒。官虽至卑，不可以己之名节，佐人之喜怒。当官职业，一时都要尽，也未能。若曰未能尽，又恐取责于上，多苟合含糊，欺谩将去。庸臣不忠，每蹈此弊。做官想到去之日，做人想到死之日，更当留一二好事与人间。……凡为科第中人，职任朝廷耳目，须详访民害，为生灵请命，则一举笔间，可种永远福田。或曰：“居官矢志做好事，而格于长吏，奈何？”愚曰：“勿虑也，但虑矢志未坚耳。立志不差，惟有积诚动之，洁身俟之。且安知不作好事，其祸不更有甚焉者乎？”士大夫济人利物，宜居其实，不宜居其名。居其名，则德损。士大夫忧国忧民，当有其心，不当有其语。有其语，则毁来。积德累功，莫如居官为易。所谓顺风之呼，响应自捷，往往有一事而可当千百善者。

【译文】

风尚,是天下的大事;廉耻,是士人的美节。执政做官者,应当以树立人伦纲常、维护名位秩序、推举道义原则为首要任务。官位再高,权力再大,也不能用别人的生命来发泄自己的感情。官职再低,地位再微,也不能牺牲自己的节操,为他人的感情服务。当官所应尽的职责,一下子全部履行,是难以做到的。如果说不能全部履职,又害怕被上司责备,于是多半都是将就对付,含含糊糊蒙混过去。碌碌无为的官吏如果缺乏忠诚之心,总免不了此种弊病。做官如果想到下台的时候,做人如果想到死去的时候,那么就更应当做一两件事留在人间了。……凡是科举出身的人,就担负着为朝廷了解民情的责任,应当详细调查危害百姓的事务,为人民请命。这样在举笔写文章之间,就为自己播下了永远幸福的种子。有人说:"当官发誓要做好事,但下级属吏却常常从中作梗,不我事业,有什么办法呢?"我说:"不必忧虑这些,要忧虑的是你的誓愿是否坚定。如果志向并无差错,只有诚心实行,洁身自好以等待机会。况且,如果不做事,所遭的祸殃不是可能更大吗?"士大夫帮助别人做好事情,要讲究务实,不要务其虚名。如果贪图名声,就会伤害品德。士大夫忧国忧民,应当用心灵,而不要用言语。如果光讲漂亮话,就会败坏自己的名声。积累功德,没有比当官更容易的。只要利用自己的权力进行号召,拥护响应的人很快就来了,往往只要做一件好事就抵得上成百上千个善人。

◎曾国藩家训

曾国藩像

曾国藩（1811～1872），初名子城，字伯涵，号涤生，宗圣曾子七十世孙。官至两江总督、直隶总督、武英殿大学士，封一等毅勇侯，谥曰文正。他是中国近代政治家、战略家、理学家、文学家，湘军的创立者和统帅。他与胡林翼并称“曾胡”，与李鸿章、左宗棠、张之洞并称“晚清四大名臣”。

曾国藩出生于晚清一个地主家庭，自幼勤奋好学，6 岁入塾读书，8 岁能读《四书》、诵《五经》，14 岁能读《周礼》《史记》文选。道光十八年（1838）中进士，入翰林院，为军机大臣穆彰阿门生。累迁内阁学士、礼部侍郎，署兵、工、刑、吏部侍郎。与大学士倭仁、徽宁道何桂珍等为密友，以“实学”相砥砺。太平天国运动时，曾国藩组建湘军，力挽狂澜，经过多年鏖战后攻灭太平天国。

曾国藩一生奉行“为政以耐烦为第一要义”，主张凡事要勤俭廉劳，不可为官自傲。他修身律己，以德求官，礼治为先，以忠谋政，在事业上获得了巨大的成功。

曾国藩的崛起，对清王朝的政治、军事、文化、经济等方面都产生了深远的影响。在曾国藩的倡议下，清王朝建造了中国第一艘轮船，建立了第一所兵工学堂，印刷翻译了第一批西方书籍，安排了第一批赴美留学生，可以说曾国藩是中国近代化建设的开拓者。

切不可浪掷光阴

【原文】

尔今年十八岁，齿已渐长，而学业未见其益。陈岱云姻伯之子号杏生者，今年入学，学院批其诗冠通场。渠系戊戌二月所生，比尔仅长一岁，以其无父无母，家境清贫，遂尔勤苦好学，少年成名。尔幸托祖父余荫，衣食丰适，宽然无虑，遂尔酣豢佚乐，不复以读书立身为事。古人云："劳则善心生，佚则淫心生。"孟子云："生于忧患，死于安乐。"吾虑尔之过于佚也……余在军中不废学问，读书写字未甚间断，惜年老眼蒙，无甚长进。尔今未弱冠，一刻千金，切不可浪掷光阴。

（咸丰六年十月初二《谕纪泽》）

【译文】

你今年18岁，已经渐渐成年了，但看不到你的学业有所长进。陈岱云姻伯有个叫杏生的儿子，今年考进太学，学院把他所作的诗批为整个考场的第一名。他是戊戌年二月出生的，仅仅比你大1岁，因为没有父母，家境贫寒，于是勤奋读书，刻苦好学，年纪轻轻就成名了。而你只是有幸依托祖父留下来的福荫，穿衣吃饭都丰足舒适，心情宽舒，无忧无虑，于是就只知道吃饱喝足，安闲享乐，不再把读书学习、立身处世当做一回事。古人说："人一劳苦就产生善良的心地，人一安逸就产生淫邪的念头。"孟子也说过："生于忧患，死于安乐。"我担心你是过于安逸呀……我虽在军营里，却不曾废弃学问，读书写字都没怎么间断，只可惜年老眼花，没有太大长进。而你现在还不到20岁，时光一刻值千金啊，切不可放纵自己、虚掷光阴！

读书须做到“涵泳”“体察”

【原文】

汝读《四书》无甚心得，由不能虚心涵泳，切己体察。朱子教人读书之法，此二语最为精当。尔现读《离娄》，即如《离娄》首章“上无道揆，下无法守”，吾往年读之，亦无甚警惕。近岁在外办事，乃知上之人必揆诸道，下之人必守乎法；若人人以道揆自许，从心而不从法，则下凌上矣。“爱人不亲”章，往年读之，不甚亲切。近岁阅历日久，乃知治人不治者，智不足也。此切己体察之一端也。

“涵泳”二字，最不易识，余尝以意测之。曰：涵者，如春雨之润花，如清渠之溉稻。雨之润花，过小则难透，过大则离披，适中则涵濡而滋液；清渠之溉稻，过小则枯槁，过多则伤涝，适中则涵养而浡兴。泳者，如鱼之游水，如人之濯足。程子谓鱼跃于渊，活泼泼地；庄子言濠梁观鱼，安知非乐？此鱼水之快也。左太冲有“濯足万里流”之句，苏子瞻有《夜卧濯足》诗，有《浴罢》诗，亦人性乐水者之一快也。善读书者，须视书如水，而视此心如花、如稻、如鱼、如濯足，则“涵泳”二字，庶可得之于意言之表。尔读书易于解说文义，却不甚能深入，可就朱子“涵泳”“体察”二语悉心求之。

（咸丰八年八月初三《谕纪泽》）

【译文】

你读《四书》没有什么心得体会，是由于你不能拥有一个宽大的胸怀，不能沉潜其中、反复推敲玩味，也由于你没有去亲身体验。朱熹教人读书的方法中，以这两句话说得最为精当。你现在读《离娄》，就像《离娄》第一篇的“上无道揆，下无法守”。我往年读它，也没有怎么引起自己的注意。而近年在外边办事，才明白上层统治者必须建立一定的法律制度和道德规范，下层平民必须遵守法令制度；如果人人都只认可自己的思想观点，听凭自己的意愿而不遵循法制，那么就会是下层百姓凌辱上层统治者了。“爱人不亲”一篇，往年读它，并不感到十分亲切。近年来随着阅历的日益增加，才知道统治百姓却不能统治好，是因为才智不够。这是我的一种亲身体验吧。

“涵泳”这两个字，最不容易领会它的深刻含义了，我曾从意义上揣测，作这样的理解：所谓“涵”，好比绵绵春雨滋润花草，好比清清渠水灌溉禾苗。春雨滋润花草，太小就难以使花草透湿，而太大就容易使花草倒伏，恰如其分则会使花草浸湿而又滋润。渠水灌溉禾苗，太小就会使禾苗干枯，太多就会使禾苗淹没，恰如其分就会使禾苗滋润而茁壮。所谓“泳”，好比鱼儿在水里游动，好比人在水里洗脚。程颐说，鱼儿在潭水里跳跃，显得十分活泼；庄子说，在桥上看鱼儿在河里游动，人们怎么知道它们不快乐呢？这是鱼儿在水中得到的愉悦。左思曾经写过“濯足万里流”的佳句，苏轼也作过《夜卧濯足》和《浴罢》诗，这也是天性就乐于在水中的人们所享受到的一种愉悦。善于读书的人，必须把书籍看成水，而将自己的心智当做花草、禾苗、游水的鱼、洗脚。这样一来，那么“涵泳”二字，差不多可以明白它的深刻含义而且能用语言表达出来了。你读书能轻易地解释字面意义，却不能深入领会，现在你可以就朱熹说的“涵泳”“体察”这两句话尽力地探求一番了。

学做高邮王氏那样的学问大家

【原文】

余于本朝大儒，自顾亭林之外，最好高邮王氏之学。王安国以鼎甲官至尚书，谥文肃，正色立朝。生怀祖先生（念孙），经学精卓。生王引之，复以鼎

甲官尚书，谥文简。三代皆好学深思。……余自憾学问无成，有愧王文肃公远甚，而望尔辈为怀祖先生，为伯申氏，则梦寐之求，未尝须臾忘也。怀祖先生所著《广雅疏证》《读书杂志》，家中无之。伯申氏所著《经义述闻》《经传释词》，《皇清经解》内有之。尔可试取一阅，其不知者，写信来问。本朝穷经者，皆精小学，大约不出段、王两家之范围耳。

（咸丰八年十二月二十日《谕纪泽》）

【译文】

对于本朝那些著名的读书人，除明清之际的顾炎武之外，我最喜好的就是高邮王安国、王念孙、王引之祖孙三代之学了。王安国因名列鼎甲而官至尚书，谥号文肃，在朝任职端庄严肃。子王怀祖先生，名念孙，其经学精通卓越。怀祖先生之子王引之，又以鼎甲官至尚书，谥号文简。祖孙三代皆好学深思。……我深感遗憾的是自己学无所成，惭愧的是与王文肃公相差甚远，而希望你们这一代成为怀祖先生那样的学问家，希望你们的下一代成为伯申先生那样的学问家。我的这些希望即使在睡觉做梦的时候，一刻也不曾忘记。怀祖先生所著《广雅疏证》《读书杂志》，家中是没有的。伯申先生所著《经义述闻》《经传释词》，《皇清经解》中有刊载。你可拿来看一下，有什

曾纪泽行书

曾纪泽（1839～1890），字劼刚，号梦瞻。湖南双峰荷叶人。清代著名外交家，曾国藩次子。工诗文、书法、篆刻，善山水，尤精于绘狮子。

么不理解的，可以写信来问。我朝深入研究经籍的人，都精通文字训诂之学，不过大体上超不出段（段玉裁）和王（王安国、王念孙、王引之）两家的范围。

不可积钱买田而应努力读书

【原文】

泽儿看书天分高，而文笔不甚劲挺，又说话太易，举止太轻，此次在祁门为日过浅，未将一"轻"字之弊除尽，以后须于说话走路时刻刻留心。鸿儿文笔劲健，可慰可喜。此次连珠文，先生改者若干字？拟体系何人主意？再行详禀告我。

银钱田产最易长骄气逸气，我家中断不可积钱，断不可买田。尔兄弟努力读书，绝不怕没饭吃，至嘱！

（咸丰十年十月十六日《谕纪泽纪鸿》）

【译文】

泽儿读书的天资很高，但文笔却不怎么刚劲挺拔，并且平时说话太随便，举止太轻浮，这一次在祁门住的时间太短，没有将一个"轻"字的毛病消除尽，今后无论说话还是走路必须时时留心。鸿儿文笔刚劲稳健，令人欣慰。这次写的连珠文，经过先生改过的有多少字？拟制文体格局是谁的构思？再写信详细告诉我。

银钱、土地财产最容易使人增长骄横安逸的习气，我们家里绝不能积攒钱财，绝不可以置办田地。你们兄弟只管努力读书，绝不怕没饭吃，这是我最要嘱咐你们的了！

读书可以改变人的气质

【原文】

人之气质，由于天生，本难改变，惟读书则可变化气质。古之精相法者，并言读书可以变换骨相。欲求变之之法，总须先立坚卓之志。即以余生平言之，三十岁前，最好吃烟，片刻不离，至道光壬寅十月二十一日立志戒烟，至今不再吃。四十六岁以前作事无恒，近五年深以为戒，现在大小事均尚有恒。即此二端，可见无事不可变也。尔于“厚重”二字，须立志变改。古称金丹换骨，余谓立志即丹也。

（同治元年四月二十四日《谕纪泽纪鸿》）

【译文】

曾国藩书法（一）

人的气质由于是天生的，本来就难以改变，唯有读书可以改变人的气质。古代那些精通相面方法的人，都说读书可以变换骨相。想要得到变换骨相的方法，总要先立下艰苦卓绝的志向。就拿我的一生来说，我30岁之前最喜欢吸烟，片刻不离，到道光壬寅年十月二十一日立志戒烟，至今没再吸烟。我46岁之前做事没有恒心，近五年来深以为戒，现在大小事都还有恒心。从以上两点就可以看出，没有什么事是不可以改变的。你在“厚重”二字上，必须立志改变。古人称“金丹换骨”，我认为立志就是金丹。

学作文应循序渐进

【原文】

尔《说文》将看毕，拟先看各经注疏，再从事于词章之学。

余观汉人词章，未有不精于小学训诂者，如相如、子云、孟坚于小学皆著一书，《文选》于此三人，之文著录最多。余于古文，志在效法此三人并司马迁、韩愈五家。以此五家之文，精于小学训诂，不妄下一字也。

尔于小学，既粗有所见，正好从词章上用功。《说文》看毕之后，可将《文选》细读一过。一面细读，一面抄记，一面作文，以仿效之。凡奇僻之字，雅故之训，不手抄则不能记，不摹仿则不惯用。

自宋以后，能文章者不通小学；国朝诸儒，通小学又不能文章。余早岁窥此门径，因人事太繁，又久历戎行，不克卒业，至今用为疚憾。尔之天分，长于看书，短于作文。此道太短，则于古书之用意行气，必不能看得谛当。目下宜从短处下工夫，专肆力于《文选》，手抄及摹仿二者皆不可少。待文笔稍有长进，则以后诂经读史，事事易于着手矣。

（同治元年五月十四日《谕纪泽》）

【译文】

你即将把《说文解字》看完，就先看各经书注疏，再从事研究诗文的学问。

我看汉代人的诗文，没有不精通语言文字训诂的，如司马相如、汤雄、班固在语言文字学方面都专门著有一书，《昭明文选》对这三人的文章收录最多。我对于古文，志在效法这三个人，加上司马迁、韩愈，共五家，因为这五家的文章，精通语言文字训诂，不随便写一个字。

你既然对语言文字学略微有些见解，正好从诗文上用功。你将《说文解

字》看完之后，可将《昭明文选》细读一遍。一面细读，一面抄记，一面作文，以仿效其中的诗文。凡奇异怪僻的字，规范的古老的训释，不手抄就不能记住，不摹仿就不能习惯应用。

自宋朝以后，能写文章的人并不精通语言文字学；本朝的各位大儒，精通语言文字学的又不能写文章。我早年就窥察到了这个门径，因人情事理太繁杂，又长期从事军事，不能完成此业，至今引为愧疚遗憾。你的天分，长于看书，短于作文。不擅长写文章，就对古书中的含义和风格必定不能看得仔细确切。眼下应当从短处下工夫，专心致力于《昭明文选》，手抄及摹仿两方面都不可少。等到写文章的技巧和风格稍有长进，以后解释经书和阅读史书，就会事事得心应手了。

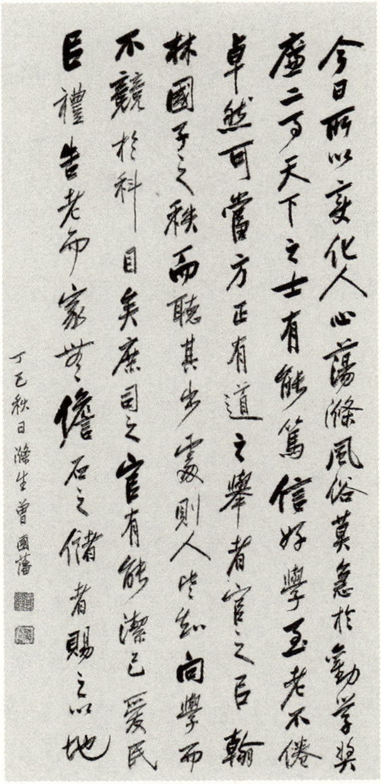

曾国藩书法（二）

但愿子孙为读书明理之君子

【原文】

家中人来营者，多称尔举止大方，余为少慰。凡人多望子孙为大官，余不愿为大官，但愿为读书明理之君子。勤俭自持，习劳习苦，可以处乐，可以处约，此君子也。余服官二十年，不敢稍染官宦气习，饮食起居，尚守寒素家风，极俭也可，略丰也可，太丰则吾不敢也。

凡仕宦之家，由俭入奢易，由奢返俭难。尔年尚幼，切不可贪爱奢华，不可惯习懒惰。无论大家小家、士农工商，勤苦俭约未有不兴，骄奢倦怠未有不败。尔读书写字，不可间断。早晨要早起，莫坠高曾祖考以来相传之家风。吾父吾叔，皆黎明即起，尔之所知也。

凡富贵功名，皆有命定，半由人力，半由天事。惟学作圣贤，全由自己作主，不与天命相干涉。吾有志学为圣贤，少时欠居敬工夫，至今犹不免偶有戏言戏动。尔宜举止端庄，言不妄发，则入德之基也。

（咸丰六年九月二十九日夜《谕纪鸿》）

【译文】

家里来军营的人，大多说你举止大方，我为此感到些许欣慰。大抵人们多半希望自己的子孙做大官，我却不愿我的子孙们做大官，只愿你们做一个读书明理的君子。勤俭自持，习于劳苦，既能身处安乐之中，又可身处俭省之中，这样的人就是节操高尚的君子。我做官20年，不敢稍稍沾染一点达官贵人的习气，饮食起居，还是遵循清贫的家风，可以非常节俭，也可以略微丰裕，而过分的丰裕我就不敢享用了。

大凡做官的人家，从勤俭走向奢侈很容易，而从奢侈转到勤俭却相当艰难。你年纪还小，千万不能贪求奢华，不能惯于懒惰。无论是大家庭还是小家庭，不管是读书人还是种田的，做工的或者经商的，凡是勤劳、艰苦、俭省、节约的人家都无一不兴旺；相反，凡是骄横、奢侈、懒倦、懈怠的人家都无一不衰败。你读书练字，不能间断。早晨一定要早起床，不要丢掉从我高祖直到我父亲以来一贯相传的这一优良家风。我的父亲、叔父，都是天一亮就起床，这一点是你亲身了解的。

大凡富贵功名，都是由命运来安排决定的，一半由人本身去努力，一半则由天意去成全。只有学做圣贤，全由自己本身主观努力，并不与天命相关。我有志于学做圣贤，只可惜小时候没有好好养成毕恭毕敬的习惯，到现在都不免偶尔有不庄重的言谈举止。你应该做到举止端庄，不随便乱说话，这才是培养自己优良品德的开端。

做人的道理重在“敬”“恕”二字

【原文】

至于作人之道，圣贤千言万语，大抵不外“敬”“恕”二字。尔心境明白，于“恕”字或易着功，“敬”字则宜勉强行之。此立德之基，不可不谨。

（咸丰八年七月二十一日《谕纪泽》）

【译文】

至于做人的道理，古代的圣贤已经讲得很多了，但大体上不外乎“敬”“恕”二字。你的心境看来还是明白的，对于“恕”字有可能比较容易做出成绩，对于“敬”字也应当尽自己力量去实行。这是树立圣人之德的基础，不可以不谨慎对待。

当思雪我“三耻”

【原文】

余生平有三耻：学问各途，皆略涉其涯涘，独天文算学，毫无所知，虽恒星五纬亦不识认，一耻也；每作一事，治一业，辄有始无终，二耻也；少时作字，不能临摹一家之体，遂致屡变而无所成，迟钝而不适于用，近岁在军，因作字太钝，废阁殊多，三耻也。尔若为克家之子，当思雪此三耻。推步算学，纵难通晓，恒星五纬，观认尚易。家中言天文之书，有《十七史》中各天文志，及《五礼通考》中所辑《观象授时》一种。每夜认明恒星二三座，不过数月，可毕识矣。凡作一事，无论大小难易，皆宜有始有终。作字时，先求圆匀，次求敏捷。若一日能作楷书一万，少或七八千，愈多愈熟，则手腕毫不费力。将来以之为学，则手钞群书；以之从政，则案无留牍。无穷受用，皆自写字之匀而且捷生出。三者皆足弥吾之缺憾矣。

（咸丰八年八月二十日《谕纪泽》）

【译文】

我这一生有三大耻辱：各门学问，都略微有所涉及和接触，唯独天文测算，一点儿也不懂，即使是恒星、行星也不曾认识。这是第一大耻辱；每做一件事情，从事一项事业，总是有始无终。这是第二大耻辱；小时候练字，不能临摹某一家的书体，于是导致多次更改而无所成就，书写迟钝而不实用。近年在军营里，就因为写字太迟钝，干脆搁笔不写的时间特别多。这是第三大耻辱。你如果是能继承先辈事业的子弟，就应当立志洗刷我的这三大耻辱。天文推测和计算，纵然不易通晓，但恒星、行星观察识别起来还比较容易。家中关于天文的书籍中，有《十七史》里的各种天文志，以及《五礼通考》所辑录的一篇《观象授时》。每夜识别两三个恒星座，不到几个月，就可以全部识别清楚了。凡是做一件事情，不论大小难易如何，都应该有始有终。练字时，先要讲求圆润、匀称，然后才讲求敏捷、迅速。如果一天能写一万个楷书字，或者少则七八千字，越练得多就越熟练，那么手腕就毫不费力了。将来凭这个本领做学问，就能抄写各种书籍；凭这个本领去从政，那么案头就不至于剩下一些公文办不完。无穷的受益，都会由写字匀称而且迅速的好习惯带来。如果你以上三个方面做到了，就足以弥补我的终生缺憾了。

处世须以"谦""谨"二字为主

【原文】

尔在外以"谦""谨"二字为主，世家子弟，门第过盛，万目所属。临行时，教以三戒之首末二条及力去傲惰二弊，当已牢记之矣。场前不可与州县来往，不可送条子。进身之始，务知自重，酷热尤须保养身体。

（同治三年七月初九《谕纪鸿》）

【译文】

你在外面要以"谦""谨"二字为主，世家子弟，门第过于盛大，为万众所瞩目。临走的时候，教你三戒的首末两条及努力去掉骄傲、懒惰两个弊病，想必已经牢记这些了。科举考试之前不可与州官、县官往来，不可以送条子。特别是在提拔任用之始，务必要知道自重，天气炎热尤其要注意保养身体。

势利机巧之心与猎取清廉虚名均不可取

【原文】

余生平最怕以势利相接，以机心相贸，决计不作京官，亦不愿久作直督。约计履任一年即当引疾悬车，若到官有掣肘之处，并不待一年期满矣。……凡散财最忌有名，总不可使一人知（一有名便有许多窒碍，或捏作善后局之零用，或留作报销局之部费，不可捐为善举费）。至嘱至嘱！余生平以享大名为忧，若清廉之名，尤恐折福也。

（同治八年正月二十二日《谕纪泽》）

【译文】

我平生以来最害怕以势利去结交别人，以智巧变诈的心计去与人交换，从而下定决心不做京城之官，也不愿久做直隶总督之官。大约到任1年后就要以身体有病为由辞职，如果到任后做事有受到牵制的地方，就不等到一年期满。……凡是散送钱财给别人，最怕的是留下姓名，总是不让一个人知道才好（一有姓名，便会产生许多意想不到的麻烦，或者谎称用于抚恤军民的善后局费用，或者留作军营报销局的经费，绝不可捐为公开名目的慈善赈济费用）。这一点特别嘱咐你们引起注意！我一生常常以享誉大名为忧虑不安之事，如果获得清廉的名声，尤其害怕折损了自己的福泽。

应以好学与节俭为立身持家之本

【原文】

吾望尔兄弟殚心竭力，以好学为第一义，而养生亦不宜置之第二。……署中用度宜力行节俭。近询各衙门，无如吾家之靡费者，慎之！

（同治十年九月二十八日《谕纪泽纪鸿》）

【译文】

我殷切希望你们兄弟能够竭尽身心，以勤学好问作为第一件应尽的责任来对待，而保养身体也应当看得很重要。……你们在官署中的一切开支都应当力行节俭。我近来了解各个衙门的意见，相比之下，没有哪一个像我们这个家庭一样铺张浪费的，你们必须谨慎为之！

办丧事不可铺张

【原文】

一出家辄十四年，吾母音容不可再见，痛极痛极！不孝之罪，岂有稍减之处！兹念京寓眷口尚多，还家甚难，特寄信到京，料理一切，开列于后：

……开吊散讣不可太滥，除同年、同乡、门生外，惟门簿上有来往者散之，此外不可散一分。其单请庞省三先生定。此系无途费，不得已而为之，不可滥也。即不滥，我已愧恨极矣。

外间亲友，不能不讣告寄信，然尤不可滥，大约不过二三十封。我到武昌时当寄一单来，并寄信稿，此刻不可遽发信。

（咸丰二年七月二十五日《谕纪泽》）

曾国藩书法（三）

【译文】

我一离家就是14年，母亲大人的音容笑貌不能再看到了，真是悲痛至极！不孝之罪，哪里有稍稍减轻的地方！现在想到北京寓所里家眷还不少，回老家是件不容易的事，所以特意寄信到北京，安排一切，列在后面：

……举行吊唁、散发讣文都不能太多，除我的同年、同乡和弟子以外，只有门簿上有往来的才可散发，此外不能再散一份。这件事就请庞省三先生决定吧。这是因为没有路费，不得已才这么做的，千万不能泛滥。即使不泛滥，我已非常愧疚了。

外面的亲友，不得不写信告诉他们，然而尤其不能泛滥，大约不超过二三十封吧。我到武昌时会寄一个名单来，并且附上信稿，现在不能仓促发信。

一意读书，勤俭治家

【原文】

目下值局势万紧之际，四面梗塞，接济已断，加此一挫，军心尤大震动。所盼望者……事或略有转机，否则不堪设想矣。

余自从军以来，即怀见危授命之志。丁、戊年在家抱病，常恐溘逝牖下，渝我初志，失信于世。起复再出，意尤坚定。此次若遂不测，毫无牵念。自念贫窭无知，官至一品，寿逾五十，薄有浮名，兼秉兵权，忝窃万分，夫复何憾！惟古文与诗，二者用力颇深，探索颇苦，而未能介然用之，独辟康庄。古文尤确有依据，若遽先朝露，则寸心所得，遂成广陵之散。作字用功最浅，而近年亦略有入处。三者一无所成，不无耿耿。

至行军本非余所长，兵贵奇而余太平，兵贵诈而余太直，岂能办此滔天之贼？即前此屡有克捷，已为侥幸，出于非望矣。尔等长大之后，切不可涉历兵间，此事难于见功，易于造孽，尤易于诒万世口实。余久处行间，日日如坐针毡，所差不负吾心，不负所学者，未尝须臾忘爱民之意耳。近来阅历愈多，深谙督师之苦。尔曹惟当一意读书，不可从军，亦不必作官。

吾教子弟不离八本、三致祥。八者曰："读古书以训诂为本，作诗文以声调为本，养亲以得欢心为本，养生以少恼怒为本，立身以不妄语为本，治家以不晏起为本，居官以不要钱为本，行军以不扰民为本。"三者曰："孝致祥，勤致祥，恕致祥。"吾父竹亭公之教人，则专重"孝"字。其少壮敬亲，暮年爱亲，出于至诚。故吾纂墓志，仅叙一事。吾祖星冈公之教人，则有八字、三不信。八者，曰考、宝、早、扫、书、蔬、鱼、猪；三者，曰僧巫，曰地仙，曰医药，皆不信也。处兹乱世，银钱愈少，则愈可免祸；用度愈省，则愈可养福。尔兄弟奉母，除"劳"字、"俭"字之外，则无安身之法。吾当军事极危，辄将此二字叮嘱一遍，此外亦别无遗训之语，尔可禀告诸叔及尔母无忘。

（咸丰十一年三月十三日《谕纪泽》）

【译文】

目前，正值局势危急的时刻，我军四面都被围困，接应援助全部都已中断，加上这一次挫败，尤其是军心大为动摇。现在能盼望的是……战事或许稍有转机，否则就不堪设想了。

我自步入军界以来，就怀着临危授命的抱负。丁、戊年（即道光二十七年、二十八年）在家养病，常常担心就此突然死在自家窗下，以致不能了却我当初的心愿，在世人面前失信。等到康复后再被启用，信念尤其坚定。这次如果遭遇不测，也毫无牵挂了。我私下认为自己出身贫寒，学识浅薄，却做到了一品高官，现在年过五十，稍有虚名，又兼掌军事大权，我对此已暗暗感到万分惭愧，还有什么遗憾呢？唯独对古文和诗，这方面虽然下的功夫很深，钻研得也够刻苦，但没能有所独创，进而开辟出一条宽广的新路子来。古文学得尤其扎实，可以做到引经据典，虽然有所收获、有所成就，却成为没继续深入下去的遗憾。至于写字，下的工夫最少，而近几年也稍稍有些长进。但总的来说，以上三方面都仍是一无所成，这不能不让我耿耿于怀了。

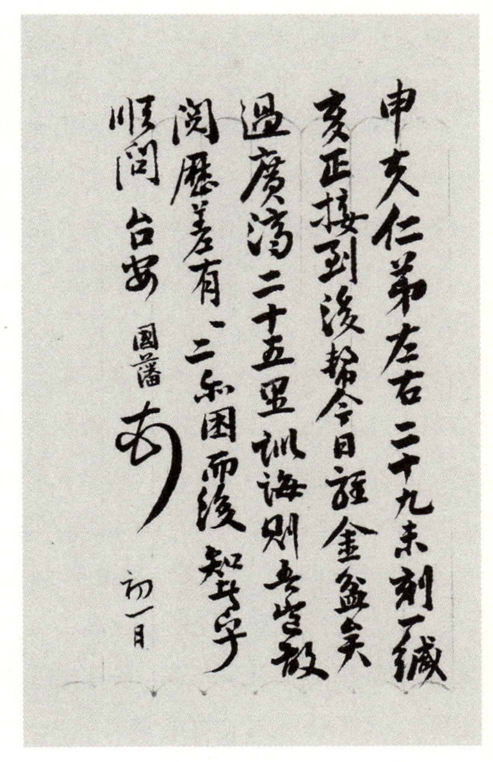

申夫仁弟左右：二十九未刻一緘，亥正接到。後將今日旌金盆矣。過廣濟二十五里，訓誨則無不皆教。閱歷差有一二，知困而後知學。順問台安。國藩頓首 初一日

曾国藩致李申夫信札（一）

至于从事军务本不是我的长处。用兵打仗贵在出奇制胜，而我却是太平淡无奇，用兵打仗注重兵不厌诈，而我却太正直，这样又怎能对付得了这些贼寇呢？即使以前多次获胜，那已经是侥幸了，并不敢奢望。你们长大以后，千万不要涉足军营，此事难于有所建树，却易于造孽，尤其容易为千秋万代留下一个话柄。

我这么长的时间身在行营，每一天都如坐针毡，幸亏没有辜负我的心愿，也没辜负我所学的东西，也未曾片刻忘却爱护百姓的意愿罢了。近来经历得更多，深深懂得领兵打仗的艰难。你们只应一心读书，不能从军，也不必做官。

我教导子弟们不要背离八个根本、三个吉祥。八个根本是："阅读古书把字句训诂当做根本，赋诗作文把声韵语气当做根本，供养亲人把讨其欢心当做根本，修身养性把少生恼怒当做根本，为人处世把不乱言谈当做根本，治理家务把不晚起当做根本，做官把不索要钱财当作根本，从事军务把不扰乱百姓当做根本。"三个吉祥是："孝顺带来吉祥，勤俭带来吉祥，仁爱带来吉祥。"我的父亲竹亭公教育人，专门注重一个"孝"字。他青壮年时期孝敬长辈，到年老的时候则爱护晚辈，这都发自他至诚的内心。因此，我为他老人家编修墓志，只写这一方面。我的祖父星冈公教育人，则有八个字、三个不信。八个字是"考、宝、早、扫、书、蔬、鱼、猪"；三个"不信"是指不信僧巫迷信、风水地仙、医术药剂。我们身处现今这个离乱的时代，银钱越缺乏，就越能避开灾祸；费用越节省，就越能创造幸福。你们兄弟几个奉养母亲，除了"劳"字和"俭"字以外，再也没有什么其他的为人处世的诀窍了。我在这个军事形势极其危急的关头，就将这两个字叮嘱一次，此外也没有其他什么遗教了。你们要将这些禀告给几位叔父以及你的母亲，千万不要忘了。

养生之道在于戒恼怒、知节啬

【原文】

吾于凡事皆守"尽其在我，听其在天"二语，即养生之道亦然。体强者，如富人因戒奢而益富；体弱者，如贫人因节啬而自全。节啬非独食色之性也，即读书用心，亦宜俭约，不使太过。余"八本中匾"，言养生以少恼怒为本。又尝教尔胸中不宜太苦，须活泼泼地，养得一段生机，亦去恼怒之道也。既戒恼怒，又知节啬，养生之道，已尽其在我者矣。此外寿之长短，病之有无，一概听其在天，不必

多生妄想去计较他。凡多服药饵，求祷神祇，皆妄想也。吾于医药、祷祀等事，皆记星冈公之遗训，而稍加推阐，教示后辈。尔可常常与家中内外言之。

（同治四年九月初一《谕纪泽》）

【译文】

我对任何事都恪守“尽心尽力在于我，结局如何听于天”两句话，即使养生之道也是如此。身体强壮的人，就像富人因为戒除了奢侈就更加富裕；身体虚弱的人，就像穷人因为节俭就会自我保全。节俭不是饮食、色相的特质，即使读书用心，也应当节俭省约，不能太过分。我的“八本中匾”，说到养生，以减少恼怒为本。又曾经教育你心胸不应该太苦闷，要活泼一些，调养以增强生命力，也是减少恼怒的方法。既戒除恼怒，又懂得节俭，养生的道理就已经完全被我们掌握了。此外，寿命的长短，疾病的有无，一概听天由命，没有必要过多地产生妄想去计较。凡是过多地服用药饵，求神祈祷，都是妄想。我对医药、祷祀等事情，都牢记祖父星冈公的遗训，并稍稍加以推敲阐述，教育启示后辈。你可以常常与家里人谈一谈。

养生之道在顺其自然

【原文】

老年来始知圣人教孟武伯问孝一节之真切。尔虽体弱多病，然只宜清静调养，不宜妄施攻治。庄生云：“闻在宥天下，不闻治天下也。”东坡取此二语，以为养生之法。尔熟于小学，试取“在宥”二字之训诂体味一番，则知庄、苏皆有顺其自然之意。养生亦然，治天下亦然。若服药而日更数方，无故而终年峻补，疾轻而妄施攻伐强求发汗，则如商君治秦、荆公治宋，全失自然之妙。柳子厚所谓“名为爱之其实害之”，陆务观所谓“天下本无事，庸人自扰之”，皆此义也。东坡《游罗浮山》诗云：“小儿少年有奇志，中宵起坐存黄庭。”下一“存”字，正合庄子“在宥”二字之意。盖苏氏兄弟父子皆讲养生，窃取黄老微旨，故称其子为有奇志。以尔之聪明，岂不能窥透此旨？余教尔从眠食二端用功，看似粗浅，却得自然之妙。尔以后不轻服药，自然日就壮健矣。

（同治五年二月二十五《谕纪泽纪鸿》）

【译文】

我进入老年以来，才开始知道《论语》中孔子回答孟武伯请教孝顺的那一节十分真切。你虽然身体虚弱多病，但只适合清静地调养，不适宜胡乱地加以强行治疗。庄子说：“只听说顺应天下，没听说治理天下。”苏东坡把这两句话拿来作为养生的方法。你对语言文字学很熟悉，试着把“在宥”两个字的解释仔细体会一番，就知道庄子、苏东坡都有顺其自然的意思。养生是这样，治理天下也是这样。如果服药，而且每天换好几个处方，无缘无故一年到头大吃补药，疾病不重却胡乱采取攻伐措施以强行发汗，就像商鞅治理秦国、王安石治理北宋一样，全然失去了顺其自然的妙处。柳宗元所说的“名义上是爱它其实是害它”，陆游所说的“天下本来没有什么事情，是庸人自找麻烦”，都是这个意思。苏东坡的《游罗浮山》诗里说：“小儿小小年纪有着不平凡的志向，半夜起来跪着学习道家经典著作《黄庭经》。”这里写下一个“存”字，正好符合庄子“在宥”二字的含义。因为苏东坡兄弟父子都讲究养生，暗取黄老的隐微旨意，所以称他的儿子有不平凡的志向。以你的聪明，怎能不领会这个意思？我教你从睡眠、饮食两方面用功，看起来好像粗浅，却能获得顺其自然的好处。你以后不要轻易吃药，自然会一天比一天壮实健康。

日课四条示二子

【原文】

一曰慎独则心安。自修之道莫难于养心。心既知有善，知有恶，而不能实用其力，以为善去恶，则谓之自欺。方寸之自欺与否，盖他人所不及知，而己独知之，故《大学》之"诚意"章，两言慎独。果能"好善如好好色，恶恶如恶恶臭"，力去人欲，以存天理，则《大学》之所谓"自慊"，《中庸》之所谓"戒慎恐惧"，皆能切实行之，即曾子之所谓"自反而缩"，孟子所谓"仰不愧，俯不怍"，所谓"养心莫善于寡欲"，皆不外乎是。故能慎独，则内省不疚，可以对天地，质鬼神，断无行有不慊于心则馁之时。人无一内愧之事，则天君泰然，此心常快足宽平，是人生第一自强之道，第一寻乐之方，守身之先务也。

二曰主敬则身强。"敬"之一字，孔门持以教人，春秋士大夫亦常言之，至程朱则千言万语不离此旨。内而专静纯一，外而整齐严肃，敬之工夫也。出门如见大宾，使民如承大祭，敬之气象也。修己以安百姓，笃恭而天下平，敬之效验也。程子谓："上下一于恭敬，则天地自位，万物自育，气无不和，四灵毕至，聪明睿智，皆由此出。以此事天飨帝，盖谓敬则无美不备也。"

吾谓"敬"字切近之效，尤在能固人肌肤之会、筋骸之束。庄敬日强，安肆日偷，皆自然之征应。虽有衰年病躯，一遇坛庙祭献之时，战阵危急之际，亦不觉神为之悚，气为之振。斯足知敬能使人身强矣。若人无众寡，事无大小，一一恭敬，不能懈慢，则身体之强健，又何疑乎？

三曰求仁则人悦。凡人之生，皆得天地之理以成性，得天地之气以成形。我与民物，其大本乃同出一源。若但知私己而不知仁民爱物，是于大本一源之道，已悖而失之矣。至于尊官厚禄，高居人上，则有拯民溺、救民饥之责。读书学古，粗知大义，即有觉后知、觉后觉之责。若但知自了，而不知教养庶民，是于天之所以厚我者，辜负甚大矣。孔门教人，莫大于求仁，而其最切者，莫要于"欲立立人，欲达达人"数语。立者，自立不惧，发富人百物有余，不假外求。达者，四达不悖，如贵人登高一呼，群山四应。人孰不欲己立己达，若能推以立人达人，则与物同春矣。后世论求仁者，莫精于张子之《西铭》，彼其视民胞物与，宏济群伦，皆事天者性分当然之事。必如此，乃可谓之人，不如此，则曰悖德，曰贼。诚如其说，则虽尽立天下之人，尽达天下之人，而曾无善劳之足言，人有不悦而归之者乎？

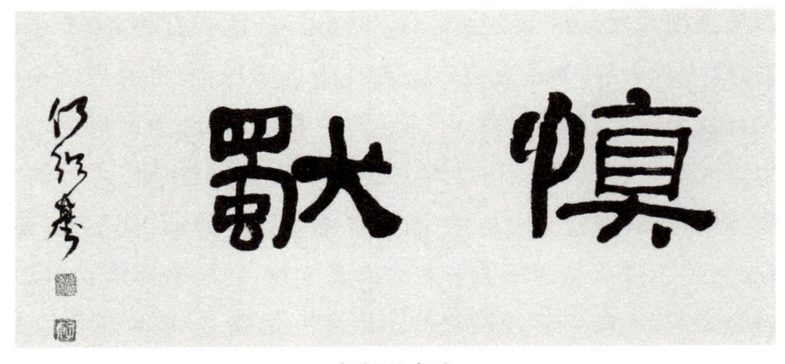

何绍基书法

四曰习劳则神钦。凡人之情莫不好逸而恶劳，无论贵贱智愚老少，皆贪于逸而惮于劳，古今之所同也。人一日所着之衣，所进之食，与一日所行之事、所用之力相称，则旁人韪之，鬼神许之，以为彼自食其力也。若农夫织妇终岁勤动，以成数石之粟、数尺之布；而富贵之家，终岁逸乐，不营一业，而食必珍馐，衣必锦绣，酣豢高眠，一呼百诺，此天下最不平之事，鬼神所不许也！其能久乎？古之圣君贤相，若汤之昧旦不显，文王日昃不遑，周公夜以继日，坐以待旦，盖无时不以勤劳自励。

《无逸》一篇，推之于勤则寿考，逸则夭亡，历历不爽。为一身计，则必操习技艺，磨练筋骨，困知勉行，操心危虑，而后可以增智慧而长才识。为天下计，则必己饥己溺，一夫不获，引为余辜。大禹之周乘四载，过门不入，墨子之摩顶放踵，以利天下，皆极俭以奉身，而极勤以救民。故荀子好称大禹、墨翟之行，以其勤劳也。

军兴以来，每见人有一材一技，能耐艰苦者，无不见用于人，见称于时。其绝无材技，不惯作劳者，皆唾弃于时，饥冻就毙。故勤则寿，逸则夭。勤则

有材而见用，逸则无能而见弃。勤则博济斯民，而神钦仰；逸则无补于人，而神鬼不歆。是以君子欲为人神所凭依，莫大于习劳也。

余衰年多病，目疾日深，万难挽回。汝及诸侄辈，身体强壮者少。古之君子修己治家，必能心安身强，而后有振兴之象，必使人悦神钦，而后有骈集之祥。今书此四条，老年用自敬惕，以补昔岁之衍，并令二子各自勖勉。每夜以此四条相课，每月终以此四条相稽。仍寄诸侄共守，以期有成焉。

（同治十年某月某日金陵节署）

【译文】

第一条，慎独则心安。提升自我修养的方法，没有比养心更难的。心里既然知道有善有恶，却不能真正尽力为善去恶，这就是自己欺骗自己。心里是否自欺，别人是不知道的，只有自己知道，所以《大学》中“诚意”这一章节两次说到“慎独”。如果真能做到喜欢善事如同喜好美色，讨厌恶事如同讨厌恶臭一样，尽力去掉人欲而存天理，那么《大学》中所说的“自慊”、《中庸》中所说的“戒慎恐惧”，都能够切实地做到。曾子所说的“自反而缩”，孟子所说的“仰不愧，俯不怍”以及“养心莫善于寡欲”等语，都不外乎这个道理。所以说，能够慎独，则自我反省时就不会感到内疚，可以无愧于天地鬼神，肯定不会有因行为不合于心意而不安的时候。人若没有一件内心感到羞愧的事，心里就会安然，常常感到愉快、平和，这是人生自强的首要之道、寻乐的最好方法、守身的首要之务。

第二条是主敬则身体强健。“敬”这个字，是儒家用来教育人的，春秋时的士大夫也常常说到它。到二程与朱子的时候，则千言万语离不开“敬”这个主旨。内心静定纯一，外表整齐严肃，这就是“敬”的功夫。出门如同是去见重要的客人，役使老百姓如同是参加隆重的祭祀活动，这就是“敬”的气象。修养内心以安定百姓，诚笃恭敬则天下太平，这就是“敬”的效验。程子说：“如果官民上下都恭敬，那么天地自然运行，万物自然化育，气象无不和谐，麟、凤、龟、龙等祥瑞灵物都会出现，人的聪明才智都将充分发挥。以此敬事上天，使天子感到满意，所以说敬则一切美事都会齐备。”

我认为“敬”对人们最切实的功效，尤其在于能使人体肌肤、筋骨坚固结实。人若端庄恭敬，身体就越来越强；人若贪图安逸，身体则越来越差；这都是自然而然的事情。即使已年迈多病，每遇到庙会祭祀等重大活动，或者是在战场上碰到危急时刻，也会觉得精神为之一振，仅这点就足以证明“敬”能够使人身体强壮。如果能在人不论多少、事情不论大小的情况下，处处恭敬，毫不懈怠，那么身体强健，又有什么值得怀疑的呢？

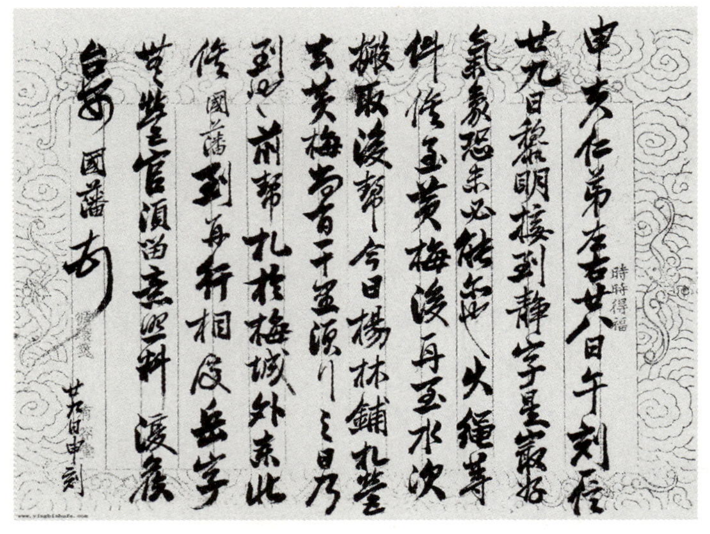
曾国藩回李申夫信札（二）

第三条，如果追求仁爱，人们就会感到愉快。每个人的生命，都是禀承天地之理而成性，得到天地之气而成形体。我与百姓及世间万物，从根本上说是同出一源。如果只知道爱惜自己而不知道为百姓、万物着想，那么就违背了这同一的根本。至于做大官，享受优厚的俸禄，高居于百姓之上，则有拯救百姓于痛苦饥饿之中的职责。读圣贤的书，学习古人，粗略知道了其中的大义，就有帮助后知后觉之人觉悟起来的责任。如果只知道自我完善，而不知道教养百姓，就完全辜负了上天厚待我的本心。儒家教育，最重要的就是教育人们要追求仁爱，而其中最迫切的就是“欲立立人，欲达达人”这几句话。已经成就事业的人，如果是靠自己力量起来的就不用担心，如同富人本就很富裕，都不是靠外人得来的。已经显达的人，与四周人的显达也不相抵触，如同登高一呼，四面的人群回应一样。人哪有不想自己成就事业、让自己显达的呢？如果能够推己及人，让别人也能成就事业，能够显达，那么就像与万物同春一样美满了。后世谈论追求仁爱的著作，没有比张载的《西铭》更精辟的了，他把万众万物视为亲兄弟对待，广济天下苍生，都是敬事上天的人理所应当的事。只有这样做，才算是人，否则就违背了做人的准则，只能算贼。如此说来，每个人虽都可以立于天下，达于天下，但不曾做过值得赞美的好事的人，能够让不喜欢他的人归顺他吗？

第四条，习惯于勤劳，则神明都会钦佩。人之常情，没有不好逸恶劳的，不论贵贱、智愚、老少，都贪图安逸而害怕劳苦，这是古今都相同的。人一天所穿的衣服、所吃的饭，与他一天所做的事、所出的力相当，那么旁人就会认可，鬼神就会赞同，认为他自食其力了。至于种田的农民、织布的妇女，一年到头勤勉辛劳，不过获得几石粟、几尺布；而富贵人家，终年安逸享乐，一件事都不做，吃的是山珍海味，穿的是绫罗绸缎，豢养很多奴才，高枕而眠，一呼百应，这是天下最不公平的事，鬼神都不会赞同！这能够长久吗？古代的圣明君主、贤德宰相，比如商汤通宵达旦地工作，天已过午周文王仍劳作不休，周公夜以继日，坐待天亮，都是时时以勤劳激励自己。

《尚书·无逸》这个篇章推论到，人若勤劳便会长寿，人若贪图安逸便会夭亡，无不如此。为自己着想，则必须习练技艺，磨炼筋骨，身体力行，操心危虑，这样才能增智慧、长见识。为天下着想，则必须自己忍受饥饿劳苦，只要有一人没有收获，就应当视作是自己的罪过。大禹治水，乘车巡视，三过家门而不入，墨子摩顶放踵，为天下人谋福利，都是自己非常节俭，拯救百姓却不辞困苦。所以荀子特别赞扬大禹、墨子的行为，这是因为他们勤劳的缘故。

自从我领军以来，往往见到有一技之才，能忍受艰难困苦的人，都能被人任用，得到当时人的称赞。而那些没有才能，也无一技之长，又不习惯劳作的人，都被时人所唾弃，最后冻饿而死。因此，勤劳的人便会长寿，安逸的人就会夭折；勤劳就能成才而被重用，淫逸就成无能之辈而被抛弃。勤劳，便能普济众生，连神都会钦佩仰慕；安逸，则无任何价值，神鬼都不会保佑他。因此，君子若要成为人们和神都能信赖的人，最重要的就是要习惯于勤劳。

我到老年后，身体多病，眼病也越来越厉害，这种状况已很难改变。你和诸位侄子中，身体强壮的很少。古代的君子修身治家，一定要身心强健，然后才能使家业振兴；一定要做到人人悦服、鬼神钦敬，然后才会有各种运气到来。现在写这四条日课，一方面是我年老时用来自我激励以弥补以往的不足，另一方面也是要勉励两个儿子，每天晚上都按这四条去做，月终时则用这四条来考核自己。同时把这些寄给诸位侄子，希望他们能有所成就。

◎左宗棠家训

左宗棠像

左宗棠（1812～1885），字季高，湖南湘阴（今湖南湘阳）人。他21岁中举后，“绝意仕进，究心经世之学”，从研究地理学入手，进而研究边疆问题、对外关系以及政治、经济和国计民生的各种学问。“谈天下事，了如指掌”，被誉为“近日楚材第一”，甚至连林则徐也“诧为绝世奇才”。

左宗棠学成后，在曾国藩手下帮办军务。因战功赫赫，两年后晋升为浙江巡抚。随后，又迁任闽浙总督、陕甘总督，授大学士，加太子太保衔，封一等伯、二等侯，声名十分显赫。清光绪元年（1875），清廷采纳左宗棠等人出兵收复新疆的主张，任命左宗棠为钦差大臣，督办新疆军务。1876～1878年，左宗棠指挥清军驱逐侵占新疆的阿古柏侵略军，很快便收复了除伊犁之外的整个新疆。为维护祖国的统一，左宗棠又亲赴最前线。他命人带了一副棺材随军而行，以表示不收回伊犁决不生还的决心和勇气。在他豪迈气概的鼓舞下，全军士气倍增，而俄国入侵者则闻之丧胆，从而顺利打赢了这

场维护祖国领土完整的战争。

左宗棠虽为名将，身膺封疆大臣，但他一向严于律己，始终保持着清廉俭朴的作风，身上常穿着一件布袍。在西征新疆时，他一直坚持住营帐，从来不住公馆。有时出帐遇到兵勇开饭，便和他们一起用餐。左宗棠曾亲口对人说："带兵五年，不私一钱；任疆圻三年，所余养廉不过一万数千金。"人们对左宗棠的廉洁有目共睹，有口皆碑。湖北巡抚胡林翼说他"一钱不私己，不独某信之，天下人亦皆信之也"。湘军统帅曾国藩也说他"毕竟是我辈中人"，"是真君子"，"是少有的廉将"。左宗棠对子女的督教既严格又亲切。他一生写下了100多封家书，内容大多集中在对子女如何处世为人、治事做官等方面。以下家训是从《左宗棠全集·家书》中节录的部分内容。

读书须明白古圣先贤教做好人的道理

【原文】

尔近来读《小学》否？《小学》一书是圣贤教人作人的样子。尔读一句，须要晓得一句的解；晓得解，就要照样做。古人说，事父母，事君上，事兄长，待昆弟、朋友、夫妇之道，以及洒扫、应对、进退、吃饭穿衣，均有见成的好榜样。口里读着者一句，心里就想着者一句，又看自己能照者样做否。能如古人就是好人；不能就不好，就要改，方是会读书。将来可成一个好子弟，我心里就欢喜，者就是尔能听我教，就是尔的孝。

读书要眼到（一笔一画莫看错）、口到（一字莫含糊）、心到（一字莫放过）。写字（要端身正坐，要悬大腕，大指节要凸起，五指爪均要用劲，要爱惜笔墨纸）、温书要多遍数想解，读生书要细心听解。走路、吃饭、穿衣、说话，均要学好样（也有古人的样子，也有今人的样子，拣好的就学）。此纸可粘学堂墙壁，日看一遍。

（咸丰二年《与孝威》）

【译文】

你近来读《小学》这部书没有？《小学》一书是古圣先贤教导人们做好人的范本。你读一句，就必须晓得一句的含义所在；晓得其中的含义所在，就要照着去实践。古人说，侍奉父母，侍奉君王，侍奉兄长，对待弟弟、朋友、夫妇之道，以及居家、处世、待人接物、吃饭、穿衣等，都有现成的好榜样。口里读着这一句，心里就想着这一句，又看自己照这样去做了没有。如果能像古人那样读书明道就是一个好人；不能做到这样就不好，就要改正，才是会读书。你将来就可以成为一个好子弟，我的心里就会高兴，这就说明你能听我的教导，就是你对我的孝顺。

读书要做到眼到（即书中的一笔一画不要看错）、口到（即一字一句都不要含糊）、心到（即一字一句要心领神会，万万不要走马观花，轻易放过）。写字（要做到端正身子，要悬大腕，大拇指关节要突起，五个手指都要用力，要爱惜笔墨纸张）、复习功课要做到反复理解其中的道理，先生教新课时要做到细心听讲。总之，走路、吃饭、穿衣、说话，都要学好样子（也有古人的好样，也有今人的好样，挑选其中的好样子去学）。这封信，你可以把它粘贴在学堂的墙壁上，每天看一遍。

读书做人首要立志

【原文】

世局如何，家事如何，均不必为尔等言之。惟刻难忘者，尔等近年读书无甚进境，气质毫未变化；恐日复一日，将求为寻常子弟不可得，空负我一片期望之心耳。夜间思及，辄不成眠。今复为尔等言之。尔等能领受与否，则我不能强之，然固不能已于言也。

读书要目到、口到、心到。尔读书不看清字画偏旁，不辨明句读，不记清

首尾,是目不到也。喉、舌、唇、牙、齿五音,并不清晰伶俐,朦胧含糊,听不明白,或多几字,或少几字,只图混过,就是口不到也。经传精义奥旨,初学固不能通,至于大略粗解,原易明白,稍肯用心体会,一字求一字下落,一句求一句道理,一事求一事原委,虚字审其神气,实字测其义理,自然渐有所悟。一时思索不得,即请先生解说;一时尚未融释,即将上下文或别章别部义理相近者反复推寻,务期了然于心,了然于口,始可放手。总要将此心运在字里行间,时复思绎,乃为心到。

今尔等读书总是混过日子,身在案前,耳目不知用到何处。心中胡思乱想,全无收敛归著之时,悠悠忽忽,日复一日,好似读书是答应人家功夫,是欺哄人家,掩饰人家耳目的勾当。昨日所不知不能者,今日仍是不知不能;去年所不知不能者,今年仍是不知不能。孝威今年十五,孝宽今年十四,转眼就长大成人矣。从前所知所能者,究竟能比乡村子弟之佳者否?试自忖之。

读书做人,先要立志。想古来圣贤豪杰是我者般年纪时,是何气象?是何学问?是何才干?我现在哪一件可以比他?想父母送我读书,延师训课,是何志愿?是何意思?我哪一件可以对父母?看同时一辈人,父母常背后夸赞者,是何好样?斥詈者,是何坏样?好样要学,坏样断不可学。心中要想个明白,立定主意,念念要学好,事事要学好。自己坏样,一概猛省猛改,断不许少有回护,不可因循苟且,务期与古时圣贤豪杰少小时志气一般,方可慰父母之心,免被他人耻笑。志患不立,尤患不坚。偶然听一段好话,听一件好事,亦知歆动羡慕,当时亦说我要与他一样,不过几日几时,此念就不知如何销歇去了。此是尔志不坚,还由不能立志之故。如果一心向上,有何事业不能做成?

陶桓公有云:“大禹惜寸阴,吾辈当惜分阴。”古人用心之勤如此。韩文公云:“业精于勤而荒于嬉。”凡事皆然,不仅读书,而读书更要勤苦。何也?百工技艺及医学、农学,均是一件事,道理尚易通晓;至吾儒读书,天地民物莫非己任,宇宙古今事理均须融澈于心,然后施为有本。人生读书之日最是难得,尔等有成与否,就在此数年上见分晓。若仍如从前悠忽过日,再数年依然故我，还能冒读书名色、充读书人否？思之！思之！

孝威气质轻浮，心思不能沉下；年逾成童而童心未化，视听言动，无非一种轻扬浮躁之气；屡经谕责，毫不知改。孝宽气质昏惰，外蠢内傲，又贪嬉戏，毫无一点好处。开卷便昏昏欲睡，全不提醒振作。一至偷闲玩耍，便觉分外精神。年已十四，而诗文不知何物，字画又丑劣不堪。见人好处，不知自愧，真不知将来作何等人物！我在家时常训督，未见悛改；我今出门，想起尔等顽钝不成材料光景，心中片刻不能放下。尔等如有人心，想尔父此段苦心，亦知自愧自恨，求痛改前非以慰我否？亲朋中子弟佳者颇少，我不在家，尔等在塾读书，不必应酬交接，“外受傅训，入奉母仪”可也。

左宗棠书法（一）

读书用功，最要专一无间断。……今特谕尔：“自二月初一日起，将每日功课，按月各写一小本寄京一次，便我查阅。如先生是日未在馆，亦即注明，使我知之。屋前街道，屋后菜园，不准擅出行走。如奉母命出外，亦须速出速归。‘出必告，反必面’，断不可任意往来！同学之友，如果诚实发愤，无妄言妄动，固宜引为同类。倘或不然，则同斋割席，勿与亲昵为要。”

（咸丰十年《与孝威孝宽》）

【译文】

外面世界的局势如何，家中事情如何，都没有必要和你们谈。令我时刻放心不下的，就是你们近年来读书没有什么长进，在气质上还是原来那般；我害怕你们这样一天天下去，想要做一个平常人家的子弟都不可能，白白辜

负了我对你们一片殷切期望之心。我在夜晚考虑到这个问题时，总是睡不着。今又为了这个问题对你们讲一讲。你们能不能接受我的意见，我就无法强求了，然而我作为你们的父亲，没有理由不对你们说一说这个问题。

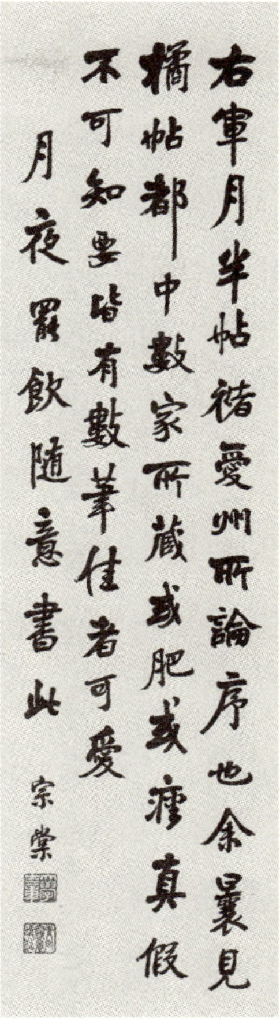

左宗棠书法（二）

读书要做到眼到、口到、心到。你们读书不先看清字的笔画偏旁，不辨明一篇文章的句读，不能记清开头和结尾，这就是眼不到。你们的喉、舌、唇、牙、齿五音，都不清晰伶俐，朦胧含糊，使人听不明白，或者多几个字，或者少几个字，全不在意，只图混过去就算完事，这就是口不到。古代经传的精义要旨，初学时固然不能全通，至于大略粗解，基本意思本来是易于明白的。如果肯用心体会，一字一字地了解清楚，一句一句地明白其所说的道理，一事一事地搞清原委。对于虚字要详审它的语气，实字要揣度它的含义，这样自然就渐渐有所领悟。一时思索不得其意，就请先生加以解说；一时尚未融会贯通，就将上下文或者把其他章节部分义理相近者反复推敲寻研，一定要了解并体会于自己的心中，了解并体会于自己的口中，直至如此才罢休。总要将这个心思运用于书中字里行间，经常反复思索考究，这就叫做心到。

现今你们读书总是混日子过，身体虽坐在书桌前面，耳目却不知道到哪里去了。你们心中胡思乱想，全无收束沉静之时，悠悠忽忽，日复一日，好像读书是为了应付人家对你们的要求，是敷衍应付人家、掩饰人家耳目的勾当。你们昨天不知不能的事情，今天仍是不知不能；去年不知不能的事情，今年仍是不知不能。孝威今年已有 15 岁了，孝宽今年也有 14 岁了，转眼间你们就要长大成人了。你们从前所知道所能做的事情，究竟能否比得上乡下那些农家子弟中的优秀者呢？你们自己去想一想吧。

左宗棠书法（三）

读书做人，首先要树立一个好志向。想一想，自古以来那些圣贤豪杰像你们这般年纪时，是什么样的气象呢？有什么样的学问呢？有什么样的才干？你们现在哪一样可以同他们相比较呢？想一想父母送自己读书学习，聘请先生教自己功课，是一种什么样的目的和愿望呢？是一番什么样的心意呢？我哪一件事情可以无愧于父母双亲呢？看一看与我同一辈的人中，父母经常背地夸奖的，是一种什么样的人呢？父母经常斥骂的，又是一种什么样的人呢？好的榜样要学，坏的榜样则万万不可学。心里要对这个问题想个明白，打定主意，时时要学好，事事要学好，把自己的恶习一概加以深刻省悟、积极悔改，绝不能对其有少许姑息袒护，不可照旧不改，得过且过。一定要有与古代圣贤豪杰少年时一样的志气，才可以使父母心情愉快，免得被他人耻笑。值得忧虑的是不能树立志向，尤其值得忧虑的是虽然立了志但还不坚决。偶然听到别人的一段好话，听到一件好事情，也知道喜爱羡慕，当时也表示自己要与他一样。但没过多久，这个想法就糊里糊涂地消失了。这是你们立志不坚决，也是因为你们没有立志的缘故。如果你们一心奋发向上，有什么事业不能做成呢？

晋代陶侃曾经说过：“大禹爱惜一寸光阴，我们这些人应当爱惜一分光阴。”古代的人像这样辛勤用心。唐代大学问家韩愈说过：“一个人事业成功在于他的勤奋，事业荒废失败在于他的懒怠玩耍。”世界上的任何一件事都是这样，不仅读书如此，而且读书更要勤奋刻苦才能有所收获。为什么呢？百工技艺以及医学、农学都是一回事，此中道理是容易明白的；至于我们这些人读书，天文、地理、民情、物志都是我们应当知晓的，宇宙古今之事理，都须融会贯通于自己的心中，然后施展才能才有根本。一个人的一生中读书的那些日子最为重要，你们能不能有成就，就在这几年中见分晓。假若仍然像从前那样混日子，再过几年依然是原来的老样子，还能够冒读书这个名分去充当读书人吗？想想吧！好好想一想吧！

孝威言行举止轻浮无实，心思不能沉静下来，年纪已经过了童年而童心仍未变，耳闻目睹，一言一行，无不表现出一种轻薄浮躁之气。多次教育批评，仍不知改过。孝宽则糊涂懒惰，表面愚顽，内心虚骄，又贪玩耍，没有一点长处。学习时昏昏沉沉，一点也没有振作的精神。一到偷闲玩耍时，便觉得格外有精神。你已经14岁了，还不知诗文是什么东西，字画则丑劣得不像个样子。见到别人好的地方，不知自感惭愧，真不知将来会成为什么样的人！我在家里时常常教训督促，却未见悔改。我现在身在外面，想起你们这样顽皮愚钝不成才的样子，心中片刻都放不下。你们若有人心，想想你们的父亲这份爱护你们的苦心，也知道自愧自恨自己的过错，以求痛改前非来安慰我吗？我们亲戚朋友中的优秀子弟不多，我不在你们身边，你们在学校读书，不要和别人交际往来，"在学校里接受先生的训导，在家里听从母亲的吩咐"就行了。

读书用功，最重要的是要做到专一且持之以恒。……今天特郑重地告诫你们："自二月初一起，你们要将每天的功课按月各写一小本寄到京城一次，以便我查阅。如果先生哪一天不在学校，也须注明，使我心中有数。屋前街道，屋后菜园，不准你们擅自到处闲逛。如受你们的母亲的指示外出，也须速去速回。'出去必须告诉家里，返归必须当面回报'，绝对不能任意往来！同学朋友，如果是诚实、发愤向上、没有不正当言行的人，当然可以将其作为朋友来相处。倘若不是这样的人，虽同在一个学校读书，也要与之绝交，远离他们一些为妙。"

学业才识不进则退

【原文】

学业才识，不日进，则日退。须随时随事，留心著力为要。事无大小，均有一当然之理，即事穷理，何处非学？昔人云："此心如水，不流即腐。"张乖崖亦云："人当随时用智。"此为无所用心一辈人说法。果能日日留心，则一日有一日之长进；事事留心，则一事有一事之长进。由此累积，何患学业才识不能及人邪！

（《与陶少云书》）

【译文】

学业和才识，不是每天进步，就会每天倒退。必须根据不同的时间和事物，时时处处留心努力。事情不分大小，都有它内在的道理，遇到事情就来探究其中的道理，何处不是学问呢？古人说："思想就像流水一样，不流动就会腐败。"张乖崖也说："人应当随时使用自己的智慧。"这是针对不用心的人说的。如果真能天天留心，那么一天就有一天的长进；如果事事留心，那么一事就有一事的长进。这样积累起来，怎么还会怕学业和才识不如别人呢！

小时志气要远大，但不能徒尚空谈

【原文】

小时志趣要远大，高谈阔论固自不妨，但须时时返躬自问：我口边是如此说话，我胸中究有这般道理否？我说人家作得不是，我自己作事时又何

如？即如看人家好文章，亦要仔细去寻他思路，摩他笔路，仿他腔调。看时就要着想：要是我做这篇文字必会是如何，他却不然，所以比我强。先看通篇，次则分起，节节看下去，一字一句都要细心体会，方晓得他的好处，方学得他的好处，亦是不容易的。心思能如此用惯，则以后遇大小事到手，便不至粗浮苟且。我看尔喜看书，却不肯用心。我小来亦有此病，且曾自夸目力之捷，究竟未曾仔细，了无所得。尔当戒之！

子弟之资分各有不同，总是书气不可少。好读书之人自有书气，外面一切嗜好不能诱之。世之所贵读书寒士者，以其用心苦读书，境遇苦寒士，可望成材也。若读书不耐苦，则无成所用之人；境遇不耐苦，则无成所就之人。

我在军中，做一日是一日，做一事是一事，日日检点，总觉得自己多

少不是，多少欠缺，方知陆清献公诗“老大始知气质驳”一句真是阅历后语。少年志高自大，我最喜欢，却愁心思一放，便难收束；以后恃才傲物，是己非人种种毛病都从此出。如学生荒疏之后，看人好文章总觉得不如我，渐成目高手低之病。人家背后讪笑，自己反得意也。尔当识之！

（同治二年正月初六《与孝威》）

【译文】

一个人小时候志趣要远大，高谈阔论自然不会有什么问题，但须时刻回过头来问问自己：我嘴上是这么说的，我的心里究竟是不是也有这样的想法？我说别人做得不对，我自己做事时又怎么样？即如看别人写的好文章，也要仔细去领会他的思路，揣摩他的笔路，模仿他的腔调。看别人写的好文章时就要想一想：要是我自己做这篇文字一定会怎样？他却不一样，所以比我强。先看别人这篇文章的全文，再看分段，一节一节地仔细看下去，一字一句都要细心体会，才晓得其优点，才学得到其优点，这也是不容易的。心思如能这样坚持不懈，那么你以后遇到什么大大小小的事情，就不至于浮躁随意了。我发现你喜欢看书，但不肯用心思。我小的时候也有这种毛病，而且曾经自夸目力敏捷，但是最终未曾仔细读书，所以收获不大，你应当引以

为戒。

同胞兄弟中的天赋各有不同，然而读书学习的习气却不能少。好读书的人自然有读书学习的兴趣，外面一切具有吸引力的东西都不能动摇他的志向。世界上那些用功读书的贫寒之士，他们用心苦读，所处环境虽然很差，但也可能成为有用的人。如果读书耐不得苦，那么就不会成为有用的人；如果在恶劣的环境条件下耐不得苦，那么就不会成为有成就的人。

我在军营里，待一天就认真待一天，做一件事就认真做一件事，每天加以检点，总觉得自己有不完满的地方，有不周到的地方，才真正知道了陆清献在诗中说的“年纪大了才知道自己品性不纯静”一句确实是从实践中得来的至理名言。少年人志气高远，说话没有顾忌，我是最喜欢的；但忧虑的是，这种人如果忘乎所以，便会难于收束自己，以后就会自恃才识过人而看不起人家，总认为自己对、别人错，种种缺点都由这种忘乎所以的习气引发而来。正如一个学生长时间不读书学习之后，看别人写的好文章总以为不如自己，逐渐养成一种眼高手低的毛病。别人背后耻笑他，他自己反而自鸣得意。你应当看到这一点！

谦虚使人进步，骄傲使人落后

【原文】

自古功名振世之人，大都早年备尝辛苦，至晚岁事权到手乃有建树，未闻早达而能大有所成者。天道非翕聚不能发舒，人事非历练不能通晓。

《孟子》“孤臣孽子”一章，原其所以达之故，在于操心危、虑患深，正谓此也。儿但知吾频年事功之易，不知吾频年涉历之难；但知此日肃清之易，不知吾后此负荷之难。观儿上尔母书谓“闽事当易了办”一语，可见儿之易视天下事也。《书》曰：“思其艰以图其易。”又曰：“臣克艰厥臣。”古人建立丰功伟绩无不本其难其慎之心出之，事后尚不敢稍自放恣，则事前更可知矣。少

年意气正盛，视天下无难事，及至事务盘错，一再无成，而后爽然自失，岂不可惜？……

至交游，必择胜我者，一言一动必慎其悔，尤为切近之图。断不可旷言高论，自蹈轻浮恶习；不可胡思乱作，致为下流之归。儿当谨记吾言，不复多告。

（同治三年十月二十九日《与孝威》）

【译文】

自古以来那些功名影响很大的人，大都是早年历尽千辛万苦，到了晚年掌握做事的权力以后才有所建树，没有听到过早年通晓事理而能建立伟大功业的。自然界的规律是，不和顺合聚就不能表现自如，人世间的事情不经过反复磨炼就不能普遍知晓。

《孟子》一书中的“孤臣孽子”一章，推原其通达事理的缘故，就在于平时考虑的问题多、思索的问题深刻，说的正是这个意思。你只知道我多年来做事的功劳来得容易，却不晓得我多年来遇到许多艰难困苦；只知道当下清平容易，却不晓得我此后在这方面的责任重大。看到你给你的母亲的书信中“福建发生的事情当容易了结”一句话，可见你轻看天下事情的艰难。《尚书》中说：“今天思考其艰难图的就是明天的容易。”又说：“臣知道为臣的艰难是为了臣自己。”古人建立丰功伟绩无不本着攻难克艰、谨而又慎的心态处理事情，事后还不敢稍微放任自为、忘乎所以，而在处事之前考虑之多更可想而知了。少年人意气正当旺盛，认为世界上没有什么难事，一旦事务复杂，多次处事无成，之后便很快丧失自信心，难道不可惜吗？……

至于交游，必须选择比我做得好的人，一言一行必须慎重考虑到后果如何，这是尤其重要的。绝对不能高谈阔论，自己流于轻浮而不讲实际的坏习气；绝对不能胡思乱为，陷入不好的境地。你应当牢牢记住我说的这些话，其他的我就不想多讲了。

不要仰赖父辈余荫而败坏家风

【原文】

吾愿尔兄弟读书做人，宜常守我训。兄弟天亲，本无间隔，家人之离起于妇子。外面和好，中无实意，吾观世俗人多由此而衰替也。我一介寒儒，忝窃方镇，功名事业兼而有之，岂不能增置田产以为子孙之计？然子弟欲其成人，总要从寒苦艰难中做起，多蕴酿一代，多延久一代也。西事艰阻万分，人人望而却步，我独一力承当，亦是欲受尽苦楚，留点福泽与儿孙，留点榜样在人世耳。

尔为家督，须率诸弟及弟妇加意刻省，菲衣薄食，早作夜思，各勤职业。樽节有余，除奉母外，润赡宗党，再有余，则济穷乏孤苦。其自奉也至薄，其待人也必厚。兄弟之间情文交至，妯娌承风，毫无乖异，庶几能支门户矣。时时存一倾覆之想，或可保全；时时存一败裂之想，或免颠越。断不可恃乃父，乃父亦无可恃也。

（同治八年四月二十四日《与孝威》）

【译文】

我希望你们兄弟几人不论是读书还是做人，都应该随时谨守我对你们的教诫。兄弟之间天然亲近，本来是没有隔阂的，家人之所以产生矛盾往往起因于妇人。表面上和和气气，内心却没有真诚的愿望，貌合神离，我看一般人家大都由此以至于衰败。我区区一个贫困的书生，愧居一方的军政大员，功名和事业都有所成就，怎么可能不去增置田产为子孙后代作点打算呢？然而子弟想要成人，总要从寒苦艰难的事情做起，多积聚一代，就能多延绵一代。削平陕甘捻军、回民起事，很多艰难险阻，人人望而却步，我则一个人鼎力担当，就是要多吃点苦楚，留点福泽与儿孙，留点榜样在人世间。

你为长子，督理家事，必须带领各位弟弟及弟媳妇们加倍注意，刻苦节省，省衣节食，早起夜思，各自做好自己的事情。节省有余，除了赡养母亲外，就资助亲戚朋友，再有盈余就接济穷乏孤苦的乡邻。对自己的生活必须尽量省俭，对待别人则必须宽厚周到。兄弟之间感情言语都要无微不至，你们各自的妻子之间发扬这种好的风气，彼此之间没有半点矛盾，这就差不多能支撑门户了。要时刻保持一旦倾倒颠覆的想法，或许就可以保全身家性命；时刻心存一旦失败存裂的想法，或许就可以避免离散。绝对不可以依恃你们的父亲过日子，况且你们的父亲也没有什么可以让你们依恃的。

铺张奢侈之风万不可长

【原文】

家中加盖后栋已觉劳费，见又改作轿厅，合买地基及工料等费又须六百余两。孝宽竟不禀命，妄自举动，托言尔伯父所命。无论旧屋改作非宜，且当此西事未宁、廉项将竭亡时，兴此可已不已之工，但求观美，不顾事理，殊非我意料所及。据称欲为我作六十生辰，似亦古人洗腆之义，但不知孝宽果能一日仰承亲训，默体亲心否？养口体不如养心志，况数千里外张筵受祝，亦忆及黄沙远塞、长征未归之苦况否？贫寒家儿忽染脑满肠肥习气，令人笑骂，惹我恼恨。计尔到家，工已就矣。成事不说，可出此谕与尔诸弟共读之。今年满甲之日，不准宴客开筵，亲好中有来祝者照常款以酒面，不准下帖，至要，至要。

（同治十一年二月十一日《与孝威》）

【译文】

家中之前加盖后栋房屋已经感到花费太多，今又将其改作置放轿子的厅屋，合计买地基及工料等费用，又需花去600余两银子。孝宽竟然不经请示批准，擅自做主为之，假托遵照你伯父的吩咐。无论如何，旧屋改作也是不应该的，况且在西北一带社会秩序极不安宁、经费即将用尽之时，兴此可动可不动之工程，只求美观大方，不顾事理，绝不是我意料到的。据说这是要为我做六十大寿，似乎有古代人陈设丰盛饮食来孝敬父母的意思，但不知孝宽是否真的能每天悉心遵照父母的教诲，仔细体会父母的殷切心情？赡养父母的躯体不如顺养父母的精神，况且在我离家数千里之外大摆酒席接受别人的祝贺，是否也还想到老父在满目黄沙的塞外远征未归、备尝辛苦的景况？贫寒人家的儿子忽然沾染一种吃喝玩乐的坏习气，引起别人的耻笑谩骂，惹起我对你们的恼恨之情。估计孝威到家时，建房工程已经就绪了。既已成事实则不必说了，你可以把我这封信与你的各位弟弟共同看看。我今年六十生辰那天，不准邀请宾客大摆酒席，亲朋好友之中有来祝寿者，按照常规招待酒饭，不准正式发出邀请书，这一点特别重要。

“耕读”二字为子孙自谋生计之本

【原文】

吾积世寒素，近乃称巨室。虽屡申儆不可沾染世宦积习，而家用日增，已有不能撙节之势。我廉金不以肥家，有余辄随手散去，尔辈宜早自为谋。大约廉余拟作五分，以一为爵田，余作四分均给尔辈，已与勋、同言之，每分不得过五千两也。爵田以授宗子袭爵者，凡公用均于此取之。……吾平生志在务本，耕读而外别无所尚。三试礼部，即无意仕进，时值危乱，乃以戎幕起家。厥后以不求闻达之人，上动天鉴，建节锡封，忝窃非分。嗣复以乙科入阁，在家世为未有之殊荣，在国家为特见之旷典，此岂天下拟议所能到？此生梦想所能期？子孙能学吾之耕读为业，务本为怀，吾心慰矣。若必谓功名事业、高官显赫爵无忝乃祖，此岂可期必之事，亦岂数见之事哉？或且以科名为门户计，为利禄

计，则并耕读务本之素志而忘之，是谓不肖矣！

（光绪二年五月初一《与孝宽》）

【译文】

我们家世代以来就贫穷寒微，近来才称得上富裕之家。我对你们虽然一再提醒不能沾染那些官宦人家不好的习气，而家中用费却日益增加，已有不能节减的势头。我的薪金不能用来养肥自家，有剩余就随手散去，你们自己要早作打算。剩下来的钱准备分作五份，一份留作为爵位的田地，四份平均分给你们兄弟，已经同孝勋、孝同讲过，每份不得超过白银5000两。爵位的田地授给嫡长子一系中那些继承官位的人，凡公用都取之于这份田地。……我平生志在务本，除耕田、读书外不再崇尚其他。我三次参加礼部考试以后，已经再无兴趣于仕途，时值国家危乱之际，凭军营幕僚的身份发迹。后来我这个不求显达的人，有劳皇上明察，执持符节赐予官位，愧居所封官位。随后又以举人资格进入内阁，这在我们整个家族来说是从来没有过的特殊荣誉，在整个国家来说也是非常罕见的典礼，这是天下人所能想象得到的吗？是我这一生梦想所能期望的吗？子孙能学我以耕读为业，以务本为怀，我就得到安慰了。如果硬要你们以功名事业、高官显爵来无愧于你们的祖辈，这怎么能够期望它是必然之事？又怎么可说是经常见到的事呢？又或者为了门户、为了利禄去猎取功名，并且把祖辈耕读务本的夙志全部忘掉，那就成了我们家族的不肖子孙了。

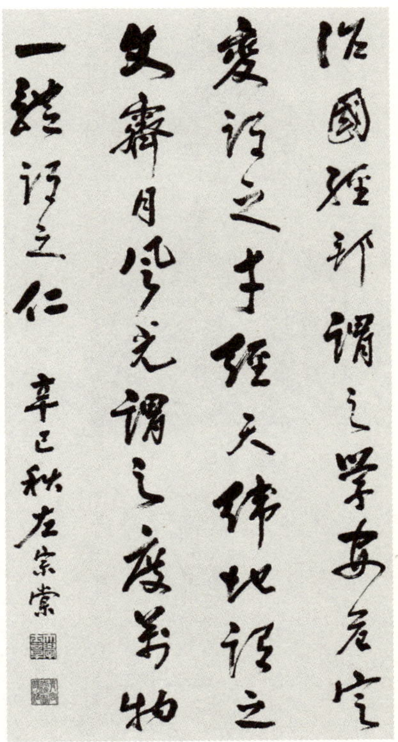

左宗棠书法（四）

◎胡林翼家训六则

胡林翼像

胡林翼（1812～1861），字贶生，号润之，湘军重要首领，湖南益阳县泉交河人。道光十六年（1836）进士。授编修，先后充会试同考官、江南乡试副考官。历任安顺、镇远、黎平知府及贵东道。咸丰四年（1854）迁四川按察使，次年调湖北按察使，升湖北布政使、署巡抚。在武昌咯血而死。有《胡文忠公遗书》等。与曾国藩、左宗棠、彭玉麟并称为“中兴四名臣”。

胡林翼文武双全，能诗能文，为官清廉，且重视教育，生前倾其所有，在益阳石笋瑶华山修建了箴言书院，“以公邑人”，培育人才，造福桑梓。青年时代的毛泽东，阅读了《胡文忠公全集》，也十分钦佩胡林翼的文韬武略和做人为官之道，把他当成学习的楷模，遂把自己的字改为“润芝”或“润之”。

【原文】

惟望国山整饬，我必无钱寄归也，莫望莫望，我非无钱，又非巡抚之无钱，我有钱，须做流传百年之好事，或培植人才，或追崇祖先，断不至自谋家计也。

（《胡林翼家书·呈七叔墨溪公》）

【译文】

我唯一期望的就是建设整顿国家，我必将没有银两再寄回家中，莫要指望，我并非没有钱，也不是担任巡抚没有钱，而是我的钱必须用来做利国利民的事情，或是培植有用之人，或是追寻先辈足迹，绝对不至于只谋求一己之私利。

【原文】

兄初为政，遇贫瘠之士，当可以保清白风而不致负国。当兄将入黔边，曾躬至先人墓，誓必竭其赤忱，恪恭将事，以报知遇。苟有以一钱自肥者，神明殛之。耿耿此心，度亦为诸弟所鉴及者。惟取之焉廉，则其用之焉亦不得不靳。

（《胡林翼家书·致枫弟、敏弟、仪翼弟》）

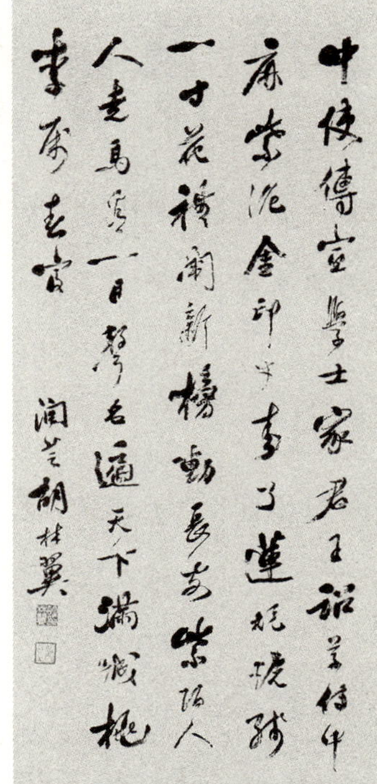

胡林翼书法

【译文】

为兄我刚到这里任职的时候，遇到一些家境贫穷的能人学士，都是可以保持住高风亮节而不至于辜负国家对我的期望。在我即将到贵州赴任之时，曾亲自到过先祖们的墓地，发誓一定要竭尽所能，奉献自己的一片赤诚之心，谨慎而恭敬地做事，以报答皇上知遇之恩。如果有贪污受贿，哪怕只是一文钱，也必天打五雷轰，神明不容。我这样忠心耿耿，想必也为弟弟们用来学习借鉴。只有获取财物的方式清正廉洁，那么在用的时候才会节制珍惜。

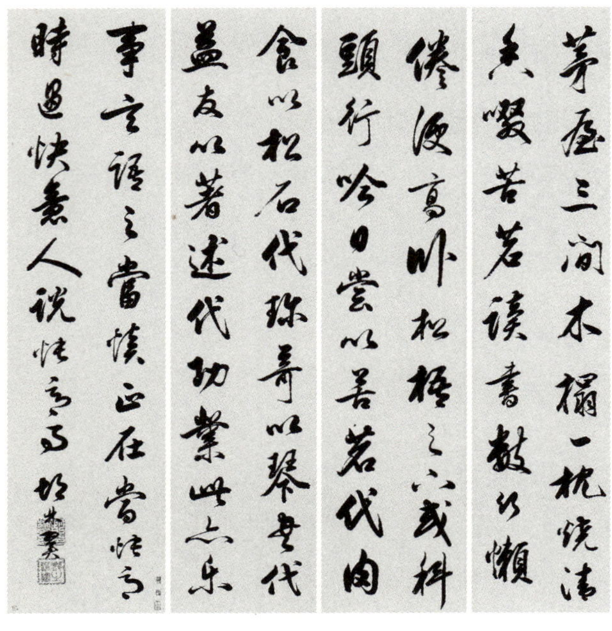
胡林翼《小窗幽记》（节录）

【原文】

吾辈做官如仆之看家，若视主人之家如秦、越之处，则不忠莫大焉。

（胡林翼名言）

【译文】

我们做官就要像奴仆看护家庭一样。假如认为主人的家庭就像秦国和越国那样离自己很远，同自身毫不相关，那么对国家就非常不忠了。

【原文】

以做百姓之心做官，以治私事之心治官事。

（胡林翼名言）

【译文】

要以做普通百姓的心态来做官，要以处理自身分内事务的心态来治理政事。

【原文】

节俭之道，自奉则不可奢，做好事又不可吝也。

（《胡林翼家书·致夫人陶静娟》）

【译文】

节俭之道在于供奉自家时不能奢侈浪费，做好事善事时又不能吝啬小气。

【原文】

盖士习为民风之本，文章亦道德之华。世变循生，所以维礼教于不衰，扶廉耻于既敝者，皆赖读书明道之功。文教昌明，则士气蒸蒸日上，风俗所由纯焉。

（《胡林翼家书·致枫弟等》）

胡林翼信札

【译文】

大概士人的风俗习惯是民风的根本，文章是道德的精华体现。现在世事变化，所以要保持礼教不至于衰弱，从已经败坏的风气中维系廉耻的观念，这都要有赖于读书进而明白道理的功劳。文化、教育发达，那么士人的风气就会一日比一日好，风俗也会由此纯正。

◎彭玉麟之母王氏家训

【原文】

赠公沉下僚二十余年，薄积廉奉，寄所亲买田湘中，将老焉。比归检校，所亲匿其契券不与，初犹许致薄少，继且出无义语，时相诟詈，赠公以此忧郁病殁。侍郎年甫十五，锐思报之。太夫人泣谓："儿当志其远大，毋速祸自危。事无左证，不得直也。"所亲又伺玉麒过市，挤坠深池，遇救仅免。于是彭氏之党益忿，谋讼诸官，返所匿资产，太夫人谢之："儿幸不死。吾不欲以争产故携之赴官求理；儿如不肖，虽讼得之，终为人有耳。"

所亲知事不可掩，诺还瘠田十之二。然心犹不慊，辄藉故相陵轹。太夫人不之校，岁祲采野菜作食，语两子移家郡治避之。侍郎补博士弟子员，学行重一时，以奇贫为人司质库耒阳。咸丰二年，粤寇入湘，耒阳一日数警，人多迁避。太夫人病中贻书侍郎："受人重寄，无亏信义。苟免也，必谨扃钥待主者。"

（《左宗棠全集·家书·诗文》）

【译文】

彭鸣九屈居小官20余年，积聚少量的养廉银和工资收入，寄给可以信任的亲戚在湖南老家衡阳购买田地，作为养老的处所。但等他回到老家准备查核时，这个亲戚把契券隐藏起来不交给他，起初还许诺给他一小部分，接着说出无情无义的话语，时常对他加以辱骂，彭鸣九因此忧郁得病身亡。彭玉麟长到15岁时，急着想对此事加以报复。母亲王氏哭着对他

说："孩儿你应当有远大的志向，不要因此事招致灾祸而危及自己。你父亲寄钱给那个亲戚买田地没有留下佐证依据，你要解决这一纠纷是很难得到公正的结果的。"那个亲戚又策划阴谋，等到彭玉麒经过街上时，把他推入水很深的池子里，幸亏遇到好人相救才幸免一死。于是，彭氏宗族里的人更加气愤，打算将此事向官府控诉，让他归还隐藏不交的资产，但王氏感谢他们说："我的小儿子有幸不死。我不想以争田产的缘故带领儿子到官府去求理；儿子如果没有才能，即使通过打官司得到了田产，最终还是会被人得去。"

那个亲戚知道事情不可能再掩饰下去，许诺归还五分之一的贫瘠田地。然而，他的内心还是没有诚意，总是借故对王氏加以欺压。王氏不与他计较，年景不佳的时候就到山上挖野菜作为食物充饥，并告诉两个儿子把家迁移到城市去躲避那个亲戚的无理纠缠。彭玉麟成为府县学校生员，学识言行都一时被人重视，因为特别贫困，在耒阳城替人掌管当铺。咸丰二年(1852)，太平天国起义军进入湖南，耒阳一天之内多次发生紧急情况，人们大多迁移到别处躲避。王氏在病中写信给彭玉麟说："你受人家重托，应当讲信义。假使不能再做生意，也必须谨慎照看好门面，保管好钥匙，等待主人回来。"

【说明】

彭玉麟的母亲王氏系清代浙江绍兴人，自幼聪慧过人，广泛涉猎诗书，被父母视为掌上明珠。但她选择对象的标准很高，年至三十才嫁给彭鸣九为妻。

◎彭玉麟家书家训

彭玉麟像

彭玉麟(1816～1890)，字雪琴，号退省庵主人、吟香外史，清代衡永郴桂道衡州府衡阳县(今衡阳县渣江镇)人。清朝著名政治家、军事家、书画家，人称“雪帅”。咸丰三年(1853)冬，彭玉麟受曾国藩之邀，加盟湘军，后官至两江总督兼南洋通商大臣，任兵部尚书，封一等轻车都尉。“大清中兴名臣”之一，湘军水师的创建者。他是晚清一个“无声色之好，室家之乐”“不要命，不要官，不要钱”的清廉正直、淡泊名利、重情重义的名臣。光绪十六年(1890)，彭玉麟病逝于衡阳湘江东岸退省庵。赐太子太保，谥刚直，建专祠。

致弟：诫牢骚愁郁

【原文】

友朋中郁郁不得志者，每发牢骚，一吐其胸中抑塞之气以为快。或且形于颜色，盛气凌人。怨尤满腹，百不如意，遂更为人所厌恶。潦倒莫由振拔，殊可惜也。袁槿斋、张蓼洲辈，多犯是病。盖无过而怨天，天心默感降之戾；无故而尤人，人必不服而痛诋之。吾弟处顺境久矣，偶遇失意事，幸引袁槿斋、张蓼洲为鉴。平心谦抑以反省，力自镇压忿激斯可已。

(《清代四名人家书》)

【译文】

友朋中那些郁郁不得志的人，常常发牢骚，以一吐胸中抑塞之气为快。或者肆意表露不满，盛气凌人。他们怨恨满腹，很多事都不如意，于是就更加被人所厌恶。从此潦倒下去而不知如何振作起来，真是可惜。袁樌斋、张蓼洲这样的人，大多犯了这种毛病。这是因为，没有什么过错却抱怨老天爷不公，那么天也会默默感觉到而降他以罪过；无缘无故地怨恨别人，别人必定不会心服而对他痛加毁谤。弟弟你处于顺境太久，偶然遇到失意之事，希望你以袁樌斋、张蓼洲等人为参照，平心静气地反省自己的所作所为，自己努力镇压住忿激不平之情就可以了。

致弟：述进德修业之可贵

【原文】

钊侄书来，以未入学为忧，余心窃不以为然。吾人只进德、修业是分内事，“科名”两字是身外事。分内事由我作主，得尺则我之尺也，得寸则我之寸也。进德至何等地步，便算我之地步。修业至何等光景，便算我之光景。至于科名，由命中注定，丝毫不能自主。便算得了科名，德可以不进，业可以不修否？抑“科名”两字，是进德修业之止境耶？若定要拘拘于科名，则所修学业非为自己学，乃为科名学，吾未见成。今侄年轻，迟早之数则可谈，终身无望即不可说。若以此次小试不售，遂发牢骚，骂主考，骂学院，即自认为是才学好，有了限止，便无进益。若以此次小试不售遂生忧闷，则窃叹其所志者小而所忧者不大也。君子先天下之忧而忧，乃忧不能继内圣外王之业，乃忧不能尽修、齐、平、治之心。德不进，业不修，则足忧之。贪不廉，懦不立，则足忧之。贤否不明，仁惠不施，悲天命而悯人穷，此皆天下之隐忧，我宜独先其忧者也。若夫微名之得失，世俗之荣辱，君子固未暇及此也。请弟将此意转谕之。

（《清代四名人家书》）

【译文】

钊侄寄信来，因为没有入学而忧虑，我私下并不这样认为。我们这些人只有增进自己的品德行操、完成自己的学业才是自己分内的事，科举成名则是身外的事情。分内的事由我自己做主，得一尺则我自己就有一尺的收获，得一寸则我自己就有一寸的收获。进德到何等地步，就算是我自己的进步。修业到何等的光景，就算是我自己的光景。至于科举成名与否，则由一个人的命运所决定，丝毫不能由自己做主。即使是取得了科名，德就可以不进、业就可以不修了吗？或者“科名”两个字是进德修业的最终目标吗？如果一定要执着于科名，那么所修学业，就不是为自己而学，乃为科举成名而学，而自身的德行学业却没有提高。现今侄儿还年轻，科举成名是迟早的事，不要再说“终身无望”这样的话。如果因为这次小考不中就发牢骚，骂主考官，骂学院，就是自认为才学很好，便有了止境，就不会再有进步。如果因为这次小考不中就闷闷不乐，那么我只能私下感叹你的志气太小而所忧虑的境界太低。有才德的人先天下之忧而忧，忧的是不能继承中国传统士大夫的人生模式即内以圣人的道德为体、外以王者的仁政为用之业，忧的是不能尽其修身、齐家、平天下、治国之心。德行没有长进，学业没有提高，则是足以让人忧虑的。贪婪而不廉洁，懦弱而不毅勇，则是足以让人忧虑的。不明贤否，不施仁惠，悲天命而悯人穷，这都是天下潜在的忧患，是我们首先要忧虑的问题。如果是那些微名的得失、世俗的荣辱，德行好的人则没有空闲时间去顾及了。请弟弟你将这个意思转而教导钊侄。

致弟：告威信之宜立

【原文】

治家贵严，严父常多孝子，不严则子弟之习气日就佚惰，而流弊不可胜言矣。治军何独不然？威信不立，军心日弛。既弛矣，虽鞭箠而不乐于就羁勒，必损其群。故严父之于子，慎始克终。主将之于勇，杜微防渐。其敬畏之道，又非以身作则不为功。余在九江率水师剿匪，夜睡甚少而起独早，迨余起而全营皆先起矣。询之，曰："将军治事烦剧，犹早起，勇可独晏乎？"自入安徽抚署后，犹不敢求怡悦，恐失其威信也。

（《清代四名人家书》）

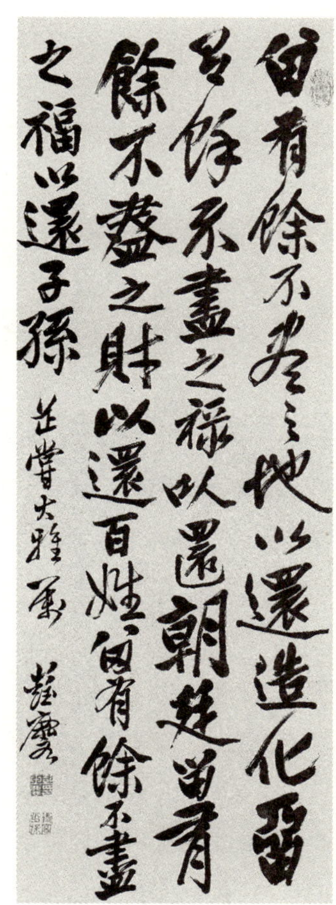

彭玉麟书法（一）

【译文】

治家贵在一个"严"字，严父教导之下常多出孝子，教导不严则子弟就会慢慢变得追求享乐、懒惰、不思上进，各种弊端就说不完了。治军又怎么会不是这样呢？主帅在军营中没有树立威望信誉，军心就会逐渐变得涣散。既然已经涣散了，即使对士兵加以鞭打责骂，他们也不会乐于接受管束，必然会减损军队的战斗力。所以严父对子弟的教育，自始至终都很谨慎。主将对兵勇的统帅，重在防微杜渐。使兵勇对主将存有敬畏之心的方法，若主将不以身作则就不会成功。我在江西九江统率水师剿匪时，晚上睡得甚少而起得很早，当我起床之时全营兵勇都先起床了。我去询问其缘故，兵勇对我说："将军你每天处理的事情很繁杂，还早早起床，我们这些兵勇哪有晚起的道理？"我自从到安徽任巡抚之后，更不敢追求愉快安逸，怕的就是在兵勇中失去威信。

致弟：告笃实的好处

【原文】

彭玉麟《墨梅图》

世间唯笃实一路人跌不倒，机巧变诈，徒自苦耳。吾向来自命是笃实人，自入世途后，觉处处艰危，多险峻而少康庄，办事每跋前踬后，一时想不出道理来。后悟人都趋诈，吾太率真，想亦参些机变，总觉苦恼万分。不徒精神上烦剧，便是心底里难安。乃悟笃实之好处，是良心安定妙法。逢到人家欺诈我，我唯把"忠诚"两字去抵制他。久而久之，人家欺诈用得太苦，自己也不愿意再来欺诈我。若然彼勾心斗角而来，我亦屈志违心去做，相迎相拒，弄到无论若何地位，总无好结果，所谓心劳日拙者是已。吾弟亦是笃实人，万不可学人机变，把身心弄坏了。学得不像，惹人讥笑。所谓东施效

颦，益彰其丑耳。营弁某甲来，吾已知其近犯一事，有意督过之。看彼形色跼蹐不安，心中还想伪饰几句话，便东支西吾，汗流颜赤，愈想说话愈说不出，竟致木立若鸡。待余一一道破，彼乃泣下。即良心发现时，懊悔作伪欺人、文过饰非之于前也。能悟此理，便省却许多烦恼。

（《清代四名人家书》）

【译文】

人世间唯有性情笃实的人才不会被挫败，机巧变诈，只是白白自己苦了自己。我向来自认为是性情笃实的人，自从走入社会以后，觉得处处艰难危殆，人生之路多高山陡岭而少平坦之道，办事常常感到进退两难，一时想不出解决的法子来。后来才悟出人都趋向于巧诈，我却太直率认真，也想学些机变，总觉得苦恼万分。不只是精神上感到很烦恼，就是心底也感到难安。才真正感悟到“笃实”二字的好处，这是良心安定的妙法。遇到人家欺诈我的时候，我只用“忠诚”二字去对付他。久而久之，人家欺诈得太苦，自己也不愿再来欺诈我。如果他抱着勾心斗角的心思而来，我也违背心愿地去对付他，针锋相对，以牙还牙，无论弄到什么地步，总不会有什么好结果，到头来不过是身心疲惫而已。弟弟你也是一个笃实的人，万万不可学别人的机变之法，把自己的身心弄坏了。如果学得不像，反而会惹人讥笑。所谓东施效颦，反而会更明显地暴露出自己的丑来。我的军营中有一个低级武官来到我这里，我已经知道他近来犯了一个错误，本想对他严加督责。看到他形色局促不安，大概心里还想伪饰几句话，于是东支西吾，汗流浃背，面色铁青，越想说话越说不出来，竟弄得呆若木鸡。等到我指出他的错误时，他才哭泣着跪在地上。这就是人在良心发现时，才会懊悔之前作伪欺诈别人、文过饰非。弟弟你能够悟到这里面的道理，就会省却许多烦恼。

致弟：告用恤乡亲

【原文】

闻弗近置田园，将修养身心。趋柳阴而钓，识濠上之趣；赴桑陌而蚕，知衣帛之贵，非特可耕有砚，临写有池也。大佳大佳。吾人处世，身常劳苦，心常安逸，最善。衡阳雁至，每念故乡，子侄辈肯读书向上，宜时加奖劝。前办乡塾，乃思转移风气、造就人才，使一乡于耕耘、贸易之余，处处敦品立行。亦使我之子弟随在观感，敬恭桑梓耳。五舅来书，还嫌客气。请暗中探访用途，资竭时周济之。吾每恨入世太晚，致贵太迟，不能见以前诸尊长提携捧抱我时之欢容笑貌。到此亦按时馈赠，以慰吾心。只剩几位鬓萧齿豁之老年人，虽时供养，殆润等勺水而感甚晨霜者矣。

（《清代四名人家书》）

【译文】

听说弟弟你近来在家乡购置田园，准备修身养性。坐在柳荫底下钓鱼，感受庄子与惠施在濠梁之上漫游的乐趣；到桑田间的小路上养蚕，知道衣服丝织品来之不易，不只是半耕半读，而且准备充分。这非常好，非常好。我们这些人活在世上，身常劳苦，心常安逸，这样最好。衡阳每逢有书信寄来，常常引发我思念故乡之情。子侄辈肯读书向上，最好时时加以奖励。前不久我们在衡阳举办乡塾，考虑的是如何改变社会风气，造就人才，使一乡的人在耕种土地、进行买卖之余，处处谨守良好的操行。也使我们家的子弟从中有所感受，养成敬恭乡亲的感情。五舅来信中还有许多客套话。请弟弟你暗地里了解他所需费用的用途，在他钱财缺乏时对他予以接济照顾。我常常怨恨自己从政太晚，发迹又太迟，不能见到年幼时各位长辈提携捧抱我时的欢容笑貌。现在也要按时对这些长辈们赠送一些钱财，以使我的心里

得到稍许安慰。现在只剩几位鬓发稀少、牙齿脱落的老年人，虽然要对他们时时加以赡养，所给的很少却使他们感到正是需要之时。

致弟：述节用济众

【原文】

守财不施，谓之“钱奴”。为人一世中，不过衣、食、住三者最不可少。然而衣求温暖，食求果腹，夜眠六尺地，入梦便似死人然，何必衣必锦绣，食必膏粱，起造高大房屋？美轮美奂矣，亦享受微几。况夫“象以齿焚，麝以香殒，多藏诲盗”一语，切当之至。处兹乱世，钱愈多则患愈大。一年足敷温饱，便是大福分，大富贵。要钱多何用？心劳日拙，最可鄙。从来富人有几辈留存齿颊，标名青史，倒不及穷酸力学，一篇文章，不覆瓿便笼纱，流传来得永久。即是要钱多，养得不肖子孙，狂嫖滥赌，挥霍无度，纵有铜山亦可倾。所以吾但望子孙贤能，不望金钱富饶。子孙不肖，积衣积谷，积银积钱，积产积书，都无用处。彼见钱多，不知艰难撙节，游荡骄轶，反而害渠一生。每见富家子弟读书，但求虚饰而不知实际，造就者少。惟贫窭者吃得苦中苦，孜孜兀兀，反多成就。故对子弟，切戒奢侈，要钱用，必须自己筹划，勿为分利而为生利者。对于穷困之士，理宜周恤。余在军中，不茹荤，但嚼菜根，觉得甜蜜有谏果回味之妙，力自节省。想朱轼尝云：“省一酒食之费，可活几人；省一交际之费，可活几人；省一簪珥

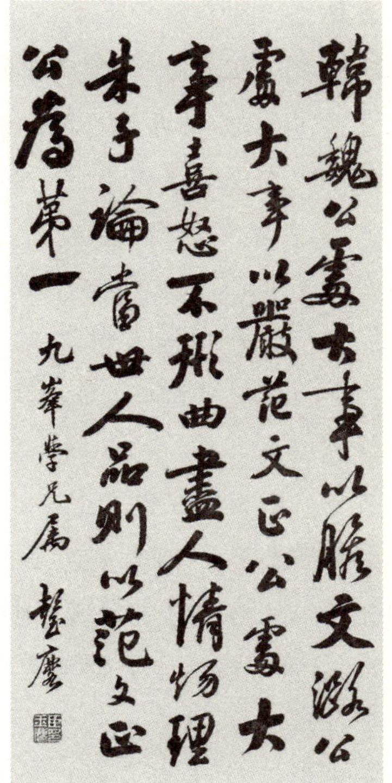

彭玉麟书法（二）

衣被之费，可活几人；省一布施僧道、礼拜、神像、纸钱、牲牢之费，可活几人。”当此世乱年荒，每思节用以利民生。俸禄所入，除奉甘旨外，每移赈民间，非如冯谖市义，但求吾心所安而已。

（《清代四名人家书》）

【译文】

守住钱财不施舍给别人的人，叫作守财奴。人生一世，不过穿衣、吃饭、居住这三件事最不可少。然而，穿衣只求保暖，吃饭只求填饱肚子，睡觉只求有个小的地方，入梦就像离开了人世，何必穿衣必求绫罗绸缎，吃饭必须是美味食品，起造高大房屋，讲求宏伟美观，这又能享受多少呢？况且“象因象牙珍贵而招致捕杀，麝因麝香而招致灭亡，多藏钱财会引诱人犯盗窃之罪”这句话非常中肯。一个人处于乱世，钱越多则害处越大。一年之中能够吃饱穿暖，便是大福分、大富贵。要那么多钱有什么用？内心过度劳累而日益变得愚蠢，才是最可鄙的。自古以来富贵人家有几代能被人谈起、垂名青史？倒不如穷苦之人致力于学问，一篇文章，价值虽不是很高，却很实用，可以流传得长久。就是要想钱多，养得无能子孙狂嫖滥赌，挥霍无度，纵然是有一座铜山也会坐吃山空。所以我只希望子孙贤能，不希望他们金钱富足。如果子孙无能，为他们储蓄衣服、谷物、金银、钱财、田产、书籍，也都是没有任何用处的。他们看到留存的钱多，就会不知艰难节俭，游荡骄逸，不思上进，这反而会害了他们一生。常常见到富家子弟读书只求虚饰而不知道讲求实际，有成就者不多见。唯有那些贫穷的人能吃得苦中苦，勤勉不怠，兢兢业业，反而多有成就。所以我们对于子弟，要真正戒掉他们奢侈懒散的毛病。他们要用钱，必须靠自己去努力谋求，使他们不致成为坐享其成的人，而成为创造财富的人。对于那些贫困的人，理应广为接济。我在军营里面，不吃鱼、肉，只食素菜，觉得就像吃菜根一样，味虽涩但过后回味就觉得甘甜美妙，所以尽量节省。想到本朝大臣朱轼曾经说过：“节省一份酒食的费用，可以养活几个穷人；节省一份交际应酬的费用，可以养活几个穷人；节省一份穿戴、妆饰、衣服、被褥的费用，可以养活几个穷人；节省一份给和尚、道士的施舍和花在礼拜、神像、纸钱、祭祀用的牲畜等方面的费用，可以养活几个穷人。”现在正是世道纷乱、年岁饥荒的时候，我总在想节省用度来帮助老百姓。我做官所得的俸禄，除了供奉父母吃点美味的食品之外，其他的常常移作赈济老百姓之用，这样做并不是要像战国时期的冯谖那样去取悦老百姓，只是寻求我内心安然自在而已。

彭玉麟书法（三）

致蛰蛟弟：戒恃才傲物且嘱求学有恒

【原文】

闻钊侄今年入泮，大佳。犹忆数年前同乡罗子俊与钊侄同读，当时钊侄巍然露头角，老辈先生交口称誉。子俊见誉不及己，背后出丑语。此人至今，尚未青一衿。究竟恃才傲物是大忌，可嘱钊侄得勿自满。帖括外，当一志从事于前辈大家之文。科名尚不及文章。文章不朽，传之久而学之难，则当有恒。婺源汪双池先生三十年前为人佣，三十年后发奋读书，卒成本朝有数名儒，亦不过有恒立志而已。况侄辈有良师可问难，有益友可规摩，读书无成，愧对婺源矣。

（《清代四名人家书》）

【译文】

听说钊侄今年入县学，这是一件大好事。还记得几年前同乡罗子俊与钊侄一同读书，当时钊侄崭露头角，老辈先生对他交口称誉。罗子俊见自己没有得到这种称誉，背地里说出难听的话。这个人至今还未在学业上取得一点成就。毕竟恃才傲物、目中无人是读书为人的大忌，要嘱咐钊侄不要自足自满。他除了为应付考试而熟读硬背一些偏僻隐幽的经文之外，应当专心学习前辈大学者的文章。科举成名还比不上文章重要。文章不朽，流芳百世，但学作文章却很难，应当有恒心，坚持不懈。婺源人汪双池先生在30岁前为别人做工，30岁后发奋读书，最终成为我们大清王朝数一数二的著名学者，这也不过是由于他有恒心有志气罢了。况且钊侄有良师可以请教解难，有益友可以切磋学问，如果读书仍没有成就，那就愧对汪双池先生了。

谕子：戒奢以伤廉

【原文】

闻家中修葺“补过斋”旧屋，用钱共二十千串，不知何以浩费若斯，深为骇叹。余生平崇尚清、廉、慎、勤，对于买山置屋，每大不为然。见名公巨室之初，独惜一敝袍而常御之。渠寻见余，辄骇叱何贫窭如此。余非矫饰，特不敢于建功立业、享受大官大名之外，一味求田问舍，私图家室之殷实，常思谦退，留些有余不尽之福分待子孙享受，莫为我一人占尽耳。对于开支用度，亦不肯浪费多金，是以起屋买田，视作仕宦之恶习，己身誓不为之。

应领收之俸给及一切饷银，未尝侵蚀丝毫，未尝置一新袍。敝衣草履，御之而心气舒泰，中怀澄然无滓，可以明彻天地，俯仰无愧怍，是以历劝家中，幸以余为法。以戒奢侈、崇俭实，戒贪欲、崇廉义为要义，不可妄制一衣，妄用一钱也。

（《清代四名人家书》）

彭玉麟“兰花扇面”

【译文】

听说家中修建“补过斋”旧屋，用钱共计 2 万串，不知为何耗费这么多，我为此深感惊叹。我生平崇尚清正、廉洁、谨慎、勤俭，对于买山地建房屋之事，常常感到没有必要。刚面见名公巨室时，我独爱穿一件破旧的袍子。他们常见我穿，就惊异地叱骂我为什么穷到如此地步。我实际上并不是矫揉造作，只是不敢在建功立业、享受大官大名之外，一味地追求田地房产，私下贪图家室的富裕，而是常常思考谦虚退让，留下没用尽的余福让子孙去享受，而不要让我一个人占尽了。对于日常开支花销，也不肯浪费过多的钱财，所以对建屋买田之事，视为做官人的恶习，我自己也发誓坚决不这样做。

应该领收的俸禄及一切饷银，我没有侵蚀丝毫，也没有为自己添置一件新袍。破旧的衣服和草鞋，穿起来感到心情舒泰，胸怀纯净无私、澄清无浊，可以明彻天地，无愧于任何人。因此，我总是劝诫家里的人，要以我的做法为准则。用以戒除奢侈，崇尚勤俭和朴实，戒除贪欲，以崇尚廉洁仁义为要义，不可随便添制一件衣服，乱花一文钱。

◎俞樾《与次女绣孙》

俞樾书法

俞樾（1821～1907），字荫甫，自号曲园居士，浙江德清人。清末著名学者、文学家、经学家、古文字学家、书法家。他是现代诗人俞平伯的曾祖父，章太炎、吴昌硕、日本学者井上陈政皆出其门下。清道光三十年（1850）进士，曾任翰林院编修。后受咸丰皇帝赏识，放任河南学政，被御史曹登庸劾奏“试题割裂经义”，因而罢官。遂移居苏州，潜心学术达40余载。治学以经学为主，旁及诸子学、史学、训诂学，乃至戏曲、诗词、小说、书法等，可谓博大精深。海内及日本、朝鲜等国向他求学者甚众，尊之为“朴学大师”。

【原文】

得正月二十七日书，知汝无恙，为慰。

吾于正月二十八日，在钱塘江首途，由严州、金华、处州、温州而至福宁。祖母今年八十有七，惟步履艰难，及重听较甚耳，饮食起居，与前年无异，期颐可望也。伯父之病，仍未脱体，幸公事清闲，颇足养病。吾在彼小住二十七日，仍由原路而还，水陆兼程，行殊不易。

然泉声山色，颇足娱情；已于三月之末至西湖精舍，笔墨丛杂，宾客纷繁，远不如福宁太守之清闲自在矣。汝南旋之计，闻又不果。在都固无佳况，还南亦乏良图，触藩之叹，诚有如汝所言者。眼前既不成行，宜随时排遣，勿郁结成病。汝有生以来，尚无大拂逆之境，此日稍尝辛苦，亦文章顿挫之法。昨得彭雪琴侍郎书，有诗云："欲除烦恼须无我，历尽艰难好作人。"此言有味，故为汝诵之。

吾尝言人生须分三截：少年一截，中年一截，晚年一截。此三截中无一毫拂逆，乃是大福全福，未易得也。三截中有两截好，已算福分矣。但此两截好，须在中晚方佳；若晚年不好，便乏味也。必不得已，中一截不好，犹之可耳。汝少年总算顺境，但愿以中年之小不好，博晚年之大好，仍不失为福慧楼中人。善自保重，深思吾言。

（《近代名人尺牍》）

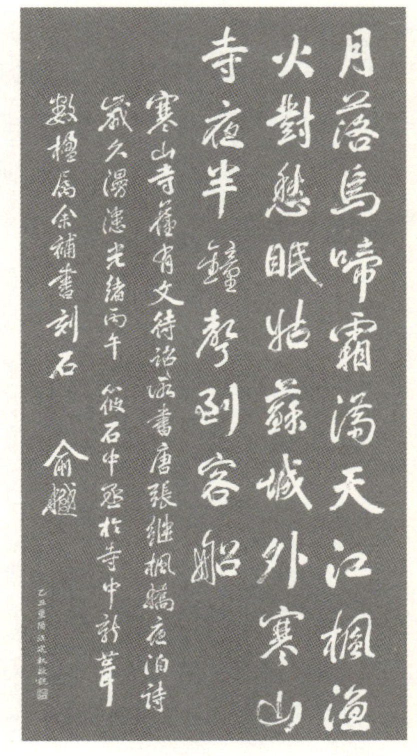

俞樾书法拓片

【译文】

收到正月二十七日的来信，知你健康，为之心安。

我于正月二十八日，从钱塘江动身，经由严州、金华、处州、温州而至福宁。祖母今年87岁，只是步履维艰，以及重听较严重罢了，饮食起居，同前年没什么两样，百岁可望了。伯父的病，仍旧不见好，幸亏公事清闲，足以养病。我在那儿住了27天，仍由原路返回，水陆兼程，行走很不容易。然而泉声山色，足以娱乐性情；已于三月底到了西湖精舍，书画往来多而杂，宾客纷至沓来，远不如福宁太守清闲自在了。你南去的计划，听说又不如愿。在都本来就没有好境遇，回到南方也缺乏称心的办法，碰上外国入侵的感叹，真像你说的那样。眼下既然走不成，应随时排遣心情，不要郁结成病。你有生以来，还没遇到过极不顺心的事，现在稍微尝点辛苦，像是文章停顿转折的法则。昨天收到彭雪琴侍郎的信，里面有诗写道："欲除烦恼须无我，历尽艰难好做人。"此话很有味道，所以为你吟诵一番。

我曾说过人生须分为三截：少年一截，中年一截，晚年一截。在这三截中，如果没有丝毫不顺心的事，就是大福全福，这是不容易得到的。三截中有两截好，已算有福气了。但这两截好，必须在中晚年期才好；假如晚年不好，就没味道了。实在不得已，中年期一截不好，还是可以的。你少年时总算顺利，但愿用中年的小不好，博得晚年之大好，仍不失为福慧楼中的人。好好自我保重，深思我的话语。

◎张之洞家书家训

张之洞像

张之洞（1837～1909），字孝达，号香涛，又是总督，称"帅"，故时人皆呼之为张香帅。晚清名臣，清代洋务派代表人物。出生于贵州兴义府（今贵州安龙），祖籍河北沧州南皮。咸丰二年（1852）16岁时中顺天府解元，同治二年（1863）时中进士第三名探花，授翰林院编修，历任教习、侍读、侍讲、内阁学士、山西巡抚、两广总督、湖广总督、两江总督（多次署理，从未实授）、军机大臣等职，官至体仁阁大学士。张之洞所提出的"中学为体，西学为用"，是对洋务派和早期改良派基本纲领的一个总结和概括。毛泽东对其在推动中国民族工业发展方面所做的贡献评价甚高，曾说过"提起中国民族工业，重工业不能忘记张之洞”。教育方面，他创办了自强学堂（武汉大学）、三江师范学堂（南京大学）、湖北农务学堂（华中农业大学）、湖北武昌幼稚园（中国第一个幼儿园）、湖北工艺学堂（武汉科技大学）等。

诫子书

【原文】

吾儿知悉：

汝出门去国，已半月余矣。为父未尝一日忘汝。父母爱子，无微不至，其言恨不一日离汝，然必令汝出门者，盖欲汝用功上进，为后日国家干城之器，有用之才耳。

方今国事扰攘，外寇纷来，边境累失，腹地亦危。振兴之道，第一即在治国。治国之道不一，而练兵实为首端。汝自幼即好弄，在书房中，一遇先生外出，即跳掷嬉笑，无所不为。今幸科举早废，否则汝亦终以一秀才老其身，决不能折桂探杏，为金马玉堂中人物也。故学校肇开，即送汝入校。当时诸前辈犹多不以然，然余固深知汝之性情，知决非科甲中人，故排万难以送汝入校，果也除体操外，绝无寸进。

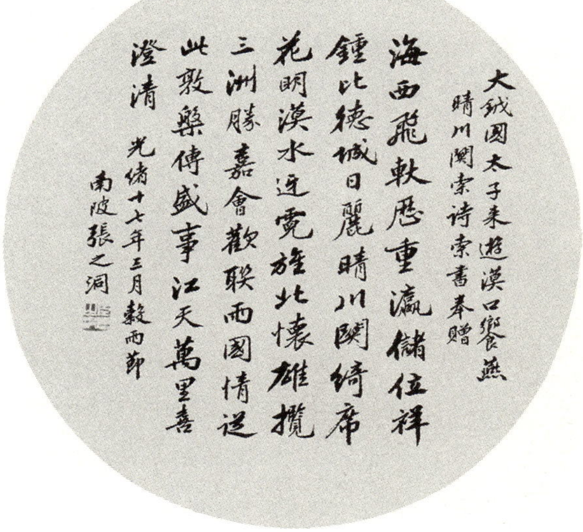

张之洞书法（一）

余少年登科，自负清流，而汝若此，真令余愤愧欲死。然世事多艰，习武亦佳，因送汝东渡，入日本士官学校肄业，不与汝之性情相违。汝今既入此，应努力上进，尽得其奥。勿惮劳，勿恃贵，勇猛刚毅，务必养成一军人资格。汝之前途，正亦未有限量，国家正在用武之秋，汝只患不能自立，勿患人之不已知。志之，志之，勿忘，勿忘。

抑余又有诫汝者：汝随余在两湖，固总督大人之贵介子也，无人不恭待汝。今则去国万里矣，汝平日所挟以傲人者，将不复可挟，万一不幸肇祸，反足贻堂上以忧。汝此后当自视为贫民，为贱卒，苦身戮力，以从事于所学。不特得学问上之益，且可借是磨练身心，即后日得余之庇，毕业而后，得一官一职，亦可深知在下者之苦，而不致自智自雄。余五旬外之人也，服官一品，名满天下，然犹兢兢也，常自恐惧，不敢放恣。

汝随余久，当必亲炙之，勿自以为贵介子弟，而漫不经心，此则非余所望于尔也，汝其慎之。寒暖更宜自己留意，尤戒有狭邪赌博等行为，即幸不被人知悉，亦耗费精神，抛荒学业。万一被人发觉，甚或为日本官吏拘捕，则余之面目，将何所在？汝固不足惜，而余则何如？更宜力除，至嘱！至嘱！

余身体甚佳，家中大小，亦均平安，不必系念。汝尽心求学，勿妄外骛。汝苟竿头日上，余亦心广体胖矣。父涛示。

（《张文襄公全集·家书》）

【译文】

吾儿知悉：

你出门离国，已经有半个多月了。我每天都在记挂着你。父母爱子，无微不至，虽说恨不得一天都不离开你，但又一定要让你出门离家，是因为希望你能用功上进，将来能成为国家的栋梁、有用的人才啊。

现在国家纷乱，外寇纷纷入侵，边疆国土接连失陷，国家腹地也已危殆。兴国之道，最重要的是治理好国家。治理好国家的办法不止一个，训练军队实在是首要的办法。你从小就贪玩好动，在书房中，老师一旦离开，你就跳掷嬉闹，什么事情都干。如今幸亏碰上科举已废除，要不你最多也就只能以

一个秀才的身份终老，决不能科举及第，成为金马玉堂中待诏学士。因此学校开始设立，我就送你入学。那时还有很多前辈不认可这样的做法，但我十分了解你的性情，知道你一定不是科举之人，所以排除各种困难送你入学读书。果然，你除体操外，其他的都没一点儿长进。

我年少考取功名，自然背上清流之名，如果你也这样，那我真是羞愧得想死了。现在世事多艰险，习武也不错，因此送你东渡，进入日本士官学校学习，不与你的性格相违背。你现在已经入学，应该努力上进，要把军事上的奥秘全部学会。不要畏惧辛劳，不要自恃高贵，要勇猛刚强坚毅，一定要养成军人的素质。你的前程，正可谓不可限量，国家正是在用兵的时候，你只需担心自己不能够成才，不需担心别人不了解自己。牢记，牢记，别忘了，别忘了。

我还要告诫你：你和我一起在湖南、湖北，自然是总督大人的尊贵公子，没有人不恭敬地对待你。而如今却已离国万里，你平时那些可以依仗来轻视他人的条件，将不再能依仗，万一不小心生出祸端，反而让我们十分担忧。你今后应该把自己看成是贫苦的百姓，看成是地位低下的士兵，吃苦尽力，要用这些身份来处理求学时遇到的问题。这不只是得到学问上的好处，而且可以借此来磨练身心，就算以后得到我的庇荫，在毕业之后，谋得一官半职，也要深切了解底层百姓的艰苦，而不至于自认为聪明、自认为杰出。我已是50多岁的人了，官居一品，天下闻名，但还是要小心谨慎，常常担心自己做错事，不敢放纵。

你跟随我的时间很长了，一定会亲自实践并努力坚守，不要自认为是尊贵的公子，就随随便便，全不在意，这不是我对你的希望，你一定要谨慎啊。冷暖更应该要自己注意，尤其警戒奸邪、赌博等行为，即使不被人知道，也耗费时间、荒废学业。万一被人知道，甚至有可能被日本官吏拘捕，那么我的脸面往哪里放？即使你不值得可惜，那我又怎么办呢？你更应该努力革除我所嘱咐的这些事。

我的身体很好，家里的老老少少也都平安，你不必挂念。你要全心求学，不要随便在外乱跑。你如果能百尺竿头，天天进步，我也就胸襟宽阔、身体舒泰了。父涛示（父亲书信结束用语）

续辈诗

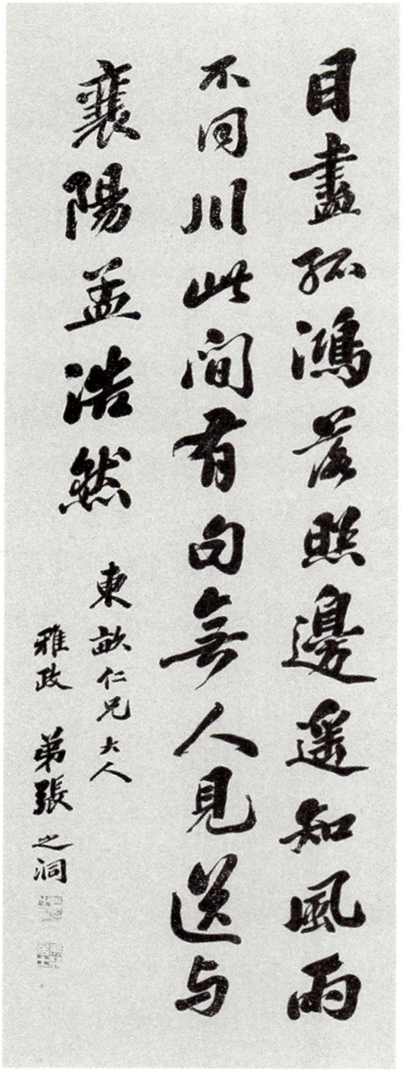

张之洞书法（二）

【原文】

仁厚遵家法，忠良报国恩。通经为世用，明道守儒珍。

（《张之洞全集》）

【译文】

仁爱厚道，遵守治家的法规；忠厚善良，报答国家的恩情；通晓经典，为世人所用；阐明道义，恪守儒家的精义。

教子警言

【原文】

兄弟不可争产，志须在报国，勤学立品；君子小人，要看得清楚，不可自居下流。

（《赵凤昌藏札》第 3 册）

【译文】

兄弟之间不可因为争夺财产而闹得

不和睦，要立志报国，勤奋学习，树立良好的品格；与人交往的时候，要看清对方的品行，辨清君子小人，绝对不能和小人同流合污。

【原文】

当稍知稼穑之艰难，尽其求学之本分。非然者，即学成归国，亦必无一事能为，民情不知，世事不晓，晋帝之“何不食肉糜”，其病即在此也。况汝军人也，军人应较常人吃苦尤甚……而今而后，速收尔邪心，努力学习，非遇星期，不必出校；即星期出校，亦不得擅宿在外，庶几开支可省……学业不荒……光阴可贵，求学不易，儿究非十五六之青年，此中甘苦，应自知之。毋负老人训也。

（《张文襄公全集·家书》）

【译文】

你应当多少了解一下农家的艰辛，努力尽到自己求学的本分。你如果做不到这一点，即使是学成回国，也一定一事无成。因为不了解民情，不了解世事，晋惠帝才会说出“为什么不吃肉粥”的荒诞之语，他的毛病就出在这些问题上。再说，你是一名军人，军人应该比平常人更能吃苦……从今以后，你要赶快收敛爱玩的心性，努力求学。不是周末就不必离校外出。即便是周末外出，也不许擅自在外留宿。倘若如此，开销就能大大减少……学业也不致荒废……光阴

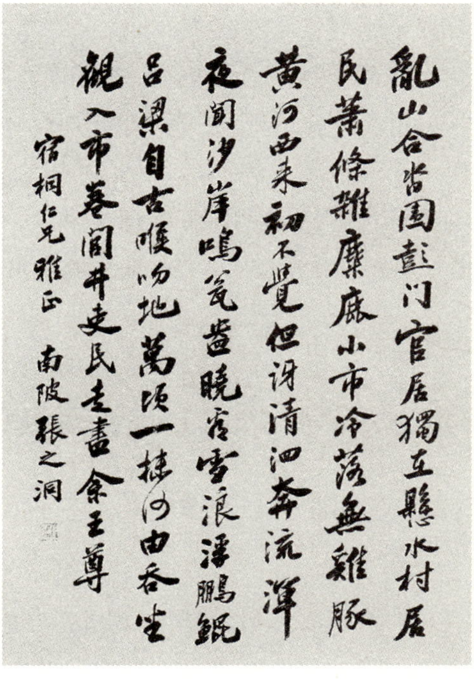

张之洞书法（三）

极为珍贵，求学机会难得。你毕竟不是十五六岁的青年人了，这里面的甘苦，我不说你也应该明白。千万不要辜负老父我的教诲呀！

致双亲书（一）

【原文】

大人恒言，文章为物，非以娱人，实以载道。又言国家设科举士，首重敦厚之士，有为之才，而非取靡靡者供奔走之役也。……儿奉大人教诲，当尽力取法乎上，绝不敢枉道诡遇，以负大人。

（《清代十大名人家书·张之洞家书》）

【译文】

父亲大人过去常说，文章这种东西，不是写来供人取乐，而是为表达一定的思想和道理，父亲大人还说过，国家设置科举考试选拔人才，首先看重的是那些品格敦厚的人士，有所作为的人才，而不是选取那些萎靡不振的人用来劳役驱使……孩儿谨遵父亲大人教诲，自当竭尽全力按照高标准要求自己，绝对不敢歪曲道义，通过欺诈手段获得机遇，以致辜负您的期望。

致双亲书（二）

【原文】

大人前次训谕，谓操守宜廉洁，办事宜谨慎，待人宜宽和，此真大人金玉良言，儿虽不肖，敢不永矢勿谖。……儿幸赖祖宗盛德，大人督教，得有今日，然衡文批卷之际，常凛凛自惧，恐有不足，上负朝廷，下负大人。……故

除生员考卷托俊虞伯代阅外，童生试卷，无论何如必亲自检阅，遇有怀疑之处，亦绝不敢私心自用，必博访周咨，得其详而后已。……儿虽才学不多，阅历不广，然必尽其力之所及，不敢一毫轻轻放过。

（《清代十大名人家书·张之洞家书》）

【译文】

父亲大人上一次来信训诫孩儿，说操守应当廉洁，办事应当谨慎，待人应当宽和，这真是长辈的金玉良言。儿子虽然不肖，却又怎敢不永远牢记着您的教诲呢……孩儿侥幸依赖祖宗的盛德，长辈的监督教导，才有今天。然而衡量文章、批阅试卷时，自己常常感到凛然生惧，恐怕自己有做得不周到的地方，对上辜负朝廷，对下辜负双亲……因此，孩儿除了生员的考卷托付俊虞伯代为批阅外，童生的试卷，无论什么情况必定要亲自检视批阅。遇到有疑问的地方，也绝对不敢单凭自己的心意办事，必定要广泛地寻求资料，四处与人商议，得到它的详尽情况之后才作判断……孩儿虽然才学不多，阅历不广，然而必定竭尽自己所能，不敢轻易放过一丝一毫。

张之洞书法（四）

◎林纾《二箴（并序）》

林纾像

林纾（1852～1924），原名群玉，字琴南，号畏庐、冷红生，福建闽县（今福建福州）人，光绪举人，任教于京师大学堂，参加过改良主义运动。清亡后以遗民自居，反对新文化运动，是守旧派代表之一。他能写诗作画，散文清通流丽，是桐城派末期代表作家。林纾虽不通外语，却依靠他人口述，用文言翻译欧美小说170余种，其中不少名作，对中外文化交流做出了贡献。著有《畏庐文集》等。

【原文】

余少刻苦自励，恪守仲氏贫而无谄之训，至于困馁不能自振，而言益肆，气益张，乃不知为贫贱之骄人也。中年渐解敛抑，顾蓄其余焰，触枯辄爇，老至仍不自制。良友高子益而谦，至于把吾腕痛哭力谏，私计天下之爱惜其朋友者，仁至谊尽无知吾子益者矣，更弗克勉，将不名为人。因作二箴，用以自创。

气　箴

人惟尔愚，故挑尔怒。褊衷弗载，声色呈露。是非俱倒，与尔何与？疥尔行能，痤尔撰述。谬悠之口，尔执为据。以一詈万，侯祝侯诅。日即俚下，嗟尔老暮。让路徐行，故窒疋步？藉砭吾疵，或起沉痼。流水清泠，闲云高素，尔倘知足，奚谤毁之骛？

林纾画作（局部）

言箴

轻世藐人，言始无惮。阴克易仇，长德成粲。髯鬓花皤，乃类风汉。斥俗淫奢，女言先谩。议人得失，亦可云讪。恃尔能言，指数毛发，转转流播，受者次骨。人之訾女，女曰污予，易地相处，视女何如？人匪圣哲，安得无短？反唇稽女，为悔以晚。伤时非厚，侈长近满。慎弗诋摭，力强餐饭。

【译文】

我少年时刻苦发奋，恭谨地遵守孔子“贫困却不献媚奉承”的教诲，甚至穷困饥饿到不能振作自己，言辞反而更加放肆无忌，气势更加嚣张，竟不知道自己是贫贱高傲的人。中年时渐渐地懂得收敛控制，但余存的傲气就像火苗，一碰到干燥的东西就燃烧起来，到老仍然不能自我约束。好友高子益甚至于抓着我的手腕痛哭，极力忠告劝阻，我暗想世上爱惜朋友的人，没有谁像子益这样尽最深厚的仁爱和友情了。我若再不努力克服毛病，将不配为人。因此我作了两篇箴言，用它来惩戒自己。

气　箴

人们认为你愚蠢，故意引你发怒，你狭隘的心胸容不下这口气，便在言辞神色上表露。人世间是非颠倒，和你有什么关系？结果别人诋毁你的品行才干，在你的著作里挑骨头挑刺。那些荒谬无稽的流言蜚语，你抓住它们作为反驳的证据。用一张嘴去抵挡众人的诽谤，又是责骂又是诅咒。这样一天天变得粗鄙低贱，可叹你越老越糊涂。让出路来慢悠悠地走，哪里会妨碍你端正不斜的脚步？借别人的指责来纠正我的缺点，也许能根治我多年难改的错误。流动的水清澈凉爽，悠闲的云高远纯洁。你如果无欲望知满足，哪里有乱糟糟的毁谤来打扰？

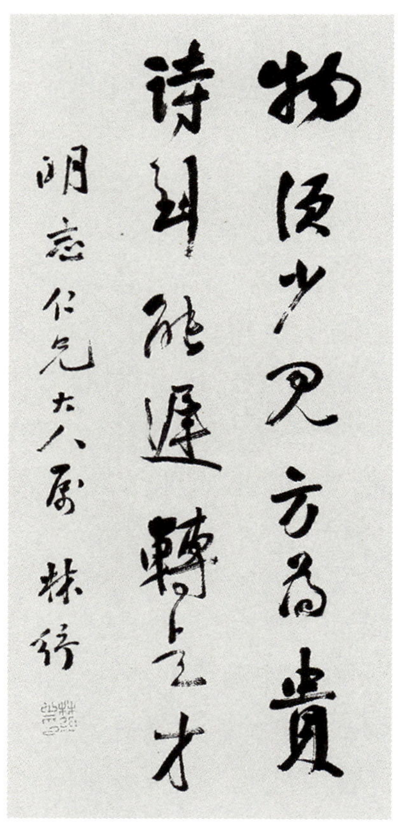

林纾书法

言　箴

轻视世俗，瞧不起旁人，说起话来就毫无顾忌。内心争强好胜容易招来仇怨，有德行的人也会笑话你。看你年纪老大，鬓发花白，竟然像个疯子。批评世俗放纵骄奢，你的言辞首先就轻慢无礼。议论别人的过错得失，也可以说是毁谤讽刺。凭着你能说会道，挑剔数落别人的细微毛病，结果辗转流传散布，受到指责的人怨恨入骨。别人非议你，你说是污辱你，换个位置试试，看你又怎么相处？常人并非圣贤，谁能没有缺点？人们反过来跟你计较争辩，你后悔也来不及。指斥时俗不算厚道，夸大自己的长处差不多是骄傲。以后谨慎小心，不要诋毁挑剔，努力吃你的饭、做你的事，不与世事相干。

◎张謇《家诫》

张謇像

张謇(1853～1926)，字季直，号啬庵，祖籍江苏常熟，生于江苏省海门市长乐镇。清末状元，中国近代实业家、政治家、教育家，中国棉纺织领域早期的开拓者，上海海洋大学创始人。张謇创办中国第一所纺织专业学校，开中国纺织高等教育之先河；首次建立棉纺织原料供应基地，进行棉花改良和推广种植工作；以家乡为基地，努力进行发展近代纺织工业的实践，为中国民族纺织业的发展壮大做出了重要贡献。他一生创办了20多个企业、370多所学校，为中国近代民族工业的兴起、教育事业的发展做出了宝贵贡献，被称为“状元实业家”。

1921年，69岁的张謇迫切希望唯一的儿子张孝若能够尽快成才并继承家业，因而辑取了古人的家训并将其书于石碑之上，以此来告诫子孙。《家诫》石碑上的“序言”为张謇所写，另外选取了从西汉到宋代七位名人的诫子语录，内容涉及立志修身，具体到读书交友、谨言慎行等方面。张謇遴选刘向、诸葛亮、王修、颜之推、柳玭、胡安国、朱熹等七位古人的教子格言作为张氏《家诫》，这与他的育人理念、家事家境密切相关。张謇辑取西汉著名经学家刘向的名言，以此告诫儿子得志时不要骄傲，保持清醒，居安思危，持盈保泰。张謇把诸葛亮《诫子书》中的名言作为家诫，期望后世子孙能够宁静反省，修养自身。他用魏时王修的警言，告诫子孙说话要经过思考再出口，行事要经过周密考察才能做，说话做事都要合情合理。张謇“积财千万，无过读书”的家训，则是希望张氏后人懂得读书最为重要的道理。张謇引用朱熹的教子格言，希望子孙在交友、做人和勤学等方面唯善是取。

【原文】

我之爱子孙，犹之古人也。爱之而欲勉之，以进德而继业，亦犹古人也。与其述己意，毋宁述古人，乃掇古诫子语，书庭之屏，俾出入寓目而加省。若先世言行之足资师法者，自有述训在。

董生有云："吊者在门，贺者在闾，言有忧，则恐惧敬事，敬事则必有善功而福至也。"又曰："贺者在门，吊者在闾，言受福则骄奢，骄奢则祸至，故吊随而来。"（汉 · 刘向）

君子之行，静以修身，俭以养德，非淡泊无以明志，非宁静无以致远。学须静也，才须学也。非学无以广才，非志无以成学。慆慢则不能励精，险躁则不能治性。（三国 · 诸葛亮）

言思乃出，行详乃动，皆用情实道理，违斯败矣。（魏 · 王修）

百世小人，知读《论语》《孝经》，尚为人师。若能保书终不为小人。谚曰："积财千万，无过读书。"（隋 · 颜之推）

张謇书法（一）

凡门地高可畏不可恃，立身行己，一事有失，则得罪重于他人。门高则骄心易生，族盛则为人所妒，懿行实才，人未信之，少有疵累，人皆摒之。（唐 · 柳玭）

立心以忠信不欺为主本，行己以端庄清静见操执，临事以明敏果断辨是非。（宋 · 胡安国）

勿妄与人接，只是勤俭，循之而上，有无限好事，吾不敢言，而窃为汝愿之；反之而下，有无限不好事，吾不欲言，而未免为汝忧之。（宋 · 朱熹）

【译文】

我爱护儿孙，和古人一样。我爱他们，而且要劝勉他们，以使他们品德精进，能够继承家业，这也和古人一样。与其表述我的心意，不如转述古人的教诲，于是我摘取古人诫子语录，刻写在庭中的石屏上，使子孙后人进出就能方便看到，进而加以反省。如果先辈的言行足以用来学习效法，自然有很多流传下来的训诫可以追述。

过去董生说过："如果家中有人前来吊唁、慰问，其后自然就会有人前来庆贺。这说的是，如果家中有值得忧虑的事，家人就会小心谨慎地做人做事；小心谨慎地做人做事，就一定会有善行和功德，这样的话，幸福就会来到。"董生又说："如果家中有人前来庆贺，其后自然就会有人前来吊唁、慰问。这说的是，如果家中有福享受，就会变得骄纵、奢侈；骄纵、奢侈就会招来灾祸，这样的话，吊唁、慰问的人就会随着而来。"（汉·刘向）

张謇书法（二）

君子追求德行，要做到用宁静的心来修炼性情，用恭俭的心来涵养品德。不恬淡寡欲，就不能明白志向；不平和宁静，就不能实现远大理想。学习需要心静，才识来自学习。不学习就无法增长才识，不明确志向，就不能成就学识。消极怠慢就不能振奋精神，轻薄浮躁就不能陶冶性情。（三国·诸葛亮）

思考成熟了，才可以说出来，行动之前先考虑周密了，才可以实施。一切

都要按照实际情况，符合道理做事，违背了这样的原则，就会招致失败。（魏·王修）

世代地位低下，懂得读《论语》《孝经》的人，才能成为人家的老师。富贵子弟如果能坚持读书学习，最终也不会沦为地位低下的人。谚语讲得好："积累万贯家私，不如坚持读书学习。"（隋·颜之推）

身处高贵门第，应该保持敬畏之心，不能有依赖之想。为人处世，如果稍有闪失，就会得到比他人重的处罚。门第高贵，就会容易滋生骄纵之心；家族兴盛，就会招人妒恨。即使是德美才高，人们也未必相信。稍有过失，人们就会很快摒弃。（唐·柳玭）

忠实诚信是人立身的根本，端庄清静是人行事的操守，明白、敏捷、果断、是非分明是人处理事情的品质。（宋·胡安国）

不要总是想着与人结交，重要的是勤劳俭朴。循着这条路往上走，就会有无限的好事。我不愿意说透，但我却在心里为你祝愿；如果反其道而往下走，就会有无限的不好的事情。我不想说出来，但却不能不为你担忧。（宋·朱熹）

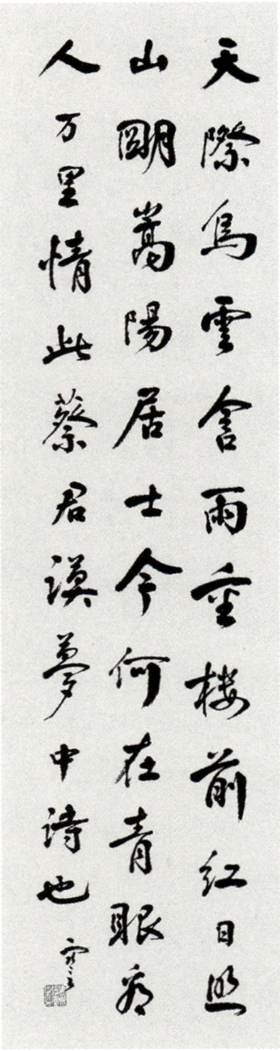

张謇书法（三）

◎严复家训

严复像

严复（1854～1921），初名体干、传初，改名宗光，字又陵，后又易名复，字几道，晚号瘉埜老人，别号尊疑，又署天演哲学家。福建侯官（今福建福州）人，先后毕业于福建船政学堂、英国皇家海军学院，曾担任过京师大学堂译局总办、上海复旦公学校长，安庆高等师范学堂校长、清朝学部名辞馆总编辑。他在李鸿章创办的北洋水师学堂任教期间，培养了中国近代第一批海军人才，并翻译了《天演论》，创办了《国闻报》，系统地介绍西方民主和科学，宣传维新变法思想，将西方的社会学、政治学、政治经济学、哲学和自然科学介绍到中国，其提出的“信、达、雅”的翻译标准对后世的翻译工作产生了深远影响，是清末极具影响力的资产阶级启蒙思想家、翻译家和教育家，也是中国近代史上向西方国家寻找真理的“先进的中国人”之一。

【原文】

汝自受室以后，精爽变易，大异童冠，尤于文字见之，但尚不足于 Concentration，故多讹字。如来书“辛苦”则作“幸苦”，“艰辛”则作“艰幸”，不自知也。前一缄写“萼”写作“蕚”字，书亦无此字。闭门索句，艰苦固非朋辈所与知，而非经一番戛戛其难之候，终身没出息矣。吾于文字颇知荼蔗，往往自轻己作，成辄弃去。又以居今之日，时异往古，有志之士，须以济世立业为务，不宜溺于文字，玩物丧志；又薄身后之名，所以存稿寥寥，他日不足灾梨枣也。

（《严复集》第 3 册《书信》）

【译文】

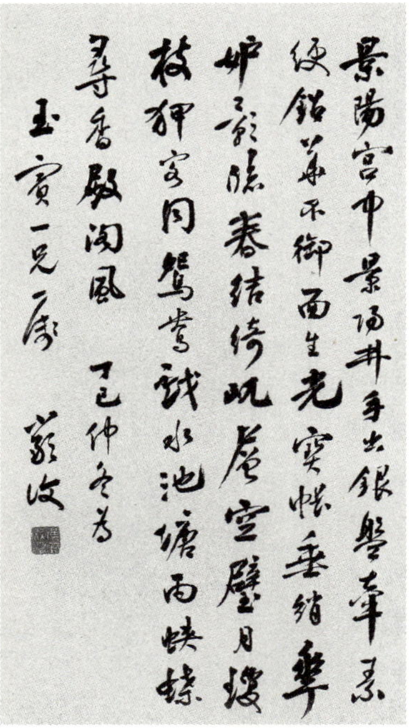

严复书法（一）

你自从结婚以后，精神发生变化，与少年时代大不相同，在文字方面表现得尤为突出，但还不善于 Concentration，所以书信、文章中颇多错别字，如来信中把“辛苦”写成“幸苦”，把“艰辛”写成“艰幸”，你自己还不知道写错了。前一封信中，把“萼”写作“蕚”，书上也没有这个字。闭门构思文章，其中的艰苦实在不是朋友们所能想象到的，但不经过这样一番艰苦努力，是一辈子也不会有出息的。我对于写作时的甘苦得失比较了解，往往不把自己的作品看得很重，写成之后便弃之不顾。我认为，生活在现在这个时代，与古时候完全不同，一个有志之士，应当以救世立业为自己的目标，不可以沉溺于写写文章、作作诗，这是玩物丧志的表现。我对于身后之名也看得很轻很淡，所以留下的书稿寥寥无几，因此应该不会给书版业造成灾患。

【原文】

学问之道，水到渠成，但不间断，时至自见。虽英文未精，不必着急也。所云暑假欲游西湖一节，虽不无小费，然吾意甚以为然。大抵少年能以旅行观览山水名胜为乐，乃极佳事，因此中不但怡神遣日，且能增进许多阅历学问，激发多少志气，更无论太史公文得江山之助者矣。然欲兴趣浓至，须预备多种学识才好：一是历史学识，如古人生长经由，用兵形势得失，以及土地、产物、人情、风俗之类。有此，则身游其地，有慨想凭吊之思，亦有经略济

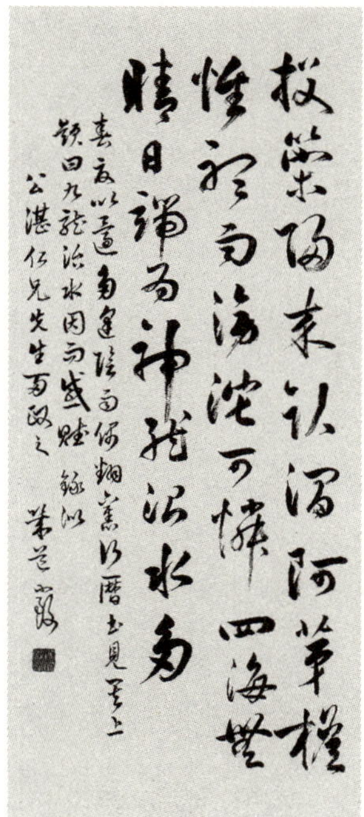

严复书法（二）

时之意与之俱起，此游之所以有益也。其次则地学知识，此学则西人所谓 Geology。玩览山川之人，苟通此学，则一水一石，遇之皆能彰往察来，当为何物。此正佛家所云："大道通时，虽墙壁瓦砾，皆无上胜法。"真是妙不可言如此。再益以摄影记载，则旅行雅游，成一绝大事业，多所发明，此在少年人有志否耳。汝在唐山路矿学校，地学自所必讲，第不知所谓深浅而已。

（《严复集》第 3 册《书信》）

【译文】

追求学问的途径，是水到渠成，只要不间断，到时候自然能看到成效。即使你的英文还不精通，也不必着急。你说暑假要去西湖游览一事，虽然为此要小有破费，但我觉得还是值得去。一般说来，青少年能够以旅行游览山水名胜为乐事，是很好的事，因为旅游不仅能使心情怡悦，让假期在愉快中度过，而且还能帮助人增加不少阅历、见闻、知识等，并激发起人的志气，更不用说司马迁的《史记》即得益于他遍游祖国山河的经历了。不过，要使旅游的兴趣浓烈，还要事先在有关知识方面有所准备：一是历史知识，如各地著名古人的历史和行迹等，从军事角度分析当地地形的利弊得失，还有土地、物产、人情、风俗等方面的情况。有了这些知识，当你身临其境时，便油然而生种种感慨和凭吊之情，还会产生经邦治国、拯时救世的雄心壮志，这样的游历将变得非常有意义。其次是地理知识，这门学科就是西方人所说的"地质学"。游览各地山川的人，如果通晓地质学，那么他所遇到的山山水水，都能够了解它的过去，也能够预测它的未来，还能知道埋藏在地下的东西应该是哪一种物质。这正如佛家所说的："通晓大道理时，哪怕是墙壁瓦砾，都将会是认识天道的最好的手段和方法。"这样去游山玩水，才真正是妙不可言！如果再加上一路摄影记录，那么一次小小的游历，岂不变成一次重大的活动，一定会有不少的发现和收获，而这就取决于年轻人有没有这样的志趣了。你在唐山路矿学校上学，自然学过地质学，但不知道你们所学的地质学程度如何。

【原文】

儿多时不作信与我，想是与笔墨相骂了耶？长日不读书，闻但一味顽劣。顽劣犹可，千万不要暴戾。残忍暴戾，足以闯祸，残忍尤其不可。何谓残忍？即以他人他物之苦为汝之乐是也。现世之伟人军人，便是如此，此皆绝子害孙千古骂名之人，吾儿岂可学之？大大在山养病，极念吾儿。吾儿切要听话学好，不然大大就不疼吾儿了。

（《严复集》第3册《书信》）

严复书法（三）

【译文】

孩子你好久没有写信给我了，想必是你和笔墨吵架了吧！很多天不去读书，听说你只是一味地顽皮捣乱。顽皮捣乱还算不得什么，千万不要残忍和暴戾。残忍和暴戾是要闯祸的，残忍尤其要不得。什么叫残忍呢？就是把别人或其他东西的痛苦当作自己的快乐。现在社会上的那些所谓的伟人和军人，就是这样做的，这些人都将是断子绝孙、留下千古骂名的人，我儿怎么能去学他们呢？爸爸在山里养病，很想念你，你一切要听话学好，不然爸爸就不疼你了。

◎宋代名相王曾家风漫谈

王曾像

王曾(977～1038)，字孝先，北宋青州益都(今山东青州郑母)人。咸平六年(1003)，王曾在相继夺得乡试、会试榜首后，参加殿试，一举夺魁，状元及第，后官至宰相，封沂国公。在中国历史上900多个状元中，“连中三元”的只有17人，而“连中三元”又官至宰相者更是寥寥无几，王曾就是一位“连中三元”且官至宰相的旷世奇才。宋仁宗时，曾先后两次拜相。他身居高位，端厚谨重，尽忠报国，直言敢谏，知人善任，力荐范仲淹、包拯等人，并委以重任。欧阳修称其“为人方正持重，在中书最为贤相”。韩琦说：“吾所师仰者，沂公一人而已。”富弼也是钦慕王曾，至死不衰。王曾病逝后，谥曰“文正”，宋仁宗亲自为他撰写了“旌贤碑”碑额，后又把他的乡里改名为“旌贤乡”。朝廷建立宋仁宗的祭祀庙堂，诏选有功将相配享，认定王曾功为第一。王曾之所以“连中三元”，且成为一代名相，与其良好的家风家教是密不可分的。

敬惜字纸

王曾的父亲王兼，以农为生，家境清贫，但敦厚诚信，雅重儒道。《原隰杂志》记载：

王沂公父虽不学，而雅重儒道。每遇敝纸必掇拾，涤以香水，收之。尝曰："愿我子孙以文学显。"一夕，梦宣圣抚其背曰："汝敬吾教甚勤恳，汝已老，无可成就，当遣曾参来生汝家。"晚年得一子，乃沂公也，因名曾。

王曾8岁而孤，父母双亡，由叔父王宗元抚养长大。少年时代的王曾，就读于青州的矮松园，师从青州有道之士张震。

说王曾是曾参转世，似乎带有迷信色彩。王曾的父亲虽然没有大的学问，但"敬惜字纸"，对"只字片纸"都那么珍视，一是说明王曾的家庭非常重视文化教育，二是说明王曾的家庭秉持勤俭持家的传统。这种良好的家风，耳濡目染，潜移默化，不仅给年幼的王曾以熏陶，而且对其后做人为官也产生了重要影响。

蒋祥墀（1761～1840），字盈阶，一字长白，号丹林，湖北天门人。清乾隆五十五年(1790)进士，授编修。晚年辞官后，主讲于金台书院。工诗文，善书法。

蒋祥墀书法

在青州民间一直流传着状元王曾家"敬惜字纸"的故事，并因之形成重视教育、崇尚节俭的风尚。据光绪三十三年(1907)《益都县图志》记载，清末民初，当时创设的慈善机构同善堂就设立了字纸所，制定《惜字纸章程》五条，专门收集废弃字纸。

平生之志，不在温饱

我国古代儿童教育启蒙读物《龙文鞭影》收集了2000多个教育儿童的历史典故，其中"曾辞温饱"和"曾除丁谓"两则与王曾有关。"曾除丁谓"，指的是宋仁宗时王曾剪除奸臣丁谓的史实。下面，说说"曾辞温饱"。

王曾青少年时期就胸怀大志，学习刻苦认真。青年时代曾写有一首《早梅》诗：

雪压乔林冻欲摧，始知天意欲春回。

如今未问和羹事，且向百花头上开。

诗句赞颂傲雪凌霜、芳冠百花的早梅，表现了自己不畏艰苦、进取争先的雄心壮志。“和羹”是宰相的代称。“百花头上开”是独占鳌头的意思。这首诗也表现了王曾要科考中状元、入仕为宰相的远大志向。他拿着这首诗去拜见当时的名臣薛奎，薛奎看罢大喜，说：“足下看来不但要中状元，还要做宰相呢！”

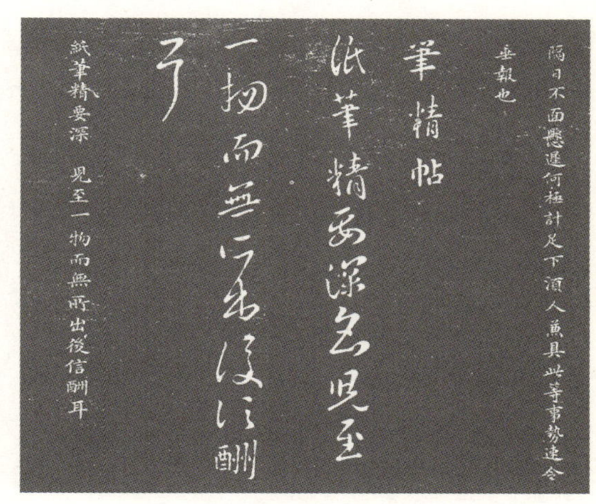

王曾所藏王羲之《笔精帖》

宋咸平六年（1003），王曾在相继夺得乡试、会试榜首后，又参加殿试。他的省试答卷名为《有教无类赋》，殿试答卷是《有物混成赋》，两篇文章文采飞扬，寓意深刻，被世人广为传抄阅读。其《有物混成赋》中“掌握道枢，恢张天纪，将穷理以尽性，思反古而复始”的施政主张，得到皇帝的赞赏，在 72 名应试者中一举夺魁，被点为状元。众人都来祝贺，翰林学士刘子仪戏语曰：“状元试三场，一生吃著不尽。”王曾正色答曰：“曾平生之志，不在温饱。”时任宰相的李沆看中王曾的品学，认为有“公辅”之才，便把自己的女儿许配给他。考中状元后，王曾写信向叔父王宗元报喜，说：“曾今日殿前，唱名忝为第一，此乃先世积德，大人不必过喜。”表现了一种平和的心态。

考中状元的王曾荣归青州故里。知州李继昌得知，派全城官绅百姓出郊鼓乐迎接，人群一直排到十里长亭。正当大家翘首以待的时候，王曾却悄悄换了便服，骑毛驴，走便道进入州衙谒见知州。李继昌惊奇地问：“听说状元荣归，已派人迎接，为何门吏不报，您就到了？”王曾回答：“我偶然幸忝榜首，绝对不敢劳驾父老乡亲去迎接。如果那样，增添了我的罪过，心中不安。”李继昌感叹说：“君乃真状元啊！”这件事，一直到今天，青州人都传为佳话。

崇尚节俭

王曾处理国事，始终坚持节俭原则，尤其爱惜民力，体恤民情。宋真宗相信符命，大建玉清昭应宫，劳民伤财，“下莫敢言者，曾陈五害以谏”。在他为相期间，因民情、政情、灾情等原因，经他申报皇上，恩准减免、罢免的赋税、贡品不计其数。他轻徭役、薄赋税，倡导与民休息，使农民安居乐业、社会矛盾大量减少，为北宋时期农业经济的恢复和发展奠定了坚实基础。

松林书院王曾读书台

王曾当了宰相以后，享受“食邑四千户、食实封一千五百户”的待遇，生活得比较宽裕。但王曾“平生之志，不在温饱”，自幼养成节俭简朴的习惯，终生不改。

在家中，他以身作则，勤俭节约，对家人要求甚严。李廷机《宋贤事汇》载，他不准家人穿华丽的衣服，每见家人穿着华丽，即瞑目曰：“吾家素风，一至如此。”因此，家人穿件稍华丽的衣服，就不敢让他看见。钟羽正《厚德录》

记载：

沂公自奉甚薄，待客至厚。薄于滋味，无所偏嗜。庖人请命，未尝改馔。事诸父诸母诸乳母尽其孝，谨葬外氏十余丧，嫁姻族孤女数人。

王曾不但本人清正廉洁，而且日常中还很注重言传身教、引导后辈。光绪三十三年（1907）《益都县图志王曾传》记载，王曾有个老朋友的孩子叫孙京，临行前向他辞别，王曾留其吃饭。饭后，用盒子装了几卷信纸作为礼物送给他。结果孙京回去打开一看，这几卷信纸都是从别人的书简上裁下来的纸边。王曾的节俭，于此可见一斑。

王曾虽然节俭，却不是守财奴、吝啬鬼。1033 年，山东大旱、蝗灾并发，粮食极缺。王曾闻之，把在青州老家积蓄多年的数千斛粮食拿出来救济灾民，使许多灾民渡过难关。王曾慷慨解囊、救民于水火之举，闻者无不感动。

兴办州学

五代时期，战争不断，儒术几乎废绝。虽然王曾知青州时北宋建国已 70 余年，百姓生活富裕，无兵戈之忧，“然未有能兴起庠序，致教化之隆者也”。王曾深感痛心，于是就大力兴办学校。王融《沂公言行录》记载：

凡四镇所至，悉兴学校，辍奉钱以助其费。青州仍出家藏书，篇卷甚广，以助习读。

天圣七年（1029），因玉清昭应宫遭雷击失火，王曾被罢免了宰相职务，回老家青州担任知州。

在家乡任职，王曾为家乡人民做了不少好事。他特别重视教育事业。一上任，就建起了州学，划拨了 30 顷土地给学校，盖了 120 间房舍，每年拨给学校 30 余万两白银的经费，还请了许多知名的学者做教授。王曾的做法得到朝廷的褒奖，并应王曾之请，赐《青州州学九经》，昭示全国各州要以青州州学为榜样，大力兴办学校。虽说王曾知青州的时间不长，但青州风气由是大为改观，“始益知贵诗书之业”。当时的著名学者石介得知王曾在青州办学，在《题郓州学壁》一文中盛赞曰：

沂公之贤，人不可及！初罢相，知青州，为青州立学。移魏（指河南府），为魏立学。再罢相，知郓州，为郓立学。而罢相为三郡，建三学。沂公之贤，人不可及！夫水之不涸，以其有源也；木之不拔，以其有本也。学为教化之源、仁义之本欤！为国家浚源而殖本，公之心厚矣！

石介又在《青州州学公用记》中写道：

故仆射相国沂公，初作青州学成，奏天子，天子赐学名，且颁公田三十顷次入于学。公患田少不足，又傍学作屋百二十间，岁入于学钱三十一万。逮今十稔，学益兴而士倍多。太守赵集贤广公之意，取南城隙地又作屋八十三室，别为钩盾六十二门，岁入于学，通六十七万。学之公用，于是大充，而养士之道备矣。

这里所说的“颁公田”即学田。我国封建社会设学田以赡学的制度，创始于宋代，此后一直延续到清代。最早提出设学田以赡学的就是王曾。

进退士人，莫有知者

王曾知人善任，注重选拔人才，力荐范仲淹、包拯等人，委以重任。而且疾恶如仇，不徇私情，对那些靠讲情、姻亲、裙带关系升迁的人，一旦发现，立即惩治。他推荐了不少贤才，但每次选用官员，都不让本人和外人知道。当时，一个名叫苏惟甫的与王曾相识，王曾认为他很有才干，曾向朝廷推荐。苏惟甫赶到京师，屡次造访王曾，但从来不敢谈论自己的事情。一天，苏惟甫久居京城，资费用尽，见到王曾，谈及自己的困窘。王曾有意避开他的话题，谈别的事情。苏惟甫返回住所时，已经有拿着江淮发运使任命书的官员在等他，任命书就是王曾当日签发的。

王曾坚持公私分明，不在私宅议论公事。范仲淹对此不理解，曾对王曾说：“公开地任用贤人名士是宰相的职责，您德高望重，惟独缺乏这一点。”王曾回答说：“作为执政大臣，如果把恩赏都揽在自己身上，那怨恨归谁呢？”范仲淹赞扬王曾说："久当朝柄，未尝树私恩，此人之所难也。"

欧阳修《归田录》这样记载：

王文正公曾为人方正持重，在中书最为贤相。尝语："大臣执政，不当收恩避怨。"尝谓尹师鲁曰："恩欲归己，怨使谁当？"闻者叹服，以为名言。

（江玉坤　文）

◎北海冯氏家族家风

冯氏家族，应从冯裕说起。冯裕（1479～1545），字伯顺，号闾山，祖籍山东青州府临朐县（今山东临朐）。官至贵州按察副使，为官恤民抗直，颇有政绩。

冯裕像

自冯裕始，至清初的200余年中，冯氏一门人才辈出，世代贵显，与其为官做人的品格是分不开的。恰如他自己所言："希宠者负君，媚人者负己，谋人者负人，生平盖三无负焉。"冯裕这种为官、为人的品格，对以后整个家族影响颇深，在整个家族中起了很好的表率作用。

冯裕不仅以身作则，也很重视对子孙后代的教育。致仕后，他在云门山畔七里溪（七里河），建一书屋，号"云门书屋"，以辅导子孙在此读书。刘澄甫《云门书屋》诗有言："一迳窈窕若盘古，冯子幽居饶松竹。父子行藏希孔颜，兄弟经纶致尧舜。"冯琦在《寄示珂弟》诗中，曾提及藏书渊源："昔我曾祖考，萧然在瓮牖。借书读未竟，其主已复取。及我诸祖父，一一称不朽。积书至于今，颇亦仿二酉。”可见，冯裕不仅自己喜爱读书，还时常教导孩子们读书。因此，子孙繁衍，世代相传，这种读书的良好风尚延续了下来。

从冯裕始，冯氏家族始终秉持“读书做人，清廉为官”的准则。整个家族科第连绵，仕宦不断，先后出了12位进士、20多位举人，秀才、贡生等多达100余人。冯裕及四个儿子冯惟健、冯惟重、冯惟敏、冯惟讷，不是举人就是进士，号称“五大夫”。其后，冯子履、冯琦、冯溥等更为突出，“齐鲁间莫及”，号称“北海世家”。

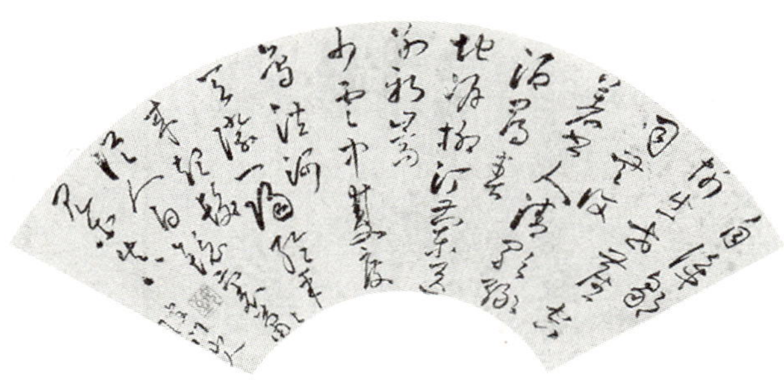
冯惟健书法

冯惟敏（1511～1578），明代散曲家，时常勉励子侄辈，要做好官，做清廉之官。当侄儿子履中进士，授固安令时，冯惟敏为其作诗四首《首尾吟答示侄履》：“一毫不染是根基，毕竟须思未仕时。但有微官叨豢养，总然薄禄胜盐齑。俸薪以外皆贪墨，门第无私即政规。家世相传清白吏，一毫不染是根基。一毫不染是根基，义利关头更莫疑。学道至今须体验，观人于此别妍媸。脚跟立地常坚定，心迹通天自坦夷。报国承家都付汝，一毫不染是根基。”

冯溥（1609～1692），字孔博，号易斋。康熙朝文华殿大学士，官居宰相，冯溥对儿子的教导很严。他的爱子冯协一赴选，临走之时，冯溥谆谆告诫：“老年舐犊未全无，执手叮咛说宦途。语恐侵人休浪出，财能损己莫轻图。法严三尺非宽假，德著千秋是丈夫。念我衰迟闲岁月，常虞忧思到江湖。”诗中既有对子协一殷切的期望，也流露出慈祥的父爱。

冯溥像

冯协一到京后，寄书信给其父，诉其困迫，乞怜之状让冯溥慨然泪下，冯溥作诗寄协一：“千里尔号呼，开函痛切肤。老人勤顾复，稚子总痴愚。弃掷情何忍，衰残力不敷。连朝筹画拙，缩地忆长途。”又：“质典皆无术，吾心岂恝然。豪华空自命，颠沛竟谁怜。扪舌惭苏季，求官愧祖鞭。所嗟衰病叟，千里梦魂牵。”这些充分体现了冯溥对爱子的怜爱之意。

偶园

冯溥知悉爱子协一的困境后，便遣长子冯治世去迎接冯协一回家，临行千叮咛万嘱咐，一定要平安迎弟归里：“汝去为迎弟，吾衰忍泪看。岂因鸿雁隔，自是鹡鸰难。孝友知天性，关河尚晓寒。倚闾频望切，先字报平安。”又：“汝病方能愈，胡为即远行。登车携药裹，爱弟见亲情。缓急人时有，规箴尔用轻。浮名原我误，舐犊愧平生。”

冯溥晚年亦过得优哉游哉，冶湖泛舟，策杖登眺，会客访友，执笔著诗。他的一首六言诗，道出了他晚年的生活：“室陋琴书略备，春和晴雨皆宜。日晏人催盥面，午余客到谈棋。”

冯氏族人的性格，大多不善言辞，而以言传身教来教示后人。试观冯裕的“三无负”亦知其概也。

（冯汉君　文）

◎明代冀链之家风故事

冀链像

冀链（1513～1587），字纯夫，号康川，青州郑母（今山东青州郑母）人。“生而歧嶷，风骨端重，向学纯笃”，“六经”及诸大儒经典，无不成诵。嘉靖二十三年（1544）进士及第，历任知县、户部郎中、兵部侍郎等职。

据史料记载，冀氏家族世有厚德，以孝悌传家。冀链曾祖贞义，分家时把肥沃的田地让给兄长，自取贫瘠者。每月会见族人，教导他们要孝敬父母、夫妻和睦，乡间百姓也深受教化。知府表彰其乡，名曰“孝悌乡”。叔祖公冀琮，少承家法，非常孝顺。曾任三河县知县，清慎自持，俸禄外不苟取，政绩考核最佳，升霸州知州。父母卒，弃官归家，于墓侧建庐守孝，朝夕悲号，感动路人。知府表彰其事，与青州人、侍郎王让并称“青州二孝”。冀链的父亲冀九经，亦因孝名闻乡里。正德初年，流贼过其乡，祖父年老不能奔避，父扶掖徐行。贼感其孝，终未犯其乡。

冀链深受其家族家风影响，其学以诚敬为主，言语举动皆有法度。冀链考中进士之后，先是历任兴化县、长安县知县。在知县任上，冀链“专以孝悌训民，省刑简讼，民化从之”，即以孝悌教化百姓，尽量减少刑罚，两县民风因此大变。冀链曾说过这样一句话：“一家化，即一家为商周；一邑化，即一邑为唐虞。”听说者都以为至理名言。宋代范仲淹也有一句名言：“一家哭何如一路哭。”虽然前者指的是教化的作用，后者强调的是吏治改革，但都体现了“以民为本”，可谓异曲同工。

冀链在户部任职期间，受命到宣化府督察军饷。军饷一到，即如数发放。有个老吏悄悄告诉他说："这军饷之中包含你的'羡余'，应该首先拿出来。"所谓"羡余"，就是回扣。冀链回答说："既如此，就先按照旧例办理吧。"到了年终，冀链将所有积存的羡余都拿出来分给将士，并说："今年皇上念你们守卫边疆劳苦，所以赐给年终奖赏。"将士同声呼万岁。那个老吏不解，对冀链说："这本来是大人您应该拿取的，即便不拿，为何不明白告诉大家是您赏赐的，而托言朝廷呢？"冀链回答："此实系兵饷，本出朝廷，今以兵饷仍归于兵，使感朝廷德惠，而且也免得显出前任之过，不两全其美吗？"

嘉靖四十四年（1566），冀链以右佥都御史巡抚河南，后回朝转兵部右侍郎。隆庆三年（1569），因病请求致仕。隆庆五年（1571），朝廷器重冀链的德才，欲任命他为南京兵部尚书，又改北京户部尚书，但冀链淡泊名利，都坚辞没去赴任。

冀链后人冀链旭所绘《芦雁图》

冀链致仕居家期间，只是杜门谢客，终日焚香静坐。有人劝他聚徒讲学，他回答："为人做事要看行动，不在多言也。"也有人劝他著书，他回答："世人著书太多，免不了一把火烧掉，有何用处？"他常说："人心淡然虚止，不容一物而无所不容；立志须刚，刚乃能伸万物之上。"又曾说："暧昧之事，断不可为，恐伤阴德；苟且之行，定不可蹈，恐损阴骘。"

万历十五年(1587)，冀链去世，终年74岁。因家庭贫困，子孙变卖家产方能葬之。冀链一生严正自持，不为虚名浮利，不作矫矫之行，而名节闻于海内。卒后赠工部尚书，谥“端恪”，赐祭葬。皇帝派山东等处承宣布政使司分守海右道右参政王庭诗亲临谕祭，《谕祭文》这样评价冀链：

性资醇厚，操履端方。早奋贤科，荐跻卿列。中州开府，绩茂拊循。上谷防秋，功收敉定。晋参留匙，再贰地曹。属委任之方殷，乃乞休而勇退；士类咸推其高意，乡评雅重其清修。

明代名臣钟羽正曾从学于冀链，弟子对老师知之最深。冀链去世，他因公务在身没来得及参加其葬礼而深感愧疚，于是满怀深情地写下《祭“端恪”冀老师文》，文中对恩师予以高度评价：

其在兹家庭肃肃，童仆怡怡。粹乎其学术，颜卓曾唯，周趋孔步，举伊洛关闽，同流而共派；确乎其经济，提管扳葛，驾韩陵范，兼皋夔方召，异世而同规。或不言而饮人以和，或正容而消物之疵，使其见之者服深远，去鄙吝薄，宽懦立蔼乎百世之师。弱冠登朝，敷政咸宜，盖公所称“一邑而理，即一邑为殷姬；一郡为化，即一郡为雍熙”。入赞司徒，实理度支，综核有严，国计维司。驯致大僚，著绩边陲。正期栝用，调燮明时，乃急流以勇退，曾好爵之弗縻。方其任事也，国家社稷之重，不在长城之险、武库之藏，而倚公胸中之兵甲。及其悬车也，荐绅逢野之望，不在泰岱岳之崇、渤澥之广，而仰公元老之风仪。爵致而道益彰，身退而名益随。

冀链去世后，百姓怀念景仰他，被供祀于设于松林书院的青州府乡贤祠和长安县名宦祠。

（江玉坤　文）

◎抗倭名帅邢玠的家风故事

邢玠像

在青州古城偶园街北首，赫然矗立着一座牌坊，称“太保坊”，是明朝万历年间为旌表抗倭名将、青州人邢玠而立的。牌坊上的两副楹联“功高上国，名动藩邦”“提封依旧三千里，社稷重新二百年”，是对邢玠抗倭援朝赫赫战功的高度赞扬和概括。

邢玠（1540～1612），字搢伯，号崑田，明代青州府益都县（今山东青州）人。隆庆五年（1571）进士，历任知县、御史、巡抚、南京兵部侍郎等职，累官特进光禄大夫、柱国、少保兼太子太保、兵部尚书、参赞机务，逝世后赠太保。

邢玠一生，可谓历尽磨难。少年时代，家境贫寒：“所居近山，比屋悬釜。”“瘠田数亩，拮据朝夕。”从邢玠的人生经历看，对其影响最大的莫过于他的父母，充分显示出家风家教在一个人成长过程中所起的重要作用。

邢玠的父亲邢镔，青年时代就倾慕鲁仲连、田畴。乐善好施，倾资以赈人之急，拾重金而拒收酬报。平日务农，农闲习武，好读兵书，善施奇策异计。因智取山寇，平安乡里，而闻名四乡。史书上说他“信义著青社”。在父亲的熏陶下，少年时代的邢玠勤奋好学，作文闳大，志操不凡，典则不事纤媚，数试诸生异等。但天有不测风云，在邢玠16岁时，父亲“突感手创”，不幸因之去世，年仅37岁。临终前，其父仍念念不忘谆谆教导邢玠，说：“吾素以义概为闾里先，庶几寸树，以佐公家之用，今已矣。汝他日在事、殉国、捐躯，勿忘吾言！”又言：“处世，惟乐善为最。与人交，宁负亏，勿亏人！”

为纪念邢玠而建的将军亭

邢玠泣而书之，铭记在心。父亲临终前对儿子的嘱托，可谓刻骨铭心，对儿子以后在社会上为人处世、建功立业都寄予厚望。而父亲一生侠义的襟怀、敢于任事的气魄、善于用兵的谋略，无疑给邢玠以重大影响。

父亲去世后，邢玠与母亲、奶奶三人相依为命。母亲“力田，女红，脱簪珥以修经师”，含辛茹苦，旨在把邢玠培养成才。年仅 16 岁的邢玠非常懂事，开始帮助母亲维持家用，农闲读书，农忙劳动。邢玠在府学刻苦读书，学业优异。因家庭贫困，为补贴家计，曾经受聘给人家当过塾师。天道酬勤，邢玠于隆庆元年（1567）考中举人，隆庆五年（1571）进士及第。

中进士之后，邢玠被选授密云县令。密云地处边关，情况复杂，条件艰苦。临行，邢母给予“宽刑减税”的嘱托。在任上，邢玠牢记母亲的教诲，兴农桑，减赋税，察民情，平冤狱，修长城，强边防，三年大治。“入觐，举天下治行第一，上临轩而宴之，加赉焉。”由密云县令提拔为浙江道监察御史。

之后，邢玠曾先后巡抚甘肃、陕西、河南等地，皆有卓卓政绩。而邢玠一生最主要的功绩是安定远方、巩固边疆，其中最突出的就是平定播州叛乱和抗倭援朝。《明神宗实录》这样评价邢玠：“为人易直，能肩艰巨。”“历任四十年，强半在边方，盖所谓积劳之臣也。播事则议抚，东事则议战，虽功效不同，而其谋略为世所重云。”

所谓“播事则议抚”，是指万历二十二年（1594），邢玠以兵部左侍郎兼佥都御史、川贵总督的身份戡平四川播州杨应龙叛乱。针对这场由土司内部

矛盾引发的叛乱，邢玠采取“以剿促勘”“阳剿阴抚”的战略方针，恩威并施，兵不血刃，平息了这场长达3年的叛乱。

所谓“东事则议战”，是指万历二十五年（1597），邢玠受命于危难之时，以兵部尚书、蓟辽总督之职统兵朝鲜抗倭。当时，面对复杂的内外形势，邢玠审时度势，镇静自若，举轻若重，指挥若定，发动了多次关键性战役。最后，露梁海战一役斩首日军5000余人，焚其舰船900余艘，给日军以沉重打击。至此，15万侵朝日军全军覆没，7年抗倭援朝之战终于胜利结束。对此，《明史》《朝鲜史》《世界通史》均有详细论述。朝鲜为了纪念“壬辰之战”的胜利，在汉城建立了大报坛，为邢玠建祠塑像，在釜山立铜柱，以永志不忘。这场战争的胜利，为东北亚地区赢得了长达300年的和平局面，在世界军事史上都占有一席之地。

万历二十七年（1599）四月，邢玠班师回国之时，朝鲜君民率八道士民沿途焚香泣送。万历皇帝率百官在午门城楼接见邢玠等凯旋之师，接受献俘，并加封邢玠太子太保、邢母一品太夫人。

说到抗倭援朝，也有邢母的一份功劳。邢玠即将率师出征之前，向母亲辞行。当时邢母已年届八十，仍满怀激情、谆谆教导邢玠：“吾妇人，不知兵，安知海外事？第忆而父以一布衣，目慑大猾，身尝臣寇，尝思赴国家之急。吾以未亡人携藐诸孤，百难间关，卒以成立。天下事，亦在人为耳。且而忘而父属纩之言乎？勿念我！我多备牛酒，待而饮！至时，觞而久之！”这话语是何等豪壮，又是何等好的家风教化！在封建社会，朝廷在对功勋卓著的大臣予以提拔重用、表彰奖励的同时，对其亲属实行恩荫、貤封、旌表等制度，是有一定道理的。

万历二十八年（1600），邢玠坐镇辽东。因旧劳呕血，又念其母在家，陈情十几疏，乞致仕，上不允。万历三十年（1602），以十五疏陈情辞仕，始得允：“暂留家省侍，以待召用。”万历三十四年（1606），上以阅视叙功，加恩邢玠少保。万历三十七年（1609），以原任少保复为南京兵部尚书、参赞机务。四疏请辞。万历三十九年（1611），皇帝谕旨：“邢玠应准休致。”先后累封特进光禄大夫、柱国等，正一品。万历四十年（1612），邢玠殁于家，享年73岁。

临终有遗疏，留有破党用人、发帑、罢税数千言。“言辞剀切，盖蛊然有殁不忘君之意焉。”

邢玠夫妇像

邢玠一生“克勤于邦，克俭于家”。他从自己的人生经历中，深感良好家风家教之重要，亦非常关注邢氏家族家风的养成。他亲自主持编纂《邢氏族谱》，在《邢氏族谱说》中说道：“吾族起自布衣，率多朴略。自不肖登第，宗族中始浸浸知礼教焉。然不有维持调护于其间，恐未必无一二逾闲者，其何可不预为之所？”也就是说，邢玠着意将其家族建设成为文化素质较高、风气纯正的仕宦家族。因此，对邢氏宗族建设倾注了大量心血，除撰有《邢氏族谱说》外，还亲为制定《宗学》《义仓》等族规族约，并著有《崇俭录》《经略御倭奏议》等书。其“临终遗言”写道：

吾历官皆冷局，憨直不谐时好。而素性又不喜多积金帛，以益子孙之愚。近来子孙众多，人情往来又费，以故不能如心尽力赡养族人，想亦谅我心也。吾江海奔走四十年，劳久病深，不能再恋人世。拟分两派，各留银十两，以见死别之意，非曰助也。宗学义仓，吾已有约，付从言（邢玠子）等举行。阖族当念同祖共宗之意，大小相联，共成此举。毋得如往日，父子、叔侄、兄弟自相争竞。读书者用心读书，以图上进；作生理者公平交易，以积子孙。勿得任情非为，干犯王法，以取罪乡井，以被人嗤笑也。吾忝为朝廷一品大臣，即去世，应当不死默默之中，且阴监之。病中不能多言，口授数语道心，生死永别，只此一言谨白。老妻王氏夫人，尚健饭无恙。所有合族嫁娶死亡等事，贫穷不能自举者，老妻临时自能酌量用情。地久天长，事多人众，但能相体。毋得以厚薄见责，则幸矣。

这篇“临终遗言”，对于当今家风文化建设，仍有重要借鉴意义。原青州市人大副主任邢其典，是邢玠后裔。他退休之后，致力于青州历史文化研究，尤其对邢玠及其家族的研究成果丰富，造诣很深。他说：“从邢玠的‘临终遗言’看，邢玠为官不仅功勋卓著，而且也很清正廉明。作为朝廷一品大臣，临终仅仅给子孙各留下十两银子，在今天看来不显得很寒碜、很寒酸吗？而这恰恰是邢玠清廉最好的明证！”

邢玠逝后，其后人秉承邢玠的遗愿，仍致力于宗族家风建设，纂修《重修邢氏族谱》，修订补充宗规族约等。《宗规》中提出的“三重三戒”——“重孝弟、重俭约、重谦谨，戒嫖赌、戒贪淫、戒执拗”，在今天看来，也有十分重要的现实意义。

（江玉坤　文）

◎明代钟羽正家风故事

钟羽正（1554～1637），字淑濂，号龙渊，明代青州府益都县钟家庄（今山东青州钟家庄）人。万历四年（1576）举人，万历八年（1580）进士。历任知县、给事中等职，官至工部尚书，卒后赐封太子太保。钟羽正为官以忠勤为民、刚正清廉著称，几次因直谏敢言免官，但矢志不移，被誉为明代“四大贤臣之首”。

钟羽正像

家风——耕读传家，清正做人

钟氏家族以耕读为业，无论是为人处世，还是做官从政，世代秉承耕读传家、清正做人的良好家风。史料记载，钟羽正高祖钟文广，“以厚德称，岁饥，罄藏粟以周邻里，不足，又伐树易粟以济之”。曾祖钟子鉴，“明敏忠谨，为县刑曹掾，喜拯拔。人有系狱者，识不识皆善视之，有可减脱，辄引手救。其人来谢，则避不见，一时称为长者”。祖父钟秀，“沉潜嗜学，深入理奥。以举人为广宗县知县，清静为治，有讼者以理谕之，经旬不闻鞭朴声。暇则垂帘翻书，进诸生与谈经义。俸入以葺学宫、赈贫士。士民感其德教，为立生祠，又刻碑于县治，称其‘冲懿渊粹’，无得而名，比之汉林虑长云”。父亲钟洲，“少传家学，尤熟《史记》《汉书》，生平不信堪舆家言，卒之日遗命薄葬”。其弟钟羽教，“习举业，根据理要，不为章句肤浅之学。性忠直狷介，人有过，每面折之，然出以至公，故受者不怨。尚勤俭，好施予”。天启初年，钟羽正被重新起用，出任太仆寺正卿，想与弟偕行进京。时值恩贡、拔贡选拔，按朝廷规定，钟羽教应入试。钟羽教怕连累哥哥的清名，辞曰：“吾若获隽，人谓吾幸售，且溷兄清德。”

钟羽正书法拓片

钟羽正“生而警拔，凝然卓立”。明代青州人冀谏致仕后在凝道书院讲学，“一见深器之，授以濂洛心传，尽得其旨”。钟羽正自幼接受良好家风和儒家思想的熏陶，形成了其忠君爱民、刚正清廉、直谏敢言的为政风格。同时，又受道家思想的影响，几次被免官，居家30余年，但始终淡泊名利，乐善好施，有“清修似鹤”之誉。在古代青州在朝为官者中，钟羽正属佼佼者，声誉很高。

为官——刚正清廉、直谏敢言

明万历八年(1580),26 岁的钟羽正考中进士,出任河南滑县知县。滑县“素称繁剧”,治理难度大,情况复杂。吏民得知来了位年轻的知县,都觉得他不会有大的作为。任上,钟羽正勤政爱民,立说立行,为老百姓办了很多好事,把“素称繁剧”的滑县治理得井井有条,初步显露了其政治才能。钟羽正一上任,即着手处理积案,“断决如流,三日而毕”,令远近的老百姓对这位新来的年轻县令刮目相看。接着,又清丈农田,整顿赋税。“滑粮故多积逋,令花户自投,不加丝耗。又革附余大户及里老口粮,省民滥费无算。”魏南有水陂,每年有 600 余顷农田被淹,而赋税照收。他亲临现场,查清上报,请求免税,获免十分之七。当时,全国勘实田亩,地方官多以“增地为功”。滑县多丈出土地 100 余顷,但钟羽正却不以此请功邀赏,而是全用来抵补荒年所欠赋税。两河地区有一重要疑案,“牵累甚重,十年不决”。当地官员难以处理,呈请转托钟羽正审理。他“谈笑摘发”,依法审理,公正判决,一时案结。围观的士民很多,无不佩服。考核奏绩,钟羽正“为天下卓异,循良第一”。

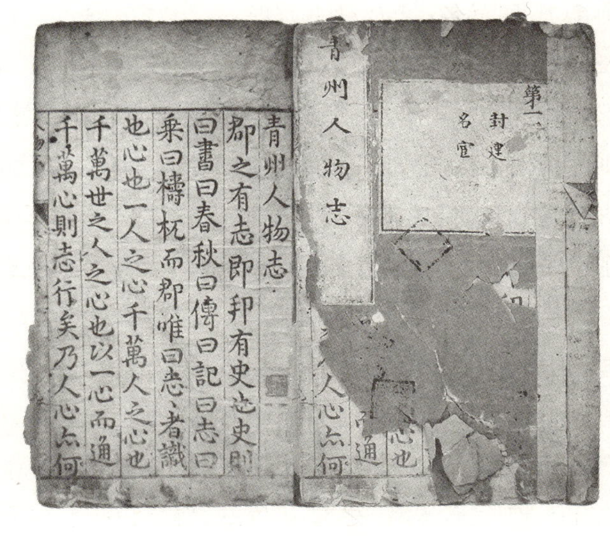

青州人物志

第一 封建 名宦

青州人物志
郡之有志即邦有史也史則
曰書曰春秋曰傳曰記曰志曰
乘曰檮杌而郡唯曰志者識
也心也一人之心千萬人之心也
千萬世之人之心也以一心而通
千萬心則志行矣乃人心亦何

钟羽正所著《青州人物志》书影

钟羽正的政治才能受到朝廷重视,奉调进京,提升为礼科给事中。官位不高,位置却极为重要。年纪轻轻就担任如此要职,对他发挥才华提供了机会。但是,万历皇帝朱翊钧长期不上朝,对大臣的奏章,有的置而不览,有的览而不用。钟羽正忧国忧民,对朝政十分担心。

深受皇帝信任的宦官张鲸，勾结外官，收受贿赂，横肆无忌，飞扬跋扈，连当时的辅相都怕他。万历十六年（1588），张鲸事发，被弹劾有罪，但皇帝仍然赦免了他，继续留用。朝议纷纷，钟羽正甘冒天威，直言上疏“朝讲不宜辍，张鲸不宜赦”，力陈皇帝按时临朝听政的重要性，建议皇帝“先出视朝，次出听讲，章奏留中者，次第发出。斥逐张鲸，以明元恶之罚”，但皇帝听不进这些好的建议。

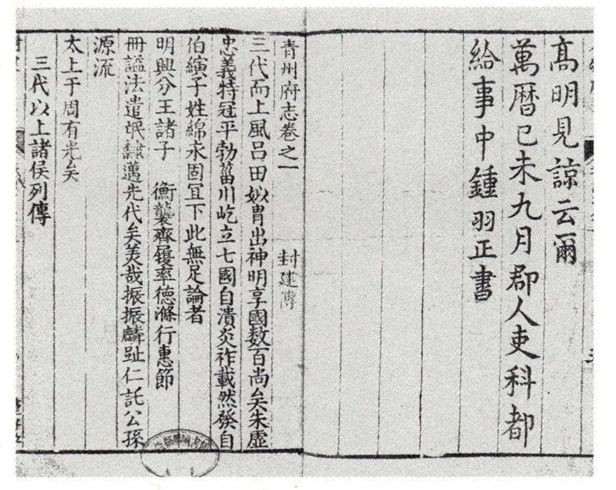
高明見諒云爾
萬曆己未九月郡人吏科都
給事中鍾羽正書

青州府志卷之一　封建傳
三代而上風呂田奻胄出神明享國數百尚矣朱虛
忠義特冠平勃菑川屹立七國自潰炎祚載然發自
伯績子姓綿永固宜下此無足論者
明興分王諸子　衡藩齊鑁率德滌行惠節
冊謚法遺氓隸邁先代矣美哉振振麟趾仁託公孫
源流
太上于周有光矣
三代以上諸侯列傳

《青州府志》中的钟羽正题跋

不久，钟羽正改任工科给事中，代表朝廷巡视宣化府边防事务。他发现当地带兵将领冒领军饷，中饱私囊，达 27 万钱之多，遂坚决予以裁减。同时，他不畏权势，严惩贪官。兵部左侍郎许守谦镇抚宣化府，收受贿赂，臭名昭著，被钟羽正弹劾罢官。副总兵张充实等人侵盗军资，也被钟羽正弹劾罢免。钟羽正巡视上谷时，有个官员隐占屯粮，侵吞军饷，惧怕钟羽正，便托人送礼。钟羽正严词拒绝，查实他的罪行，并立即严惩。

钟羽正又因政绩和才能，擢升为吏科都给事中。任职期间，他坚持原则，除恶扬善，对贪官污吏严厉打击。当时，朝政腐败，送礼之风盛行，地方官员进京朝觐时，都要向京官馈赠。对于这种不良风气，钟羽正上书给明神宗皇帝，力陈其弊。他说：“臣罪莫大于贪。然使内臣贪而外臣不应，外臣贪而内臣不援，则尚相顾畏莫敢肆。今内以外为府藏，外以内为窟穴，交通赂遗，比周为奸，欲仕路清、世运泰，不可得也。”意思是说，为官的最大罪孽是贪。杜绝贪的办法就是京官想贪而外官不送礼，外官贪而京官不包庇，互相有所顾忌而不敢放肆。如今则是京官把外官当作自己的财源，外官把京官当作庇护所，交通赂遗，朋比为奸，要想使吏治清明、社会安定，是不可能的。皇帝认为他的话很有道理，便敕命阁部大臣，一切公事均在朝房计议，不准在私人宅邸接待宾客。又命外官不得与京官私通，有事照章办理，办完即日出城，不得擅自逗留。

万历二十年（1592），朝廷因册封、教育太子的所谓“国本”“豫教”之争，欲“廷杖”钟羽正等人。“廷杖”之时，钟羽正与兵科张栋“闻杖不惧，得免不喜”，京都中人士都佩服两人的胆气。在朝廷任职的青州人冯琦，极为同情和佩服钟羽正，曾有诗赞曰：“两生躯干小，气欲排峦嶂。”在这次事件中，多亏大臣们求情，钟羽正才躲过一劫，但被削职为民。钟羽正罢官后，即日便身着村装野服，骑着毛驴，踏上了返归故里的道路。

居家——淡泊名利，乐善好施

坚持正义而受到朝廷贬斥，钟羽正对朝政极端失望，受道家思想的影响，表现出淡泊的心态。初回家乡，地方官员和士大夫争相拜访，他皆坚辞不见。此后，闭门读书，诗书自娱，“潜心理学，博览坟籍，郡中名士，负笈门墙，登甲第、跻尊显者先后不绝”，或优游山水，修身养性，闲居近 30 年。海内称“四大贤人”，钟羽正为第一。

钟羽正事亲至孝。母亲生病 3 年，钟羽正日夜照顾侍养，从未间断。父母亲相继去世，他“哀毁几于灭性”。他乐善好施，经常救济百姓。万历四十三年（1615），青州大饥荒，钟羽正倾资赈济，救活 1500 余人。使者核实上奏，朝廷赐“代天育物”门匾以示表彰。又于驼山下出资购置土地，作为义田，置一庄，用来赡宗族当中贫困无助者。同年，吏部尚书郑特上疏，要求起用钟羽正，说：“废弃诸臣，事关国本，抗言得罪、禁锢终生如钟羽正等作速起用。”次年，朝廷任他为光禄寺少卿，但他看到朝政腐败，一直未到任。

万历四十八年（1620），明熹宗即位，再次起用钟羽正，任命他为太仆卿。太仆卿是个肥缺，有很多“羡金”，即额外收入。钟羽正上任后，当晚便起草文件，把“羡金”全部上交，增加库银 30 万两。又追加别项近 2 万两，也充实到国库。有些人便借此事倡议，想搜刮各种财物都纳为国用，钟羽正一并严词制止。天启三年(1623)春，钟羽正官拜工部尚书，次年(1624)，因忤逆专横跋扈的阉党被削职夺官。

钟羽正著述颇丰，居家期间，主持编纂万历《青州府志》20卷，为史学界所称道。此外，还著有《崇雅堂集》《青州人物志》《风化议》等。

钟羽正自身生活却十分俭朴，安致远在《青社遗闻》中记载：

益都钟大司空羽正，直道清节，名重海内。所居宅在衡藩后载门外，其厅事梁栋仅受椽瓦，傍舍卑陋，具体不及中人之居。于厅事后堆石为小山，洞壑窈窕，亦有野趣。今已倾圮殆尽，而名德重望，过者徘徊不忍去。吾青多鼎贵之家，华堂壮宇，甲第相望，无德可称，而公之名隐然若山岳焉。一第之零落，何足道哉！

先生生平好骑一驴，著白布衫，从一蓬头仆，往来临朐仰天道中。野人炊藿相饷，欣然共饱，见者以为田叟。直节高风，百世而下，犹可廉顽立懦也。

据康熙《益都县志》记载：

复珰祸大起，杨涟劾魏忠贤二十四大罪，中有："钟羽正清修如鹤，逐之使去，其罪一也。"崇祯戊辰(1628)，珰败，起废清流，犹首列羽正之名。丁丑(1637)冬，公偶尔违和，家人聚候，执笔谈笑而终，年八十三。生平方严清介，而未尝失色于邻党，自诸生至登八座，未尝与一人构怨涉讼，自奉淡泊，身服布素，常食不过二器。居恒手不释卷，藏书百箧，丹黄殆遍。卒时，青人奔走号泣，焚香祷祝者不可胜计。

（江玉坤　文）

正直的朝臣或大儒,与阉党如同水火。魏忠贤为打击东林党人,暗中窥探,罗织了一个黑名单,名《东林党人榜》,房可壮名列其中。面对魏忠贤之暴虐,房可壮凛而不屈,所以乡前辈钟羽正诗赞他“海翁直节动枫宸”,友人赵秉忠则赞他“铸铁作肝,其直如矢”。崇祯帝即位,魏忠贤一伙被惩处。房可壮被重新起用,任河南道掌道御史。直到崇祯十四年(1641),才回北京任职。次年,房可壮任都察院副都御史。他刚正不阿,得罪了奸相陈演。在一次推举阁臣中,房可壮是被推选人之一。陈演害怕房可壮入阁,遂在崇祯面前恶语中伤,由是,房可壮又被下狱削籍归乡。皇帝的昏暴,加之奸臣当道,令人寒心。房可壮回老家青州后,到诸城的九仙山避世隐居,住了5年时间。

清顺治三年(1646),经多人推荐,清廷下诏起用房可壮。房可壮深思熟虑之后,应召赴任。先任大理寺卿,又转刑部侍郎。任职期间,揭发了福建巡抚张学圣、宁夏巡抚孙茂兰的刚愎贪婪罪行,并参处了一批地方贪官。顺治九年(1652),房可壮晋升为左都御史加太子太保,成为国家最高监察长官。顺治十年(1653)春,房可壮以年老乞休,十月病逝于家。朝廷谕赐祭葬,赠官少保,谥号安恪。

房可壮著有《偕园诗草》《侍御疏稿》等著作。其画像等现存青州市博物馆,书法作品、生活小像分别珍藏于山东省博物馆与故宫博物院。

(房德石　文)

◎参考文献

1. 陈君慧编著:《中华家训大全》,北方文艺出版社 2014 年版。

2. 包乐波:《中国历代名人家训精粹》,时代出版传媒股份有限公司、安徽文艺出版社 2010 年版。

3. 中国地方志指导小组办公室组织编纂:《中华家训精编 100 则》,方志出版社 2015 年版。

4. 张淑贤编著:《中华家训珍典》,红旗出版社 2012 年版。

5. 郭齐家、李茂旭编著:《中华传世家训经典》,人民日报出版社 2010 年版。

6. 陈才俊主编:《中国家训精粹》,海潮出版社 2011 年版。

7. 丁超编著:《中国文化知识读本・古代家训》,吉林出版集团 2010 年版。

8. 余秉颐编著:《家训金言》,安徽人民出版社 2009 年版。

9. 庄庸:《读廉经典:廉政家训》,中国方正出版社 2014 年版。

10. 喻岳衡编著:《历代名人家训》,岳麓书社 2003 年版。

11. 陶清澈编著:《名门家训》,哈尔滨出版社 2011 年版。

12. 匡济编著:《历代名人的家风家训故事》,中国方正出版社 2016 年版。

13. 翁福清、周新华编注:《中国古代家训集成》(白话译本),中国国际广播出版社 1992 年版。

14. 李楠编著:《传世家训家书宝典》,西苑出版社 2006 年版。

15.(北齐)颜之推撰,檀作文译注:《颜氏家训》,中华书局 2007 年版。

16.(明)袁黄著,东篱子解译:《了凡四训全鉴》,中国纺织出版社 2016 年版。

17. 李孝国、董立平译注:《教子名文十六篇》,安徽师范大学出版社 2015 年版。

18. 唐松波编著:《古代名人家训评注》,金盾出版社 2006 年版。

19. (清)郭家珍等著,中华文化讲堂编:《教子要言》,中国华侨出版社 2013 年版。

20. (清)陈宏谋:《五种遗规》,中国华侨出版社 2012 年版。

21.《曾国藩家训》,北方文艺出版社 2014 年版。

22. 杨崃编著:《王阳明大全集》,中国华侨出版社 2011 年版。

23. 欣敏编:《中国君臣家书精品》,四川辞书出版社 1995 年版。

24. 成晓军主编:《名臣名儒家训》,重庆出版社 2008 年版。

25. 朱明勋编著:《中国古代家训经典导读》,中国书籍出版社 2012 年版。

26. 甄理主编:《新编家训箴言》,中国社会出版社 2008 年版。

27. 刘君艳编著:《父母应该知道的 72 条帝王家训》,中国三峡出版社 2010 年版。

◎后　记

人必有家，家必有训。家规家训是中国历史上的家长用于训诫、教育子弟后代的文字，它包括家诫、家书、家范、家箴、家诰、遗训等形式。

《中国历代名人家规家训精选》，集历代家规家训之大成，取历代家规家训之精华，凝结着历代家庭教育的经验，汇聚着数千年来家教的至理名言。书中内容涉及人生的各个方面，凝聚、沉淀了我们民族文化的诸多方面，如：以立德为本，注重高尚人格的培养，讲求谦虚谨慎的处世态度和诚实守信的为人方式；以读书为要，树立远大的志向，培养关怀民生疾苦和社会安危的高尚情操；以治家为先，养成勤勉俭朴、不事浮夸的家风，重视营造伦理有序、家庭和谐的氛围等等。与此同时，《中国历代名人家规家训精选》还提出了许多家庭教育中应该注意并值得引以为戒的东西，如：教子不能溺爱、偏爱，要一视同仁；不能失之过严，也不能失之过宽，要合理适宜；不得重才轻德，应该德才兼备；不能言而无信，要言必信，行必果；家长要以身作则、言传身教等等。

欲治其国，必先治家。“一室之不治，何以治天下?”党的干部要树立好的家风，就要从严治家。家规家训是古人向后代传播修身治家、为人处世道理的最基本的方法，也是我国古代长期延续下来的家长教育子女的最基本的形式。它浅显易懂，形象生动，感人至深，其中很多家书都是父母兄长内心情感的迸发，使人能够触摸到他们当时那颗炽热的心。这些人生的哲理、处世的德行，是中华民族最珍贵的文化遗产，不仅培养了我们民族的道德与精神品质，也塑造和传承了我们民族的性格和传统。本书对所有文章均进行了精心的翻译，以便适应读者的多种需求，使不同文化层次的人阅读都无障碍。当然，一些思想和教子方法有时代的局限性，不适合当今这个多元化

的社会，所以我们应该取其精华、去其糟粕，用现代的思想、理性的认识和历史的眼光去对待、去剖析。

在本书的编译过程中，我们大量参考了一些关于家规家训方面的书籍，目的是为了站在前人的肩膀上，汲取众家之长，使此注本少出瑕疵。尤其需要特别说明的是，石继胜、郇志侠、江玉坤、张诗玉、孙凤瑛同志在本书组稿和编写过程中付出了艰苦的努力，在此，向他们表示衷心感谢！另外，本书还采用了公益网站上的部分图文资料，由于种种原因，未能与原作者取得联系，深表歉意，并请谅解！

由于编者水平有限，加之时间仓促，偏颇、错讹之处在所难免，敬请方家批评指正。

编者

2018年5月